Aufgabensammlung Elektrotechnik 2

Martin Vömel • Dieter Zastrow

Aufgabensammlung Elektrotechnik 2

Magnetisches Feld und Wechselstrom. Mit strukturiertem Kernwissen, Lösungsstrategien und -methoden

7., durchgesehene Auflage

Mit 764 Abbildungen, 234 Aufgaben mit ausführlichen Lösungen sowie 19 Lehrstoffübersichten

STUDIUM

Springer Vieweg

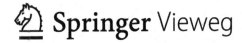

Prof. Dr.-Ing. Martin Vömel
FH Frankfurt, Deutschland

StD Dieter Zastrow
Ellerstadt, Deutschland

ISBN 978-3-658-15335-9

Die Deutsche Nationalbibliothek verzeichnet diese Publikation in der Deutschen Nationalbibliographie; detaillierte bibliographische Daten sind im Internet über http://dnb.d-nb.de abrufbar.

Springer Vieweg

Gedruckt auf säurefreiem und chlorfrei gebleichtem Papier.

Springer Vieweg ist Teil von Springer Nature
Die eingetragene Gesellschaft ist Springer Fachmedien Wiesbaden GmbH
Die Anschrift der Gesellschaft ist: Abraham-Lincoln-Straße 46, 65189 Wiesbaden, Germany

Vorwort

Dies ist der zweite Band der Aufgabensammlung Elektrotechnik und erscheint jetzt in der siebten Auflage als bewährtes Übungsangebot für Studierende an Berufsakademien und Fachhochschulen entsprechender Studiengänge. Das Übungsbuch ist wegen der abgestuften Schwierigkeitsgrade der Aufgaben und deren ausführlich dargestellten Lösungen ebenfalls zur Verwendung an Fachschulen (Technikerschulen) geeignet. In der neuen Auflage wurden einige Bilder neu überarbeitet und satztechische Verbesserungen ausgeführt. Bisher nicht erkannte Fehler wurden verbessert.

Behandelt werden in diesem Band 2 die Gebiete „Magnetisches Feld“ und „Wechselstrom“, die thematisch in 19 Kapitel mit sinnvoller Lehrstoffreihenfolge gegliedert sind Die Kapitelzählung schließt an Band 1 an.

Jedes Kapitel beginnt mit einer Lehrstoffübersicht, die als Wissensbasis in strukturierter Form kurz und knapp die aufgabenrelevanten Kenntnisse darstellt. Damit ist sichergestellt, dass das zur Aufgabenlösung erforderliche Grundwissen straff gefasst und in übersichtlicher Weise zur Verfügung steht. Auch werden grundsätzliche Lösungsstrategien und Lösungsmethoden gezeigt und erläutert.

Da es bei einem gezielten Aufgabenlösungstraining zweckmäßig ist, von einfachen zu schwierigen Aufgaben fortzuschreiten, sind zur schnelleren Orientierung drei Klassen von Schwierigkeitsstufen angegeben:

Die leichteren Aufgaben, gekennzeichnet mit ❶, sind zum Kennenlernen der Inhalte der Wissensbasis gedacht. Neben dem Erfassen elektrotechnischer Grundlagen an vorgegebenen Schaltungen und einfachen Texten kann die Anwendung des Formelapparates und die Benutzung einfacher Lösungsmethoden geübt werden.

Mit den mittelschweren Aufgaben ❷ kann trainiert werden, Lösungsansätze durch Rückgriff auf grundlegende Gesetze und Regeln zu finden und durch Variation und Weiterentwicklung auch etwas schwierigere Aufgabentypen zu lösen.

Die anspruchsvolleren Aufgaben ❸ beziehen ihren Schwierigkeitsgrad meist aus dem nicht offen erkennbaren Lösungsweg, einer fachübergreifenden Aufgabenstellung oder aus dem zugrundeliegenden komplexeren mathematischen Zusammenhang. Hierzu wurden auch im Anhang einige grundlegende mathematische Ergänzungen beigefügt.

In jedem Kapitel schließen sich an die Aufgabenstellungen die zugehörigen Lösungen direkt an, so dass längeres Herumblättern entfällt. Alle Lösungen sind mit ausführlichen Erläuterungen versehen. Grundsätzlich empfiehlt es sich, zunächst mit dem Ausarbeiten einer eigenen schriftlichen Lösung zu beginnen und erst abschließend die Ergebnisse zu vergleichen sowie weitere Lösungsmöglichkeiten zu suchen.

Zum Schluss möchten wir uns ganz herzlich beim Springer Vieweg Verlag für die gute Zusammenarbeit bedanken. Für Anregungen und Hinweise der Leser sind wir weiterhin dankbar.

Frankfurt, Mannheim, 2016 *Martin Vömel, Dieter Zastrow*

Band 1: Gleichstrom, Netzwerke und elektrisches Feld
Übersichten, Aufgaben, Lösungen, 7., verbesserte Auflage

Gleichstromkreise

Netzwerke

Elektrisches Feld

Inhaltsverzeichnis

■ Magnetisches Feld

■ Wechselstrom

Magnetisches Feld

21 Magnetisches Feld

- Berechnung magnetischer Feldgrößen einfacher Leiter und Luftspulen

Bewegte elektrische Ladungen, d.h. Ströme, sind von einem Magnetfeld umgeben. Dauermagnetismus wird auf die Wirkung ausgerichteter Elementarmagnete zurückgeführt.

Feldlinienbilder wichtiger Feldformen

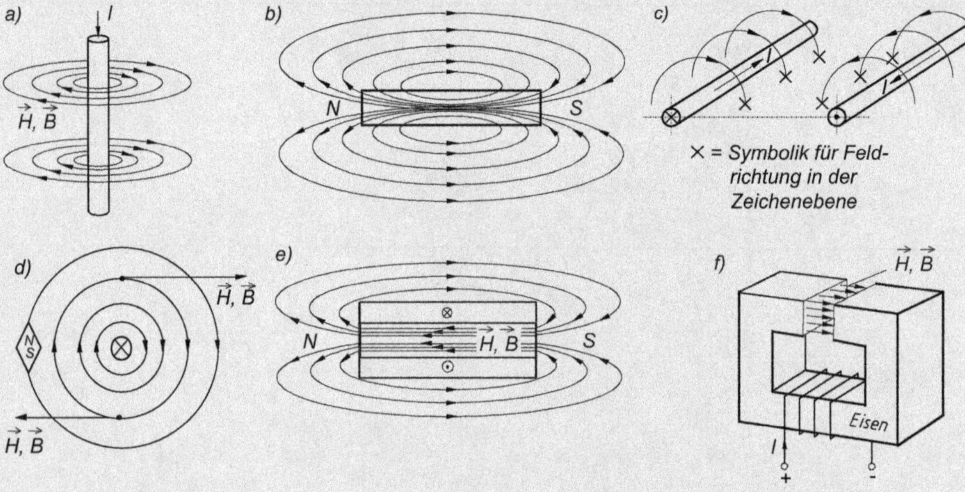

Magnetische Feldlinien sind geschlossene Linien ohne Anfang und Ende; sie treten am Nordpol eines Magneten aus und am Südpol ein.

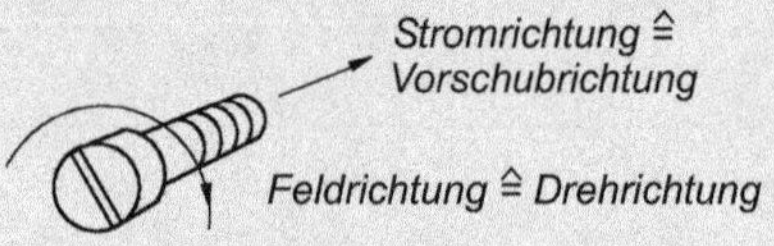

Rechtsschraubenregel für die Zuordnung von Stromrichtung- und Magnetfeldrichtung.

Die **magnetische Feldstärke** $\vec{H}$ ist eine vektorielle Feldgröße, welche die Stärke und Richtung des magnetischen Feldes in Feldpunkten P in Abhängigkeit von Stromstärke und Leitergeometrie materialunabhängig über das Biot-Savart´sche Gesetz oder den Durchflutungssatz beschreibt.

Gesetz von Biot-Savart

Der $\vec{H}$-Vektor im Raumpunkt P steht senkrecht auf der vom Wegelement $\mathrm{d}\vec{s}$ und Ortsvektor $\vec{r}$ gebildeten Fläche in rechtswendiger Zuordnung. Die Feldstärke setzt sich aus Anteilen zusammen, die von den Wegelementen $\mathrm{d}\vec{s}$ herrühren. *Jeder* Anteil ist gegeben durch:

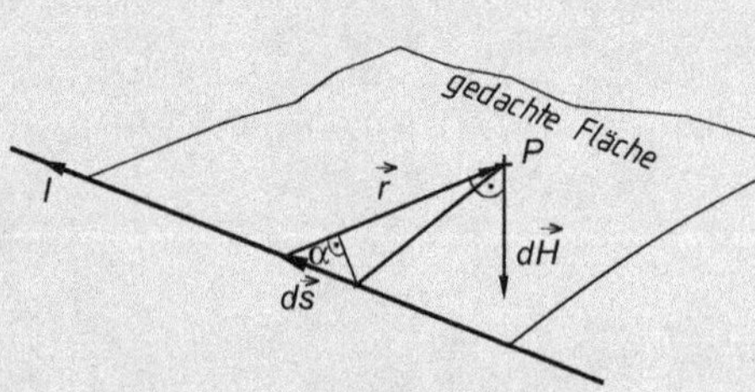

$$\mathrm{d}\vec{H} = \frac{I}{4\pi}\,\frac{\mathrm{d}\vec{s}\times\vec{r}}{r^3} \quad \text{bzw.} \quad \mathrm{d}H = \frac{I}{4\pi}\,\frac{\mathrm{d}s\cdot\sin\alpha}{r^2}$$

Feldüberlagerung im Punkt P

$$\vec{H} = \vec{H}_1 + \vec{H}_2 + \ldots$$

Grafische oder rechnerische Lösung:

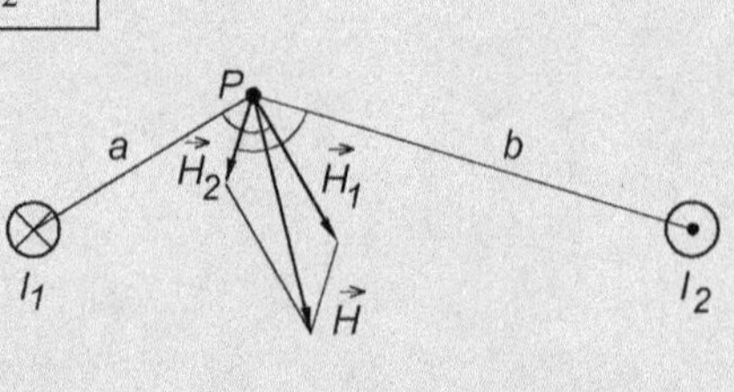

$$H_1 = \frac{I_1}{2\pi a}$$

$$H_2 = \frac{I_2}{2\pi b}$$

Grundgesetze des magnetischen Feldes

Das über eine beliebige Fläche $\vec{A}$ erstreckte Integral der Flussdichte $\vec{B}$ ist gleich dem magnetischen Fluss Φ.

$$\boxed{\int_A \vec{B} \cdot d\vec{A} = \Phi} \qquad \text{Einheit}: 1\frac{\text{Vs}}{\text{m}^2} \cdot 1\,\text{m}^2 = 1\,\text{Vs} = 1\,\text{Wb (Weber)}$$

Der magnetische Fluss Φ ist anschaulich vorstellbar als die Gesamtheit aller magnetischen Feldlinien, die eine Fläche A durchsetzen. Damit ist die Größe Φ eine Globalgröße zur Beschreibung magnetischer Felder und besonders dann vorteilhaft anwendbar, wenn es sich bei den Magnetfeldern um spezielle technische Ausführungen wie Spulen mit weitgehend geschlossenem Eisenkern handelt, in denen der magnetische Fluss durch das Eisen geführt wird.

Sonderfall: Durchsetzt ein homogenes Magnetfeld der Flussdichte B die Fläche A senkrecht, so gilt $\Phi = B \cdot A$

Materialgleichung des magnetischen Feldes

$$\boxed{\vec{B} = \mu_r \cdot \mu_0 \cdot \vec{H}} \qquad \text{Einheit}: 1\frac{\text{Vs}}{\text{m}^2} = 1\,\text{T (Tesla)}$$

Die Flussdichte $|B|$ zeigt die magnetische Materialauslastung an, da alle Magnetwerkstoffe infolge eines Sättigungseffektes nur bis auf bestimmte Höchstwerte magnetisiert werden können. Die Flussdichte $\vec{B}$ ist die vektorielle Wirkungsgröße des magnetischen Feldes. Sie steht in Zusammenhang mit den Kraft- und Induktionswirkungen des magnetischen Feldes.

Feldkonstante des magnetischen Feldes $\quad \mu_0 = 4\pi \cdot 10^{-7} \frac{\text{Vs}}{\text{Am}}$

Permeabilitätszahl $\quad \mu_r = 1$ (Vakuum, Luft)

$\mu_r = f(\text{H})$ bei Eisen

Durchflutungssatz

$$\boxed{\oint_s \vec{H} \cdot d\vec{s} = \int_a^b \vec{H} \cdot d\vec{s} + \int_b^c \vec{H} \cdot d\vec{s} + \int_c^a \vec{H} \cdot d\vec{s} = \sum_{v=1}^{n} I_v = \Theta}$$

Summiert man die Produkte aus magnetischer Feldstärke $\vec{H}$ und Wegelement $d\vec{s}$ entlang einer geschlossenen Linie, so ist die Summe gleich der bei einem Umlauf eingeschlossenen vorzeichenbehafteten Ströme I_v, die man auch Durchflutung Θ nennt. Somit ist der Durchflutungssatz das Gesetz zur Berechnung des Stromaufwandes für gegebene magnetische Felder.

Die einzelnen Feldstärke-Weg-Produkte des Durchflutungssatzes werden auch als magnetische Spannung V bezeichnet:

$$V_{ab} = \int_a^b \vec{H} \cdot d\vec{s} \qquad \text{Einheit}: 1\frac{\text{A}}{\text{m}} \cdot 1\,\text{m} = 1\,\text{A}$$

Die Durchflutung Θ berechnet sich bei Spulen mit N Windungen aus:

$$\Theta = I \cdot \text{N} \qquad \text{Einheit: } 1\,\text{A}$$

Sonderfall: Für abschnittsweise homogene magnetische Felder gilt:

$$\boxed{\Theta = H_1 \cdot s_1 + H_2 \cdot s_2 + H_3 \cdot s_3 + ...}$$

21.1 Aufgaben

➊ **21.1:** Drei Leiterschleifen weisen ein gleiches Feldbild auf. Bestimmen Sie die Stromstärke I in b) und c), wenn in a) eine Windung vom Strom I durchflossen wird.

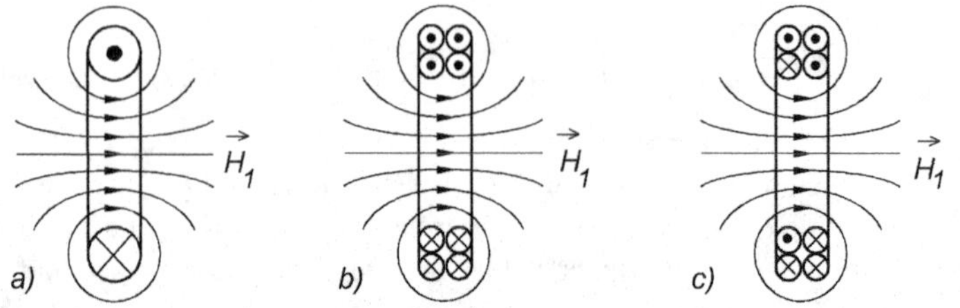

➊ **21.2:** Bei den nachfolgenden Leiteranordnungen soll die Durchflutung für die eingetragenen Integrationswege s bestimmt und aus diesem Ergebnis die Feldrichtung ermittelt werden.

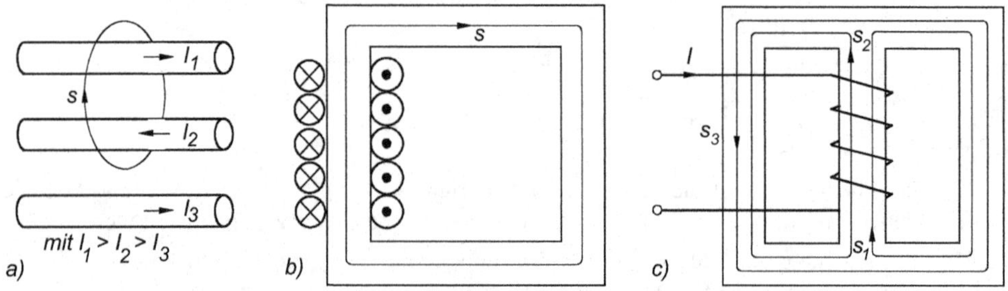

➊ **21.3:** Wie groß ist die Stromstärke I in einem langen geraden Leiter, der im Punkt P eine magnetische Feldstärke $H = 50\,\frac{\mathrm{A}}{\mathrm{m}}$ erzeugt? Der Feldverlauf ist aus Feldbildern bekannt.

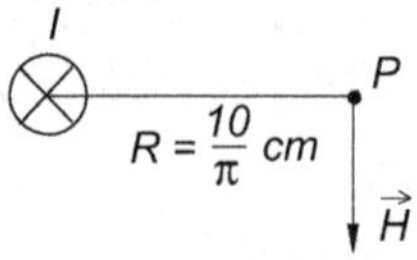

➊➋ **21.4:** Das Bild zeigt das magnetische Feld eines geraden, stromdurchflossenen Leiters ($I = 10$ A).
Man berechne die folgenden magnetischen Spannungen: $V_{\mathrm{ab}}, V_{\mathrm{bc}}, V_{\mathrm{cd}}, V_{\mathrm{da}}$ und $\sum V$ für einen vollen Umlauf $a \rightarrow b \rightarrow c \rightarrow d$.

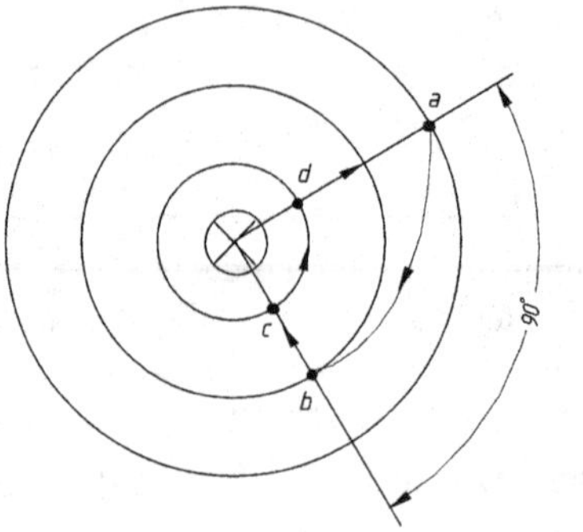

➊➋ **21.5:** Im Inneren einer dicht gewickelten Ringspule soll eine magnetische Feldstärke $H = 100\,\frac{\mathrm{A}}{\mathrm{m}}$ erzeugt werden.

a) Man berechne die erforderliche Stromstärke I bei einer Spule mit $\mathrm{N} = 1000$.
b) Wie groß wird die Flussdichte B im Falle einer Luftspule ($\mu_{\mathrm{r}} = 1$) oder eisengefüllter Spule (mit $\mu_{\mathrm{r}} = 2000$ bei Flussdichte B)?
c) Wie groß müssten der Strom I und die Feldstärke H im Falle einer Luftspule bzw. eisengefüllten Spule für $B = 100$ mT sein?

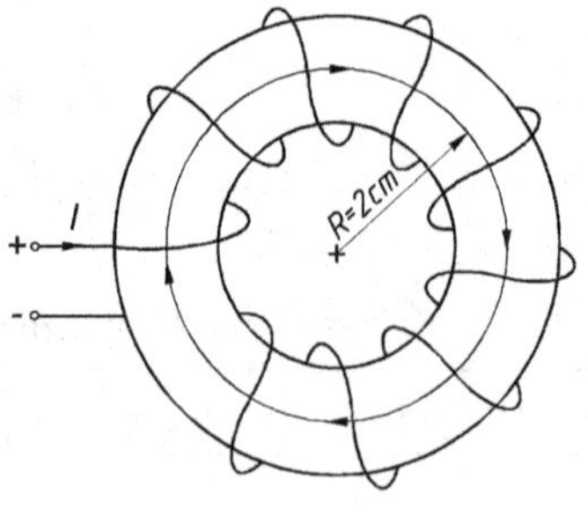

❶❷ **21.6:** Die Wicklung einer Ringspule mit rechteckigem Querschnitt aus Kunststoff sei dicht mit N Windungen gewickelt. Der magnetische Fluss befinde sich nur im ringförmigen Innenraum der Spule.

a) Man berechne die mittlere magnetische Feldstärke H_m im Spuleninnenraum.

Daten : $r_1 = 4$ cm $I = 0{,}2$A

$r_2 = 6$ cm N $= 1000$

$h = 2$ cm $\mu_r = 1$

b) Wie groß ist der magnetische Fluss, der die Spule durchsetzt, bei Annahme eines homogenen Magnetfeldes ?

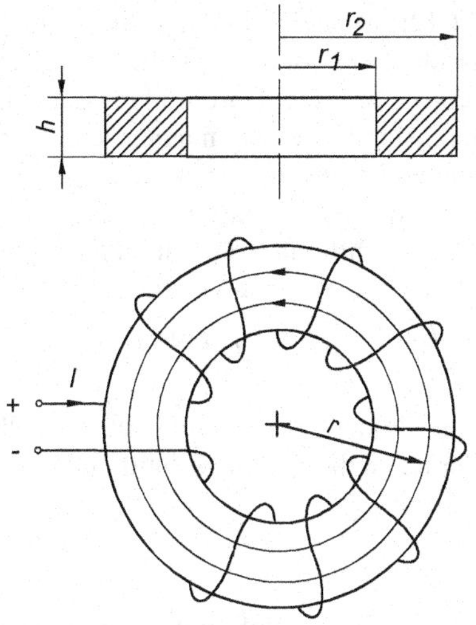

❷ **21.7:** Man leite eine Beziehung zur näherungsweisen Berechnung der magnetischen Feldstärke $\vec{H}_i$ für den Spuleninnenraum her und berechne den Betrag der Feldstärke. Dabei soll hier angenommen werden, dass die Feldstärke $\vec{H}_a$ im Außenraum vernachlässigbar klein gegenüber der Feldstärke $\vec{H}_i$ im Spuleninnenraum ist.
Daten: Strom $I = 1$ A, Spulenlänge $l = 8$ cm, Windungszahl N = 100.

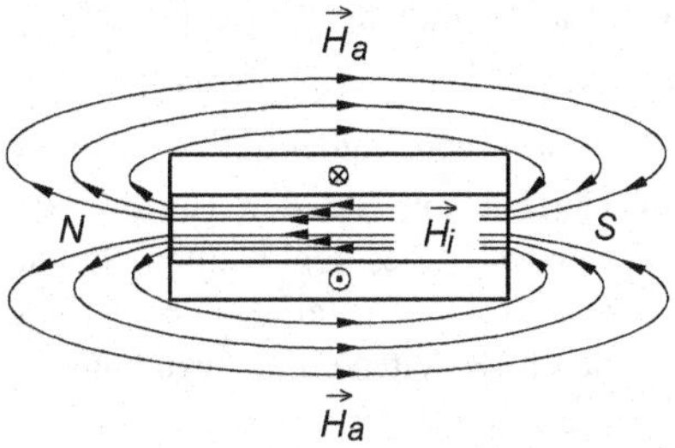

❷ **21.8:** Der Widerstand einer Relaiswicklung mit $N = 2000$ beträgt $R = 125\,\Omega$. Bei Nennspannung U_N soll eine Durchflutung $\Theta = 400$ A erreicht werden.

a) Wie groß muss die Nennspannung sein ?

b) Wie groß ist der magnetische Fluss Φ im Relaiskern, Relaisjoch, Relaisanker und im Luftspalt, wenn bekannt ist, dass 80 % der Durchflutung zur Magnetisierung des Luftspaltes gebraucht werden ?
Luftspaltlänge $l_L = 1$ mm; Luftspaltfläche A_L gemäß Kerndurchmesser: $d = 1$ cm

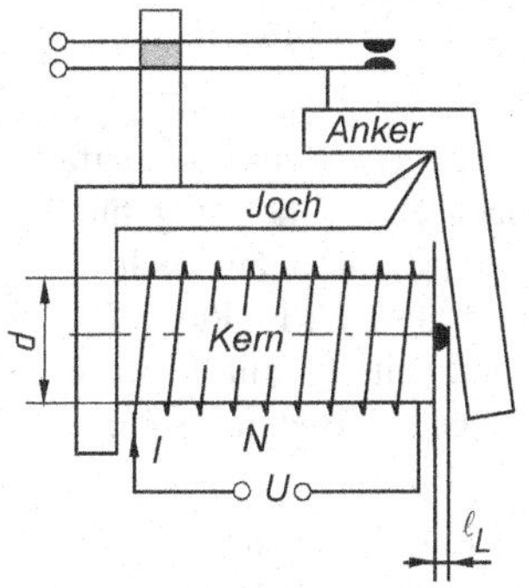

❷ **21.9:** Nebenstehendes Bild zeigt den räumlichen Verlauf der magnetischen Feldstärke $\vec{H}$ eines stromdurchflossenen Leiters auf einem Leitungsabschnitt l für den Außenraum.
Ermitteln Sie mit Hilfe des Durchflutungssatzes eine Funktion $H = f(R)$ für den Außenraum des Leiters.

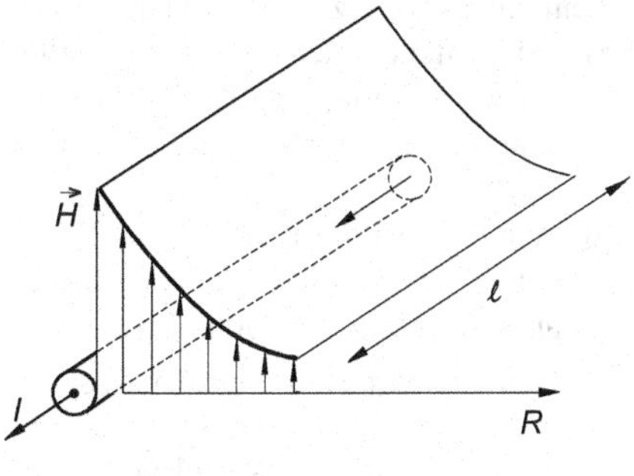

❷ **21.10:** Auch im Leitungsquerschnitt stromführender Leiter besteht ein magnetisches Feld. Leiten Sie aus dem Durchflutungssatz eine Berechnungsformel für die magnetische Feldstärke $\vec{H}_\text{i}$ (Index i = innen) her. Vorausgesetzt sei gleiche Stromdichte S überall im Leiterquerschnitt.
Der Durchflutungssatz für eine räumlich verteilte elektrische Strömung lautet:

$$\oint_s \vec{H}_\text{i} \cdot \mathrm{d}\vec{s} = \Theta_\text{i} = \int_A \vec{S} \cdot \mathrm{d}\vec{A}$$

Das Produkt $\vec{S} \cdot \mathrm{d}\vec{A}$ stellt einen Teilstrom dar, der durch die Teilquerschnittsfläche dA fließt.

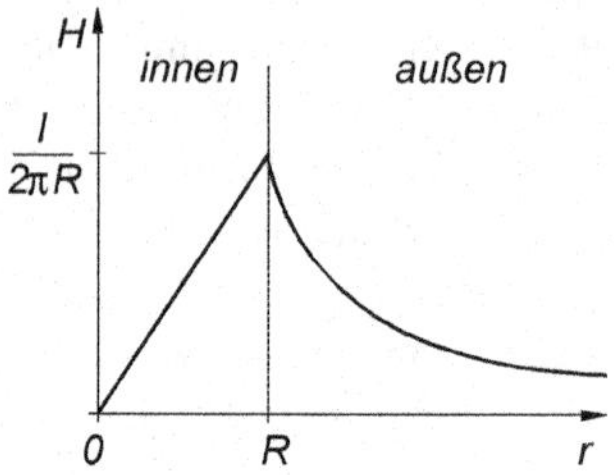

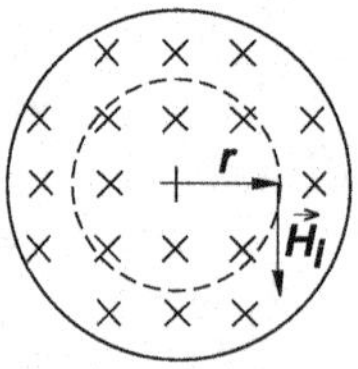

❷ **21.11:** Ein stromführendes (langes) Leiterpaar wirkt als Störquelle für Punkt P, indem dort eine magnetische Störfeldstärke $\vec{H}_y$ erzeugt wird. P ist gleich weit von beiden Leitern entfernt.

a) Untersuchen Sie den Einfluss des Leiterabstandes a, des senkrechten Punktabstandes d und der Stromstärke $I_1 = I_2$ in den Leitern durch Herleiten einer Beziehung $H_y = f(a,d,I)$.

b) Wie groß ist der Betrag H_y der Störfeldstärke im Punkt P für $I_1 = I_2 = 1\,\text{A}$, $d = 10\,\text{cm}$, $a = 2\,\text{cm}$?

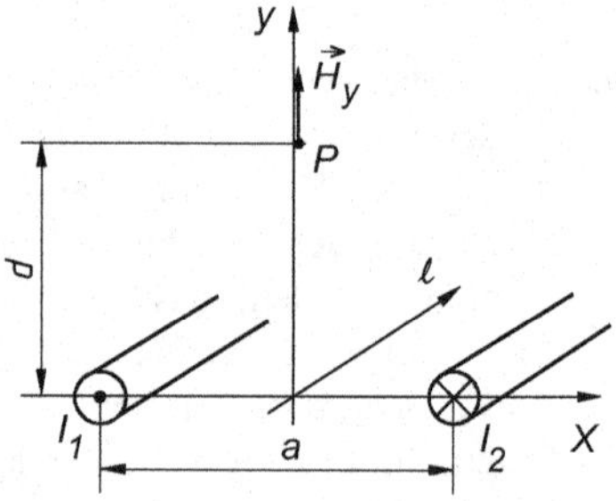

❷ **21.12:** Im Anschluss zu Aufgabe 21.11 suchen Sie nach einer Erklärung für die Tatsache, dass eine verdrillte Leitung noch weniger magnetische Störfeldstärke H_y im Punkt P erzeugt als eine Paralleldrahtleitung mit kleinstem Abstand a bei sonst gleichen Bedingungen.

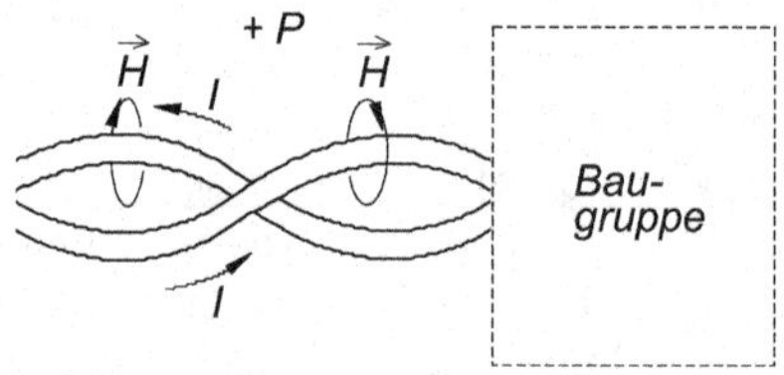

❷ **21.13:** Eine Fehlerstrom-Schutzeinrichtung (RCD) schaltet den Betriebsstrom sofort ab, wenn der Nennfehlerstrom (z.B. 30 mA) überschritten wird.

a) Wie „merkt" der FI-Schutzschalter (RCD = Residual Current protective Device), dass infolge eines Isolationsfehlers ein Fehlerstrom fließt?

b) Wie groß ist der magnetische Fluss im Eisenkern, wenn der Magnetwerkstoff eine Permeabilitätszahl $\mu_r = 90000$ hat?

Kernabmessungen: Durchmesser $d = 1{,}8$ cm,
Höhe $h = 1{,}8$ cm,
Wandstärke $a = 0{,}4$ cm.

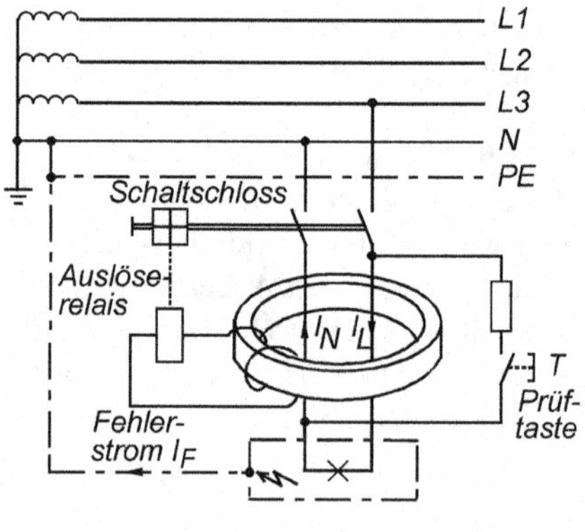

❷❸ **21.14:** Der Leiterabstand einer Paralleldrahtleitung beträgt $a = 20\,\text{cm}$; die Kupferquerschnittsfläche jeder Leitung sei $A_{Cu} = 25\ \text{mm}^2$. In den Leitern fließe der Strom $I = 100\,\text{A}$ in entgegengesetzten Richtungen.

a) Wie groß ist der magnetische Fluss Φ, der zwischen beiden Leitungen auf einer Länge $l = 1$ m hindurchtritt ?

b) Kann vom magnetischen Fluss Φ, der die Querschnittsfläche $A = a \cdot l$ durchsetzt, auf die örtliche Flussdichte B geschlossen werden?

c) Wie groß ist die magnetische Flussdichte B längs der Mittelachse der Leitung ?

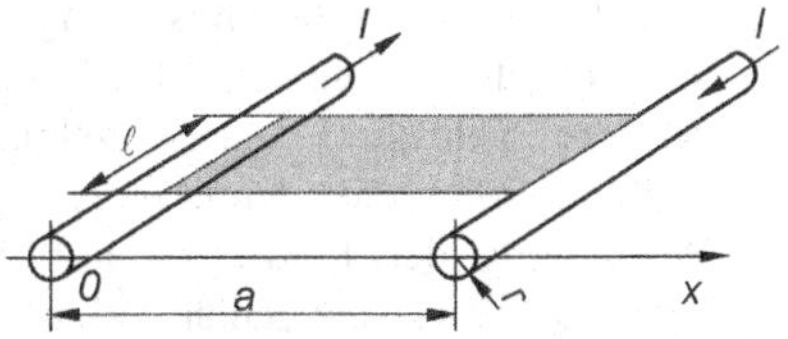

❷❸ **21.15:** Ein Punkt P befinde sich im senkrechten Abstand R von einem stromdurchflossenen Leiter der Länge $l = 2R$. Der Leiter verlaufe in Luft. Störungen des magnetischen Feldes an den Leiterenden sollen vernachlässigt werden.

a) Welche Aussagen macht das Biot-Savart'sche Gesetz in diesem Fall ?

b) Man finde eine geometrische Näherungslösung zur Bestimmung der Feldstärke H im Punkt P für $I = 10\,\text{A}$ und $R = 4\,\text{m}$.

c) Man berechne den genauen Feldstärkewert über das Biot-Savart'sche Gesetz.

d) Die unter c) gefundene Lösung soll auf den Sonderfall des unendlich langen, geraden Leiters überführt werden.

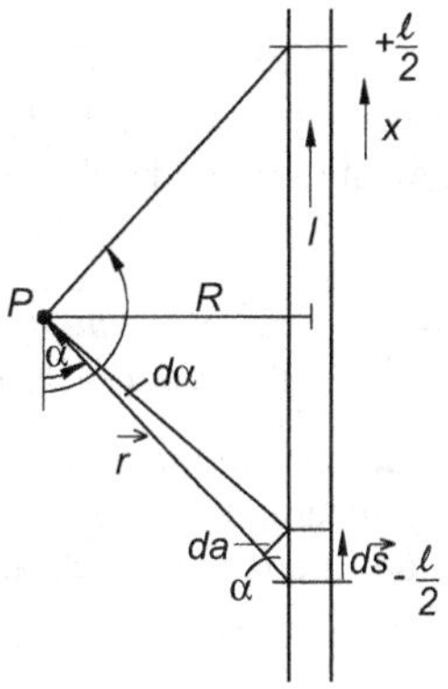

❷❸ **21.16:** Gegeben sei ein stromdurchflossener Kreisring mit dem Radius R. Auf der Mittelachse sind zwei Raumpunkte P_1 und P_2 markiert, deren Feldstärke H_1 und H_2 mit dem Biot-Savart'schen Gesetz bestimmt werden soll.

a) Man stelle zunächst das magnetische Feld des Kreisrings mit Richtung von H_1 und H_2 dar.

b) Leiten Sie eine Formel zur Berechnung der magnetischen Feldstärke H_1 und H_2 in den Raumpunkten P_1 und P_2 her.

c) Berechnen Sie die Feldstärken H_1 und H_2 für $I = 10$ A, $R = 5$ cm, $a = 10$ cm.

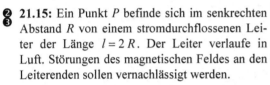

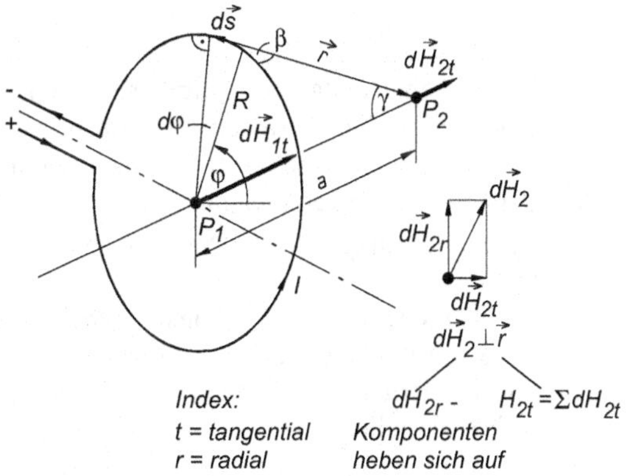

❸ **21.17:** Gegeben ist ein quadratischer Leiterrahmen, durch den der Strom I fließt. Gesucht ist die magnetische Feldstärke im Mittelpunkt des Rahmens.

a) Man finde eine Näherungslösung unter Verwendung der bekannten Formel für die magnetische Feldstärke im Mittelpunkt eines stromdurchflossenen Kreisrings.

b) Berechnung der Feldstärke mit dem Biot-Savart'schen Gesetz gemäß Skizze.

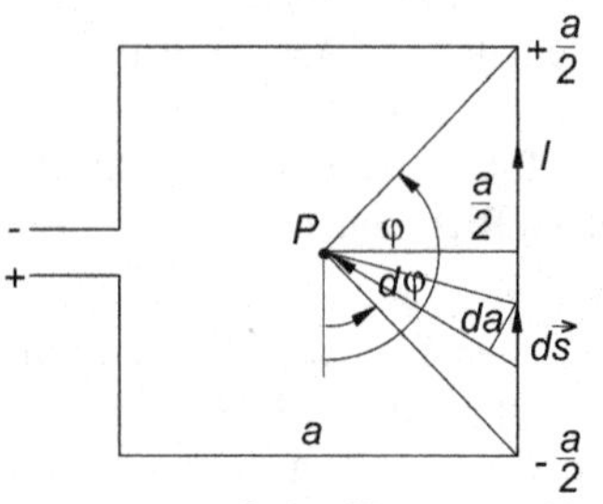

Seitenlänge $a = 10$ *cm*
Stromstärke $I = 1$ *A*

❸ **21.18:** Eine rechteckförmige, gerade Sammelschiene in einer Schaltanlage werde vom Strom I durchflossen.

Gesucht ist die magnetische Feldstärke $\vec{H}_y$ im Punkt P.

Hinweis: Die Formel für die magnetische Feldstärke im Punkt P für den Fall eines stromdurchflossenen langen, geraden Drahtes sei bereits bekannt (s. 21.15):

$$H = \frac{I}{2\pi R}$$ mit R = senkrechter Abstand des Punktes P vom Leiter

Die Sammelschiene der Höhe h soll als Parallelschaltung mehrerer Einzelstromleiter behandelt werden, um die resultierende magnetische Feldstärke $\vec{H}_y$ im Punkt P zu ermitteln. $\vec{H}_y$ ist die Feldstärkenkomponente in y-Richtung gemäß Skizze. Die Breite b der Sammelschiene soll auf das Ergebnis keinen Einfluss haben, da $b \ll h$.

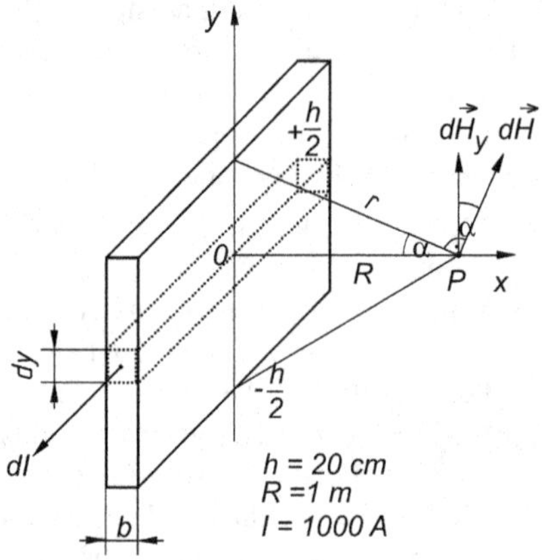

$h = 20$ cm
$R = 1$ m
$I = 1000$ A

❸ **21.19:** Für eine einlagige Zylinderspule mit N Windungen ist eine Beziehung zur Berechnung der magnetischen Feldstärke $\vec{H}$ für einen Punkt P auf der Mittelachse herzuleiten.

a) Feldstärkebetrag H für Punkt P bei einer Spule mit N = 1

b) Feldstärkebetrag H für Punkt P bei einer Spule der Länge l mit N Windungen.

c) Spezialisierung der allgemeinen Beziehung auf Sonderfälle:

$$a = 0 \text{ bei } l >> R; \quad a = \frac{l}{2} \text{ bei } l >> R$$

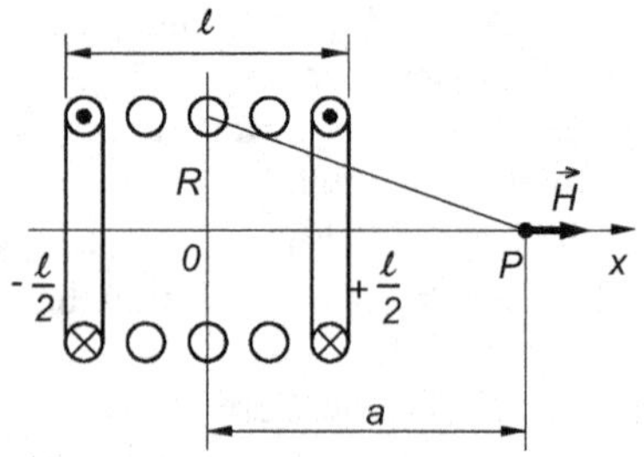

21.2 Lösungen

21.1

a) Eine Windung mit I

b) Vier Windungen mit $\frac{1}{4}I$

c) Vier Windungen mit $\frac{1}{2}I$

21.2

a) $\Theta = -(I_1 - I_2)$, Feldrichtung entgegen Umlaufrichtung
b) $\Theta = -5I$, Feldrichtung entgegen Umlaufrichtung
c) $\Theta_1 = +4I$, Feldrichtung in Umlaufrichtung
$\Theta_2 = +4I$, Feldrichtung in Umlaufrichtung
$\Theta_3 = 0$

21.3

Durchflutungssatz

$$\Theta = I = \int_0^{s=2\pi R} \vec{H} \cdot \mathrm{d}\vec{s}$$

Als Integrationsweg wird ein Kreisumlauf mit Radius R in Feldrichtung gewählt, sodass alle Punkte auf dieser Linie dieselbe Feldstärke aufweisen.

Folgt:

$$I = H[s]_0^{2\pi R} = H \cdot 2\pi R$$

$$I = 50\tfrac{\mathrm{A}}{\mathrm{m}} \cdot 2\pi \cdot \frac{10}{\pi} \cdot 10^{-2}\mathrm{m} = 10\,\mathrm{A}$$

21.4

Die magnetische Spannung ist definiert als das Linienintegral der magnetischen Feldstärke über den Weg zwischen zwei Punkten, z.B.:

$$V_{\mathrm{ab}} = \int_a^b \vec{H} \cdot \mathrm{d}\vec{s}$$

Die Lösung dieses Integrals für den Feldabschnitt $a \to b$ scheint unmöglich zu sein, da der Integrationsweg s numerisch nicht bekannt und die Feldstärken der einzelnen Feldpunkte auf diesem Weg auch noch verschieden groß und unbekannt sind.

Die Lösung des Integrals ist jedoch sehr einfach, wenn man bedenkt, dass laut Durchflutungssatz für einen vollen Umlauf um den Strom I eine magnetische Spannung V gebildet wird, die gleich der Durchflutung Θ sein muss. V heißt magnetische Umlaufspannung.

$$V = \Theta = \oint \vec{H} \cdot \mathrm{d}\vec{s} \quad \text{mit} \quad \Theta = I$$

$$V = I = 10\,\mathrm{A}$$

Den Teilumläufen sind dann entsprechend magnetische Teilspannungen zugeordnet:

$V = \Theta$ bei 2π

$$V = \frac{\Theta}{2\pi}\hat{\varphi} \text{ bzw. } V = \frac{\Theta}{360^\circ}\varphi$$

Folgt:

$$V_{\mathrm{ab}} = +\int_a^b \vec{H} \cdot \mathrm{d}\vec{s} = \int_{\varphi=0}^{90^\circ} \frac{\Theta}{360^\circ}\,\mathrm{d}\varphi$$

$$V_{\mathrm{ab}} = +\Theta \cdot \frac{90^\circ}{360^\circ} = +\frac{\Theta}{4}$$

$$V_{\mathrm{ab}} = +2{,}5\,\mathrm{A}$$

weitere Ergebnisse:

$$V_{\mathrm{bc}} = \frac{\Theta}{360^\circ}\int_b^c \mathrm{d}\varphi = 0$$

$$V_{\mathrm{cd}} = \frac{\Theta}{360^\circ}\int_c^d \mathrm{d}\varphi = -2{,}5\,\mathrm{A}$$

$$V_{\mathrm{da}} = \frac{\Theta}{360^\circ}\int_d^a \mathrm{d}\varphi = 0$$

$$\sum V = V_{\mathrm{ab}} + V_{\mathrm{bc}} + V_{\mathrm{cd}} + V_{\mathrm{da}} = 0$$

(Umlauf, der keine Durchflutung umfasst)

21.5

a) $\oint_s \vec{H} \cdot \mathrm{d}\vec{s} = I \cdot \mathrm{N}$ mit $H = \text{konst.}$

$$I \cdot N = H \int_0^{2\pi R} \mathrm{d}s = H \cdot 2\pi R$$

$$I = \frac{H \cdot 2\pi\, R}{\mathrm{N}} = \frac{100\,\mathrm{A} \cdot 2\pi \cdot 2 \cdot 10^{-2}\mathrm{m}}{\mathrm{m} \cdot 1000}$$

$$I = 12{,}6\,\mathrm{mA}$$

b) Luftspule:

$$B_{\mathrm{L}} = \mu_{\mathrm{r}} \cdot \mu_0 \cdot H = 1 \cdot 4\pi \cdot 10^{-7}\tfrac{\mathrm{Vs}}{\mathrm{Am}} \cdot 100\tfrac{\mathrm{A}}{\mathrm{m}} = 125{,}6\,\mu\mathrm{T}$$

Eisengefüllte Spule:

$$B_{\mathrm{Fe}} = \mu_{\mathrm{r}} \cdot \mu_0 \cdot H = 2000 \cdot 4\pi \cdot 10^{-7}\tfrac{\mathrm{Vs}}{\mathrm{Am}} \cdot 100\tfrac{\mathrm{A}}{\mathrm{m}} = 0{,}25\,\mathrm{T}$$

c) Luftspule:

$$H_{\mathrm{L}} = \frac{B_{\mathrm{L}}}{\mu_{\mathrm{r}} \cdot \mu_0} = \frac{100 \cdot 10^{-3}\,\mathrm{Vs}}{1 \cdot 4\pi \cdot 10^{-7}\tfrac{\mathrm{Vs}}{\mathrm{Am}}\mathrm{m}^2} = 79618\,\tfrac{\mathrm{A}}{\mathrm{m}}$$

$$I = \frac{H_{\mathrm{L}} \cdot 2\pi\ R}{\mathrm{N}} = \frac{79618\,\mathrm{A} \cdot 2\pi \cdot 2 \cdot 10^{-2}\mathrm{m}}{\mathrm{m} \cdot 1000} = 10\,\mathrm{A}$$

Eisengefüllte Spule:

$$H_{\mathrm{Fe}} = \frac{B_{\mathrm{Fe}}}{\mu_{\mathrm{r}} \cdot \mu_0}$$

(nicht berechenbar, da μ_{r} nicht bekannt ist; der Wert $\mu_{\mathrm{r}} = 2000$ galt nur für $B = 0{,}25$ T)

21.6

a) Als mittlere magnetische Feldstärke H_m wird die Feldstärke angesehen, die entlang der mittleren Feldlinie besteht.

Mittlerer Radius:

$$r_m = \frac{r_1 + r_2}{2} = 5\ \text{cm}$$

Mittlere Feldlinienlänge:

$$l_m = 2\pi r_m = 2\pi \cdot 5\ \text{cm} = 0{,}314\ \text{m}$$

Durchflutungssatz:

$$\oint_s \vec{H} \cdot d\vec{s} = I \cdot N$$

$$I \cdot N = H \oint_{s=l_m} ds\ ;\ \text{da } H = \text{konst.}$$

$$I \cdot N = H_m \cdot l_m$$

$$H_m = \frac{I \cdot N}{l_m} = \frac{0{,}2\text{A} \cdot 1000}{0{,}314\ \text{m}} = 637 \frac{\text{A}}{\text{m}}$$

b) Fläche

$$A = h(r_2 - r_1) = 2\ \text{cm} \cdot 2\ \text{cm} = 4\ \text{cm}^2$$

Mittlere Flussdichte

$$B_m = \mu_r \cdot \mu_0 \cdot H_m = 1 \cdot 4\pi \cdot 10^{-7} \frac{\text{Vs}}{\text{Am}} \cdot 637 \frac{\text{A}}{\text{m}} = 0{,}8\ \text{mT}$$

Magnetischer Fluss

$$\Phi = B_m \cdot A = 0{,}8 \cdot 10^{-3} \frac{\text{Vs}}{\text{m}^2} \cdot 4 \cdot 10^{-4}\text{m}^2 = 0{,}32\ \mu\text{Vs}$$

21.7

Der Integrationsweg um eine Durchflutung kann beliebig gewählt werden. Es muss jedoch zu einer Summierung von Feldstärke-Weg-Elementen kommen, wobei nur die Feldkomponenten, die in Wegrichtung zeigen, berücksichtigt werden dürfen.

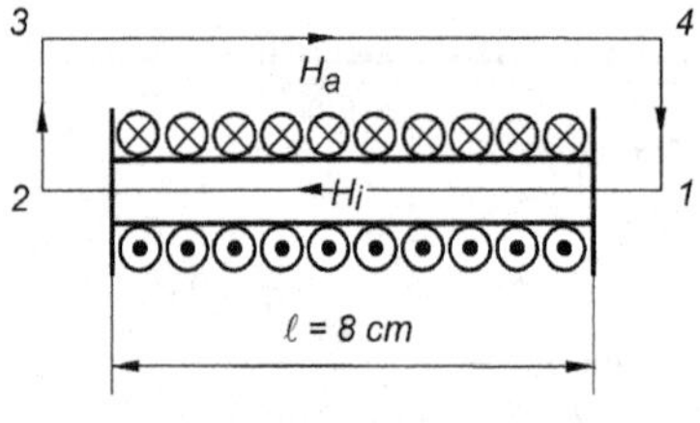

$$\int_1^2 \vec{H}_i \cdot d\vec{s} + \underbrace{\int_2^3 \vec{H}_{a2} \cdot d\vec{s}}_{\approx 0} + \underbrace{\int_3^4 \vec{H}_{a3} \cdot d\vec{s}}_{\approx 0} + \underbrace{\int_4^1 \vec{H}_{a4} \cdot d\vec{s}}_{\approx 0} = I \cdot N$$

Folgt:

$$H_i \cdot l \approx I \cdot N$$

$$H_i \approx \frac{I \cdot N}{l}$$

$$H_i \approx \frac{1\text{A} \cdot 100}{8 \cdot 10^{-2}\text{m}} \approx 1250 \frac{\text{A}}{\text{m}}$$

21.8

a) $I = \frac{\Theta}{N} = \frac{400\ \text{A}}{2000} = 0{,}2\ \text{A}$

$U_N = I \cdot R = 0{,}2\ \text{A} \cdot 125\ \Omega = 25\ \text{V}$

b) Feldstärke im Luftspalt des angezogenen Relais:

$$H_L = \frac{0{,}8 \cdot \Theta}{l_L} = \frac{0{,}8 \cdot 400\ \text{A}}{1 \cdot 10^{-3}\text{m}} = 320000 \frac{\text{A}}{\text{m}}$$

Flussdichte im Luftspalt:

$$B_L = \mu_r \cdot \mu_0 \cdot H_L = 1 \cdot 4\pi \cdot 10^{-7} \frac{\text{Vs}}{\text{Am}} \cdot 320 \cdot 10^3 \frac{\text{A}}{\text{m}}$$

$$B_L = 0{,}4\ \text{T}$$

Luftspaltquerschnitt:

$$A_L = \frac{d^2 \pi}{4} = 0{,}785\ \text{cm}^2$$

Magnetischer Fluss:

$$\Phi = B_L \cdot A_L = 0{,}4 \frac{\text{Vs}}{\text{m}^2} \cdot 0{,}785 \cdot 10^{-4}\text{m}^2$$

$$\Phi = 31{,}4\ \mu\text{Vs}$$

Bei Annahme Streufluss = 0, ist der magnetische Fluss Φ im gesamten magnetischen Kreis des Relais gleich groß, während die Flussdichten je nach Querschnittsfläche verschieden groß sein können.

21.9

Die magnetischen Feldlinien um einen stromdurchflossenen geraden Draht müssen konzentrische Kreise sein, somit auch H = konst.:

$$\oint_s \vec{H} \cdot d\vec{s} = I \quad \text{mit } d\vec{s} = R \cdot d\vec{\varphi}$$

$$H \int_0^{2\pi} R \cdot d\varphi = I \Rightarrow H \cdot R[\varphi]_0^{2\pi} = I \Rightarrow H = \frac{I}{2\pi \cdot R}$$

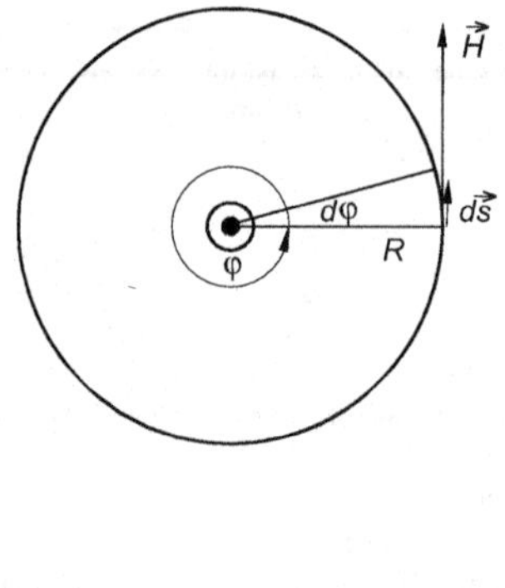

21.10

Stromdichte im Leiterquerschnitt

$$S = \frac{I}{A} \quad \text{mit } A = R^2\pi$$

$$S = \frac{I}{\pi R^2} \qquad ①$$

Es muss nun die Teildurchflutung Θ_i (Teilstromstärke I_i) die zu einer Teilfläche dA gehört, ermittelt werden:

$$\Theta_i = \int_A \vec{S} \cdot \mathrm{d}A \qquad ②$$

Die Stromdichte S ist konstant und bereits bekannt. Die kreisförmige Teilfläche gemäß Skizze:

$$\mathrm{d}A = r^2\pi \qquad ③$$

① und ③ in ②:

$$\Theta_i = \frac{I}{\pi R^2} \cdot r^2\pi \qquad ④$$

Durchflutungssatz für Feldstärke H_i im Leiterinnern:

$$\int_0^{2\pi r} H_i \cdot \mathrm{d}s = \Theta_i \qquad ⑤$$

④ in ⑤:

$$H_i \cdot 2\pi r = \frac{I}{\pi R^2} \cdot r^2\pi$$

$$H_i = \frac{I \cdot r}{2\pi R^2}$$

21.11

a)

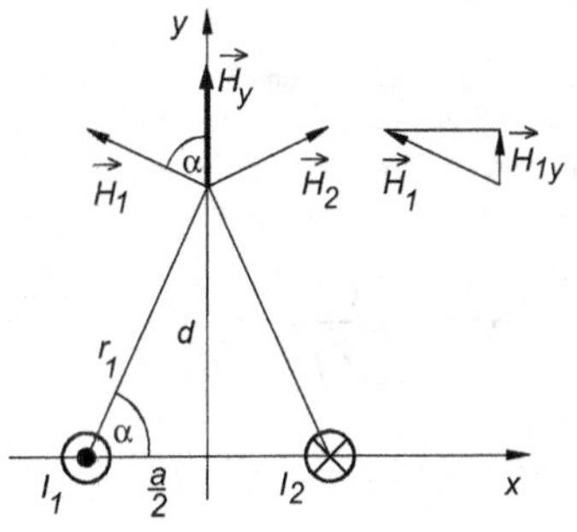

$$H_1 = \frac{I_1}{2\pi r_1}$$

$$\text{mit } r_1 = \sqrt{\left(\tfrac{a}{2}\right)^2 + d^2}$$

$$H_1 = \frac{I_1}{2\pi\sqrt{\left(\tfrac{a}{2}\right)^2 + d^2}}$$

Im Bild ablesbar:

$$H_{1y} = H_1 \cdot \cos\alpha \quad \text{mit } \cos\alpha = \frac{\frac{a}{2}}{r_1}$$

Folgt:

$$H_{1y} = \frac{I_1 \cdot a}{4\pi\left[\left(\frac{a}{2}\right)^2 + d^2\right]}$$

$$H_{2y} = \frac{I_2 \cdot a}{4\pi\left[\left(\frac{a}{2}\right)^2 + d^2\right]}$$

Gesamtfeldstärke in y-Richtung bei $I_1 = I_2 = I$:

$$H_y = \frac{I \cdot a}{2\pi\left[\left(\frac{a}{2}\right)^2 + d^2\right]}$$

b) $$H_y = \frac{1\,\mathrm{A} \cdot 2\,\mathrm{cm}}{2\pi\left[(1\,\mathrm{cm})^2 + (10\,\mathrm{cm})^2\right]}$$

$$H_y = 0{,}315\,\frac{\mathrm{A}}{\mathrm{m}}$$

21.12

Die magnetische Störfeldstärke eines Leiterpaares mit a = 1 mm Abstand ist etwa 50-mal größer als bei einer verdrillten Leitung.

Die Störfeldstärke $\vec{H}_y$ in Punkt P bildet sich durch Überlagerung von Teilstörfeldstärken. die von den benachbarten Leitungsabschnitten im Punkt P verursacht werden. Verdrillen bewirkt ein räumliches Vertauschen der Leiteranordnung und führt so zu einer gegenseitigen Aufhebung der Teilstörfeldstärken im Raumpunkt P.

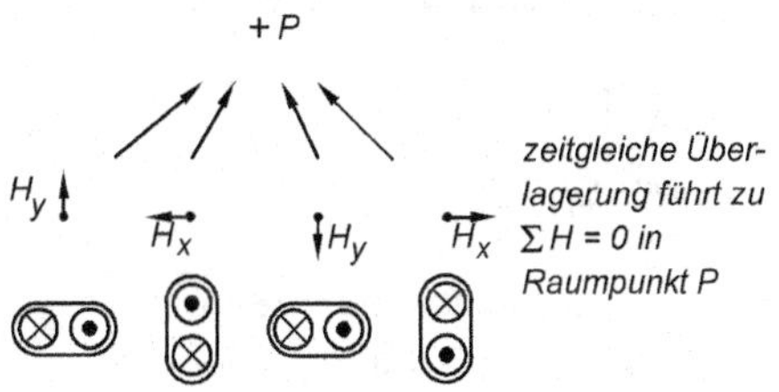

21.13

a) Solange die Summe der Ströme, die vom Eisenkreis umfasst werden, gleich null ist, heben sich die von den Einzelströmen erregten magnetischen Flüsse gegenseitig auf:

$$\Phi_L + \Phi_N = 0$$

Tritt ein Isolationsfehler auf, wird das Gleichgewicht der magnetischen Flüsse durch den „verlorengegangenen Strom" gestört, es entsteht ein resultierender Fluss Φ:

$$\Phi_L + \Phi_N \neq 0$$

Der resultierende magnetische Wechselfluss Φ erzeugt in der Sekundärwicklung einen Induktionsstrom, der bei Überschreitung eines Grenzwertes das Auslöserelais ansprechen lässt.

b) $\Theta = I \cdot \mathrm{N} = 30\ \mathrm{mA} \cdot 1\ \text{Windung} = 30\ \mathrm{mA}$

$$l_\mathrm{m} = \pi \cdot dm = \pi \cdot 1{,}8\ \mathrm{cm} = 5{,}6\ \mathrm{cm}$$

$$\mathrm{H} = \frac{\Theta}{l_\mathrm{m}} = \frac{30\ \mathrm{mA}}{5{,}6\ \mathrm{cm}} = 5{,}4\frac{\mathrm{mA}}{\mathrm{cm}}$$

$$B = \mu_\mathrm{r} \cdot \mu_0 \cdot H = 90000 \cdot 4\pi \cdot 10^{-7}\frac{\mathrm{Vs}}{\mathrm{Am}} \cdot 5{,}4 \cdot \frac{\mathrm{mA}}{10^{-2}\mathrm{m}}$$

$$B = 61\ \mathrm{mT}$$

$$\Theta = B \cdot A = B\ (a \cdot h) = 61\ \mathrm{mT} \cdot 0{,}72\ \mathrm{cm}^2$$

$$\Theta = 4{,}4\ \mu\mathrm{Vs}$$

21.14

a) Teilfluss erzeugt von einem Stromleiter:

$$\Phi_1 = \oint_A \vec{B}_1 \cdot \mathrm{d}\vec{A} \quad \text{mit} \quad \mathrm{d}A = l \cdot \mathrm{d}x$$

$$B_1 = \mu_\mathrm{r} \cdot \mu_0 \cdot H_1 = \mu_\mathrm{r} \cdot \mu_0 \cdot \frac{I}{2\pi x}$$

$$\Phi_1 = \mu_\mathrm{r} \cdot \mu_0 \frac{I \cdot l}{2\pi} \int_{x=r}^{x=a-r} \frac{\mathrm{d}x}{x}$$

Lösung des Integrals $\int \frac{\mathrm{d}x}{x} = \ln x$

$$\Phi_1 = \mu_\mathrm{r} \cdot \mu_0 \cdot \frac{I \cdot l}{2\pi}\left[\ln x\right]_r^{a-r}$$

$$\Phi_1 = \mu_\mathrm{r} \cdot \mu_0 \cdot \frac{I \cdot l}{2\pi} \ln\left(\frac{a-r}{r}\right)$$

Ebenso erzeugt der andere Stromleiter einen Teilfluss:

$\Phi = \Phi_1 + \Phi_2$ bei $I_1 = I_2$ und entgegengesetzter Stromrichtung

Ergebnis:

$$\Phi = \mu_\mathrm{r} \cdot \mu_0 \cdot \frac{I \cdot l}{\pi} \ln\left(\frac{a-r}{r}\right)$$

Zahlenwerte:
Kupferquerschnitt

$$A_\mathrm{Cu} = 25\ \mathrm{mm}^2 \Rightarrow r = \sqrt{\frac{A_\mathrm{Cu}}{\pi}} = 2{,}82\ \mathrm{mm}$$

Magnetischer Fluss:

$$\Phi = 1 \cdot 4\pi \cdot 10^{-7}\frac{\mathrm{Vs}}{\mathrm{Am}} \cdot \frac{100\ \mathrm{A} \cdot 1\ \mathrm{m}}{\pi} \cdot \ln\left(\frac{20\ \mathrm{cm} - 0{,}282\ \mathrm{cm}}{0{,}282\ \mathrm{cm}}\right)$$

$$\Phi = 0{,}17\ \mathrm{mVs}$$

b) Nein, da das magnetische Feld im betrachteten Feldbereich nicht homogen ist. Die Rechnung

$$B = \frac{\Phi}{A} = \frac{\Phi}{l(a-2r)} = \frac{0{,}17\ \mathrm{mVs}}{1\ \mathrm{m}\left(0{,}2\ \mathrm{m} - 2 \cdot 0{,}00282\ \mathrm{m}\right)}$$

$$B = 0{,}874\ \mathrm{mT}$$

bringt nur den arithmetischen Mittelwert der örtlich verschiedenen Flussdichten heraus.

c) Feldstärke in Mittelachse

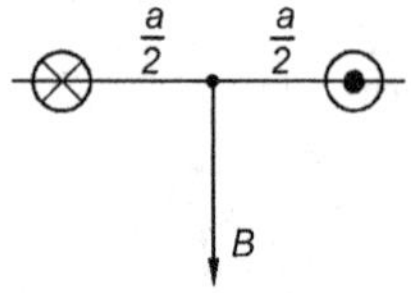

$$H = H_1 + H_2$$

$$H = 2 \cdot \frac{I}{2\pi\frac{a}{2}}$$

$$H = 2 \cdot \frac{100\ \mathrm{A}}{2\pi \cdot 0{,}1\ \mathrm{m}} = 318\ \tfrac{\mathrm{A}}{\mathrm{m}}$$

Flussdichte in Mittelachse

$$B = \mu_\mathrm{r} \cdot \mu_0 \cdot H = 1 \cdot 4\pi \cdot 10^{-7}\tfrac{\mathrm{Vs}}{\mathrm{Am}} \cdot 318 \cdot \tfrac{\mathrm{A}}{\mathrm{m}} = 0{,}4\ \mathrm{mT}$$

21.15

a) Das Biot-Savart'sche Gesetz beschreibt den Zusammenhang zwischen einer magnetischen Teilfeldstärke $\mathrm{d}\vec{H}$ und einem Strom I in einem Wegelement $\mathrm{d}\vec{s}$ für einen Punkt P im Abstand $\vec{r}$ vom Wegelement.

$$\mathrm{d}\vec{H} = \frac{I\left(\mathrm{d}\vec{s} \times \vec{r}\right)}{4\pi r^3} \quad \text{mit} \quad \left|\mathrm{d}\vec{s} \times \vec{r}\right| = \mathrm{d}s \cdot r \cdot \sin\alpha$$

$$\mathrm{d}H = \frac{I \cdot \mathrm{d}s}{4\pi r^2} \cdot \sin\alpha$$

Deutung:

$I \cdot \mathrm{d}s$	wahres Strom-Weg-Element
$I \cdot \mathrm{d}s \cdot \sin\alpha$	scheinbar verkürztes, d.h. vom Punkt P aus sichtbares Strom-Weg-Element
$4\pi r^2 =$	Kugeloberfläche um Punkt P mit Radius r

b)

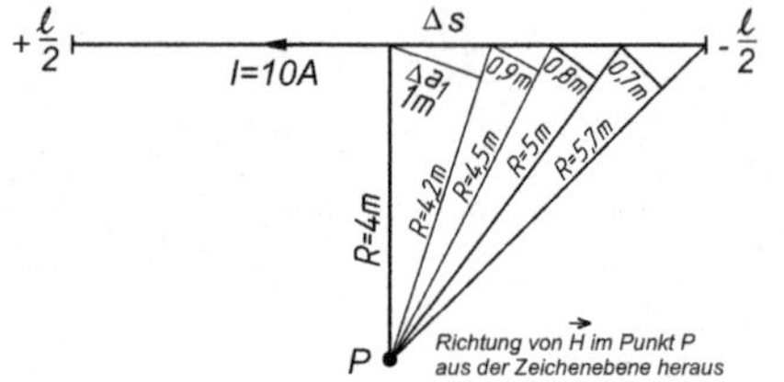

$$H \approx \frac{I}{4\pi}\left[\frac{\Delta a_1}{r_1^2} + \frac{\Delta a_2}{r_2^2} + \frac{\Delta a_3}{r_3^2} + \frac{\Delta a_4}{r_4^2}\right] \cdot 2$$

$$H \approx \frac{10\mathrm{A}}{4\pi}\left[\frac{1\mathrm{m}}{(4{,}2\mathrm{m})^2} + \frac{0{,}9\mathrm{m}}{(4{,}5\mathrm{m})^2} + \frac{0{,}8\mathrm{m}}{(5\mathrm{m})^2} + \frac{0{,}7\mathrm{m}}{(5{,}7\mathrm{m})^2}\right] \cdot 2 = 0{,}25\frac{\mathrm{A}}{\mathrm{m}}$$

c) $\mathrm{d}H = \dfrac{I \cdot \mathrm{d}s}{4\pi r^2} \cdot \sin\alpha$ mit $\sin\alpha = \dfrac{\mathrm{d}a}{\mathrm{d}s}$

$\mathrm{d}H = \dfrac{I \cdot \mathrm{d}a}{4\pi r^2}$ mit $\mathrm{d}a = r \cdot \mathrm{d}\alpha$

$\mathrm{d}H = \dfrac{I \cdot \mathrm{d}\alpha}{4\pi r}$ mit $\sin\alpha = \dfrac{R}{r}$

$\mathrm{d}H = \dfrac{I \cdot \sin\alpha \cdot \mathrm{d}\alpha}{4\pi R}$

$H = \dfrac{I}{4\pi R} \displaystyle\int_{\alpha=45^\circ}^{\alpha=135^\circ} \sin\alpha \cdot \mathrm{d}\alpha$ mit $\alpha = +45^\circ$ für Grenze $+\dfrac{l}{2}$

$\alpha = +135^\circ$ für Grenze $-\dfrac{l}{2}$

$$H = \frac{I}{4\pi R}\left[-\cos\alpha\right]_{+45^\circ}^{+135^\circ} = \frac{I}{4\pi R}\left[(+0{,}707)-(-0{,}707)\right]$$

$$H = \frac{1{,}41 \cdot I}{4\pi R} = \frac{1{,}41 \cdot 10\ \mathrm{A}}{4\pi \cdot 4\ \mathrm{m}} = 0{,}28\ \frac{\mathrm{A}}{\mathrm{m}}$$

d) Für den unendlich langen Leiter folgt mit

$-\dfrac{l}{2} \Rightarrow -\infty \quad \hat{=}\ \alpha_1 = 0^\circ$

$+\dfrac{l}{2} \Rightarrow +\infty \quad \hat{=}\ \alpha_2 = 180^\circ$

$$H = \frac{I}{4\pi R}\left[-\cos\alpha\right]_{\alpha_1}^{\alpha_2} = \frac{I}{4\pi R}\left[\cos\alpha_1 - \cos\alpha_2\right]$$

$$H = \frac{I}{4\pi R}\left[(+1)-(-1)\right]$$

$$H = \frac{I}{2\pi R} \quad \Rightarrow \quad H = \frac{10\ \mathrm{A}}{2\pi \cdot 4\ \mathrm{m}} = 0{,}4\ \frac{\mathrm{A}}{\mathrm{m}}$$

21.16

a)

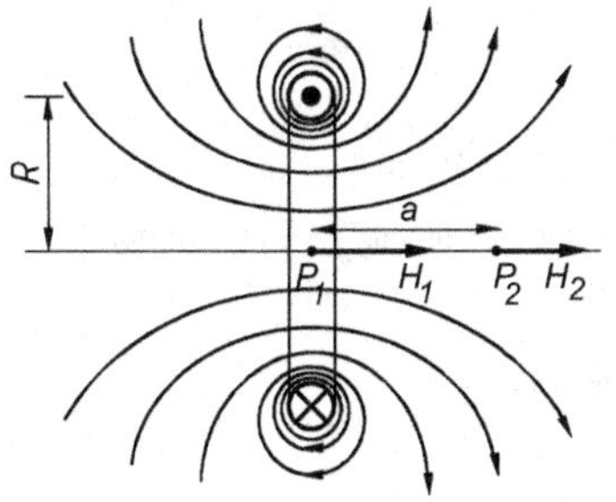

b)

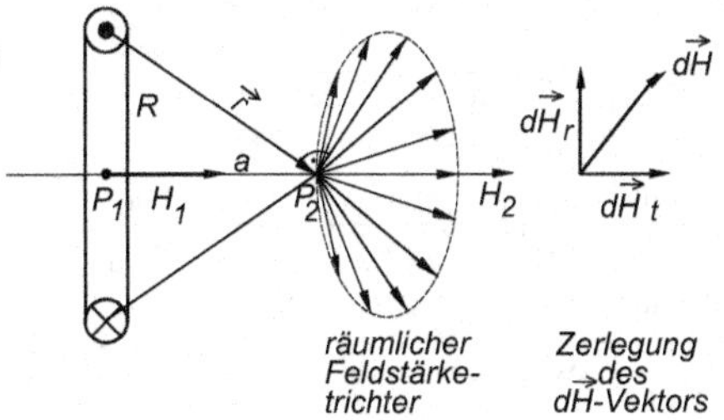

Alle Vektoren $\mathrm{d}\vec{H}$ stehen senkrecht auf der Mantelfläche eines Kegels, der durch Vektor $\vec{r}$ an stromdurchflossenen Kreisring gebildet wird.

Lösung für Punkt P_1:

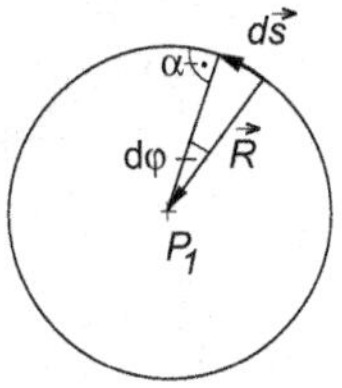

$$\mathrm{d}\vec{H}_1 = \frac{I}{4\pi} \cdot \frac{(\mathrm{d}\vec{s} \times \vec{R})}{R^3}$$

mit $|\mathrm{d}\vec{s} \times \vec{R}| = \mathrm{d}s \cdot R \cdot \sin\ \alpha$

und $\alpha = 90^\circ$ wird $\mathrm{d}s = R \cdot \mathrm{d}\varphi$

$$\text{Folgt } H_1 = \frac{I}{4\pi} \int \frac{R \cdot \mathrm{d}\varphi \cdot R \cdot \sin 90^\circ}{R^3}$$

$$H_1 = \frac{I}{4\pi R} \int_0^{2\pi} \mathrm{d}\varphi = \frac{I}{4\pi R}\left[\varphi\right]_0^{2\pi}$$

$$H_1 = \frac{I}{2R}$$

(Feldstärke im Mittelpunkt eines stromdurchflossenen Kreisrings)

Lösung für Punkt P_2:

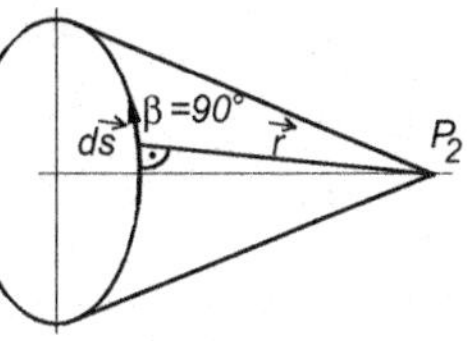

$$\mathrm{d}\vec{H}_2 = \frac{I}{4\pi} \cdot \frac{(\mathrm{d}\vec{s} \times \vec{r})}{r^3}$$

mit $r = \sqrt{a^2 + R^2}$

$|\mathrm{d}\vec{s} \times \vec{R}| = \mathrm{d}s \cdot r \cdot \sin\ \beta$

$$\text{Folgt: } \mathrm{d}H_2 = \frac{I}{4\pi} \cdot \frac{\mathrm{d}s}{(a^2 + R^2)}$$

Das Wegstück $\mathrm{d}\vec{s}$ wird durch eine Beziehung mit Drehwinkel $\mathrm{d}\varphi$ ersetzt (s.o.): $\mathrm{d}s = R \cdot \mathrm{d}\varphi$ und ergibt:

$$\mathrm{d}H_2 = \frac{I \cdot R}{4\pi(a^2 + R^2)} \cdot \mathrm{d}\varphi$$

Die Teilfeldstärke $\mathrm{d}H_2$ wird in eine radiale und tangentiale Komponente zerlegt. Die radiale Komponente hebt sich infolge Symmetrie auf, die tangentiale Komponente ergibt:

$\mathrm{d}H_\mathrm{t} = \mathrm{d}H_2 \cdot \sin\gamma$

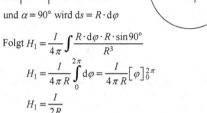

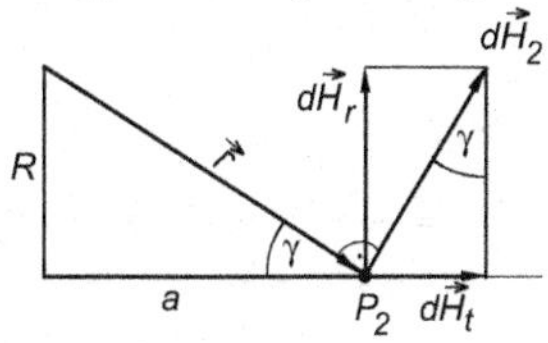

Winkel γ wird ersetzt:

$$\sin\gamma = \frac{R}{r} = \frac{R}{\sqrt{a^2 + R^2}}$$

Eingesetzt:

$$\mathrm{d}H_\mathrm{t} = \mathrm{d}H_2 \cdot \sin\gamma = \frac{I \cdot R}{4\pi\ (a^2 + R^2)} \cdot \frac{R}{\sqrt{a^2 + R^2}} \cdot \mathrm{d}\varphi$$

Folgt für Kreisring:

$$H_\mathrm{t} = H_2 = \frac{I \cdot R^2}{4\pi\left(a^2 + R^2\right)^{\frac{3}{2}}} \int_0^{2\pi} \mathrm{d}\varphi$$

$$H_2 = \frac{I \cdot R^2}{4\pi\left(a^2 + R^2\right)^{\frac{3}{2}}}\left[\varphi\right]_0^{2\pi} \quad \Rightarrow \quad \boxed{H_2 = \frac{I \cdot R^2}{2\left(a^2 + R^2\right)^{\frac{3}{2}}}}$$

c) $H_1 = \dfrac{I}{2R} = \dfrac{10\ \mathrm{A}}{2 \cdot 5\ \mathrm{cm}} = 100\ \dfrac{\mathrm{A}}{\mathrm{m}}$

$$H_2 = \frac{I \cdot R^2}{2(a^2 + R^2)^{1,5}} = \frac{10\ \mathrm{A} \cdot 25\ \mathrm{cm}^2}{2(100 + 25)^{1,5}\ \mathrm{cm}^3} = 8{,}94\ \frac{\mathrm{A}}{\mathrm{m}}$$

21.17

a) Ansatz: Verwandlung der Kreisfläche in ein näherungsweise flächengleiches Quadrat:

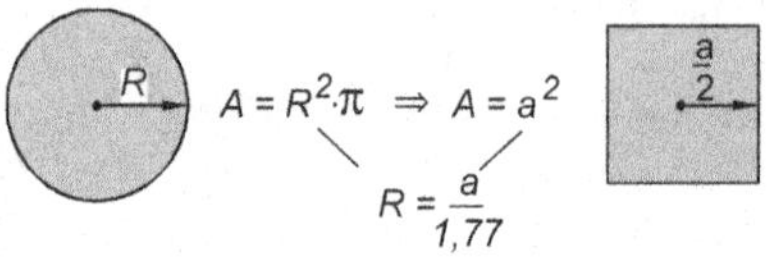

$$H=\frac{I}{2R} \quad\Rightarrow\quad H=\frac{\mathrm{I}}{2\frac{a}{\sqrt{\pi}}}$$

$$H=\frac{1\mathrm{A}}{2\cdot\frac{0{,}01\,\mathrm{m}}{\sqrt{\pi}}}=88{,}6\,\frac{\mathrm{A}}{\mathrm{m}}$$

b) Es wird zunächst nur eine Seite des Rahmens betrachtet und dann das Ergebnis mit vier multipliziert. Der Feldstärkevektor zeigt aus der Zeichenebene heraus:

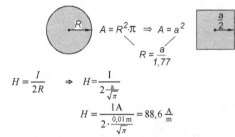

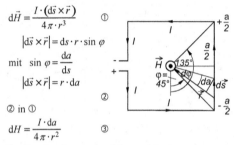

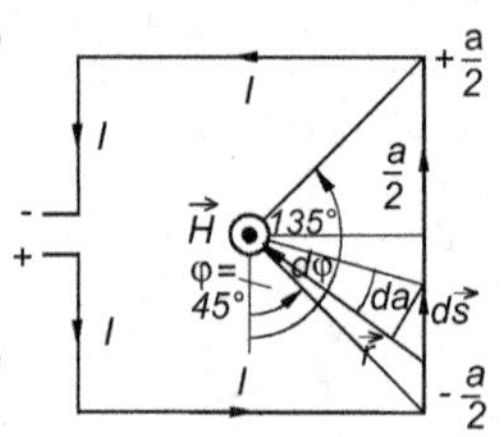

$$\mathrm{d}\vec{H}=\frac{I\cdot(\mathrm{d}\vec{s}\times\vec{r})}{4\pi\cdot r^3} \qquad ①$$

$$|\mathrm{d}\vec{s}\times\vec{r}|=\mathrm{d}s\cdot r\cdot\sin\varphi$$

$$\text{mit}\quad \sin\varphi=\frac{\mathrm{d}a}{\mathrm{d}s}$$

$$|\mathrm{d}\vec{s}\times\vec{r}|=r\cdot\mathrm{d}a \qquad ②$$

② in ①

$$\mathrm{d}H=\frac{I\cdot\mathrm{d}a}{4\pi\cdot r^2} \qquad ③$$

Das Streckenelement *da* wird ersetzt durch

$$\mathrm{d}a=r\cdot\mathrm{d}\varphi \qquad ④$$

④ in ③

$$\mathrm{d}H=\frac{I\cdot\mathrm{d}\varphi}{4\pi\cdot r} \qquad ⑤$$

Einführung der Grenzen

$$\sin\varphi=\frac{\frac{a}{2}}{r} \qquad ⑥ \qquad \text{mit } \varphi=+45^\circ \text{ für Grenze } -\tfrac{a}{2}$$

$$\varphi=+135^\circ \text{ für Grenze } +\tfrac{a}{2}$$

⑥ in ⑤

$$\mathrm{d}H=\frac{I}{4\pi\cdot\frac{a}{2}}\cdot\sin\varphi\cdot\mathrm{d}\varphi$$

Folgt:

$$H_1=\frac{I}{2\pi a}\int_{+45^\circ}^{+135^\circ}\sin\varphi\cdot\mathrm{d}\varphi$$

$$H_1=\frac{I}{2\pi a}\left[-\cos\varphi\right]_{+45^\circ}^{+135^\circ}$$

$$H_1=\frac{I}{2\pi a}\left[(-\cos 135^\circ)-(-\cos 45^\circ)\right]$$

$$H_1=\frac{\sqrt{2}\cdot I}{2\pi a}$$

$$H_{\text{ges}}=4\cdot H_1=\frac{2\cdot\sqrt{2}\cdot I}{\pi\cdot a}$$

$$H_{\text{ges}}=\frac{2\cdot\sqrt{2}\cdot 1\mathrm{A}}{\pi\cdot 0{,}01\mathrm{m}}=90\,\frac{\mathrm{A}}{\mathrm{m}}$$

21.18

Für den stromdurchflossenen, geraden Leiter gilt:

$$H=\frac{I}{2\pi R}$$

Folgt für langes Leiterstück:

$$\mathrm{d}H=\frac{\mathrm{d}I}{2\pi\cdot R} \qquad \text{mit Teilstrom } \mathrm{d}I=\frac{I}{h}\cdot\mathrm{d}y$$

$$\mathrm{d}H=\frac{I\cdot\mathrm{d}y}{2\pi\cdot h\cdot R}$$

Teilfeldstärke für beliebiges Leiterstück:

$$\mathrm{d}H=\frac{I\cdot\mathrm{d}y}{2\pi\cdot h\cdot r} \qquad ①$$

Gemäß Skizze

$$r=\sqrt{y^2+R^2} \qquad ②$$

y-Komponente der Teilfeldstärke

$$\cos\alpha=\frac{\mathrm{d}H_{\mathrm{y}}}{\mathrm{d}H}=\frac{R}{r} \;\Rightarrow\; \mathrm{d}H_{\mathrm{y}}=\frac{R}{r}\cdot\mathrm{d}H \qquad ③$$

① und ② in ③:

$$\mathrm{d}H_{\mathrm{y}}=\frac{I\cdot R}{2\pi h}\cdot\frac{\mathrm{d}y}{\left(y^2+R^2\right)}$$

Folgt:

$$H_{\mathrm{y}}=\frac{I\cdot R}{2\pi h}\int_{y=-\frac{h}{2}}^{y=+\frac{h}{2}}\frac{\mathrm{d}y}{\left(y^2+R^2\right)} \qquad ④$$

Lösung des Integrals:

1. Schritt: $\left(y^2+R^2\right) \;\Rightarrow\; R^2\left(1+\frac{y^2}{R^2}\right)=R^2\left(1+z^2\right)$

2. Schritt: $z=\frac{y}{R}$ ⑤ $\qquad \mathrm{d}z=\frac{1}{R}\cdot\mathrm{d}y$ ⑥

3. Schritt: ⑤ und ⑥ in ④

$$H_{\mathrm{y}}=\frac{I\cdot R}{2\pi\,h}\int\frac{R\cdot\mathrm{d}z}{R^2(1+z^2)}$$

4. Schritt: Grundintegral $\int\frac{\mathrm{d}z}{1+z^2}=\arctan z$

Folgt:

$$H_{\mathrm{y}}=\frac{I}{2\pi h}\left[\arctan z\right]$$

$$H_{\mathrm{y}}=\frac{I}{2\pi h}\left[\arctan\frac{y}{R}\right]_{-\frac{h}{2}}^{+\frac{h}{2}} \qquad ⑦$$

$$H_{\mathrm{y}}=\frac{I}{2\pi h}\left[\arctan\frac{h}{2R}-\arctan\frac{-h}{2R}\right]$$

Werte:

$$H_{\mathrm{y}}=\frac{1000\,\mathrm{A}}{2\pi\cdot 0{,}2\,\mathrm{m}}\left[\arctan\frac{0{,}2\,\mathrm{m}}{2\,\mathrm{m}}-\arctan\frac{-0{,}2\,\mathrm{m}}{2\,\mathrm{m}}\right]=9093\,\frac{\mathrm{A}}{\mathrm{m}}$$

Sonderfall für $h \ll R$: Gl. ⑦ geht über in

$$H_{\mathrm{y}}=\frac{I}{2\pi\,R} \quad\text{wegen}\quad \arctan\frac{h}{2R}\approx\frac{h}{2R}$$

21.19

a) **Feldstärke H für Punkt P bei Spule mit N=1 Windung**

Es kann die Lösung für den stromdurchflossenen Kreisring übernommen werden [s. 21.16 b) für Punkt P_2]:

$$H=\frac{I\cdot R^2}{2\left(a^2+R^2\right)^{\frac{3}{2}}}$$

b) **Feldstärke H für Punkt P bei Spule der Länge l mit N Windungen**

Anstelle von Strom I bei N = 1 jetzt N Windungen über Spulenlänge l. Also müssen die Feldstärkeanteile über die Spulenlänge integriert werden:

$$H=\frac{I\cdot R^2}{2}\cdot\frac{N}{l}\int\limits_{x=a-\frac{l}{2}}^{x=a+\frac{l}{2}}\frac{dx}{\left(x^2+R^2\right)^{\frac{3}{2}}}$$

Zur Lösung des Integrals:

1. Schritt: Nennerterm umformen und substituieren

$$\left(x^2+R^2\right)^{\frac{3}{2}}=\left[x^2\left(1+\frac{R^2}{x^2}\right)\right]^{\frac{3}{2}}$$

$$=x^3\left(1+\frac{R^2}{x^2}\right)^{\frac{3}{2}}$$

$$\left(x^2+R^2\right)^{\frac{3}{2}}=x^3\cdot z^3 \qquad ①$$

$$\text{mit } z=\left(1+\frac{R^2}{x^2}\right)^{\frac{1}{2}}$$

2. Schritt: 1. Ableitung für $z=f(x)$

$$z=\left(1+\frac{R^2}{x^2}\right)^{\frac{1}{2}}$$

$$z=u^{\frac{1}{2}} \qquad \text{mit } u=\left(1+\frac{R^2}{x^2}\right)$$

$$\frac{dz}{du}=\frac{1}{2}u^{-\frac{1}{2}} \qquad \frac{du}{dx}=-2R^2x^{-3}$$

Gemäß Kettenregel:

$$\frac{dz}{dx}=\frac{dz}{du}\cdot\frac{du}{dx}=\frac{1}{2}\cdot u^{-\frac{1}{2}}\cdot\left(-2R^2x^{-3}\right)$$

$$\frac{dz}{dx}=-\frac{z\cdot R^3}{x^3} \qquad ②$$

3. Schritt: Umgeformtes Integral bilden durch Einsetzen von ① und ②

$$\int\frac{dx}{\left(x^2+R^2\right)^{\frac{3}{2}}}=\int\frac{-\frac{x^3}{z\cdot R^2}\cdot dz}{x^3z^3}$$

$$=-\frac{1}{R^2}\int\frac{dz}{z^2}$$

4. Schritt: Neues Integral (Grundintegral) lösen

$$-\frac{1}{R^2}\int\frac{dz}{z^2}=-\frac{1}{R^2}\left[\frac{z^{-2+1}}{-2+1}\right]=\frac{1}{R^2}\left[z^{-1}\right]$$

5. Schritt: Ergebnisbildung

Aus

$$H=\frac{I\cdot R^2}{2}\cdot\frac{N}{l}\int\limits_{x=a-\frac{l}{2}}^{x=a+\frac{l}{2}}\frac{dx}{\left(x^2+R^2\right)^{\frac{3}{2}}}$$

wurde

$$H=\frac{I\cdot R^2}{2}\cdot\frac{N}{l}\cdot\frac{1}{R^2}\left[z^{-1}\right]_{x=a-\frac{l}{2}}^{x=a+\frac{l}{2}}$$

Einsetzen für z:

$$H=\frac{I}{2}\cdot\frac{N}{l}\left[\frac{1}{\left(1+\frac{R^2}{x^2}\right)^{\frac{1}{2}}}\right]_{x=a-\frac{l}{2}}^{x=a+\frac{l}{2}}$$

$$H=\frac{I\cdot N}{2\cdot l}\left[\frac{x}{\sqrt{x^2+R^2}}\right]_{x=a-\frac{l}{2}}^{x=a+\frac{l}{2}}$$

Ergebnis:

$$H=\frac{I\cdot N}{2\cdot l}\left[\frac{a+\frac{l}{2}}{\sqrt{\left(a+\frac{l}{2}\right)^2+R^2}}-\frac{a-\frac{l}{2}}{\sqrt{\left(a-\frac{l}{2}\right)^2+R^2}}\right]$$

c) **Sonderfall $a=0$ und $l>>R$**

D.h. lange Spule und Punkt P liegt in der Spulenmitte.

$$H=\frac{I\cdot N}{2\cdot l}\left[\frac{\frac{l}{2}}{\sqrt{\left(\frac{l}{2}\right)^2}}-\frac{-\frac{l}{2}}{\sqrt{\left(-\frac{l}{2}\right)^2}}\right]$$

$$H=\frac{I\cdot N}{2\cdot l}[1+1]$$

$$H=\frac{I\cdot N}{l} \qquad \text{(s.a. 21.7)}$$

Sonderfall $a=+\frac{l}{2}$ und $l>>R$

D.h. lange Spule und Punkt P liegt am Spulenrand.

$$H=\frac{I\cdot N}{2\cdot l}\left[\frac{\frac{l}{2}+\frac{l}{2}}{\sqrt{\left(\frac{l}{2}+\frac{l}{2}\right)^2}}-0\right]$$

$$H=\frac{I\cdot N}{2\cdot l}$$

22 Magnetische Eigenschaften von Eisen I

- Weichmagnetische Werkstoffe

Magnetisierungskurve, Grundbegriffe

Magnetisiert man einen zunächst unmagnetischen ferromagnetischen Werkstoff durch langsames Vergrößern der Feldstärke H innerhalb eines <u>geschlossenen</u> Magnetkreises auf, so ändert sich die Flussdichte $B = f(H)$ entsprechend der Magnetisierungskurve.

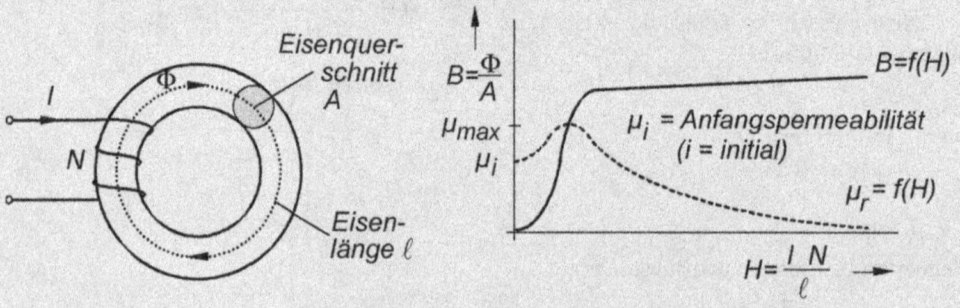

$$\boxed{B = \mu_r \cdot \mu_0 \cdot H}$$

$$\boxed{\mu_r = \frac{1}{\mu_0} \cdot \frac{B}{H}}$$

Einheit: $1\,\mathrm{T} = 1\frac{\mathrm{Vs}}{\mathrm{m}^2}$

μ_r = relative Permeabilität (Permeabilitätszahl), ist keine Konstante sondern feldstärkeabhängig!

Zum gleichen Ergebnis führt auch die Auffassung, dass der Materialeinfluss des Eisens bei der Magnetisierung durch die Polarisation J und einem rechnerischen Zusatzfaktor $\mu_0 H$ ausgedrückt werden kann.

$$\boxed{B = J + \mu_0 \cdot H}$$

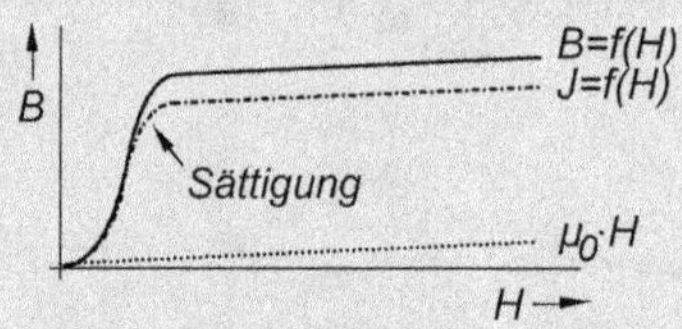

Gescherte Magnetisierungskurve : Auswirkungen eines Luftspaltes

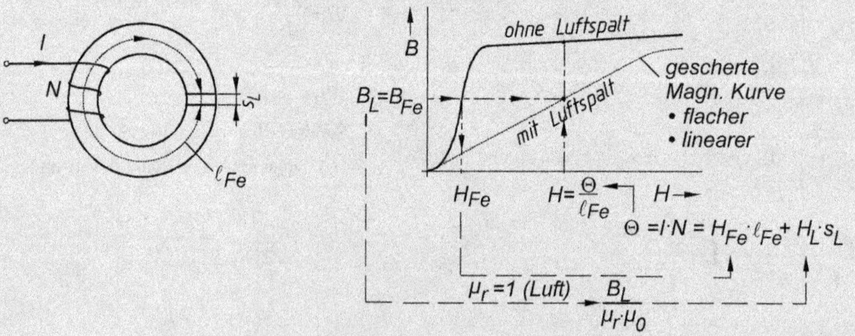

Magnetisierungskennlinien von Elektroblech (DIN 46400)

Hier: kaltgewalztes, nichtkornorientiertes, siliziertes Elektroblech (mengenmäßig bedeutendste weichmagnetische Werkstoffsorte)

M = Elektroblech[1] kaltgewalzt, nichtkornorientiert, A = schlussgeglühte Ausführung

Erste Zahl = durch 100 geteilt, ergibt den Maximalwert der Ummagnetisierungsverluste $P_{1,5}$ in $\frac{\mathrm{W}}{\mathrm{kg}}$ bei sinusförmiger Wechselfeldstärke (Scheitelwert) für Polarisation $J = 1{,}5\ \mathrm{T}$ und Frequenz $f = 50\ \mathrm{Hz}$.

Zweite Zahl = durch 100 geteilt, ergibt die Blechdicke in mm.

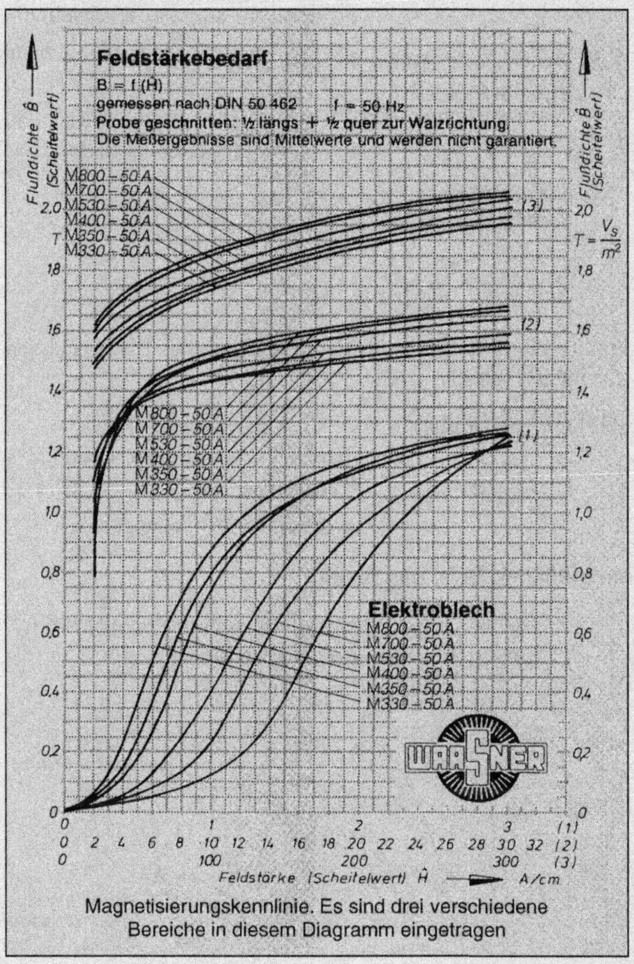

Magnetisierungskennlinie. Es sind drei verschiedene Bereiche in diesem Diagramm eingetragen

[1] Die Qualitätsbezeichnung M... ersetzt das bisher gültige V...

Hysteresekurve und Permeabilitäten

Bei den ferromagnetischen Materialien ist der Zusammenhang zwischen Flussdichte B und der Feldstärke H nichtlinear. Außerdem tritt Hysterese auf.

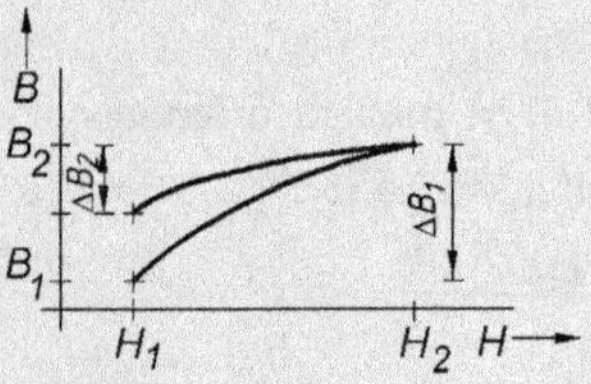

Hysterese:

Aufmagnetisieren von H_1 nach H_2: $+\Delta H \Rightarrow +\Delta B_1$
Abmagnetisieren von H_2 nach H_1: $-\Delta H \Rightarrow -\Delta B_2$
Dabei ist $|\Delta B_2| < |\Delta B_1|$ auch nach $t \Rightarrow \infty$

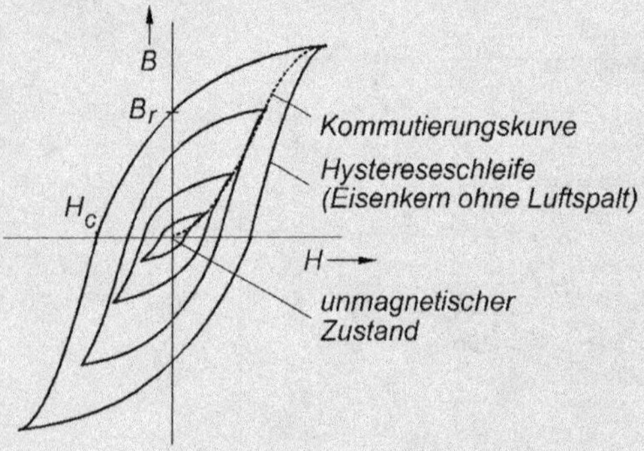

Hysteresekurve = Darstellung der Reaktion des Eisens auf eine Wechselfeld-Magnetisierung

B_r = Remanenz, verbleibende Flussdichte bei $H = 0$.

H_c = Koerzitivfeldstärke; Gegenfeldstärke, bei der die Flussdichte $B = 0$ wird.

Im Zusammenhang mit einer Wechselstrom-Magnetisierung des Eisens müssen mehrere Permeabilitätsbegriffe unterschieden werden:

1. Anfangspermeabilität μ_i (i = initial)

$$\boxed{\mu_i = \frac{1}{\mu_0} \cdot \frac{B}{H}}$$

bei $H \to 0$

Aus messtechnischen Gründen wird meistens die Permeabilitätszahl μ_4 bei dem Feldstärke-Scheitelwert $\hat{H}_4 = 4\frac{\text{mA}}{\text{cm}}$ angegeben.

2. Amplitudenpermeabilität μ_A (A = Amplitude)

$$\boxed{\mu_A = \frac{1}{\mu_0} \cdot \frac{\hat{B}}{\hat{H}}}$$

bei beliebiger Wechselfeldamplitude, wobei $B = f(H)$ sinusförmig und $H = f(t)$ nicht sinusförmig sein kann.

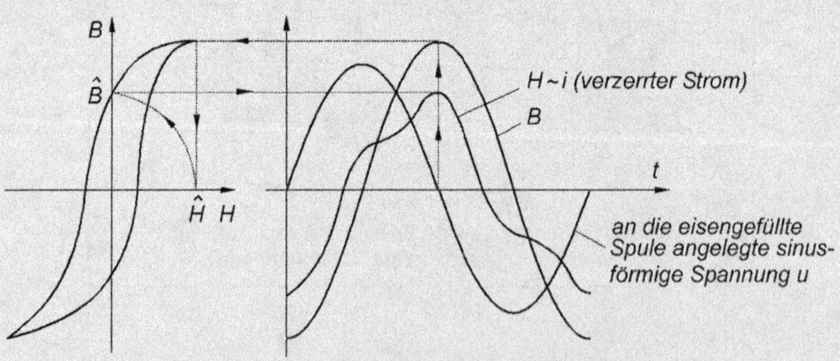

3. Effektive Permeabilität μ_{eff} für $s << l_{Fe}$

$$\boxed{\mu_{eff} = \frac{\mu_r}{1 + \mu_r \frac{s}{l_{Fe}}}}$$

Ein Luftspalt s im Eisenkern vermindert die Permeabilität:
$\mu_{eff} < \mu_r$ (Eisen).

Hystereseverluste

Aus der Fläche der Hystereseschleife kann die pro Magnetisierungsumlauf aufzuwendende Energie berechnet werden, die zur Ummagnetisierung eines Eisenvolumens V_{Fe} erforderlich ist.

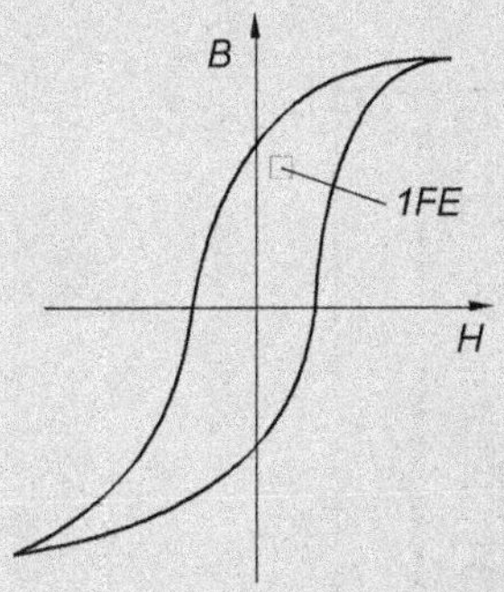

$$\boxed{W_{Fe} = V_{Fe} \int H \cdot dB}$$ Einheit: 1 Ws

Praktische Anwendung:

$$W_{Fe} = V_{Fe} \left(x\,\mathrm{FE} \cdot \frac{\mathrm{Wert}}{\mathrm{FE}} \right)$$ x = Anzahl der Flächenelemente FE

Es kann mit der Periodendauer T (Zeit für einmaliges Umlaufen der Hysterseschleife) auf die Verlustleistung P_{Fe} für das Eisenvolumen V_{Fe} umgerechnet werden:

$$\boxed{P_{Fe} = \frac{W_{Fe}}{T}}$$ Einheit: 1 W Frequenz $f = \frac{1}{T}$ Einheit : 1 Hz

Weichmagnetische Werkstoffe sollen möglichst geringe Hystereseverluste aufweisen (schmale Hystereseschleife).

Ummagnetisierungsverluste

Die Ummagnetisierungsverluste P_{Fe} (auch Eisenverluste genannt) setzen sich aus den Hystereseverlusten P_{Hyst} (Umpolung der Elementarmagnete des Eisens) und Wirbelstromverlusten P_{Wirbel} (induzierte Wirbelströme im Eisen) zusammen.

$$P_{Fe} = P_{Hyst} + P_{Wirbel}$$

Üblich ist die Angabe der Verlustleistung in $\frac{\mathrm{W}}{\mathrm{kg}}$ (z.B. bei Elektroblech) für eine angegebene Amplitude der Flussdichte ($\hat{B}$) bei der Frequenz f = 50 Hz für eine bestimmte Blechdicke und Eisensorte als garantierte Eigenschaft, z.B. M330-50A:

$$P_{1,5} = 3{,}3\,\frac{\mathrm{W}}{\mathrm{kg}} \quad (\text{bei } \hat{B} = 1{,}5\ \mathrm{T}, f = 50\ \mathrm{Hz}, s = 0{,}5\ \mathrm{mm}, \text{kaltgewalzt, schlussgeglüht})$$

Frequenzabhängigkeit der Ummagnetisierungsverluste

$$P_{Hyst} \sim f$$
$$P_{Wirbel} \sim f^2$$

Verringerung von Wirbelstromverlusten durch

- Erhöhung des spezifischen elektrischen Widerstandes (Legierungsanteil Si)
- Aufbau des Eisenkerns aus elektrisch isolierten Blechen.

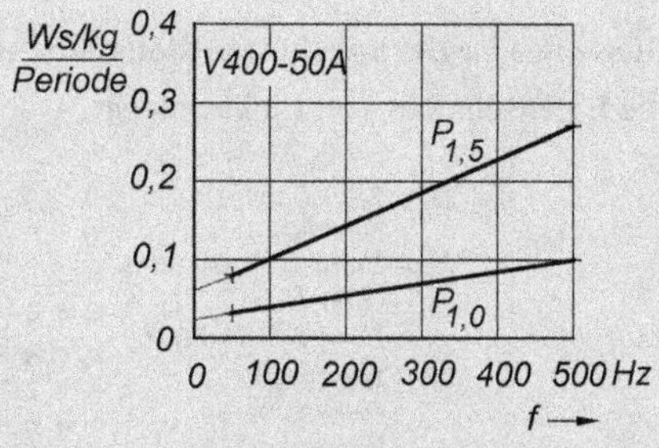

Ummagnetisierungsverluste pro 1 kg Eisen und einem Ummagnetisierungsumlauf

Flussdichteabhängigkeit der Ummagnetisierungsverluste

Die Ummagnetisierungsverluste nehmen nahezu quadratisch mit der Flussdichte zu.

$$P_{Fe} \sim B^2$$

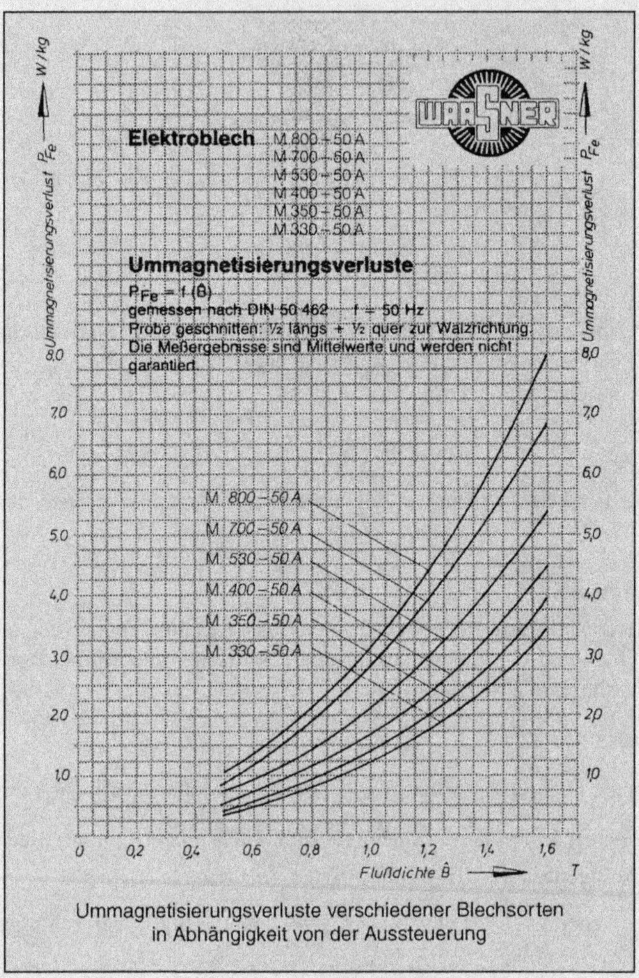

Ummagnetisierungsverluste verschiedener Blechsorten in Abhängigkeit von der Aussteuerung

Einflüsse des Legierungsbestandteils Silizium (Übersicht)

auf die Eigenschaften von Elektroblech:

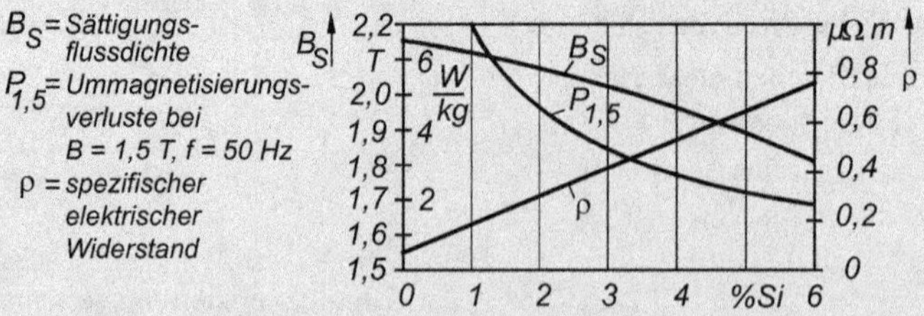

22.1 Aufgaben

Magnetisierungskurve, Scherung

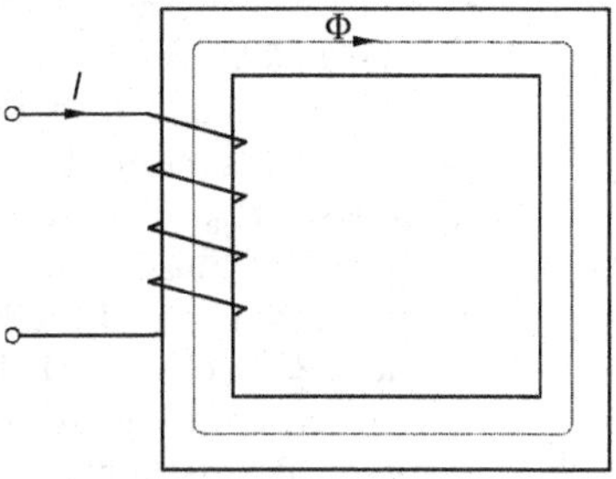

Kern aus Elektroblech

❶ **22.1:** Auf einem Eisenkern aus Elektroblech ist eine Spule aufgebracht worden. In der Spule fließt ein Strom I, im Eisenkern besteht ein magnetischer Fluss Φ.

a) Skizzieren Sie den funktionalen Zusammenhang zwischen Φ und I.

b) Wie groß ist der magnetische Fluss Φ in Eisen bei einer Stromstärke $I = 0{,}1$ A bei Berücksichtigung folgender Angaben für Eisenkern und Spule:
Eisenquerschnitt $A_{Fe} = 20\ \text{cm}^2$ N = 1000
mittlere Eisenlänge $l_{Fe} = 50$ cm,
Elektroblech M350-50A?

c) Man berechne und zeichne im Anschluss an b) die Zustandskurve $B = f(H)$ und $\Phi = f(I)$ im Bereich bis 0,3 A.

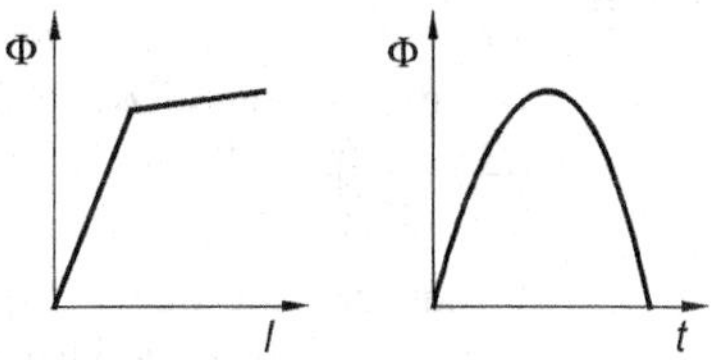

❷ **22.2:** Im Anschluss an Aufgabe 22.1 soll der zeitliche Verlauf von Strom $i(t)$ und magnetischem Fluss $\Phi(t)$ für eine vereinfacht dargestellte Magnetisierungskurve $\Phi = f(I)$ betrachtet werden. Dazu sei angenommen, dass der Fluss $\Phi(t)$ die Form einer Sinushalbwelle habe.

a) Konstruieren Sie den dazugehörigen Strom $i(t)$.

b) Mit welcher Wirkung im Eisen bringt man das Entstehen der Stromspitze in Verbindung?

c) Kann man durch Vergrößern des Eisenquerschnitts die Flussdichte $B_{Fe} = \frac{\Phi}{A_{Fe}}$ bei gegebener Feldstärke $H = \frac{I \cdot N}{l_{Fe}}$ verringern, um den Effekt der magnetischen Sättigung des Eisens zu verhindern?

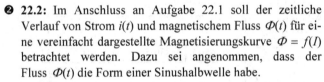

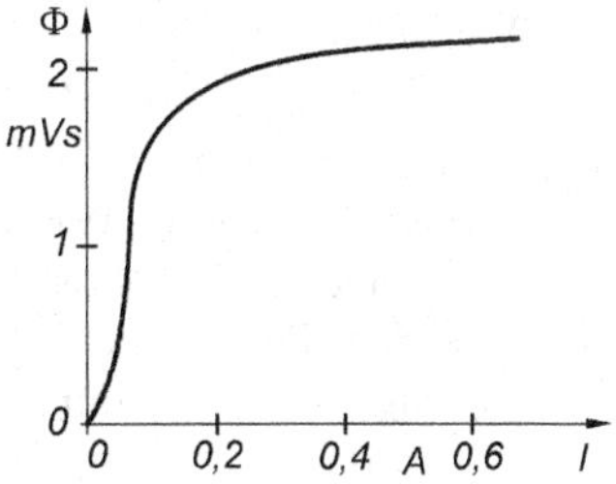

❸ **22.3:** Anschließend an Aufgaben 22.1 und 22.2 soll der Einfluss eines Luftspaltes $s = 0{,}5\,\text{mm}$ untersucht werden.

a) Wie verändert sich der funktionale Zusammenhang zwischen Φ und I infolge eines Luftspaltes?

b) Berechnen und zeichnen Sie die gescherte Magnetisierungskurve für den Eisenkern mit Luftspalt.

c) Wie sieht der zeitliche Verlauf des Magnetisierungsstromes $i(t)$ unter der Berücksichtigung des Luftspaltes aus, wenn der magnetische Fluss $\Phi(t)$ sinusförmig ist?

Ummagnetisierungsverluste

❶ **22.4:** Die nebenstehende Tabelle zeigt magnetische und technologische Eigenschaften von Elektroblech.

a) Was bedeuten die Kennbuchstaben *M* und *A* sowie die erste und zweite Zahl im Kurznamen der Sorte?

b) Ein Magnetkern aus Elektroblech M530-50A hat die Abmessungen $l_{Fe} = 27$ cm und $A_{Fe} = 11{,}7\ \text{cm}^2$.
Wie groß sind die Ummagnetisierungsverluste P_{Fe} in Watt bei der Frequenz 50 Hz und Flussdichte 1,5 T?

c) In der Norm für Elektroblech wird aus messtechnischen Gründen anstelle der magnetischen Flussdichte *B* die magnetische Polarisation *J* verwendet. Rechnen Sie nach, ob im Feldstärkebereich bis $10000\,\frac{\text{A}}{\text{m}}$ wesentliche Unterschiede in den Beträgen beider Größen bestehen.

Sorte	Ummagnet. Verluste W/kg (max) bei 50 Hz bei		Magnet. Polarisation T (min) bei einer Feldstärke in A/cm			Dichte in kg/dm³
Kurzname	1,5 T	1,0 T	25	50	100	
M250-35A	2,5	1,0	1,49	1,6	1,7	7,6
M350-35A	3,3	1,3	1,49	1,6	1,7	7,65
M270-50A	2,7	1,1	1,49	1,6	1,7	7,6
M330-50A	3,3	1,35	1,49	1,6	1,7	7,6
M400-50A	4,0	1,7	1,51	1,61	1,71	7,65
M530-50A	5,3	2,3	1,54	1,64	1,74	7,7
M800-50A	8,0	3,6	1,58	1,68	1,74	7,8
M330-65A	3,3	1,35	1,49	1,6	1,7	7,6
M400-65A	4,0	1,7	1,5	1,6	1,7	7,65
M530-65A	5,3	2,3	1,52	1,62	1,72	7,7
M800-65A	8,0	3,6	1,58	1,69	1,77	7,8

❶❷ **22.5:** Bei Elektroblech sollen zwei Eisensorten miteinander verglichen werden, und zwar die niedrig-silizierte Sorte M800-50A (1,2 % Si) und die hoch-silizierte Sorte M330-50A (3,5 % Si).

a) Man ermittle den Feldstärkeaufwand *H* und die Eisenverluste P_{Fe} in W/kg bei den Flussdichten $\hat{B} = 1{,}5$ T und $\hat{B} = 1{,}0$ T.

b) Welche Eisensorte wäre für einen 50 Hz-Transformator mit Nennflussdichte $\hat{B} = 1{,}5$ T besser geeignet?

Ergebnistabelle:

$\hat{B} = 1{,}5$ T		$\hat{B} = 1{,}0$ T	
M800-50A	M330-50A	M800-50A	M330-50A
$\hat{H} =$ $P_{Fe} =$	$\hat{H} =$ $P_{Fe} =$	$\hat{H} =$ $P_{Fe} =$	$\hat{H} =$ $P_{Fe} =$

❷ **22.6:** Auf einem geschlossenen Eisenkern aus M330-50A ist eine Spule mit N = 100 Windungen aufgebracht. Die mittlere Feldlinienlänge im Eisen beträgt $l_{FE} = 50$ cm.

a) Wie groß sind die Feldstärke H_1, Flussdichte B_1 und die Permeabilitätszahl μ_{r1} bei einer Stromstärke $I = 0{,}6$ A?

b) Welche Flussdichte ließe sich durch eine Steigerung der Stromstärke um Faktor 10 erreichen?

c) In welchem Verhältnis steigen die Ummagnetisierungsverluste infolge der Stromerhöhung an?

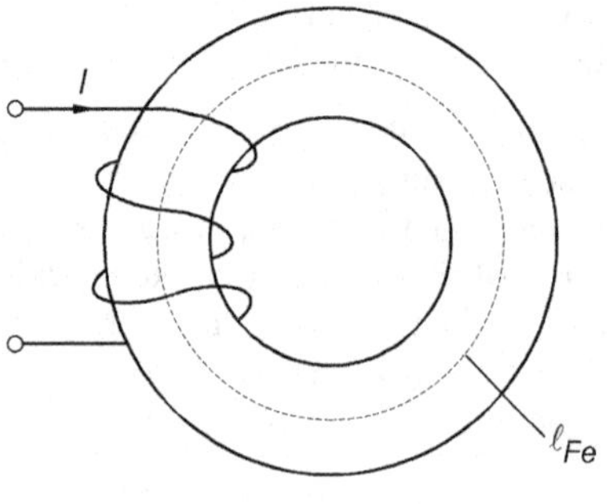

❷❸ **22.7:** Die Hysteresearbeit für eine beliebig langsam verlaufende Ummagnetisierung von Elektroblech M400-50A betrage $0{,}06\ \frac{\text{Ws}}{\text{kg}}$.

Die Ummagnetisierungsverluste bei $f = 50$ Hz und $\hat{B} = 1{,}5$ T werden mit $4\ \frac{\text{W}}{\text{kg}}$ angegeben.

Wie groß sind die Ummagnetisierungsverluste bei $f = 400$ Hz (Bordfrequenz bei Schiffen und Flugzeugen), wenn die theoretische Beziehungen $P_{\text{Hysterese}} \sim f$ und $P_{\text{Wirbel}} \sim f^2$ zugrunde gelegt werden?

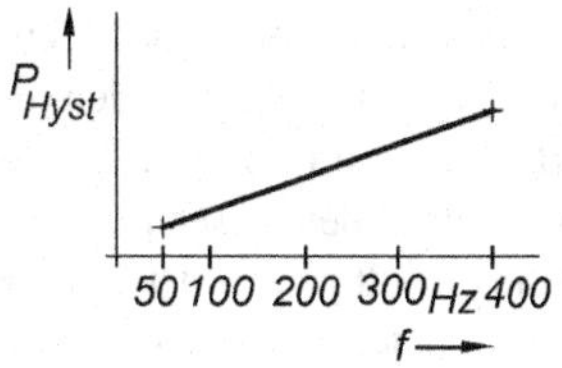

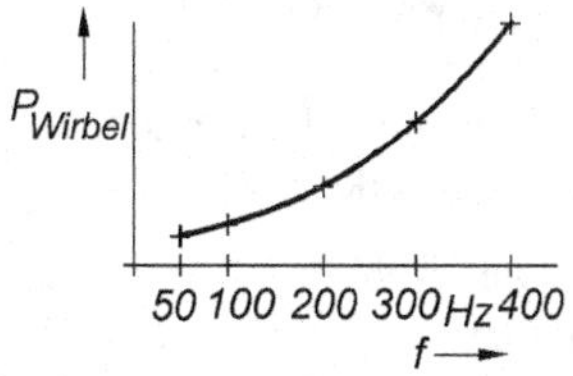

❷❸ **22.8:** Die Abbildung zeigt die gemessenen Hystereseschleifen von Elektroblech M400-50A bei verschiedenen Ummagnetisierungsfrequenzen.

a) Berechnen Sie die Ummagnetisierungsverluste in W/kg aus der Fläche der Hystereseschleifen und der Frequenz mit den ausgezählten Flächenelementen (FE). Dichte des Magnetwerkstoffes $\rho = 7{,}65 \frac{\text{kg}}{\text{dm}^3}$.

b) Warum verformt sich die Hysteresekurve bei zunehmender Frequenz?

c) Wie groß sind Remanenz und Koerzitivfeldstärke bei 50 Hz?

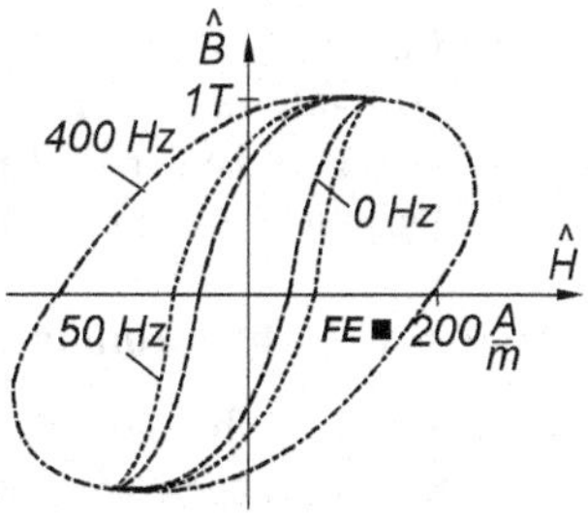

$1\ \text{FE} \mathrel{\hat{=}} 0{,}5\ \frac{Ws}{m^3}$

50 Hz - Schleife: 475 FE
400 Hz - Schleife: 1360 FE

Permeabilitäten

❶ **22.9:** Berechnen und zeichnen Sie den Verlauf der relativen Permeabilität μ_r in Abhängigkeit von der magnetischen Feldstärke im Bereich $H = 10...300\ \frac{\text{A}}{\text{m}}$ für Elektroblech M330-50A.

Hinweis: Feldstärkeachse hier mit Einheit $\frac{\text{A}}{\text{m}}$.

❶❷ **22.10:** Ein Magnetkern aus einem weichmagnetischen Material (MUMETALL) habe laut Magnetisierungskurve bei einer Feldstärke $H_{\text{Fe}} = 4\ \frac{\text{A}}{\text{m}}$ eine Flussdichte $B_{\text{Fe}} = 0{,}5$ T. Eisenlänge $l_{\text{Fe}} = 10$ cm.

a) Wie groß ist die relative Permeabilität μ_r in diesem magnetischen Zustand?

b) Wie groß ist die noch vorhandene effektive Permeabilität μ_{eff}, wenn ein nicht vermeidbarer winziger Luftspalt $s = 0{,}01$ mm vorhanden ist?

MUMETALL = weichmagnetischer Werkstoff für Übertrager, Magnetköpfe, Abschirmungen etc.

Daten:

μ_4 $\left(H = 0{,}4\ \frac{\text{A}}{\text{m}}\right)$	$\mu_{\max}$ $\left(H = 2\ \frac{\text{A}}{\text{m}}\right)$	Sättigungs-Flussdichte
30 000 bis 50 000	70 000 bis 140 000	0,8 T

❷ **22.11:** Ein Magnetkern aus Elektroblech M330-50A soll so magnetisiert werden, dass eine Flussdichte $B = 1{,}2$ T erreicht wird. Gleichzeitig wird gewünscht, dass bei dieser Flussdichte die effektive Permeabilität $\mu_{eff} = 0{,}1\ \mu_r$ betragen soll.

a) Man berechne die erforderliche Luftspaltlänge s, wenn die mittlere Eisenlänge $l_{Fe} = 20$ cm beträgt.

b) Um welchen Faktor erhöht sich die erforderliche Feldstärke H?

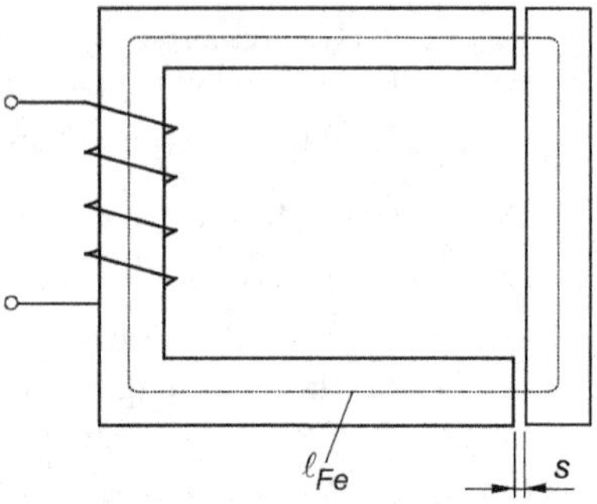

❸ **22.12:** Die Abbildung zeigt Magnetisierungskurven für Eisen ohne Luftspalt und mit Luftspalt (= gescherte Magnetisierungskurve).

a) Berechnen Sie die effektive Permeabilität μ_{eff} aufgrund des Luftspaltes bei $B = 0{,}8$ T.

b) Wie groß ist der Luftspalt s, wenn die Eisenlänge $l_{Fe} = 10$ cm beträgt?

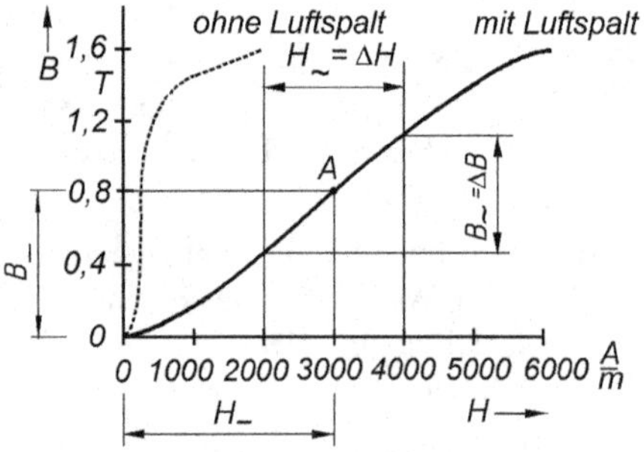

Magnetische Abschirmung

❶ **22.13:** Zur Abschirmung magnetischer Gleichfelder und niederfrequenter Wechselfelder wird der zu schützende Anlagenteil mit einem weichmagnetischen Schirm umgeben.

a) Wie verläuft das magnetische Feld bei Vorhandensein eines Abschirmzylinders (siehe Bild)?

b) Die Prüfung der Abschirmwirkung auf magnetische Wechselfelder erfolgt durch Messung der Induktionsspannung in einer eisenlosen Spule:
U_0 = Messspannung ohne Abschirmung
U = Messspannung mit Abschirmung
Wie groß ist die Wanddicke d eines Abschirmzylinders mit Innendurchmesser $D = 50$ mm und $\mu_r = 50000$, wenn die Werte $U_0 = 40$ mV und $U = 40$ µV gemessen wurden?

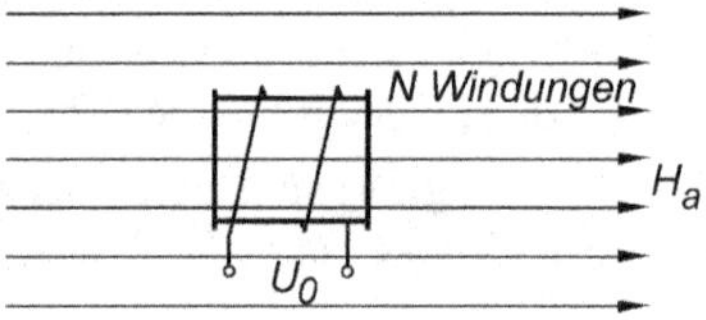

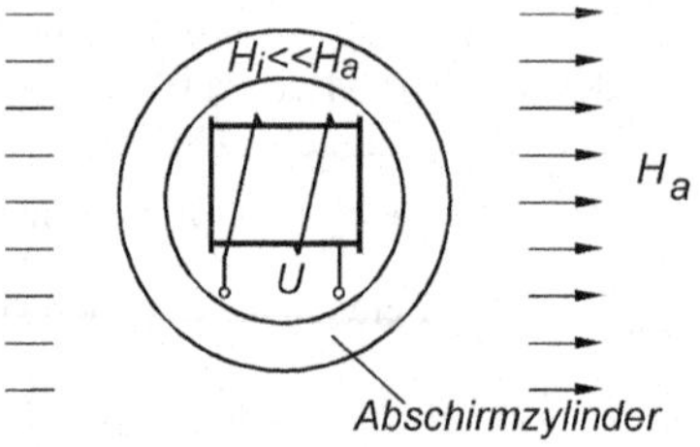

Schirmfaktor $S = \frac{U_0}{U} \sim \frac{H_a}{H_i}$

$$S = \left(\mu_r \frac{d}{D}\right) + 1$$

❷ **22.14:** Für einen Abschirmzylinder aus MUMETALL mit den Abmessungen $d = 1$ mm, $D = 50$ mm wird eine Abhängigkeit des Schirmfaktors S von der äußeren Feldstärke H_a angegeben.

a) Warum vermindert sich der Schirmfaktor S bei hohen äußeren Feldstärken H_a?

b) Für MUMETALL werden folgende Permeabilitäten genannt: $\mu_4 = 30000$, $\mu_{max} = 70000$. Bei welchem Wert liegt μ_r, wenn $S = 1000$ erreicht wird?

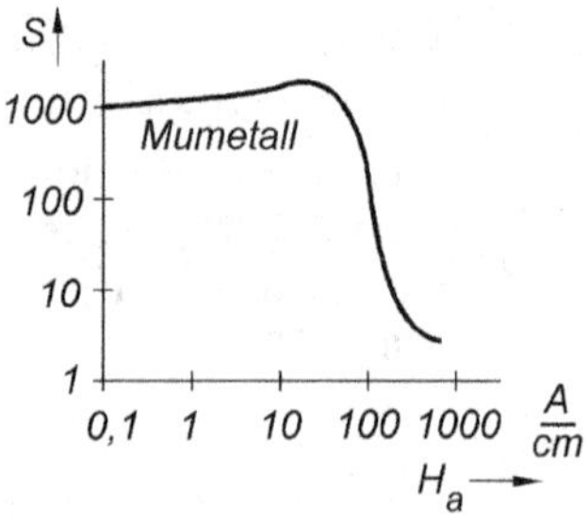

22.2 Lösungen

22.1

a) Es handelt sich im Prinzip um die Magnetisierungskurve $B = f(H)$ von Eisen.

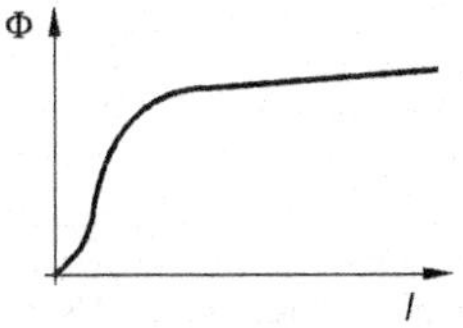

$$B_{Fe} = \frac{\Phi}{A_{Fe}}$$

$$H_{Fe} = \frac{I \cdot N}{\ell_{Fe}}$$

b) $H_{Fe} = \frac{I \cdot N}{l_{Fe}} = \frac{0{,}1\ \text{A} \cdot 1000}{0{,}5\ \text{m}} = 200\ \frac{\text{A}}{\text{m}}$

Aus Magnetisierungskennlinien für Elektroblech wird bei 2 $\frac{\text{A}}{\text{cm}}$ für M350-50A abgelesen:

$B_{Fe} = 1{,}15\ \text{T}$

$\Phi_{Fe} = B_{Fe} \cdot A_{Fe} = 1{,}15\ \frac{\text{Vs}}{\text{m}^2} \cdot 20 \cdot 10^{-4}\ \text{m}^2$

$\Phi_{Fe} = 2{,}3\ \text{mVs}$

c)

I	0	0,025	0,05	0,1	0,2	0,3	A
H_{Fe}	0	50	100	200	400	600	A/m
B_{Fe}	0	0,25	0,8	1,15	1,32	1,38	T
$\Phi_{Fe} = B_{Fe} \cdot A_{Fe}$	0	0,5	1,6	2,3	2,64	2,76	mVs

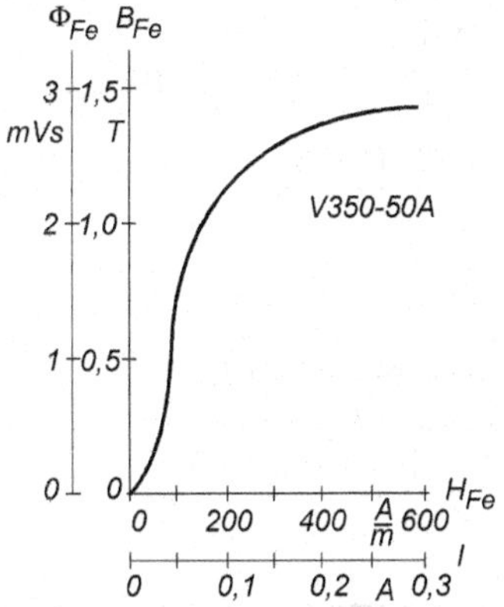

22.2

a)

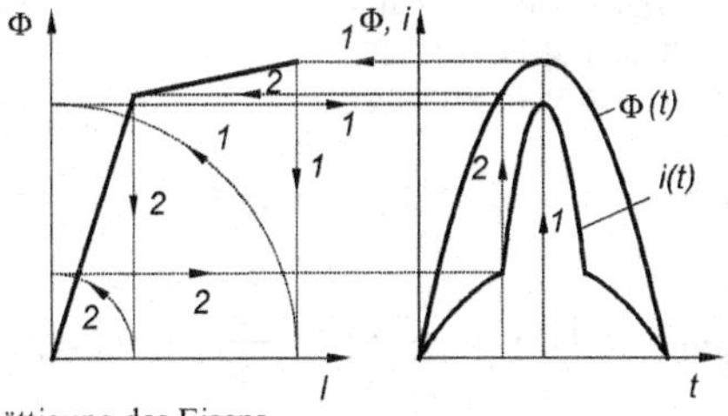

b) Sättigung des Eisens.

c) Nein, die Magnetisierungskurve des Eisens $B_{Fe} = f(H_{Fe})$ liegt fest. Fluss Φ_{Fe} lässt sich ändern!

22.3

a) Die Magnetisierungskurve wird flacher und linearer.

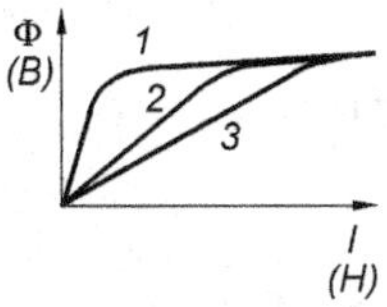

1 *ohne Luftspalt*
2 *kleiner Luftspalt*
3 *größerer Luftspalt*

b) Ansatz:

$$H = \frac{H_{Fe} \cdot l_{Fe} + H_L \cdot s}{l_{Fe}}$$

$$\frac{I \cdot N}{l_{Fe}} = \frac{\frac{I_{Fe} \cdot N}{l_{Fe}} \cdot l_{Fe} + \frac{B}{\mu_0} \cdot s}{l_{Fe}}$$

$$I = I_{Fe} + \frac{1}{N} \cdot \frac{\Phi \cdot s}{A \cdot \mu_0}$$

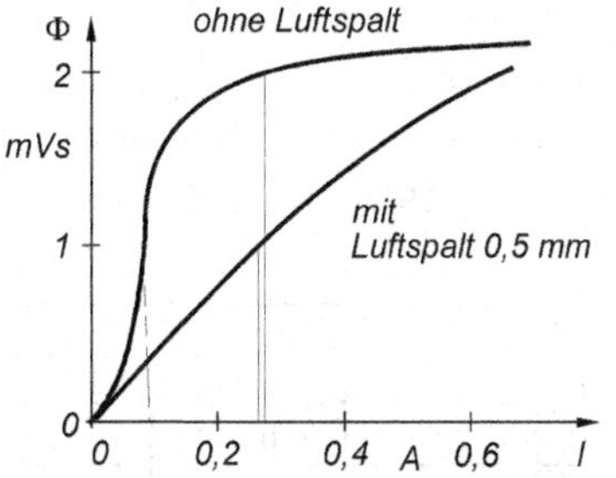

Magn. Fluss Φ	erforderlicher Strom, wenn kein Luftspalt I_{Fe}	zusätzlicher Strom zur Magnetisierung des Luftspaltes $I_L = \frac{1}{N} \cdot \frac{\Phi \cdot s}{A \cdot \mu_0}$	Strom bei Eisenkern mit Luftspalt I
0	0	0	0
0,5 mVs	40 mA	100 mA	140 mA
1,0 mVs	70 mA	200 mA	270 mA
1,5 mVs	120 mA	300 mA	420 mA
2,0 mVs	280 mA	400 mA	680 mA
2,2 mVs	600 mA	440 mA	1040 mA

c)

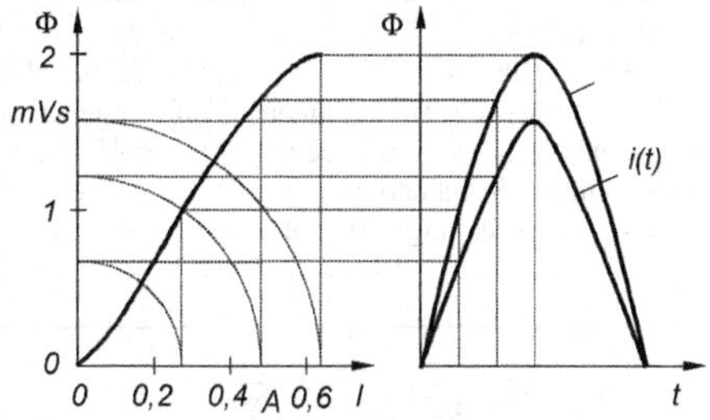

Aufgrund der linearisierten Magnetisierungskennlinie ist der Stromverlauf innerhalb des gewählten Aussteuerungsbereichs fast sinusförmig.

22.4

a) M = kaltgewalztes, nicht kornorientiertes Elektroblech
A = schlussgeglühte Ausführung
1. Zahl = spezifische Ummagnetisierungsverluste in W/kg bei 1,5 T und 50 Hz, Teiler 100
2. Zahl = Blechdicke in mm, Teiler 100

b) Eisenvolumen:

$V_{Fe} = A_{Fe} \cdot l_{Fe} = 11{,}7\ \text{cm}^2 \cdot 27\ \text{cm}$

$V_{Fe} = 315{,}9\ \text{cm}^3 = 0{,}316\ \text{dm}^3$

Eisenmasse:

$m_{Fe} = V_{Fe} \cdot \rho_{Fe} = 0{,}316\ \text{dm}^3 \cdot 7{,}7\ \frac{\text{kg}}{\text{dm}^3} = 2{,}43\ \text{kg}$

Eisenverluste (Ummagnetisierungsverluste):

$P_{Fe} = p_{Fe} \cdot m_{Fe} = 5{,}3\ \frac{\text{W}}{\text{kg}} \cdot 2{,}43\ \text{kg}$

$P_{Fe} = 12{,}9\ \text{W}$ (Maximalwert)

c) $B = J + \mu_0 \cdot H$

⇓ ⇓

magnetische Polarisation — Leerinduktion

z.B. 1,7 T $\quad \mu_0 \cdot H = 4\pi \cdot 10^{-7}\ \frac{\text{Vs}}{\text{Am}} \cdot 10000\ \frac{\text{A}}{\text{m}}$

$= 0{,}01256\ \text{T}$ (Abweichung < 1 %)

22.5

a)

$\hat{B} = 1{,}5$ T		$\hat{B} = 1{,}0$ T	
M800-50A	M330-50A	M800-50A	M330-50A
$\hat{H} = 800\frac{\text{A}}{\text{m}}$	$\hat{H} = 1900\frac{\text{A}}{\text{m}}$	$\hat{H} = 230\frac{\text{A}}{\text{m}}$	$\hat{H} = 120\frac{\text{A}}{\text{m}}$
$P_{Fe} = 6{,}8\frac{\text{W}}{\text{kg}}$	$P_{Fe} = 2{,}8\frac{\text{W}}{\text{kg}}$	$P_{Fe} = 3{,}1\frac{\text{W}}{\text{kg}}$	$P_{Fe} = 1{,}25\frac{\text{W}}{\text{kg}}$
$\left(8\frac{\text{W}}{\text{kg}}\right)$	$\left(3{,}3\frac{\text{W}}{\text{kg}}\right)$		

In Klammern maximal zulässige Werte nach Norm.

b) Keine schlüssige Aussage möglich:

M800-50A hat weniger Feldstärkebedarf (⇒ kleinere Durchflutung ⇒ weniger Windungen), dafür aber höhere Ummagnetisierungsverluste als M330-50A. M330-50A ist aufgrund des höheren Siliziumgehalts härter (⇒ höhere Werkzeugkosten bei der Herstellung ⇒ höherer Preis) als M800-50A. Jedes Elektroblech ist für sich bei 50 Hz optimiert. Trafohersteller bieten Zahlenmaterial an: Kernblechformat, Kernblechmaterial, abnehmbare Sekundärleistung in Watt bezogen auf eine bestimmte Wicklungstemperatur (z.B. 115 °C), Preise.

22.6

a) $H_1 = \frac{I \cdot N}{l_{Fe}} = \frac{0{,}6\ \text{A} \cdot 100}{0{,}5\ \text{m}} = 1{,}2\ \frac{\text{A}}{\text{cm}}$

$B_1 = 1{,}0\ \text{T}$ aus Magnetisierungskurve

$$\mu_{r1} = \frac{B_1}{\mu_0 \cdot H_1} = \frac{1{,}0\ \frac{\text{Vs}}{\text{m}^2}}{4\pi \cdot 10^{-7} \frac{\text{Vs}}{\text{Am}} \cdot 120\ \frac{\text{A}}{\text{m}}} = 6635$$

b) $H_2 = 10 \cdot H_1 = 12\ \frac{\text{A}}{\text{cm}}$

$B_2 = 1{,}45\ \text{T}$ aus Magnetisierungskurve

c) $p_{Fe1} = 1{,}2\ \frac{\text{W}}{\text{kg}}$ bei $B_1 = 1\ \text{T}$
$p_{Fe2} = 2{,}6\ \frac{\text{W}}{\text{kg}}$ bei $B_1 = 1{,}45\ \text{T}$ } aus Diagramm

$$\frac{H_2}{H_1} = 10 \Rightarrow \frac{B_2}{B_1} = 1{,}45 \Rightarrow \frac{p_{Fe2}}{p_{Fe1}} = 2{,}16\ (\approx 1{,}45^2)$$

22.7

Die Ummagnetisierungsverluste sind gleich den Hystereseverlusten, wenn die Wirbelstromverluste vernachlässigbar klein sind. Dies ist bei sehr langsamer Ummagnetisierung der Fall:

$W_{Hyst} = 0{,}06\ \frac{\text{Ws}}{\text{kg}}$ gegeben

Hystereseverluste in Watt sind frequenzabhängig:

$P_{Hyst} = W_{Hyst} \cdot f$

$P_{Hyst\,(50\,Hz)} = 0{,}06\ \frac{\text{Ws}}{\text{kg}} \cdot 50\ \text{Hz} = 3\ \frac{\text{W}}{\text{kg}}$ bei 50 Hz

$P_{Hyst\,(400\,Hz)} = 0{,}06\ \frac{\text{Ws}}{\text{kg}} \cdot 400\ \text{Hz} = 24\ \frac{\text{W}}{\text{kg}}$ bei 400 Hz

Ummagnetisierungsverluste bestehen aus Hystereseverlusten und Wirbelstromverlusten:

$P_{Fe} = P_{Hyst} + P_{Wirbel}$

$P_{Wirbel} = P_{Fe} - P_{Hyst}$

$P_{Wirbel\,(50\,Hz)} = 4\ \frac{\text{W}}{\text{kg}} - 3\ \frac{\text{W}}{\text{kg}} = 1\ \frac{\text{W}}{\text{kg}}$ bei 50 Hz

Wirbelstromverluste sind frequenzabhängig:

$P_{400\,Hz} = P_{50\,Hz} \cdot f^2$

$P_{400\,Hz} = 1\ \frac{\text{W}}{\text{kg}} \cdot \left(\frac{400\ \text{HZ}}{50\ \text{Hz}}\right)^2 = 64\ \frac{\text{W}}{\text{kg}}$

Ummagnetisierungsverluste bei 400 Hz:

$P_{Fe\,(400\,Hz)} = P_{Hyst\,(400\,Hz)} + P_{Wirbel\,(400\,Hz)}$

$P_{Fe\,(400\,Hz)} = 24\ \frac{\text{W}}{\text{kg}} + 64\ \frac{\text{W}}{\text{kg}} = 88\ \frac{\text{W}}{\text{kg}}$

22.8

a) $1\ \text{FE} = 0{,}05\ \frac{\text{Vs}}{\text{m}^2} \cdot 10\ \frac{\text{A}}{\text{m}} = 0{,}5\ \frac{\text{Ws}}{\text{m}^3}$

0 Hz-Schleife ≈ 310 FE
50 Hz-Schleife ≈ 475 FE
400 Hz-Schleife ≈ 1360 FE

Ummagnetisierungsverluste bei $\hat{B} = 1$ T

$$p_{50\,Hz} = 475\ \text{FE} \cdot 0{,}5\ \frac{\text{Ws/m}^3}{\text{FE}} \cdot 50\ \text{Hz} \cdot \frac{1}{7{,}65\ \frac{\text{kg}}{\text{dm}^3}} = 1{,}55\ \frac{\text{W}}{\text{kg}}$$

$$p_{400\,Hz} = 1360\ \text{FE} \cdot 0{,}5\ \frac{\text{Ws/m}^3}{\text{FE}} \cdot 400\ \text{Hz} \cdot \frac{1}{7{,}65\ \frac{\text{kg}}{\text{dm}^3}} = 35{,}6\ \frac{\text{W}}{\text{kg}}$$

b) Anteil der Wirbelstromverluste nimmt mit der Frequenz etwa qudratisch zu. Das wirkt sich im Messverfahren bei der Stromaufnahme und damit bei der Feldstärke

$$H = \frac{I \cdot N}{l} \text{ aus.}$$

c) $\hat{B}_r = 0{,}8$ T, $\hat{H}_c = 75 \frac{\text{A}}{\text{m}}$

22.9

Aus Magnetisierungskurve für M330-50A:

$H\left(\frac{\text{A}}{\text{m}}\right)$	10	50	80	100	200	300
B(T)	0,025	0,37	0,72	0,88	1,18	1,27
$\mu_r = \frac{B}{\mu_0 H}$	1990	5892	7166	7006	4697	3370

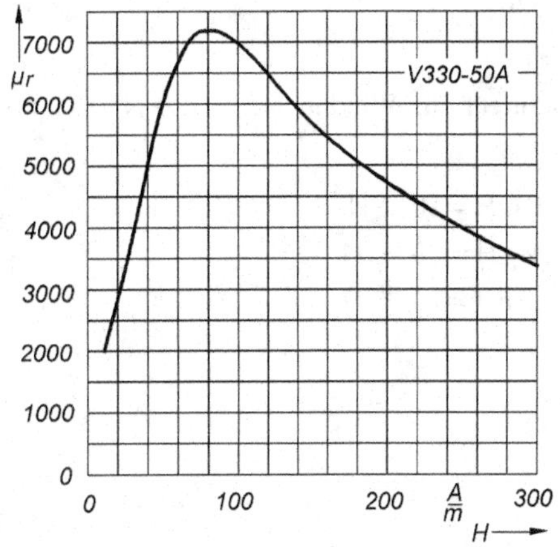

22.10

a) $\mu_r = \frac{B_{Fe}}{\mu_0 \cdot H_{Fe}} = \frac{0{,}5\,\text{T}}{4\pi \cdot 10^{-7} \frac{\text{Vs}}{\text{Am}} \cdot 4 \frac{\text{A}}{\text{m}}} \approx 100000$

b) $\mu_{eff} = \frac{\mu_r}{1 + \mu_r \cdot \frac{s}{l_{Fe}}} = \frac{100000}{1 + 100000 \cdot \frac{0{,}01\text{ mm}}{100\text{ mm}}}$

$\mu_{eff} = 9090$

(Starker Verlust an Permeabilität durch winzigen Luftspalt!)

22.11

a) Für $B = 1{,}2$ T (ohne Luftspalt):

$H_{Fe} = 210 \frac{\text{A}}{\text{m}}$ aus Magnetisierungskurve

$$\mu_r = \frac{B}{\mu_0 \cdot H} = \frac{1{,}2\,\text{T}}{4\pi \cdot 10^{-7} \frac{\text{Vs}}{\text{Am}} \cdot 210 \frac{\text{A}}{\text{m}}} = 4550$$

Für $B = 1{,}2$ T (mit Luftspalt):

$\mu_{eff} = 0{,}1\,\mu_r = 455$ gefordert

$$\mu_{eff} = \frac{\mu_r}{1 + \mu_r \frac{2s}{l_{Fe}}} \Rightarrow 2\,s = \frac{\mu_r - \mu_{eff}}{\mu_r \cdot \mu_{eff}} \cdot l_{Fe} \Rightarrow s = 0{,}2\text{ mm}$$

b) Gleiche Flussdichte bei Eisenkreis mit Luftspalt s erfordert einen höheren Feldstärkeaufwand:

$$H = \frac{H_{Fe} \cdot l_{Fe} + H_s \cdot s}{l_{Fe}}$$

$$H = \frac{210 \frac{\text{A}}{\text{m}} \cdot 0{,}2\text{ m} + \frac{1{,}2\,\text{T}}{4\pi \cdot 10^{-7} \frac{\text{Vs}}{\text{Am}}} \cdot 0{,}4 \cdot 10^{-3}\text{ m}}{0{,}2\text{ m}}$$

$$H = 2120 \frac{\text{A}}{\text{m}} \Rightarrow \frac{H}{H_{Fe}} \approx \frac{10}{1}$$

22.12

a) $\mu_{eff} = \frac{B}{\mu_0 \cdot H}$ an der gescherten Magnetisierungskurve

$$\mu_{eff} = \frac{0{,}8\text{ T}}{4\pi \cdot 10^{-7} \frac{\text{Vs}}{\text{Am}} \cdot 3000 \frac{\text{A}}{\text{m}}} = 212$$

b) $\mu_r = \frac{B_{Fe}}{\mu_0 \cdot H_{Fe}}$ an Magnetisierungskurve des Eisens

$$\mu_r = \frac{0{,}8\text{T}}{4\pi \cdot 10^{-7} \frac{\text{Vs}}{\text{Am}} \cdot 250 \frac{\text{A}}{\text{m}}} = 2550$$

$$\mu_{eff} = \frac{\mu_r}{1 + \mu_r \cdot \frac{s}{l_{Fe}}}$$

$$s = \frac{\left(\frac{\mu_r}{\mu_{eff}} - 1\right)}{\mu_r} \cdot l_{Fe}$$

$s = 0{,}43$ mm

22.13

a)

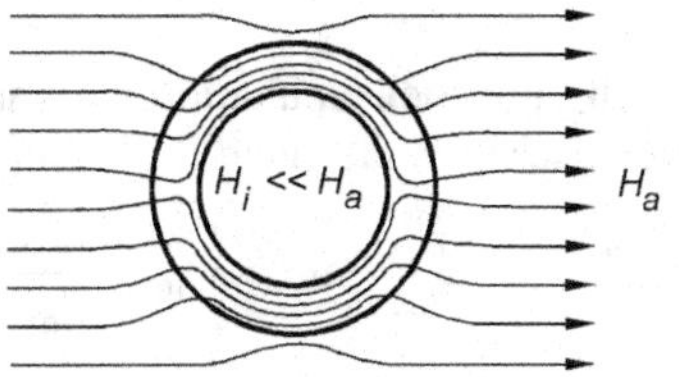

b) $S = \frac{U_0}{U} = \frac{40\text{ mV}}{40\ \mu\text{V}} = 1000$

$$S = \left(\mu_r \cdot \frac{d}{D}\right) + 1 \Rightarrow d = (s - 1)\frac{D}{\mu_r} = 1\text{ mm}$$

22.14

a) Wegen Abnahme der Permeabilität μ_r (s. 22.9)

b) $S = \left(\mu_r \cdot \frac{d}{D}\right) + 1 \Rightarrow \mu_r = (s - 1)\frac{D}{d} = 50000$

23 Spule, Induktivität, Induktivität von Leitungen

- Berechnen von Induktivitäten

Spule

Das Bauelement Spule besteht aus Spulenkern und Wicklung mit N Windungen und hat die Funktion, dass ein Strom I in der Wicklung einen magnetischen Fluss Φ im Spulenkern verursachen soll, um Induktions- oder Kraftwirkungen zu erzeugen oder kurzzeitig Energie zu speichern.

Leitungen

Allgemeine Bezeichnung für elektrische, drahtgebundene Übertragungswege, deren Funktion auf der Verkopplung von Strom und magnetischen Fluss beruht.

Induktivität

Eigenschaft von Spulen und Leitungen, definiert als Quotient aus Windungsfluss $\psi = \mathrm{N} \cdot \Phi$ und Stromstärke I:

$$\boxed{L = \frac{\mathrm{N} \cdot \Phi}{I}} \qquad \text{Einheit: } 1\ \mathrm{H} = 1\ \frac{\mathrm{Vs}}{\mathrm{A}} \qquad \begin{aligned} 1\ \mathrm{mH} &= 10^{-3}\ \mathrm{H} \\ 1\ \mu\mathrm{H} &= 10^{-6}\ \mathrm{H} \\ 1\ \mathrm{nH} &= 10^{-9}\ \mathrm{H} \end{aligned}$$

Unter Benutzung von Feldgrößen gemäß Kapitel 21:

$$L = \frac{\psi}{I} = \mathrm{N}^2 \frac{\int_{\mathrm{A}} \vec{B} \cdot \mathrm{d}\vec{A}}{\oint_{\mathrm{s}} \vec{H} \cdot \mathrm{d}\vec{s}}$$

Bei geometrisch einfachen Spulenformen kann die Induktivität über den magnetischen Leitwert G_m bzw. magnetischen Widerstand R_m bestimmt werden:

$$L = \mathrm{N}^2 \cdot G_\mathrm{m} \qquad \text{mit} \quad G_\mathrm{m} = \frac{1}{R_\mathrm{m}} \quad , \text{ wobei } R_\mathrm{m} = \frac{l}{\mu_\mathrm{r} \mu_0 A} \text{ ist.}$$

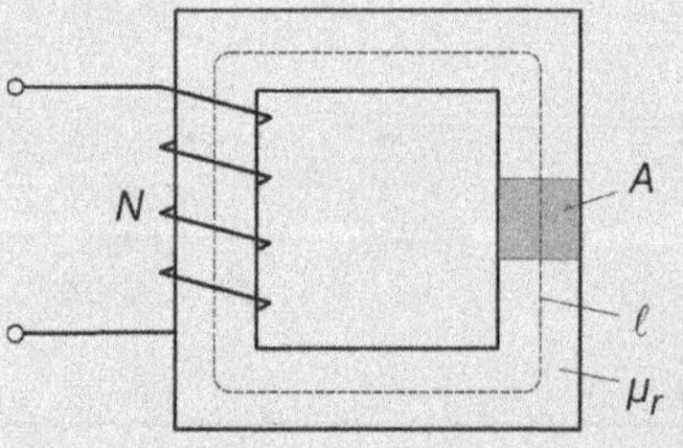

A = magnetischer Kernquerschnitt

l = mittlere magnetische Weglänge

μ_r = Permeabilitätszahl
Bei Eisen ist μ_r keine Konstante, da $\mu_\mathrm{r} = f(H)$!

μ_0 = $4\pi \cdot 10^{-7}\ \frac{\mathrm{Vs}}{\mathrm{Am}}$ (Feldkonstante)

In technischen Unterlagen der Magnetwerkstoffhersteller wird der magnetische Leitwert als sogenannter Kernfaktor A_L bezeichnet. Er gibt die auf die Windungszahl N = 1 bezogene Induktivität für den betreffenden Spulenbausatz an:

$$\boxed{L = \mathrm{N}^2 \cdot A_\mathrm{L}} \qquad \text{Einheit des } A_\mathrm{L}\text{-Wertes: } 1\ \mathrm{nH}$$

Lösungsmethodik: Bestimmung der Induktivität über Feldgrößen

Annahme einer Stromstärke I → $H = f(l)$ (Feldstärke H in Abhängigkeit von der Feldlinienlänge l) → Flussdichte $B = \mu_r \mu_0 H$ → $\Phi = \int_A B \cdot \mathrm{d}A$ (Magnetischer Fluss) → Induktivität $L = \frac{\mathrm{N} \cdot \Phi}{I}$

Bei der Quotientenbildung fällt die anfangs angenommene Stromstärke I wieder heraus.

Lösungsmethodik: Bestimmung der Induktivität über magnetischen Widerstand

Magnetkreis in einfach berechenbare Teilabschnitte zerlegen und magnetische Teilwiderstände R_m bzw. Leitwerte G_m berechnen:

- Bei Reihenstruktur: $R_{mges} = \sum R_m$
- Bei Parallelstruktur: $G_{mges} = \sum G_m$

→ Induktivität $L = \frac{\mathrm{N}^2}{R_{mges}}$ oder $\mathrm{N}^2 \cdot G_{mges}$

Die Anwendung der Lösungsmethodiken führt zu Induktivitätsformeln für geometrisch einfach zu beschreibende Leiteranordnungen:

Ringspule
(Toroid)

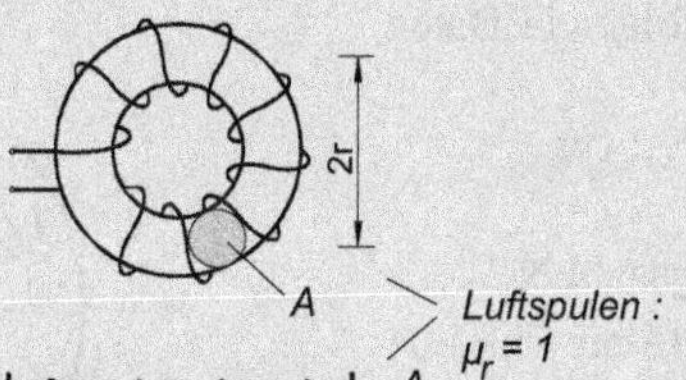

$$L = \mathrm{N}^2 \cdot \frac{\mu_r \mu_0 A}{2\pi r}$$

Zylinderspule

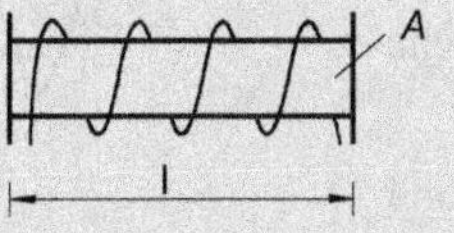

$$L = \mathrm{N}^2 \cdot \frac{\mu_r \mu_0 A}{l}$$

Spule mit Eisenkern und Luftspalt

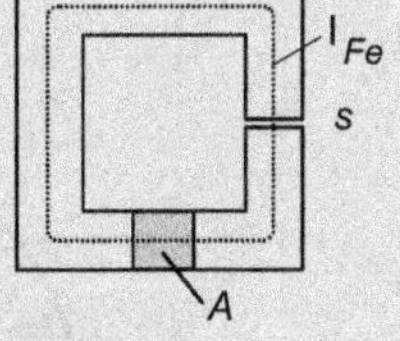

$$L = \mathrm{N}^2 \cdot \frac{\mu_0 A}{\frac{l_{Fe}}{\mu_r} + s}$$

Paralleldrahtleitung

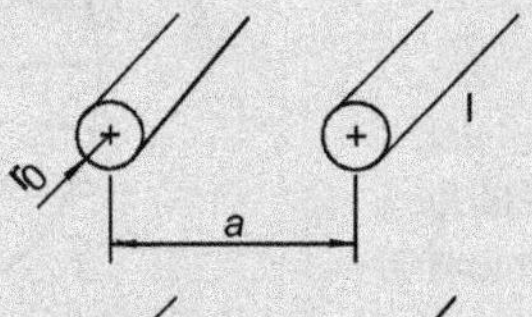

$$L = \mu_r \mu_0 \cdot \frac{l}{\pi} \cdot \ln \frac{a}{r_0}$$

Koaxialkabel

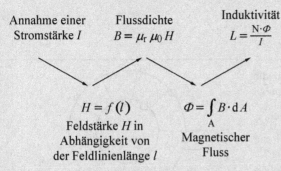

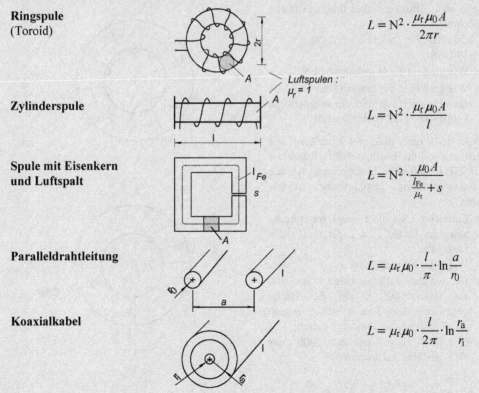

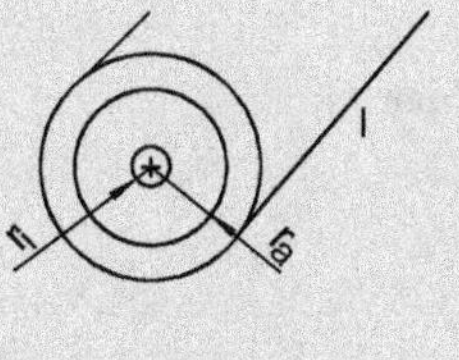

$$L = \mu_r \mu_0 \cdot \frac{l}{2\pi} \cdot \ln \frac{r_a}{r_i}$$

23.1 Aufgaben

❶ **23.1:** In einem Tabellenbuch wird für die Berechnung der Induktivität L von Spulen die Formel $L = \mathrm{N}^2 \frac{\mu_0 \cdot \mu_\mathrm{r} \cdot A}{l}$ angegeben.

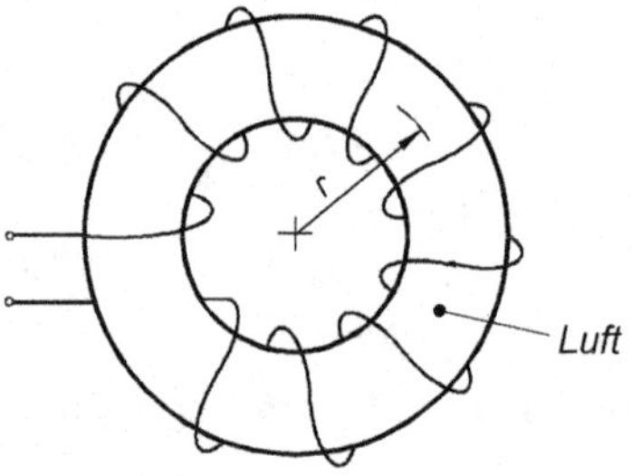

a) Was bedeuten die Formelzeichen A und l bei Ringspulen und Zylinderspulen?

b) In der Übersicht zu diesem Kapitel ist für die Ringspule die Formel

$$L = \mathrm{N}^2 \frac{\mu_0 \cdot \mu_r \cdot A}{2\pi r}$$ angegeben.

Besteht Übereinstimmung mit der oben angegebenen Formel?

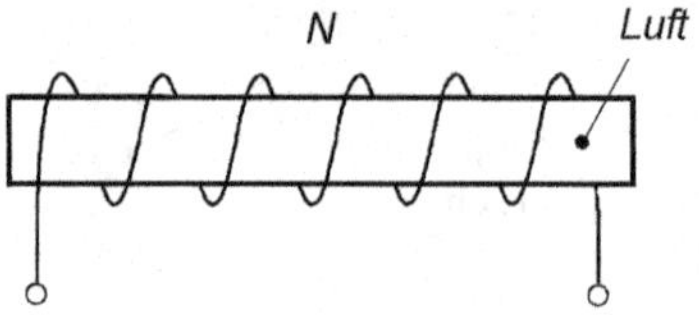

c) Warum kann bei der Zylinderspule die einfache Spulenlänge als mittlere Feldlinienlänge angesehen werden?

❶❷ **23.2:** Von einer stromdurchflossenen Ringspule ohne Eisenkern sind folgende Daten bekannt:
$L = 50$ mH, $A = 1{,}6$ cm^2, $r = 2$ cm,
$I = 100$ mA

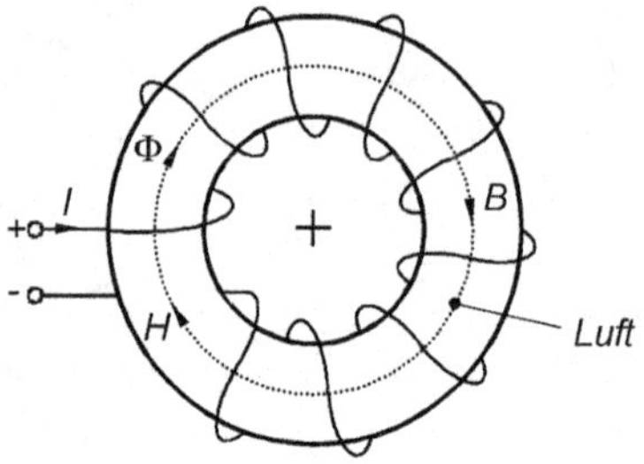

a) Wie groß ist die Windungszahl N?

b) Wie groß sind der magnetische Fluss Φ, die Flussdichte B und die magnetische Feldstärke H im Spuleninneren?

❷ **23.3:** Bei einer Spule mit Eisenkern und Luftspalt soll der Einfluss des Luftspaltes s auf die Induktivität L untersucht werden (Lösungsmethode „magnetischer Widerstand"):

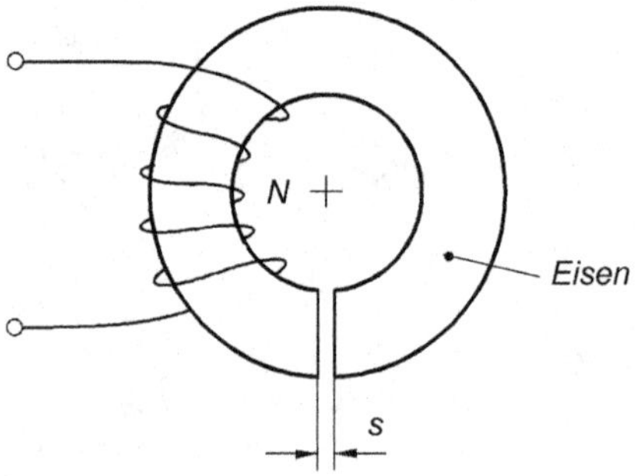

a) Entwickeln Sie die Formel zur Berechnung der Induktivität L für $s = 0$ (kein Luftspalt).

b) Wie unter a), jedoch sei $s > 0$.

c) Bei welcher Luftspaltlänge s hat sich die Induktivität L auf die Hälfte gegenüber dem Fall $s = 0$ verringert, wenn folgende Spulendaten gelten:
N = 1000, $l_\mathrm{Fe} = 5$ cm, $\mu_\mathrm{r} = 2000$ (hier als Konstante anzunehmen)?

❷ **23.4:** Das nebenstehende Bild zeigt den Aufbau einer sogenannten Zweifachdrosselspule. Solche Spulen – auch stromkompensierte Drosselspulen genannt – werden zur Funkentstörung in Geräten der Automatisierungs- und Kommunikationstechnik eingesetzt. Diese Spulen bestehen aus einem geschlossenen Eisenkern und zwei getrennten Wicklungen gleicher Windungszahl ($N_1 = N_2$), aber entgegengesetzten Wickelsinns.

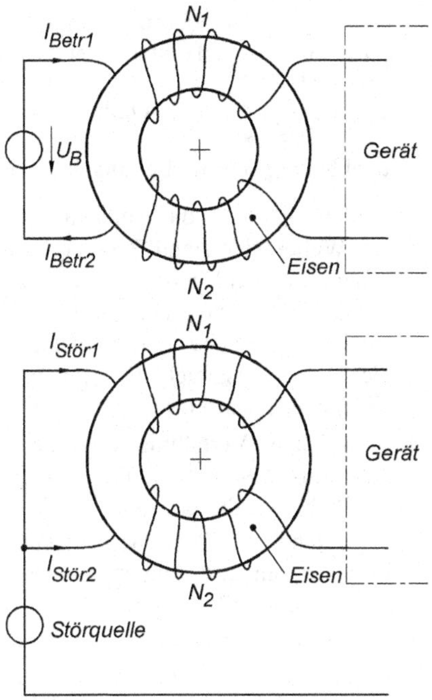

Spulendaten:

$l_{Fe} = 40$ mm, $A_{Fe} = 1$ cm^2, $N_1 = N_2 = 10$,
$\mu_r = 10\,000$ (als konstant anzunehmen).
Wie groß ist die Gesamtinduktivität L der Zweifachdrosselspule für die

a) Betriebsströme $I_{Betr1} = I_{Betr2}$?
b) Störströme $I_{Stör1} = I_{Stör2}$?

❶❷ **23.5:** Eine Ringspule mit kreisförmigen Kernquerschnitt habe die Daten $r = 4$ cm, $d = 1$ cm, N = 628. Das Kernmaterial sei Eisen mit gegebener Magnetisierungskurve.

Wie groß ist jeweils die Induktivität L bei den Stromstärken $I = 0{,}2$ A und $I = 0{,}4$ A?

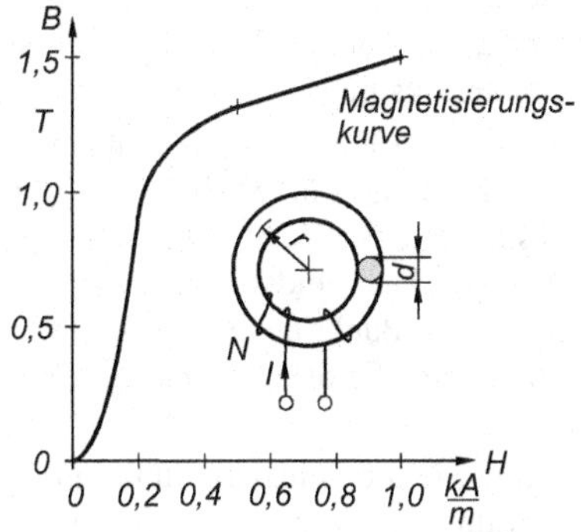

❷ **23.6:** Man leite die Berechnungsformel für die Induktivität L einer Ringspule mit rechteckförmigen Kernquerschnitt her.

a) Mit Lösungsmethode „magnetischer Widerstand".
b) Mit Lösungsmethode „Feldgrößen".
c) Man berechne die Induktivität L mit den beiden Formeln für $I = 1$ A.
d) Wie erklären Sie sich die abweichenden Ergebnisse aus Aufgabe c)?

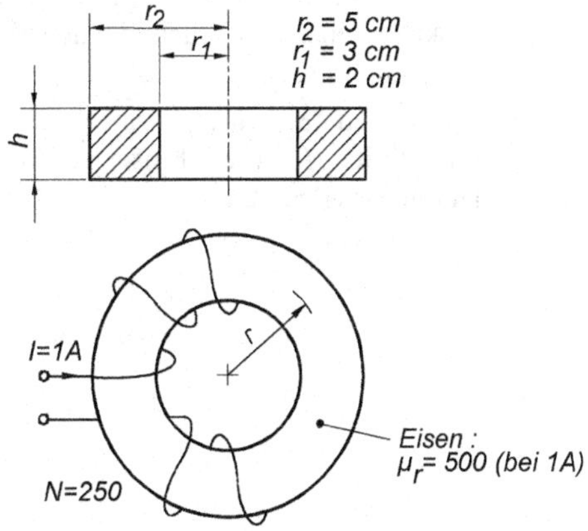

❷❸ **23.7:** Ein Koaxialkabel als Antennenleitung hat einen sogenannten Wellenwiderstand $Z = \sqrt{\dfrac{L}{C}}$ z.B. 75 Ohm, der unabhängig von der Leitungslänge ist!

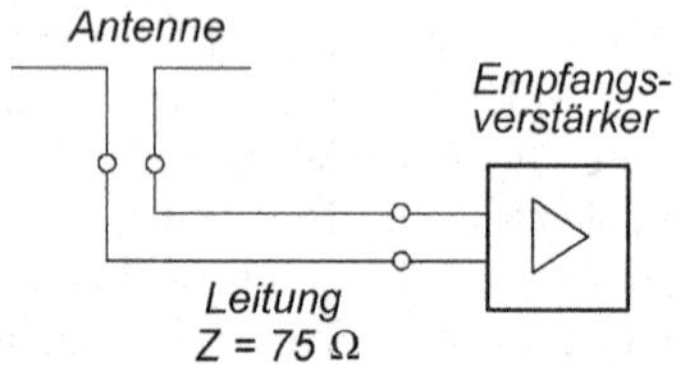

a) Entdecken Sie, von welchen Größen der Wellenwiderstand Z einer Leitung abhängt, indem Sie die Formeln für die Induktivität L und Kapazität C der Koaxialleitung (siehe Übersichtsblatt) in die Definitionsgleichung des Wellenwiderstandes einsetzen.

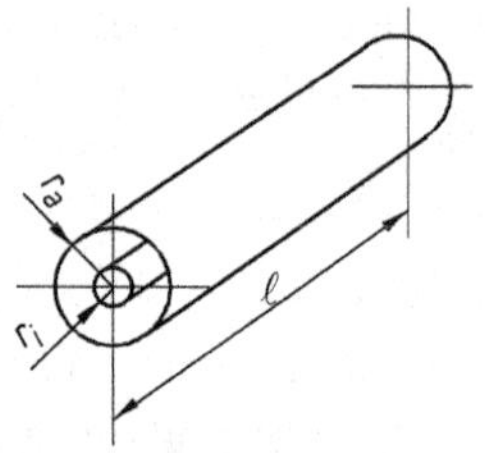

b) In welchem Verhältnis muss der Außenradius r_a zum Innenradius r_i des Koaxialkabels stehen, damit der Wellenwiderstand $Z = 75\ \Omega$ wird, wenn als Dielektrikum Luft angenommen wird ($\mu_r = 1$, $\varepsilon_r = 1$)?

❸ **23.8:** Man leite die Formel zur Berechnung der Induktivität L einer Paralleldrahtleitung her unter der Annahme, dass der Abstand a der Adern sehr viel größer ist als der Drahtradius r_0:

a) Beginnen Sie mit der Annahme, dass die Leitungsströme $I_1 = I_2$ sind. Bestimmen Sie dann die Richtung der magnetischen Feldstärke H auf einem beliebigen Punkt der x-Achse, und stellen Sie eine Feldstärkefunktion $H = f(x)$ auf.

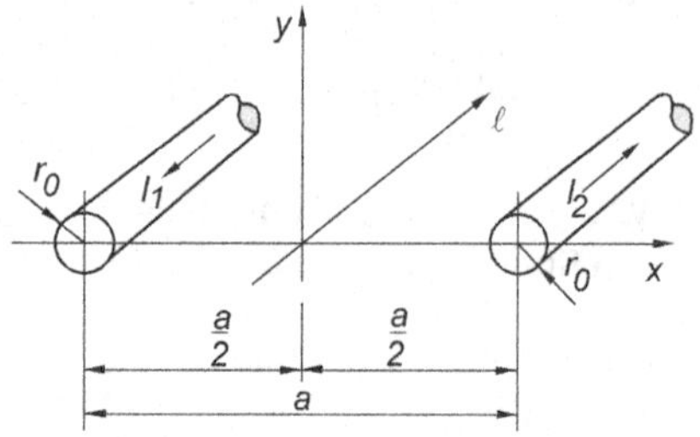

b) Leiten Sie die Feldstärkefunktion in die Flussdichtefunktion $B = f(x)$ über.

c) Entwickeln Sie aus der Flussdichtefunktion einen Ausdruck für den magnetischen Fluss Φ.

d) Bestimmen Sie die Formel für die Induktivität L durch Einsetzen in die Definitionsgleichung.

23.2 Lösungen

23.1

a) „A" ist die vom magnetischen Fluss Φ durchsetzte Querschnittsfläche der stromdurchflossenen Spule. „l" ist bei der Ringspule die mittlere Feldlinienlänge und bei der Zylinderspule die Spulenlänge, wenn, wie oftmals vernachlässigbar, der Feldlinienverlauf in Luft außerhalb der Spule unbeachtet bleibt.

b) Ja, denn es ist $l = 2\pi r$.

c) Dies trifft nur näherungsweise zu bei langen Spulen. Die Flussdichte B im Außenraum kann dann als vernachlässigbar klein angesehen werden.

23.2

a) $L = \mathrm{N}^2 \dfrac{\mu_r \cdot \mu_0 \cdot A}{2\pi r}$

$$\mathrm{N} = \sqrt{\frac{2\pi r}{\mu_r \cdot \mu_0 \cdot A} L} = \sqrt{\frac{2\pi \cdot 2 \cdot 10^{-2}\,\mathrm{m} \cdot 50 \cdot 10^{-3} H}{1 \cdot 4\pi \cdot 10^{-7} \frac{\mathrm{Vs}}{\mathrm{Am}} \cdot 1{,}6 \cdot 10^{-4}\,\mathrm{m}^2}} = 5590$$

b) $L = \dfrac{\mathrm{N} \cdot \Phi}{I}$

$$\Phi = \frac{L \cdot I}{\mathrm{N}} = \frac{50 \cdot 10^{-3} \frac{\mathrm{Vs}}{\mathrm{Am}} \cdot 100 \cdot 10^{-3}\,\mathrm{A}}{5590} = 0{,}895\,\mu\mathrm{Vs}$$

$$B = \frac{\Phi}{\mathrm{A}} = \frac{0{,}895 \cdot 10^{-6}\,\mathrm{Vs}}{1{,}6 \cdot 10^{-4}\,\mathrm{m}^2} = 5{,}59\,\mathrm{mT}$$

$$H = \frac{B}{\mu_r \cdot \mu_0} = \frac{5{,}59 \cdot 10^{-3} \frac{\mathrm{Vs}}{\mathrm{m}^2}}{1 \cdot 4\pi \cdot 10^{-7} \frac{\mathrm{Vs}}{\mathrm{Am}}} = 4450 \frac{\mathrm{A}}{\mathrm{m}}$$

oder über Durchflutung Θ:

$$H = \frac{\Theta}{l} = \frac{I \cdot \mathrm{N}}{l} \quad \text{(s. Kp. 21)}$$

$$H = \frac{100 \cdot 10^{-3}\,\mathrm{A} \cdot 5590}{2\pi \cdot 2 \cdot 10^{-2}\,\mathrm{m}} = 4450 \frac{\mathrm{A}}{\mathrm{m}}$$

23.3

a) $L = \mathrm{N}^2 \dfrac{1}{R_m}$ mit $R_m = \dfrac{l_{Fe}}{\mu_r \cdot \mu_0 \cdot A}$

ergibt

$L = \mathrm{N}^2 \dfrac{\mu_r \cdot \mu_0 \cdot A}{l_{Fe}}$ Übereinstimmung mit Formeln für Ring- und Zylinderspule

b) $L = \mathrm{N}^2 \left(\dfrac{1}{R_{mFe} + R_{mLuft}} \right)$

mit $R_{mFe} = \dfrac{l_{Fe}}{\mu_r \cdot \mu_0 \cdot A}$ $(\mu_r \text{ für Eisen})$

$R_{mLuft} = \dfrac{s}{\mu_r \cdot \mu_0 \cdot A}$ $(\mu_r = 1, \text{ Luft})$

ergibt:

$$L = \mathrm{N}^2 \frac{1}{\frac{1}{\mu_0 \cdot A}\left(\frac{l_{Fe}}{\mu_r} + s\right)} = \mathrm{N}^2 \frac{\mu_0 \cdot A}{\frac{l_{Fe}}{\mu_r} + s}$$

Die Induktivität L der Spule mit Luftspalt s ist kleiner als bei der Spule ohne Luftspalt.

c) Spule ohne Luftspalt ($s = 0$)

$$L_1 = \mathrm{N}^2 \cdot \frac{\mu_0 \cdot A}{\frac{l_{Fe}}{\mu_r}}$$

Spule mit Luftspalt ($s > 0$)

$$L_2 = \mathrm{N}^2 \cdot \frac{\mu_0 \cdot A}{\frac{l_{Fe}}{\mu_r} + s}$$

Forderung:

$$L_2 = \frac{1}{2} \cdot L_1$$

Folgt:

$$\frac{1}{\frac{l_{Fe}}{\mu_r} + s} = \frac{1}{2} \cdot \frac{1}{\frac{l_{Fe}}{\mu_r}}$$

$$2\frac{l_{Fe}}{\mu_r} = \frac{l_{Fe}}{\mu_r} + s$$

$$s = \frac{l_{Fe}}{\mu_r} = \frac{5\,\mathrm{cm}}{2000} = 0{,}025\,\mathrm{mm}$$

23.4

a) Aus der Definition für die Induktivität einer Spule

$L = \dfrac{\mathrm{N} \cdot \Phi}{I}$ folgt:

$L = 0$, wenn die Gesamtdurchflutung $\Theta = I \cdot \mathrm{N} = 0$ ist und damit kein Fluss Φ erzeugt wird.
Dieser Fall liegt hier vor, da jeder Strom einen magnetischen Fluss erzeugt und diese sich gegenseitig aufheben.

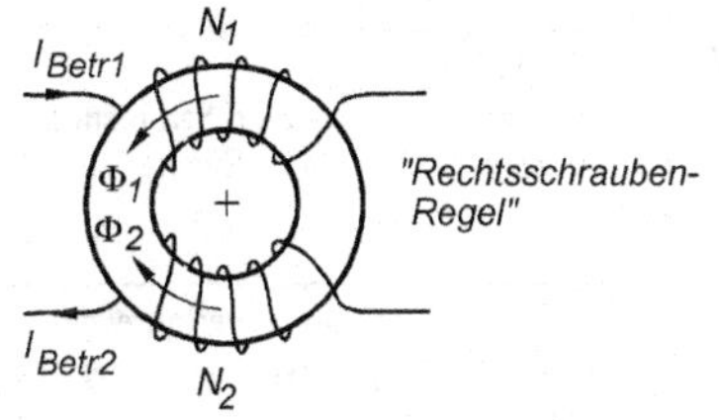

b) Im Fall der gleichsinnigen Störströme $I_{\text{Stör1}} = I_{\text{Stör2}}$ ergibt sich ein magnetischer Fluss $\Phi \neq 0$ und somit auch eine Induktivität L für die Zweifachdrosselspule.

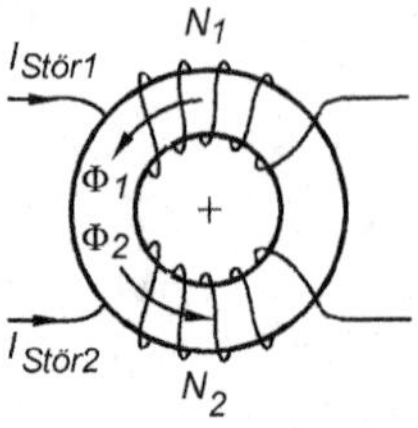

$$L = (\mathrm{N}_1 + \mathrm{N}_2)^2 \cdot \frac{\mu_r \mu_0 A_{\text{Fe}}}{l_{\text{Fe}}} \quad \text{mit } l_{\text{Fe}} = 2\pi r = 40 \text{ mm}$$

$$L = 20^2 \cdot \frac{10000 \cdot 4\pi \cdot 10^{-7} \frac{\text{Vs}}{\text{Am}} \cdot 1 \cdot 10^{-4} \text{m}^2}{40 \cdot 10^{-3} \text{m}} = 12{,}56 \text{ mH}$$

23.5

Lösungsweg:

$I \Rightarrow H_{\text{Fe}} \Rightarrow B_{\text{Fe}}$ aus Magnetisierungskurve

$$I \Rightarrow H_{\text{Fe}} \Rightarrow B_{\text{Fe}} \Rightarrow \Phi \Rightarrow L = \frac{\mathrm{N} \cdot \Phi}{I}$$

Für $I = 0{,}2$ A:

$$H_{\text{Fe}} = \frac{\Theta}{l_{\text{Fe}}} = \frac{I \cdot \mathrm{N}}{2\pi r}$$

$$H_{\text{Fe}} = \frac{0{,}2 \text{ A} \cdot 628}{2\pi \cdot 4 \cdot 10^{-2} \text{m}} = 500 \frac{\text{A}}{\text{m}}$$

$B_{\text{Fe}} = 1{,}3$ T aus Magnetisierungskurve

$$\Phi = B_{\text{Fe}} \cdot A_{\text{Fe}} \quad \text{mit } A_{\text{Fe}} = \frac{d^2 \cdot \pi}{4}$$

$$\Phi = 1{,}3 \frac{\text{Vs}}{\text{m}^2} \cdot \frac{(1 \cdot 10^{-2} \text{m})^2 \pi}{4} = 0{,}1 \text{ mVs}$$

Folgt:

$$L = \frac{\mathrm{N} \cdot \Phi}{I} = \frac{628 \cdot 0{,}1 \cdot 10^{-3} \text{ Vs}}{0{,}2 \text{ A}} = 0{,}314 \text{ H}$$

Für $I = 0{,}4$ A:

$$H_{\text{Fe}} = \frac{0{,}4 \text{ A} \cdot 628}{2\pi \cdot 4 \cdot 10^{-2} \text{m}} = 1000 \frac{\text{A}}{\text{m}}$$

$B_{\text{Fe}} = 1{,}55$ T aus Magnetisierungskurve

$$\Phi' = B_{\text{Fe}} \cdot A_{\text{Fe}} = 0{,}12 \text{ mVs}$$

$$L = \frac{\mathrm{N} \cdot \Phi}{I} = \frac{628 \cdot 0{,}12 \cdot 10^{-3} \text{ Vs}}{0{,}4 \text{ A}} = 0{,}188 \text{ H}$$

Kleinere Induktivität L bei größerer Stromstärke infolge stärkerer magnetischer Sättigung des Eisens.

23.6

a) Annahme: Im Kernquerschnitt A verlaufe der magnetische Fluss Φ und das Magnetfeld habe überall die gleiche Flussdichte B.

Mittlere Feldlinienlänge:

$$l_{\text{Fe}} = 2\pi \frac{r_2 + r_1}{2}$$

Kernquerschnitt:

$$A_{\text{Fe}} = h(r_2 - r_1)$$

Magnetischer Widerstand:

$$R_{\text{m}} = \frac{l_{\text{Fe}}}{\mu_r \mu_0 A_{\text{Fe}}} \Rightarrow R_{\text{m}} = \frac{2\pi \left(\frac{r_2 + r_1}{2}\right)}{\mu_r \mu_0 h \cdot (r_2 - r_1)}$$

Induktivität:

$$L_1 = \mathrm{N}^2 \cdot \frac{1}{R_{\text{m}}} = \mathrm{N}^2 \cdot \frac{\mu_r \mu_0 h (r_2 - r_1)}{\pi \cdot (r_2 + r_1)}$$

b) Exakte Berechnung. Es wird berücksichtigt, dass die Flussdichte B Radius-abhängig ist.

1. Schritt: Feldstärke H

$$H = I \cdot \frac{\mathrm{N}}{l} = I \cdot \frac{\mathrm{N}}{2\pi r}$$

2. Schritt: Flussdichte B

$$B = \mu_r \mu_0 \cdot H$$

$$B = \mu_r \mu_0 \cdot I \cdot \frac{\mathrm{N}}{2\pi r} \quad \text{für } r_1 < r < r_2$$

3. Schritt: Magnetischer Fluss Φ

$$\Phi = \int_A \vec{B} \cdot \mathrm{d}\vec{A} \quad \text{mit} \quad \mathrm{d}\vec{A} = h \cdot \mathrm{d}\vec{r}$$

$$\Phi = \int_{r_1}^{r_2} \vec{B} \cdot h \cdot \mathrm{d}\vec{r} = \frac{\mu_r \mu_0 \cdot h \cdot \mathrm{N} \cdot I}{2\pi} \int_{r_1}^{r_2} \frac{1}{r} \cdot \mathrm{d}r$$

Grundintegral:

$$\int_{r_1}^{r_2} \frac{1}{r} \mathrm{d}r = \ln\left(\frac{r_2}{r_1}\right) + C$$

Folgt:

$$\Phi = \frac{\mu_r \mu_0 \cdot h \cdot \mathrm{N} \cdot I}{2\pi} \cdot \ln\left(\frac{r_2}{r_1}\right)$$

4. Schritt: Induktivität L

Definition $L_2 = \frac{\mathrm{N} \cdot \Phi}{I}$

Nach Einsetzen von Fluss Φ kürzt sich Strom I heraus.

$$L_2 = \mathrm{N}^2 \cdot \frac{\mu_r \mu_0 \cdot h}{2\pi} \cdot \ln\left(\frac{r_2}{r_1}\right)$$

c) Berechnung der Induktivitätswerte mit den zwei verschieden aussehenden Formeln :

$$L_1 = \mathrm{N}^2 \cdot \frac{\mu_r \mu_0 \cdot h \cdot (r_2 - r_1)}{\pi \cdot (r_2 + r_1)}$$

$$L_1 = 250^2 \cdot \frac{500 \cdot 4\pi \cdot 10^{-7} \frac{\text{Vs}}{\text{Am}} \cdot 2 \cdot 10^{-2} \text{m} \cdot (5-3) \cdot 10^{-2} \text{m}}{\pi (5+3) \cdot 10^{-2} \text{m}}$$

$$L_1 = 62{,}5 \text{ mH}$$

$$L_2 = \mathrm{N}^2 \cdot \frac{\mu_r \mu_0 \cdot h}{2\pi} \cdot \ln\left(\frac{r_2}{r_1}\right)$$

$$L_2 = 250^2 \cdot \frac{500 \cdot 4\pi \cdot 10^{-7} \frac{\text{Vs}}{\text{Am}} \cdot 2 \cdot 10^{-2}\,\text{m}}{2\pi} \cdot \ln\left(\frac{5\,\text{cm}}{3\,\text{cm}}\right)$$

$$L_2 = 63{,}85\,\text{mH}$$

d) Die Annahme eines homogenen Magnetfeldes im Kernquerschnitt trifft nur näherungsweise zu. Die Formel für L_1 ist deshalb nur eine gute Näherungsformel.

23.7

a) Formeln für das Koaxialkabel:

$$L = \mu_r \cdot \mu_0 \cdot \frac{l}{2\pi} \cdot \ln \frac{r_a}{r_i} \quad \text{(siehe Übersicht Kp. 23)}$$

$$C = \frac{2\pi \cdot \varepsilon_r \varepsilon_0 \cdot l}{\ln \frac{r_a}{r_i}} \quad \text{(siehe Übersicht Kp. 16, Bd. 1)}$$

Folgt:

$$Z = \sqrt{\frac{L}{C}} = \frac{\ln \frac{r_a}{r_i}}{2\pi} \sqrt{\frac{\mu_r \mu_0}{\varepsilon_r \varepsilon_0}}$$

Die Leitungslänge l ist entfallen!

b) Für Dielektrikum Luft: $\mu_r = 1,\ \varepsilon_r = 1$

Folgt:

$$Z = \frac{\ln \frac{r_a}{r_i}}{2\pi} \cdot \sqrt{\frac{1 \cdot 4\pi \cdot 10^{-7} \frac{\text{Vs}}{\text{Am}}}{1 \cdot 0{,}885 \cdot 10^{-11} \frac{\text{As}}{\text{Vm}}}}$$

$$Z = \frac{\ln \frac{r_a}{r_i}}{2\pi} \cdot 376{,}8\,\Omega$$

$376{,}8\,\Omega$ = sog. Wellenwiderstand des freien Raumes

Verhältnis $\frac{r_a}{r_i}$ für $Z = 75\,\Omega$:

$$\ln \frac{r_a}{r_i} = \frac{2\pi \cdot 75\,\Omega}{376{,}8\,\Omega} = 1{,}25$$

Potenzierung der Gleichung:

$$e^{\ln\left(\frac{r_a}{r_i}\right)} = e^{1{,}25} \quad \Rightarrow \quad \frac{r_a}{r_i} = e^{1{,}25} \quad \Rightarrow \quad \frac{r_a}{r_i} = 3{,}49$$

23.8

a) Der Feldstärkevektor H zeigt bei den angenommenen Stromrichtungen in Richtung der y-Achse.

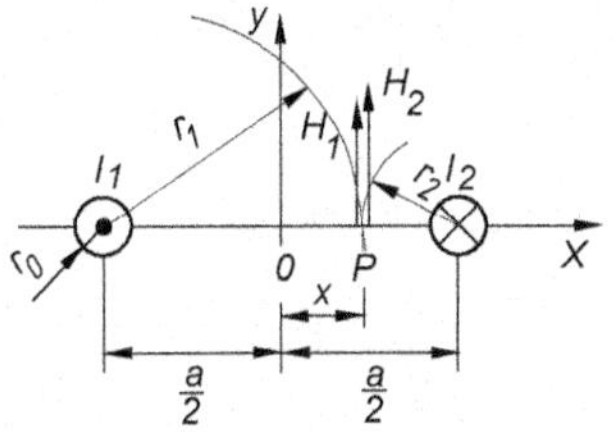

Für alle Punkte P außerhalb von Leiter 1 und im Abstand r_1 ist in der Ebene $y = 0$ der Feldstärkebeitrag von Strom I_1:

$$H_1 = I_1 \cdot \frac{1}{2\pi \cdot r_1}$$

Somit folgt für alle x_i außerhalb von Leiter 1 mit dem gewählten Koordinatensystem:

$$H_1 = I_1 \cdot \frac{1}{2\pi\left(\frac{a}{2} + x\right)}$$

Hierbei kann x positive und negative Werte entsprechend dem gewählten Koordinatensystem annehmen.

Analog gilt für Leiter 2 für alle x_i außerhalb von Leiter 2:

$$H_2 = I_2 \cdot \frac{1}{2\pi\left(x - \frac{a}{2}\right)}$$

Gesamtfeldstärke H im Punkt P:

$$H = H_1 + H_2 = \frac{I_1}{2\pi\left(\frac{a}{2} + x\right)} + \frac{I_2}{2\pi\left(x - \frac{a}{2}\right)}$$

Im Sonderfall, dass $I_1 = -I_2$ und $|I_1| = |I_2| = I$ erhält man:

$$H = H_1 + H_2 = \frac{I}{2\pi}\left(\frac{1}{\frac{a}{2} + x} - \frac{1}{x - \frac{a}{2}}\right)$$

b) $B = \mu_r \mu_0 \cdot H$

$$B = \mu_r \mu_0 \cdot \frac{I}{2\pi}\left(\frac{1}{\frac{a}{2} + x} - \frac{1}{x - \frac{a}{2}}\right)$$

c) $\Phi = \int \vec{B} \cdot d\vec{A}$ mit $d\vec{A} = l \cdot d\vec{x}$ (l = Leitungslänge)

Φ ist der zu berechnende Fluss zwischen den parallelen Leitern. Mit Umformung des 2. Terms in der Klammer ergibt sich:

$$\Phi = \mu_r \mu_0 \cdot \frac{I}{2\pi} \cdot l \int_{-\left(\frac{a}{2} - r_0\right)}^{+\left(\frac{a}{2} - r_0\right)} \left(\frac{1}{\frac{a}{2} + x} + \frac{1}{\frac{a}{2} - x}\right) dx$$

Die Lösung des Integrals mit Hilfe des Grundintegrals:

$\int \frac{1}{y} \cdot dy = \ln y + C$ ergibt:

$$\Phi = \mu_r \mu_0 \cdot \frac{I}{2\pi} \cdot l \cdot \left[\ln\left(\frac{a}{2} + x\right) - \ln\left(\frac{a}{2} - x\right)\right]_{-\left(\frac{a}{2} - r_0\right)}^{+\left(\frac{a}{2} - r_0\right)}$$

$$\Phi = \mu_r \mu_0 \cdot \frac{I}{2\pi} \cdot l \cdot \left[2 \ln(a - r_0) - 2 \ln r_0\right]$$

$$\Phi = \mu_v \mu_0 \cdot \frac{l}{\pi} \cdot I \cdot \ln\left(\frac{a - r_0}{r_0}\right)$$

Mit $a >> r_0$ folgt:

$$\Phi \approx \mu_r \mu_0 \cdot \frac{l}{\pi} \cdot I \cdot \ln \frac{a}{r_0}$$

d) $L = \frac{N \cdot \Phi}{I}$ hier mit $N = 1$

$$L = \mu_r \mu_0 \cdot \frac{l}{\pi} \cdot \ln \frac{a}{r_0}$$

24 Magnetische Eigenschaften von Eisen II

- Hartmagnetische Werkstoffe

Anwendungsgebiete

Erzeugung magnetischer Gleichfelder großer Energiedichte ohne zusätzliche Energieaufnahme (Dauermagnete in Schrittmotoren, Messgeräten, Kupplungen ...)

Übersicht: Magnet-Kennwerte

Als hartmagnetische Materialien (Dauermagnete) kommen nur solche mit großer Fläche der Hystereseschleife und daher mit großer Remanenz B_r und Koerzitivfeldstärke H_C sowie großer Energiedichte in Frage.

Vergleich von Dauermagnet-Werkstoffgruppen: Die Dauermagnete mit den dargestellten Volumina erzeugen im Punkt $P = 5\,\mathrm{mm}$ von der Polfläche entfernt eine magnetische Flussdichte von $B = 100$ mT.

Magnetwerkstoff	Volumen	Remanenz (B_r)	Koerzitivfeldstärke (H_C)	Energiedichte $(B_m \cdot H_m)_{max}$
Seltene-Erden-Kobalt (Vacodyn 362 HR)	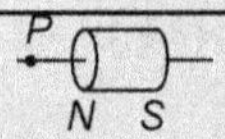 $V = 0{,}3\ \mathrm{cm}^3$	1,33 T	$1010\,\frac{\mathrm{kA}}{\mathrm{m}}$	$340\,\frac{\mathrm{kJ}}{\mathrm{m}^3}$
Hartferrite (25/25)	 $V = 25\ \mathrm{cm}^3$	0,37 T	$230\,\frac{\mathrm{kA}}{\mathrm{m}}$	$25\,\frac{\mathrm{kJ}}{\mathrm{m}^3}$
Alnico-Legierung (52/6)	 $V = 20\ \mathrm{cm}^3$	1,25 T	$55\,\frac{\mathrm{kA}}{\mathrm{m}}$	$52\,\frac{\mathrm{kJ}}{\mathrm{m}^3}$

Quelle: Firma Vakuumschmelze Hanau

B(H) bzw. *J(H)*-Hystereseschleifen

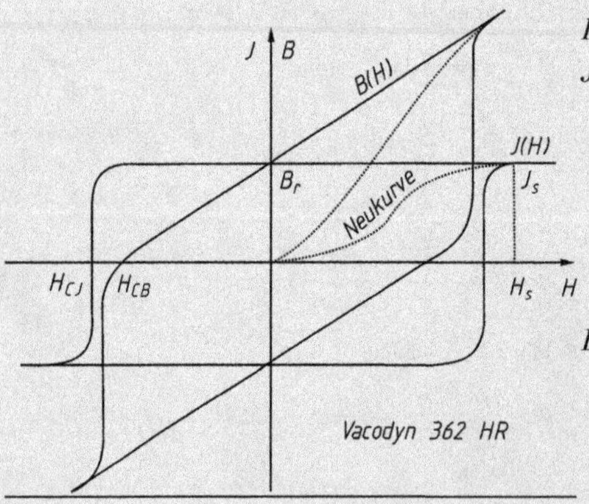

H_s = Sättigungsfeldstärke

J_s = Sättigungspolarisation: Wenn alle Elementarmagnete parallel zum äußeren Magnetfeld ausgerichtet sind, hat die Polarisation J ihren Maximalwert J_s erreicht. Die Flussdichte B steigt jedoch weiter linear mit der Feldstärke an, da $B = J + \mu_0 \cdot H$

B_r = Remanenz bei $H = 0$

Aufmagnetisierung und Entmagnetisierungskurve eines Dauermagneten

Ein magnetisches System, bestehend aus einem hartmagnetischen Quader und zwei weichmagnetischen Polschuhen, soll aufmagnetisiert werden (s. Bild).

Vorgänge im 1. Quadranten:

Die äußere Feldstärke wird von $H = 0$ bis $H_{max} > 5 \cdot H_s$ durch einen Magnetisierungsstrom I gesteigert. Nach Absenken der äußeren Feldstärke auf $H = 0$ bleibt im hartmagnetischen Werkstoff eine Flussdichte $B_{Magnet} = B_r$ bestehen (Remanenz, Dauermagnetverhalten).

Vorgänge im 2. Quadranten:

Wird der bis dahin noch geschlossen gehaltene Luftspalt geöffnet, liegt der gewünschte betriebsmäßige Zustand des Magnetsystems vor. Der Dauermagnet erzeugt ein magnetisches Feld, das im Luftspalt zur Verfügung steht. Messungen haben gezeigt, dass die Flussdichte $B_{Magnet} < B_r$ geworden ist. Der Luftspalt übt also eine sog. entmagnetisierende Wirkung aus: Je größer der Luftspalt, desto kleiner die zur Verfügung stehende Flussdichte B_{Magnet}!
Der im 2. Quadranten liegende Kennlinienteil wird deshalb auch *Entmagnetisierungskurve* genannt.

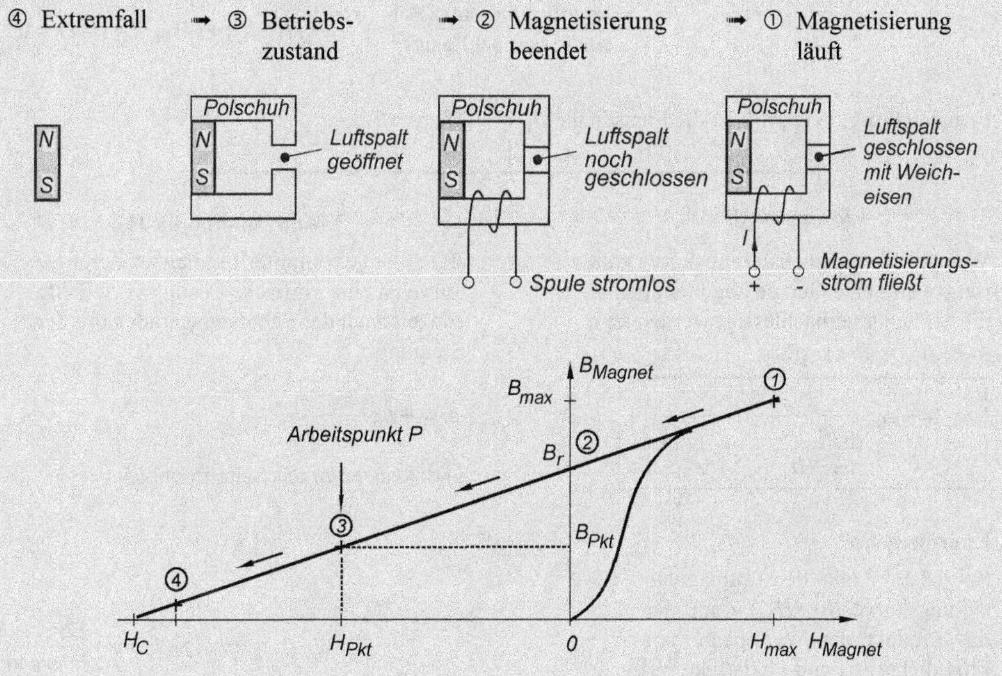

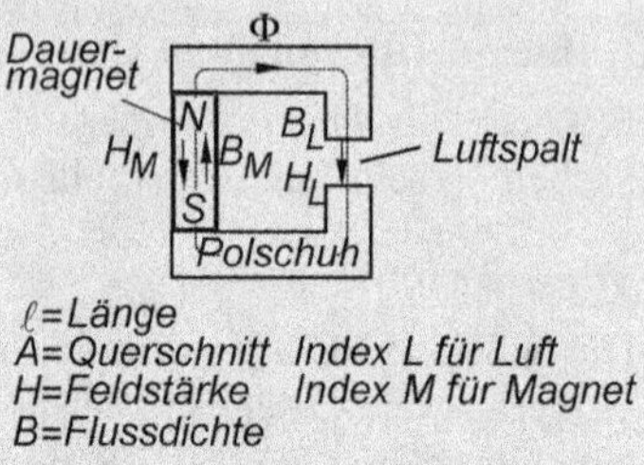

Arbeitspunkt *P*

Der Betriebszustand eines Dauermagneten liegt stets im Bereich der Entmagnetisierungskurve und ist durch das Wertepaar (B_{Pkt}, H_{Pkt}) im Arbeitspunkt *P* gekennzeichnet. Die Lage des Arbeitspunktes *P* ergibt sich aus dem Schnittpunkt der Scherungsgeraden mit der Entmagnetisierungskurve.

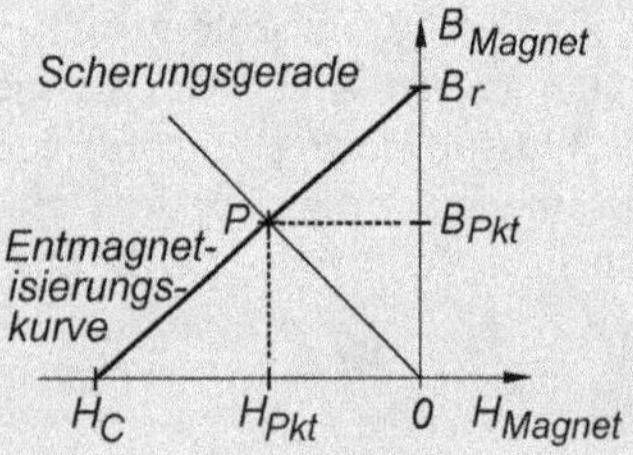

Scherungsgerade:

$$B_M = -\mu_0 \cdot \frac{l_M \cdot A_L}{l_L \cdot A_M} \cdot H_M$$

Entmagnetisierungskurve:

$$\frac{B_M}{B_r} + \frac{H_M}{H_C} = 1$$

Luftspalt-Flussdichte (aus Ansatz $\Phi_L = \Phi_M$):

$$B_L = \frac{A_M}{A_L} \cdot B_M$$

Durchflutungssatz (Polschuhe vernachlässigt):

$$+(H_L \cdot l_L) + (H_M \cdot l_M) = \Theta = 0$$

Fragestellung: Wie groß ist die Flussdichte B_L im Luftspalt ?

Lösungsmethodik 1

Wenn als Entmagnetisierungskurve näherungsweise eine Gerade angenommen und die Streuung vernachlässigt werden kann (d.h. $\Phi_L = \Phi_M$), gilt:

$$B_L = -\mu_0 \cdot \frac{1}{\dfrac{l_L}{l_M \cdot H_C} - \mu_0 \dfrac{A_L}{A_M \cdot B_r}}$$

Lösungsmethodik II

Bei stark gekrümmter Entmagnetisierungskurve ist eine grafische Lösung vorteilhaft. Einzeichnen der Scherungsgeraden mit der Steigung:

$$m = -\mu_0 \cdot \frac{l_M \cdot A_L}{l_L \cdot A_M}$$

und Auswerten des Schnittpunktes.

Energiedichte

Zu jedem Punkt der Entmagnetisierungskurve B_M (H_M) kann man das Produkt der Wertepaare von Flussdichte B_M und Feldstärke H_M bilden. Dieses Produkt stellt eine Energiedichte dar, die beim Durchlaufen der Entmagnetisierungskurve einen Höchstwert erreicht, der maximale Energiedichte oder maximales Energieprodukt $(B_M \cdot H_M)_{max}$ genannt wird.

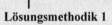

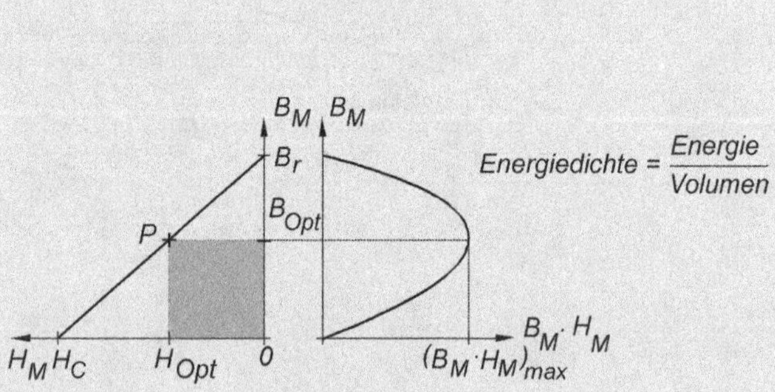

24.1 Aufgaben

❶ **24.1:** Es ist die Entmagnetisierungskurve eines Dauermagnet-Werkstoffes gegeben. Man bestimme:

a) Remanenz B_r
b) Koerzitivfeldstärke H_C
c) Optimalen Arbeitspunkt (B_{opt}, H_{opt}) für maximale Energiedichte $(B_M \cdot H_M)_{max}$ sowie deren Betrag.

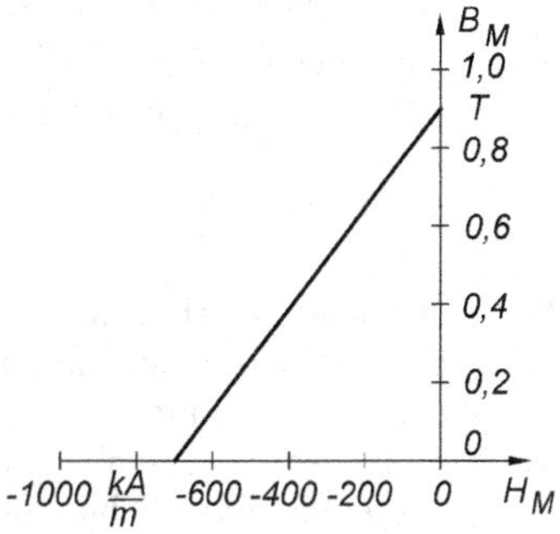

❶ **24.2:** Wie Aufgabe 24.1.

Hinweis: Einen angenäherten Wert für den optimalen Arbeitspunkt kann man durch folgende Konstruktion erhalten:
Man errichte ein Rechteck parallel zu den Koordinatenachsen durch die Punkte für B_r und H_C und lege die Scherungsgerade als Rechteckdiagonale durch den Achsenursprung. Im Schnittpunkt findet man B_{opt} und H_{opt}.

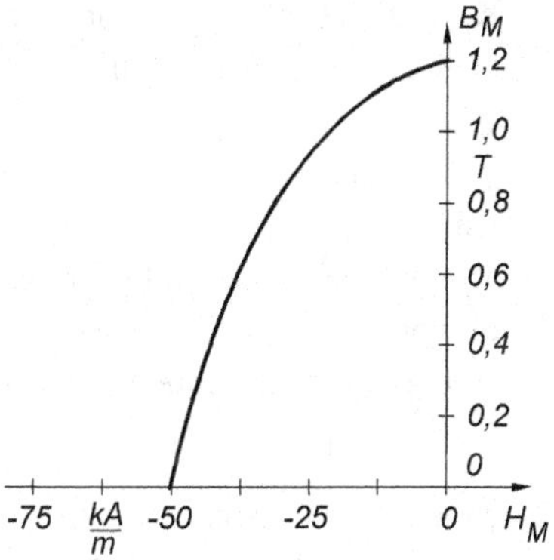

❶❷ **24.3:** Wie lautet die analytische Gleichung der Scherungsgeraden für das abgebildete magnetische System? Maßgebende geometrische Größenverhältnisse sind dem Bild durch Abmessen zu entnehmen.

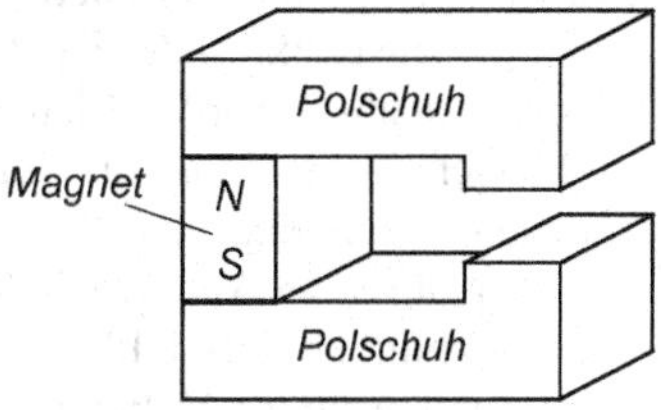

❶❷ **24.4:** Wie lautet die analytische Gleichung der gegebenen

a) Entmagnetisierungskurve,
b) Scherungsgeraden?

❶❷ **24.5:** Wie würde sich in Aufgabe 24.4 die Lage der Scherungsgeraden verändern, wenn bei sonst gleichen Abmessungen des Magnetsystems die Luftspaltlänge l_L verringert wird?

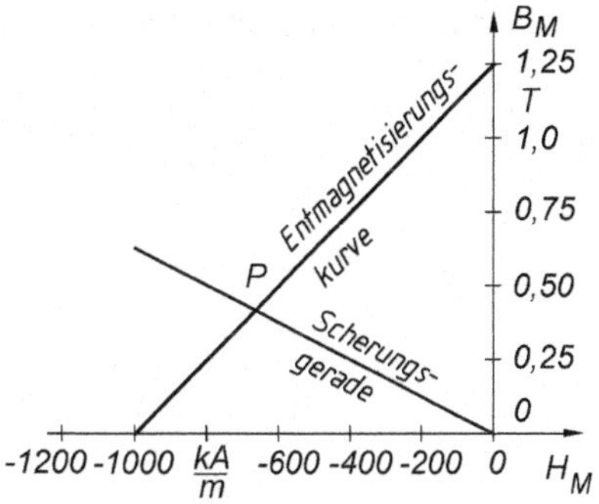

❷ **24.6:** Die Abbildung zeigt den Verlauf der $J(H)$-Hystereseschleife eines hartmagnetischen Werkstoffs im zweiten Quadranten.

a) Wie sieht der zugehörige Verlauf der $B(H)$-Hystereseschleife im zweiten Quadranten typischerweise aus?

b) Man berechne die Koerzitivfeldstärke $-H_{CB}$ der $B(H)$-Hystereseschleife.

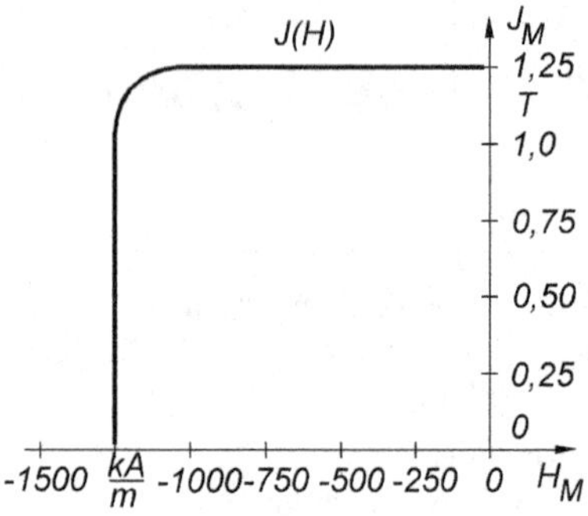

❷❸ **24.7:** Beim abgebildeten Magnetsystem seien alle Querschnittsflächen gleich groß. Solange der Luftspalt L mit einem Weicheisenstück geschlossen ist, bestehe im Eisen eine Flussdichte von 1,25 T. Die Koerzitivfeldstärke des Dauermagneten betrage laut Datenblatt $1000\,\frac{\text{kA}}{\text{m}}$.

Man bestimme die Flussdichte im Luftspalt, wenn das Weicheisenstück entfernt wird:

a) über rechnerischen Lösungsweg

b) über grafischen Lösungsweg

Hinweis: Lineare Entmagnetisierungskurve $B(H)$.

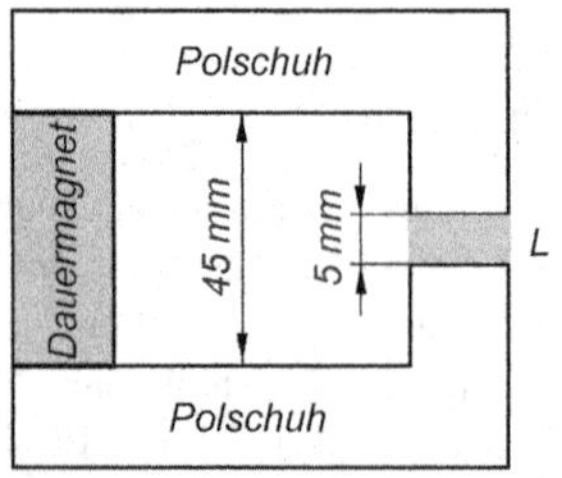

❸ **24.8:** Das Magnetsystem der Aufgabe 24.7 ist nicht optimal konstruiert, da der optimale Arbeitspunkt ($B_{M\,Opt}$, $H_{M\,Opt}$) nicht berücksichtigt wurde. Man berechne den Querschnitt A_M und die Länge l_M eines neuen Dauermagneten, der im gleichen Luftspalt wie in Aufgabe 24.7 ebenfalls die Luftspaltinduktion 1,13 T erzeugt, dabei aber mit weniger Volumen auskommt bei gleichem hartmagnetischen Material!

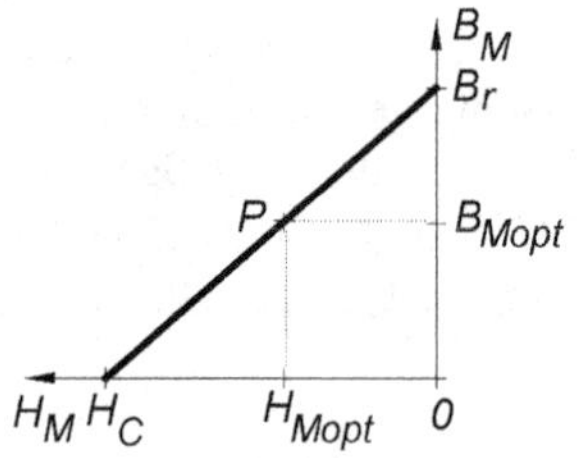

24.2 Lösungen

24.1

a) $B_r = 0{,}9\ \mathrm{T}$

b) $H_C = -700\ \frac{\mathrm{kA}}{\mathrm{m}}$

c) $B_{Opt} = 0{,}45\ \mathrm{T}, \quad H_{Opt} = -350\ \frac{\mathrm{kA}}{\mathrm{m}}$

$(B_M \cdot H_M)_{max} = 0{,}45\ \frac{\mathrm{Vs}}{\mathrm{m}^2} \cdot 350\ \frac{\mathrm{kA}}{\mathrm{m}} = 157{,}5\ \frac{\mathrm{kJ}}{\mathrm{m}^3}$

24.2

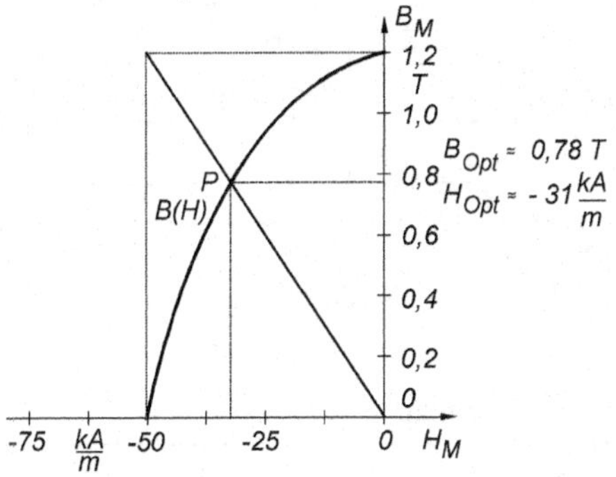

24.3

$$B_M = -\mu_0 \cdot \frac{l_M \cdot A_L}{l_L \cdot A_M} \cdot H_M$$

$$B_M = -4\pi \cdot 10^{-7} \frac{Vs}{A \cdot m} \cdot \frac{2}{1} \cdot \frac{1}{2} \cdot H_M = -4\pi \cdot 10^{-7} \frac{\mathrm{Vs}}{\mathrm{Am}} \cdot H_M$$

24.4

a) $\frac{B_M}{B_r} + \frac{H_M}{H_C} = 1 \quad \Rightarrow \quad \frac{B_M}{1{,}25\ \mathrm{T}} + \frac{H_M}{-1000\ \frac{\mathrm{kA}}{\mathrm{m}}} = 1$

$B_M = 1{,}25\ \mathrm{T} + 1{,}25 \cdot 10^{-6} \frac{\mathrm{Vs}}{\mathrm{Am}} \cdot H_M$

b) $B_M = -\mu_0 \cdot \frac{l_M \cdot A_L}{l_L \cdot A_M} \cdot H_M$ (allgemein)

$B_M = -\frac{0{,}50\ \mathrm{T}}{-800\ \frac{\mathrm{kA}}{\mathrm{m}}} \cdot H_M$ (ablesbar aus Kurve)

$B_M = -6{,}25 \cdot 10^{-7} \frac{\mathrm{Vs}}{\mathrm{Am}} \cdot H_M$

24.5

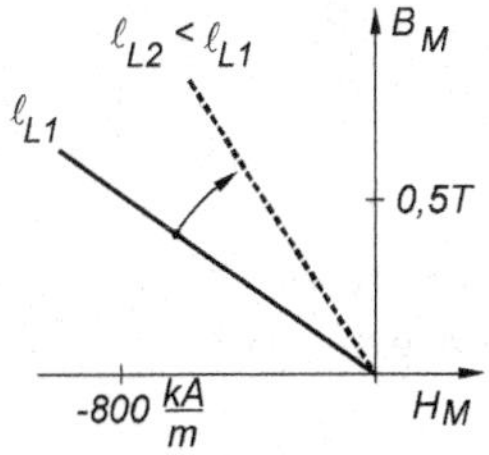

24.6

$B = J + \mu_0 \cdot H$ (allgemein)

Für $B = 0$ folgt

$$0 = J + \mu_0 \cdot H_{CB}$$

$$H_{CB} = -\frac{1{,}25\ \mathrm{T}}{4\pi \cdot 10^{-7} \frac{\mathrm{Vs}}{\mathrm{Am}}}$$

$$H_{CB} \approx -995\ \frac{\mathrm{kA}}{\mathrm{m}}$$

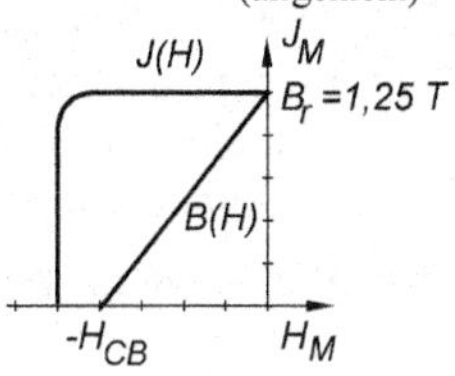

24.7

a) $B_L = -\mu_0 \cdot \dfrac{1}{\dfrac{l_L}{l_M \cdot H_C} - \mu_0 \cdot \dfrac{A_L}{A_M \cdot B_r}}$ (allgemein)

$$B_L = -\mu_0 \cdot \frac{1}{\frac{1}{9 \cdot (-1000\ \frac{\mathrm{kA}}{\mathrm{m}})} - \mu_0 \cdot \frac{1}{1 \cdot 1{,}25\ \mathrm{T}}}$$

$$B_L = -4\pi \cdot 10^{-7} \frac{\mathrm{Vs}}{\mathrm{Am}} \cdot \frac{1}{-1{,}11 \cdot 10^{-7} \frac{\mathrm{m}}{\mathrm{A}} - 10 \cdot 10^{-7} \frac{\mathrm{m}}{\mathrm{A}}}$$

$$B_L = +1{,}13\ \frac{\mathrm{Vs}}{\mathrm{m}^2} = 1{,}13\ \mathrm{T}$$

b) Scherungsgerade:

$$B_M = -4\pi \cdot 10^{-7} \frac{\mathrm{Vs}}{\mathrm{Am}} \cdot \frac{9}{1} \cdot \frac{1}{1} \cdot H_M$$

$$B_M = -113 \cdot 10^{-7} \frac{\frac{\mathrm{Vs}}{\mathrm{m}^2}}{\frac{\mathrm{A}}{\mathrm{m}}} \cdot H_M =$$

$$= -\frac{1\ \mathrm{T}}{88{,}5\ \frac{\mathrm{kA}}{\mathrm{m}}} \cdot H_M$$

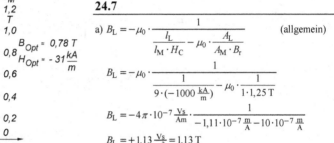

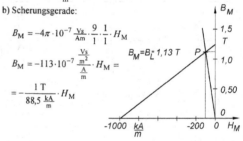

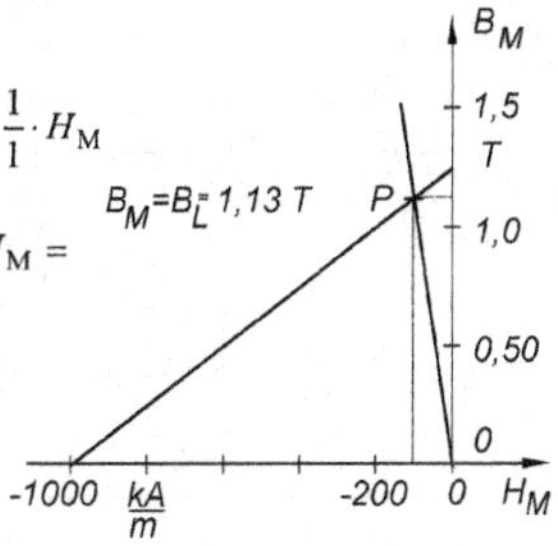

24.8

1. $B_{M\,Opt} = \frac{B_r}{2} = \frac{1{,}25\ \mathrm{T}}{2} = 0{,}625\ \mathrm{T}$

$H_{M\,Opt} = \frac{H_C}{2} = \frac{-1000\ \frac{\mathrm{kA}}{\mathrm{m}}}{2} = -500\ \frac{\mathrm{kA}}{\mathrm{m}}$

2. $\Phi_M = \Phi_L \quad \Rightarrow \quad B_{M\,Opt} \cdot A_M = B_L \cdot A_L$

$A_M = \frac{B_L \cdot A_L}{B_{M\,Opt}} = \frac{1{,}13\ \mathrm{T} \cdot A_L}{0{,}625\ \mathrm{T}} = 1{,}8 \cdot A_L$

3. $H_{M\,Opt} \cdot l_M + H_L \cdot l_L = 0$

$$l_M = -\frac{H_L \cdot l_L}{H_{M\,Opt}} = -\frac{\frac{B_L}{\mu_0} \cdot l_L}{H_{M\,Opt}} = 9\ \mathrm{mm}$$

4. Volumenvergleich

in 24.7: $\frac{V_M}{V_L} = \frac{A_M \cdot l_M}{A_L \cdot l_L} = \frac{9}{1}$

neu: $\frac{V_M}{V_L} = \frac{1{,}8 \cdot A_L \cdot l_M}{A_L \cdot l_L} = \frac{3{,}24}{1}$

25 Berechnung magnetischer Kreise

Magnetischer Kreis

Unter einem magnetischen Kreis versteht man meist einen weitgehend geschlossenen Eisenkern mit nur kleinem Luftspalt. Als Ursache des magnetischen Flusses kommen in Frage:

- stromdurchflossene Spulen
- Dauermagnete

Formale Analogie zwischen elektrischem und magnetischen Kreis

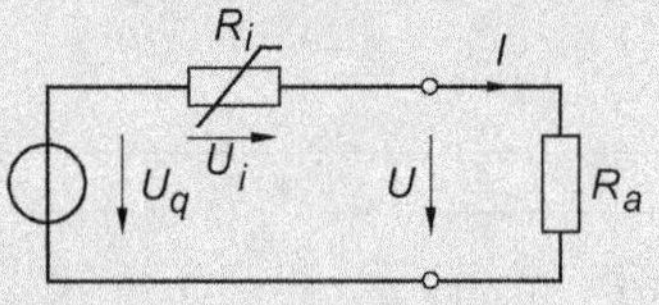

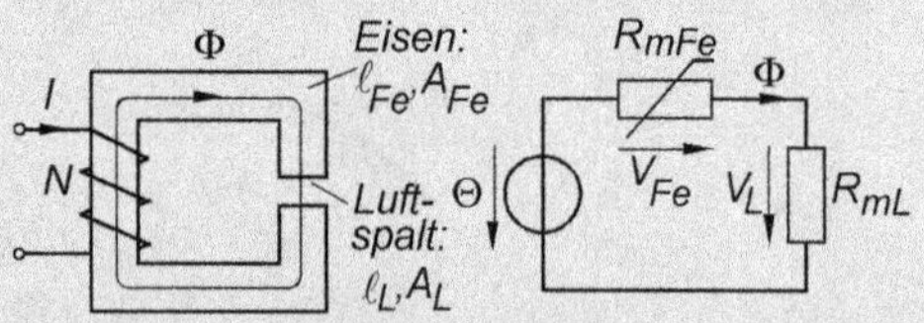

Maschengleichung

$$\Sigma U = 0$$

Durchflutungssatz

$$\Sigma V - \Theta = 0$$

magn. Spannung $V = H \cdot l$

Knotenpunktgleichung

$$\Sigma I = 0 \qquad \Sigma \Phi = 0$$

Widerstand

$$\boxed{R = \frac{U}{I}} = \frac{l}{\chi \cdot A}$$

$$\boxed{R_\mathrm{m} = \frac{V}{\Phi}} = \frac{l}{\mu_\mathrm{r} \cdot \mu_0 \cdot A}$$

Achtung: $\mu_{\mathrm{rFe}} = f(H_{\mathrm{Fe}})$

Aufgabentyp 1

Gegeben ist der magnetische Kreis mit seinen Eisenabschnitten und einem Luftspalt, in dem eine vorgegebene Flussdichte B_L bestehen soll.

Gesucht ist die erforderliche Durchflutung Θ.

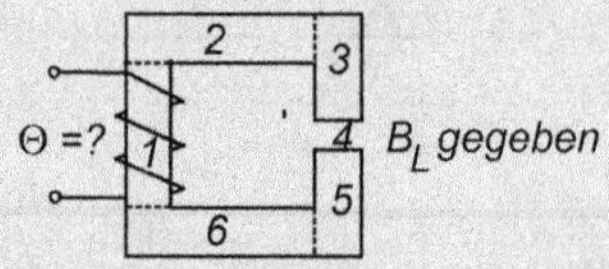

(Zusammenfassung, wenn möglich)

Lösungsmethodik:

Vorgabe der geforderten Flussdichte B_L

Flussdichten

$$B_{\mathrm{Fe1}} = \frac{\Phi_{\mathrm{Fe}}}{A_{\mathrm{Fe1}}}; \; B_{\mathrm{Fe2}} = \frac{\Phi_{\mathrm{Fe}}}{A_{\mathrm{Fe2}}}; \ldots$$

Durchflutungssatz:

$$\Theta = H_\mathrm{L} \cdot l_\mathrm{L} + H_{\mathrm{Fe1}} \cdot l_{\mathrm{Fe1}} + \ldots$$

$$\Phi_\mathrm{L} = B_\mathrm{L} \cdot A_\mathrm{L} = \Phi_{\mathrm{Fe}}$$

Magnetischer Fluss

1. Schritt: $H_\mathrm{L} = \dfrac{B_\mathrm{L}}{\mu_0}$

2. Schritt: $H_{\mathrm{Fe1}}, H_{\mathrm{Fe2}}, \ldots$ aus Magn. Kurve

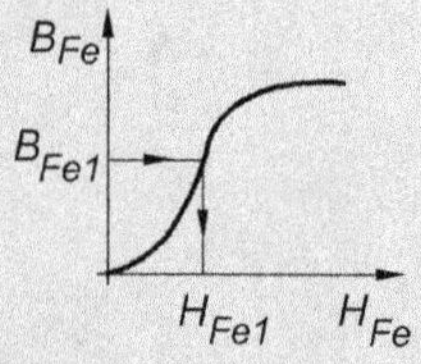

Aufgabentyp 2

Gegeben ist der magnetische Kreis mit seinen Eisenabschnitten l_{Fe} und einem Luftspalt l_L sowie eine vorgegebene Durchflutung Θ.

Gesucht ist die sich ergebende Flussdichte B_L im Luftspalt.

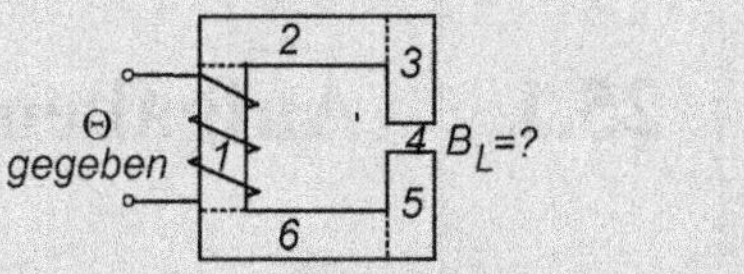

(Zusammenfassung, wenn möglich)

Lösungsmethodik 1: Sukzessive Näherung

Problemlösung erfolgt schrittweise durch wiederholte Anwendung der Lösungsmethodik des Aufgabentyps 1: Annahme von Flussdichten B_L und Errechnen der zugehörigen Durchflutungen Θ. Die Ergebnisse trägt man als sog. magnetische Kennlinie $B = f(\Theta)$ auf und findet B_L grafisch.

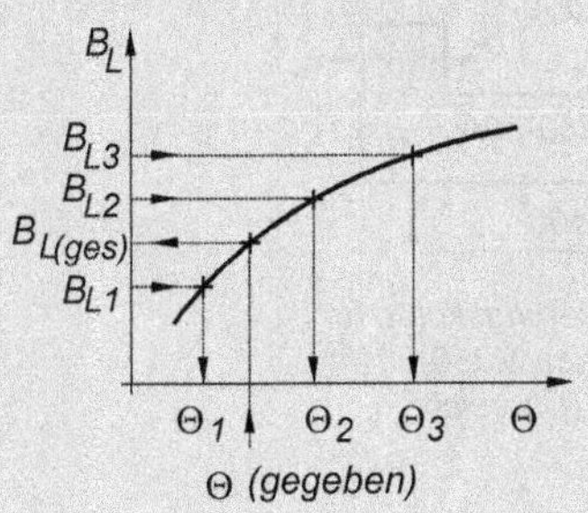

Magnetische Kennlinie:

Flussdichte B_L als Funktion der aufgewendeten Durchflutung Θ.

Lösungsmethodik 2: Luftspaltgerade (Voraussetzung: Gleiche Querschnittsflächen)

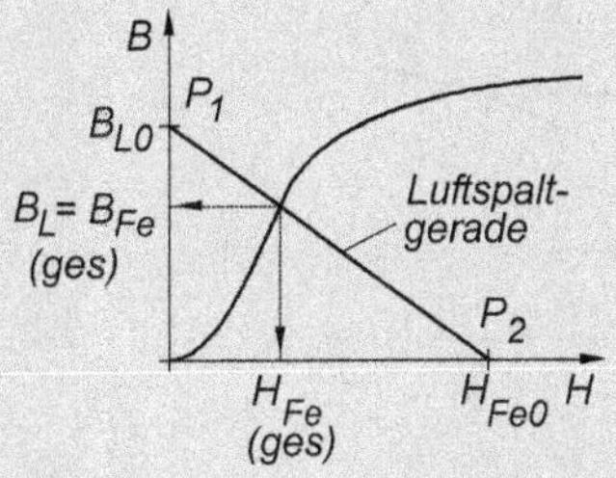

Aus $\Theta = H_{Fe} \cdot l_{Fe} + H_L \cdot l_L$ mit $H_L = \dfrac{B_L}{\mu_0}$

folgt: $$B_L = \underbrace{-\frac{\mu_0 \cdot l_{Fe}}{l_L}}_{} \cdot H_{Fe} + \underbrace{\frac{\mu_0 \cdot \Theta}{l_L}}_{}$$

Form: $y \;=\; -m \;\cdot\; x \;+\; b$

Auffinden der Konstruktionspunkte

$$P_1 : H_{Fe} = 0 \quad \Rightarrow \quad B_{L0} = \frac{\mu_0 \cdot \Theta}{l_L}$$

$$P_2 : B_L = 0 \quad \Rightarrow \quad H_{Fe0} = \frac{\Theta}{l_{Fe}}$$

Aufgabentyp 3

Gegeben ist ein magnetischer Kreis mit Dauermagneterregung. Im Luftspalt l_L soll eine vorgegebene Flussdichte B_L bestehen. Bekannt sei die Entmagnetisierungskennlinie des Dauermagneten mit den Kennwerten B_r, H_c.

Gesucht sind die optimalen Abmessungen l_M und A_M des Dauermagneten für kleinstes Magnetvolumen (s. auch Kp. 24).

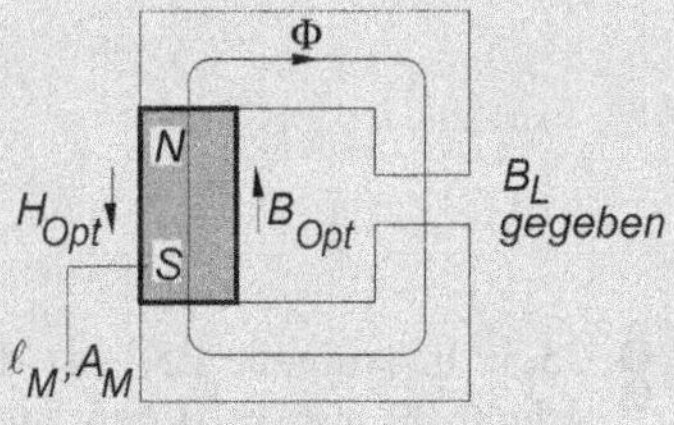

Durchflutungssatz:

$$(H_L \cdot l_L) + (+H_{Opt} \cdot l_M) = \Theta = 0$$

Folgt: $l_M = -\dfrac{B_L}{\mu_0} \cdot \dfrac{l_L}{H_{Opt}}$ $\longleftarrow$ aus Arbeitspunkt P

Kein Streufluss, also $\Phi_M = \Phi_L$

Folgt: $A_M = A_L \cdot \dfrac{B_L}{B_{Opt}}$ $\longleftarrow$ aus Arbeitspunkt P

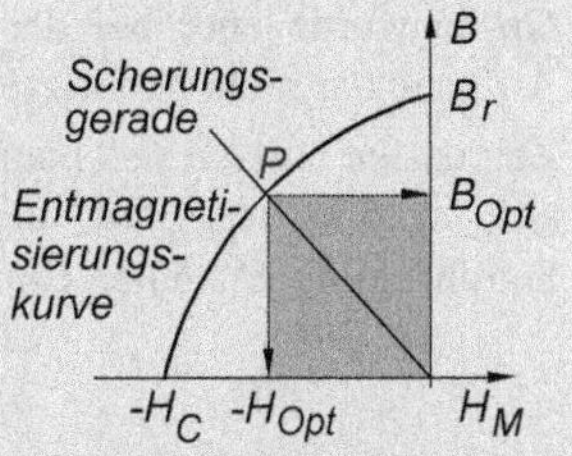

Rechteck des größten Flächeninhalts nehmen

25.1 Aufgaben

25.1: Ein magnetischer Kreis aus Elektroblech M330-50A hat überall den gleichen quadratischen Eisenquerschnitt. Die Spule besteht aus 500 Windungen. Die Flussdichte im Luftspalt soll $B_L = 1{,}2$ T betragen.

a) Man berechne die erforderliche Stromstärke I.

b) Näherungsberechnung für Stromstärke I, wobei anstelle des Durchflutungsanteils zur Magnetisierung des Eisens ein 10%-Zuschlag beim Durchflutungsanteil für den Luftspalt gerechnet werden soll.

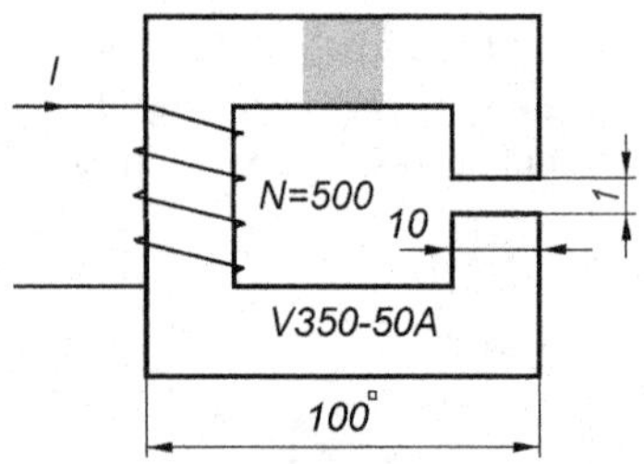

Magnetisierungskurve für Elektroblech M330-50A s. Kp. 22 (Übersicht)

25.2: Umkehraufgabe zu 25.1.

a) Warum kann man die Aufgabe nicht rückwärts rechnen, z.B. gegeben I = 4A, gesucht B_L = ?

b) Man wende die Lösungsmethodik „sukzessive Annäherung“ an und ermittle die magnetische Kennlinie $B_L = f(I)$.

Annahmen $B_L = 1{,}0...1{,}6$ T

c) Man wende die Lösungsmethodik „Luftspaltgerade“ an.

Magnetisierungskurve für M330-50A s. Kp. 22.

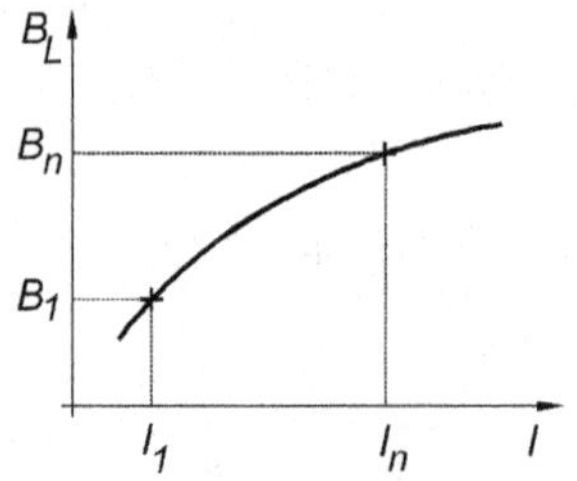

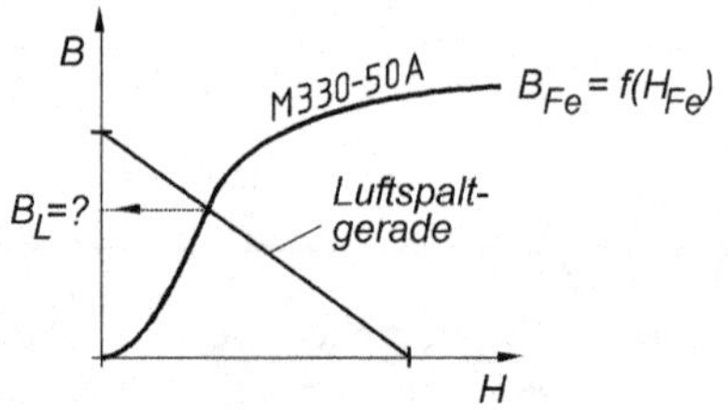

25.3: In Aufgabe 25.1 ist der Eisenquerschnitt 20 mm x 20 mm angegeben, diese Größe wurde aber bei der Lösung dieser Aufgabe gar nicht benötigt!

Zeigen Sie anhand des magnetischen Kreises, warum A_{Fe} auf die erforderliche Durchflutung Θ keinen Einfluss hat!

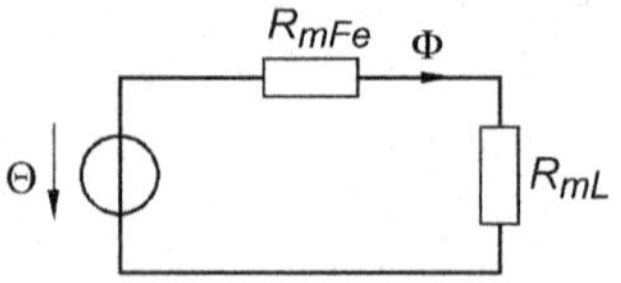

❷ **25.4:** Zwei Spulen sind um einen unverzweigten Eisenkern mit Luftspalt gewickelt. Die Streuung soll vernachlässigt werden.

a) Gesucht ist der Strom I_2 bei vorgegebenem Strom I_1, damit im Luftspalt die Flussdichte B_0 = 1,6 T erzeugt wird.

b) Wieviele Prozent der Durchflutung entfallen auf den Luftspalt?

Daten: $I_1 = 1{,}3$ A , $N_1 = 3000$

$I_2 = ?$, $N_2 = 4000$

$B_0 = 1{,}4$ T

Elektroblech M350-50A

Magnetisierungskurve (s. Kp. 22)

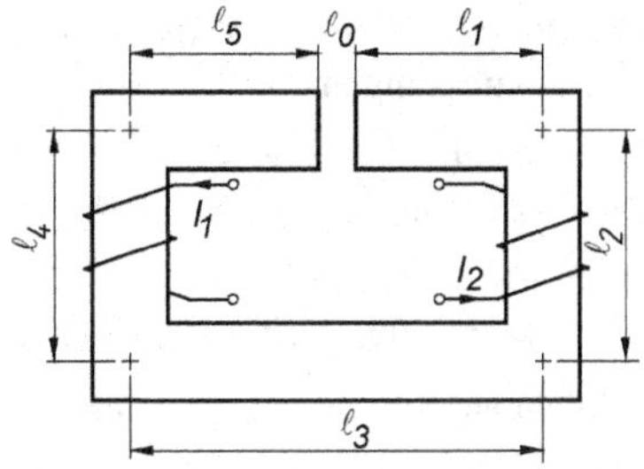

n	l_n (cm)	$A_0 : A_n$
0	0,5	1
1	44	1
2	20	0,8
3	88,5	0,5
4	20	0,8
5	44	1

❷❸ **25.5:** Ein symmetrischer Dreischenkeltransformator habe die Schenkellängen $l_{Fe1} = l_{Fe2} = l_{Fe3}$ = 10 cm und die Windungszahlen $N_1 = N_2 = N_3 = 30$. Die drei Durchflutungen müssen stets die Bedingung $\Sigma\Theta = 0$ erfüllen. Man ermittle unter Berücksichtigung der Magnetisierungskurve des Eisens die Ströme I_1, I_2, I_3 nach Betrag und Richtung für den Fall, dass die Flussdichte im Schenkel 1 B_{Fe1} = 1,2 T wird, wenn $I_2 = I_3$ ist.

a) Zeichnen Sie zuerst die magnetische Ersatzschaltung des Transformators.

b) Stellen Sie die Maschen- und Knotenpunktgleichungen auf.

c) Man berechne die Ströme I_1, I_2, I_3 unter den Bedingungen $I_2 = I_3$ und $\Sigma\Theta = 0$. Keine Streueinflüsse, daher $\Sigma\Phi = 0$. Eisenquerschnitte $A_{Fe1} = A_{Fe2} = A_{Fe3}$.

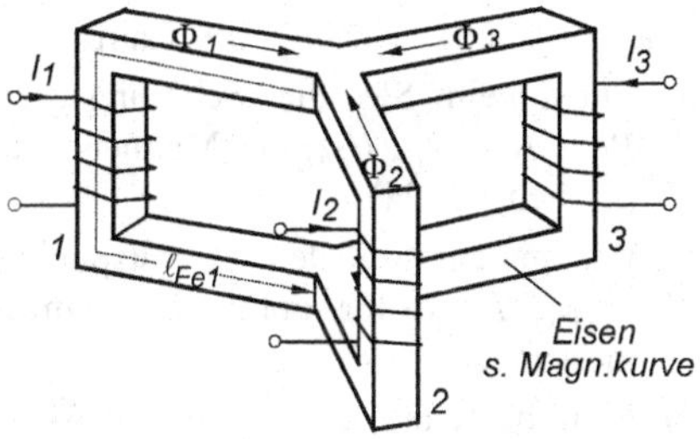

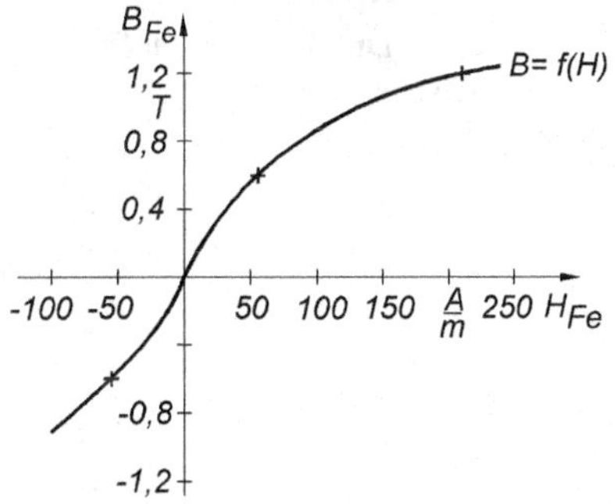

❷❸ **25.6:** Die Aufgabe 25.5 soll noch einmal bearbeitet werden. Es wird jetzt von den Strömen I_1 = 0,6 A, $I_2 = I_3$ = −0,3 A ausgegangen. Prüfen Sie nach, ob sich wieder die Flussdichte B_{Fe1} = 1,2 T ermitteln lässt.

❸ **25.7:** Der gegebene magnetische Kreis habe die Abmessungen

$l_{Fe1} = 45$ cm, $l_{Fe2} = 95$ cm,
$l_{Fe3} = 14{,}98$ cm, $l_{Luft} = 0{,}2$ mm;
$A_{Fe1} = A_{Fe2} = A_{Fe3} = 12{,}5$ cm^2;
$N_1 = N_2 = 2500$. Keine Streuflüsse

a) Zeichnen Sie die magnetische Ersatzschaltung.

b) Aufstellen der Maschen- und Knotenpunktsgleichungen.

c) Berechnen Sie Strom I_2, damit die Flussdichte im Luftspalt $B_L = 0{,}8$ T wird, wenn $I_1 = 70$ mA ist.

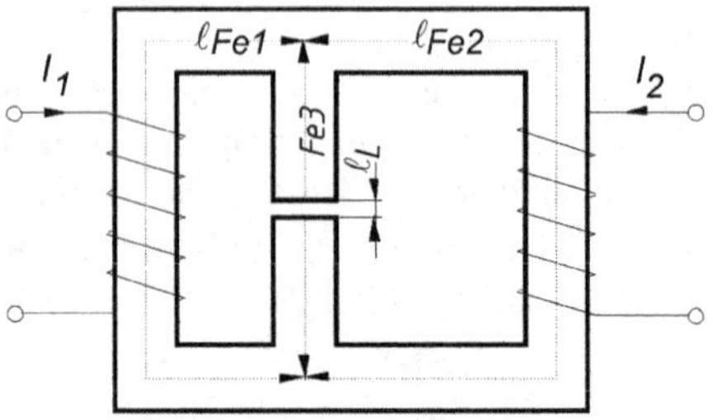

Magnetisierungskurve für M350-50A (s.Kp.22)

❸ **25.8:** Ein Lautsprecher-Magnetsystem mit einem Permanentmagneten hat den skizzierten Aufbau. Der magnetische Kreis mit der Luftspaltfläche $A_L = 6{,}28$ cm^2 und der Luftspaltlänge $l_L = 1$ mm soll im Luftspalt eine Flussdichte von $B_L = 0{,}8$ T aufweisen.

a) Entwickeln Sie die Scherungsgerade $B_L = f(l_M, l_L, H_M)$ des Magnetsystems (s. auch Kp. 24).

b) Bestimmen Sie den Arbeitspunkt P (B_{Opt}, H_{Opt}) für optimale Magnetabmessungen.

c) Man berechne die optimalen Abmessungen für Länge l_M und Querschnitt A_M des Dauermagneten.

Hinweis: Durchflutungsaufwand des Weicheisens kann vernachlässigt werden.

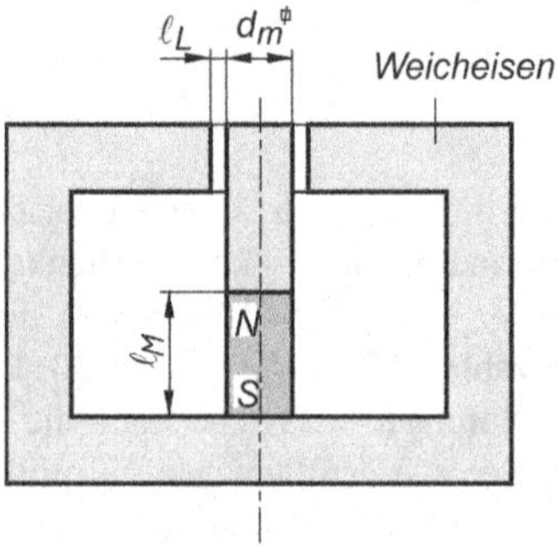

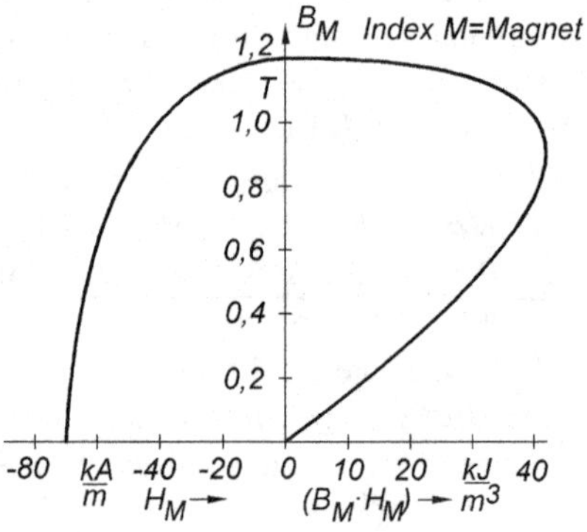

25.2 Lösungen

25.1

a) $H_L = \frac{B_L}{\mu_0} = \frac{1{,}2\,\frac{Vs}{m^2}}{4\pi \cdot 10^{-7}\,\frac{Vs}{Am}} = 955400\,\frac{A}{m}$

$l_{Fe} = (4 \cdot 90\text{ mm}) - 1\text{ mm} \approx 36\text{ cm}$

$H_{Fe} = 210\,\frac{A}{m}$ aus Magn.kurve für $B_{Fe} = 1{,}2\,T$

$\Theta = H_L \cdot l_L + H_{Fe} \cdot l_{Fe}$

$\Theta = 955{,}4 \cdot 10^3\,\frac{A}{m} \cdot 1 \cdot 10^{-3}\text{ m} + 210\,\frac{A}{m} \cdot 0{,}36\text{ m}$

$\Theta = 955\text{ A} + 76\text{ A} = 1031\text{ A}$

$I = \frac{\Theta}{N} = \frac{1031\text{ A}}{500} = 2{,}06\text{ A}$

b) $\Theta = (H_L \cdot l_L) \cdot 1{,}1 = 955\text{ A} \cdot 1{,}1 = 1050\text{ A}$

$I = \frac{\Theta}{N} = \frac{1050\text{ A}}{500} = 2{,}1\text{ A}$

(Bei größeren Flussdichten muss mit höheren Zuschlägen gerechnet werden.)

25.2

a) Der Ansatz

$I \cdot N = H_L \cdot l_L + H_{Fe} \cdot l_{Fe}$

$4\text{A} \cdot 500 = \frac{B_L}{\mu_0} \cdot l_L + H_{Fe} \cdot l_{Fe}$

enthält zwei Unbekannte: B_L und H_{Fe}.
Um H_{Fe} aus Magnetisierungskurve abzulesen, müsste $B_L \Rightarrow B_{Fe}$ bereits bekannt sein!

b)

B_L	1,0 T	1,2 T	1,4 T	1,6 T	
$H_L = \frac{B_L}{\mu_0}$	796	955	1115	1274	$\frac{kA}{m}$
H_{Fe} aus Magn.kurve	120	210	700	4500	$\frac{A}{m}$
$H_L \cdot l_L$	796	955	1115	1274	A
$H_{Fe} \cdot l_{Fe}$	43	76	252	1620	A
Θ	839	1031	1367	2894	A
$I = \frac{\Theta}{N}$	1,68	2,06	2,73	5,79	A

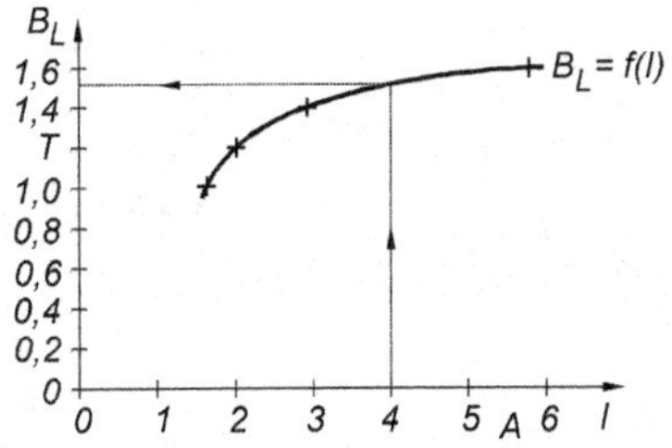

Lösung : bei I = 4 A → $B_L \sim 1{,}52$ T

c) Luftspaltgerade:

$B_L = -\frac{\mu_0 \cdot l_{Fe}}{l_L} \cdot H_{Fe} + \frac{\mu_0 \cdot \Theta}{l_L}$

$B_L = -\frac{4\pi \cdot 10^{-7}\,\frac{Vs}{Am} \cdot 0{,}36\text{ m}}{1 \cdot 10^{-3}\text{m}} \cdot H_{Fe} + \frac{4\pi \cdot 10^{-7}\,\frac{Vs}{Am} \cdot 4\text{ A} \cdot 500}{1 \cdot 10^{-3}\text{m}}$

$B_L = -(0{,}45 \cdot 10^{-3}\,\frac{Vs}{Am}) H_{Fe} + 2{,}5\,T$

Für $H_{Fe} = 0 \Rightarrow B_{L0} = 2{,}5\,T$

$B_L = 0 \Rightarrow H_{Fe0} = 5550\,\frac{A}{m}$

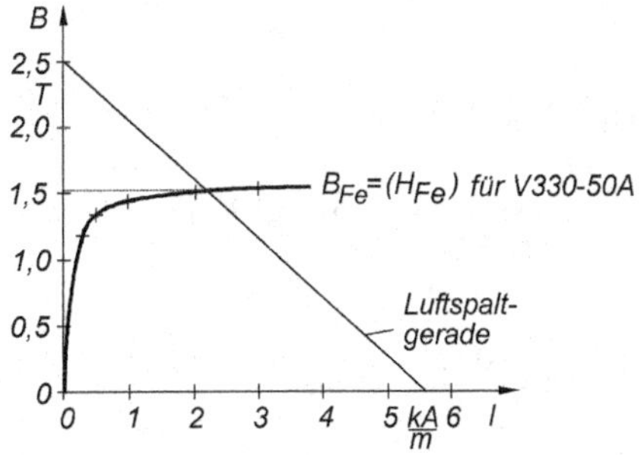

Lösung : B ~ 1,52 T

25.3

1. Mit dem Ohm´schen Gesetz des magnetischen Kreises:

❶ $\Phi = \frac{\Theta}{R_{mL} + R_{mFe}} = \frac{\Theta}{\frac{l_L}{\mu_r \cdot \mu_0 \cdot A_L} + \frac{l_{Fe}}{\mu_r \cdot \mu_0 \cdot A_{Fe}}}$

↓ $\mu_r(\text{Luft}) = 1$ ↓ $\mu_r(\text{Fe}) =$ unbekannt

d.h. bei Verdopplung der Querschnittsflächen $A = A_{Fe} = A_L$ verdoppelt sich auch der magnetische Fluss.

2. Flussdichte

❷ $B = \frac{\Phi}{A}$ mit $A = A_{Fe} = A_L$

d.h., verdoppelter magnetischer Fluss bei verdoppelter Querschnittsfläche ergibt unverändert bleibende Flussdichte B.

3. Gleichung ❷ in ❶ ergibt:

$B \cdot \cancel{A} = \frac{\Theta}{\frac{l_L}{\mu_r \cdot \mu_0 \cdot \cancel{A_L}} + \frac{l_{Fe}}{\mu_r \cdot \mu_0 \cdot \cancel{A_{Fe}}}}$

25.4

a) Luftspalt

$$H_0 = \frac{B_0}{\mu_0} = \frac{1,4\ \text{T}}{4\pi \cdot 10^{-7}\ \frac{\text{Vs}}{\text{Am}}} = 1114\ \frac{\text{kA}}{\text{m}}$$

Eisenabschnitte

$$B_1 = B_5 = B_0 = 1,4\ \text{T},\ \text{da}\ \frac{A_0}{A_{1(5)}} = 1$$

$$H_1 = H_5 = 700\ \frac{\text{A}}{\text{m}} \qquad \text{(aus Magnet.kurve)}$$

$$B_2 = B_4 = B_0 \cdot \frac{A_0}{A_{2(4)}} = 1,12\ \text{T}$$

$$H_2 = H_4 = 190\ \frac{\text{A}}{\text{m}} \qquad \text{(aus Magnet.kurve)}$$

$$B_3 = B_0 \cdot \frac{A_0}{A_3} = 0,7\ \text{T}$$

$$H_3 = 90\ \frac{\text{A}}{\text{m}} \qquad \text{(aus Magnet.kurve)}$$

Durchflutungssatz

$$I_1 \cdot N_1 + I_2 \cdot N_2 = H_0 \cdot l_0 + 2H_1 \cdot l_1 + 2H_2 \cdot l_2 + H_3 \cdot l_3$$
$$3900\ \text{A} + I_2 \cdot N_2 = 5570\ \text{A} + 616\ \text{A} + 76\ \text{A} + 80\ \text{A}$$
$$I_2 \cdot N_2 = 2442\ \text{A}$$
$$I_2 = 0,61\ \text{A}$$

b) $\dfrac{\Sigma(H \cdot l)}{\Theta_1 + \Theta_2} \cdot 100 = \dfrac{5570\ \text{A}}{6342\ \text{A}} \cdot 100 \approx 88\ \%$

25.5

a)

b) $\Theta_1 - \Phi_1 R_{\text{mFe1}} + \Phi_2 R_{\text{mFe2}} - \Theta_2 = 0$

$\Theta_1 - H_{\text{Fe1}} \cdot l_{\text{Fe1}} + H_{\text{Fe2}} \cdot l_{\text{Fe2}} - \Theta_2 = 0$

$\Theta_1 - \Theta_2 = H_{\text{Fe1}} \cdot l_{\text{Fe1}} - H_{\text{Fe2}} \cdot l_{\text{Fe2}}$ ❶

$\Theta_2 - \Phi_2 \cdot R_{\text{mFe2}} + \Phi_3 \cdot R_{\text{mFe3}} - \Theta_3 = 0$

$\Theta_2 - H_{\text{Fe2}} \cdot l_{\text{Fe2}} + H_{\text{Fe3}} \cdot l_{\text{Fe3}} - \Theta_3 = 0$

$\Theta_2 - \Theta_3 = H_{\text{Fe2}} \cdot l_{\text{Fe2}} - H_{\text{Fe3}} \cdot l_{\text{Fe3}}$ ❷

$\Phi_1 + \Phi_2 + \Phi_3 = 0$

$A_{\text{Fe1}} = A_{\text{Fe2}} = A_{\text{Fe3}}$ folgt: $B_{\text{Fe1}} + B_{\text{Fe2}} + B_{\text{Fe3}} = 0$ ❸

c) $B_{\text{Fe1}} = 1,2\ \text{T} \ \Rightarrow\ H_{\text{Fe1}} = 210\ \dfrac{\text{A}}{\text{m}}$ (aus Magnet.kurve)

$B_{\text{Fe1}} + B_{\text{Fe2}} + B_{\text{Fe3}} = 0$ mit $B_{\text{Fe2}} = B_{\text{Fe3}}$

$B_{\text{Fe2}} = B_{\text{Fe3}} = -\dfrac{1}{2} B_{\text{Fe1}} = -0,6\ \text{T}$

$H_{\text{Fe2}} = H_{\text{Fe3}} = -60\ \dfrac{\text{A}}{\text{m}}$ (aus Magnet.kurve)

Aus Gleichung ❶ folgt:

$\Theta_1 - \Theta_2 = 210\ \dfrac{\text{A}}{\text{m}} \cdot 0,1\ \text{m} - (-60\ \tfrac{\text{A}}{\text{m}}) \cdot 0,1\ \text{m}$

$\Theta_1 - \Theta_2 = 27\ \text{A}$

$I_1 - I_2 = \dfrac{27\ \text{A}}{30} = 0,9\ \text{A}$ ❹

Aus Bedingung

$\Sigma I = 0$ folgt mit $I_2 = I_3$

$I_2 = I_3 = -\dfrac{1}{2} I_1$ ❺

❺ in ❹ $I_1 + \dfrac{1}{2} I_1 = 0,9\ \text{A}$

$\qquad\qquad\qquad I_1 = 0,6\ \text{A}$

folgt $I_2 = I_3 = -0,3\ \text{A}$

Die Ströme I_2, I_3 fließen in den Wicklungen entgegen der im Bild angegebenen Richtungen. Damit haben auch die magnetischen Flüsse Θ_2, Θ_3 eine entgegengesetzte Richtung wie angenommen.

25.6

Aus Gleichung ❶ in Lösung 25.5 folgt:

$\Theta_1 - \Theta_2 = H_{\text{Fe1}} \cdot l_{\text{Fe1}} - H_{\text{Fe2}} \cdot l_{\text{Fe2}}$

$30(0,6\ \text{A} - (-0,3\ \text{A})) = 0,1\ \text{m} \cdot (H_{\text{Fe1}} - H_{\text{Fe2}})$

$H_{\text{Fe1}} - H_{\text{Fe2}} = \dfrac{27\ \text{A}}{0,1\ \text{m}} = 270\ \dfrac{\text{A}}{\text{m}}$

Grafische Lösung mit folgendem Hilfsbild:

Ergebnis : $B_{\text{Fe1}} = +1,2\ \text{T},\ B_{\text{Fe2}} = B_{\text{Fe3}} = -0,6\ \text{T}$

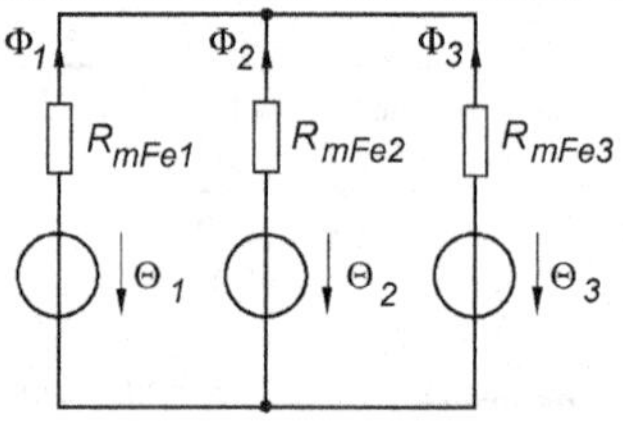

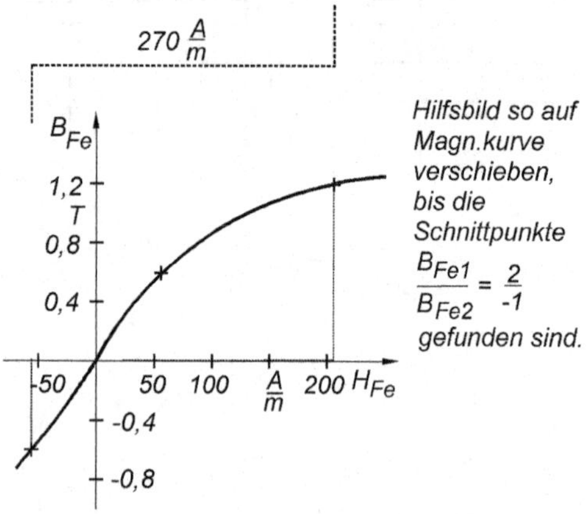

25.7

a)

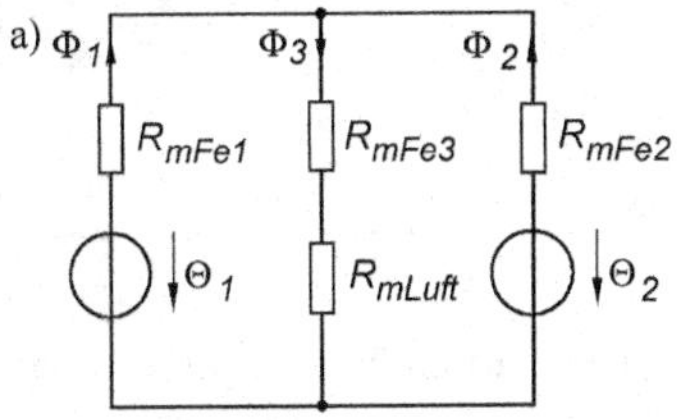

b) $\Theta_1 - \Phi_1 \cdot R_{mFe1} - \Phi_3 \cdot R_{mFe3} - \Phi_3 \cdot R_{mLuft} = 0$

$\Theta_1 - H_{Fe1} \cdot l_{Fe1} - H_{Fe3} \cdot l_{Fe3} - H_L \cdot l_L = 0$ ❶

$\Theta_2 - \Phi_2 \cdot R_{mFe2} - \Phi_3 \cdot R_{mFe3} - \Phi_3 \cdot R_{mLuft} = 0$

$\Theta_2 - H_{Fe2} \cdot l_{Fe2} - H_{Fe3} \cdot l_{Fe3} - H_L \cdot l_L = 0$ ❷

$B_{Fe1} + B_{Fe2} - B_{Fe3} = 0$ ❸

$B_L = B_{Fe3}$ ❹

c) $H_L = \frac{B_L}{\mu_0} = \frac{0{,}8\ \text{T}}{4\pi \cdot 10^{-7}\ \frac{\text{Vs}}{\text{Am}}} = 637\ \frac{\text{kA}}{\text{m}}$ ❺

$B_{Fe3} = B_L = 0{,}8\ \text{T}$ ergibt

$H_{Fe3} = 100\ \frac{\text{A}}{\text{m}}$ aus Magnet.kurve ❻

Zur Bestimmung von B_{Fe1} wird zunächst H_{Fe1} aus Gleichung ❶ mit ❺ und ❻ berechnet:

$$0{,}07\ \text{A} \cdot 2500 = H_{Fe1} \cdot 0{,}45\ \text{m} + 100\ \tfrac{\text{A}}{\text{m}} \cdot 0{,}1498\ \text{m} + 637\ \frac{\text{kA}}{\text{m}} \cdot 0{,}2 \cdot 10^{-3}\,\text{m}$$

$$H_{Fe1} = \frac{175\ \text{A} - 15\ \text{A} - 127{,}4\ \text{A}}{0{,}45\ \text{m}} = 72{,}4\ \frac{\text{A}}{\text{m}}$$

$B_{Fe1} = 0{,}55\ \text{T}$ aus Magnetisierungskurve ❼

Berechnung von B_{Fe2} aus Gleichung ❸ mit ❹ und ❼:

$B_{Fe2} = B_{Fe3} - B_{Fe1}$
$B_{Fe2} = 0{,}8\ \text{T} - 0{,}55\ \text{T} = 0{,}25\ \text{T}$
folgt

$H_{Fe2} = 50\ \frac{\text{A}}{\text{m}}$ aus Magnetisierungskurve ❽

Strom I_2 über Gleichung ❷:

$$I_2 = \frac{H_{Fe2} \cdot l_{Fe2} + H_{Fe3} \cdot l_{Fe3} + H_L \cdot l_L}{N_2}$$

$$I_2 = \frac{47{,}5\ \text{A} + 15\ \text{A} + 127{,}4\ \text{A}}{2500} = 76\ \text{mA}$$

25.8

a) Ansatz: Durchflutungssatz

$H_M \cdot l_M + H_{Fe} \cdot l_{Fe} + H_L \cdot l_L = 0$
($\Theta = 0$, da Dauermagnet)
$H_M \cdot l_M + H_L \cdot l_L = 0$ $\quad (H_{Fe} \cdot l_{Fe} \Rightarrow 0)$

$$H_M \cdot l_M + \frac{B_L}{\mu_0} \cdot l_L = 0$$

Scherungsgerade:

$$B_L = -\mu_0 \cdot \frac{l_L}{l_M} \cdot H_M$$

b) Die Scherungsgerade schneidet die Entmagnetisierungskurve des Dauermagneten und bestimmt so den Arbeitspunkt P des Magnetsystems. Man erhält die optimalen Magnetabmessungen, wenn der Arbeitspunkt P den $(B_M \cdot H_M)_{max}$-Punkt schneidet.

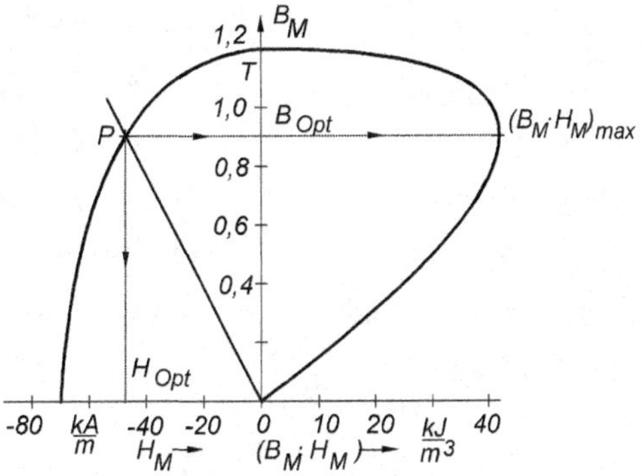

Ergebnis : $B_{Opt} = 0{,}9\ \text{T}$
$H_{Opt} = -48\ \frac{\text{kA}}{\text{m}}$

c) Optimale Magnetabmessungen:

$$l_M = -\frac{B_L}{\mu_0} \cdot \frac{l_L}{H_{Opt}}$$

$$l_M = -\frac{0{,}9\ \frac{\text{Vs}}{\text{m}^2}}{4\pi \cdot 10^{-7}\ \frac{\text{Vs}}{\text{Am}}} \cdot \frac{1\ \text{mm}}{-48 \cdot 10^3\ \frac{\text{A}}{\text{m}}} = 15\ \text{mm}$$

$$A_M = \frac{B_L}{B_{Opt}} \cdot A_L$$

$$A_M = \frac{0{,}8\ \frac{\text{Vs}}{\text{m}^2}}{0{,}9\ \frac{\text{Vs}}{\text{m}^2}} \cdot 6{,}28\ \text{cm}^2 = 5{,}6\ \text{cm}^2$$

$$A_M = \frac{d_M^2 \cdot \pi}{4} \Rightarrow d_M = \sqrt{\frac{4 \cdot A_M}{\pi}}$$

Durchmesser : $d_M = 26{,}7\,\text{mm}$

26 Energie und Kräfte im magnetischen Feld

- Berechnung

Magnetische Energie

Magnetische Energie ist eine Zustandsgröße, die das in einem Magnetfeld enthaltene Arbeitsvermögen beschreibt. Das Magnetfeld von Dauermagneten und stromdurchflossenen Spulen ist Träger der Energie.

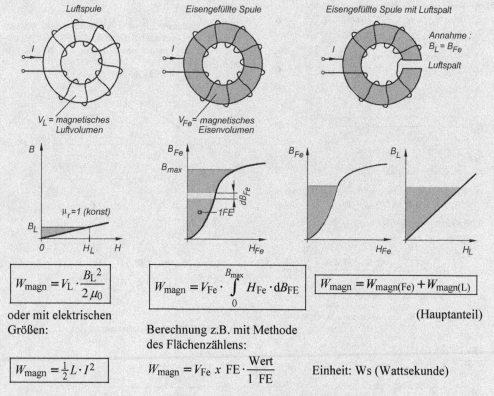

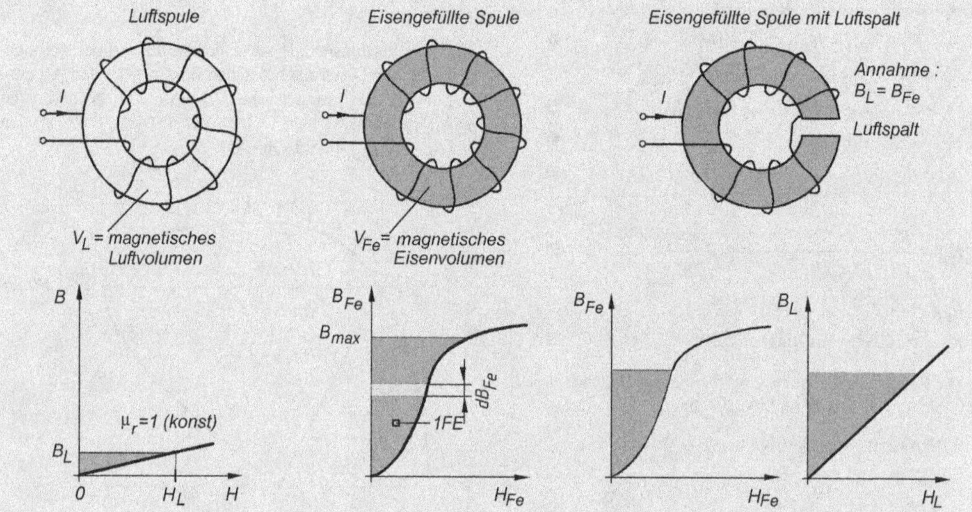

$$W_{\text{magn}} = V_{\text{L}} \cdot \frac{B_{\text{L}}^2}{2\,\mu_0}$$

$$W_{\text{magn}} = V_{\text{Fe}} \cdot \int_0^{B_{\text{max}}} H_{\text{Fe}} \cdot \mathrm{d}B_{\text{FE}}$$

$$W_{\text{magn}} = W_{\text{magn(Fe)}} + W_{\text{magn(L)}}$$

(Hauptanteil)

oder mit elektrischen Größen:

$$W_{\text{magn}} = \tfrac{1}{2} L \cdot I^2$$

Berechnung z.B. mit Methode des Flächenzählens:

$$W_{\text{magn}} = V_{\text{Fe}}\ x\ \text{FE} \cdot \frac{\text{Wert}}{1\ \text{FE}}$$

Einheit: Ws (Wattsekunde)

Energiedichte

Energiedichte ist Energie pro Volumeneinheit:

$$w = \frac{W_{\text{magn}}}{V}$$

Einheit: $1\ \frac{\text{Ws}}{\text{m}^3}$

Als energieerfüllter Raum ist meistens das Luftspaltvolumen V_{L} eines Magnetsystems von Bedeutung:

$$w = \frac{B_{\text{L}}^2}{2\,\mu_0}$$

Die Energiedichte im Luftspalt ist auch ein Maß für die erzielbare Kraftwirkung an der Trennfläche Luftspalt - Eisen wie die folgende Einheitenbetrachtung zeigt:

$$1\ \frac{\text{Ws}}{\text{m}^3} \Rightarrow \frac{1\ \frac{\text{Ws}}{\text{m}}}{1\ \text{m}^2} \Rightarrow \frac{1\ \text{N}}{1\ \text{m}^2}$$ (Kraft pro Fläche= Druck)

1. Kraftwirkung im statischen magnetischen Feld bei Flussdichte B = konst.

Lorentzkraft
Kraft auf Ladung Q, die sich im Magnetfeld mit Geschwindigkeit v bewegt.

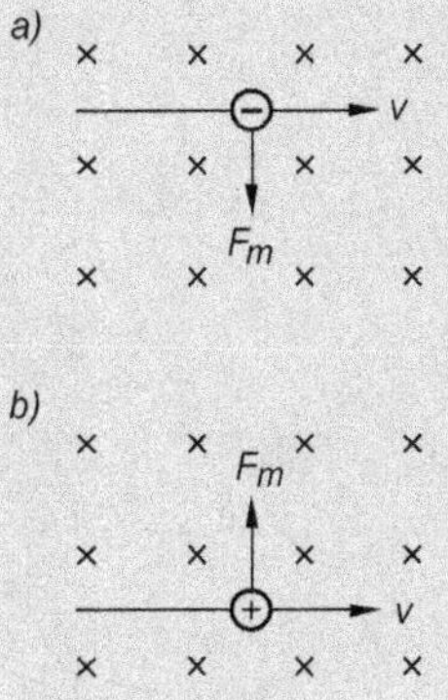

$$\boxed{F_\mathrm{m} = Q \cdot v \cdot B \cdot \sin\alpha}$$

mit $\alpha = \sphericalangle\,(\vec{v}, \vec{B})$

Vektorielle Schreibweise:

$\vec{F}_\mathrm{m} = Q\,(\vec{v} \times \vec{B})$

Elektrodynamische Kraft
Kraft auf Stromleiter der Länge l im Magnetfeld bei Stromstärke I.

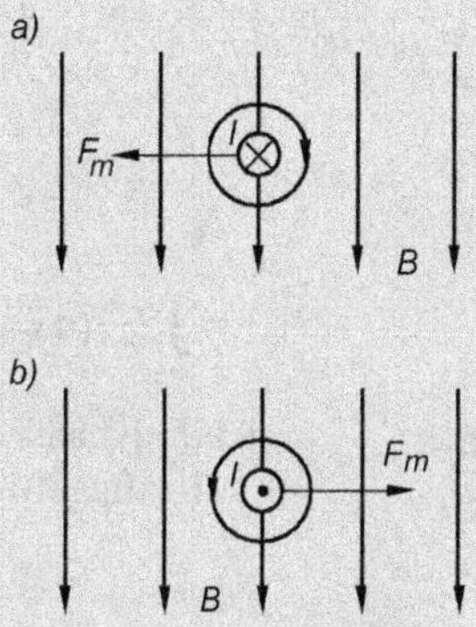

$$\boxed{F_\mathrm{m} = I \cdot l \cdot B \cdot \sin\alpha}$$

mit $\alpha = \sphericalangle\,(\vec{l}, \vec{B})$

$\vec{F}_\mathrm{m} = I\,(\vec{l} \times \vec{B})$

Anzugskraft eines Magneten
Kraft an Trennfläche Luftspalt - Eisen bei senkrechtem Flussdurchtritt.

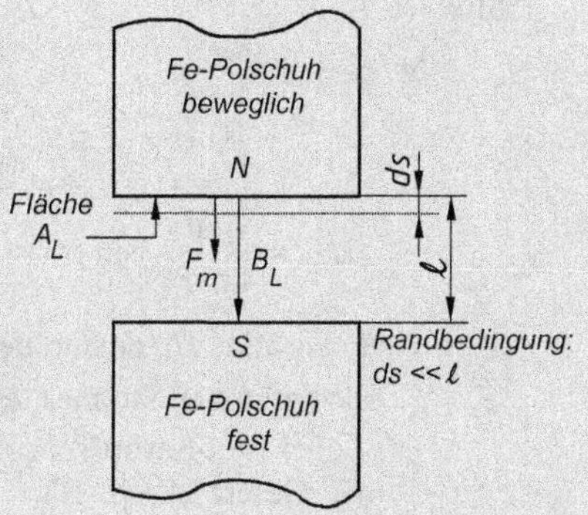

$$\boxed{F_\mathrm{m} = \frac{1}{2} \cdot \frac{B_\mathrm{L}^2}{\mu_0} \cdot A_\mathrm{L}}$$ Einheit: 1 N

(gilt für Elektro- oder Dauermagnet)

2. Kraftwirkung zwischen parallelen Strömen

Jeder Stromleiter befindet sich im Magnetfeld des anderen Stromleiters.

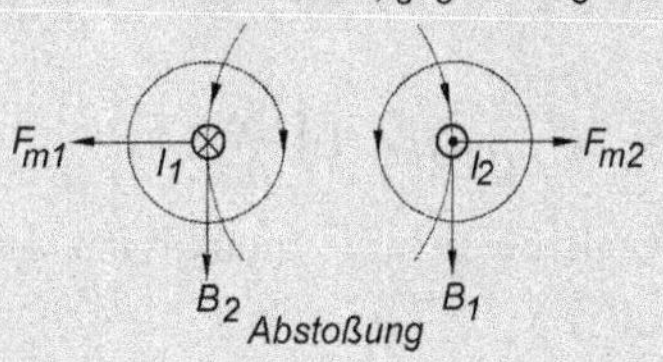

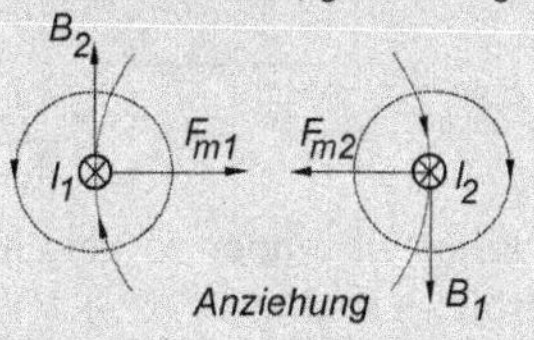

a = Abstand der Stromleiter,
l = Länge der parallelen Stromleiter

$$\boxed{F_\mathrm{m1} = l \cdot I_1 \cdot \frac{\mu_\mathrm{r} \cdot \mu_0 \cdot I_2}{2\pi \cdot a}} \qquad \boxed{F_\mathrm{m2} = l \cdot I_2 \cdot \frac{\mu_\mathrm{r} \cdot \mu_0 \cdot I_1}{2\pi \cdot a}}$$

Einheit: $1\,\mathrm{N} = 1\,\dfrac{\mathrm{kg} \cdot \mathrm{m}}{s^2}$

$\mu_\mathrm{r} = 1$ (Luft)

3. Drehmoment einer Leiterschleife

$F_\mathrm{m} = I \cdot l \cdot B \cdot \sin\alpha$ mit $\alpha = 90°$, da $l \perp B$

Tangentiale Kraftkomponente:

$F_\mathrm{t} = I \cdot l \cdot B \cdot \sin\beta$

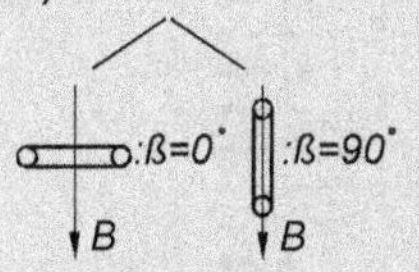

$M = 2 \cdot F_\mathrm{t} \cdot r$ bei N = 1

$$\boxed{M = \mathrm{N} \cdot I \cdot A \cdot B \cdot \sin\beta}$$ Einheit: 1 Nm

mit Schleifenfläche $A = l \cdot 2 \cdot r$ und Windungszahl N.

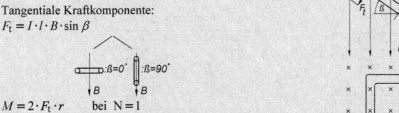

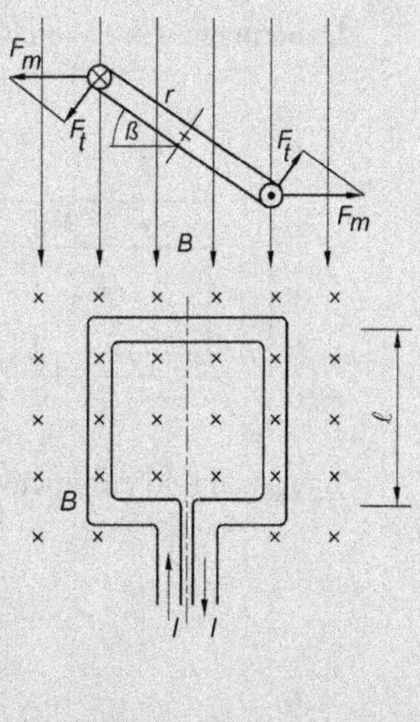

Allgemeine Lösungsansätze zur Kraftberechnung

1. Für Kraftwirkung zwischen Strömen bei schwieriger Leitergeometrie

Vorgabe des feldverursachenden Stromes I_1 →

$$\mathrm{d}H_1 = \frac{I_1 \cdot \mathrm{d}s}{4\pi \cdot r^2} \cdot \sin\alpha$$

Feldstärke H_1 am Ort des beeinflussten Stromes I_2 über Biot-Savart'sches Gesetz (s. Kp. 21)

→ Flussdichte am Ort des Stromes I_2:

$$B_1 = \mu_\mathrm{r} \cdot \mu_0 \cdot H_1$$

→

$$\vec{F}_{\mathrm{m}2} = \int_l I_2 \cdot (\mathrm{d}\vec{s} \; x \; \vec{B}_1)$$

elektrodynamisches Kraftgesetz

2. Prinzip der virtuellen Arbeit bei bekannter Induktivitätsbeziehung

Aufstellen einer Bilanz der Energieänderungen mit:

- $\mathrm{d}W_\mathrm{mech} = F \cdot \mathrm{d}s$
- $\mathrm{d}W_\mathrm{Feld} = \frac{1}{2} \cdot I^2 \cdot \mathrm{d}L$

$\mathrm{d}W_\mathrm{mech} + \mathrm{d}W_\mathrm{Feld} = 0$

⇒ Auflösen der Gleichung nach Kraft F führt auf die allgemeine Lösung:

- $F = -\frac{1}{2} \cdot I^2 \cdot \frac{\mathrm{d}L}{\mathrm{d}s}$

⇒ Einbringen der bekannten Induktivitätsbeziehung:

– 1. Ableitung bilden
– Einsetzen in Kraftgleichung

z.B. für Elektromagnet

$$L = \mathrm{N}^2 \cdot \frac{\mu_\mathrm{r} \cdot \mu_0 \cdot A}{\frac{l_\mathrm{Fe}}{\mu_\mathrm{r}} + s}$$

$$\frac{\mathrm{d}L}{\mathrm{d}s} = -\mathrm{N}^2 \cdot \mu_\mathrm{r} \cdot \mu_0 \cdot A \cdot \left(\frac{l_\mathrm{Fe}}{\mu_\mathrm{r}} + s\right)^{-2}$$

- Die Kraft ist immer so gerichtet, als ob sich die Induktivität zu vergrößern sucht.

Wirkungsrichtung der Kräfte

Im magnetischen Feld sind die Kräfte immer so gerichtet, als ob sich die magnetischen Feldlinien verkürzen und voneinander entfernen wollen:

Dauermagnet mit Weicheisenanker

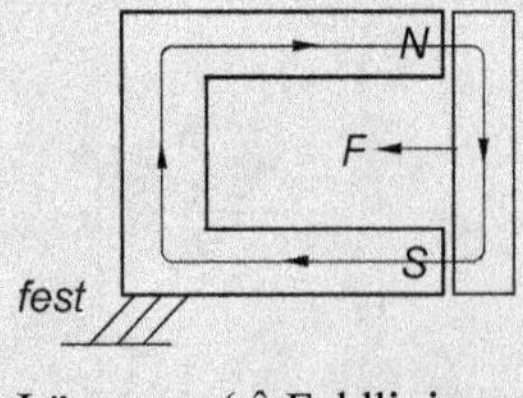

Längszug (≙ Feldlinienverkürzung)

Weicheisenstücke im magnetischen Fremdfeld

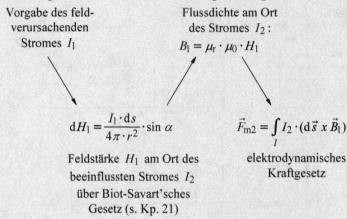

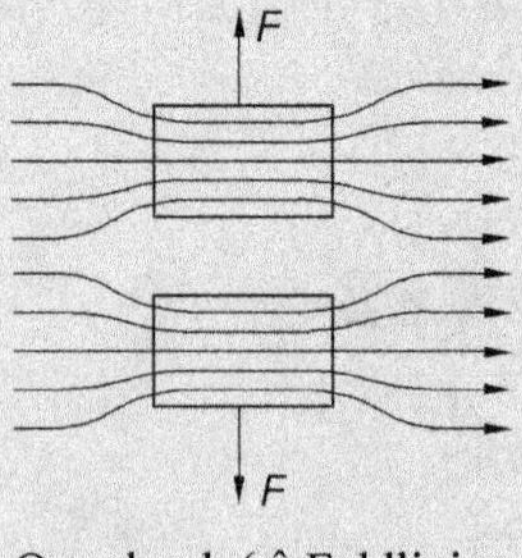

Querdruck (≙ Feldlinienabstoßung)

26.1 Aufgaben

❶ **26.1:** Eine Luftspule mit N = 250 sei so dicht gewickelt, dass kein Streufluss entsteht. Mit einer einstellbaren Stromquelle wird der Spulenstrom von $i_0 = 0$ auf $i_n = I$ erhöht.

a) Man berechne die Induktivität L der Ringspule (s. Kp. 23).

b) Wie groß ist die im magnetischen Feld gespeicherte Energie bei $I = 1$ A?

c) Woher kommt die in der Spule gespeicherte Energie?

d) Ist zusätzliche Energie zur Aufrechterhaltung des magnetischen Feldes erforderlich?

e) Man berechne die magnetische Energie aus magnetischen Größen und dem Feldvolumen für $I = 1$ A.

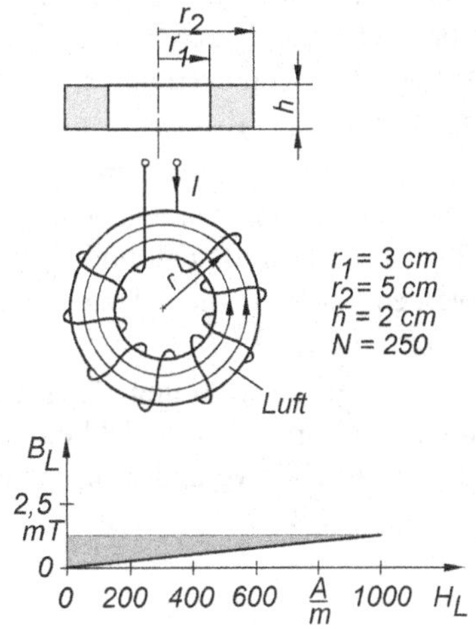

❶❷ **26.2:** Eine eisengefüllte Spule ohne Luftspalt habe N = 250 Windungen und ebenfalls gleiche Abmessungen wie in Aufgabe 26.1.

a) Berechnen Sie die zu $I = 1$ A zugehörige magnetische Feldstärke H_{Fe} in Eisen.

b) Bestimmen Sie unter Berücksichtigung des magnetischen Eisenvolumens V_{Fe} und der gegebenen Magnetisierungskurve des Eisens den Betrag der magnetischen Energie für $I = 1$ A durch „Flächenauszählen".

c) Diskussion: Wie sind die Ergebnisse aus Aufgabe 26.1.e und 26.2.b im Vergleich zu deuten?

d) Man berechne auf formalem Wege ($W_{magn} = 1/2 \cdot L \cdot I^2$) die Induktivität L der eisengefüllten Spule bei $I = 1$ A. Kann bei nun bekannter Induktivität L der zu einer anderen Stromstärke I zugehörige Betrag der magnetischen Energie mit $W_{magn} = 1/2 \cdot L \cdot I^2$ berechnet werden?

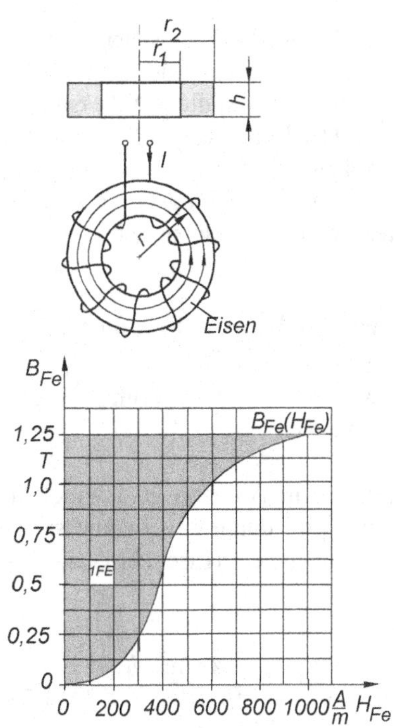

❷ **26.3:** Gegeben ist eine eisengefüllte Spule mit Luftspalt und N = 250 Windungen.

a) Es soll die Flussdichte in Luftspalt und Eisen sowie die im magnetischen Kreis gespeicherte magnetische Energie für eine vorgegebene Durchflutung $\Theta = I \cdot N = 1\ A \cdot 250$ Wdg bestimmt werden.

b) Zum Vergleich zu a) soll die im magnetischen Kreis gespeicherte magnetische Energie für eine vorgegebene Flussdichte $B = 1{,}25$ T im Luftspalt und Eisen ermittelt werden sowie die dazu erforderliche Durchflutung $\Theta = I \cdot N$.

c) Wie hat die Einführung eines Luftspaltes die Energiespeichermöglichkeit des magnetischen Kreises verändert im Vergleich zu Aufgabe 26.2?

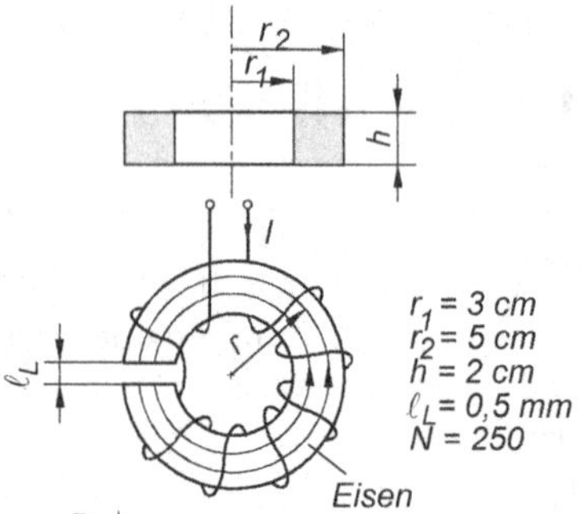

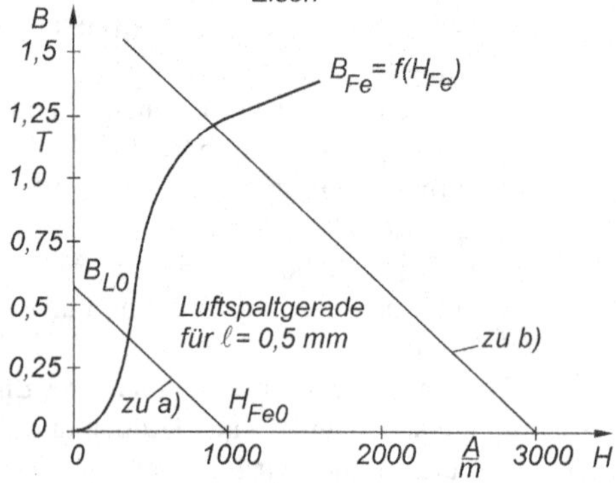

❷ **26.4:** Der Abstand zwischen den Polschuhen des Dauermagneten und dem Eisenanker ist durch eine 0,5 mm dicke Kunststoffschicht gegeben. Der Dauermagnet habe die Abmessung $A_M = 4\ cm^2$, $l_M = 4$ cm.
Die Entmagnetisierungskurve des Dauermagneten verlaufe linear zwischen den Achsenabschnitten $B_r = 1{,}4$ T, $H_C = -70\ \frac{kA}{m}$.

a) Wie groß ist die Flussdichte B_L im Luftspalt? (s. Kp. 25)

b) Wie groß ist die maximale Haltekraft des Magneten?

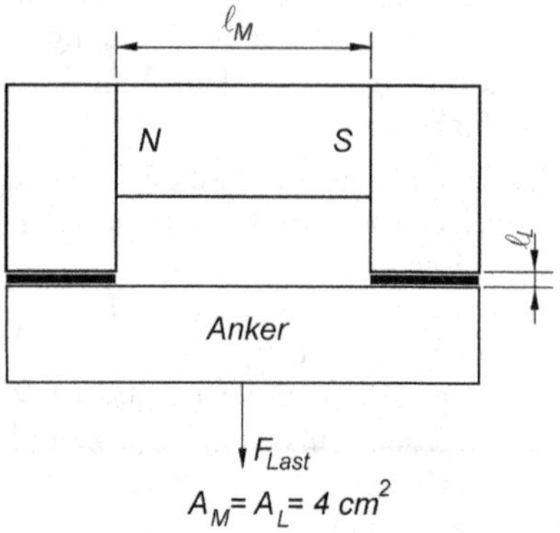

❶ **26.5:** Der in Aufgabe 26.4 wirksame Dauermagnet wird durch einen abmessungsgleichen Elektromagneten (Eisenkern und Spule) ersetzt.

Daten:
Eisen: $A_{Fe} = 4\ cm^2$, $l_{Fe} = 12$ cm
Luftspalt: $A_L = 4\ cm^2$, $l_L = 2 \times 0{,}5$ mm

Wie groß ist die erforderliche Stromstärke für eine Haltekraft $F_H = 318$ N?

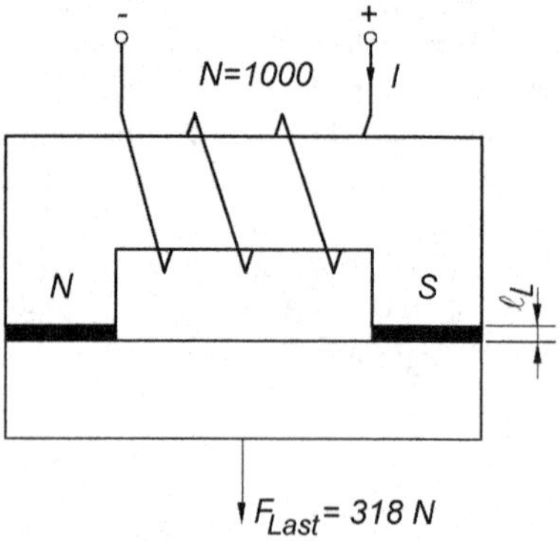

Elektroblech M350-50A (s.Kp.22)

❶❷ **26.6:** Ein Drehspulmesswerk mit der Empfindlichkeit –50 μA ... 0 ... +50 μA, d.h. Nullpunkt in der Skalenmitte, hat einen Spulenwiderstand von 1300 Ω. Die magnetische Flussdichte im Luftspalt beträgt B_L = 0,5 T. Die Spiralfedern, die auch der Stromzuführung dienen, erzeugen bei Vollausschlag ein Gegendrehmoment von M = 100 μNm.

a) Wie groß ist die Windungszahl N?
b) Wie groß ist der Drahtdurchmesser d?
c) Geben Sie eine kurze Funktionsbeschreibung des Messwerks.

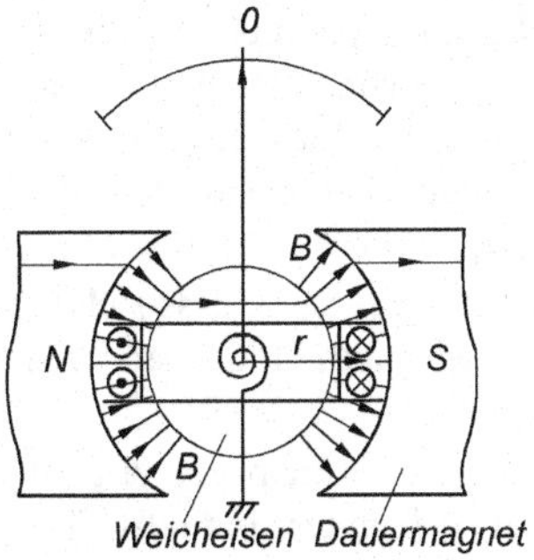

Abmessung der Drehspule:
Länge ℓ = 1 cm
Radius r = 0,5 cm

❶❷ **26.7:** Nebenstehendes Bild zeigt das Prinzip eines eisengeschlossenen elektrodynamischen Messwerks. Der Strom in der feststehenden Spule sei I_1, der Strom in der Drehspule I_2.

a) Stellen Sie eine Beziehung für den Zeigerausschlag α auf, wenn für die Luftspuleninduktion $B_L = k \cdot I_1$ gilt und die Federkonstante D gegeben ist.
b) Unter welchen Voraussetzungen kann das Messwerk als Leistungsmesser verwendet werden?

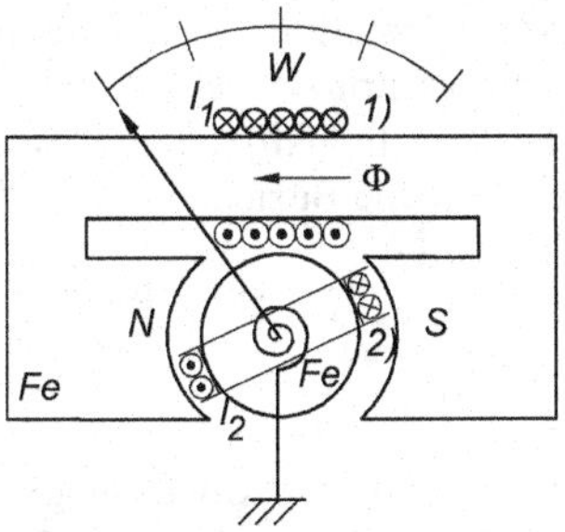

1) Feststehende Stromspule
2) Bewegliche Spannungsspule

❷ **26.8:** Ein Elektron fliegt mit der Geschwindigkeit $v = 20.000\ \frac{\text{km}}{\text{s}}$ senkrecht in ein homogenes Magnetfeld mit der Flussdichte B = 40 mT hinein. Die Eintrittsstelle liege bei x_1.

a) Wie groß ist die Lorentzkraft F_m, die auf das Elektron wirkt?
b) Man skizziere die typische Bahnkurve des Ladungsträgers im Magnetfeld.
c) An welcher Stelle x_2 verlässt das Elektron das Magnetfeld, wenn die Breite des Magnetfeldes b = 2 mm ist?

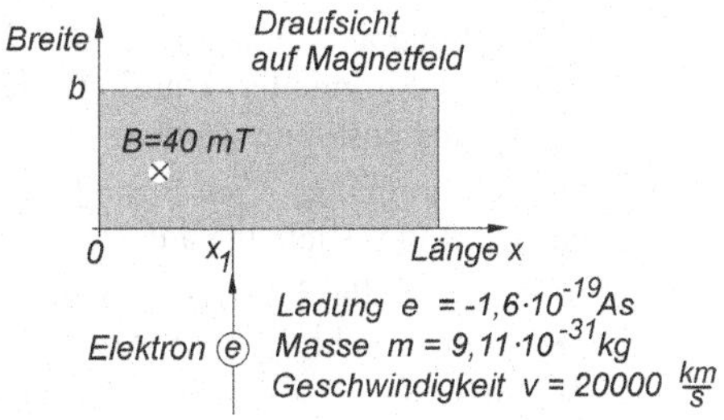

❷ **26.9:** Zwei parallele Stromschienen haben einen Abstand von a = 10 cm. Es tritt ein Kurzschluss auf mit $I_K = I_1 = I_2$ = 50 kA. Man bestimme die Richtungen und Beträge der elektrodynamischen Kräfte je 5 m Schienenlänge.

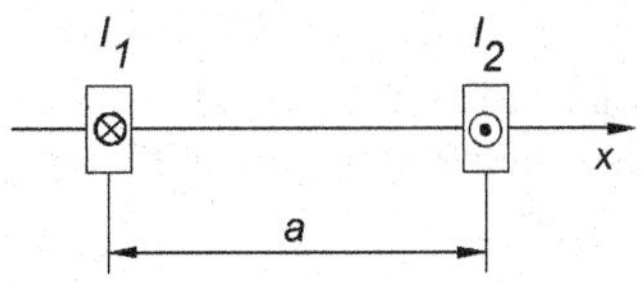

❷ **26.10:** Zwei parallele Leiter werden gegensinnig von gleich großen Strömen durchflossen. Man leite die Formel zur Berechnung der elektrodynamischen Anziehungskräfte F_m her, und zwar

a) über den Ansatz, dass sich jeder Strom im Magnetfeld des anderen Stromes befindet,

b) über das Prinzip der virtuellen Arbeit bei bekannter Induktivitätsbeziehung für die Leiteranordnung.

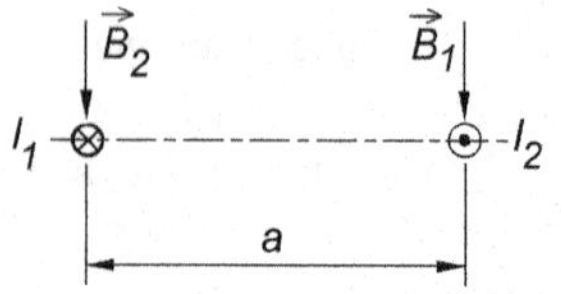

$L = \frac{\mu_0}{\pi} \cdot \ell \cdot \ln \frac{a}{r_0}$

ℓ = Leitungslänge

r_0 = Radius der Leiter

❷❸ **26.11:** Der abgebildete Elektromagnet erzeugt eine elektromagnetische Kraft F_m, die stromabhängig ist. Man leite die Kraft F_m über das Prinzip der virtuellen Arbeit her. Für die Induktivität mit zwei Luftspalten gelte die Beziehung:

$$L = N^2 \cdot \frac{\mu_0 \cdot A}{\frac{l_{Fe}}{\mu_r} + 2s} \quad \text{vgl. Kp. 23, S. 29}$$

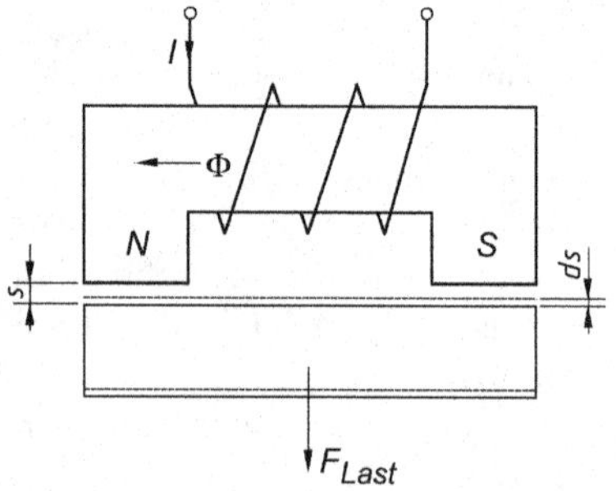

❸ **26.12:** Es sind drei Anwendungen stromdurchflossener Leiter gegeben. Die jeweiligen Stromzuführungen sind zeichnerisch nicht dargestellt und sollen auf die elektrodynamischen Kräfte an den starren Leitern keine Störeinflüsse ausüben.

a) Bei den Leiteranordnungen 1 und 2 soll die am Stromleiter 2 auftretende Kraftrichtung bestimmt werden.

b) Tritt bei Anordnung 3 am Stromleiter 2 eine Kraft in y-Richtung auf?

c) Man berechne für Leiteranordnung 3 die Kraft in x-Richtung am Stromleiter 2, wobei Leiter 1 als unendlich lang angenommen werden darf.

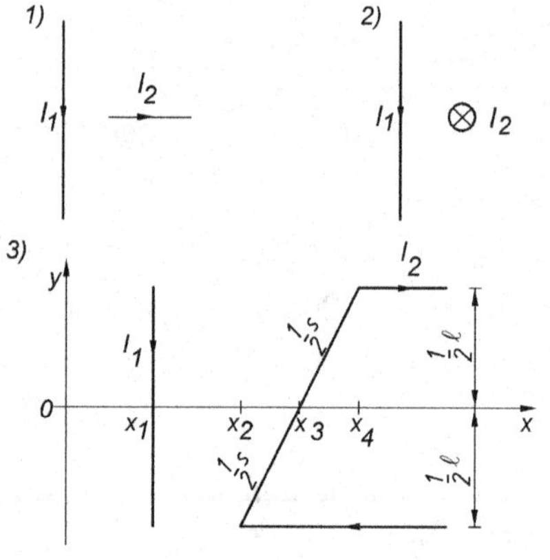

$I_1 = I_2 = 10\,A$, $\ell = 2\,m$, $x_1 = 15\,cm$ $x_3 = 40\,cm$
$x_2 = 30\,cm$ $x_4 = 50\,cm$

❷❸ **26.13:** Wirkt auf einen n-dotierten Leiter (dieser hat überwiegend Elektronen als bewegliche Ladungsträger) ein Magnetfeld gemäß Skizze ein, so entsteht in Querrichtung eine messbare elektrische Spannung (sog. Hall-Effekt).

Erklären Sie das Zustandekommen dieser Hallspannung mit der Wirkung der Lorentzkraft.

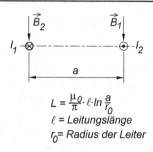

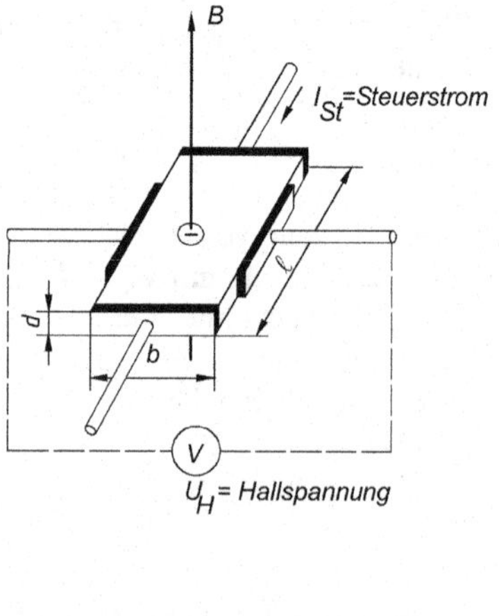

26.2 Lösungen

26.1

a) Mittlerer Durchmesser

$$l = 2\pi \cdot \frac{r_2 + r_1}{2} = 2\pi \cdot \frac{(5+3)\,\text{cm}}{2} = 25{,}12\ \text{cm}$$

Kernquerschnitt

$$A = h \cdot (r_2 - r_1) = 2 \cdot (5-3)\text{cm}^2 = 4\ \text{cm}^2$$

$$L = \text{N}^2 \cdot \frac{\mu_r \cdot \mu_0 \cdot A}{l}$$

$$L = 250^2 \cdot \frac{1 \cdot 4\pi \cdot 10^{-7}\,\frac{\text{Vs}}{\text{Am}} \cdot 4 \cdot 10^{-4}\ \text{m}^2}{25{,}12 \cdot 10^{-2}\ \text{m}}$$

$$L = 0{,}125\ \text{mH}$$

b) $W_{\text{magn}} = \frac{1}{2} \cdot L \cdot I^2$

$$W_{\text{magn}} = \frac{1}{2} \cdot 0{,}125 \cdot 10^{-3}\,\frac{\text{Vs}}{\text{A}} \cdot (1\ \text{A})^2$$

$$W_{\text{magn}} = 62{,}5\ \mu\text{Ws}$$

c) Bei der Steigerung des Spulenstromes von $i_0 = 0$ auf $I = 1$ A muss die Stromquelle Arbeit verrichten.
Der Gegenwert dieser Arbeit ist die im Magnetfeld gespeicherte Energie.

d) An sich nicht, da nur das Energieniveau gehalten werden muss. Um aber einen Strom I in unverminderter Stärke (Gleichstrom) durch eine Spule zu treiben, bedarf es eines Energieaufwandes, wenn $R_{\text{Spule}} > 0$ ist:

$$W = I^2 \cdot R_{\text{Spule}} \cdot t$$

Diese Energie wird in Wärme umgesetzt.

e) $H_L = \frac{I \cdot \text{N}}{l} = \frac{1\ \text{A} \cdot 250}{25{,}12\ \text{cm}} \approx 1000\,\frac{\text{A}}{\text{m}}$

$$B_L = \mu_0 \cdot H_L = 4\pi \cdot 10^{-7}\,\frac{\text{Vs}}{\text{Am}} \cdot 1000\,\frac{\text{A}}{\text{m}}$$

$$B_L = 1{,}25\ \text{mT}$$

Feldvolumen

$$V_L = A \cdot l = 4\ \text{cm}^2 \cdot 25{,}12\ \text{cm}$$

$$V_L \approx 100\ \text{cm}^3$$

Magnetische Energie

$$W_{\text{magn}} = V_L \cdot \frac{B_L \cdot H_L}{2}$$

$$W_{\text{magn}} = 100 \cdot 10^{-6}\ \text{m}^3 \cdot \frac{1{,}25 \cdot 10^{-3}\,\frac{\text{Vs}}{\text{m}^2} \cdot 1000\,\frac{\text{A}}{\text{m}}}{2}$$

$$W_{\text{magn}} = 62{,}5\ \mu\text{Ws}$$

26.2

a) $H_{\text{Fe}} = \frac{I \cdot \text{N}}{l_{\text{Fe}}} \approx 1000\,\frac{\text{A}}{\text{m}}$ vgl. 26.1

b) $V_{\text{Fe}} = A_{\text{Fe}} \cdot l_{\text{Fe}} = 100\ \text{cm}^3$ vgl. 26.1

$$W_{\text{magn}} = V_{\text{Fe}} \int_0^{1{,}25\,\text{T}} H_{\text{Fe}} \cdot \text{d}B_{\text{Fe}}$$

Lösung durch „Flächenauszählen"
$x = 44$ FE

$$W_{\text{magn}} = V_{\text{Fe}} \cdot x\ \text{FE} \cdot \frac{\text{Wert}}{1\ \text{FE}}$$

$$W_{\text{magn}} = 100 \cdot 10^{-6}\ \text{m}^3 \cdot 44\ \text{FE} \cdot \frac{0{,}125\ \text{T} \cdot 100\,\frac{\text{A}}{\text{m}}}{1\ \text{FE}}$$

$$W_{\text{magn}} = 55\ \text{mWs}$$

c) Luftspule (s. 26.1 e)): $W_{\text{magn}} = 62{,}5\ \mu\text{Ws}$

Eisengefüllte Spule: $W_{\text{magn}} = 55\ \text{mWs}$

In einer eisengefüllten Spule lässt sich erheblich mehr Energie speichern als in einer reinen Luftspule bei einer vorgegebenen Durchflutung $\Theta = I \cdot \text{N}$.

d) $L = \frac{2 \cdot W_{\text{magn}}}{I^2} = \frac{2 \cdot 55 \cdot 10^{-3}\ \text{Ws}}{(1\ \text{A})^2}$

$L = 0{,}11\ \text{H}$ bei $I = 1\ \text{A}$

Nein, da dieser Induktivitätswert nicht konstant, sondern stromabhängig ist $\Rightarrow L = \text{N}^2 \frac{\mu_r \cdot \mu_0 \cdot A}{l}$.

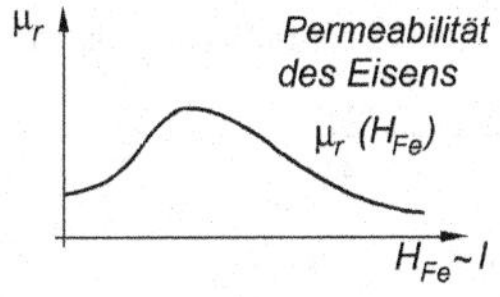

26.3

a) Kontrolle der Konstruktionspunkte der Luftspaltgeraden im Aufgabenbild und s. auch Kp. 23.

$$H_{\text{Fe0}} = \frac{I \cdot \text{N}}{l_{\text{Fe}}} = \frac{1\ \text{A} \cdot 250}{25{,}12\ \text{cm}} \approx 1000\,\frac{\text{A}}{\text{m}}$$

$$B_{L0} = \frac{\mu_0 \cdot I \cdot \text{N}}{l_L} = \frac{4\pi \cdot 10^{-7}\,\frac{\text{Vs}}{\text{Am}} \cdot 250\ \text{A}}{0{,}5 \cdot 10^{-3}\ \text{m}} \approx 0{,}625\ \text{T}$$

Schnittpunkt mit Magnetisierungskurve des Eisens ergibt:

$$B_L = B_{\text{Fe}} = 0{,}42\ \text{T}$$

Magnetische Energie im Luftspalt:

$$V_L = A_L \cdot l_L = 4\ \text{cm}^2 \cdot 0{,}05\ \text{cm} = 0{,}2\ \text{cm}^3$$

$$W_{\text{magnL}} = V_L \cdot \frac{B_L{}^2}{2 \cdot \mu_0}$$

$$W_{\text{magnL}} = 0{,}2 \cdot 10^{-6}\ \text{m}^3 \frac{(0{,}42\ \text{T})^2}{8\pi \cdot 10^{-7}\ \frac{\text{Vs}}{\text{Am}}} = 14\ \text{mWs}$$

Magnetische Energie im Eisen:

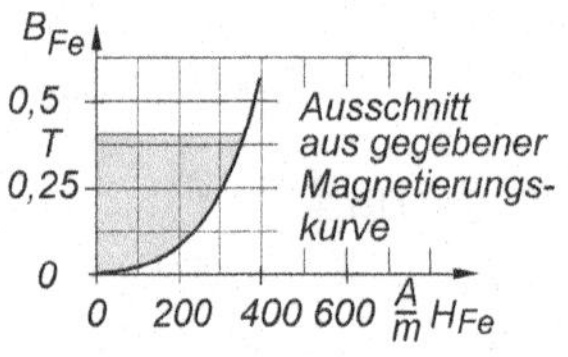

$$V_{Fe} = A_{Fe} \cdot l_{Fe} \approx 100\ \text{cm}^3$$
$$x = 8\ \text{FE}$$

$$W_{\text{magnFe}} = V_{Fe} \cdot x\ \text{FE} \cdot \frac{\text{Wert}}{1\ \text{FE}}$$

$$W_{\text{magnFe}} = 100 \cdot 10^{-6}\ \text{m}^3 \cdot 8\ \text{FE} \cdot \frac{0{,}125\ \text{T} \cdot 100\ \frac{\text{A}}{\text{m}}}{1\ \text{FE}}$$

$$W_{\text{magnFe}} = 10\ \text{mWs}$$

Magnetische Energie: $W_{\text{ges}} = 24\ \text{mWs}$

b) Erforderliche Durchflutung

$$\Theta = H_{Fe} \cdot l_{Fe} + \frac{B_L}{\mu_0} \cdot l_L$$

$$\Theta = 1000\ \frac{\text{A}}{\text{m}} \cdot 25{,}12\ \text{cm} + \frac{1{,}25\ \text{T}}{4\pi \cdot 10^{-7}\ \frac{\text{Vs}}{\text{Am}}} \cdot 0{,}5\ \text{mm}$$

$$\Theta = 251\ \text{A} + 498\ \text{A} \approx 750\ \text{A}$$

Konstruktionspunkt der Luftspaltgeraden:

$$H_{\text{Fe0}} = \frac{I \cdot N}{l_{Fe}} = \frac{750\ \text{A}}{25{,}12\ \text{cm}} \approx 3000\ \frac{\text{A}}{\text{m}}$$

Magnetische Energie im Luftspalt:

$$W_{\text{magnL}} = V_L \cdot \frac{B_L{}^2}{2 \cdot \mu_0}$$

$$W_{\text{magnL}} = 0{,}2 \cdot 10^{-6}\ \text{m}^3 \cdot \frac{(1{,}25\ \text{T})^2}{8\pi \cdot 10^{-7}\ \frac{\text{Vs}}{\text{Am}}} \approx 124{,}4\ \text{mWs}$$

Magnetische Energie im Eisen:

$W_{\text{magnFe}} = 55\ \text{mWs}$ unverändert wie in 26.2.b berechnet.

c) Die Einführung eines Luftspaltes erhöht die Energiespeicherfähigkeit des magnetischen Kreises.

26.4

a) Scherungsgerade:

$$B_L = -\mu_0 \cdot \frac{l_M}{l_L} \cdot H_M$$

$$B_L = -4\pi \cdot 10^{-7}\ \frac{\text{Vs}}{\text{Am}} \cdot \frac{40\ \text{mm}}{2 \cdot 0{,}5\ \text{mm}} \cdot H_M$$

$$B_L = -50 \cdot 10^{-6}\ \frac{\text{Vs}}{\text{Am}} \cdot H_M$$

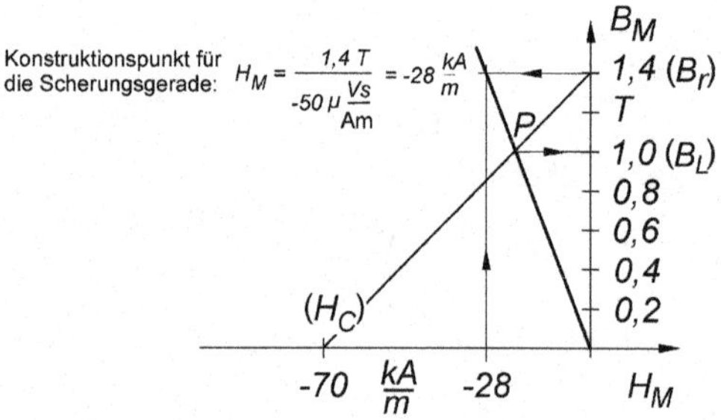

Ergebnis: Schnittpunkt P ergibt $B_L \approx 1$ T oder rechnerisch:

$$B_L = -\mu_0 \cdot \frac{1}{\dfrac{l_L}{l_M \cdot H_C} - \mu_0 \cdot \dfrac{A_L}{A_M \cdot B_r}}$$

$$B_L = -\frac{4\pi \cdot 10^{-7}\ \frac{\text{Vs}}{\text{Am}}}{\dfrac{2 \cdot 0{,}5\ \text{mm}}{40\ \text{mm} \cdot \left(-70 \cdot 10^3\ \frac{\text{A}}{\text{m}}\right)} - \dfrac{4\pi \cdot 10^{-7}\ \frac{\text{Vs}}{\text{Am}} \cdot 4\ \text{cm}^2}{4\ \text{cm}^2 \cdot 1{,}4\ \frac{\text{Vs}}{\text{m}^2}}}$$

$$B_L = 1\ \text{T}$$

b) Haltekraft je Polfläche

$$F_{m1} = F_{m2} = \frac{1}{2} \cdot \frac{B_L{}^2}{\mu_0} \cdot A_L$$

$$F_{m1} = F_{m2} = \frac{1}{2} \cdot \frac{\left(1\ \frac{\text{Vs}}{\text{m}^2}\right)^2}{4\pi \cdot 10^{-7}\ \frac{\text{Vs}}{\text{Am}}} \cdot 4 \cdot 10^{-4}\ \text{m}^2$$

$$F_{m1} = F_{m2} = 159\ \text{N} \quad \left(1\ \text{N} = 1\ \frac{\text{Ws}}{\text{m}}\right)$$

$$F_H = 318\ \text{N}\ \ \text{(Haltekraft)}$$

26.5

Die für die Haltekraft erforderliche Flussdichte im Luftspalt:

$$F_m = \frac{1}{2} \cdot \frac{B_L{}^2}{\mu_0} \cdot A_L$$

$$B_L = \sqrt{\frac{2F_m \cdot \mu_0}{A_L}}$$

$$B_L = \sqrt{\frac{2 \cdot 159\ \frac{\text{VAs}}{\text{m}} \cdot 4\pi \cdot 10^{-7}\ \frac{\text{Vs}}{\text{Am}}}{4 \cdot 10^{-4}\ \text{m}^2}}$$

$$B_L = 1\ \text{T}$$

Durchflutungssatz:

$$I \cdot \mathrm{N} = H_{\mathrm{Fe}} \cdot l_{\mathrm{Fe}} + H_{\mathrm{L}} \cdot l_{\mathrm{L}}$$

$$H_{\mathrm{L}} = \frac{B_{\mathrm{L}}}{\mu_0} = \frac{1\,\frac{\mathrm{Vs}}{\mathrm{m}^2}}{4\pi \cdot 10^{-7}\,\frac{\mathrm{Vs}}{\mathrm{Am}}}$$

$$H_{\mathrm{L}} \approx 800.000\,\frac{\mathrm{A}}{\mathrm{m}}$$

$$H_{\mathrm{Fe}} = 140\,\frac{\mathrm{A}}{\mathrm{m}} \quad \text{aus Magn.kurve}$$

$$I \cdot \mathrm{N} = 140\,\frac{\mathrm{A}}{\mathrm{m}} \cdot 0{,}12\,\mathrm{m} + 800.000\,\frac{\mathrm{A}}{\mathrm{m}} \cdot 1 \cdot 10^{-3}\,\mathrm{m}$$

$$I \cdot \mathrm{N} \approx 17\,\mathrm{A} + 800\,\mathrm{A}$$

$$I = \frac{817\,\mathrm{A}}{1000} \approx 0{,}82\,\mathrm{A}$$

26.6

a) $M = I \cdot \mathrm{N} \cdot B \cdot A \cdot \sin\beta$

$$A = l \cdot 2r = 1\,\mathrm{cm}^2$$

$$\beta = 90°$$

$$\mathrm{N} = \frac{100 \cdot 10^{-6}\,\mathrm{Nm}}{50 \cdot 10^{-6}\,\mathrm{A} \cdot 0{,}5\,\frac{\mathrm{Vs}}{\mathrm{m}^2} \cdot 1 \cdot 10^{-4}\,\mathrm{m}^2 \cdot \sin 90°}$$

$$\mathrm{N} = 40.000$$

b) $R = \dfrac{l_{\mathrm{Cu}} \cdot \mathrm{N}}{A_{\mathrm{Cu}} \cdot \chi_{\mathrm{Cu}}}$ mit $l_{\mathrm{Cu}} = 2 \cdot (l + 2 \cdot r) = 4\,\mathrm{cm}$

$$A_{\mathrm{Cu}} = \frac{4 \cdot 10^{-2}\,\mathrm{m} \cdot 40000}{1300\,\Omega \cdot 56\,\frac{\mathrm{m}}{\Omega\,\mathrm{mm}^2}} = 0{,}022\,\mathrm{mm}^2$$

$$d_{\mathrm{Cu}} = \sqrt{\frac{4 \cdot A}{\pi}} = 0{,}17\,\mathrm{mm}$$

c) Wechselwirkung zwischen stromdurchflossener Drehspule und Magnetfeld (Dauermagnet N – S und feststehendem Weicheisenkern) erzeugt messstromabhängiges Drehmoment. Spiralfedern, die zugleich der Stromzuführung dienen, erzeugen ein Gegendrehmoment.

26.7

a) Elektromagnetisch erzeugtes Drehmoment

$$M_{\mathrm{e}} = N \cdot I_2 \cdot B_{\mathrm{L}} \cdot A$$

Mit gegebener Beziehung $B_{\mathrm{L}} = k \cdot I_1$

$$M_{\mathrm{e}} = \mathrm{N} \cdot I_2 \cdot k \cdot I_1 \cdot A$$

Federmechanisches Gegendrehmoment

$$M_{\mathrm{m}} = -D \cdot \alpha$$

Zeigerausschlag bei Gleichgewicht der Drehmomente

$M_{\mathrm{e}} + M_{\mathrm{m}} = 0$ ergibt

$$\alpha = \frac{\mathrm{N} \cdot k \cdot A}{D} \cdot I_1 \cdot I_2$$

b) Leistungsmessung $P = U \cdot I$.

Man lässt durch die feststehende Spule den Strom I fließen, also $I_1 = I$ ($\hat{=}$ Strompfad).

Den Strom in der Drehspule macht man über einen Vorwiderstand R_{V} proportional zur Spannung U, also $I_2 \sim U$ (Spannungspfad). Eichung der Skala in Watt.

26.8

a) $|F_{\mathrm{m}}| = Q \cdot v \cdot B \cdot \sin\alpha$ hier mit $Q = e$, $\alpha = 90°$

$$F_{\mathrm{m}} = 1{,}6 \cdot 10^{-19}\,\mathrm{As} \cdot 20.000 \cdot 10^3\,\frac{\mathrm{m}}{\mathrm{s}} \cdot 0{,}04\,\frac{\mathrm{Vs}}{\mathrm{m}^2}$$

$$F_{\mathrm{m}} = 1{,}28 \cdot 10^{-13}\,\mathrm{N}$$

b) Die Bahnkurve ergibt sich aus der Richtung der Lorentzkraft:

Die Kraft wirkt senkrecht zur Feldrichtung $(\vec{B})$ und Bewegungsrichtung $(\vec{v})$.

Dadurch wird das Elektron nur abgelenkt, aber in Bewegungsrichtung nicht beschleunigt. Dadurch bewegt sich das Elektron auf einer Kreisbahn.

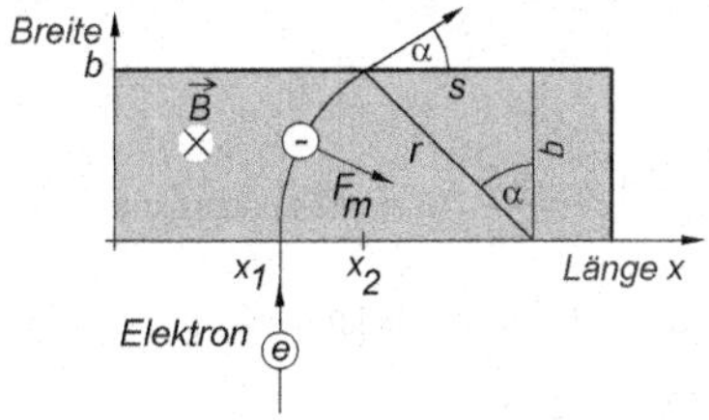

c) Das Elektron erfährt eine Radialbeschleunigung a

$$a = \frac{F_{\mathrm{m}}}{m} = \frac{1{,}28 \cdot 10^{-13}\,\mathrm{N}}{9{,}11 \cdot 10^{-31}\,\mathrm{kg}}$$

$$a = 1{,}4 \cdot 10^{17}\,\frac{\mathrm{m}}{\mathrm{s}^2}$$

Es besteht ein physikalisches Gesetz zwischen Radialbeschleunigung a und Tangentialgeschwindigkeit v bei kreisförmiger Bewegung.

$$a = \frac{v^2}{r} \qquad r = \text{Radius}$$

$$r = \frac{v^2}{a} = \frac{\left(20.000 \cdot 10^3\,\frac{\mathrm{m}}{\mathrm{s}}\right)^2}{1{,}4 \cdot 10^{17}\,\frac{\mathrm{m}}{\mathrm{s}^2}} = 2{,}8\,\mathrm{mm}$$

$$\alpha = arc\cos\frac{b}{r} = arc\cos\frac{2\,\mathrm{mm}}{2{,}8\,\mathrm{mm}}$$

$$\alpha = 44{,}4°$$

$$s = r \cdot \sin\alpha = 2{,}8\,\mathrm{mm} \cdot 0{,}7 = 1{,}96\,\mathrm{mm}$$

$$x_2 = x_1 + (r - s) = x_1 + 0{,}84\,\mathrm{mm}$$

26.9

$$F_{m1} = F_{m2} = l \cdot \frac{\mu_r \cdot \mu_0}{2\pi \cdot a} \cdot I_1 \cdot I_2$$

$$F_{m1} = F_{m2} = 5\,\text{m} \cdot \frac{1 \cdot 4\pi \cdot 10^{-7}\,\frac{\text{Vs}}{\text{Am}}}{2\pi \cdot 0{,}1\,\text{m}} \cdot \left(50 \cdot 10^3\,\text{A}\right)^2$$

$$F_{m1} = F_{m2} = 25\,\text{kN}\ (\text{Abstoßung})$$

Die Kräfte wirken auf die jeweiligen Befestigungen der Stromschienen.

26.10

a) $B_2 = \mu_0 \cdot H_1$ $\quad$ $B_1 = \mu_0 \cdot H_2$

$B_2 = \mu_0 \cdot \frac{I_1}{2\pi \cdot a}$ $\quad$ $B_1 = \mu_0 \cdot \frac{I_2}{2\pi \cdot a}$

$F_{m1} = I_1 \cdot l \cdot B_2$ $\quad$ $F_{m2} = I_2 \cdot l \cdot B_1$

$\Downarrow \quad \Downarrow$

$$F_{m1} = F_{m2} = \frac{\mu_0 \cdot l}{2\pi \cdot a} \cdot I_1 \cdot I_2$$

b) $W_{mech} = F_m \cdot a \quad \Rightarrow \quad dW_{mech} = F_m \cdot da$

$W_{Feld} = \frac{1}{2} \cdot L \cdot I^2 \quad \Rightarrow \quad dW_{Feld} = \frac{1}{2} \cdot I^2 \cdot dL$

Folgt:

❶ $F_m = \frac{1}{2} \cdot I^2 \cdot \frac{dL}{da}$ (hier: Abstoßungskraft)

Induktivität der Paralleldrahtleitung

$L = \frac{\mu_0 \cdot l}{\pi} \cdot \ln \frac{a}{r_0}$ (gegeben)

$L = \frac{\mu_0 \cdot l}{\pi} \cdot \ln x$ mit $x = \frac{a}{r_0}$

$dL = \frac{\mu_0 \cdot l}{\pi} \cdot \frac{1}{x} dx$ und $dx = \frac{1}{r_0} da$

Aus

$$\frac{dL}{da} = \frac{dL}{dx} \cdot \frac{dx}{da}$$

folgt:

$$\frac{dL}{da} = \frac{\mu_0 \cdot l}{\pi} \cdot \frac{1}{x} \cdot \frac{1}{r_0}$$

❷ $\frac{dL}{da} = \frac{\mu_0 \cdot l}{\pi} \cdot \frac{1}{\frac{a}{r_0}} \cdot \frac{1}{r_0}$

❷ in ❶ $F_m = \frac{1}{2} \cdot I^2 \cdot \frac{\mu_0 \cdot l}{\pi \cdot a}$

Identische Gleichung wie unter a), wenn $I_1 = I_2 = I$.

26.11

$W_{mech} = F_m \cdot s \quad \Rightarrow \quad dW_{mech} = F_m \cdot ds$

$W_{Feld} = \frac{1}{2} \cdot L \cdot I^2 \quad \Rightarrow \quad dW_{Feld} = \frac{1}{2} \cdot I^2 \cdot dL$

Folgt: $dW_{mech} + dW_{Feld} = 0$

❶ $F_m = -\frac{1}{2} \cdot I^2 \cdot \frac{dL}{ds}$ (hier gleich Anzugskraft F_{Last})

Induktivität der Spule mit Eisenkern und Luftspalt

$$L = N^2 \cdot \frac{\mu_0 \cdot A}{\frac{l_{Fe}}{\mu_r} + 2 \cdot s}$$

$L = N^2 \cdot \frac{\mu_0 \cdot A}{x}$ mit $x = \frac{l_{Fe}}{\mu_r} + 2 \cdot s$; $dx = 2 \cdot ds$

$$dL = N^2 \cdot \mu_0 \cdot A \cdot \frac{-1}{x^2} dx$$

$$\frac{dL}{dx} = N^2 \cdot \mu_0 \cdot A \cdot \frac{-1}{x^2}$$

❷ $\frac{dL}{2 \cdot ds} = N^2 \cdot \mu_0 \cdot A \cdot \frac{-1}{\left(\frac{l_{Fe}}{\mu_r} + 2 \cdot s\right)^2}$

❷ in ❶

$$F_m = N^2 \cdot \frac{\mu_0 \cdot A}{\left(\frac{l_{Fe}}{\mu_r} + 2 \cdot s\right)^2} \cdot I^2$$

Ergänzender Hinweis:

Wenn man den Magnetisierungsaufwand für das Weicheisen vernachlässigt, erhält man:

$$F_m \approx 2 \cdot \frac{1}{2} N^2 \cdot \frac{\mu_0 \cdot A_L}{(2 \cdot s)^2} \cdot I^2$$

Setzt man für die Feldstärke im Luftspalt

$$H_L = \frac{I \cdot N}{2 \cdot s}$$

so erhält man

$$F_m = \mu_0 \cdot A_L \cdot {H_L}^2$$

Umrechnung auf Flussdichte im Luftspalt:

$$B_L = \mu_0 \cdot H_L \quad \Rightarrow \quad H_L = \frac{B_L}{\mu_0}$$

Folgt:

$$F_m = \mu_0 \cdot A_L \cdot \frac{{B_L}^2}{{\mu_0}^2}$$

mit A_L = Gesamtfläche der beiden Luftspalte

Identisches Ergebnis mit Formel auf Übersichtsseite! Für zwei Luftspalte s ergäbe sich dort:

$$F_m = 2 \cdot \left(\frac{1}{2} \cdot \frac{{B_L}^2}{\mu_0} \cdot A_L\right)$$

26.12

a)

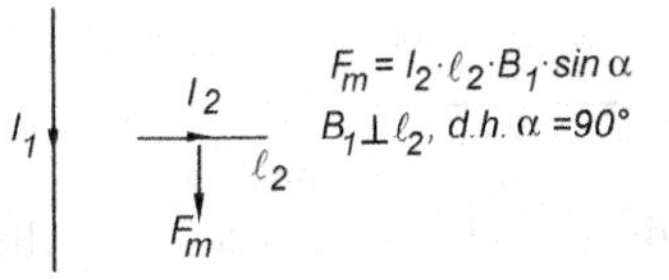

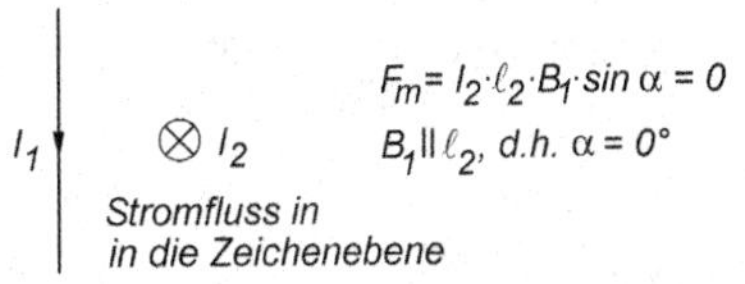

b) Nein, d.h. $F_y = 0$!
Um die Behauptung zu belegen, erfolgt Umzeichnen der Leiteranordnung in eine äquivalente Form:

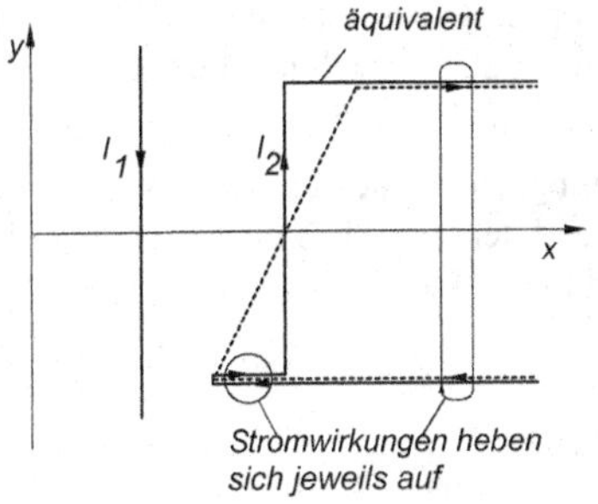

c) Zunächst eine Näherungslösung für parallele Stromleiter:

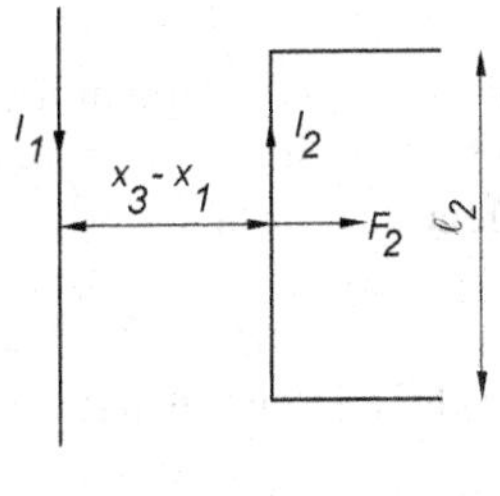

$$\mathrm{d}F_2 = I_2\, B_1\, \mathrm{d}x \quad \text{mit} \quad B_1 = \mu_0 \cdot H_1 = \mu_0 \cdot \frac{I_1}{2\pi \cdot (x_3 - x_1)}$$

$$F_2 = I_2 \cdot \mu_0 \cdot \frac{I_1}{2\pi \cdot (x_3 - x_1)} \int_0^{l_2} \mathrm{d}x$$

❶ $$\boxed{F_2 = \mu_0 \cdot \frac{l_2}{2\pi \cdot (x_3 - x_1)} \cdot I_1 \cdot I_2}$$

$$F_2 = 4\pi \cdot 10^{-7}\, \frac{\mathrm{Vs}}{\mathrm{Am}} \cdot \frac{2\ \mathrm{m}}{2\pi \cdot 0{,}25\ \mathrm{m}} \cdot (10\ \mathrm{A})^2$$

$F_2 = 0{,}160\ \mathrm{mN}$ (Näherungslösung)

Rechnet man exakt für die gegebene schräge Leiteranordnung, also nicht mit einem konstanten mittleren Abstand der beiden Stromleiter, so erhält man:

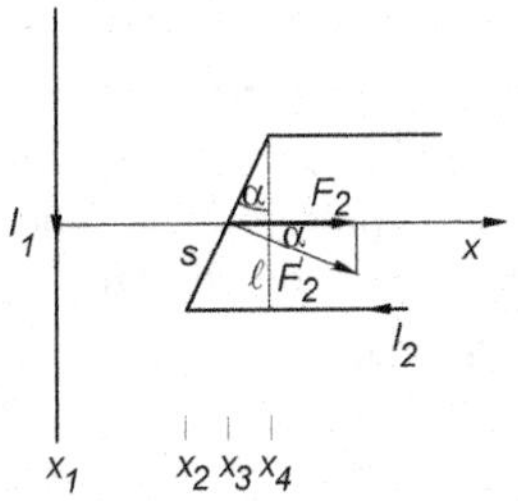

$$\mathrm{d}F_2' = I_2 \cdot B_1 \cdot \mathrm{d}s \quad \text{mit} \quad B_1 = \frac{\mu_0 \cdot I_1}{2\pi \cdot x}$$

$$F_2' = \mu_0 \cdot \frac{I_1 \cdot I_2}{2\pi} \cdot \int \frac{\mathrm{d}s}{x}$$

$$F_2 = F_2' \cdot \cos\alpha \quad \text{und} \quad \cos\alpha = \frac{l_2}{s}$$

$$F_2 = \frac{\mu_0}{2\pi} \cdot I_1 \cdot I_2 \cdot \frac{l_2}{s} \int \frac{\mathrm{d}s}{x}$$

$$F_2 = \frac{\mu_0}{2\pi} \cdot I_1 \cdot I_2 \cdot \frac{l_2}{s} \cdot \frac{1}{\sin\alpha} \int \frac{\mathrm{d}x}{x}$$

$$F_2 = \frac{\mu_0}{2\pi} \cdot I_1 \cdot I_2 \cdot \frac{l_2}{(x_4 - x_2)} \int_{x_2 - x_1}^{x_4 - x_1} \frac{\mathrm{d}x}{x}$$

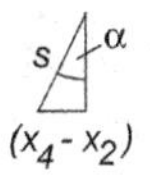

$$F_2 = \frac{\mu_0}{2\pi} \cdot I_1 \cdot I_2 \cdot \frac{l_2}{(x_4 - x_2)} \cdot \left[\ln x\right]_{x_2 - x_1}^{x_4 - x_1}$$

❷ $$\boxed{F_2 = \mu_0 \cdot \frac{l_2}{2\pi \cdot (x_4 - x_2)} \cdot I_1 \cdot I_2 \cdot \ln \frac{x_4 - x_1}{x_2 - x_1}}$$

$$F_2 = 4\pi \cdot 10^{-7}\, \frac{\mathrm{Vs}}{\mathrm{Am}} \cdot \frac{2\ \mathrm{m}}{2\pi \cdot 0{,}2\ \mathrm{m}} \cdot (10\ \mathrm{A})^2 \cdot \ln \frac{0{,}35\ \mathrm{m}}{0{,}15\ \mathrm{m}}$$

$F_2 = 0{,}169\ \mathrm{mN}$ (Exakte Lösung)

26.13

Das Elektron wird senkrecht zu den Vektoren $\vec{v}$ und $\vec{B}$ in Kraftrichtung ausgelenkt: $F_m = q\ v\ B$. Dadurch steigt die Konzentration der negativen Ladungsträger an der linken Halbleiterseite (Minuspol). Auf der rechten Seite fehlen die abgelenkten Elektronen, sodass dort ein Pluspol der Hallspannung entsteht.

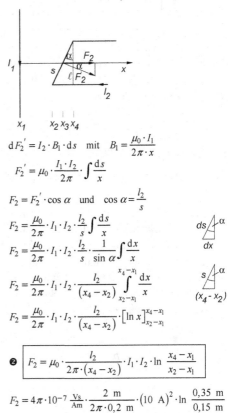

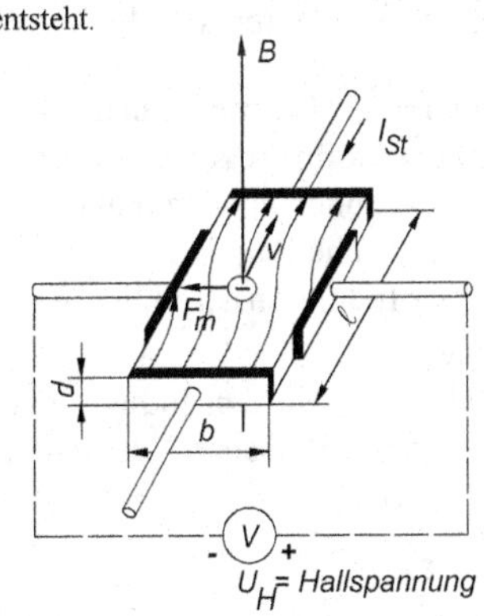

27 Induktionsgesetz

Unter elektrischer Induktion versteht man im Allgemeinen den Vorgang der Spannungserzeugung in einer Leiterschleife (Spule mit N Windungen) durch zeitliche Änderung des magnetischen Flusses, der die Leiterschleife durchsetzt.

Induktionsgesetz, allgemein

$$\mathring{u} = -\mathrm{N} \cdot \frac{\mathrm{d}\Phi}{\mathrm{d}t}$$

Einheit: $1\,\mathrm{V} = \frac{1\,\mathrm{Vs}}{1\,\mathrm{s}}$

zugehörige Richtungsvereinbarung

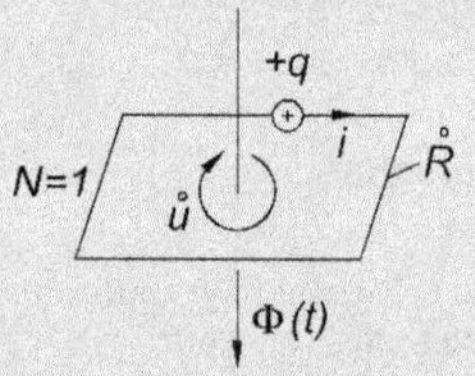

$\mathring{u}$ ist die Umlaufspannung (Spannung rundum), die längs der Leiterschleife induziert wird. Bei geschlossener Leiterschleife fließt ein Induktionsstrom i, für den auch das Ohm´sche Gesetz gilt:

$\mathring{u} = i \cdot \mathring{R}$ mit $\mathring{R}$ = Widerstand rundum der Leiterschleife

Bei offener Leiterschleife kann die induzierte Umlaufspannung nicht nachgewiesen werden. Ein Messgerät (z.B. hochohmiger Spannungsmesser), das an die Klemmen 1-2 der offenen Leiterschleife angeschlossen wird, schließt diese Leiterschleife und misst die

Leerlaufspannung u_{12}:

$$u_{12} = \mathring{u} = -\mathrm{N} \cdot \frac{\mathrm{d}\Phi}{\mathrm{d}t}$$

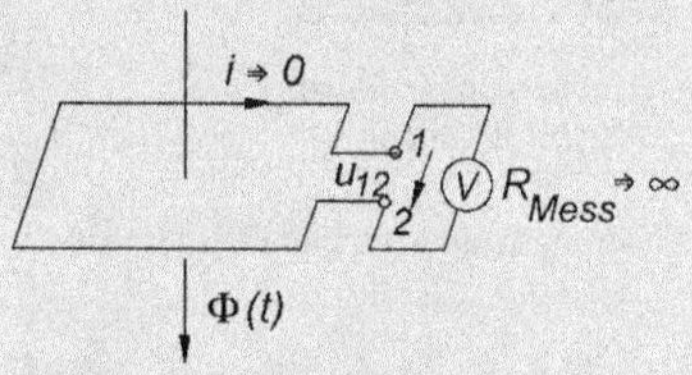

Erläuterungen zur Formel:

$\mathrm{d}\Phi$: Änderung des magnetischen Gesamtflusses bestehend aus herangeführtem Fremdflussanteil $\mathrm{d}\Phi_\mathrm{F}$ und Eigenflussanteil $\mathrm{d}\Phi_\mathrm{i}$ des induzierten Stromes i in der Leiterschleife. In Aufgaben wird oftmals vorausgesetzt, dass $\mathrm{d}\Phi_\mathrm{i}$ vernachlässigbar klein sein soll. (bei der sog. Selbstinduktion ist $\mathrm{d}\Phi_\mathrm{i}$ dagegen entscheidend).

Minuszeichen bezieht sich auf die rechtswendige Zählpfeilfestlegung von Φ und $\mathring{u}$, siehe obige Richtungsvereinbarung. Die tatsächliche (physikalische) Richtung von $\mathring{u}$ hängt davon ab, ob $\frac{\mathrm{d}\Phi}{\mathrm{d}t} > 0$ (entspricht Flusszunahme) oder $\frac{\mathrm{d}\Phi}{\mathrm{d}t} < 0$ (entspricht Flussabnahme) vorliegt.

Richtungsregeln für die Zuordnung von magnetischem Fluss und Induktionsstrom:

1. DIN-Norm-Regel
   Dem abnehmenden magnetischen Fluss ist der Induktionsstrom rechtswendig zugeordnet.
2. Lenz´sche Regel
   Der Induktionsstrom ist so gerichtet, dass er seiner Entstehungsursache entgegenwirkt.

Verkettung:

Maßgebend für den Induktionsvorgang ist nur der die Leiterschleife durchsetzende (mit ihr verkettete) Flussanteil; der außen vorbeigehende Flussanteil spielt keine Rolle!

Induktionsgesetz, ursachenbezogen

Das allgemeine Induktionsgesetz macht keine Angaben über die Ursachen der Flussänderung. Zwei Ursachen sind denkbar, die einzeln oder gemeinsam auftreten können:

1. Fall: Zeitliche Flussdichteänderung bei konstanter Fläche

$$\mathring{u} = -\mathrm{N} \cdot A \cdot \frac{\mathrm{d}B}{\mathrm{d}t} \qquad \text{mit: } \mathrm{d}\Phi = A \cdot \mathrm{d}B$$

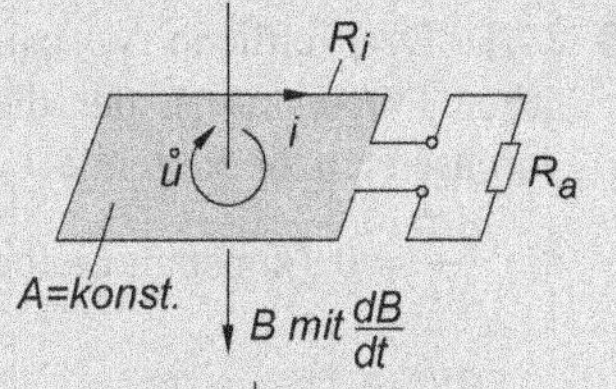

2. Fall: Zeitliche Flächenänderung bei konstanter Flussdichte

$$\mathring{u} = -\mathrm{N} \cdot B \cdot \frac{\mathrm{d}A}{\mathrm{d}t} \qquad \text{mit: } \mathrm{d}\Phi = B \cdot \mathrm{d}A$$

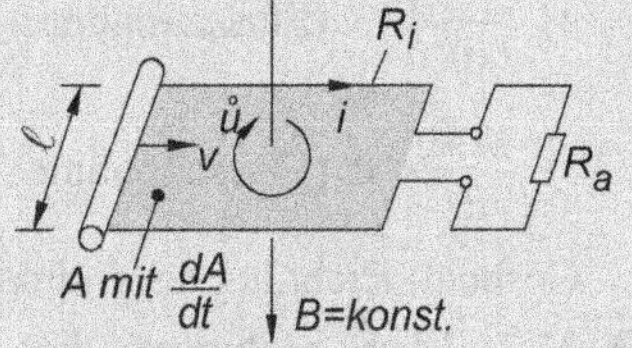

Bei der Betrachtung von Induktionsvorgängen elektrischer Maschinen ordnet man einem im Magnetfeld mit der Geschwindigkeit v bewegten Leiterstab eine Induktionsspannung u_q zu, die einen Strom treiben kann. Konstruktiv ist gewährleistet, dass $\vec{v}$, $\vec{B}$ und $\vec{l}$ senkrecht zueinander stehen:

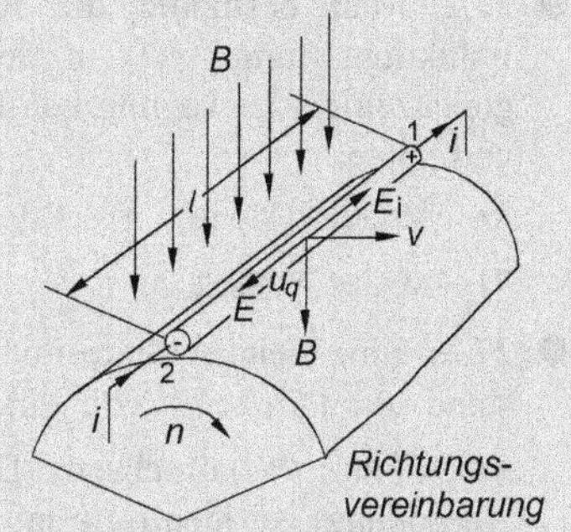

$$u_q = v \cdot B \cdot l$$

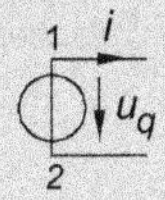

Allgemeinste Form des Induktionsgesetzes

$$u_q = -\int_1^2 \left(\vec{v} \times \vec{B}\right) \mathrm{d}\vec{l}$$

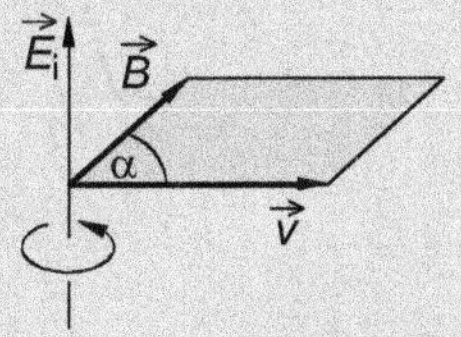

Feldstärkebetrag :

$$E_i = v \cdot B \cdot \sin\alpha$$

Spannung :

$$u_q = \int_1^2 \vec{E} \cdot \mathrm{d}\vec{l}$$

$$E_i = \left(\vec{v} \times \vec{B}\right)$$

E_i ist die induzierte elektrische Feldstärke (Kraft auf Ladungsträger).

$$\vec{E} = -\vec{E}_i$$

$\vec{E}$ ist die durch Ladungstrennung entstandene elektrische Feldstärke.

Richtungsfestlegungen:
Ausgehend von vorgegebenen Richtungen für $\vec{B}$ und $\vec{v}$ ergeben sich die im Bild unten gezeigten Richtungen $I, \vec{E}, \vec{E}_i, \vec{F}_m$ und u_q.

Induktionsgesetz und Kräftegleichgewicht

Äußere mechanische Kraft F_{mech} bewegt Leiter im Magnetfeld:

$$F_{mech} = \frac{\mathrm{d}W\mathrm{mech}}{\mathrm{d}s} \qquad \text{mit} \qquad \mathrm{d}s = v\,\mathrm{d}t$$

Induktionsstrom I verursacht eine elektrodynamische Kraft F_m:

$$F_m = I \cdot B \cdot l$$

Kräftegleichgewicht:

$$F_m = F_{mech} \qquad \text{bei} \qquad v = \text{konst.}$$

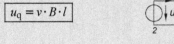

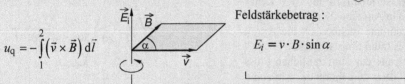

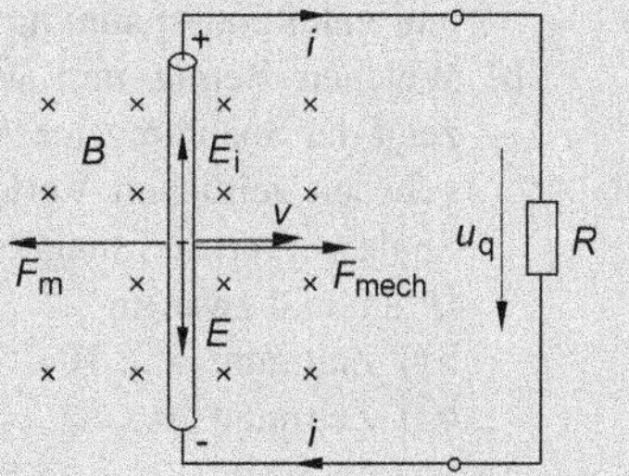

27.1 Aufgaben

❶ 27.1: Der zeitliche Verlauf des magnetischen Flusses $\Phi(t)$, der die Leiterschleife durchsetzt, habe folgende Tendenz:

a) $\dfrac{d\Phi}{dt} = 0$ (konstant bleibender Fluss)

b) $\dfrac{d\Phi}{dt} > 0$ (Flusszunahme)

c) $\dfrac{d\Phi}{dt} < 0$ (Flussabnahme)

Gesucht: Richtung der Induktionsströme

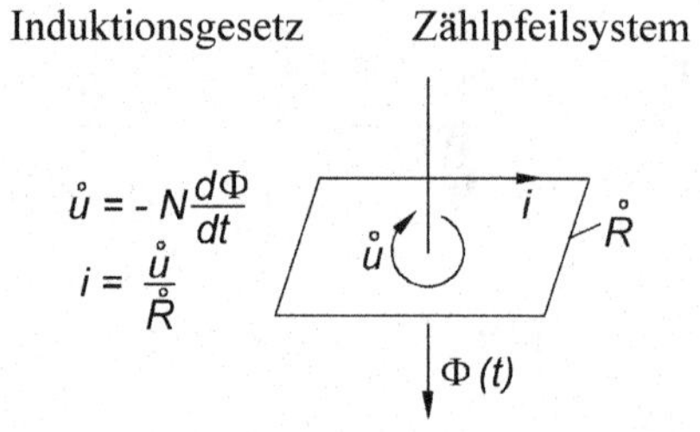

❶ 27.2: Man bestimme die Richtung des Induktionsstromes $i(t)$ in der Spule bei gleichzeitiger Bewegung von Dauermagnet und Spule:

a) $v_{Magnet} > v_{Spule}$ c) $v_{Magnet} < v_{Spule}$

b) $v_{Magnet} = v_{Spule}$

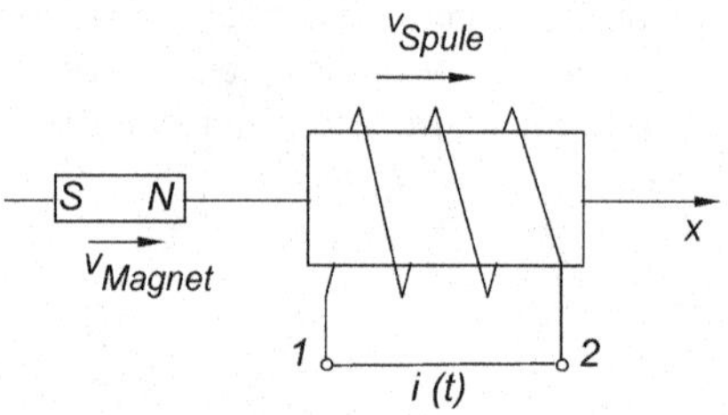

❶ 27.3: Eine Leiterschleife mit dem Widerstand $\mathring{R} = 1\,\Omega$ wird von einem magnetischen Fluss $\Phi(t)$ durchsetzt. Die räumliche Anordnung ist identisch mit der Leiterschleife wie in Aufgabe 27.1 dargestellt.

a) Man bestimme rechnerisch die Amplituden des Induktionsstromes.

b) Man zeichne das zum zeitlichen Flussverlauf $\Phi(t)$ zugehörende Liniendiagramm $i(t)$.

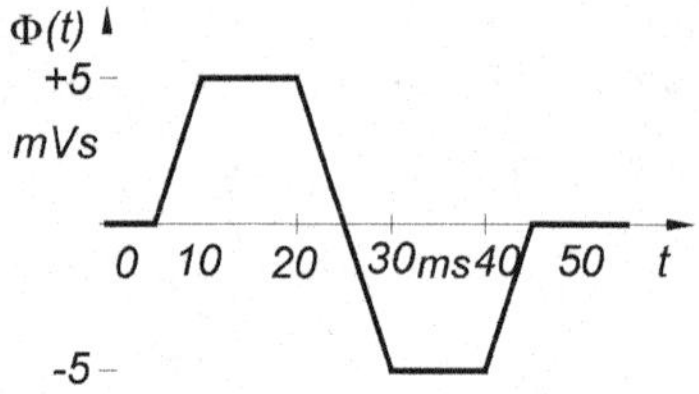

❶ 27.4: Eine Spule mit N = 1000 Windungen wird von einem zunehmenden magnetischen Fluss $\Phi(t)$ gemäß Bild durchsetzt.

a) Wie lautet das Induktionsgesetz mit Vorzeichen für die im Bild festgelegte Zuordnung von magnetischem Fluss und Induktionsspannung?

b) Welchen Betrag und welche Polarität zeigt der Spannungsmesser beim vorgegebenen zeitlichen Verlauf des mit der Spule verketteten magnetischen Flusses Φ an, und zwar im

b1) Zeitraum 0 ... 10 s,

b2) Zeitraum 10 ... 20 s?

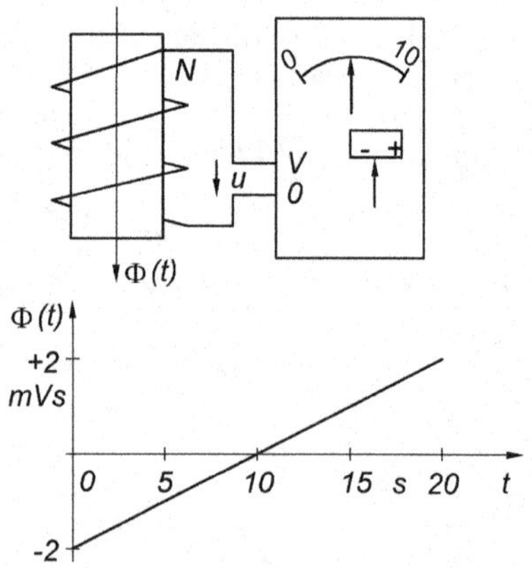

❷ **27.5:** Ein magnetischer Kreis mit geschlossenem Eisenkern und zwei Spulen habe die folgenden Daten:

$N_1 = 1000$, $N_2 = 500$
Mittlere Eisenlänge $l_{Fe} = 10$ cm
Eisenquerschnitt $A_{Fe} = 2$ cm^2.
Eine Stromquelle prägt in Spule 1 einen zeitlich veränderlichen (dreieckförmigen) Strom $i(t)$ ein.

a) Wie lautet aufgrund der vorgegebenen Richtungsfestlegungen von $i(t)$, $\Phi(t)$ und $u_{34}(t)$ das Induktionsgesetz für die in der Spule 2 induzierte Spannung $u_{34}(t)$?

b) Man berechne die dem Strom $i(t)$ zugehörige magnetische Feldstärke $H_{Fe}(t)$ und konstruiere an der gegebenen Magnetisierungskurve $B_{Fe} = f(H_{Fe})$ den zum Strom $i(t)$ gehörenden zeitlichen Verlauf der Flussdichte $B_{Fe}(t)$.

c) Man ermittle den zum Strom $i(t)$ zugehörigen zeitlichen Verlauf der Induktionsspannung $u_{34}(t)$.

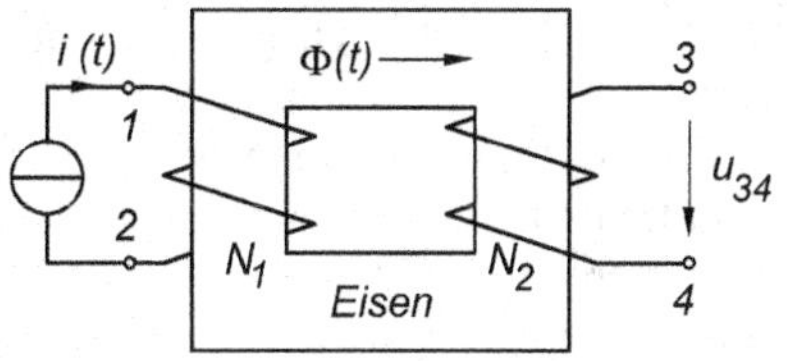

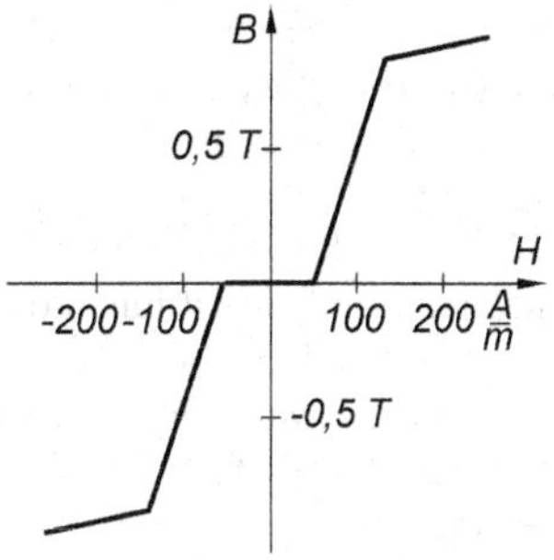

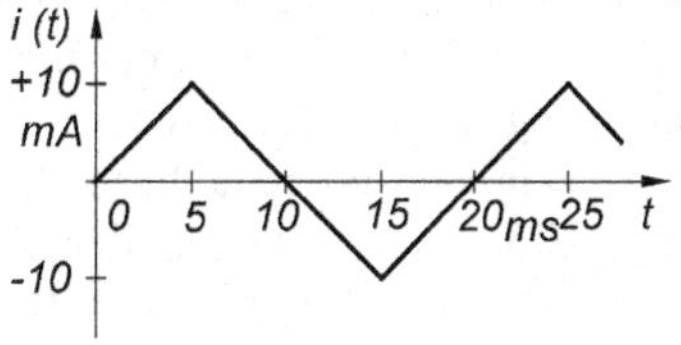

❷ **27.6:** In der Zeichenebene befindet sich innerhalb einer begrenzten Fläche (grau) ein homogenes und zeitlich konstantes Magnetfeld mit der Flussdichte B. Eine starre Leiterschleife bewegt sich mit der konstanten Geschwindigkeit v von links nach rechts durch das Magnetfeld. Die Messeinrichtung bewegt sich mit.

a) Man ermittle den Messwert der induzierten Spannung $u(s)$ bezogen auf den Messort s.
D.h.: Welchen Momentanwert zeigt ein aufzeichnendes Messgerät, wenn es sich bei seiner Bewegung an den verschiedenen Messorten s befindet?

b) Man ermittle den Messwert der induzierten Spannung $u(t)$ bezogen auf den Messzeitpunkt.
Das heißt: Welchen Momentanwert zeigt das Messgerät zu den verschiedenen Zeitpunkten seiner Bewegung an?

Angaben zur Leiterschleife und zum Magnetfeld:

$l = 3$ cm, $v = 10\,\frac{\text{m}}{\text{s}}$, $b = 5$ cm, $B = 1$ T,

$d = 2$ cm

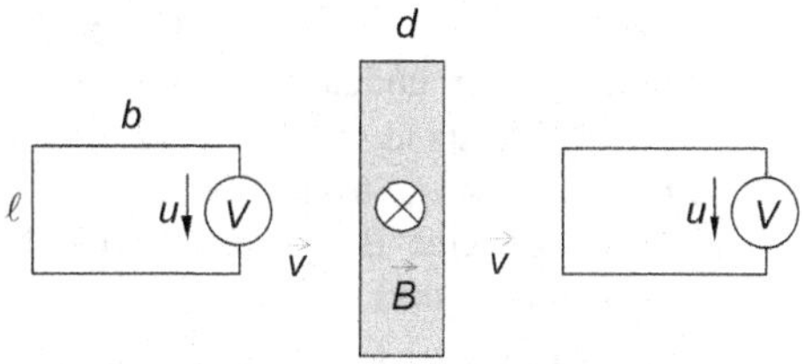

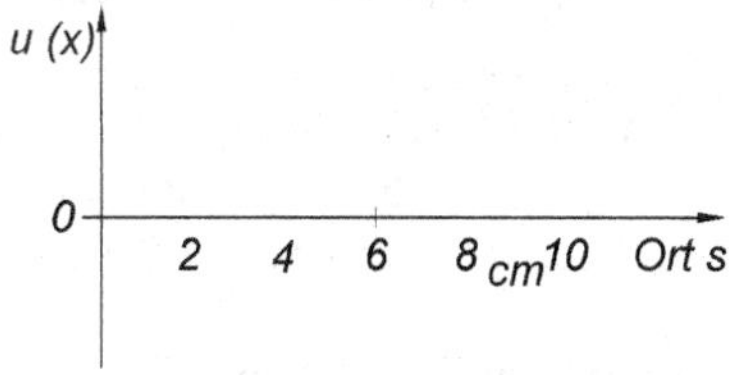

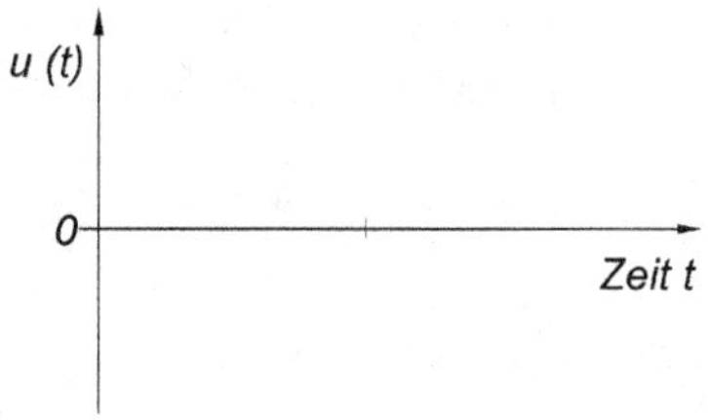

❸ **27.7:** In einem langen geraden Leiter fließt ein Strom i, dessen zeitlicher Verlauf im Liniendiagramm angegeben ist. Neben diesem Leiter befindet sich eine rechteckförmige Leiterschleife mit $N = 1$ Windungen. Das angeschlossene Oszilloskop misst die induzierte Spannung.

a) Wie lautet bei den vorliegenden Richtungsfestlegungen von Strom $i(t)$ im Leiter und Induktionsspannung u das Induktionsgesetz?

b) Das die Leiterschleife durchsetzende magnetische Feld ist inhomogen und zeitlich veränderlich! Welche Ursachen sind dafür verantwortlich und was bedeutet dies für die mathematische Handhabung des Induktionsgesetzes?

c) Ermitteln Sie den zum Strom $i(t)$ zugehörigen zeitlichen Verlauf der Induktionsspannung $u(t)$ abschnittsweise.

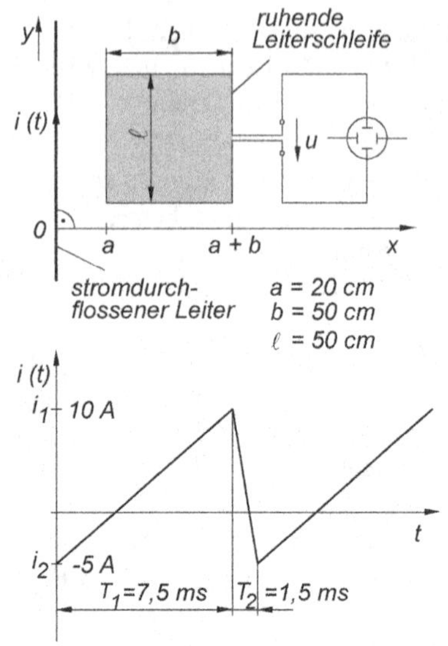

❸ **27.8:** Der in der y-Ebene liegende gerade Leiter werde von einem Gleichstrom I durchflossen. Eine rechteckige Leiterschleife mit den Abmessungen l und b wird in x-Richtung mit konstanter Geschwindigkeit v bewegt. Die Messeinrichtung für die Induktionsspannung ist mit der starren Leiterschleife fest verbunden und bewegt sich mit; ihr Innenwiderstand sei $R_i = \infty$, so dass in der Leiterschleife kein Strom fließt.

a) Man leite eine Beziehung für die Messspannung $u(x)$ über den Ansatz $u_q = \int \left(\vec{v}\ x\ \vec{B}\right) d\vec{s}$ für jeden der vier bewegten Leiterstäbe her.

b) Wie groß ist die Messspannung $u(x)$, wenn sich der rechte Rand der Leiterschleife gerade an der Stelle $x_1 = 70$ cm befindet?

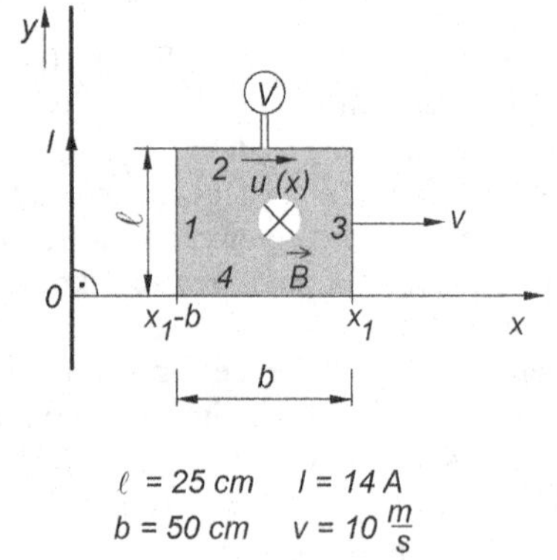

$u(x)$ bedeutet die angezeigte Messspannung in Ortsabhängigkeit (x) der bewegten Leiterschleife.

❸ **27.9:** Problemstellung wie in Aufgabe 27.8.

a) Man leite eine Beziehung für die Messspannung $u(t)$ der Leiterschleife her über den Ansatz: $\overset{\circ}{u}(t) = -N \cdot \frac{d\Phi}{dt}$

b) Wie groß ist die Messspannung $u(t)$, wenn sich der rechte Rand der Leiterschleife bei $t = 0$ gerade an der Stelle $x_1 = 70$ cm befindet?
Es sei: $x = x_1 + vt$.

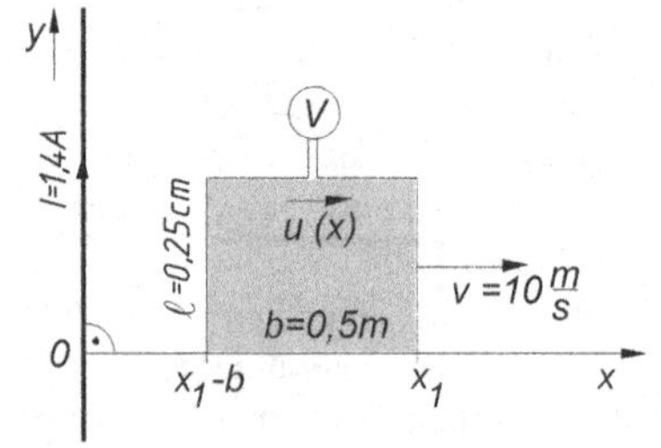

$u(t)$ bedeutet die angezeigte Messspannung in Zeitabhängigkeit (t) der bewegten Leiterschleife.

❷ **27.10:** Eine drehbar gelagerte, rechteckförmige Leiterschleife mit N = 100 Windungen rotiere mit der Drehzahl $n = 50\frac{1}{s}$ in einem homogenen Magnetfeld der Flussdichte $B = 0{,}5$ T.

Der Verkettungsfluss ändere sich infolge Drehbewegung der Leiterschleife nach den Gesetzen:

$\Phi(t) = \Phi(t)_{max} \cdot \cos \omega t$

$\omega = 2\pi \cdot n$ mit n = Drehzahl

$\alpha = \omega t$ mit α = Drehwinkel

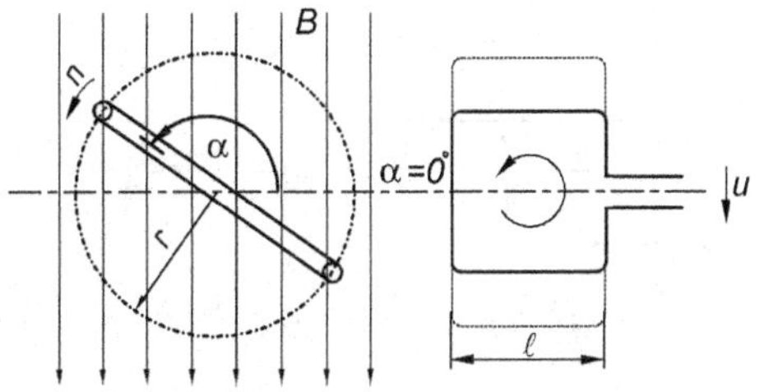

Verkettungsfluss $\Phi(t)$ $\ell = r = 0{,}1$ m

a) Man zeige zunächst, wie sich der mit der Leiterschleife verkettete magnetische Fluss in Abhängigkeit vom Drehwinkel α ändert.
b) Man leite dann aus dem Induktionsgesetz das Zeitgesetz der induzierten Spannung her und berechne deren Amplitude $\hat{u}$.
c) Man berechne die Amplitude Φ_{max} des mit der Leiterschleife verketteten magnetischen Flusses und die Amplitude U_{max} der induzierten Wechselspannung.
d) Man zeichne die Liniendiagramme des Verkettungsflusses $\Phi(t)$ und der Wechselspannung $u(t)$.

❶❷ **27.11:** Die Abbildung zeigt das Prinzip einer sogenannten Wirbelstrombremse:

Eine Aluminiumscheibe wird in der angegebenen Richtung durch eine mechanische Kraft gedreht. Die Scheibe läuft frei, solange kein Strom in der Wicklung fließt.

a) Warum wird die Scheibe abgebremst, sobald ein Strom I fließt?
b) Skizzieren Sie den Verlauf der Wirbelströme und die Richtung der Bremskraft bei der Aluminiumscheibe.

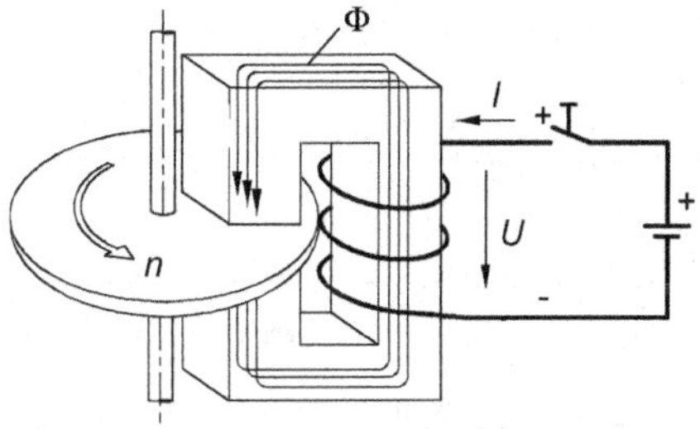

❶❷ **27.12:** Zwei Aluminiumscheiben in unterschiedlicher Ausführung befinden sich jeweils im Magnetfeld eines Dauermagneten, wie in nebenstehender Skizze dargestellt. Beide Scheiben sollen durch eine äußere Kraft gleich schnell gedreht werden.

Begründen Sie, bei welcher Aluminiumscheibe dazu die größere Kraft erforderlich ist.

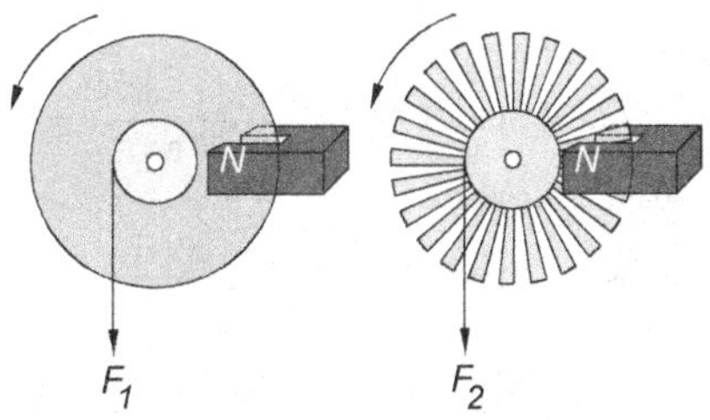

27.2 Lösungen

27.1

a) $\overset{\circ}{u} = -\mathrm{N} \cdot \dfrac{\Phi_2 - \Phi_1}{t_2 - t_1}$

$\overset{\circ}{u} = 0 \;\Rightarrow\; i = 0$

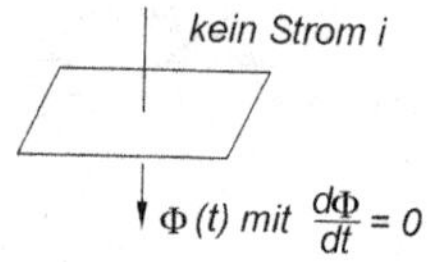

b) $\overset{\circ}{u} = -\mathrm{N} \cdot \dfrac{\Phi_2 - \Phi_1}{t_2 - t_1}$

$\overset{\circ}{u} = -\ldots\ \mathrm{V}$, d.h.

Tatsächliche Stromrichtung entgegen Zählpfeilrichtung bei Aufgabenstellung

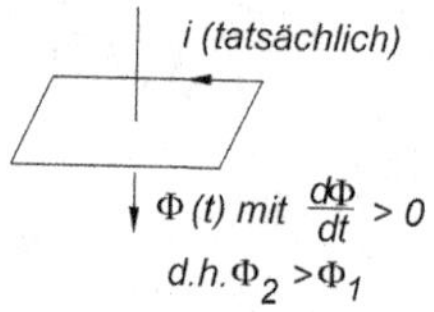

c) $\overset{\circ}{u} = -\mathrm{N} \cdot \dfrac{\Phi_2 - \Phi_1}{t_2 - t_1}$

$\overset{\circ}{u} = +\ldots\ \mathrm{V}$, d.h.

tatsächliche Stromrichtung wie Zählpfeilrichtung

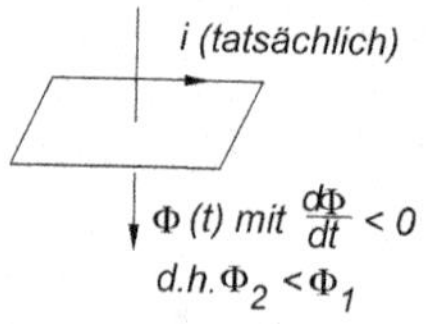

27.2

Entscheidend ist nur die Wirkung der Relativbewegung. Der magnetische Fluss durch die Spule verläuft in x-Richtung.

a)

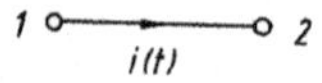

b)

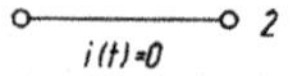

c)

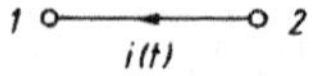

27.3

Es gilt $\overset{\circ}{u}(t) = -\mathrm{N} \cdot \dfrac{\mathrm{d}\Phi}{\mathrm{d}t}$ bei gegebener rechtswendiger Richtungszuordnung von Φ_t und $\overset{\circ}{u}(t)$.

a) Induktionsspannungen in den Zeitabschnitten:

0...5 ms : $\overset{\circ}{u}(t) = 0$

5...10 ms : $\overset{\circ}{u}(t) = -1 \cdot \dfrac{5\,\mathrm{mVs} - 0\,\mathrm{mVs}}{10\,\mathrm{ms} - 5\,\mathrm{ms}} = -1\,\mathrm{V}$

10...20 ms : $\overset{\circ}{u}(t) = 0$

20...30 ms : $\overset{\circ}{u}(t) = -1 \cdot \dfrac{(-5\,\mathrm{mVs}) - (+5\,\mathrm{mVs})}{30\,\mathrm{ms} - 20\,\mathrm{ms}} = +1\,\mathrm{V}$

30...40 ms : $\overset{\circ}{u}(t) = 0$

40...45 ms : $\overset{\circ}{u}(t) = -1 \cdot \dfrac{0\,\mathrm{mVs} - (-5\,\mathrm{mVs})}{45\,\mathrm{ms} - 40\,\mathrm{ms}} = -1\,\mathrm{V}$

b) Liniendiagramm des Induktionsstromes

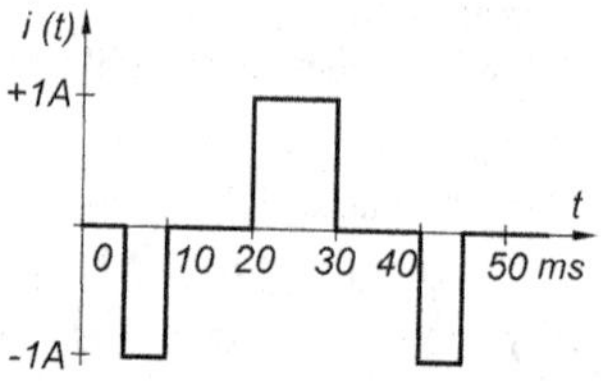

27.4

a) Im Induktionsstromkreis ist eine linkswendige Zuordnung von magnetischem Fluss Φ und Induktionsspannung u gewählt worden, deshalb lautet das Induktionsgesetz hier:

$$u = +\mathrm{N} \cdot \frac{\mathrm{d}\Phi}{\mathrm{d}t}$$

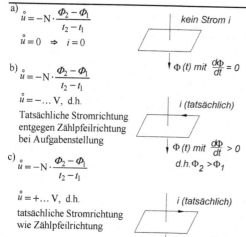

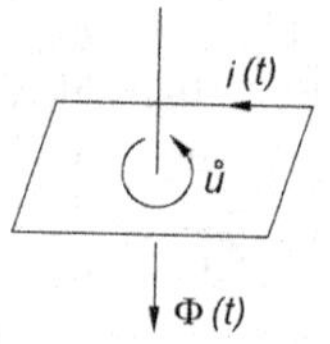

b1) $u = +1000 \cdot \dfrac{0\ \mathrm{mVs} - (-2\ \mathrm{m\,Vs})}{10\ \mathrm{s} - 0\ \mathrm{s}} = +200\ \ \mathrm{mV}$

b2) $u = +1000 \cdot \dfrac{+2\ \mathrm{mVs} - (0\ \mathrm{mVs})}{20\ \mathrm{s} - 10\ \mathrm{s}} = +200\ \ \mathrm{mV}$

Das Messgerät zeigt in beiden Fällen einen Betrag von 200 mV und die Polarität (+) an.

27.5

a) Verkopplung $i(t)$ und $\Phi(t)$ gemäß Rechte-Hand-Regel. Verkopplung von $\Phi(t)$ und $u_{34}(t)$ mit rechtswendiger Zuordnung, deshalb:

$$\overset{\circ}{u}_{34} = -\mathrm{N} \cdot \frac{\mathrm{d}\Phi}{\mathrm{d}t}$$

b) $\hat{H}_{\mathrm{Fe}} = \dfrac{\hat{i} \cdot \mathrm{N}}{l_{\mathrm{Fe}}} = \dfrac{10\,\mathrm{mA} \cdot 1000}{0{,}1\,\mathrm{m}} = 100\,\dfrac{\mathrm{A}}{\mathrm{m}}$

Diagramm siehe bei c)

c) $\overset{\circ}{u}_{34} = -\mathrm{N}_2 \cdot \dfrac{\mathrm{d}\Phi}{\mathrm{d}t}$ mit $\mathrm{d}\Phi = A_{\mathrm{Fe}} \cdot \mathrm{d}B_{\mathrm{Fe}}$

$\overset{\circ}{u}_{34} = -\mathrm{N}_2 \cdot A_{\mathrm{Fe}} \cdot \dfrac{\mathrm{d}B_{\mathrm{Fe}}}{\mathrm{d}t}$ $\Rightarrow$ z.B.:

$$\overset{\circ}{u}_{34} = -500 \cdot 2 \cdot 10^{-4}\,\mathrm{m}^2 \cdot \frac{0{,}5\,\mathrm{T} - 0\,\mathrm{T}}{5\,\mathrm{ms} - 2{,}5\,\mathrm{ms}} = -20\,\mathrm{V}$$

$$\overset{\circ}{u}_{34} = -500 \cdot 2 \cdot 10^{-4}\,\mathrm{m}^2 \cdot \frac{0\,\mathrm{T} - (+0{,}5\,\mathrm{T})}{7{,}5\,\mathrm{ms} - 5\,\mathrm{ms}} = +20\,\mathrm{V}$$

Liniendiagramme

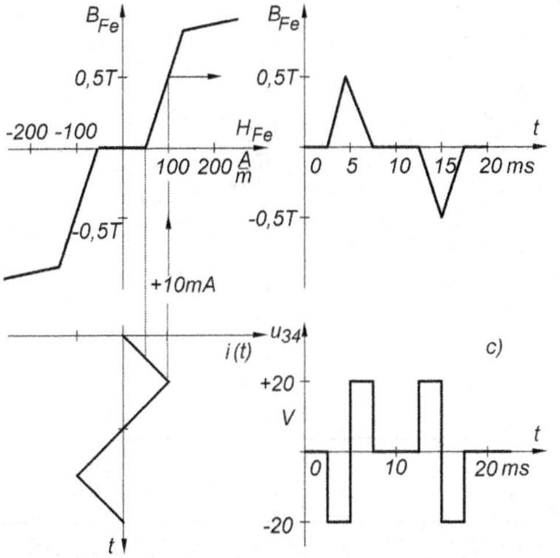

27.6

a) Ortsabhängigkeit der Messspannung bedeutet:
Welchen Spannungsbetrag misst das Messgerät, wenn es sich an einer Stelle s befindet?
Magnetischer Fluss Φ und Spannung u sind rechtswendig zugeordnet, sodass gilt: $u = -\mathrm{N} \cdot \frac{\mathrm{d}\Phi}{\mathrm{d}t}$.
Wenn die Leiterschleife von links kommend in das Magnetfeld eintaucht, nimmt der mit der Leiterschleife verkettete magnetische Fluss linear mit dem Weg s zu.

$\mathrm{d}\Phi = B \cdot \mathrm{d}A$ bei Flusszunahme

$\mathrm{d}\Phi = B \cdot l \cdot \mathrm{d}s$ mit $A = l \cdot \mathrm{d}s$

$$u(s) = -\mathrm{N} \cdot \frac{\mathrm{d}\Phi}{\mathrm{d}t} = -\mathrm{N} \cdot B \cdot l \cdot \frac{\mathrm{d}s}{\mathrm{d}t}$$

$$u(s) = -\mathrm{N} \cdot B \cdot l \cdot v \quad \text{mit} \quad v = \frac{\mathrm{d}s}{\mathrm{d}t}$$

$$u(s) = -1 \cdot 1\,\frac{\mathrm{Vs}}{\mathrm{m}^2} \cdot 0{,}03\,\mathrm{m} \cdot 10\,\frac{\mathrm{m}}{\mathrm{s}}$$

$$u(s) = -0{,}3\ \mathrm{V} \quad \text{im Bereich} \quad 3\,\mathrm{cm} \le s \le 5\,\mathrm{cm}$$

Wenn der linke Rand der Leiterschleife den linken Rand des Magnetfeldes erreicht hat, beginnt die Leiterschleife das Magnetfeld zu verlassen. Der mit der Leiterschleife verkettete magnetische Fluss nimmt linear mit dem Weg s ab.

$\mathrm{d}\Phi = B \cdot \mathrm{d}A$ bei Flussabnahme

$$u(s) = +\mathrm{N} \cdot B \cdot l \cdot v$$

$$u(s) = +1 \cdot 1\,\frac{\mathrm{Vs}}{\mathrm{m}^2} \cdot 0{,}03\,\mathrm{m} \cdot 10\,\frac{\mathrm{m}}{\mathrm{s}}$$

$$u(s) = +0{,}3\ \mathrm{V} \quad \text{im Bereich} \quad 8\,\mathrm{cm} \le s \le 10\,\mathrm{cm}$$

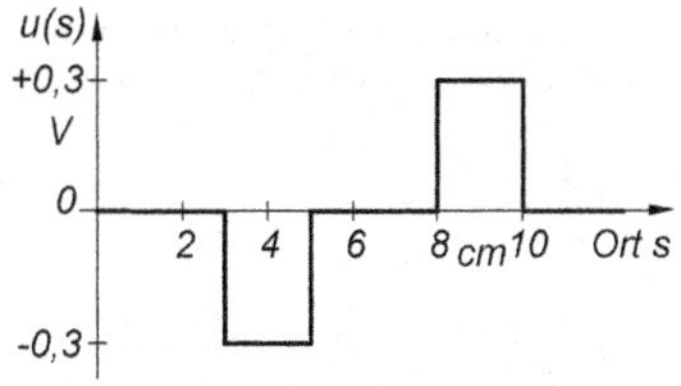

b) Zeitabhängigkeit der Messspannung bedeutet:
Welchen Spannungsbetrag misst das Messgerät zu einem bestimmten Zeitpunkt t?
Es gilt die Ortskoordinate s durch die zugehörige Zeitachse zu ersetzen:

$$v = \frac{\Delta s}{\Delta t} \quad \Rightarrow \quad \Delta t = \frac{\Delta s}{v} = \frac{0{,}02\,\mathrm{m}}{10\,\frac{\mathrm{m}}{\mathrm{s}}} = 2\,\mathrm{ms}$$

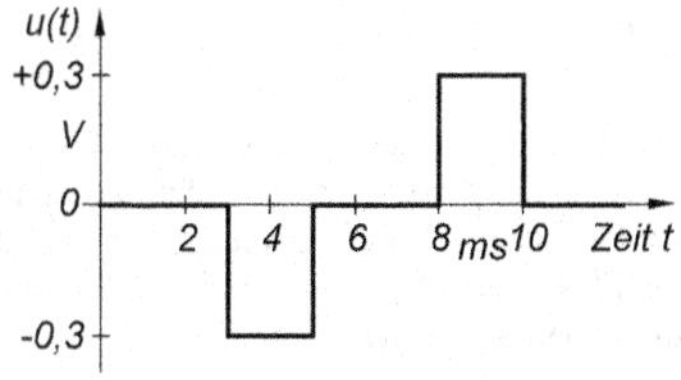

27.7

a) Es besteht rechtswendige Zuordnung von Fluss Φ und Induktionsspannung u:

$$u = -\mathrm{N} \cdot \frac{\mathrm{d}\Phi}{\mathrm{d}t}$$

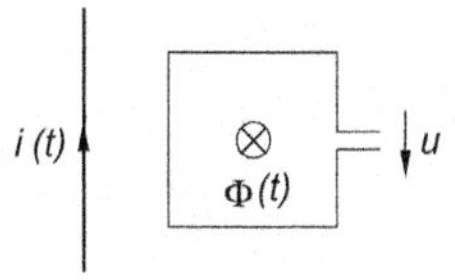

b) „Inhomogen“: Die Flussdichte B innerhalb der Leiterschleife ist im Betrachtungszeitpunkt t nicht überall gleich groß, da

$$B \sim \frac{1}{x}$$

„Zeitlich verändert“: Der den magnetischen Fluss Φ erzeugende Strom $i(t)$ ist kein Gleichstrom, deshalb

$$B \sim i$$

Es muss zuerst durch Integration über die Fläche A der Leiterschleife der mit ihr verkettete Gesamtfluss Φ ermittelt werden:

$$\Phi = \int_A B \cdot \mathrm{d}A$$

Dann muss durch Differenzieren dieser Funktion die erste Ableitung nach der Zeit ermittelt werden:

$$u = -N \cdot \frac{\mathrm{d}\Phi}{\mathrm{d}t}$$

Man kann beide Rechenvorschriften in einem mathematischen Ausdruck zusammenziehen und schreiben:

$$u = -\mathrm{N} \cdot \frac{\mathrm{d}}{\mathrm{d}t} \int_{\mathrm{A}} B \cdot \mathrm{d}A$$

c) $\mathrm{d}\Phi = B \cdot \mathrm{d}A$

$$\mathrm{d}\Phi = \mu_0 \cdot H \cdot \mathrm{d}A$$

$$\mathrm{d}\Phi = \mu_0 \cdot \frac{i \cdot \mathrm{N}}{2\pi \cdot x} \cdot \mathrm{d}A \qquad \mathrm{d}A = l \cdot \mathrm{d}x$$

$$\Phi = \mathrm{N} \cdot \frac{\mu_0 \cdot l \cdot i}{2\pi} \int_{x=a}^{x=a+b} \frac{\mathrm{d}x}{x}$$

$$\Phi = \mathrm{N} \cdot \frac{\mu_0 \cdot l \cdot i}{2\pi} \left[\ln x\right]_a^{a+b}$$

Zwischenergebnis:

$$\Phi = \mathrm{N} \cdot \frac{\mu_0 \cdot l \cdot i}{2\pi} \ln \frac{a+b}{a} \qquad ①$$

Das Vorhandensein eines magnetischen Flusses Φ bedeutet noch nicht, dass eine Induktionsspannung u entsteht. Dies ist erst dann der Fall, wenn sich der magnetische Fluss zeitlich ändert, hier im Beispiel verursacht durch den Strom $i(t)$.

Stromfunktion für Zeitbereich:

$$T_1 \Rightarrow i = \frac{i_1 - i_2}{T_1} \cdot t \qquad ②$$

$$T_2 \Rightarrow i = \frac{i_2 - i_1}{T_2} \cdot t \qquad ③$$

② in ① eingesetzt:

$$\Phi = \mathrm{N} \cdot \frac{\mu_0 \cdot l}{2\pi} \cdot \ln \frac{a+b}{a} \cdot \frac{i_1 - i_2}{T_1} \cdot t$$

$$\mathrm{d}\Phi = \mathrm{N} \cdot \frac{\mu_0 \cdot l}{2\pi} \cdot \ln \frac{a+b}{a} \cdot \frac{i_1 - i_2}{T_1} \cdot \mathrm{d}t$$

$$u_1 = -\mathrm{N} \cdot \frac{\mathrm{d}\Phi}{\mathrm{d}t}$$

Ergebnis:

$$u_1 = -\mathrm{N}^2 \cdot \frac{\mu_0 \cdot l}{2\pi} \cdot \ln \frac{a+b}{a} \cdot \frac{i_1 - i_2}{T_1} \cdot \frac{\not{\mathrm{d}t}}{\not{\mathrm{d}t}}$$

$$u_1 = -\frac{4\pi \cdot 10^{-7} \frac{\mathrm{Vs}}{\mathrm{Am}} \cdot 0{,}5\,\mathrm{m}}{2\pi} \cdot \ln\left(\frac{70}{20}\right) \cdot \frac{+15\,\mathrm{A}}{7{,}5\,\mathrm{ms}}$$

$$u_1 = -0{,}25\,\mathrm{mV}$$

Entsprechend für u_2:

③ in ①

$$\Phi = \mathrm{N} \cdot \frac{\mu_0 \cdot l}{2\pi} \cdot \ln \frac{a+b}{a} \cdot \frac{i_2 - i_1}{T_2} \cdot t$$

$$u_2 = -\mathrm{N}^2 \cdot \frac{\mu_0 \cdot l}{2\pi} \cdot \ln \frac{a+b}{a} \cdot \frac{i_2 - i_1}{T_2}$$

$$u_2 = +1{,}25\,\mathrm{mV}$$

c)

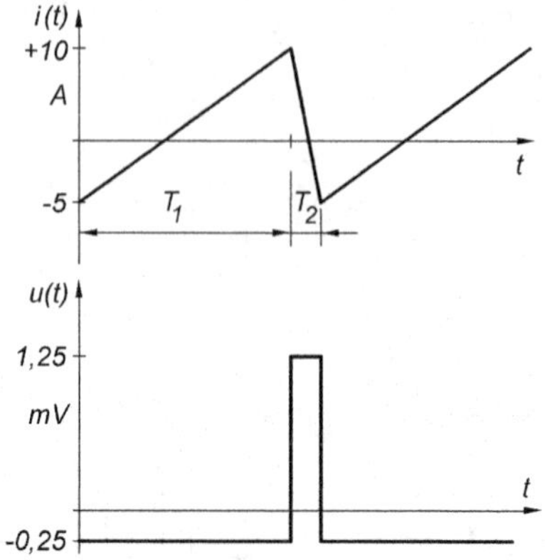

27.8

a) Die Interpretation des Induktionsgesetzes in der Form $u_\mathrm{q} = \int \left(\vec{v}\; x\; \vec{B}\right) \mathrm{d}\vec{s}$ ist die folgende:

Ein Leiterstab der Länge l wird in einem Magnetfeld der Flussdichte B und der Geschwindigkeit v bewegt und „schneidet" dabei Feldlinien, dabei ist ds ein kleines Stück des Integrationsweges. Ist der Integrationsweg gleich der Leiterlänge l und stehen alle drei Vektoren $\vec{v}, \vec{B}, \vec{l}$ senkrecht aufeinander, dann ist die induzierte Quellenspannung maximal: $u_\mathrm{q} = v \cdot B \cdot l$

$$\mathring{u}(x) = u_{\mathrm{q}1} + u_{\mathrm{q}2} + u_{\mathrm{q}3} + u_{\mathrm{q}4}$$

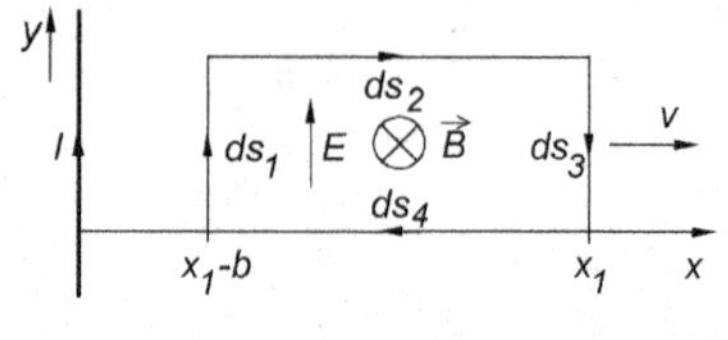

$$\mathring{u}(x) = \int_0^l \left(\vec{v}\, x\, \vec{B}_1\right) \cdot \mathrm{d}\vec{s}_1 + \int_{x_1-b}^{x_1} \left(\vec{v}\, x\, \vec{B}_2\right) \cdot \mathrm{d}\vec{s}_2$$

$$+\int_l^0 \left(\vec{v}\, x\, \vec{B}_3\right) \cdot \mathrm{d}\vec{s}_3 + \int_{x_1}^{x_1-b} \left(\vec{v}\, x\, \vec{B}_4\right) \cdot \mathrm{d}\vec{s}_4$$

Die Integrale über die Wegstrecken 2 und 4 liefern keinen Induktionsspannungsbeitrag, da der Integrationsweg senkrecht zum Vektor der induzierten Feldstärke E liegt.

Ferner: $u_{\mathrm{q}3}$ wird negativ, da Integrationsweg gegen Feldstärkerichtung verläuft:

$$u(x) = v \cdot B_1 \cdot l + \left(-v \cdot B_3 \cdot l\right)$$

$$u(x) = v \cdot l \cdot \frac{\mu_0 \cdot I \cdot \mathrm{N}}{2\pi \cdot \left(x_1 - b\right)} - v \cdot l \cdot \frac{\mu_0 \cdot I \cdot \mathrm{N}}{2\pi \cdot x_1}$$

$$u(x) = \frac{\mu_0 \cdot I \cdot v \cdot l}{2\pi} \cdot \left(\frac{1}{x_1 - b} - \frac{1}{x_1}\right)$$

b) $\overset{\circ}{u}(x) = u_{q1} + u_{q3}$ siehe a)

$$u_{q1} = \frac{\mu_0 \cdot I \cdot v \cdot l}{2\pi} \cdot \frac{1}{x_1 - b}$$

$$u_{q1} = \frac{4\pi \cdot 10^{-7} \frac{\text{Vs}}{\text{Am}} \cdot 14\ \text{A} \cdot 10 \frac{\text{m}}{\text{s}} \cdot 0{,}25\ \text{m}}{2\pi \cdot (0{,}7\ \text{m} - 0{,}5\ \text{m})}$$

$$u_{q1} = +35\ \mu\text{V}$$

$$u_{q3} = \frac{\mu_0 \cdot I \cdot v \cdot l}{2\pi} \cdot \left(-\frac{1}{x}\right)$$

$$u_{q3} = \frac{4\pi \cdot 10^{-7} \frac{\text{Vs}}{\text{Am}} \cdot 20\ \text{A} \cdot 10 \frac{\text{m}}{\text{s}} \cdot 0{,}25\ \text{m}}{2\pi \cdot (-0{,}7\ \text{m})}$$

$$u_{q3} = -10\ \mu\text{V}$$

$$\overset{\circ}{u}(x) = 35\ \mu\text{V} - 10\ \mu\text{V} = 25\ \mu\text{V}$$

Messspannung u bei offener Leiterschleife:

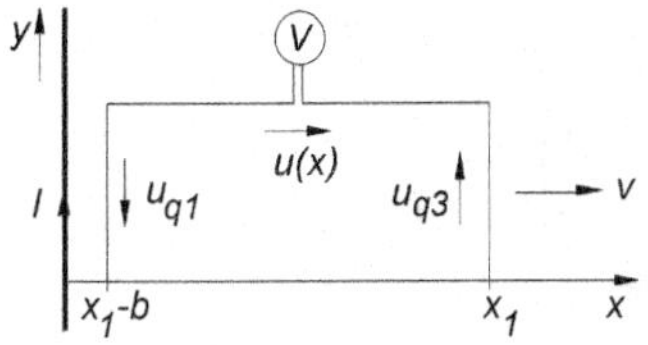

$$\Sigma u = 0 \quad u_{q1} - u(x) + u_{q3} = 0$$

$$u(x) = u_{q1} + u_{q3}$$

$$u(x) = (+35\ \mu\text{V}) + (-10\ \mu\text{V})$$

$$u(x) = +25\ \mu\text{V}$$

Wenn man die Aufgabe richtig durchschaut, kann sie viel einfacher gelöst werden. Dazu müsste man allerdings direkt folgende Zusammenhänge erkennen:

1) $u_{q2} = u_{q4} = 0$

2) $u_{q1} > u_{q3}$, da $B_1 > B_3$

3) Induzierte Quellenspannungen:

$u_{q1} = v \cdot B_1 \cdot l$ mit $B_1 = \mu_0 \cdot H_1$

$u_{q1} = 35\ \mu\text{V}$ $\qquad H_1 = \dfrac{I}{2\pi \cdot (x_1 - b)}$

Ebenso

$u_{q3} = v \cdot B_3 \cdot l$ mit $B_3 = \mu_0 \cdot H_3$

$u_{q3} = 10\ \mu\text{V}$ $\qquad H_3 = \dfrac{I}{2\pi \cdot x_1}$

4) Ergebnisbildung:

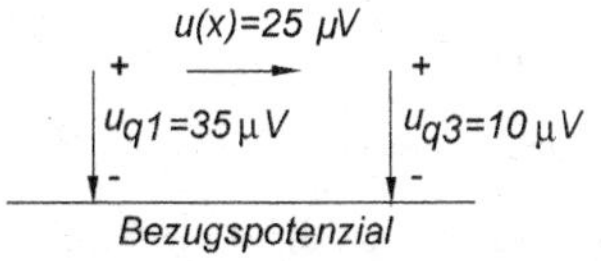

27.9

a) Interpretation des Induktionsgesetzes in der Form

$\overset{\circ}{u} = -\text{N} \cdot \dfrac{d\Phi}{dt}$ für die bewegte Leiterschleife:

Die Leiterschleife wird vom stromführenden Draht entfernt, sodass der mit der Leiterschleife verkettete magnetische Fluss abnimmt. Durch Flussabnahme wird eine Induktionsspannung erzeugt, die bei offener Leiterschleife am Spannungsmesser messbar ist.

Flussdichte $B(x)$:

$$B(x) = \mu_0 \cdot H(x)$$

$$B(x) = \mu_0 \cdot \frac{\text{N} \cdot I}{2\pi \cdot x}$$

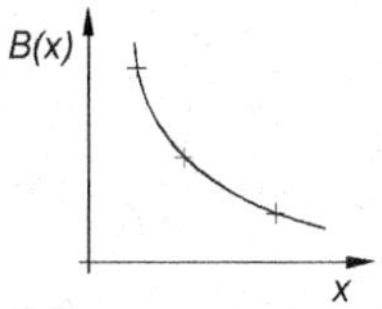

Magnetischer Fluss $\Phi(x)$

$$d\Phi(x) = B(x) \cdot dA \quad \text{mit} \quad dA = l \cdot dx$$

$$d\Phi(x) = B(x) \cdot l \cdot dx$$

$$d\Phi(x) = \frac{\mu_0 \cdot \text{N} \cdot l \cdot I}{2\pi} \cdot \frac{dx}{x}$$

$$\Phi(x) = \frac{\mu_0 \cdot \text{N} \cdot l \cdot I}{2\pi} \cdot \int_{x-b}^{x} \frac{dx}{x}$$

$$\Phi(x) = \frac{\mu_0 \cdot \text{N} \cdot l \cdot I}{2\pi} \cdot [\ln x]_{x-b}^{x}$$

Zwischenergebnis:

$$\Phi(x) = \frac{\mu_0 \cdot \text{N} \cdot l \cdot I}{2\pi} \cdot \ln \frac{x}{x-b} \qquad ①$$

Übergang auf Zeitabhängigkeit des magnetischen Flusses geschieht durch Einführen der Geschwindigkeit v:

$$x = x_1 + v \cdot t \qquad ②$$

Das heißt, zum Zeitpunkt $t = 0$ befindet sich die rechte Seite der Leiterschleife gemäß Aufgabenstellung an der Stelle $x = x_1 = 0{,}7\ \text{m}$.

② in ①

$$\Phi(t) = \underbrace{\frac{\mu_0 \cdot N \cdot l \cdot I}{2\pi}}_{\text{konstant}} \cdot \ln \frac{x_1 + v \cdot t}{x_1 + v \cdot t - b} \qquad ③$$

Für das Induktionsgesetz in der Form $\overset{\circ}{u} = -N \cdot \frac{d\Phi}{dt}$

muss die 1. Ableitung von Gleichung ③ berechnet werden.

Es wird gesetzt:

$$\Phi(t) = \text{konst.} \cdot \ln y \qquad \text{mit } y = \frac{x_1 + v \cdot t}{x_1 + v \cdot t - b}$$

$$\frac{d\Phi}{dt} = \text{konst.} \cdot \frac{1}{y}$$ über Quotientenregel erhält man:

$$\frac{dy}{dt} = \frac{-b \cdot v}{(x_1 + v \cdot t - b)^2}$$

Über Kettenregel folgt:

$$\frac{d\Phi}{dt} = \frac{d\Phi}{dy} \cdot \frac{dy}{dt}$$

$$\frac{d\Phi}{dt} = \text{konst.} \cdot \frac{1}{y} \cdot \frac{-b \cdot v}{(x_1 + v \cdot t - b)^2}$$

$$\frac{d\Phi}{dt} = \text{konst.} \cdot \frac{-b \cdot v}{(x_1 + v \cdot t) \cdot (x_1 + v \cdot t - b)}$$

Induktionsgesetz:

$$\overset{\circ}{u}(t) = -N \cdot \frac{d\Phi}{dt} \qquad \text{mit } N = 1$$

Ergebnis:

$$u(t) = \frac{\mu_0 \cdot l \cdot b \cdot v \cdot I}{2\pi} \cdot \frac{1}{(x_1 + v \cdot t) \cdot (x_1 + v \cdot t - b)}$$

b) Für $t = 0$

$$\overset{\circ}{u}(t) = \frac{\mu_0 \cdot A \cdot v \cdot I}{2\pi \cdot x_1 \cdot (x_1 - b)} \qquad \text{mit} \quad A = l \cdot b$$

$$\overset{\circ}{u}(t) = \frac{4\pi \cdot 10^{-7} \frac{\text{Vs}}{\text{Am}} \cdot 0{,}125\,\text{m}^2 \cdot 10\,\frac{\text{m}}{\text{s}} \cdot 14\,\text{A}}{2\pi \cdot 0{,}7\,\text{m} \cdot (0{,}7\,\text{m} - 0{,}5\,\text{m})}$$

$$\overset{\circ}{u}(t) = 25\,\mu\text{V} = u(t)$$

Diskussion:

Der Lösungsansatz über das Induktionsgesetz in der Form

$$\overset{\circ}{u}(t) = -N \cdot \frac{d\Phi}{dt}$$

führt zum gleichen Ergebnis wie in Aufgabe 27.8. Man erkennt jedoch, dass Induktionsaufgaben mit bewegten Leitern besser mit dem Ansatz

$$u_q = \int (v \times B) \cdot ds$$

gelöst werden.

27.10

a) Es soll zunächst veranschaulicht werden, wie das Zeitgesetz des mit der Leiterschleife verketteten magnetischen Flusses zu verstehen ist:

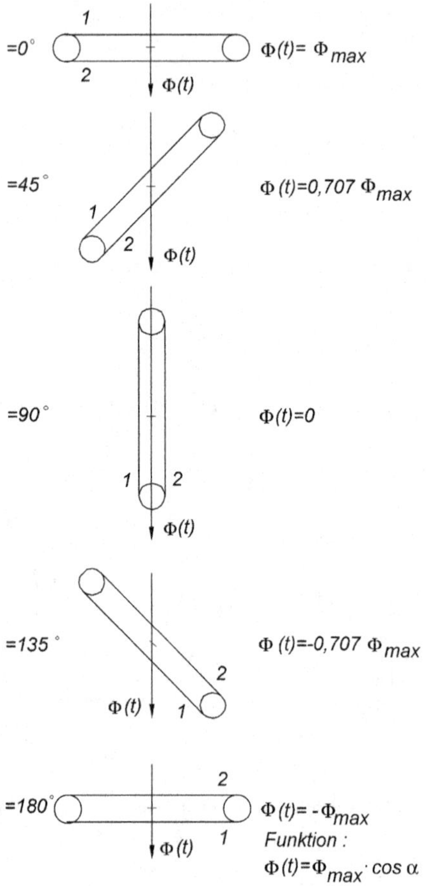

b) Induktionsgesetz

$$u(t) = -N \cdot \frac{d\Phi}{dt}$$

$$u(t) = -N \cdot \frac{d(\Phi_{\text{max}} \cdot \cos \omega t)}{dt}$$

$$u(t) = -N \cdot \Phi_{\text{max}} \cdot \omega \cdot (-\sin \omega t) \qquad ①$$

Substitution von Fluss Φ durch Flussdichte B

$$\Phi = B \cdot A \qquad ②$$

Fläche der Leiterschleife

$$A = 2 \cdot r \cdot l \qquad ③$$

③ und ② in ①

$u(t) = +\underbrace{N \cdot 2 \cdot r \cdot l \cdot B \cdot \omega}_{} \cdot \sin \omega t$

Dieses konstante Produkt hat die Einheit „Volt".

$m \cdot m \cdot \frac{\text{Vs}}{\text{m}^2} \cdot \frac{1}{s} = \text{V}$

Man setzt:

$U_{max} = N \cdot 2 \cdot r \cdot l \cdot B \cdot \omega$

und nennt diesen Spannungswert Amplitude. Somit erhält dann das gesuchte Zeitgesetz für die in einer drehenden Leiterschleife induzierten Spannung die Form:

$u(t) = U_{max} \cdot \sin \omega t$

c) Amplituden

Amplitude des Verkettungsflusses

$\Phi_{max} = B\,A \quad \text{mit} \quad A = 2r\,l$

$\Phi_{max} = 0{,}5\,\frac{\text{Vs}}{\text{m}^2}\,2 \cdot 0{,}1\,\text{m} \cdot 0{,}1\,\text{m} = 10\,\text{mVs}$

Spannungsamplitude:

Zunächst muss aus der Drehzahl n der rotierenden Leiterschleife die sogenannte Winkelgeschwindigkeit ω berechnet werden:

$\omega = 2\pi \cdot n = 2\,\pi \cdot 50\,\frac{1}{\text{s}} = 314\,\frac{1}{\text{s}}$

Amplitude der induzierten Wechselspannung:

$U_{max} = N \cdot 2 \cdot r \cdot l \cdot B \cdot \omega$

$U_{max} = 100 \cdot 2 \cdot 0{,}1\,\text{m} \cdot 0{,}1\,\text{m} \cdot 0{,}5\,\frac{\text{Vs}}{\text{m}^2} \cdot 314\,\frac{1}{\text{s}}$

$U_{max} = 314\,\text{V}$

d) Liniendiagramme

Das Zeitgesetz des kosinusförmigen Verkettungsflusses lautet:

$\Phi(t) = \Phi_{max} \cdot \cos \omega t = 10\,\text{mVs} \cdot \cos \omega t$

Das Zeitgesetz der sinusförmigen Wechselspannung lautet dann:

$u(t) = U_{max} \cdot \sin \omega t = 314\,\text{V}\,\sin \omega t$

Im Liniendiagramm erkennt man den kosinusförmigen Verlauf des Verkettungsflusses und den sinusförmigen Verlauf der induzierten Wechselspannung:

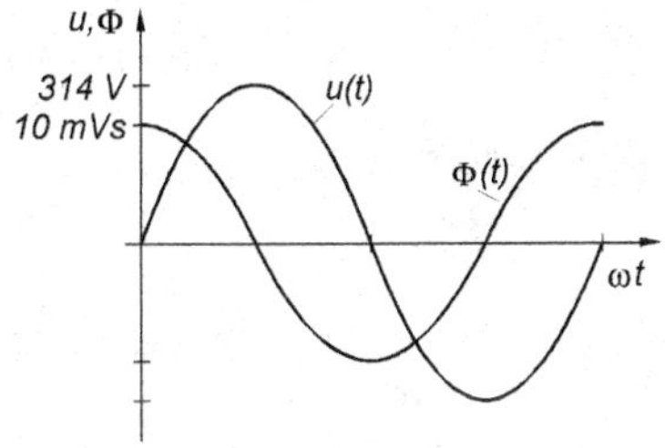

27.11

a) Eine Rechteckfläche der Aluminiumscheibe wird von einem magnetischen Fluss durchsetzt. Betrachtet man einen Aluminiumstreifen, wie durch die punktierten Linien angedeutet, als einen elektrischen Leiter, so wird in ihm eine Induktionsspannung

$u_q = v \cdot B \cdot l$

erzeugt. Diese induzierte Quellenspannung erzeugt einen Strom, der durch den Leiterstreifen fließt und seinen Rückweg über die zu beiden Seiten vorhandenen Aluminiumflächen findet. Der Induktionsstrom im Magnetfeldbereich erzeugt eine elektrodynamische Kraft:

$F_m = I \cdot B \cdot l$

Die Kraft F_m wirkt entgegengesetzt zur Richtung des Geschwindigkeitsvektors v und bremst somit die Scheibe.

b) Wirbelströme in der Aluminiumscheibe:

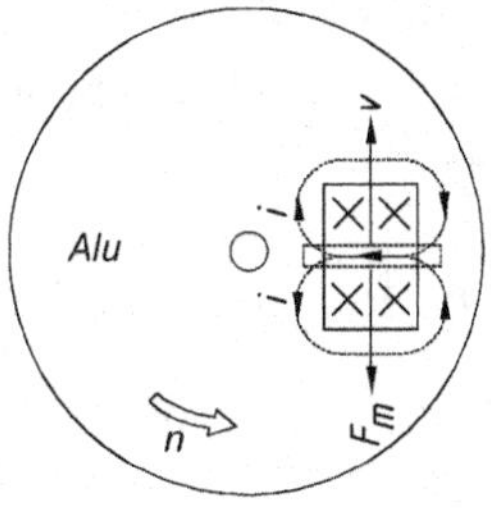

27.12

In beiden Fällen werden in gedachten bzw. tatsächlich vorhandenen Leiterstreifen Wirbelströme induziert (siehe 27.11), welche die Drehbewegung bremsen. Die elektrodynamischen Bremskräfte sind umso größer, je größer die Wirbelströme sind:

$F_m = I \cdot B \cdot l$

In der geschlitzten Leiterscheibe stehen den Wirbelströmen nur kleinere Querschnittsflächen für den Rückfluss zur Verfügung, das bedeutet erhöhter Widerstand und somit geringere Wirbelströme. Deshalb ist

$F_1 > F_2$;

die Vollscheibe wird stärker gebremst.

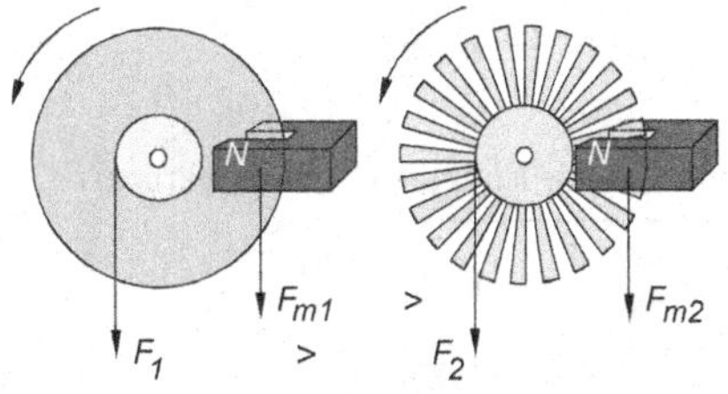

28 Selbstinduktion, Gegeninduktion

Selbstinduktion

An den Klemmen einer Spule mit N Windungen entsteht gemäß Induktionsgesetz eine Induktionsspannung, wenn sich der mit der Spule verkettete magnetische Fluss zeitlich ändert. Diese Spannung heißt dann Selbstinduktionsspannung oder induktive Spannung, wenn die zeitliche Flussänderung ausschließlich durch die zeitliche Änderung des Stromes desselben Stromkreises verursacht wird.

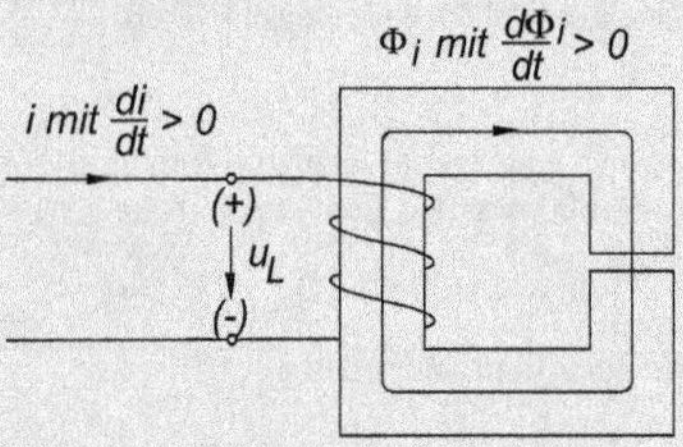

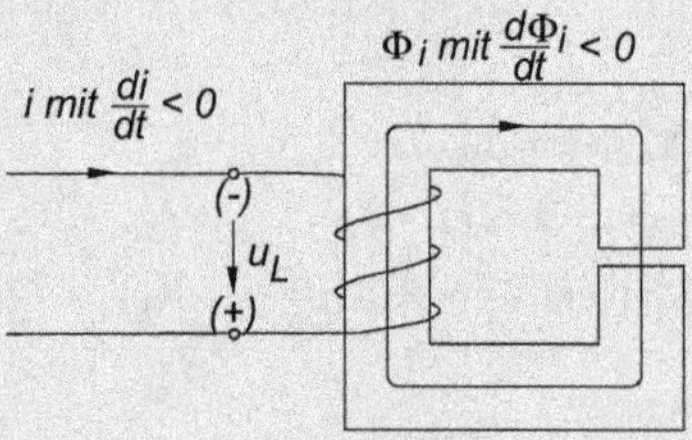

Strom-Spannungsgesetz der Spule

Differenzialform:

$$u_L = +L \cdot \frac{di_L}{dt}$$

Einheit: $1\,V = 1\,\frac{Vs}{A} \cdot 1\,\frac{A}{s}$

Induktive Spannung besteht nur solange, wie die Stromänderung andauert. Für positives Vorzeichen: u_L-Pfeil in Richtung mit i_L-Pfeil. Tatsächliche Spannungsrichtung von u_L ist abhängig von Stromzunahme bzw. Stromabnahme (siehe Polaritätszeichen an Spulenklemmen).

Integralform:

$$i_L(t) = \frac{1}{L}\int_0^t u_L(t) + i_L(0)$$

Bei eingeprägter Spannung u_L an der Spule, wird ein bestimmter zeitlicher Verlauf des Stromes i_L erzwungen. $i_L(0)$ ist die Anfangsstromstärke.

Induktivität ⇒ genauer: Selbstinduktivität

$$L = \frac{N \cdot \Phi_i}{I} \quad \Rightarrow L = N^2 \cdot A_L \quad \text{mit Kernfaktor } A_L = \frac{\mu_0 \cdot A_{Fe}}{\frac{l_{Fe}}{\mu_r} + s}$$

s. Kp. 23

Beispiel:

Stromquelle liefert $i_L(t)$ an Spule

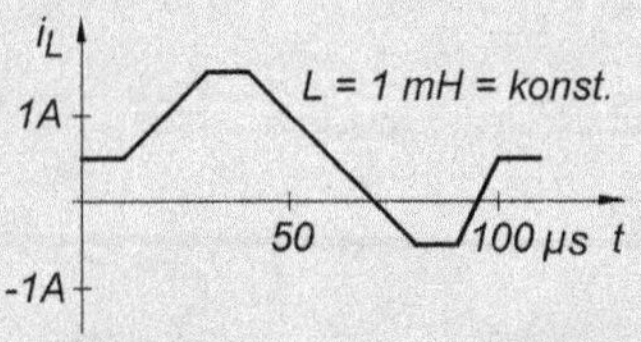

Spule induziert induktive Spannung $u_L(t)$

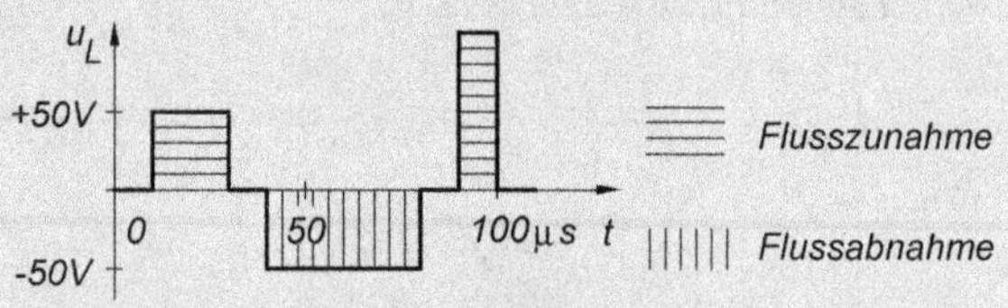

Magnetische Energie (Spulenenergie)

$$W_{magn} = \frac{1}{2} \cdot L \cdot I^2 \quad \text{bei } L = \text{konst.}$$

s. Kp. 26

Bei Stromzunahme wirkt eine Spule wie ein Leistungsverbraucher (gleiche Richtung von u_L und i_L);
bei Stromverringerung dagegen wie ein Leistungserzeuger (entgegengesetzte Richtungen von u_L und i_L).

Gegeninduktion, magnetisch gekoppelte Stromkreise (Spulen)

Bei magnetisch gekoppelten Spulen (Stromkreisen) kann es zu gegenseitigen Induktionsvorgängen kommen: Strom aus Spule 1 induziert durch sein Magnetfeld eine Spannung in Spule 2 und deren Strom induziert rückwärts über sein Magnetfeld eine Spannung in Spule 1, die den dortigen Strom beeinflusst.

Gegeninduktivität

Zwischen magnetisch gekoppelten Stromkreisen kann es mehrere Gegeninduktivitäten geben.
Spule 1 erzeugt Magnetfeld:

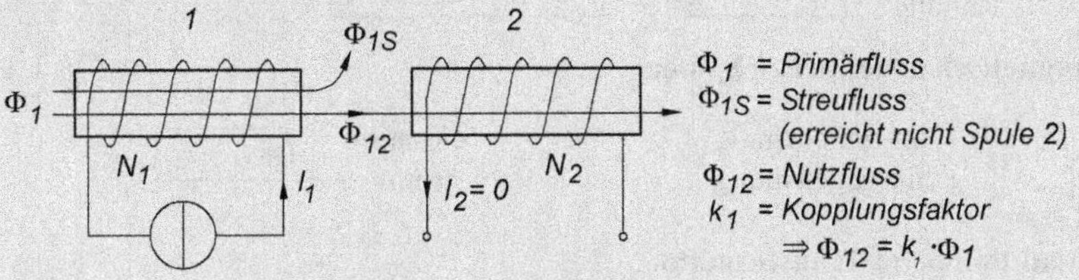

Def. Gegeninduktivität $\boxed{M_{12} = \dfrac{N_2 \cdot \Phi_{12}}{I_1}}$ Einheit: $1\,\text{H} = 1\,\dfrac{\text{Vs}}{\text{A}}$

Spule 2 erzeugt Magnetfeld:

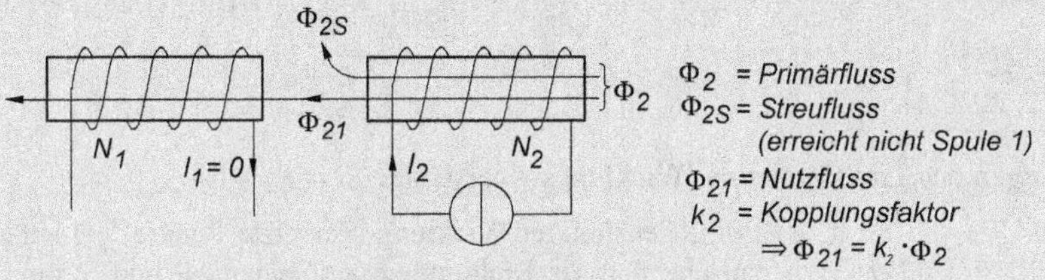

Def. Gegeninduktivität $\boxed{M_{21} = \dfrac{N_1 \cdot \Phi_{21}}{I_2}}$ Einheit: $1\,\text{H} = 1\,\dfrac{\text{Vs}}{\text{A}}$

Zwei magnetisch gekoppelte Spulen haben nur eine Gegeninduktivität:

$\boxed{M = M_{12} = M_{21}}$ 1. Index: Ort der Erzeugung
2. Index: Ort der Wirkung

Fließen in beiden magnetisch gekoppelten Spulen (Stromkreise) gleichzeitig Ströme, so überlagern sich die magnetischen Flüsse. Als Gegeninduktivität bleibt M unverändert erhalten.

Zusammenhang zwischen Gegeninduktivität *M*, Induktivität *L*, Kopplungsfaktor *k*

$\boxed{M = k \cdot \sqrt{L_1 \cdot L_2}}$ mit $k = \sqrt{k_1 \cdot k_2}$ $\quad 0 \le k \le 1$

Primärinduktivität $L_1 = \dfrac{N_1 \cdot \Phi_1}{I_1}$ Sekundärinduktivität $L_2 = \dfrac{N_2 \cdot \Phi_2}{I_2}$

Schaltbilddarstellung magnetisch gekoppelter Spulen

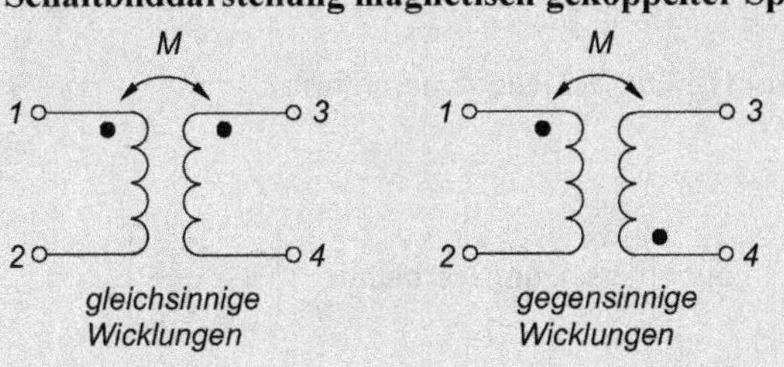

Die Punkte kennzeichnen diejenigen Wicklungsanschlüsse, bei denen dort eintretende Ströme Magnetflüsse in gleicher Richtung im Eisenkern erzeugen.

Reihenschaltung magnetisch gekoppelter Spulen

gleichsinnige Wicklungen *gegensinnige Wicklungen*

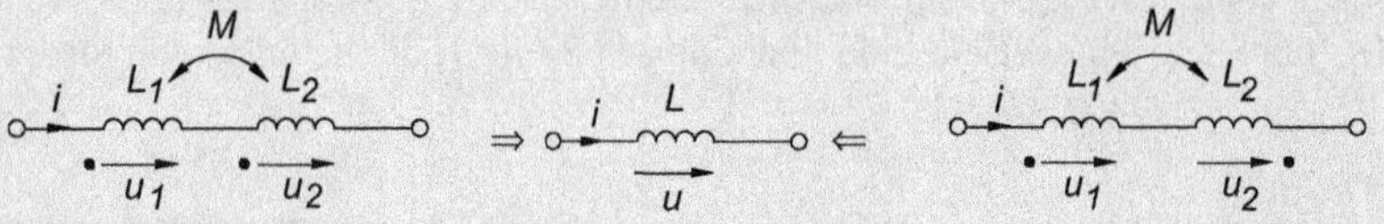

$$u_1 = (L_1 \pm M)\frac{\mathrm{d}i}{\mathrm{d}t}$$

$$u_2 = (L_2 \pm M)\frac{\mathrm{d}i}{\mathrm{d}t}$$

\+ für gleichsinnig
– für gegensinnig

$$\boxed{L = L_1 + L_2 + 2M}$$

Gesamtspannung $\boxed{u = u_1 + u_2}$

$$\boxed{L = L_1 + L_2 - 2M}$$

Parallelschaltung magnetisch gekoppelter Spulen

$$\boxed{L = \frac{L_1 \cdot L_2 - M^2}{L_1 + L_2 \mp 2M}}$$

– für gleichsinnig
\+ für gegensinnig

Gesamtstrom $\boxed{i = i_1 + i_2}$

Selbst- und Gegeninduktion beim Transformator

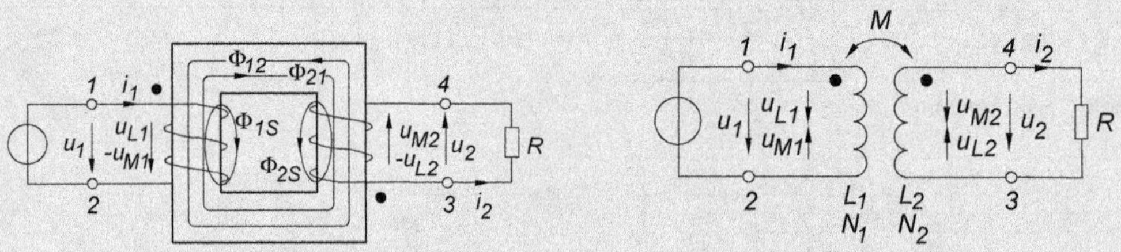

- **Spannungsgleichungen** des Transformators (Wicklungswiderstände $R_1 = R_2 = 0$)

I $u_1 - u_{L1} + u_{M1} = 0$

$$\boxed{u_1 = L_1 \cdot \frac{di_1}{dt} - M_{21} \cdot \frac{di_2}{dt}}$$

II $u_2 + u_{L2} - u_{M2} = 0$

$$\boxed{u_2 = M_{12} \cdot \frac{di_1}{dt} - L_2 \cdot \frac{di_2}{dt}}$$

Bei gegensinniger Wicklung (versetzte Punkte ˙.) vertauscht man die Richtungen der Spanungs- und Strompfeile u_2, i_2. Dadurch bleiben die Maschengleichungen gültig.

- **Transformatorströme** (Kopplungsfaktor k = 1, Wicklungswiderstände $R_1 = R_2 = 0$)

Grundlegend ist die Durchflutungsbetrachtung, aus ihr folgen die Überlegungen für die Ströme:

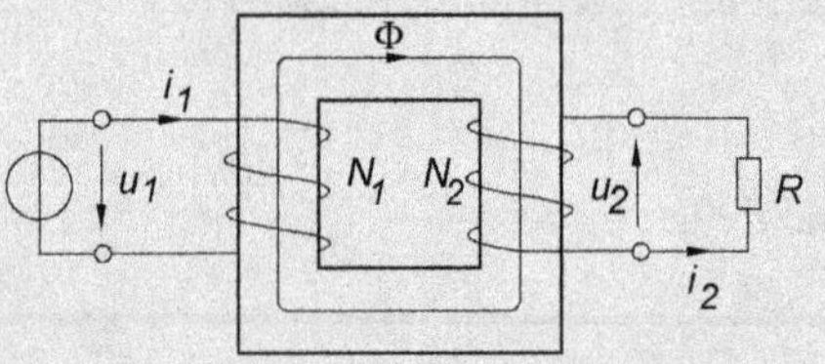

$$\Theta = \underbrace{i_{1\text{magn}} \cdot \mathrm{N}_1}_{} = i_1 \cdot \mathrm{N}_1 - i_2 \cdot \mathrm{N}_2$$

Durchflutungsaufwand zur Erzeugung des von der primären Klemmenspannung u_1 erzwungenen magnetischen Flusses Φ.

Aus Durchflutungsgleichung folgt für Primärstrom (gültig bei jeder Kurvenform):

$$i_1(t) = i_{1\text{magn}} + \frac{\mathrm{N}_2}{\mathrm{N}_1} \cdot i_2(t)$$

$$\boxed{i_1(t) = \frac{1}{L}\int u_1 \cdot dt + \frac{1}{\ddot{u}} \cdot i_2(t)}$$

mit Übersetzungsverhältnis $\boxed{\ddot{u} = \frac{\mathrm{N}_1}{\mathrm{N}_2}}$

28.1 Aufgaben

❶ **28.1:** Eine Spule mit der Induktivität $L = 100\ \mu\text{H}$ wird an eine vorgegebene Spannung $u(t)$ angeschlossen.

a) Man ermittle den zugehörigen Stromverlauf $i_L(t)$, wenn $i_L(t = 0) = 0$ ist.

b) Welche physikalische Bedeutung haben die gerasterten Spannungs-Zeitflächen?

c) Wie groß ist die im Magnetfeld gespeicherte Energie zum Zeitpunkt $t = 12\ \mu\text{s}$?

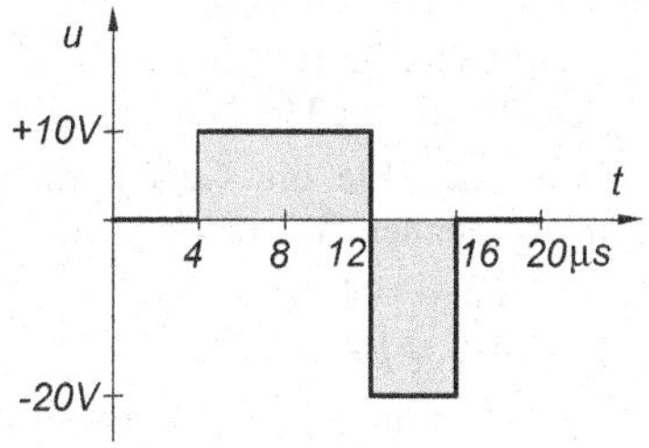

❶ **28.2:** Eine Stromquelle prägt der Spule mit der Induktivität $L = 100\ \mu\text{H}$ die abgebildeten Stromverläufe $i(t)$ ein.

a) Bestimmen Sie die durch Selbstinduktion entstehende Spulenspannung $u_L(t)$, für den Stromverlauf gemäß Volllinie.

b) Wie a), jedoch für den Stromverlauf gemäß gestrichelter Linie.

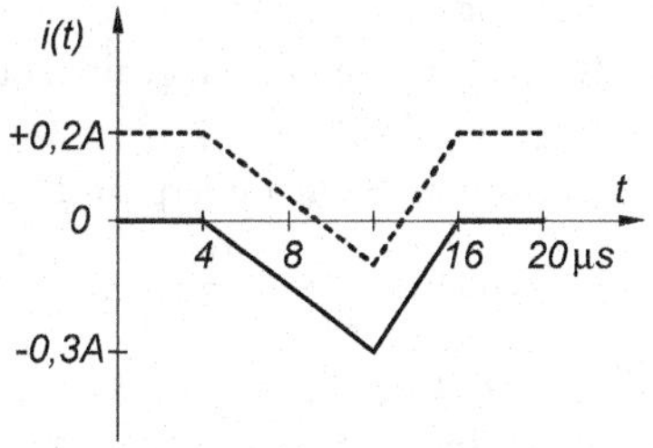

❷ **28.3:** Eine Spule mit Eisenkern und Luftspalt erzeugt bei einem Strom $I = 0{,}1$ A im Luftspalt eine Flussdichte $B_L = 0{,}8$ T (der Streufluss soll vernachlässigt werden).

a) Wie groß ist die Induktivität L der Spule bei N = 500 Windungen?

b) Man berechne die Luftspaltlänge s.

Daten: $l_{Fe} = 5$ cm

$A_{Fe} = 4\ \text{cm}^2$

c) Wie würde sich die Induktivität der Spule verändern, wenn man den Luftspalt auf $s = 0{,}1$ mm verbreitern würde?

d) Ist die Induktivität der Spule stromunabhängig, also konstant?

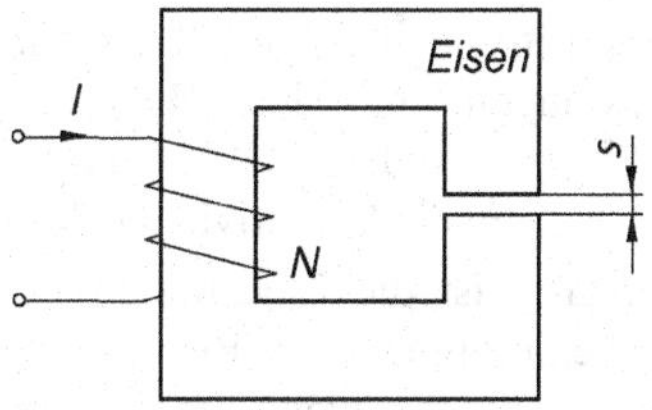

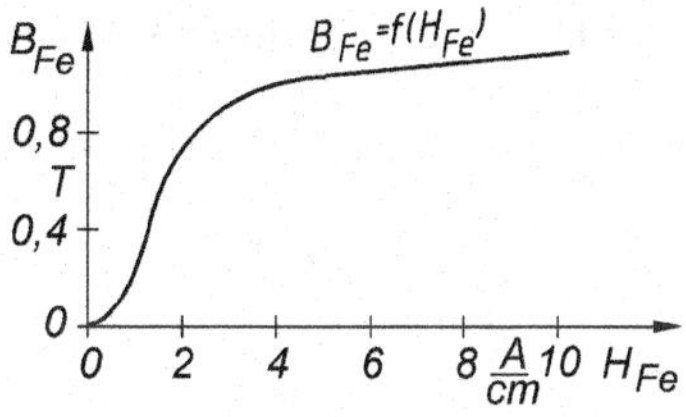

❷ **28.4:** Eine stromführende Leitung 1 übt einen magnetischen Störeinfluss auf den parallelliegenden Stromkreis 2 aus. Ein Teil des magnetischen Flusses von Stromleiter 1 durchdringt die Querschnittsfläche des Nachbarstromkreises und induziert dort einen Störstrom $i_{2\text{Stör}}$.

a) Man leite eine Beziehung für die Gegeninduktivität M_{12} her.

b) Berechnen Sie die Gegeninduktivität mit folgenden Geometriedaten:

$a = 2$ cm, $r = 4$ cm

Leiterlänge $l = 1$ m

c) Man bestimme den Störstrom $i_{2\text{Stör}}$, wenn der Verursacherstrom in Leitung 1 den angegebenen impulsförmigen Verlauf aufweist.

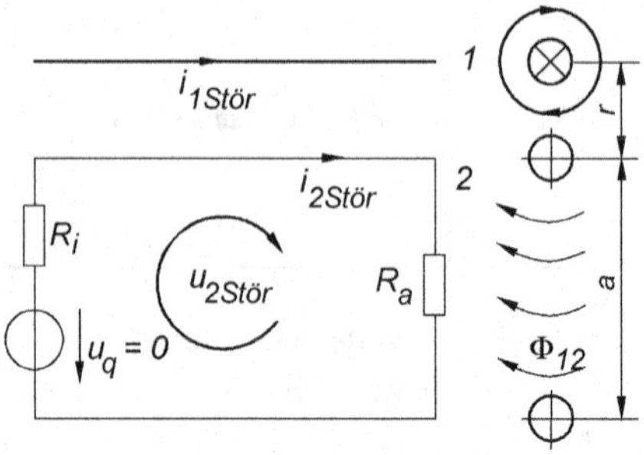

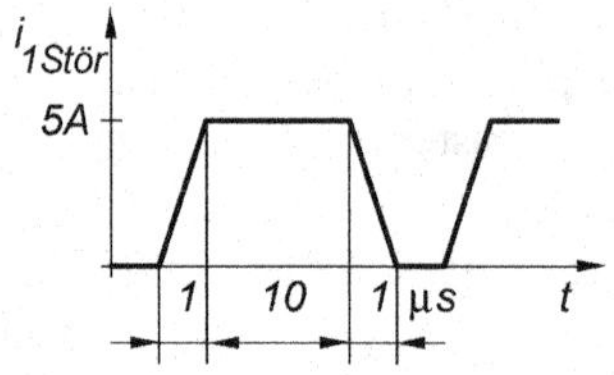

❷❸ **28.5:** Zwei Doppelleiter liegen parallel in einer Ebene.

a) Berechnen Sie die Gegeninduktivität M_{12} und M_{21}.

b) Der Strom I_1 im Leiterpaar 1 sei ansteigend mit $\frac{di_1}{dt} = \frac{10\text{ A}}{1\text{ ms}}$.

Wie groß ist die in Leiterpaar 2 induzierte Spannung und welche Richtung hätte dort der induzierte Strom?

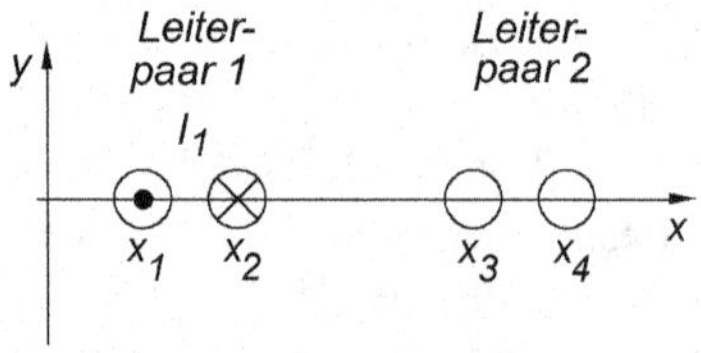

$x_1 = 10$ cm, $x_2 = 20$ cm, $x_3 = 50$ cm, $x_4 = 60$ cm
Leitungslänge (parallel) $\ell = 100$ m

❸ **28.6:** Ein magnetischer Kreis habe zwei Wicklungen mit den Windungszahlen $N_1 = N_2 = 100$. Den Wicklungen zugeordnet seien die Induktivitäten L_1 und L_2.

Wie groß ist die Gesamtinduktivität bei den beiden möglichen Reihenschaltungen der Wicklungen, wenn der Kopplungsfaktor $k = 1$ ist?

Kernfaktor: $A_L = 0{,}1$ mH = konst.

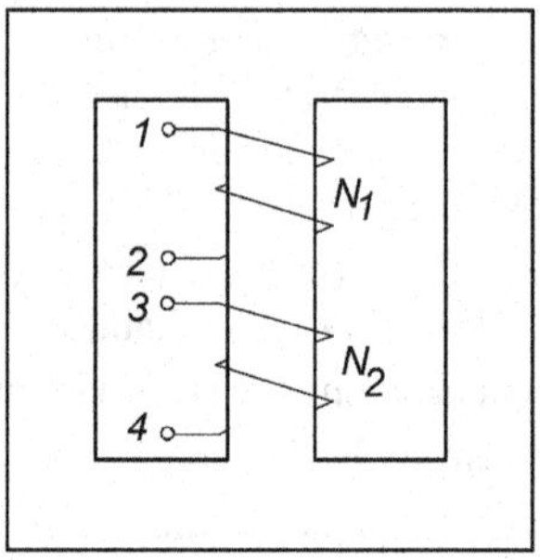

❷ **28.7:** Ein Transformator habe die Windungszahlen $N_1 = 100$, $N_2 = 20$. Um die Induktivitäten berechnen zu können, seien der Einfachheit halber folgende Angaben bekannt:

Kernfaktor $A_L = 10\ \mu H = \text{konst.}$

Kopplungsfaktor $k = 1$.

a) Man berechne die Induktivitäten L_1 und L_2 sowie die Gegeninduktivitäten M_{12} und M_{21}.

b) Man schreibe beide Spannungsgleichungen auf und berücksichtige dabei den vorliegenden Leerlauffall. (Wicklungswiderstände $R_1 = R_2 = 0$).

c) Berechnen und zeichnen Sie $i_1 = f(t)$ und $u_2 = f(t)$.

d) Welchen zeitlichen Verlauf hat der magnetische Fluss?

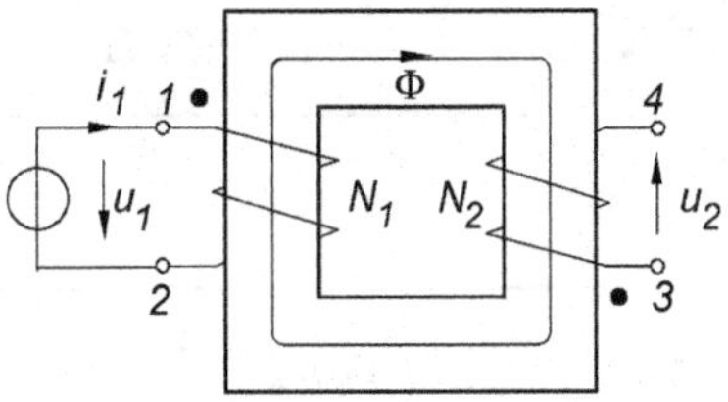

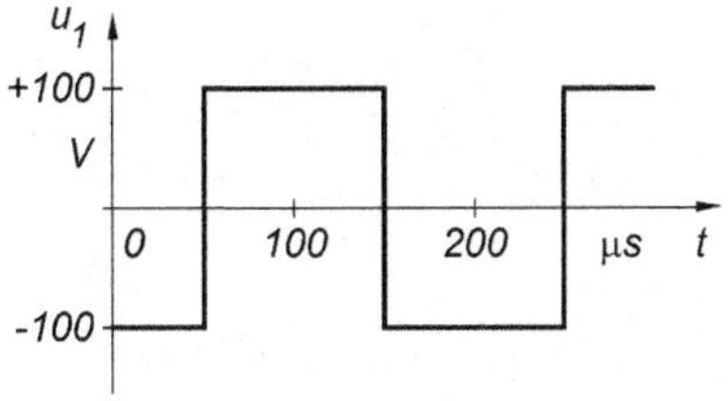

❷❸ **28.8:** Im Anschluß an Aufgabe 28.7. Der Transformator wird sekundärseitig mit $R = 20\ \Omega$ belastet.

Daten: $N_1 = 100$ $\quad N_2 = 20$
$L_1 = 100$ mH $\quad L_2 = 4$ mH

a) Man bestimme Beträge und Kurvenverlauf der Ströme $i_2(t)$ und $i_1(t)$ des Transformators.

b) Hat sich der magnetische Fluss $\Phi(t)$ durch die Belastung des Transformators gegenüber dem Leerlauffall in Aufgabe 28.7 verändert?

c) Wie groß muss der Eisenquerschnitt A_{Fe} des Transformators sein, wenn bei der Primärspannung $u_1 = 100$ V die Flussdichte den Wert $B_{max} = 0{,}5$ T haben soll?

d) Man berechne den Höchstwert i_{max} des Magnetisierungsstromes für eine Eisenlänge $l_{Fe} = 10$ cm bei $u_1 = 100$ V, $B_{max} = 0{,}5$ T und der gegebenen Magnetisierungskurve.

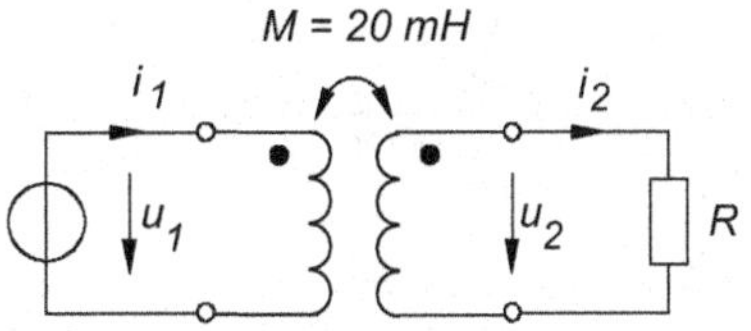

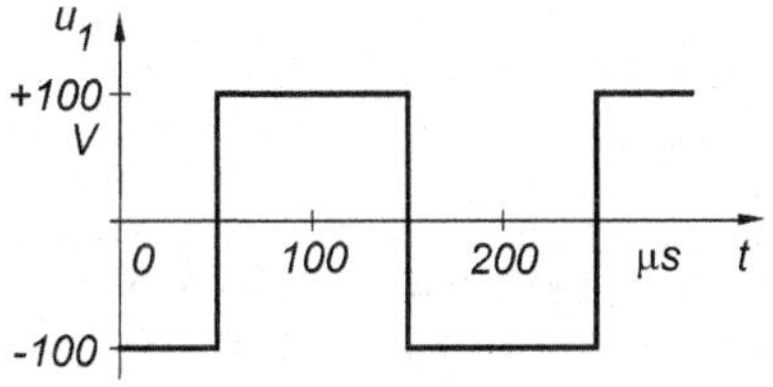

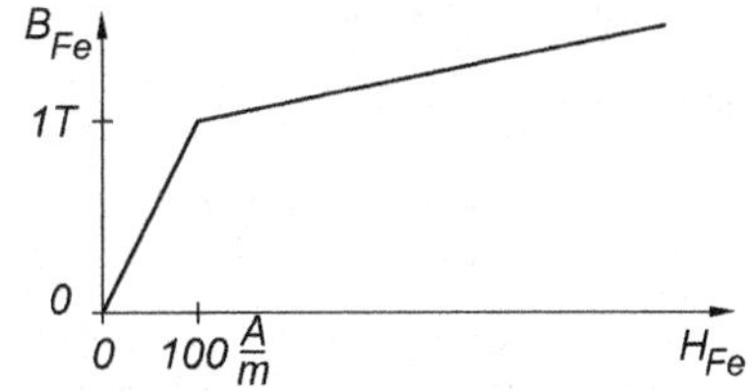

❸ **28.9:** Im Anschluss an Aufgabe 28.8. Der Transformator wird sekundärseitig mit einer *RC*-Kombination in Reihenschaltung belastet. Man ermittle die zeitlichen Verläufe von Primär- und Sekundärstrom.

Schaltungsdaten: $R = 50\ \Omega$ und $C = 100$ nF

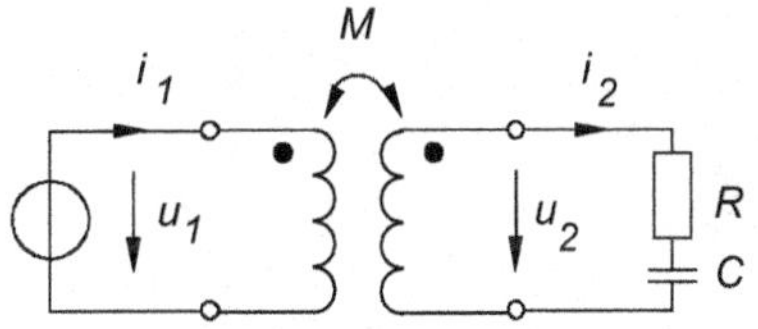

28.2 Lösungen

28.1

a) $$i_L(t) = \frac{1}{L} \int_{t_1=4\,\mu s}^{t_2=12\,\mu s} u(t) \cdot dt + i_L(t=0)$$

$$i_L(t) = \frac{1}{100\,\mu H} \cdot 10\ V \cdot [12\,\mu s - 4\,\mu s]$$

$$i_L(t) = 0{,}8\ A$$

$$i_L(t) = \frac{1}{L} \int_{t_2=12\,\mu s}^{t_3=16\,\mu s} u(t) \cdot dt + i_L(t=12\,\mu s)$$

$$i_L(t) = \frac{1}{100\,\mu H} \cdot (-20\ V)(16\,\mu s - 12\,\mu s) + 0{,}8\ A$$

$$i_L(t) = -0{,}8\ A + 0{,}8\ A = 0$$

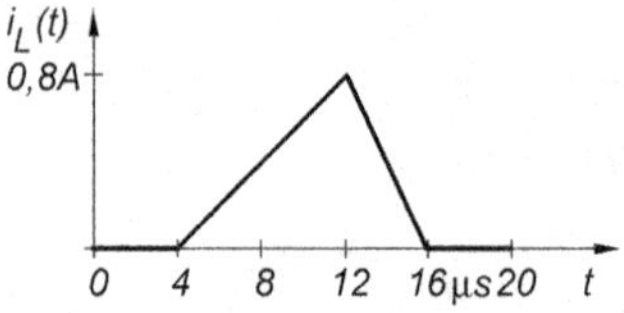

b) $$u_L = L \cdot \frac{di}{dt} \qquad \text{mit} \quad L \cdot di = N \cdot d\Phi$$

$$u_L = N \cdot \frac{d\Phi}{dt} \qquad \text{(Induktionsgesetz)}$$

$$d\Phi = \frac{1}{N} \cdot u_L \cdot dt$$

$$\Phi = \frac{1}{N} \int u_L \cdot dt$$

Die Spannungs-Zeitfläche stellt einen magnetischen Fluss dar, zu erkennen auch an der Einheit V · s = Wb.

Positive Fläche ≙ Flusszunahme
Negative Fläche ≙ Flussabnahme

c) $$W_{magn} = \frac{1}{2} \cdot L \cdot I^2$$

$$W_{magn} = \frac{1}{2} \cdot 100 \cdot 10^{-6}\,\frac{Vs}{A} \cdot (0{,}8\ A)^2 = 32\,\mu Ws$$

28.2

a) $$i(t) = \frac{1}{L} \int u_L(t) \cdot dt + i(t=0)$$

$$di = \frac{1}{L} \cdot u_L \cdot dt + 0$$

$$u_L = L \cdot \frac{di}{dt}$$

Für Zeitabschnitt 0 ... 4 μs:
$u_L = 0$, da keine Stromänderung

Für Zeitsbschnitt 4 μs ... 12 μs:

$$u_L = L \cdot \frac{\Delta I}{\Delta t} = 100\,\mu H \cdot \frac{-0{,}3\ A - (0)}{12\,\mu s - 4\,\mu s} = -3{,}75\ V$$

Für den Zeitabschnitt 12 μs ... 16 μs :

$$u_L = 100\,\mu H \cdot \frac{0 - (-0{,}3\ A)}{16\,\mu s - 12\,\mu s} = +7{,}5\ V$$

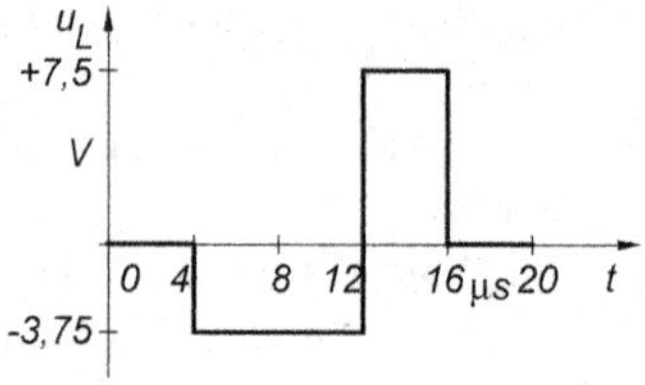

b) $$i(t) = \frac{1}{L} \int u_L(t) \cdot dt + 0{,}2\,A \qquad \text{(Anfangswert)}$$

$$di = \frac{1}{L} u_L \cdot dt + 0$$

Es ergibt sich dasselbe Ergebnis wie unter a)

28.3

a) Aus Definitionsgleichung:

$$L = \frac{N \cdot \Phi}{I} \qquad \text{mit } \Phi = B \cdot A$$

$$L = \frac{500 \cdot 0{,}8\,\frac{Vs}{m^2} \cdot 4 \cdot 10^{-4}\,m^2}{0{,}1A} = 1{,}6H$$

b) Zur Ermittlung von $\mu_{r(Eisen)}$ muss der Arbeitspunkt auf der Magnetisierungskennlinie gefunden werden bei $B_{Fe} = B_L = 0{,}8$ T:

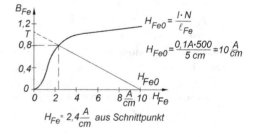

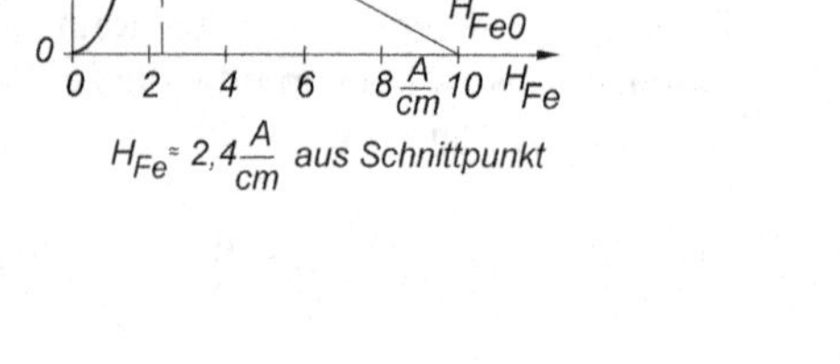

$H_{Fe} \approx 2{,}4\,\frac{A}{cm}$ aus Schnittpunkt

Aus $B_{Fe} = \mu_r \cdot \mu_0 \cdot H_{Fe}$ der gegebenen Magnetisierungskurve des Eisens folgt:

$$\mu_r = \frac{B_{Fe}}{\mu_0 \cdot H_{Fe}} = \frac{0{,}8\,\frac{Vs}{m^2}}{4\pi \cdot 10^{-7}\,\frac{Vs}{Am} \cdot 240\,\frac{A}{m}}$$

$\mu_r = 2650$ (arbeitspunktabhängig)

Induktionsformel mit Baugrößen einer eisengefüllten Spule mit Luftspalt (s. Kp. 23)

$$L = N^2 \cdot A_L$$

$$L = N^2 \cdot \frac{\mu_0 \cdot A}{\frac{l_{Fe}}{\mu_r} + s}$$

$$s = N^2 \cdot \frac{\mu_0 \cdot A}{L} - \frac{l_{Fe}}{\mu_r}$$

$$s = 500^2 \cdot \frac{4\pi \cdot 10^{-7}\,\frac{Vs}{Am} \cdot 4 \cdot 10^{-4}\,m^2}{1{,}6\,\frac{Vs}{A}} - \frac{0{,}05\,m}{2650}$$

$$s = 0{,}06\,mm$$

c) Es ergäbe sich eine andere Luftspaltgerade, die zu einem anderen Arbeitspunkt und damit zu einer veränderten Permeabilität μ_r des Eisens führt.

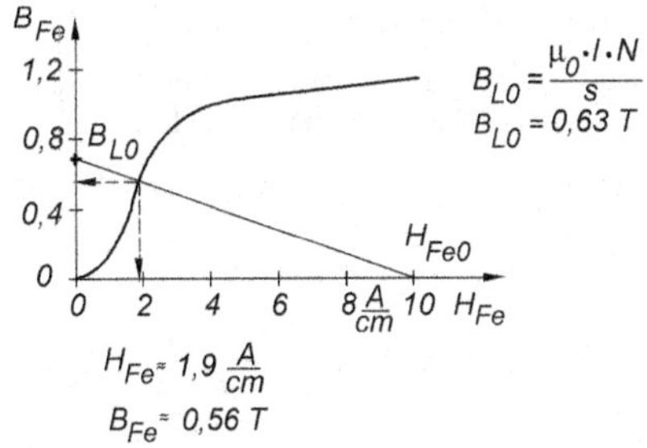

$$\mu_r = \frac{B_{Fe}}{\mu_0 \cdot H_{Fe}} = \frac{0{,}56\,\frac{Vs}{m^2}}{4\pi \cdot 10^{-7}\,\frac{Vs}{Am} \cdot 190\,\frac{A}{m}}$$

$$\mu_r = 2350$$

Neuer Induktivitätswert

$$L = N^2 \cdot \frac{\mu_0 \cdot A}{\frac{l_{Fe}}{\mu_r} + s}$$

$$L = 500^2 \cdot \frac{4\pi \cdot 10^{-7}\,\frac{Vs}{Am} \cdot 4 \cdot 10^{-4}\,m^2}{\frac{0{,}05\,m}{2350} + 0{,}1 \cdot 10^{-3}\,m} = 1\,H$$

Die Induktivität L der Spule ist also abhängig von der Luftspaltlänge.

d) Nein. Bei anderen Stromstärken verschiebt sich die Luftspaltgerade

$$\left(H_{Fe0} = \frac{I \cdot N}{l_{Fe}}, \quad B_{L0} = \frac{\mu_0 \cdot I \cdot N}{s}\right),$$

dadurch ergeben sich andere Arbeitspunkte (B_{Fe}, H_{Fe}) und somit andere Permeabilitätswerte

$$\mu_r = \frac{B_{Fe}}{\mu_0 \cdot H_{Fe}}$$

und in dieser Folge auch andere Induktivitätswerte

$$L = N^2 \cdot \frac{\mu_0 \cdot A}{\frac{l_{Fe}}{\mu_r} + s}.$$

Nur bei einem ausreichend breiten Luftspalt s wird die Induktivität annähernd stromunabhängig.

28.4

a) Der vom Strom 1 erzeugte und mit dem Stromkreis 2 verkoppelte magnetische Fluss:

$$d\Phi_{12} = B \cdot dA = \mu_0 \cdot H \cdot dA \qquad \text{mit } dA = l \cdot dr$$

$$d\Phi_{12} = \mu_0 \cdot \frac{I_1}{2\pi \cdot r} \cdot l \cdot dr$$

$$\Phi_{12} = \mu_0 \cdot \frac{l \cdot I_1}{2\pi \cdot r} \cdot \int_r^{r+a} \frac{dr}{r}$$

$$\Phi_{12} = \mu_0 \cdot \frac{l \cdot I_1}{2\pi} \cdot \left[\ln r\right]_r^{r+a}$$

$$\Phi_{12} = \mu_0 \cdot \frac{l \cdot}{2\pi} \cdot I_1 \cdot \ln \frac{r+a}{r}$$

$$M_{12} = \frac{N_2 \cdot \Phi_{12}}{I_1} \qquad \text{mit } N_2 = 1$$

$$M_{12} = \frac{\mu_0 \cdot l}{2\pi} \cdot \ln \frac{r+a}{r}$$

b) Gegeninduktivität

$$M_{12} = \frac{4\pi \cdot 10^{-7}\,\frac{Vs}{Am} \cdot 1\,m}{2\pi} \cdot \ln \frac{(4+2)\,cm}{4\,cm}$$

$$M_{12} = 80\,nH$$

c) Die im Stromkreis 2 induzierte Störspannung:

$$u_{2\text{Stör}} = -M_{12} \cdot \frac{\mathrm{d}i_2}{\mathrm{d}t}$$

Für Stromanstiegszeit

$$u_{2\text{Stör}} = -80\,\text{nH} \cdot \frac{+5\,\text{A}}{1\,\mu\text{s}}$$

$$u_{2\text{Stör}} = -400\,\text{mV}$$

Für Stromabfallzeit

$$u_{2\text{Stör}} = +400\,\text{mV}$$

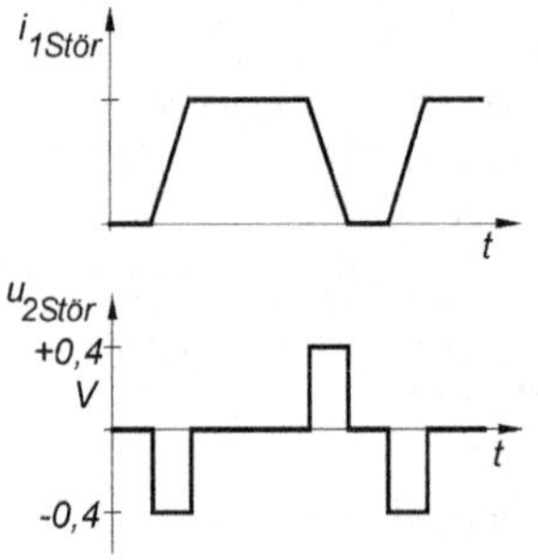

Störstrom im gestörten Stromkreis 2

$$i_{2\text{Stör}} = \frac{u_{2\text{Stör}}}{R_i + R_a}$$

28.5

a) Der vom Strom I_1 (Draht 1) erzeugte und mit dem Doppelleiter 2 verkettete magnetische Fluss:

$$\Phi_{12} = \frac{\mu_0 \cdot l \cdot I_1}{2\pi} \int_{x_3-x_1}^{x_4-x_1} \frac{\mathrm{d}r}{r} \qquad (r = \text{Leitungsabstand})$$

$$\Phi_{12} = \frac{\mu_0 \cdot l \cdot I_1}{2\pi} \cdot \left[\ln r\right]_{x_3-x_1}^{x_4-x_1}$$

$$\Phi_{12} = \frac{\mu_0 \cdot l \cdot I_1}{2\pi} \cdot \ln \frac{x_4 - x_1}{x_3 - x_1}$$

Der vom Strom I_1 (Draht 2) erzeugte und mit dem Doppelleiter 2 verkettete magnetische Fluss:

$$\Phi_{12}^* = -\frac{\mu_0 \cdot l \cdot I_1}{2\pi} \cdot \ln \frac{x_4 - x_2}{x_3 - x_2}$$

Resultierender Verkettungsfluss:

$$\Phi_{\text{res}} = \Phi_{12} + \Phi_{12}^*$$

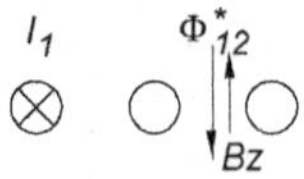

$$\Phi_{\text{res}} = \frac{\mu_0 \cdot l \cdot I_1}{2\pi} \cdot \ln \frac{x_4 - x_1}{x_3 - x_1} - \frac{\mu_0 \cdot l \cdot I_1}{2\pi} \cdot \ln \frac{x_4 - x_2}{x_3 - x_2}$$

$$\Phi_{\text{res}} = \frac{\mu_0 \cdot l \cdot I_1}{2\pi} \cdot \left[\left(\ln \frac{x_4 - x_1}{x_3 - x_1}\right) - \left(\ln \frac{x_4 - x_2}{x_3 - x_2}\right)\right]$$

$$\ln \frac{x_4 - x_1}{x_3 - x_1} = \ln 1{,}25$$

$$\ln \frac{x_4 - x_2}{x_3 - x_2} = \ln 1{,}33$$

$$\Phi_{\text{res}} = \frac{\mu_0 \cdot l \cdot I_1}{2\pi} \cdot \ln \frac{1{,}25}{1{,}33}$$

$$M_{12} = \frac{\mathrm{N}_2 \cdot \Phi_{\text{res}}}{I_1} \quad \text{mit} \quad \mathrm{N}_2 = 1$$

$$M_{12} = \frac{\mu_0 \cdot l}{2\pi} \cdot \ln \frac{1{,}25}{1{,}33}$$

$$M_{12} = \frac{4\pi \cdot 10^{-7} \frac{\text{Vs}}{\text{Am}} \cdot 100\,\text{m}}{2\pi} \cdot (-0{,}064)$$

$$M_{12} = -1{,}29\,\mu\text{H}$$

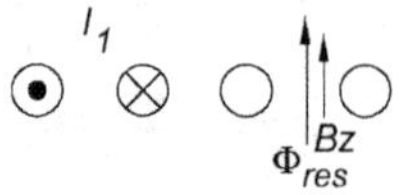

Das negative Vorzeichen sagt hier lediglich, dass der resultierende Verkettungsfluss Φ_{res} entgegen der angenommenen Bezugsrichtung Bz verläuft.

Die Gegeninduktivität M_{21} vom Doppelleiter 2 zum Doppelleiter 1 ist gleich groß:

$$M = M_{12} = M_{21}$$

b) Während der Zeit des Stromanstiegs im Leiterpaar 1 wird in Leiterpaar 2 eine Spannung u_2 induziert:

$$u_2 = M_{12} \cdot \frac{\mathrm{d}i_1}{\mathrm{d}t}$$

$$|u_2| = 1{,}29 \cdot 10^{-6}\,\frac{\text{Vs}}{\text{A}} \cdot \frac{10\,\text{A}}{1 \cdot 10^{-3}\,\text{s}} = 13\,\text{mV}$$

Richtungsbestimmung:

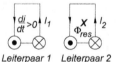

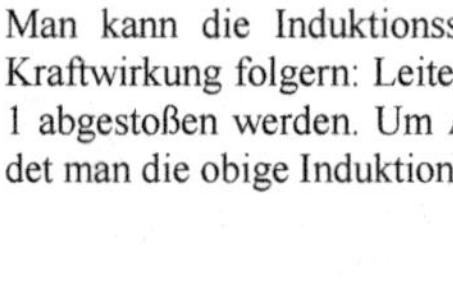

Bei zunehmendem magnetischen Fluss Φ_{res} ist der Induktionsstrom i_2 linkswendig zugeordnet.

Man kann die Induktionsstromrichtung auch aus der Kraftwirkung folgern: Leiterpaar 2 muss vom Leiterpaar 1 abgestoßen werden. Um Abstoßung zu erreichen, findet man die obige Induktionsstromrichtung.

28.6

$L_1 = N^2 \cdot A_L = 100^2 \cdot 0{,}1\,\text{mH} = 1\,\text{H}$
$L_2 = L_1 = 1\,\text{H}$

Summen-Reihenschaltung: Spannungszuführung an 1 und 4, 2 und 3 sind verbunden:

$$L = L_1 + L_2 + 2\,M$$
$$M = k \cdot \sqrt{L_1 \cdot L_2}$$
$$M = 1\,\text{H}$$
$$L = 4\,\text{H}$$

Gegen-Reihenschaltung: Spannungszuführung an 1 und 3, 2 und 4 sind verbunden:

$$L = L_1 + L_2 - 2M$$
$$L = 0$$

(Magnetfelder heben sich auf)

28.7

a) $L_1 = N_1^2 \cdot A_L = 100\,\text{mH}$
$L_2 = N_2^2 \cdot A_L = 4\,\text{mH}$
$M_{12} = M_{21} = M = k \cdot \sqrt{L_1 \cdot L_2} = 20\,\text{mH}$

b) $u_1 = L \cdot \dfrac{di_1}{dt} - M_{21} \cdot \dfrac{di_2}{dt}$, folgt:

I $\quad u_1 = L_1 \cdot \dfrac{di_1}{dt}$, da Leerlauf

$u_2 = M_{12} \cdot \dfrac{di_1}{dt} - L_2 \cdot \dfrac{di_2}{dt}$, folgt:

II $\quad u_2 = M_{12} \cdot \dfrac{di_1}{dt}$, da Leerlauf

c) Gl. I nach di_1 aufgelöst und in Gl. II eingesetzt:

$$u_2 = M_{12} \cdot \frac{u_1 \cdot dt}{L_1 \cdot dt}$$

$$u_2 = \frac{M_{12}}{L_1} \cdot u_1 \quad M_{12} = M = k \cdot \sqrt{L_1 \cdot L_2} \quad \text{mit } k = 1$$

Folgt

$$u_2 = \frac{\sqrt{L_1 \cdot L_2}}{L_1} \cdot u_1 = \sqrt{\frac{L_2}{L_1}} \cdot u_1$$

Nachweis:

$$\sqrt{\frac{L_2}{L_1}} = \sqrt{\frac{N_2{}^2 \cdot A_L}{N_1{}^2 \cdot A_L}} = \frac{N_2}{N_1} = \frac{1}{\ddot{u}}$$

$$u_2(t) = \frac{u_1(t)}{\ddot{u}} \quad \text{mit} \quad \ddot{u} = \frac{N_1}{N_2} = 5$$

$$u_2(t) = \frac{\pm 100\,\text{V}}{5} = \pm 20\,\text{V}$$

Gl. I aufgelöst nach $i_1(t)$:

$$i_1(t) = \frac{1}{L_1} \int_{t=50\,\mu s}^{t=150\,\mu s} u_1(t) \cdot dt$$

$$\Delta I_1 = \frac{1}{100\,\text{mH}} \cdot (+100\,\text{V}) \cdot (150\,\mu s - 50\,\mu s) = +100\,\text{mA}$$

$$i_1(t) = \frac{1}{L_1} \int_{t=150\,\mu s}^{t=250\,\mu s} u_1(t) \cdot dt$$

$$\Delta I_1 = \frac{1}{100\,\text{mH}} \cdot (-100\,\text{V}) \cdot (250\,\mu s - 150\,\mu s) = -100\,\text{mA}$$

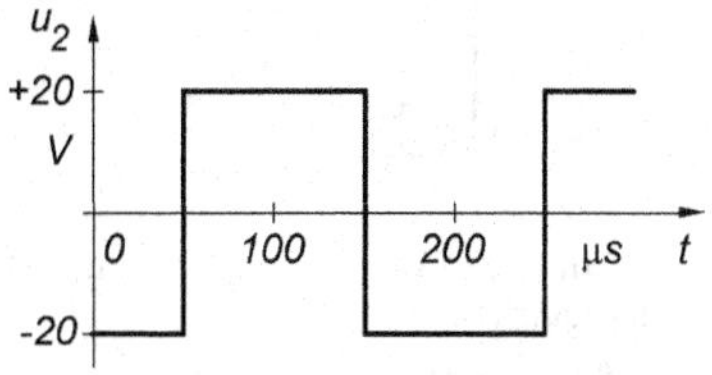

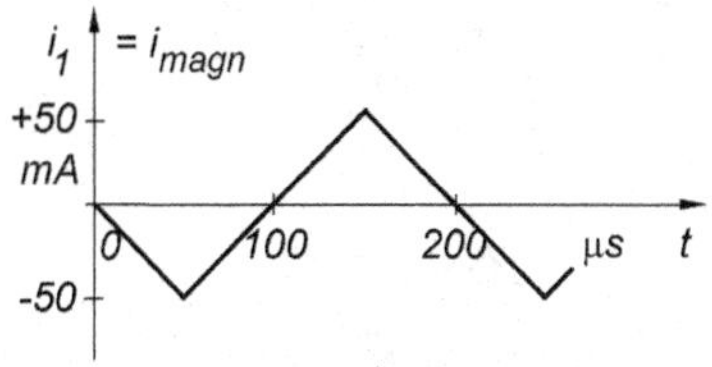

d) Der magnetische Fluss $\Phi(t)$ wird vom Strom $i_1(t)$ erzeugt. Die Änderung des magnetischen Flusses erzeugt in der Primärspule die Selbstinduktionsspannung u_{L1}, die wiederum von der angelegten Netzspannung abhängig ist, da

$u_1 - u_{L1} = 0$ bei Leerlauf

Folgt:

$$u_1 = N_1 \cdot \frac{d\Phi}{dt} = 100\,\text{V}$$

$$\Phi(t) = \frac{1}{N_1} \int u_1(t) \cdot dt$$

$$\Delta\Phi = \frac{1}{100} \cdot 100\,\text{V} \cdot 100\,\mu s = 100\,\mu\text{Vs}$$

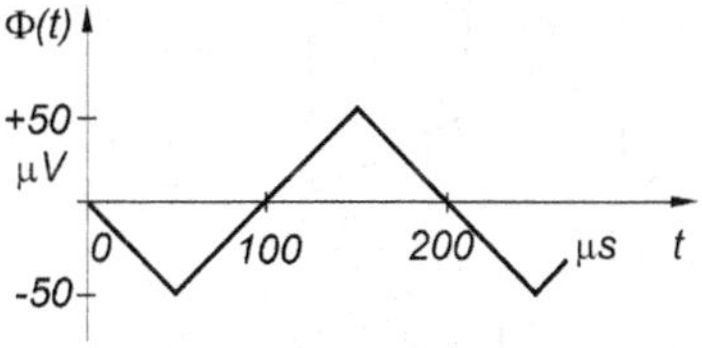

28.8

a) Die Sekundärspannung $u_2(t)$ ist gemäß Aufgabe 28.7 eine Rechteckspannung mit den Beträgen ± 20 V. Bei Anschluss von $R_{Last} = 20\ \Omega$ folgt mit dem Ohm'schen Gesetz der Sekundärstrom $i_2(t)$:

$$i_2 = \frac{u_2}{R} = \frac{\pm 20\ \text{V}}{20\ \Omega} = \pm 1\ \text{A}$$

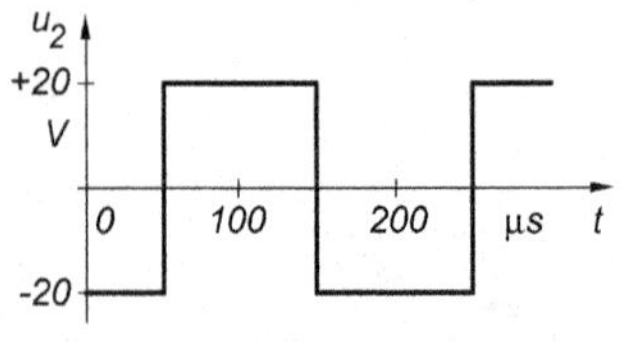

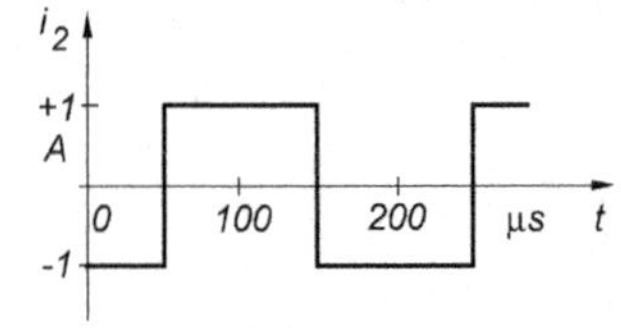

Der erforderliche Primärstrom folgt aus der Durchflutungsbetrachtung mit :

$$i_1(t) = \underbrace{\frac{1}{L_1}\int u_1(t)\cdot \mathrm{d}t}_{\text{Magnetisierungsstrom}} + \underbrace{\frac{1}{ü}\cdot i_2(t)}_{\text{transformierter Laststrom}}$$

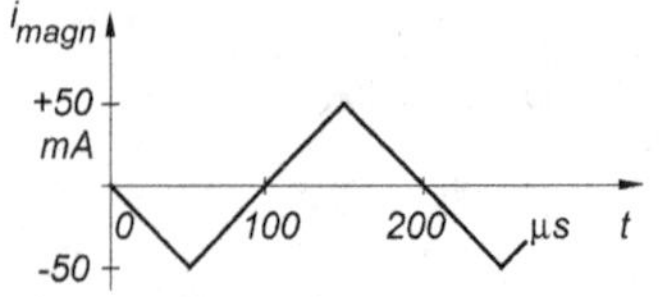

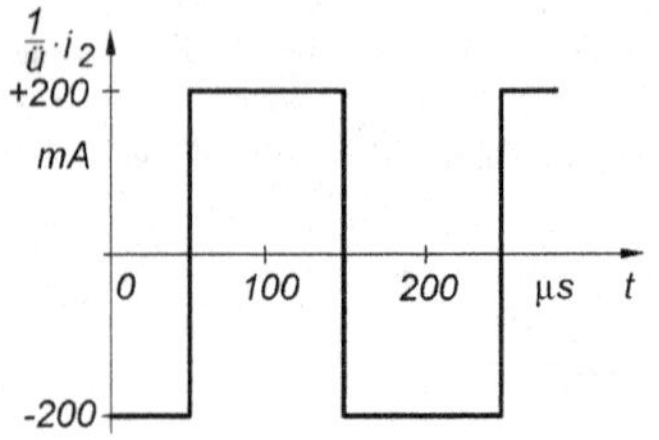

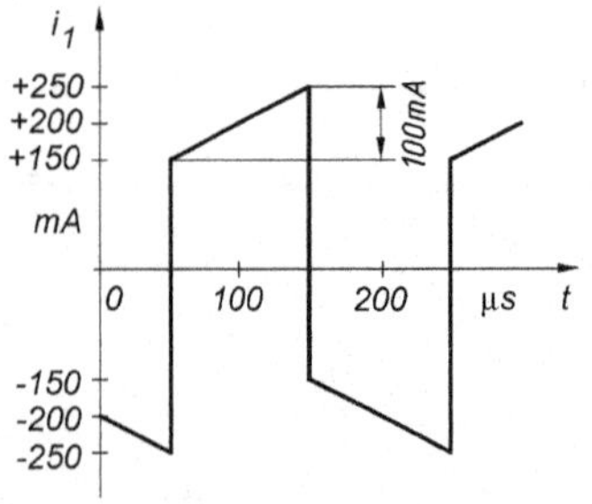

$$i_1(t) = \frac{1}{100\ \text{mH}}\int (\pm 100\ \text{V})\cdot \mathrm{d}t + \frac{1}{5}\cdot(\pm 1\ \text{A})$$

b) Nein!

Gegenüber dem Leerlauffall hat sich strommäßig Folgendes geändert:

Primär: Es ist der transformierte Sekundärstrom

$\frac{1}{ü}\cdot i_2 = \frac{1}{5}\cdot(\pm 1\ \text{A}) = \pm 200\ \text{mA}$ hinzugekommen. Dieser erzeugt eine zusätzliche Durchflutung, die an sich zu einem zusätzlichen magnetischen Fluss führen müsste.

Sekundär: Es ist der Laststrom $i_2 = \pm 1$ A hinzugekommen. Somit wird auf der Sekundärseite ebenfalls eine zusätzliche Durchflutung erzeugt, die an sich ebenfalls einen zusätzlichen Fluss herrufen sollte.

Insgesamt heben sich die beiden Zusatzdurchflutungen und damit auch die Zusatzmagnetflüsse gegenseitig auf, sodass nur der vom ursprünglichen Magnetisierungsstrom verursachte magnetische Fluss übrig bleibt.

$$\Theta = i_1 \cdot N_1 - i_2 \cdot N_2$$

$$\Theta = \left(i_{1\text{magn}} + \frac{i_2}{ü}\right)\cdot N_1 - i_2 \cdot N_2$$

$$\Theta = i_{1\text{magn}} \cdot N_1 + \underbrace{\frac{i_2}{ü}\cdot N_1}_{} - \underbrace{i_2 \cdot N_2}_{}$$

$$\frac{1\ \text{A}}{5}\cdot 100 - 1\ \text{A}\cdot 20$$

\ /

heben sich auf

Verbleibt:

$$\Theta = i_{1\text{magn}} \cdot N_1$$

⇒ erzeugt magnetischen Fluss $\Phi(t)$ wie bei Lösung zu 28.7 abgebildet.

c) Aus Induktionsgesetz

$$u_1 = N_1 \cdot \frac{\mathrm{d}\Phi}{\mathrm{d}t}$$

folgt

$$\Delta\Phi = \frac{1}{N_1}\cdot u_1 \cdot \Delta t$$

$$\Delta\Phi = \frac{1}{100}\cdot 100\ \text{V}\cdot 100\ \mu\text{s} = 100\ \mu\text{Vs}$$

$$\Phi_{max} = \pm 50\ \mu\text{Vs} \quad \text{(s.a. Lös. 28.7.d)}$$

Eisenquerschnitt:

$$B_{max} = \frac{\Phi_{max}}{A_{FE}}$$

$$A_{Fe} = \frac{\Phi_{max}}{B_{max}} = \frac{50\ \mu\text{Vs}}{0{,}5\ \frac{\text{Vs}}{\text{m}^2}}$$

$$A_{Fe} = 1\ \text{cm}^2$$

d) Feldstärke aus Magnetisierungskurve:

$$B_{max} = 0{,}5\,\text{T} \;\Rightarrow\; H_{max} = 50\,\frac{\text{A}}{\text{m}}$$

Aus der Beziehung

$$H = \frac{I \cdot \text{N}}{l}$$

folgt für den Magnetisierungsstrom bei geschlossenem Eisenkreis:

$$i_{max} = \frac{H_{max} \cdot l_{Fe}}{\text{N}_1} = \frac{50\,\frac{\text{A}}{\text{m}} \cdot 0{,}1\,\text{m}}{100}$$

$i_{max} = 50\,\text{mA}$ (s. auch Lösung 28.7 c))

In Aufgabe 28.7 konnte der Magnetisierungsstrom ohne Vorlage der Magnetisierungskurve des Eisens ermittelt werden, da die Induktivitäten aus einem vorgegebenen Kernfaktor bestimmt wurden. A_L wurde so gewählt, dass er mit den Daten der Aufgabe 28.8 übereinstimmt:

$$\mu_r = \frac{B_{FE}}{\mu_0 \cdot H_{FE}} = \frac{0{,}5\,\text{T}}{4\pi \cdot 10^{-7}\,\frac{\text{Vs}}{\text{A} \cdot \text{m}} \cdot 50\,\frac{\text{A}}{\text{m}}}$$

$\mu_r = 7958$

$$A_L = \frac{\mu_0 \cdot A_{FE}}{\frac{l_{Fe}}{\mu_r} + s} = \frac{4\pi \cdot 10^{-7}\,\frac{\text{Vs}}{\text{A} \cdot \text{m}} \cdot 1 \cdot 10^{-4}\,\text{m}^2}{\frac{0{,}1\,\text{m}}{7958} + 0} = 10\,\mu\text{H}$$

28.9

Unverändert sind die beiden Spannungen:

$$\left.\begin{aligned} u_1 &= \pm 100\,\text{V} \\ u_2 &= \pm 20\,\text{V} \end{aligned}\right\} \text{rechteckförmig}$$

Sekundärseitig fließt jeweils solange Strom, bis der Kondensator aufgeladen ist auf $u_c = \pm 20$ V:

$t \approx 5 \cdot \tau$

$t \approx 5 \cdot R \cdot C = 5 \cdot 50\,\Omega \cdot 100\,\text{nF} \approx 25\,\mu\text{s}$

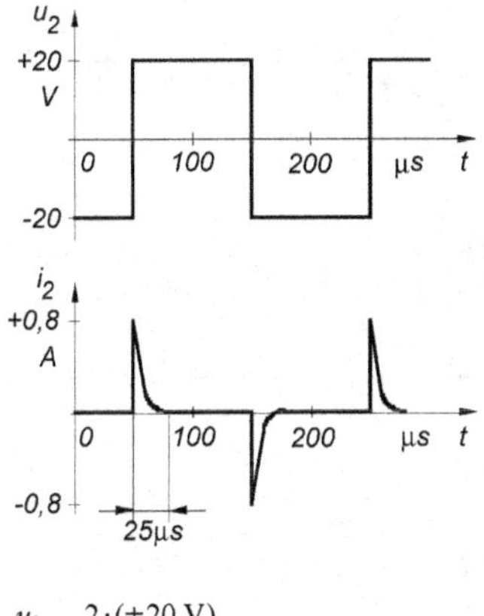

$$i_{2max} = \frac{u_2}{R} = \frac{2 \cdot (\pm 20\,\text{V})}{50\,\Omega} = \pm 0{,}8\,\text{A}$$

Die erforderliche Spannungsverdopplung in der Rechnung berücksichtigt, dass zu Beginn eines Zyklus der Kondensator z.B. auf $u_c = +20$ V aufgeladen ist und die Sekundärspannung des Transformators auf $u_2 = -20$ V umschaltet. Der Widerstand R liegt somit im ersten Augenblick zwischen einer Potenzialdifferenz von $2 \cdot 20\,\text{V} = 40\,\text{V}$.

Der impulsförmige Sekundärstrom $i_2(\text{t})$ transformiert sich mit dem reziproken Wert des Übersetzungsverhältnisses auf die Primärseite und addiert sich zum Magnetisierungsstrom.

$$i_1(t) = \underbrace{\frac{1}{L_1} \int u_1(t) \cdot \text{d}t}_{\text{Magnetisierungsstrom}} + \underbrace{\frac{1}{ü} \cdot i_2(t)}_{\text{transformierter Laststrom}}$$

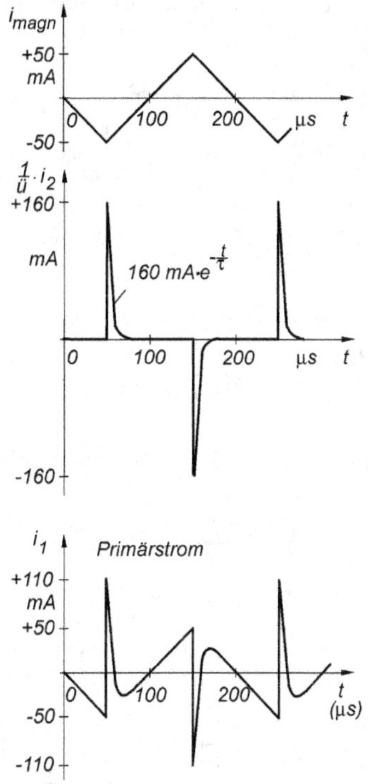

Der magnetische Fluss $\Phi(t)$ ist immer noch unverändert, wie in Lösung von 28.7 dargestellt.

Ergänzt sei noch der zeitliche Verlauf der Kondensatorspannung $u_2(t)$ auf der Sekundärseite:

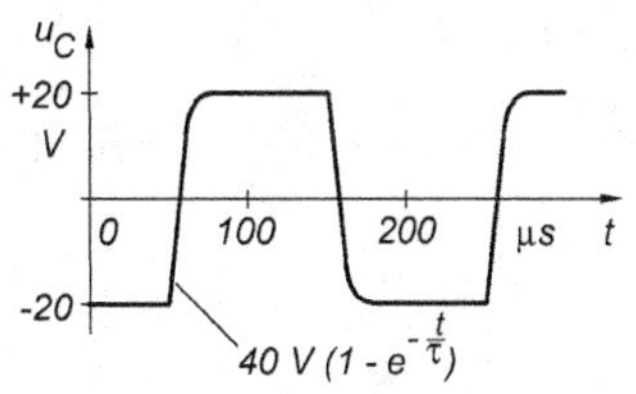

29 Schalten induktiv belasteter Gleichstromkreise

- Spulen
- Transformatoren in Schaltnetzteilen

Periodisch getaktete Speicherdrossel im DC-DC-Wandler

Ein DC-DC-Wandler soll eine Gleichspannung U_B möglichst verlustarm in eine kleinere Gleichspannung U_0 umwandeln. Dabei dient eine Speicherdrossel mit der Induktvität L als magnetischer Zwischenspeicher. Ein Kondensator mit der Kapazität C verbessert die Glättung. Die gesteuerten Schalter sind in Wirklichkeit elektronische Bauelemente (Transistoren, Dioden).

Die angegebenen Liniendiagramme gelten für den eingeschwungenen Zustand mit der Ausgangsgleichspannung $U_0 = I_0 \cdot R$. Der Widerstand R ist in Wirklichkeit zumeist eine elektronische Baugruppe, die an der Spannung U_0 mit einer Stromaufnahme I_0 betrieben wird.

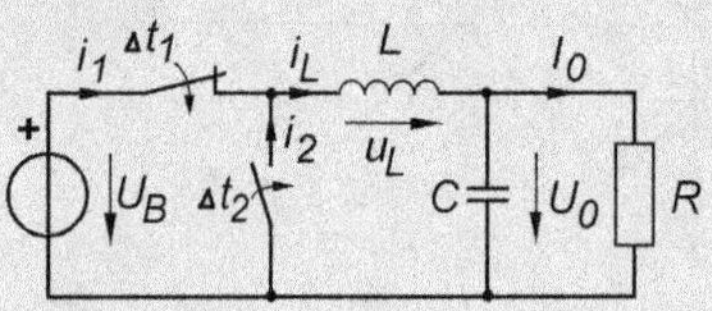

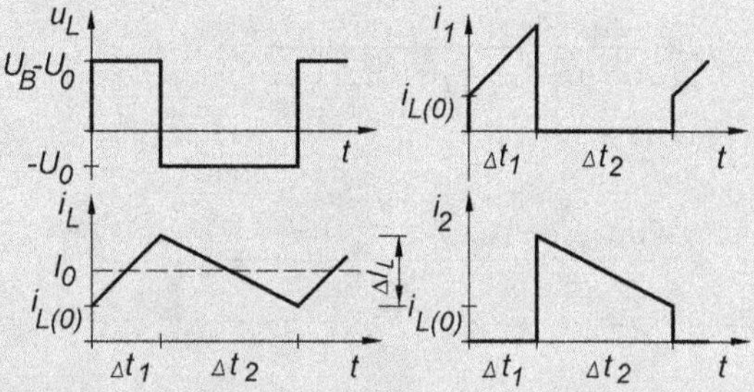

$$\pm \Delta I_L = \frac{\pm U_L \cdot \Delta t_{1(2)}}{L}$$

$$U_0 = U_B \cdot \frac{\Delta t_1}{\Delta t_1 + \Delta t_2}$$

Einschaltvorgang eines ohmsch-induktiven Verbrauchers

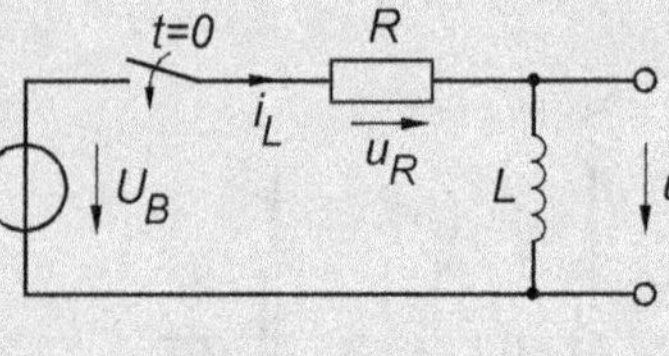

Nach Schließen des Schalters steigt der Strom i nach einer e-Funktion an und erreicht nach $t \approx 5\,\tau$ den Endwert (Gleichstromwert I_0). Mit Ansteigen des Stromes klingt die Selbstinduktionsspannung u_L ab.

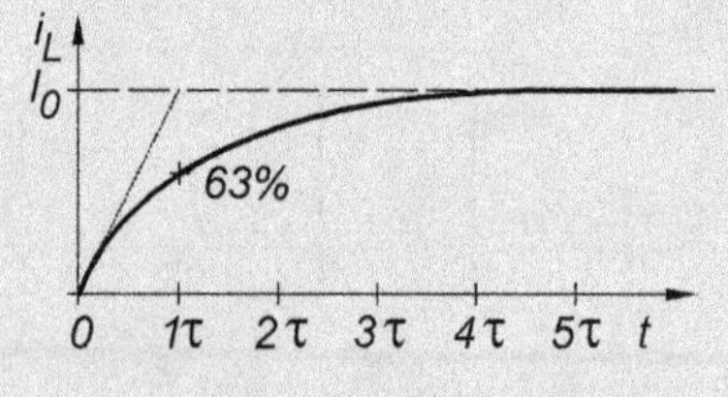

Zeitgesetz des Einschaltstromes:

$$i_L = \frac{U_B}{R} \cdot \left(1 - e^{-\frac{t}{\tau}}\right) \qquad I_0 = \frac{U_B}{R}$$

Zeitgesetz der Selbstinduktionsspannung:

$$u_L = U_B \cdot e^{-\frac{t}{\tau}}$$

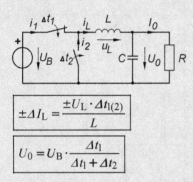

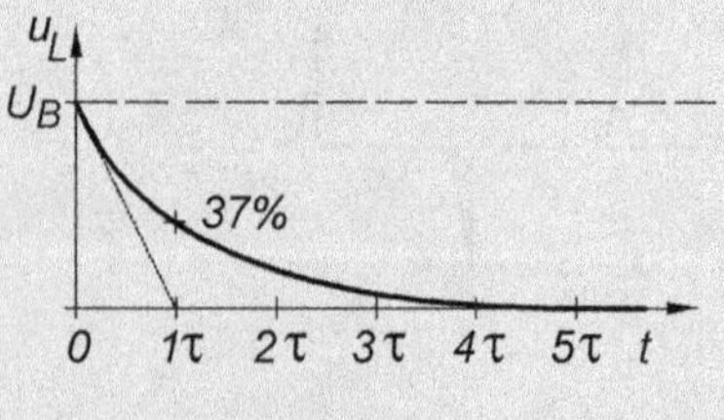

Zeitkonstante:

$$\tau = \frac{L}{R} \qquad \text{Einheit } 1\,\text{s} = \frac{1\,\frac{\text{Vs}}{\text{A}}}{1\,\frac{\text{V}}{\text{A}}}$$

Ausschaltvorgang eines ohmsch-induktiven Verbrauchers

Ausschaltung durch Unterbrechung

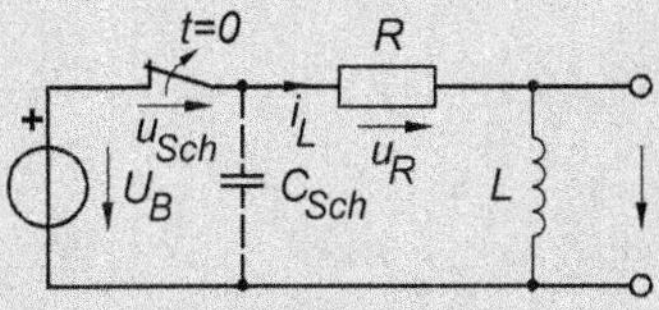

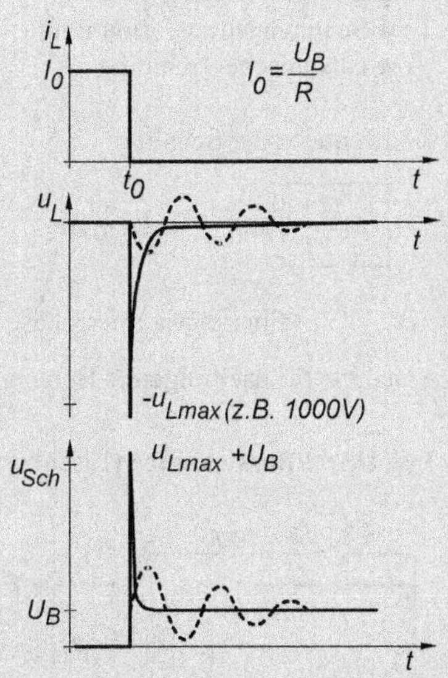

Extremfall: Schnellste Stromabschaltung verbunden mit einer gewünschten oder ungewollten sehr hohen Selbstinduktionsspannung, die am geöffneten Schalter als Sperrspannung auftritt. Theoretisch wird die Spannungsspitze $u_{L_{max}} \Rightarrow -\infty$, praktisch tritt jedoch eine Schwingung auf durch das Zusammenspiel von Schaltkapazität C_{sch} und Induktivität L.

Ausschalten über Freilaufweg

Um das Entstehen einer hohen Selbstinduktionsspannung beim Ausschalten zu vermeiden, wird für den Strom i_L ein Freilaufweg geschaltet. Die magnetische Energie der Spule wird beim Abklingen des Stromes i_L im Widerstand R in Wärme umgewandelt. S2 ist normalerweise eine Diode.

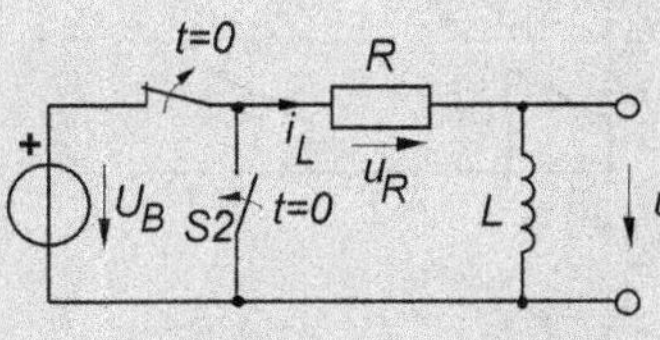

Nach Öffnen von Schalter S1 und Schließen von S2 fließt der zuvor bestehende Strom i_L mit abnehmender Tendenz in gleicher Richtung weiter.

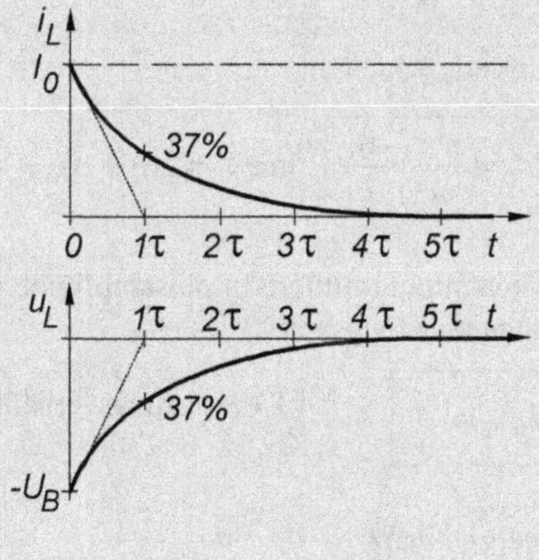

Zeitgesetz des Ausschaltstromes:

$$\boxed{i_L = I_0 \cdot e^{-\frac{t}{\tau}}} \qquad I_0 = \frac{U_B}{R}$$

Zeitgesetz der Selbstinduktionsspannung:

$$\boxed{u_L = -U_B \cdot e^{-\frac{t}{\tau}}} \qquad U_B = I_0 \cdot R$$

Zeitkonstante:

$$\boxed{\tau = \frac{L}{R}}$$

Transformator in Schaltnetzteilen (1)

Aufgaben des Transformators:

- Spannungstransformation
- galvanische Trennung

Taktfrequenz der Schalter:

$$\boxed{f = \frac{1}{T}} \quad \text{mit } T = \Delta t_1 + \Delta t_2$$

Flussphase Sperrphase

Annahme für nachfolgende Berechnungen: Der Transformator sei verlustlos $\Rightarrow \eta = 100\,\%$.

Typ Durchflusswandler (Eisenkern ohne Luftspalt)

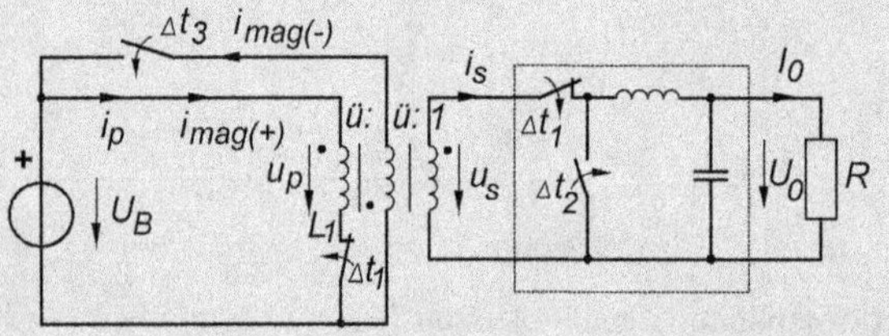

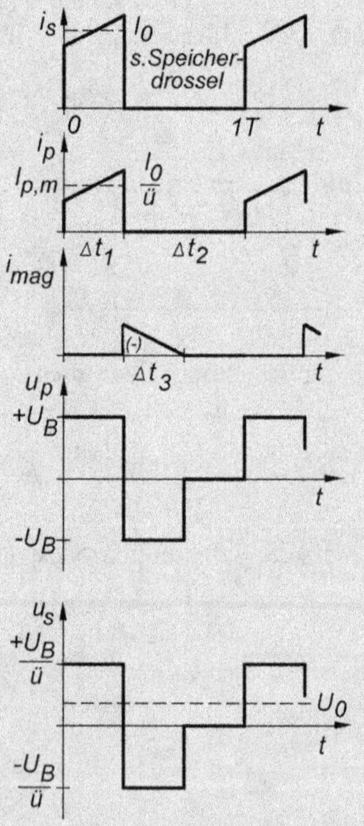

Magnetisierungsstrom (Primärwicklung)

$$\boxed{i_{\text{mag}(+)} = \frac{U_{\text{B}} \cdot \Delta t_1}{L_1}}$$

Entmagnetisierungsstrom (Hilfswicklung)

$i_{\text{mag}(-)} = \left| i_{\text{mag}(+)} \right|$ bei 1:1-Übersetzung

Ausgangsspannung

$$\boxed{U_0 = \frac{U_{\text{B}}}{ü} \cdot \frac{\Delta t_1}{T}} \quad \text{mit } T = \Delta t_1 + \Delta t_2$$

Primärstrom (mittlere Impulsamplitude ohne Magnetisierungsanteil)

$$\boxed{I_{\text{p,m}} = \frac{I_0}{ü}}$$

$ü$ = Übersetzungsverhältnis, s. Kp. 38, S. 230

Energiebilanz:

$$\boxed{U_{\text{B}} \cdot I_{\text{p,m}} \cdot \Delta t_1 = U_0 \cdot I_0 \cdot T}$$

Transformator in Schaltnetzteilen (2)

Aufgaben des Transformators

- Spannungstransformation
- galvanische Trennung
- Energie-Zwischenspeicherung

Taktfrequenz der Schalter:

$$\boxed{f = \frac{1}{T}} \quad \text{mit } T = \Delta t_1 + \Delta t_2$$

Flussphase (Δt_1) Sperrphase (Δt_2)

Annahme für nachfolgende Berechnungen: Transformator sei verlustlos $\Rightarrow \eta = 100\%$

Typ Sperrwandler (Eisenkern mit Luftspalt zwecks Energie-Zwischenspeicherung)

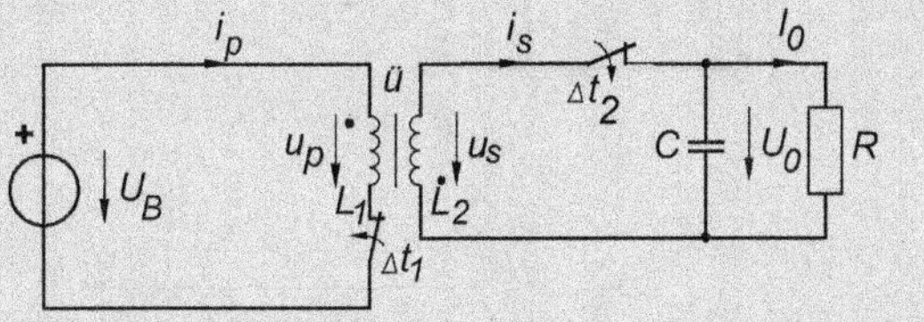

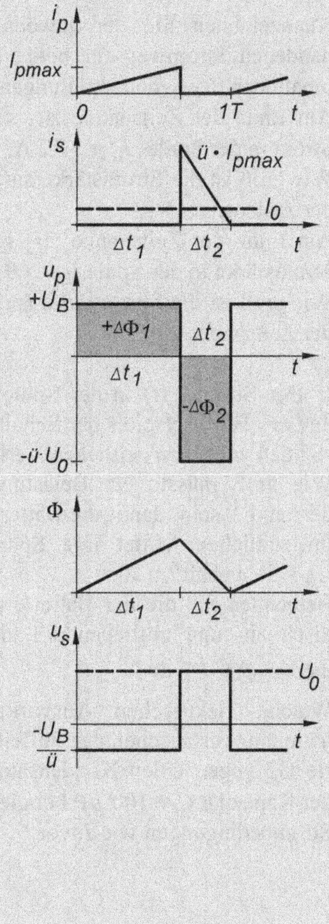

Magnetflussbedingung des Transformators

$$\boxed{\Delta\Phi_1 = \Delta\Phi_2} \quad \Rightarrow \quad U_B \cdot \Delta t_1 = ü \cdot U_0 \cdot \Delta t_2$$

↑ Zunahme in Δt_1 ↑ Abnahme in Δt_2

Scheitelwert des Primärstromes

$$\boxed{I_{p_{max}} = \frac{U_B \cdot \Delta t_1}{L_1}}$$

Energiebilanz

$$\boxed{\frac{1}{2} U_B \cdot I_{p_{max}} \cdot \Delta t_1 = U_0 \cdot I_0 \left(\Delta t_1 + \Delta t_2\right)}$$

29.1 Aufgaben

❷ **29.1:** In der nebenstehenden Schaltung zeigen die beiden Drehspul-Spannungsmesser jeweils den Messwert 5 V an. Während P2 eine tatsächlich vorhandene Gleichspannung von 5 V misst, zeigt P1 nur den arithmetischen Mittelwert einer Spannung an, die durch die Wirkung der periodisch arbeitenden Schalter S1 und S2 vorgegeben ist.

a) Bestimmen Sie die Zeitspannen Δt_1 und Δt_2, wenn die zugrundeliegende Periodendauer $T = \Delta t_1 + \Delta t_2 = 12\ \mu s$ sei.

b) Kennzeichnen Sie den jeweils vorhandenen Stromweg für beide Kombinationen der Schalterstellungen.

c) Am Ende der Zeitspanne Δt_1 sei der Strom in der Spule $i_L = +1{,}2$ A. Wie groß ist die Stromstärke am Ende der Zeitspanne Δt_2?

d) Am Ende der Zeitspanne Δt_2 sei die Stromstärke in der Spule $i_L = +0{,}8$ A. Wie groß ist die Stromstärke am Ende der Zeitspanne Δt_1?

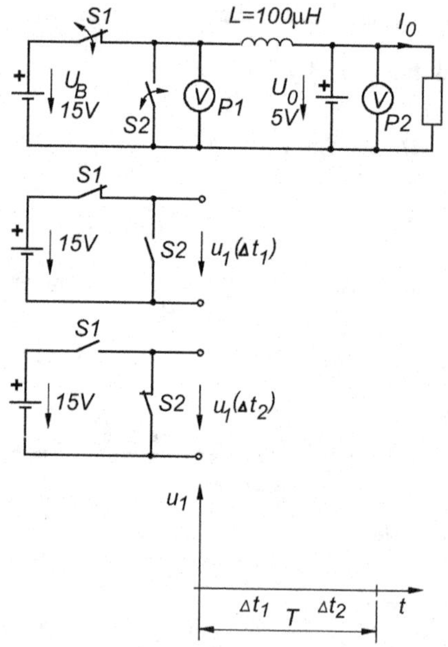

❷ **29.2:** Der Strom $i_L(t)$ in der Spule habe infolge des Wechselspiels der Schalter S1 und S2 den gezeigten zeitlichen Verlauf.

a) Wie groß müsste ein Belastungswiderstand R sein, damit die Batterie G2 im zeitlichen Mittel ihre Spannung $U_0 = 5$V behält?

b) Berechnen Sie die der Batterie periodisch zu- und abfließende Ladungsmenge $Q = \int i \cdot dt$.

c) Welche elektrischen Auswirkungen hätte ein Austauschen der Pufferbatterie G2 gegen einen Kondensator mit der Kapazität $C = 100\ \mu$F bei gleichen Strombedingungen wie zuvor?

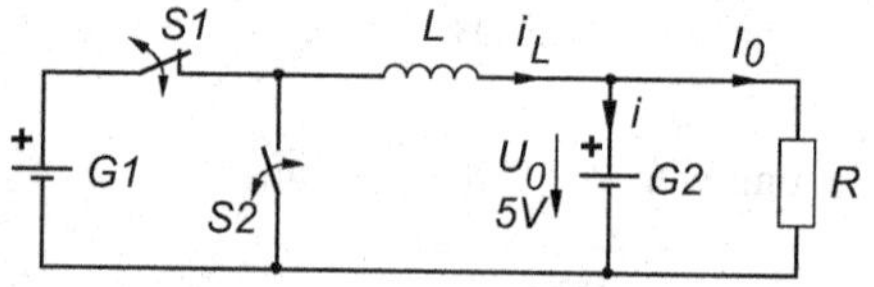

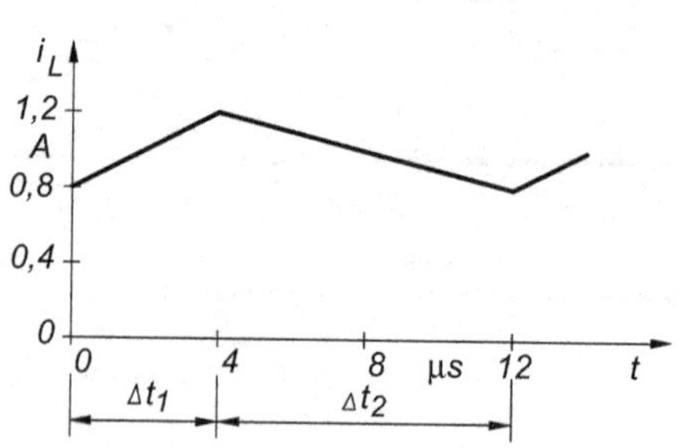

❶❷ **29.3:** Ein DC-DC-Wandler soll die Gleichspannung $U_B = 20$ V in eine Gleichspannung $U_0 = 5$ V möglichst verlustarm umwandeln. Die Schaltfrequenz sei 50 kHz $\left(\hat{=}\, T{=}20\ \mu s\right)$.

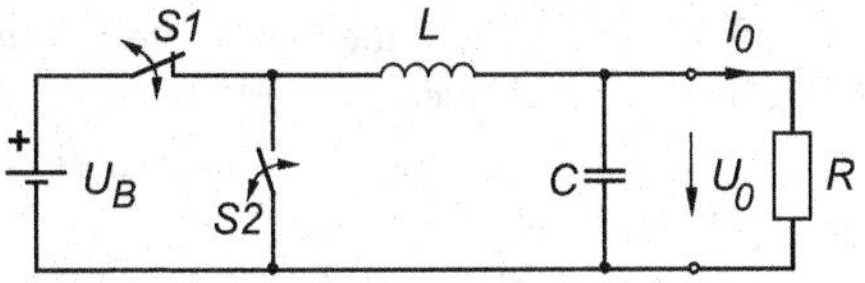

a) Man berechne $\Delta t_1 / T$.

b) Wie groß muss die Induktivität L der Speicherdrossel sein, damit die Stromänderung in der Speicherdrossel $\Delta I_L / I_0$ höchstens 10 % beträgt? $R = 1\ \Omega$.

❶❷ **29.4:** Ein 24V-Relais habe bei 4850 Windungen einen Wicklungswiderstand von 220 Ω und eine Induktivität von 1,9 H bei nicht angezogenem Anker.

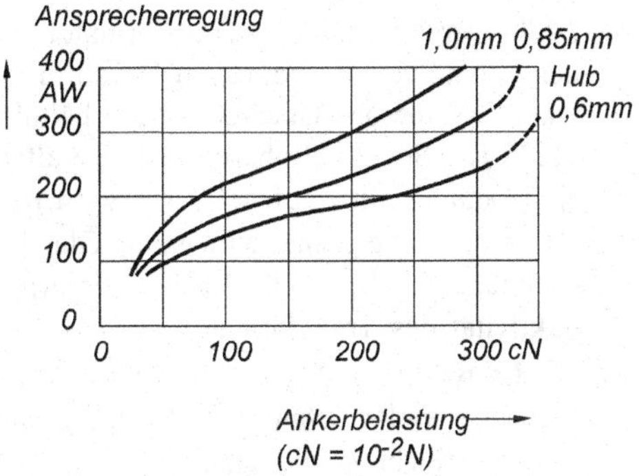

a) Welchen Endwert erreicht der Strom bei 24 V-Betriebsspannung?

b) Welchen Einfluss hat der Ankeranzug auf die Induktivität?

c) Nach welcher Zeit t erreicht der Strom seinen Endwert, wenn mit $L \approx 2{,}42$ H gerechnet wird?

d) Wie groß ist die Ansprechzeit des Relais (Zeit für den Übergang in die Arbeitsstellung) bei einer Ankerbelastung durch den Federsatz von 100 cN und einem Ankerhub von 0,85 mm?

❶ **29.5:** Bei einem ohmsch-induktiven Verbraucher lautet das Zeitgesetz

- für den Einschaltstrom

$$i_L = \frac{U_B}{R}\left(1 - e^{-\frac{t}{\tau}}\right)$$

- für den Ausschaltstrom

$$i_L = \frac{U_B}{R} \cdot e^{-\frac{t}{\tau}}$$

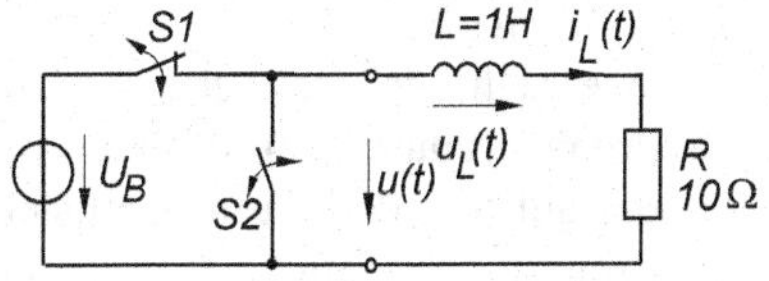

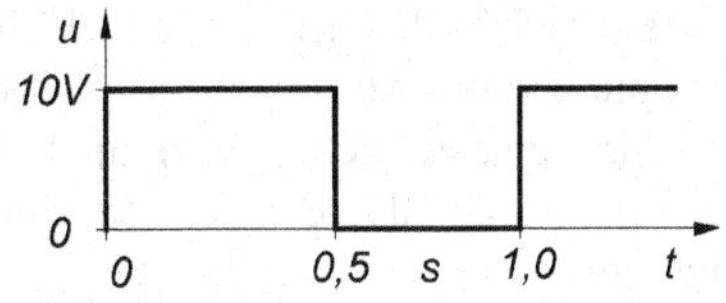

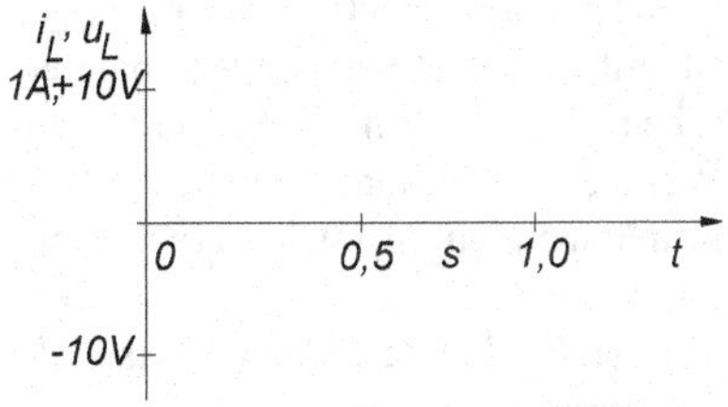

a) Berechnen und zeichnen Sie den zeitlichen Verlauf des Stromes $i_L(t)$, wenn durch das periodische Schalten der Schalter S1 und S2 die RL-Reihenschaltung an den angegebenen Spannungswerten u liegt.

b) Ermitteln Sie den zeitlichen Verlauf der Selbstinduktionsspannung $u_L(t)$ an der Spule, zugeordnet zum Diagramm von a).

❶ **29.6:** Ein Drahtwiderstand stelle einen ohmsch-induktiven Verbraucher mit $R = 24\ \Omega$ und einem kleinen Induktivitätswert L dar.
Wie sehen die zeitlichen Verläufe des Schalterstromes $i(t)$ und der Schalterspannung $u(t)$ im Zeitbereich $t = 0...0{,}2$ s aus, wenn im Zeitpunkt $t = 0{,}1$ s

a) Schalter S1 geöffnet wird und S2 geöffnet bleibt,
b) Schalter S1 geöffnet und gleichzeitig S2 kurzzeitig geschlossen wird?

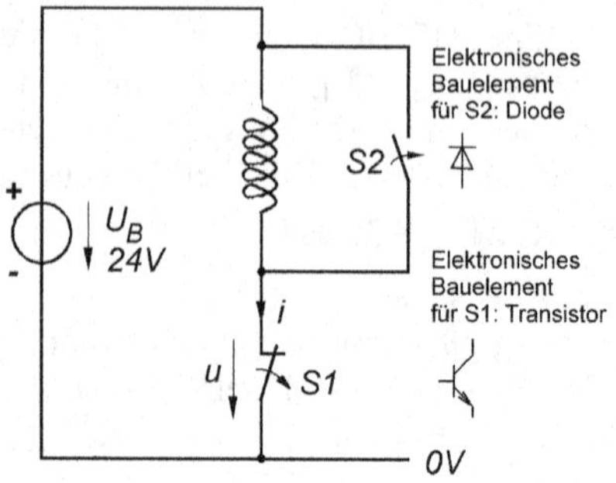

❷ **29.7:** Der 3-Wicklungs-Transformator eines Schaltnetzteils vom Typ Durchflusswandler habe das Übersetzungsverhältnis 25:25:1. Die Schaltphasen der Schalter sind eingestellt auf $\Delta t_1 = \Delta t_3 = 4\ \mu$s, $\Delta t_2 = 6\ \mu$s. Die primär anliegende Gleichspannung sei U_B = 325V, die Primärinduktivität des Transformator sei $L_1 \Rightarrow \infty$, der Lastwiderstand habe $R = 2{,}6\ \Omega$. Man berechne und zeichne U_0, I_0, $i_L(t)$ mit ΔI_L = 25% von I_0 und $i_p(t)$.

Im Bild ist U_B eine Gleichspannung, die mit einer Gleichrichterschaltung aus der Netzwechselspannung gewonnen wird.

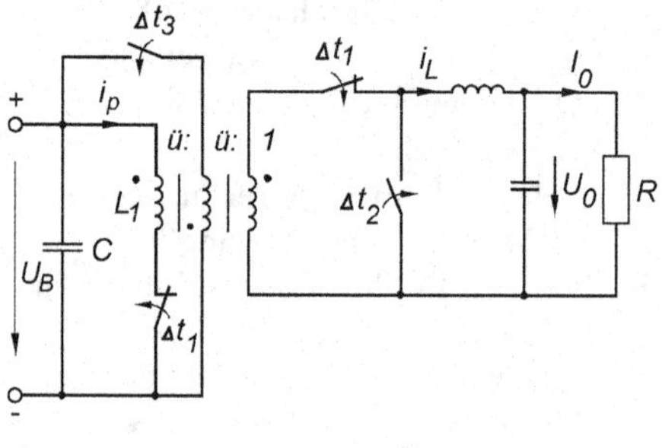

❷❸ **29.8:** Leerlaufstromeinfluss beim Durchflusswandler im Anschluss an Aufgabe 29.7. Die Primärinduktivität sei nun L_1 = 130 mH:

a) Wie sieht der zeitliche Verlauf des Primärstromes $i_p(t)$ unter Einschluss des auftretenden Aufmagnetisierungsstromes $i_{mag(+)}$ aus?
b) Im Zeitabschnitt Δt_3 ist der Sekundärstrom $i_s = 0$. Es fließt jedoch Entmagnetisierungsstrom $i_{mag(-)}$. Man zeichne den zeitlichen Verlauf dieses Stromes und deute sein Zustandekommen.
c) Der Entmagnetisierungsstrom $i_{mag(-)}$ ist mit einem abnehmenden magnetischen Fluss Φ im Eisen verbunden. Welche Auswirkung hat das auf die Primärspannung $u_p(t)$ des Transformators?
d) Man stelle den zeitlichen Verlauf der Schalterspannung u_{Sch} dar.

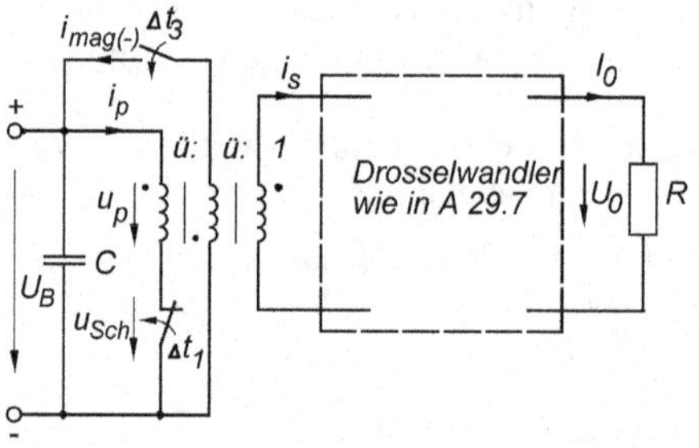

❸ **29.9:** Durchflusswandler und Sperrwandler unterscheiden sich hinsichtlich des Energieflusses entscheidend ⇒ s. Text

a) Wie reagiert der Durchflusswandler auf eine Laständerung bei konstant gehaltener Durchlassphase Δt_1 ?

b) Wie reagiert der Sperrwandler auf eine Laständerung bei konstant gehaltener Durchlassphase Δt_1 ?

Übertragungsverhalten des Durchflusswandlers:
Während der Durchflussphase besteht ein Energiefluss vom Primär- zum Sekundärkreis.

Übertragungsverhalten des Sperrwandlers:
Während der Durchlassphase ist der Sekundärkreis abgeschaltet. Die in der Durchlassphase aufgenommene Energie wird im Transformator zwischengespeichert und in der Sperrphase an die Sekundärseite abgegeben.

❸ **29.10:** Die Ausgangsspannung eines Durchflusswandlers berechnet sich aus $U_0 = \frac{U_B}{ü} \cdot \frac{\Delta t_1}{T}$, dabei sind U_B und $ü$ vorgegeben, Δt_1 und T werden durch einen Taktgeber eingestellt. Die Formel ist unabhängig vom Lastwiderstand gültig.

Bei dem nebenstehend abgebildeten Sperrwandler müsste eine entsprechende Formel zusätzlich noch den Lastwiderstand R enthalten (s. Aufgabe 29.9). Eine andere Möglichkeit besteht in der Angabe der Ausgangskennlinie des Sperrwandlers, in die der Lastwiderstand R eingetragen werden kann. Der Schnittpunkt nennt dann die gesuchten Ausgangsgrößen U_0 und I_0.

a) Man leite eine Beziehung für die Ausgangskennlinie $I_0 = f(U_0)$ aus der Energiebilanz und Flussbedingung des Sperrwandlers her.

b) Man bestimme U_0, I_0 und Δt_2 für $R = 1\ \Omega$ und $R = 10\ \Omega$ mit den Vorgabewerten: $U_B = 250$ V, $ü = 100$, $L_1 = 20$ mH, $\Delta t_1 = 8$ µs.

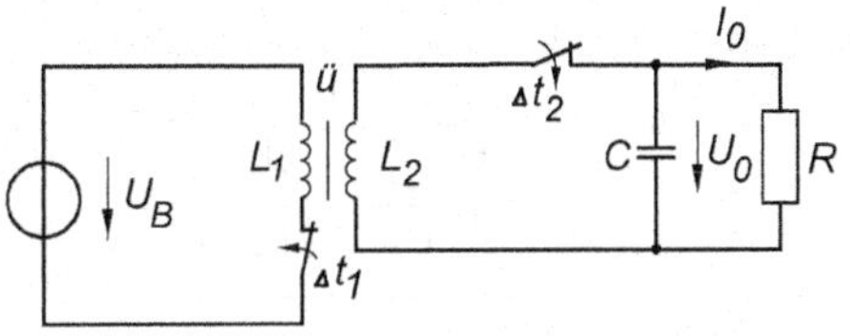

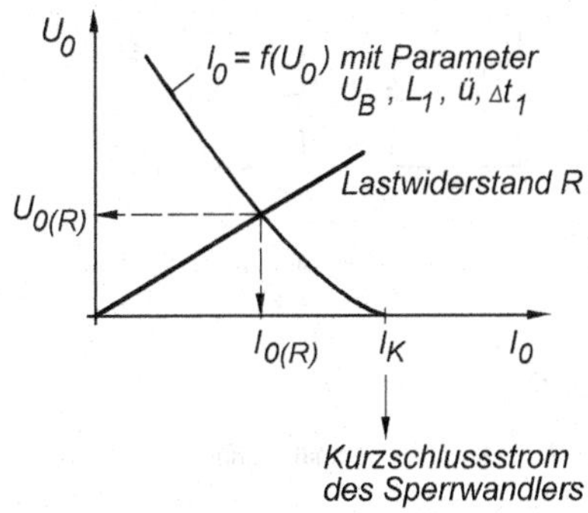

❷❸ **29.11:** Ein Sperrwandler liege an $U_B = 250$ V. Die Induktivitätswerte des Transformators sind $L_1 = 20\,\text{mH}$ und $L_2 = 2\,\mu\text{H}$.

Im Betriebszustand sei der Glättungskondensator C auf den Gleichspannungswert $U_0 = 10\,\text{V}$ aufgeladen, so dass im Lastwiderstand ein Gleichstrom $I_0 = 1\,\text{A}$ fließt. Die Arbeitsphasen sind auf $\Delta t_1 = 8$ µs und $\Delta t_2 = 2$ µs eingestellt.

Wie sehen die zeitlichen Verläufe $i_1(t)$, $i_2(t)$ und $u_{Sch}(t)$ aus?

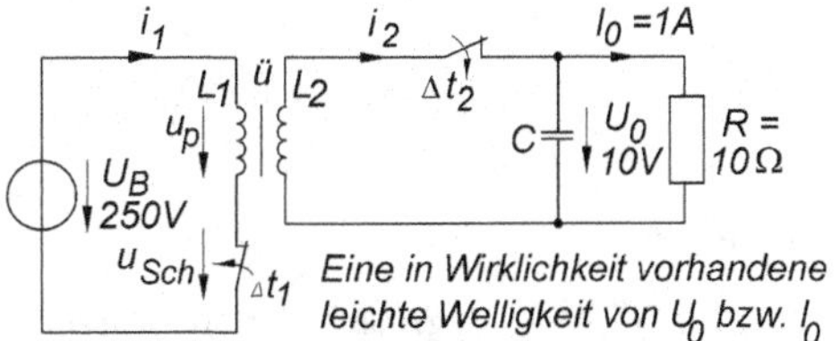

Eine in Wirklichkeit vorhandene leichte Welligkeit von U_0 bzw. I_0 sei hier vernachlässigt.

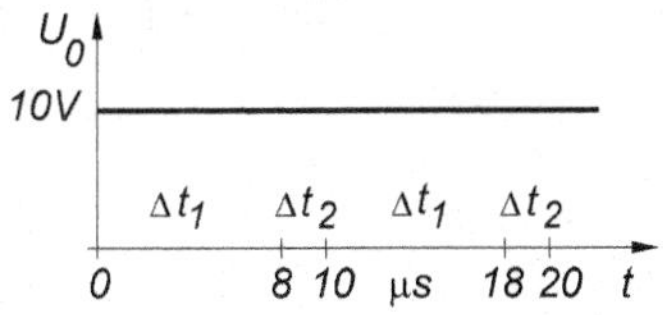

29.2 Lösungen

29.1

a) $U_0 = U_B \cdot \frac{\Delta t_1}{T}$

$\Delta t_1 = \frac{U_0}{U_B} \cdot T = \frac{5\text{ V}}{15\text{ V}} \cdot 12\ \mu\text{s} = 4\ \mu\text{s}$

$\Delta t_2 = T - \Delta t_1 = 12\ \mu\text{s} - 4\ \mu\text{s} = 8\ \mu\text{s}$

b)

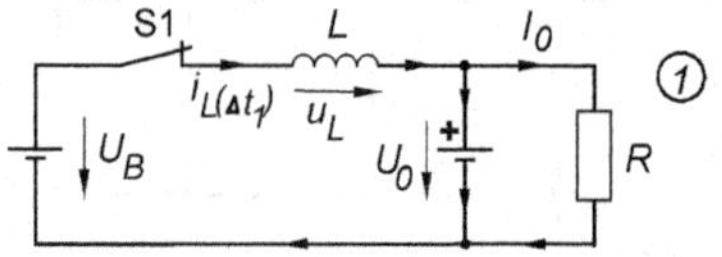

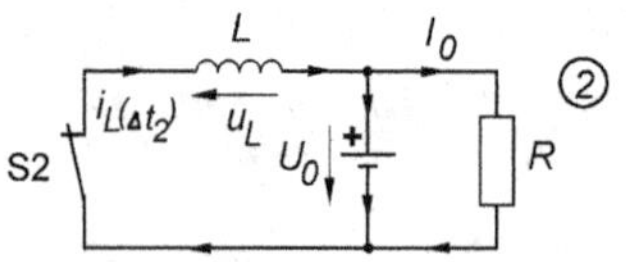

$u_L = L \cdot \frac{\mathrm{d}i}{\mathrm{d}t}$ ist stromtreibend

c) zu Bild ❷:

$U_L = -L \cdot \frac{\mathrm{d}i_L}{\mathrm{d}t}$ gemäß Zählpfeilrichtungen

$U_L - U_0 = 0$ Kirchhoff II

Folgt

$-L \cdot \frac{\mathrm{d}i_L}{\mathrm{d}t} - U_0 = 0$

$\frac{\mathrm{d}i_L}{\mathrm{d}t} = -\frac{1}{L} \cdot U_0$

$i_L = -\frac{1}{L} \int U_0 \cdot \mathrm{d}t$

$i_L = -\frac{1}{L} \cdot U_0 \cdot \Delta t_2 + \text{konst.}$ (konst. = Anfangswert)

$i_L = -\frac{1}{100\ \mu\text{H}} \cdot 5\text{ V} \cdot 8\ \mu\text{s} + 1{,}2\text{ A} = +0{,}8\text{ A}$

d) zu Bild ❶:

$U_L = +L \cdot \frac{\mathrm{d}i_L}{\mathrm{d}t}$ gemäß Zählpfeilrichtungen

$U_B - U_L - U_0 = 0$ Kirchhoff II

Folgt:

$U_B - L \cdot \frac{\mathrm{d}i_L}{\mathrm{d}t} - U_0 = 0$

$\frac{\mathrm{d}i_L}{\mathrm{d}t} = \frac{1}{L} \cdot (U_B - U_0)$

$\mathrm{d}i_L = \frac{1}{L} \cdot (U_B - U_0) \cdot \mathrm{d}t$

$i_L = \frac{1}{L} \int (U_B - U_0) \cdot \mathrm{d}t$

$i_L = \frac{1}{L} \cdot (U_B - U_0) \cdot \Delta t_1 + \text{konst.}$ (konst. = Anfangswert)

$i_L = \frac{1}{100\ \mu\text{H}} \cdot 10\text{ V} \cdot 4\ \mu\text{s} + 0{,}8\text{ A} = +1{,}2\text{ A}$

29.2

a) Laststrom I_0 muss gleich dem arithmetischen Mittelwert $\bar{i}_L$ des Spulenstromes $i_L(t)$ sein:

$I_0 = \bar{i}_L = 1{,}0\text{ A}$ s. Diagramm

$R = \frac{U_0}{I_0} = \frac{5\text{ V}}{1\text{ A}} = 5\ \Omega$

b)

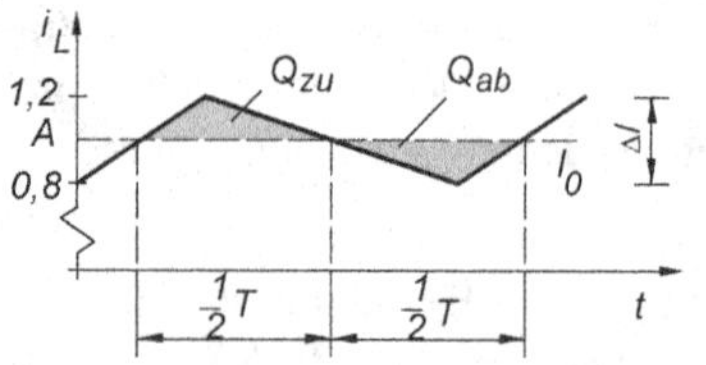

$Q_{zu} = \frac{1}{2} \cdot \frac{\Delta I}{2} \cdot \frac{T}{2} = +0{,}6\ \mu\text{C}$

$Q_{ab} = -0{,}6\ \mu\text{C}$

c) $Q = C \cdot U_0$ und somit auch: $\Delta Q = C \cdot \Delta U_0$

d.h., Ladungszuflüsse bzw. -abflüsse verursachen eine Spannungsänderung ΔU_0, d.h. die Ausgangsspannung ist nicht mehr vollkommen glatt.

Welligkeit:

$\Delta U_0 = \frac{Q_{zu}}{C} = \frac{0{,}6\ \mu\text{As}}{100\ \mu\text{F}} = 6\text{ mV}$

$\frac{6\text{ mV}}{5\text{ V}} \cdot 100 \mathrel{\hat{=}} 0{,}12\ \%$

29.3

a) $\frac{\Delta t_1}{T} = \frac{U_0}{U_B} = \frac{1}{4} \Rightarrow \Delta t_1 = 5\,\mu s; \quad \Delta t_2 = 15\,\mu s$

b) $\Delta I_L = 0{,}1 \cdot I_0 = 0{,}1 \cdot \frac{U_0}{R}$

$$\Delta I_L = 0{,}1 \cdot \frac{5\,V}{1\,\Omega} = 0{,}5\,A$$

$$L = \frac{(U_B - U_0) \cdot \Delta t_1}{\Delta I_L} = \frac{15\,V \cdot 5\,\mu s}{0{,}5\,A} = 150\,\mu H$$

oder

$$L = \frac{U_0 \cdot \Delta t_2}{\Delta I_L} = \frac{5\,V \cdot 15\,\mu s}{0{,}5\,A} = 150\,\mu H$$

29.4

a) $I = \frac{U}{R} = \frac{24V}{220\,\Omega} = 110\,mA$

b) Bei der Verringerung des Luftspaltes nimmt die Induktivität zu.

c) Zeitkonstante

$$\tau = \frac{L}{R}$$

$$\tau = \frac{2{,}42\,H}{220\,\Omega} = 11\,ms$$

$t \approx 5\,\tau = 5 \cdot 11\,ms = 55\,ms$

d)

$$I_{An} = \frac{\Theta_{An}}{N} = \frac{175\,A}{4850} = 36\,mA$$

$$i_{An} = I \cdot \left(1 - e^{-\frac{t}{\tau}}\right)$$

$$e^{-\frac{t}{\tau}} = 1 - \frac{i_{An}}{I}$$

$$-\frac{t}{\tau} \ln e = 1 - \frac{i_{An}}{I}$$

$$t = -\tau \cdot \ln\left(1 - \frac{i_{An}}{I}\right)$$

$$t_1 = -11\,ms \cdot \ln\left(1 - \frac{36\,mA}{110\,mA}\right) = 4{,}4\,ms$$

29.5

$$\tau = \frac{L}{R} = \frac{1\,H}{10\,\Omega} = 0{,}1\,s$$

$t_{Ein} = t_{Aus} = 5\,\tau = 0{,}5\,s$

a)

$$i(t) = \frac{U_B}{R} \cdot \left(1 - e^{-\frac{t}{\tau}}\right)$$

$$i_{5\tau} = \frac{U_B}{R} \cdot \left(1 - e^{-\frac{5\tau}{\tau}}\right)$$

$$i_{5\tau} = \frac{10\,V}{10\,\Omega} \cdot 0{,}993 \approx 1\,A$$

$$t_{Aus} = 5\,\tau = 0{,}5\,s$$

$$i(t) = I_0 \cdot e^{-\frac{t}{\tau}}$$

$$i_{5\tau} = I_0 \cdot e^{-\frac{5\tau}{\tau}} = 1\,A \cdot 0{,}00673 \approx 0$$

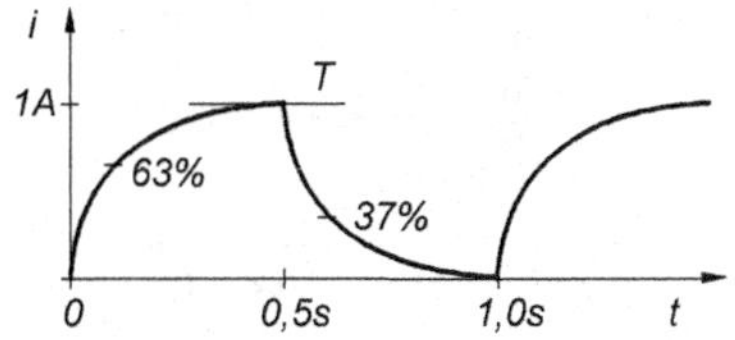

b) Für S1 = EIN, S2 = AUS

$U_B - u_L - iR = 0$ mit $i = \frac{U_B}{R}\left(1 - e^{-\frac{t}{\tau}}\right)$ folgt:

$$u_L = U_B \cdot e^{-\frac{t}{\tau}}$$

Für S1 = AUS, S2 = EIN

$u_L + iR = 0$ mit $i = \frac{U_B}{R} \cdot e^{-\frac{t}{\tau}}$ folgt:

$$u_L = -U_B \cdot e^{-\frac{t}{\tau}}$$

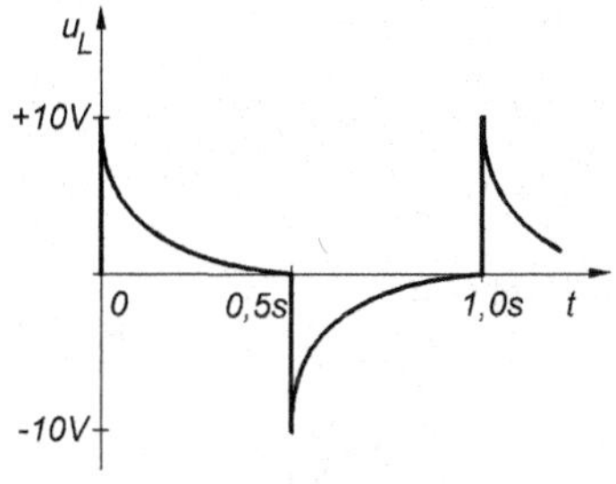

Die Selbstinduktionsspannung u_L ist jeweils nach $t = 5\,\tau$ gerade abgeklungen. Die Tangente T im Stromdiagramm bei 0,5 s zeigt die Steigung $\frac{di}{dt} \Rightarrow 0$, somit wird:

$$u_L = L \cdot \frac{di}{dt} \Rightarrow 0$$

29.6

a)

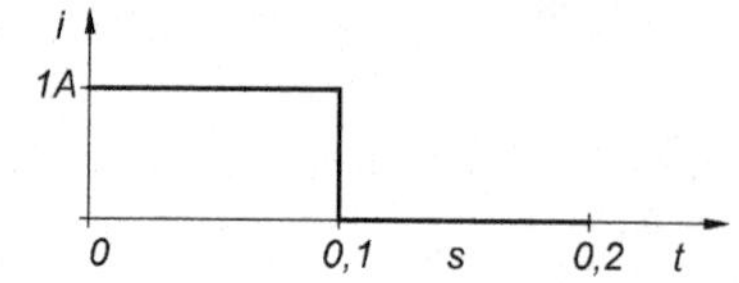

b)

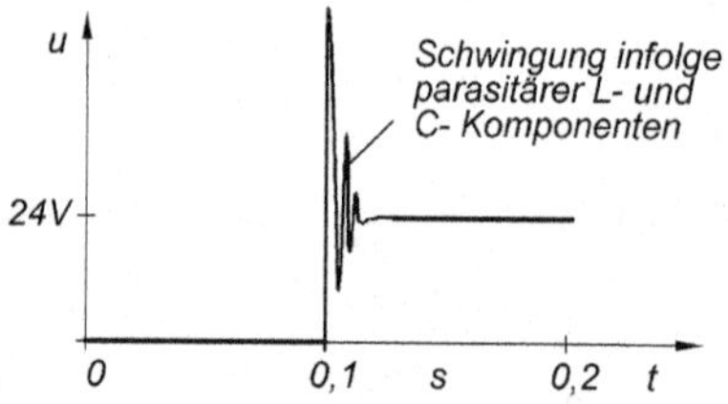

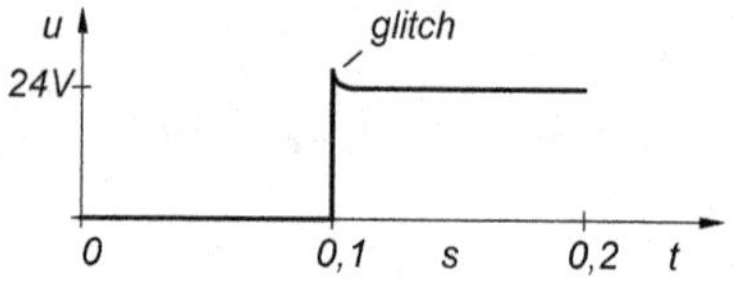

29.7

Ausgangsgleichspannung

$$U_0 = \frac{U_B}{ü} \cdot \frac{\Delta t_1}{\Delta t_1 + \Delta t_2} \qquad T = \Delta t_1 + \Delta t_2 = 10\ \mu s$$

$$U_0 = \frac{325\ V}{25} \cdot \frac{4\ \mu s}{10\ \mu s} = 5{,}2\ V$$

Ausgangsgleichstrom

$$I_0 = \frac{U_0}{R} = \frac{5{,}2\ V}{2{,}6\ \Omega} = 2\ A$$

Strom in der Speicherdrossel

$i_L(t) = I_0 \pm 0{,}25 \cdot I_0$

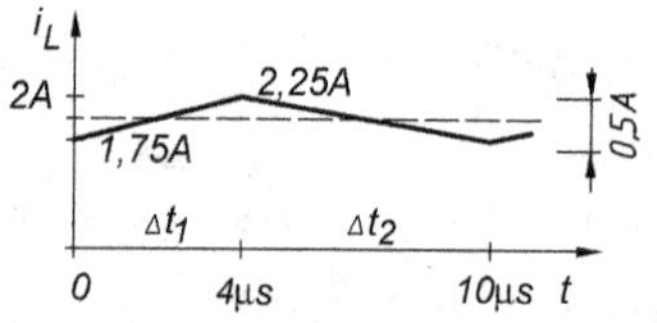

Primärstrom (Impuls ohne Magnetisierungsstromanteil)

$$I_{p,m} = \frac{I_0}{ü} = \frac{2\ A}{25} = 80\ mA$$

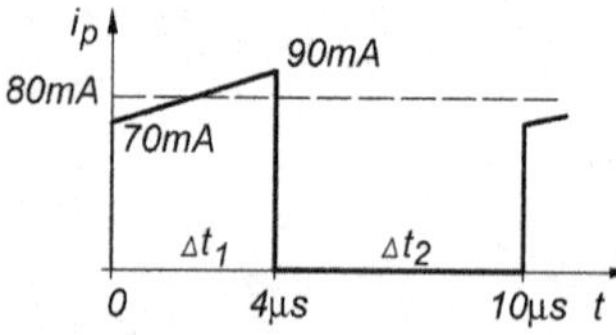

Energiebilanz der verlustfreien Schaltung:

$$U_B \cdot I_{p,m} \cdot \Delta t_1 = U_0 \cdot I_0 \cdot T$$
$$325\ V \cdot 0{,}08\ A \cdot 4\ \mu s = 5{,}2\ V \cdot 2\ A \cdot 10\ \mu s$$
$$0{,}104\ mWs = 0{,}104\ mWs$$

29.8

a) Aufmagnetisierungsstrom steigt zeitproportional bis zum Endwert:

$$i_{mag(+)} = \frac{U_B \cdot \Delta t_1}{L_1} = \frac{325\ V \cdot 4\ \mu s}{130\ mH} = 10\ mA$$

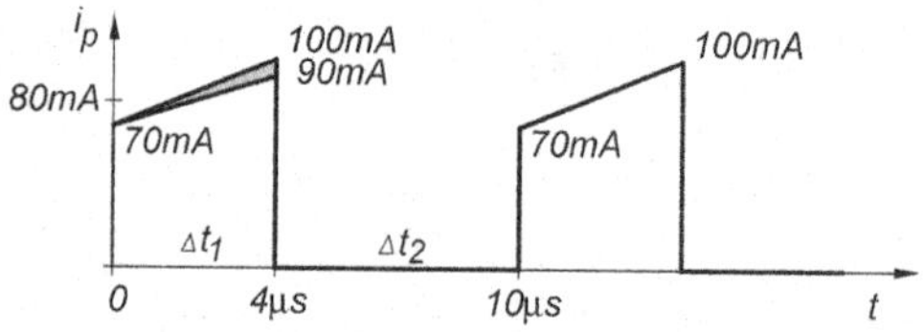

b)

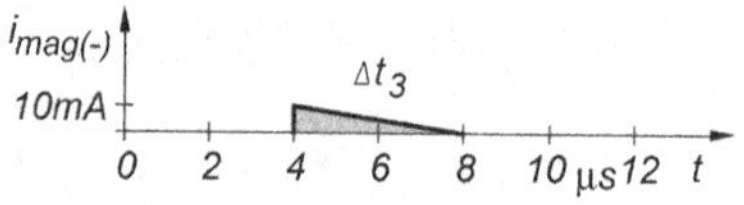

Der Entmagnetisierungsstrom $i_{mag(-)}$ ist die Fortsetzung des Aufmagnetisierungsstromes $i_{mag(+)}$, er fließt jedoch in einer anderen Wicklung. Wenn $i_{mag(-)}$ fließt, wird die magetische Energie des Eisens abgebaut. Es ist:

$\Delta t_3 = \Delta t_1$ bei ü:ü:1

c) Durch die Flussabnahme entsteht in der Zeitspanne Δt_3 eine negative Induktionsspannung in der Primärwicklung.

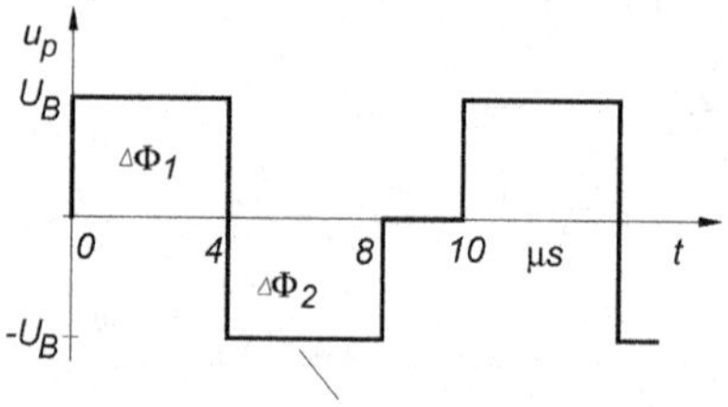

Die negative Induktionsspannung wird vom Strom $i_{mag(-)}$ erzeugt: bei einem Übersetzungsverhältnis von ü:ü:1.

d)

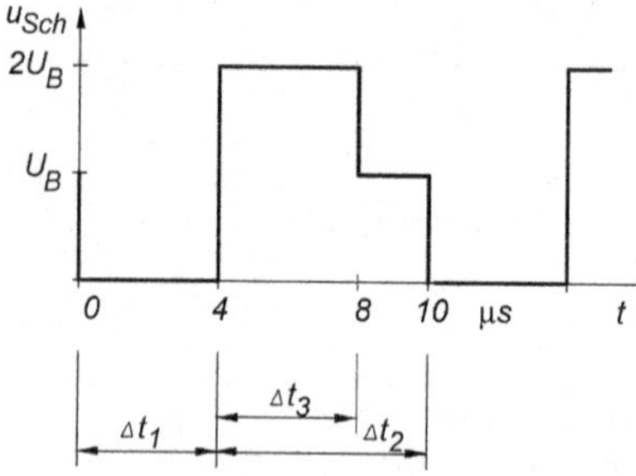

29.9

a) In der Durchlassphase Δt_1 führt jede Veränderung des Ausgangsstromes I_0 infolge Laständerung sofort über den Transformator zu einer Änderung der Primärstromaufnahme. Der Durchflusswandler nimmt primärseitig in der Durchlassphase Δt_1 immer soviel Energie auf, wie er sekundärseitig während der Zeit $\Delta t_1 + \Delta t_2$ benötigt. Der Ausgangsstrom I_0 kann sich also entsprechend der Last R einstellen, ohne damit die Ausgangsspannung U_0 zu beeinflussen.

b) In der Durchlassphase Δt_1 ist der Ausgangsstromkreis abgeschaltet. Somit nimmt der Sperrwandler in der Durchlassphase ohne Rücksicht auf den Lastwiderstand immer eine bestimmte Energiemenge auf und speichert sie im Transformator. In der Sperrphase Δt_2 wird diese Energie an den Verbraucher abgegeben. Folgt:

Eine Erhöhung des Ausgangsstromes I_0 infolge eines verringerten Lastwiderstandes R führt zwangsläufig zu einem Rückgang der Ausgangsspannung U_0 und umgekehrt. Bei Leerlauf des Sperrwandlers steigt $U_0 \Rightarrow \infty$!

Beim Sperrwandler kann eine konstante Ausgangsspannung U_0 bei Lastschwankungen nur durch ein Nachregeln der Durchflussphase Δt_1 erreicht werden.

29.10

a) Energiebilanz des Sperrwandlers:

$$\frac{1}{2} \cdot U_B \cdot I_{p_{max}} \cdot \Delta t_1 = U_0 \cdot I_0 \cdot (\Delta t_1 + \Delta t_2)$$

$$I_0 = \frac{U_B \cdot I_{p_{max}} \cdot \Delta t_1}{2 \cdot U_0 \cdot (\Delta t_1 + \Delta t_2)}$$

$$I_0 = \frac{U_B \cdot I_{p_{max}}}{2 \cdot U_0 \cdot \left(1 + \frac{\Delta t_2}{\Delta t_1}\right)} \qquad \text{(I)}$$

Flussbedingung:

$$\Delta \Phi_1 = \Delta \Phi_2 \quad \Rightarrow \quad U_B \cdot \Delta t_1 = \ddot{u} \cdot U_0 \cdot \Delta t_2$$

$$\frac{\Delta t_2}{\Delta t_1} = \frac{U_B}{\ddot{u} \cdot U_0} \qquad \text{(II)}$$

II in I:

$$I_0 = \frac{U_B \cdot I_{p_{max}}}{2 \cdot U_0 \cdot \left(1 + \frac{U_B}{\ddot{u} U_0}\right)}$$

Mit Scheitelwert des Primärstromes

$$I_{p_{max}} = \frac{U_B \cdot \Delta t_1}{L_1}$$

Gesuchte Bezeichnung $I_0 = f(U_0)$

$$I_0 = \frac{U_B^2 \cdot \Delta t_1}{2 \cdot L_1 \cdot \left(U_0 + \frac{U_B}{\ddot{u}}\right)}$$

b)

U_0	0 V	2,5 V	5 V	10 V	15 V	20 V
I_0	5 A	2,5 A	1,67 A	1 A	0,714 A	0,555 A

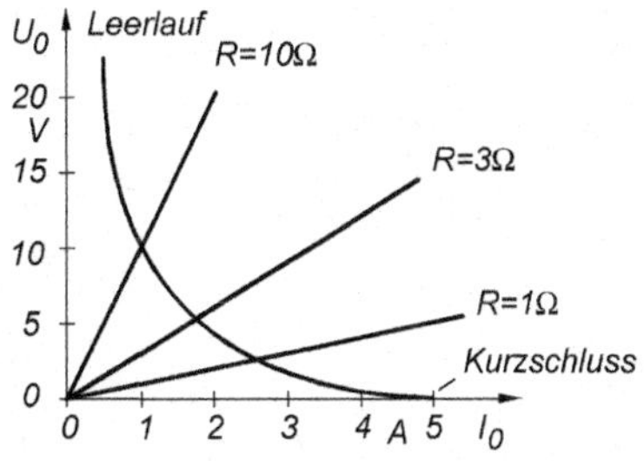

R	U_0	I_0	Δt_1	Δt_2 (aus Gl. II.)
1 Ω	2,5 V	2,5 A	8 μs	8 μs
10 Ω	10 V	1 A	8 μs	2 μs

29.11

Übersetzungsverhältnis $\ddot{u} = \sqrt{\frac{L_1}{L_2}} = \sqrt{\frac{N_1^2 \cdot A_L}{N_2^2 \cdot A_L}} = \frac{N_1}{N_2} = \frac{100}{1}$

Scheitelwert des Primärstromes $I_{p_{max}} = \frac{U_B \cdot \Delta t_1}{L_1} = 0{,}1\ \text{A}$

Scheitelwert des Sekundärstromes $I_{s_{max}} = \ddot{u} \cdot I_{p_{max}} = 10\ \text{A}$

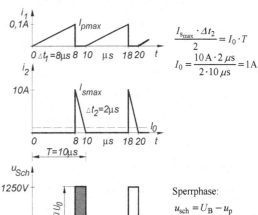

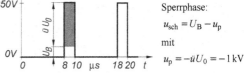

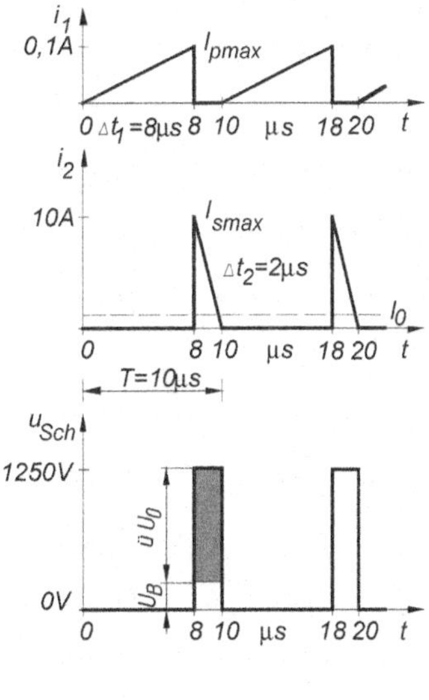

$$\frac{I_{s_{max}} \cdot \Delta t_2}{2} = I_0 \cdot T$$

$$I_0 = \frac{10\ \text{A} \cdot 2\ \mu\text{s}}{2 \cdot 10\ \mu\text{s}} = 1\ \text{A}$$

Sperrphase:

$u_{sch} = U_B - u_p$

mit

$u_p = -\ddot{u} U_0 = -1\ \text{kV}$

Wechselstrom

30 Benennungen und Festlegungen bei Wechselgrößen, Mittelwerte periodischer Wechselgrößen

Begriffsbestimmungen:

Gleichgröße:

Betrag und Wirkungsrichtung der Größe (z.B. des Stromes I) ist konstant, also unabhängig von der Zeit: $i(t) = I = \text{konst.}$

Wechselgröße:

Der Betrag und die Wirkungsrichtung der Größe ändert sich in Abhängigkeit von der Zeit, wobei der arithmetische Mittelwert über einen längeren Zeitraum gleich null ist.

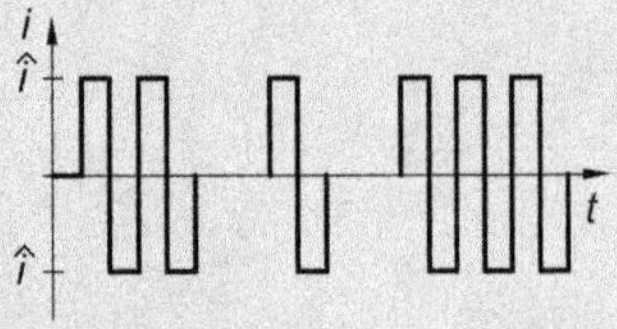

Sonderfälle von technischer Bedeutung:

Periodische Wechselgröße:
Die Zeitspanne T, nach der sich alle vorangegangenen Funktionswerte wiederholen, heißt **Periodendauer** $\boldsymbol{T}$. (Periodizität: $f(t) = f(t + n \cdot T)$ mit $n = 1, 2, 3, \ldots$)
Die Anzahl der Perioden pro Sekunde bezeichnet man als **Frequenz** $\boldsymbol{f}$.

$$f = \frac{1}{T} \qquad 1\,\text{Hz} = \frac{1}{1\,\text{s}}$$

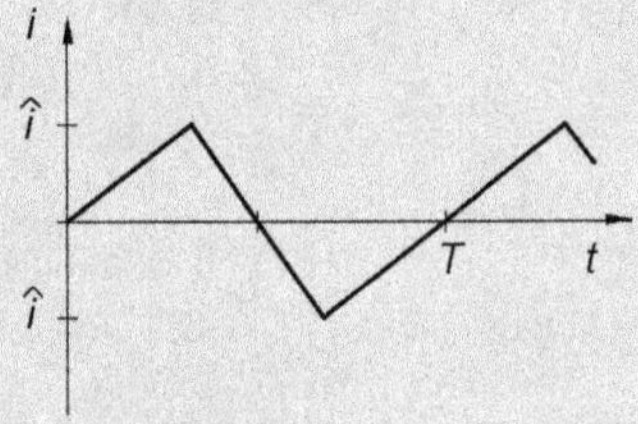

Sinusförmige Wechselgröße: Periodische Wechselgröße mit sinusförmigem zeitlichen Verlauf,

z.B. $i(t) = \hat{i} \cdot \sin \omega t = \hat{i} \cdot \sin 2\pi f \cdot t$

Momentanwert — Amplitude (Scheitelwert) — Zeitfunktion

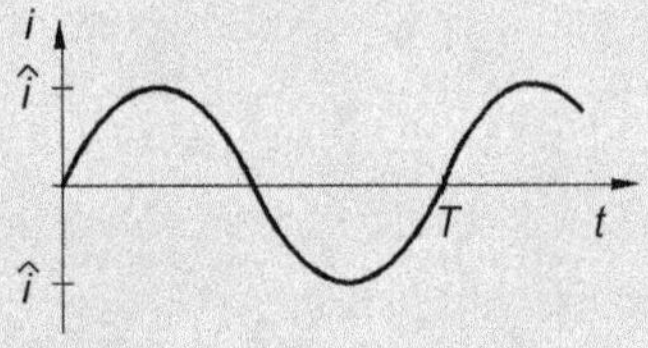

Mischgröße:

Einer Wechselgröße ist zusätzlich noch ein Gleichanteil überlagert, hier z.B. I_{-}.

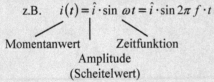

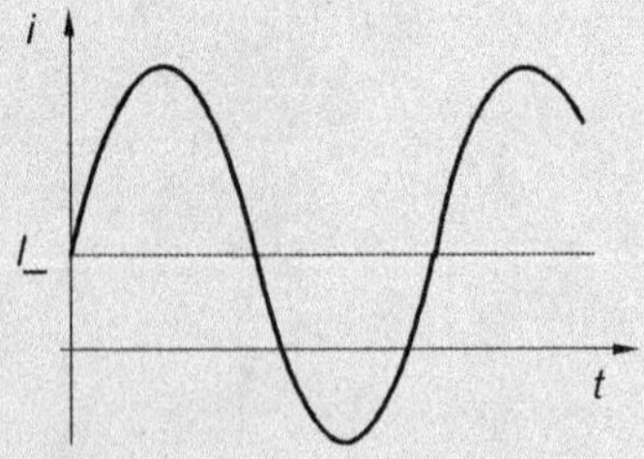

Weitere Kennwerte der sinusförmigen Wechselgrößen:

Amplitude: Maximalwert der Wechselgröße z.B. $\hat{u}$

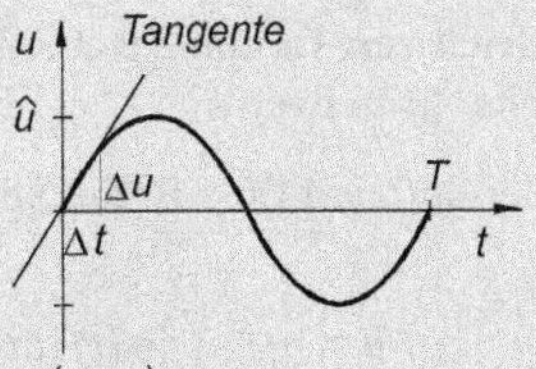

Kreisfrequenz $\omega = 2\pi / T = 2\pi f$

Max Änderungsgeschwindigkeit der sinusförmigen Größe, z.B. $u(t)$, beim Nulldurchgang mit $(\Delta u / \Delta t)_{\max} = \hat{u} \cdot \omega$.

$$\left(\frac{\Delta u}{\Delta t}\right)_{\max} = \hat{u} \cdot 2\pi \cdot f$$

Zeitabhängiger Drehwinkel $\widehat{\alpha} = \omega \cdot t$

Nullphasenwinkel: Wird eine Wechselgröße zu einem beliebigen Zeitpunkt t beobachtet, der nicht mit einem Nulldurchgang im Liniendiagramm zusammenfällt, so ist in der Zeigerdarstellung der korrespondierende Zeiger zu diesem Zeitpunkt gegenüber der horizontalen (Null-)Achse um den Nullphasenwinkel, hier z.B. φ_u, verdreht.
Dabei weist der Zeiger einen positiven Nullphasenwinkel auf (siehe z.B. φ_u), wenn der Nulldurchgang im Liniendiagramm vor dem Beobachtungszeitpunkt erfolgte. Entsprechend liegt ein negativer Nullphasenwinkel vor (siehe z.B. φ_i), wenn der Nulldurchgang nach dem Beobachtungszeitpunkt erfolgte. Im Zeigerdiagramm wird also ein positiver Nullphasenwinkel im mathematisch positiven Sinn (linksdrehend) eingetragen.

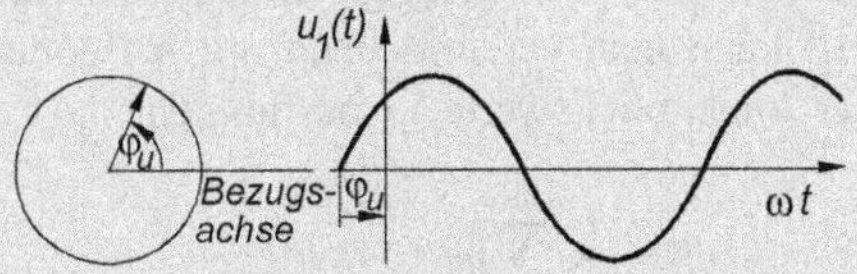

$$u_1(t) = \hat{u}_1 \cdot \sin(\omega t + \varphi_u)$$

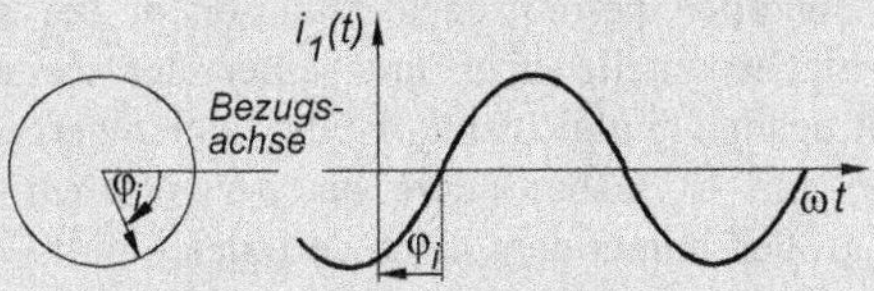

$$i_1(t) = \hat{i}_1 \cdot \sin(\omega t + \varphi_i)$$

(φ_i mit negativem Wert einsetzen)

Phasenlage (Phasenverschiebungswinkel):
Betrachtet man vergleichend den zeitlichen Verlauf von zwei sinusförmigen Wechselgrößen gleicher Frequenz, nennt man die Differenz der Nullphasenwinkel den Phasenverschiebungswinkel φ, der unabhängig vom Beobachtungszeitpunkt ist.
Oft bezieht man die Phasenlage der Spannung auf die des Stromes, so dass dann gilt: $\varphi = \varphi_u - \varphi_i$.

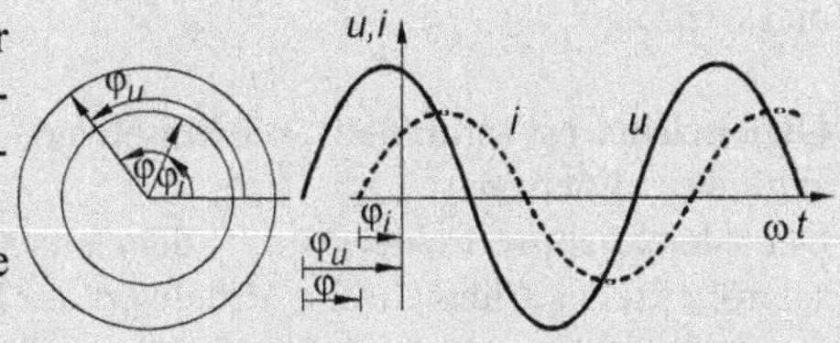

Legt man als Bezugsgröße z.B. den Zeitpunkt des Strom-Nulldurchganges fest, gelten folgende äquivalente Aussagen:

$\varphi > 0 \; (\varphi_u > \varphi_i$ und $0 < \varphi \leq \pi)$	:	Die Spannung eilt dem Strom voraus. (Äquivalent: Der Strom eilt der Spannung nach)
$\varphi < 0 \; (\varphi_u < \varphi_i$ und $-\pi \leq \varphi < 0)$	:	Die Spannung eilt dem Strom nach. (Äquivalent: Der Strom eilt der Spannung voraus)
$\varphi = 0 \; (\varphi_u = \varphi_i)$	:	Spannung und Strom sind in Phase. (Gleichphasigkeit)
$\varphi = \pi \; (\varphi_u = \varphi_i \pm 180°)$	:	Strom und Spannung sind in Gegenphase.

Mittelwerte periodischer Größen:

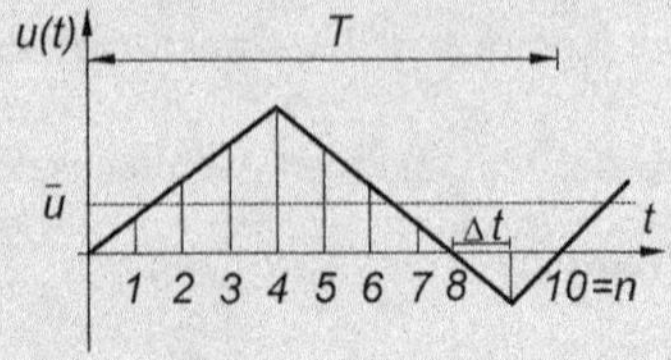

Gleichwert (arithmetischer Mittelwert, linearer zeitlicher Mittelwert):

Hier definiert für z.B. die Spannung *u(t)*:

$$\overline{u} = \frac{1}{T} \cdot \int_{t_0}^{t_0+T} u(t) \cdot \mathrm{d}t$$

Bei der Abtastung des zeitlichen Verlaufes von *u(t)* nach möglichst kleinen, gleichlangen Zeitintervallen Δt kann man vereinfachend mit *n* Beobachtungen der Augenblickswerte u_i bestimmen:

$$\overline{u} = \frac{1}{n} \cdot \sum_{i=1}^{n} u_i$$

Darstellung des Gleichwertes $\overline{u}$ einer Pulsspannung $\hat{u}$.
Kennzeichen:
Gleichheit der Spannungszeitflächen über 1 Periode T

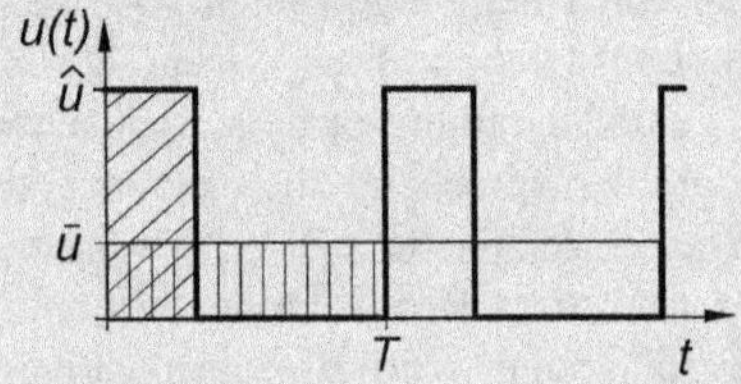

Anmerkung:
Bei allen periodischen Funktionen, bei denen die Flächenanteile über und unter der Zeitachse betragsmäßig gleich sind, ist der Gleichwert null.
Somit ist insbesondere bei periodischen Wechselgrößen immer der Gleichwert gleich null.

Beispiel aus der Messtechnik:
Aufgrund der mechanischen Trägheit bildet ein Drehspulinstrument schon bei relativ niedrigen Frequenzen den Gleichwert eines periodischen Wechselstromes (Anzeige: $\overline{i} = 0$) bzw. eines Mischstromes (Anzeige: $\overline{i}$).

Gleichrichtwert (arithmetischer Mittelwert, linearer zeitlicher Mittelwert)
Der Gleichrichtwert einer Misch- oder einer Wechselgröße ist der arithmetische Mittelwert der Beträge der Augenblickswerte, gebildet über eine Periodendauer *T*:

$$\overline{|u|} = \frac{1}{T} \cdot \int_{t=0}^{T} |u(t)| \cdot \mathrm{d}t$$

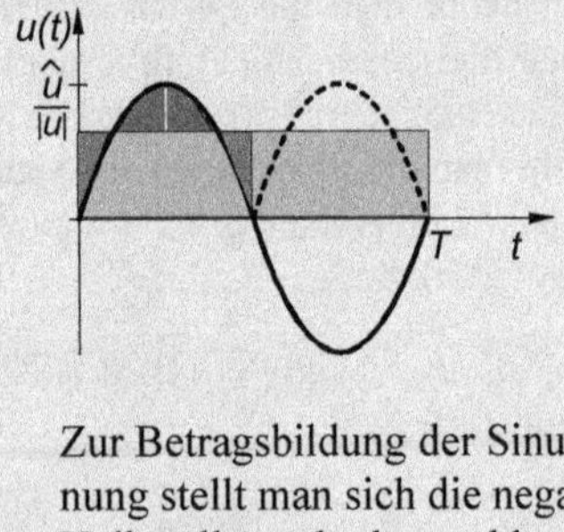

Zur Betragsbildung der Sinusspannung stellt man sich die negative Halbwelle nach oben geklappt vor.

Insbesondere gilt bei sinusförmigen Größen mit z.B. $u(t) = \hat{u} \cdot \sin \omega t$:

$$\overline{|u|} = \frac{1}{T} \cdot \int_{t=0}^{T} |\hat{u} \cdot \sin \omega t| \cdot \mathrm{d}t = \frac{2}{\pi} \cdot \hat{u} \approx 0{,}637\,\hat{u}$$

Effektivwert (quadratischer oder auch geometrischer Mittelwert)

Der Effektivwert eines periodischen Wechselstromes setzt in einem linearen Widerstand die gleiche mittlere Leistung um (bzw. führt zu gleicher Erwärmung) wie ein Gleichstrom I bei gleicher Einwirkungszeit.

Definitionen:

$$U = \sqrt{\frac{1}{T} \cdot \int_{t_0}^{t_0+T} u^2(t) \cdot \mathrm{d}t} \qquad \text{analog} \qquad I = \sqrt{\frac{1}{T} \cdot \int_{t_0}^{t_0+T} i^2(t) \cdot \mathrm{d}t}$$

In Worten:

Der Effektivwert ist die Wurzel des quadratischen Mittelwertes der Augenblickswerte einer periodischen Größe über eine Periodendauer.

Bei sinusförmigen Wechselgrößen gilt:

$$U = \frac{1}{\sqrt{2}} \cdot \hat{u} \approx 0{,}707\,\hat{u} \qquad\qquad I = \frac{1}{\sqrt{2}} \cdot \hat{i} \approx 0{,}707\,\hat{i}$$

Beispiel aus der Messtechnik:

Messtechnisch lassen sich Effektivwerte mit Instrumenten anzeigen, deren Ausschlag α dem Quadrat des Stromes bzw. der Spannung proportional ist:

So ist z.B. bei einem Dreheiseninstrument bei hinreichender Dämpfung der Zeigerausschlag proportional dem Quadrat des Stromes (da $F \sim {B_\mathrm{L}}^2 \Rightarrow F \sim \Theta^2 \sim i^2$), sodass die Skala direkt in Effektivwerten geeicht werden kann.

Wird der Messwert nach den oben angegebenen Definitionsgleichungen gebildet, spricht man auch von einem „true-**rms**-value" (Echt-Effektivwert, r m s: root mean square) im Gegensatz zu der Angabe bei Messgeräten, deren Zeigerausschlag proportional dem Gleichwert ist und deren Anzeige man in passende Effektivwerte skaliert hat.

Einfache digital arbeitende Messsysteme nutzen oft Näherungsverfahren zur Bestimmung des Effektivwertes:

Hierzu erfasst man innerhalb einer Periode n Augenblickswerte nach jeweils konstanten Zeitintervallen $\Delta T = T/n$, quadriert diese, bildet den Mittelwert und zieht abschließend die Wurzel.

So erhält man beispielsweise für den Strom:

$$I = \sqrt{\frac{1}{n} \sum_{k=1}^{n} {i_\mathrm{k}}^2}$$

Beschreibung der Kurvenform periodischer Wechselgrößen:

Insbesondere in der Messgerätetechnik sind folgende Faktoren von Bedeutung, die eine schnelle Aussage über die Kurvenform einer Messgröße erlauben:

Scheitelfaktor k_S (Crestfaktor)

$$k_S = \frac{\text{Scheitelwert (z.B. } \hat{u}\text{)}}{\text{Effektivwert (z.B. } U\text{)}}$$

Für sinusförmige Größen gilt: $k_S = \sqrt{2} = 1{,}414$

Allgemein kann man feststellen: Je „spitzer“ die Kurvenform der Größe ist, umso größer ist der Scheitelfaktor. Der Scheitelfaktor erreicht seinen Minimalwert 1 für eine Gleichgröße bzw. für eine rechteckförmige Wechselgröße (siehe auch die nachfolgende Tabelle).

Formfaktor k_F

$$k_F = \frac{\text{Effektivwert (z.B. } U\text{)}}{\text{Gleichrichtwert z.B. } \overline{|u|}}$$

Allgemein kann man feststellen: Je „glatter“ die Kurvenform der Größe ist, umso mehr reduziert sich der Formfaktor bis auf seinen Minimalwert 1.

Die nachfolgende Tabelle gibt einen Überblick über häufig benutzte Kennwerte, wobei die Stromgrößen analog zur Spannungsgröße bezeichnet werden:

		Gleichwert, arithm.Mittelwert $\overline{u}$	Gleichrichtwert $\overline{\lvert u\rvert}$	Effektivwert U	Scheitelfaktor k_S	Formfaktor k_F
Gleichgröße	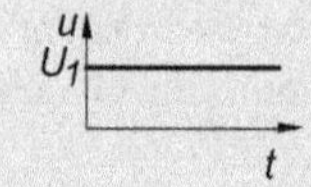	U_1	U_1	U_1	1	1
Sinusförmige Größe	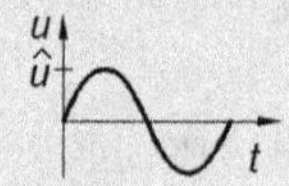	0	$\frac{2}{\pi}\cdot\hat{u}$	$\frac{\hat{u}}{\sqrt{2}}$	$\sqrt{2} = 1{,}41$	$\frac{\pi}{2\sqrt{2}} = 1{,}1$
Symmetrische Rechteckschwingung	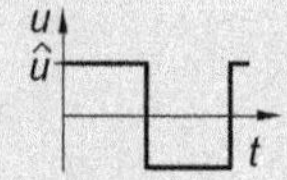	0	$\hat{u}$	$\hat{u}$	1	1
Symmetrische Dreieckgröße	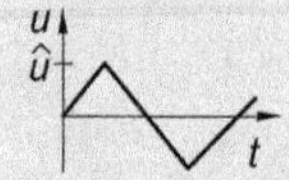	0	$\frac{1}{2}\hat{u}$	$\frac{\hat{u}}{\sqrt{3}}$	$\sqrt{3} = 1{,}73$	$\sqrt{\frac{4}{3}} = 1{,}15$
Mischgröße	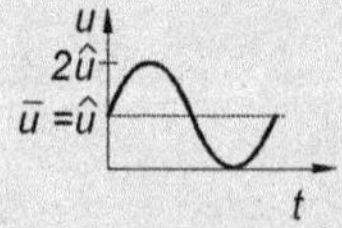	$\hat{u}$	$\hat{u}$	$\sqrt{\frac{3}{2}}\cdot\hat{u}$	$\sqrt{\frac{8}{3}} = 1{,}63$	$\sqrt{\frac{3}{2}} = 1{,}22$

30.1 Aufgaben

Kennwerte sinusförmiger Wechselgrößen

❶ **30.1:** Eine Wechselspannung $u_1(t) = u_1 \sin \omega t$ hat die Frequenz $f = 50$ Hz.

a) Wie groß sind Periodendauer T und Kreisfrequenz ω?

b) Nach welcher Zeit erreicht $u_1(t)$ innerhalb der ersten Periode seinen Scheitelwert $+\hat{u}_1$, wann den Wert $-\hat{u}_1$?

c) Nach welcher Zeit erreicht $u_1(t)$ den Wert $0{,}5\,\hat{u}_1$?

d) Wie lautet die Funktionsgleichung für $u_1(t)$ unter Verwendung der cos-Funktion? Ändern sich bei der Anwendung der cos-Funktion die Ergebnisse aus a) bis c)?

❶ **30.2:** Gegeben ist die sinusförmige Wechselspannung $u(t)$ mit der Frequenz $f = 50$ Hz und dem Nullphasenwinkel $\varphi_u = 15°$.

a) Nach welcher Zeit t_1 (ab $t = 0$) erreicht $u(t)$ erstmalig den Wert $u(t_1) = 0{,}5\,\hat{u}$?

b) Wie groß müsste der Nullphasenwinkel φ_u sein, damit zum Zeitpunkt $t = 0$ die Spannung den Augenblickswert $u(t = 0) = 0{,}5\,\hat{u}$ hat?

❶❷ **30.3:** Der Teilausschnitt eines Oszilloskopbildes zeigt die Spannungen $u_1(t)$ und $u_2(t)$.

a) Bestimmen Sie die Zeitfunktionen der beiden Spannungen sowie deren Frequenzen f_1 und f_2. Gehen Sie hierbei von sinusförmigen Wechselgrößen aus und beziehen Sie die Phasenlage von $u_2(t)$ auf $u_1(t) = \hat{u}_1 \sin \omega t$. Ermitteln Sie auch die Effektivwerte.

b) Wie ändern sich die Ergebnisse aus a), wenn in den Momentanwertgleichungen die Sinus- durch die Kosinusfunktion ersetzt wird?

c) Der linke Bildschirmrand soll als Zeitpunkt $t = 0$ definiert sein. Wie groß sind dann die Nullphasenwinkel der beiden Spannungen?

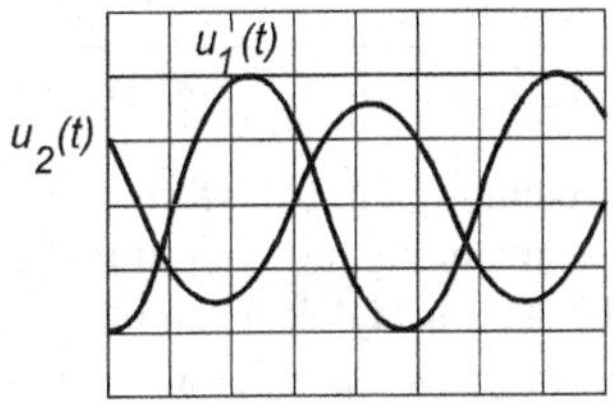

Einstellungen:
Vertikalablenkung: 2 V/div
Horizontalablenkung: 100 μs/div

❶❷ **30.4:** Ein sinusförmiger Wechselstrom $i(t) = \hat{i} \cdot \sin(\omega t + \varphi_i)$, $\hat{i} = 1$ A eilt der frequenzgleichen Spannung $u(t) = \hat{u} \cdot \sin(\omega t + \varphi_u)$, $\hat{u} = 60$ V, $\varphi_u = 34°$ um 1 ms bei $f = 50$ Hz nach.

a) Welchen Wert haben Phasenverschiebungswinkel φ und Nullphasenwinkel φ_i?

b) Wie groß ist der Augenblickswert des Stromes $i(t_1)$, wenn der Momentanwert der Spannung zum ersten Mal nach dem positiven Nulldurchgang $u(t_1) = 50$ V beträgt?

❶❷ **30.5:** Zwei Wechselspannungen mit $u_1(t) = \hat{u}_1 \cdot \cos(\omega t + \varphi_1)$ und $u_2(t) = \hat{u}_2 \cdot \cos(\omega t + \varphi_2)$ haben die Amplituden $\hat{u}_1 = \hat{u}_2 = 30$ V und sind um 30° gegeneinander phasenverschoben. Zum Zeitpunkt $t = t_1$ ist der Augenblickswert $u_1(t_1) = 18$ V.

a) Wie groß ist zum gleichen Zeitpunkt der Augenblickswert $u_2(t_1)$?

b) Berechnen Sie den Zeitpunkt $t = t_1$ für $f = 50$ Hz.

Mittelwerte periodischer Größen und Kurvenform-Kenngrößen

❶❷❸ **30.6:** Für die unten skizzierten Zeitverläufe a) bis f) der Spannung $u(t)$ sind jeweils in allgemeiner Form und für die angegebenen Zahlenwerte zu bestimmen:

30.6.1 Gleichwert $\overline{u}$

30.6.2 Gleichrichtwert $\overline{|u|}$

30.6.3 Effektivwert U

30.6.4 Scheitel-(Crest-)Faktor k_S

30.6.5 Formfaktor k_F

Anschließend sollen die Ergebnisse übersichtlich in Tabellenform dargestellt werden.

❶

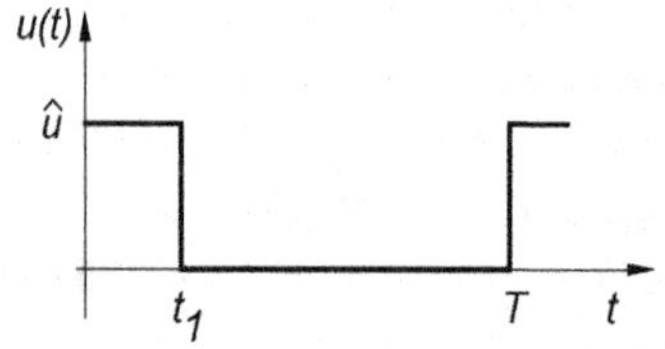

a) Gleichspannungsimpulse mit t_1 und T sowie Sonderfall $t_1 = T/4$

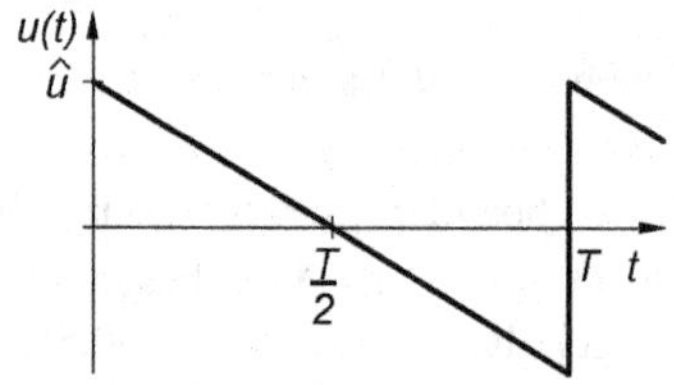

b) Sägezahnförmige Wechselspannung

❶❷

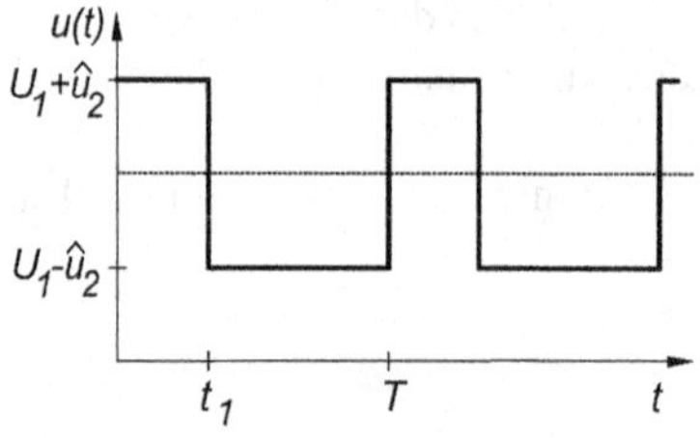

c) Mischspannung aus rechteckförmiger Wechselspannung mit Amplitude $\pm\hat{u}_2$ und überlagerter Gleichspannung U_1 bei $U_1 > \hat{u}_2$ sowie Sonderfall $t_1 = T/2$

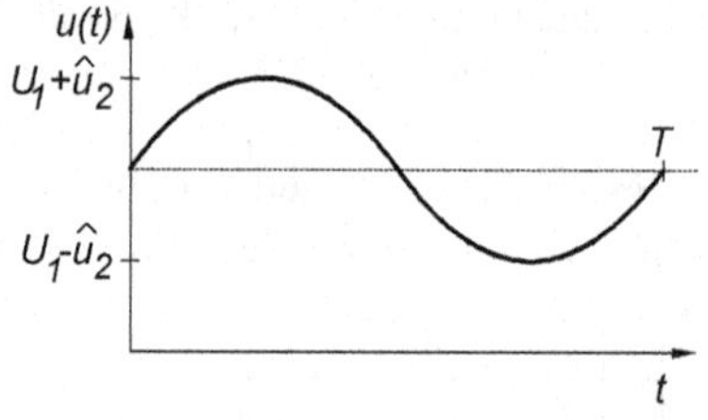

d) Mischspannung aus sinusförmiger Wechselspannung mit Amplitude $\pm\hat{u}_2$ und überlagerter Gleichspannung U_1 bei $U_1 > \hat{u}_2$ sowie Sonderfall $U_1 = \hat{u}_2$

❷❸

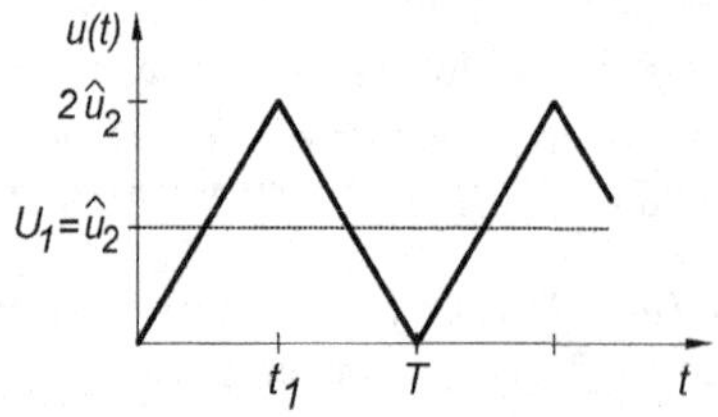

e) Mischspannung aus dreieckförmiger Wechselspannung mit Amplitude $\pm\hat{u}_2$ und überlagerter Gleichspannung U_1 bei $U_1 = \hat{u}_2$ sowie Sonderfall $t_1 = T/2$

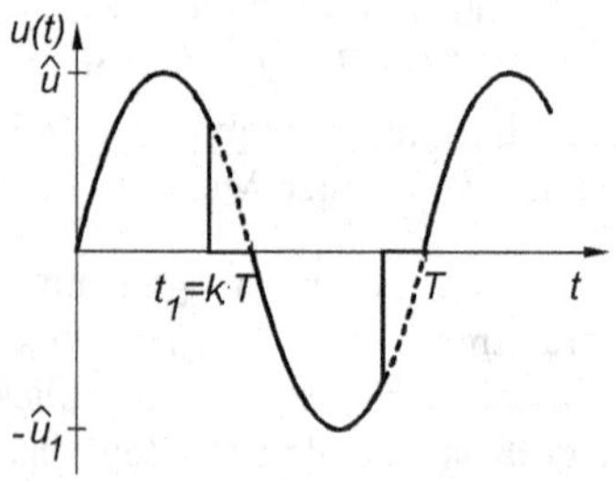

f) Angeschnittene sinusförmige Wechselspannung mit $k = t_1/T$ sowie Sonderfall $t_1 = (3/8)\cdot T$

❶❷ **30.7:** Eine Wechselspannung $u(t) = \hat{u} \sin \omega t$ liegt an einem Drehspulinstrument (R_i = 1,2 kΩ, Vollausschlag: 100 μA) mit vorgeschalteter idealer Diode V (Kennlinie s. Skizze). Das Instrument zeigt 50 Skalenteile an.

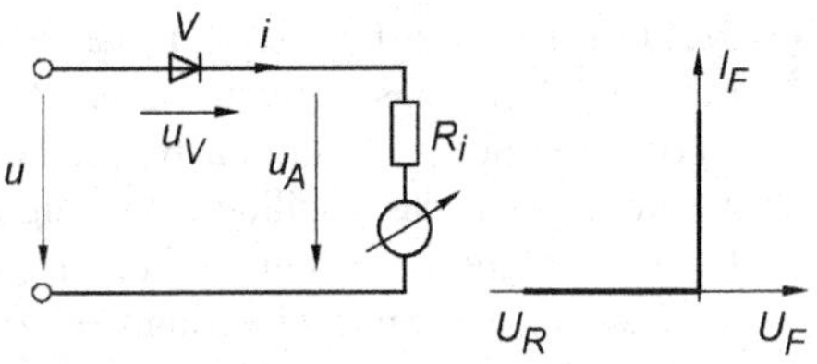

Wie groß sind der Scheitelwert und der Effektivwert der angelegten Spannung?

❶❷ **30.8:** An einem Widerstand R = 100 Ω mit vorgeschalteter idealer Diode liegt eine Spannung $u(t) = \hat{u} \cdot \cos \omega t$, $\hat{u}$ = 20 V, f = 50 Hz.

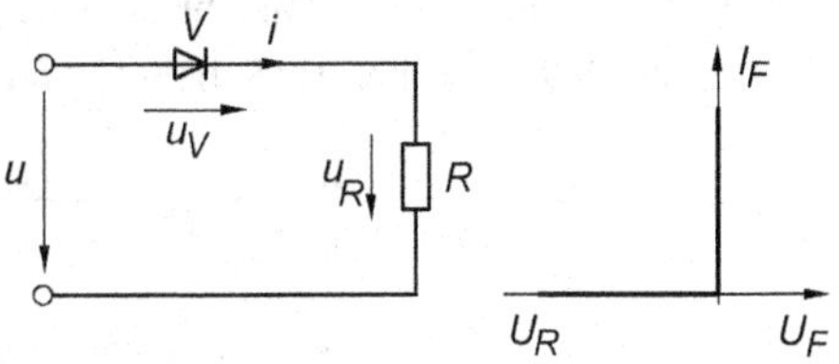

Wie groß sind

a) der Scheitelwert $\hat{i}$,

b) der Effektivwert U_R ?

❷ **30.9:** Eine Gleichrichterschaltung (Zweipuls-Brückenschaltung B2), an die eine Spannung $u_1(t)$ = 2,8 V sin ωt, f = 50 Hz, angeschlossen ist, wird durch einen Widerstand R = 150 Ω belastet.

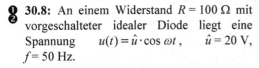

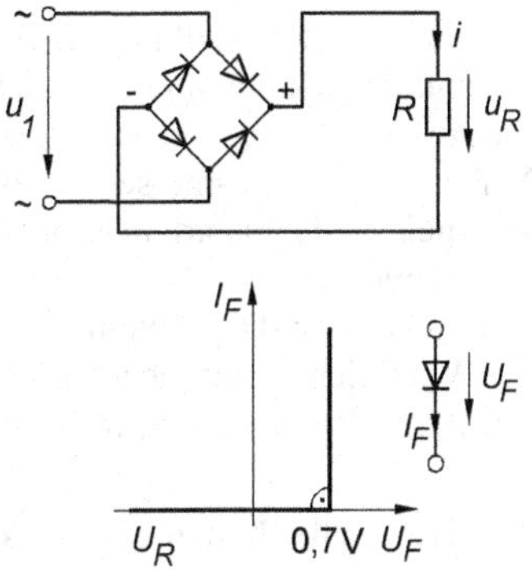

a) Skizzieren Sie qualitativ den Spannungsverlauf $u_R(t)$ unter Beachtung der Diodenkennlinie.

b) Mit welcher Frequenz schwingt der Strom $i(t)$?

c) Wie groß ist der Scheitelwert $\hat{i}$?

❷❸ **30.10:** An der gleichen Schaltung wie bei Aufgabe 30.9 liegt nun eine Mischspannung am Eingang an: $u_1(t) = U_2 + u_3(t)$ mit U_2 = 1,4 V, $u_3(t) = \hat{u}_3 \sin \omega t$, $\hat{u}_3$ = 2,8 V, f = 50 Hz.

a) Skizzieren Sie qualitativ den Spannungsverlauf $u_R(t)$.

b) Wie groß ist der Scheitelwert $\hat{i}$?

c) Bestimmen Sie den Effektivwert U_R.

d) U_2 wird auf 2,8 V erhöht während $u_3(t)$ unverändert bleibt. Welche Werte nehmen U_R und $\hat{i}$ an?

❷❸ **30.11:** Ein Thyristor ist ein steuerbares Ventil, mit dem durch Phasenanschnittsteuerung die Leistungsaufnahme eines Verbrauchers R gesteuert werden kann. Der zeitliche Verlauf der Spannung am Lastwiderstand R hat die Kurvenform einer „angeschnittenen Sinushalbwelle", wie das Oszillogramm zeigt.
Für die weitere Betrachtung sei der Thyristor als ideales Bauelement angenommen (Durchlasswiderstand → 0, Sperrwiderstand → ∞) und ein Stromflusswinkel $\vartheta = 60°$ fest eingestellt.
Weitere Angaben: $u_1(t) = \hat{u}_1 \sin \omega t$, $\hat{u}_1 = 325$ V, $f = 50$ Hz, $R = 325\ \Omega$.

a) Wie groß ist der Spitzenwert i_{max} des angeschnittenen Stromes? Wie groß wäre $\hat{i}$ bei einem Stromflusswinkel $\vartheta = 180°$?
b) Bestimmen Sie den Gleichrichtwert $\overline{|u_R|}$ und den Effektivwert U_R.
c) Welchen Wert hat der Scheitelfaktor k_S?

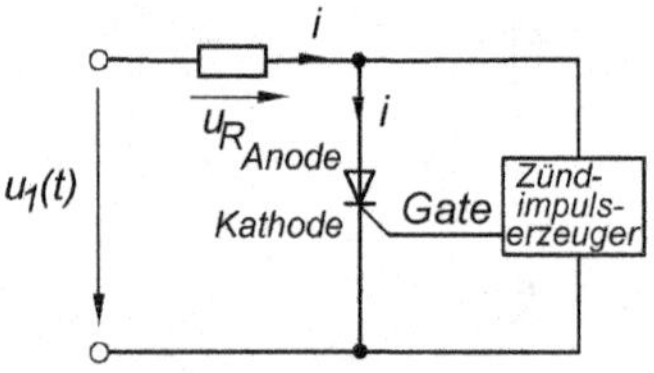

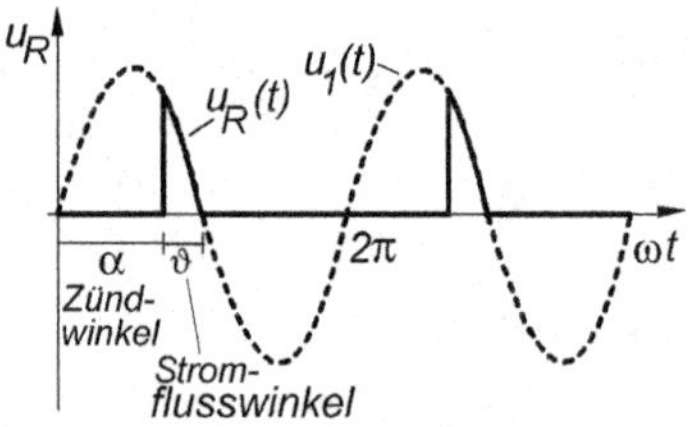

❸ **30.12:** Die Thyristorschaltung aus Aufgabe 30.11 sei nochmals betrachtet: Am Lastwiderstand R soll nun die Spannung u_R mit verschiedenen Instrumenten gemessen werden.
Welche Anzeige ergibt sich bei folgenden Messinstrumenten:

a) Drehspul-Spannungsmesser im Gleichspannungs-Messbereich 300 V?
b) Drehspul-Vielfachinstrument mit idealem Graetzgleichrichter im Wechselspannungs-Messbereich 600 V?
c) Echteffektivwert-Digitalvoltmeter im Gleichspannungs-Messbereich 600 V mit Crestfaktor 4?
d) Zum Vergleich bestimme man rechnerisch den Näherungswert des Effektivwertes bei einer Abtastung der Spannung $u_R(t)$ in 10°-Schritten. Legen Sie hierzu eine Skizze und eine Auswertetabelle für den Lösungsansatz $U_R = \sqrt{\frac{1}{36}\sum_{n=1}^{36} u_n^2}$ an.

❸ **30.13:** Von den abgebildeten Spannungen $u_1(t)$ und $u_2(t)$ soll jeweils der Effektivwert mit einem Digitalmultimeter (DMM) gemessen werden. Die Messgeräte-Spezifikation nennt folgende Angaben:

- DMM misst den „Echt-Effektivwert (TRUE-RMS)" von sinus- und nichtsinusförmigen Signalen
- Messeingang wahlweise einstellbar als AC+DC-gekoppelt oder AC-gekoppelt
- Messfehler < 1,5% vom Messwert ±2 Digit im Frequenzbereich bis 500 Hz bei CF < 3

Prüfen Sie nach, ob die beiden Spannungen $u_1(t)$ und $u_2(t)$ im eingestellten Wechselspannungs-Messbereich von 20 V mit einem Messfehler < 1,5 % gemessen werden können.

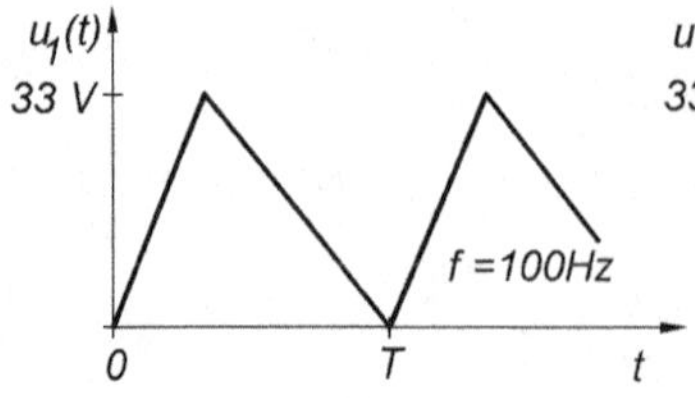

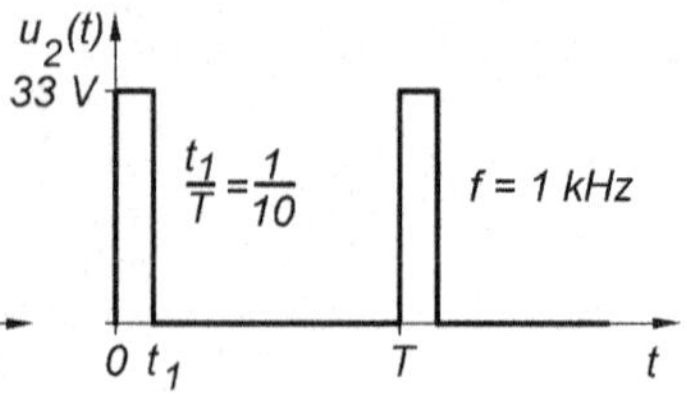

30.2 Lösungen

30.1

a) $T = \frac{1}{f} = \frac{1}{50\text{ Hz}} = 20\text{ ms}$

$\omega = 2\pi f = 2\pi\ 50\text{ Hz} = 314\text{ s}^{-1}$

b) Die Spannung $u_1(t)$ hat zum Zeitpunkt $t = 0$ gerade ihren positiven Nulldurchgang ($\varphi_U = 0$) und erreicht ihre Maximalwerte:

$+\hat{u}_1$ im Zeitpunkt $t_1 = 0{,}25\ T = 5$ ms,

$-\hat{u}_1$ im Zeitpunkt $t_2 = 0{,}75\ T = 15$ ms

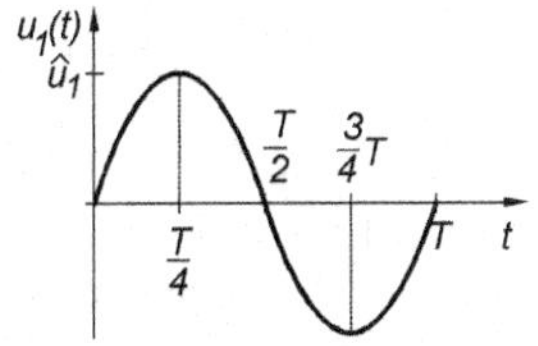

c) $0{,}5\ u_1 = \hat{u}_1 \sin \omega t_1$

$\omega t_1 = \arcsin 0{,}5$

$\omega t_1 = 30° \Rightarrow \omega t_1 = 30°\ \pi/180° = 0{,}524$ rad

$\omega t_2 = 150° \Rightarrow \omega t_2 = 2{,}62$ rad

$t_1 = \frac{0{,}524}{314}\text{ s} = 1{,}67\text{ ms} \quad t_2 = \frac{2{,}62}{314}\text{ s} = 8{,}33\text{ ms}$

d) Jede sinusförmige Wechselgröße kann durch eine Sinus- oder Kosinus-Funktion beschrieben werden. Denn die beiden Funktionen sind harmonische Funktionen und lassen sich durch eine Phasenverschiebung von $\pi/2$ ineinander überführen:

$\cos a = \sin(a + \pi/2)$ bzw.
$\sin a = \cos(a - \pi/2)$.

Die äquivalente Beschreibung lautet somit:

$u_1(t) = \hat{u}_1 \cos \omega t = \hat{u}_1 \sin(\omega t + 90°)$

Bei Anwendung dieser Beschreibungsformen ändern sich die Frequenz f und die Periodendauer T nicht!

30.2

a) Mit $u(t) = \hat{u} \sin(\omega t + \varphi_U)$ folgt

$0{,}5\ u = \hat{u} \sin(\omega t_1 + \varphi_U)$

$\omega t_1 + \varphi_U = \arcsin 0{,}5$

Die Arcusfunktion ist mehrdeutig und liefert z.B.:

$\omega t_1 + \varphi_U = 30°$ bzw. $\omega t_2 + \varphi_U = 150°$

Im Bogenmaß:

$\omega t_1 + \varphi_U = 0{,}524$ rad, $\omega t_2 + \varphi_U = 2{,}62$ rad

$$t_1 = \frac{\frac{30°}{180°}\pi - \frac{\pi}{12}}{\omega} \qquad t_2 = \frac{\frac{150°}{180°}\pi - \frac{\pi}{12}}{\omega}$$

$t_1 = 0{,}833\ \mu\text{s} \qquad t_2 = 7{,}5\text{ ms}$

b) $0{,}5\ \hat{u} = \hat{u} \sin(\omega t_0 + \varphi_0) \Rightarrow \varphi_U = \arcsin 0{,}5 = 30°$

30.3

a) Zeitverhältnisse

Vom ersten positiven Nulldurchgang der Spannung $u_1(t)$ bis zum folgenden liest man 5 Einheiten je 100 μs/div ab:

$T_1 = 5 \cdot 100\ \mu\text{s} = 500\ \mu\text{s} \Rightarrow f_1 = 2\text{ kHz}$

Gleiches gilt für die Spannung $u_2(t)$, die wegen $T_2 = T_1 = T$ frequenzgleich ist.

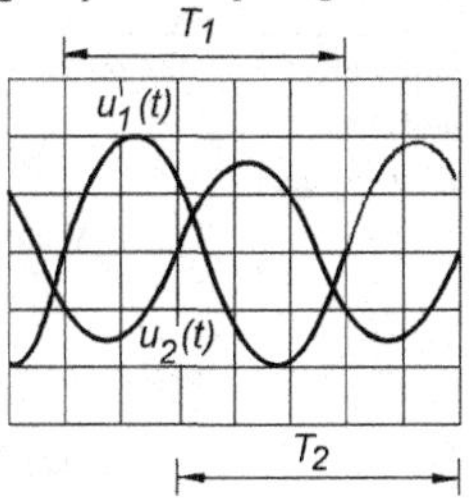

Die Spannung $u_2(t)$ hat gegenüber $u_1(t)$ nach einer Zeit
$\Delta t = 2 \cdot 100\ \mu$s
$\Delta t = 200\ \mu$s
den ersten positiven Nulldurchgang; das entspricht einem Phasenverschiebungswinkel von:

$$\frac{\Delta t}{T} 2\pi = \frac{200\ \mu s}{500\ \mu s} 2\pi = \frac{4}{5}\pi$$

also $\varphi = \frac{4}{5} 180° = 144°$ ($u_2(t)$ eilt nach)

Amplituden aus Oszillogramm:

$\hat{u}_1 = 4$ V und $\hat{u}_2 = 3$ V

Somit lauten die beiden Zeitfunktionen:

$u_1(t) = 4\text{ V} \sin \omega t$ und $u_2(t) = 3\text{ V} \sin(\omega t - \frac{4}{5}\pi)$

Effektivwerte:

$U_1 = \frac{\hat{u}_1}{\sqrt{2}} = 2{,}83\text{ V}, \qquad U_2 = 2{,}12\text{ V}$

b) Da sich die Kosinusfunktion nur um den Faktor $\pi/2$ von der Sinusfunktion unterscheidet, gilt einfach:

$u_1(t) = 4\text{ V} \cos(\omega t - \frac{\pi}{2})$

$u_2(t) = 3\text{ V} \cos(\omega t - \frac{4}{5}\pi - \frac{\pi}{2})$

c) Wenn der linke Bildschirmrand als Zeitpunkt $t = 0$ definiert wird, gilt für $u_1(t)$: Der positive Nulldurchgang erfolgt $t_{u1} = 0{,}1$ ms nach dem Zeitpunkt $t = 0$. Dies entspricht dem Nullphasenwinkel φ_{U1}:

$$\varphi_{u1} = \frac{t_{u1}}{T} 360° = \frac{0{,}1\text{ ms}}{0{,}5\text{ ms}} 360° = 72°$$

im Bogenmaß: $\varphi_{u1} = \frac{72°}{180°} \cdot \pi = 0{,}4 \cdot \pi = 1{,}257$

Entsprechend: $\varphi_{u2} = \frac{0{,}3\text{ ms}}{T} 360° = 216°$

im Bogenmaß: $\varphi_{u2} = 1{,}2 \cdot \pi = 3{,}77$

Bezogen auf den Zeitpunkt $t = 0$ lauten die Zeitfunktionen:

$u_1(t) = 4\text{ V} \sin(\omega t - 0{,}4\ \pi)$

$u_2(t) = 3\text{ V} \sin(\omega t - 1{,}2\ \pi)$

30.4

a) Strom und Spannung haben eine Phasenverschiebung von $\varphi = \varphi_u - \varphi_i$. Der Nullphasenwinkel der Spannung beträgt $\varphi_u = 34°$. Der Strom eilt bei der Periodendauer $T = 20$ ms der Spannung um $\Delta t = 1$ ms nach. Somit lässt sich ansetzen:

$$\frac{\Delta t}{T} = \frac{\varphi_u - \varphi_i}{360°} \Rightarrow \varphi = \varphi_u - \varphi_i = \frac{1\,\text{ms}}{20\,\text{ms}} \cdot 360° = 18°$$

Folgt: $\varphi_i = \varphi_u - \varphi = 34° - 18° = 16°$

b) $u(t_1) = 50\text{ V} = \hat{u} \cdot \sin(\omega t_1 + \varphi_u)$

$$\omega t_1 = \arcsin\left(\frac{u(t_1)}{\hat{u}}\right) - \varphi_u = \arcsin\left(\frac{50\text{ V}}{60\text{ V}}\right) - \frac{34°}{180°} \cdot \pi$$

$$\omega t_1 = 0{,}985 - 0{,}593 = 0{,}392$$

$$t_1 = \frac{0{,}392}{2\pi \cdot 50\text{ s}^{-1}} = 1{,}25\text{ ms}$$

$$i(t_1) = 1\text{ A} \cdot \sin(360° \cdot 50\text{ s}^{-1} \cdot 1{,}25 \cdot 10^{-3}\text{ s} + 16°) = 622{,}5\text{ mA}$$

30.5

a) Da nicht festgelegt ist, auf welche Spannung sich die Angabe der Phasenverschiebung bezieht, gibt es zwei Lösungen:

1. Lösung	2. Lösung
$\Delta\varphi = \varphi_1 - \varphi_2 = 30°$	$\Delta\varphi = \varphi_2 - \varphi_1 = 30°$
(u_1 eilt gegenüber u_2 vor)	(u_2 eilt gegenüber u_1 vor)

Wählt man als Bezugsgröße

$u_2(t)$ und setzt $\varphi_2 = 0$	$u_1(t)$ und setzt $\varphi_1 = 0$

folgt

$\varphi_1 = 30°$	$\varphi_2 = 30°$

und man erhält die beiden Gleichungen

$u_1(t_1) = \hat{u}_1 \cdot \cos(\omega t_1 + \varphi_1)$ (1a)	$u_2(t_1) = \hat{u}_2 \cdot \cos(\omega t_1 + \varphi_2)$ (1b)
$u_2(t_1) = \hat{u}_2 \cdot \cos\,\omega t_1$ (2a)	$u_1(t_1) = \hat{u}_1 \cdot \cos\,\omega t_1$ (2b)

Aus

(1a): $18\text{ V} = 30\text{ V} \cdot \cos(\omega t_1 + \varphi_1) \Rightarrow$	(2b): $18\text{ V} = 30\text{ V} \cdot \cos\,\omega t_1 \Rightarrow$
$\omega t_1 + \varphi_1 = \arccos\dfrac{18\text{ V}}{30\text{ V}} = \arccos 0{,}6$	$\omega t_1 = \arccos 0{,}6$
$\omega t_1 + \varphi_1 = 0{,}9273\text{ rad}$	$\omega t_1 = 0{,}9273\text{ rad}$

Dieser Wert im Bogenmaß entspricht einem Winkel (in Grad):

$\omega t_1 + \varphi_1 = \dfrac{0{,}9273 \cdot 180°}{\pi} = 53{,}13°$	$\omega t_1 = 53{,}13°$

Somit ist

$$\omega t_1 = 53{,}13° - \varphi_1 = 23{,}13°$$

und für $u_2(t_1)$ folgt aus

(2a): $u_2(t_1) = \hat{u}_2 \cdot \cos 23{,}13° = 27{,}59\text{ V}$	(1b): $u_2(t_1) = \hat{u}_2 \cdot \cos(53{,}13° + 30°) = 3{,}59\text{ V}$

Die grafische Darstellung der Lösung zeigt das folgende Liniendiagramm:

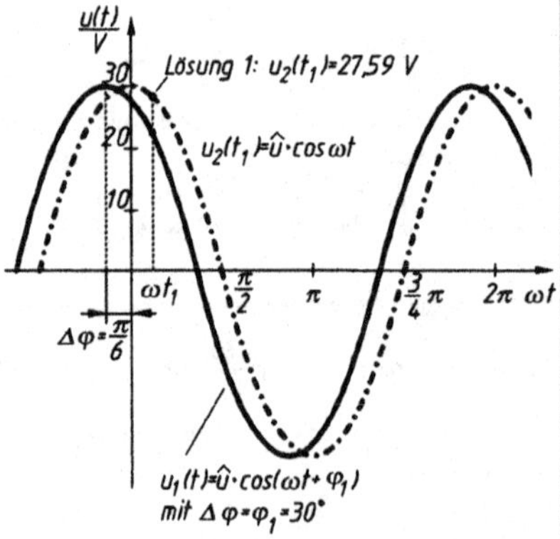

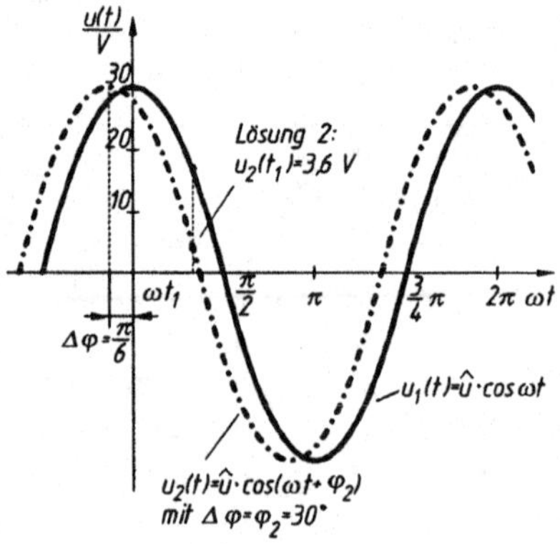

b)

$\omega t_1 = 23{,}13° \cdot \dfrac{\pi}{180°} = 0{,}4037 \Rightarrow$	$\omega t_1 = 53{,}13° \cdot \dfrac{\pi}{180°} = 0{,}9237 \Rightarrow$
$t_1 = \dfrac{0{,}4037}{2\pi \cdot 50\text{ s}^{-1}} = 1{,}29\text{ ms}$	$t_1 = \dfrac{0{,}9273}{2\pi \cdot 50\text{ s}^{-1}} = 2{,}95\text{ ms}$

30.6

30.6.1 Gleichwert

Lösungsansatz anschaulich:

Alle Spannungs-Zeitflächen werden vorzeichenbehaftet addiert und daraus der auf die Periodendauer entfallende arithemetische Mittelwert berechnet.

Allgemeine Definitionsgleichung: $\bar{u} = \frac{1}{T}\int_0^T u(t)\cdot \mathrm{d}t$

1a)

Da die Funktion nur im Bereich von $0 < t < t_1$ den Wert $u(t) = \hat{u} = U$ hat und für $t_1 \leq t \leq T$ null ist, gilt:

$$\bar{u} = \frac{1}{T}\int_0^{t_1} \hat{u}\,\mathrm{d}t = \frac{t_1}{T}\hat{u}$$

Sonderfall

Für $t_1 = \frac{1}{4}T$ $\qquad \bar{u} = \frac{1}{4}\hat{u}$

1b)

Es liegt eine symmetrische Wechselgröße vor; die positiven Spannungs-Zeitfächen werden durch negative kompensiert $\Rightarrow$

$$\bar{u} = 0$$

1c)

Funktion für gleichspannungsüberlagerte Rechteckimpulse bestehend aus einer reinen Gleichspannung U_1 von Spannungsquelle 1 und einer Rechteckspannung mit gleich großen Amplituden $+\hat{u}_2$ und $-\hat{u}_2$ der Spannungsquelle 2.

$$u(t) = \begin{Bmatrix} U_1 + \hat{u}_2 & \text{für} & 0 \leq t \leq t_1 \\ U_1 - \hat{u}_2 & \text{für} & t_1 \leq t \leq T \end{Bmatrix}$$

Folgt für Gleichwert:

$$\bar{u} = \frac{1}{T}\left[\int_0^{t_1}(U_1 + \hat{u}_2)\cdot \mathrm{d}t + \int_{t_1}^{T}(U_1 - \hat{u}_2)\cdot \mathrm{d}t\right]$$

$$\bar{u} = \frac{1}{T}\left[(U_1 + \hat{u}_2)\cdot t_1 + (U_1 - \hat{u}_2)\ (T - t_1)\right]$$

Ergebnis:

$$\bar{u} = U_1 + \hat{u}_2\left(\frac{2\ t_1}{T} - 1\right) \qquad (\text{ gilt auch bei } \hat{u}_2 > U_1\ )$$

Sonderfall:

Für $t_1 = \frac{1}{2}T$ $\qquad \bar{u} = U_1$

1d)

Für gleichspannungsüberlagerte sinusförmige Wechselspannung gilt:

$$\bar{u} = \frac{1}{T}\int_0^T (U_1 + \hat{u}_2 \sin \omega t)\,\mathrm{d}t$$

$$\bar{u} = \frac{1}{T}\int_0^T U_1\,\mathrm{d}t + \frac{1}{T}\int_0^T \hat{u}_2 \sin \omega t\,\mathrm{d}t$$

Ergebnis:

$$\bar{u} = U_1$$

Sonderfall:

Für $U_1 = \hat{u}_2$: $\qquad \bar{u} = U_1$

1e)

Für die gleichspannungsüberlagerte Dreieckspannung gilt:

$$\bar{u} = \frac{1}{T}\int_0^T U_1\,\mathrm{d}t + \frac{1}{T}\int_0^T u_2(t)\,\mathrm{d}t$$

Ergebnis:

$$\bar{u} = U_1$$

1f)

Für die angeschnittene sinusförmige Wechselspannung gilt:

$\bar{u} = 0$ $\qquad$ da Wechselgröße

30.6.2 Gleichrichtwert

Lösungsansatz anschaulich:

Alle negativen Spannungs-Zeitflächen werden um die Zeitachse in den positiven Bereich geklappt und daraus der auf die Periodendauer entfallende arithmetische Mittelwert berechnet = arithmetischer Mittelwert der Beträge!

Allgemeine Definitionsgleichung: $\overline{|u|} = \frac{1}{T}\int_0^T |u(t)|\cdot \mathrm{d}t$

2a)

Bei Gleichspannungsimpulsen besteht kein Unterschied zum Gleichwert, also:

$$\overline{|u|} = \frac{1}{T}\int_0^T |\hat{u}|\,\mathrm{d}t = \frac{t_1}{T}\hat{u}$$

Sonderfall

Für $t_1 = \frac{1}{4}T$ $\qquad \overline{|u|} = \frac{1}{4}\hat{u}$

2b)

Da die Fläche A1 genauso groß ist wie die Fläche A2, genügt es, den Bereich $0 \leq t \leq 0{,}5\,T$ zu betrachten und dafür den Mittelwert zu bilden.

Berechnung der Fläche A_1:

$$A_1 = \frac{1}{2}\hat{u}\frac{T}{2} = \frac{1}{4}\hat{u}T$$

Folgt für Gleichrichtwert:

$$\overline{|u|} = \frac{1}{\frac{T}{2}}\frac{1}{4}\hat{u}T = \frac{1}{2}\hat{u}$$

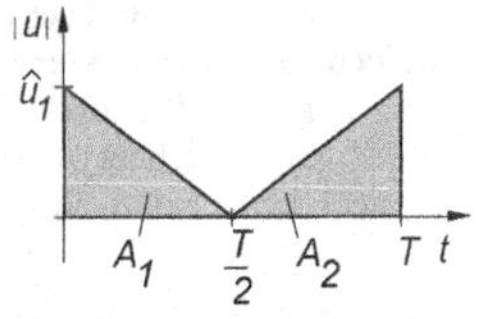

2c)

Für den Fall

$$\hat{u}_2 \leq U_1$$

gilt dasselbe Ergebnis wie beim Gleichwert:

$$\overline{|u|} = U_1 + \hat{u}_2\left(\frac{2t_1}{T} - 1\right)$$

Für den Fall

$$\hat{u}_2 \rangle U_1$$

würden die negativen Spannungs-Zeitflächen um die Zeitachse nach oben geklappt werden und einen weiteren Gleichanteil beisteuern, sodass eine neue Formel hergeleitet werden müsste.

Sonderfall:

Für $t_1 = \frac{1}{2}T$ und $\hat{u}_2 \leq U_1$ $\qquad \overline{|u|} = U_1$

2d)
Da hier $U_1 > \hat{u}_2$ vorausgesetzt wird, ergibt sich dasselbe Ergebnis wie beim Gleichwert:

$$\overline{|u|} = U_1$$

Sonderfall:

Für $U_1 = \hat{u}_2$: $\overline{|u|} = U_1$

2e)
Da hier $\hat{u}_2 = U_1$ vorausgesetzt wird, folgt

$$\overline{|u|} = U_1$$

2f)
Es liegt eine zu $T/2$ symmetrische Kurve vor, sodass es zunächst genügt, den Bereich 0 bis $T/2$ zu betrachten:

$$\overline{|u|} = \frac{1}{T}\int_0^{t_1} \hat{u} \sin \omega t \, \mathrm{d}t$$

$$\overline{|u|} = \frac{1}{\frac{T}{2}}\left[-\frac{\hat{u}}{\omega}\cdot \cos \omega t\right]_0^{t_1}$$

$$\overline{|u|} = \frac{1}{\frac{T}{2}}\cdot\frac{\hat{u}}{\omega}(1-\cos \omega t_1) \qquad \text{mit } \omega T = 2\pi$$

Ergebnis:

$$\overline{|u|} = \frac{\hat{u}}{\pi}(1-\cos \omega t_1)$$

Sonderfall:

Für $t_1 = \frac{3}{8}T$ und mit $\omega T = 2\pi$:

$$\overline{|u|} = \frac{\hat{u}}{\pi}\left[1+\frac{1}{2}\sqrt{2}\right] = 0{,}543\cdot\hat{u}$$

30.6.3 Effektivwert
Lösungsansatz anschaulich:
Die Spannungswerte über der Zeitfläche müssen quadriert werden. Aus der gesamten Spannungsquadrat-Zeitfäche wird der auf die Periodendauer entfallende arithmetische Mittelwert berechnet. Durch Ziehen der Quadratwurzel entsteht der Effektivwert.

Allgemeine Definitionsgleichung: $U = \sqrt{\frac{1}{T}\int_0^T u^2(t)\cdot \mathrm{d}t}$

3a)
Bei Gleichspannungsimpulsen muss die Spannungsquadrat-Zeitfläche für den Zeitbereich 0 bis t_1 berechnet und auf die Periodendauer T verteilt werden:

$$U^2 = \frac{1}{T}\int_0^{t_1} \hat{u}^2 \,\mathrm{d}t = \frac{t_1}{T}\hat{u}^2$$

Ziehen der Quadratwurzel ergibt den Effektivwert:

$$U = \hat{u}\sqrt{\frac{t_1}{T}}$$

Sonderfall:

Für $t_1 = \frac{1}{4}T$: $U = \frac{1}{2}\hat{u}$

3b)
Bestimmung der Zeitfunktion für die sägezahnförmige Wechselspannung im Bereich von 0 bis T

$$u(t) = -\frac{2\hat{u}}{T}t + \hat{u}$$

Ansatz für Effektivwert:

$$U^2 = \frac{1}{T}\int_0^T\left(-\frac{2\hat{u}}{T}t+\hat{u}\right)^2 \mathrm{d}t$$

$$U^2 = \frac{1}{T}\int_0^T\left(\frac{4\hat{u}^2}{T^2}t^2 - \frac{4\hat{u}^2}{T}t + \hat{u}^2\right)\mathrm{d}t$$

$$U^2 = \frac{1}{T}\left(\frac{4\hat{u}^2}{T^2}\frac{1}{3}T^3 - \frac{4\hat{u}^2}{T}\frac{1}{2}T^2 + \hat{u}^2 T\right) = \frac{1}{3}\cdot\hat{u}^2$$

Ergebnis:

$$U = \frac{\hat{u}}{\sqrt{3}}$$

3c)
Spannungsverlauf der rechteckförmigen Impulsspannung mit überlagerter Gleichspannung laut Diagramm:

$$u(t) = \begin{Bmatrix} U_1 + \hat{u}_2 & \text{für} & 0 \le t \le t_1 \\ U_1 - \hat{u}_2 & \text{für} & t_1 \le t \le T \end{Bmatrix}$$

Ansatz für Effektivwertberechnung:

$$U^2 = \frac{1}{T}\int_0^T u^2(t)\cdot\mathrm{d}t = \frac{1}{T}\left[\int_0^{t_1}(U_1+\hat{u}_2)\mathrm{d}t + \int_{t_1}^T (U_1-\hat{u}_2)^2\,\mathrm{d}t\right]$$

$$U^2 = \frac{1}{T}\left[\int_0^{t_1}\left(U_1^2+2U_1\hat{u}_2+\hat{u}_2^2\right)\mathrm{d}t + \int_{t_1}^T\left(U_1^2-2U_1\hat{u}_2+\hat{u}_2^2\right)\mathrm{d}t\right]$$

$$U^2 = \frac{1}{T}\left[U_1^2 t_1 + 2\cdot U_1\hat{u}_2 t_1 + \hat{u}_2^2 t_1\right]$$
$$+\frac{1}{T}\left[U_1^2 T - U_1^2 t_1 - 2U_1\hat{u}_2 T + 2U_1\hat{u}_2 t_1 + \hat{u}_2^2 T - \hat{u}_2^2 t_1\right]$$

$$U^2 = 4\cdot U_1\hat{u}_2\frac{t_1}{T} + U_1^2 - 2\cdot U_1\hat{u}_2 + \hat{u}_2^2$$

$$U^2 = 4\cdot U_1\hat{u}_2\frac{t_1}{T} + (U_1-\hat{u}_2)^2$$

Ergebnis:

$$U = \sqrt{4\cdot U_1\hat{u}_2\frac{t_1}{T} + (U_1-\hat{u}_2)^2}$$

Das Ergebnis ist auch gültig für den Fall, dass die Amplitude der Impulsspannung größer ist als die überlagerte Gleichspannung, also: $\hat{u}_2 \rangle U_1$

Sonderfall:

Für $t_1 = \frac{1}{2}T$: $U = \sqrt{\left(U_1^2 + \hat{u}_2^2\right)}$

3d)

Einer Gleichspannung U_1 ist eine sinusförmige Wechselspannung überlagert:

$$U^2 = \frac{1}{T}\int_0^T \left(U_1 + \hat{u}_2 \cdot \sin\,\omega t\right)^2 \cdot \mathrm{d}t$$

$$U^2 = \frac{1}{T}\int_0^T \left(U_1{}^2 + 2\cdot U_1\,\hat{u}_2 \sin\,\omega t + \hat{u}_2{}^2 \sin^2\omega t\right)\mathrm{d}t$$

$$U^2 = \frac{1}{T}\left[U_1{}^2\,T - \frac{2}{\omega}U_1\,\hat{u}_2\left(\cos\frac{2\pi\cdot T}{T} - \cos 0\right)\right] + \frac{1}{T}\left[\frac{\hat{u}_2{}^2}{2}T - \frac{1}{4\omega}\hat{u}_2\left(\sin\frac{2\cdot 2\pi\cdot T}{T} - \sin 0\right)\right]$$

$$U^2 = U_1{}^2 + \frac{\hat{u}_2{}^2}{2}$$

Ergebnis:

$$U = \sqrt{U_1{}^2 + \frac{1}{2}\hat{u}_2{}^2}$$

Sonderfall:

Für $U_1 = \hat{u}_2$ $\qquad U = \hat{u}_2\sqrt{\frac{3}{2}}$

3e)

Bestimmung der Funktionsgleichung für die gleichspannungsüberlagerte dreieckförmige Wechselspannung im Bereich $0 \le t \le t_1$:

$$u(t) = \frac{2\,\hat{u}_2}{t_1}\,t$$

Bestimmung der Funktionsgleichung für den Bereich $t_1 \le t \le T$:

$$u(t) = -\frac{2\,\hat{u}_2}{T - t_1}\,t + \frac{2\,\hat{u}_2}{T - t_1}\,T$$

Bestimmung der Spannungsquadratfunktion:

$$U^2 = \frac{1}{T}\left[\int_0^{t_1}\frac{4\,\hat{u}_2{}^2}{t_1{}^2}\,t^2\cdot\mathrm{d}t + \frac{4\,\hat{u}_2{}^2}{\left(T - t_1\right)^2}\int_{t_1}^{T}\left(T - t\right)^2\cdot\mathrm{d}t\right]$$

$$U^2 = \frac{4\,\hat{u}_2{}^2}{T}\left[\frac{\frac{1}{3}\,t_1{}^3}{t_1{}^2} - \frac{1}{3}\cdot\frac{\left(T - t\right)^3}{\left(T - t_1\right)^2}\right]_{t_1}^{T}$$

$$U^2 = \frac{4\,\hat{u}_2{}^2}{T}\left[\frac{1}{3}\,t_1 + \frac{1}{3}\left(T - t_1\right)\right] = \frac{4\,\hat{u}_2{}^2}{T}\cdot\frac{1}{3}\,T = \frac{4}{3}\,\hat{u}_2{}^2$$

Ergebnis:

$$U = \frac{2\,\hat{u}_2}{\sqrt{3}} \qquad \text{(unabhängig von } t_1/T\text{ !)}$$

3f)

Betrachtet man bei der angeschnittenen sinusförmigen Wechselspannung den Bereich von 0 bis $T/2$, so lautet der Ansatz für den Effektivwert:

$$U^2 = \frac{1}{\frac{1}{2}T}\int_0^{t_1}\left(\hat{u}\sin\,\omega t\right)^2\mathrm{d}t$$

$$U^2 = \frac{2\,u^2}{T}\left[\frac{1}{2}\,t - \frac{1}{4\,\omega}\sin 2\,\omega t\right]_0^{t_1}$$

$$U^2 = \frac{2\,\hat{u}^2}{T}\left(\frac{1}{2}\,t_1 - \frac{T}{8\,\pi}\sin 4\,\pi\,\frac{t_1}{T}\right)$$

Ergebnis:

$$U = \hat{u}\sqrt{\frac{t_1}{T} - \frac{1}{4\,\pi}\sin\left(4\pi\,\frac{t_1}{T}\right)}$$

Sonderfall:

Für $t_1 = \frac{3}{8}\,T$: $\qquad U = \hat{u}\sqrt{\frac{3}{8} - \frac{1}{4\,\pi}\sin 4\pi\,\frac{3}{8}} = 0{,}674\,\hat{u}$

30.6.4 Scheitelfaktor (Crestfaktor)

Definitionsgleichung: $k_S = \dfrac{\text{Scheitelwert}}{\text{Effektivwert}}$

Praxis:

Große Crestfaktorwerte lassen auf impulsförmige Spannungsverläufe (schmale Impulse mit großer Amplitude) schließen.

4a)

Bei Gleichspannungsimpulsen:

$$k_S = \frac{\hat{u}}{\hat{u}\sqrt{\frac{t_1}{T}}} = \sqrt{\frac{T}{t_1}}$$

Sonderfall:

Für $t_1 = \frac{1}{4}T$: $\qquad k_S = 2$

4b)

$$k_S = \frac{\hat{u}}{\frac{\hat{u}}{\sqrt{3}}} = \sqrt{3}$$

4c)

$$k_S = \frac{U_1 + \hat{u}_2}{\sqrt{4\cdot U_1\,\hat{u}_2\,\frac{t_1}{T} + \left(U_1 - \hat{u}_2\right)}}$$

Sonderfall:

Für $t_1 = \frac{1}{2}\,T$: $\qquad k_S = \dfrac{U_1 + \hat{u}_2}{\sqrt{U_1{}^2 + \hat{u}_2{}^2}}$

4d)

$$k_S = \frac{U_1 + \hat{u}_2}{\sqrt{U_1^2 + \frac{1}{2}\hat{u}_2^2}}$$

Sonderfall:

Für $U_1 = \hat{u}_2$ $\quad k_S = \frac{2\,\hat{u}_2}{\hat{u}_2\sqrt{\frac{3}{2}}} = \sqrt{\frac{8}{3}}$

4e)

$$k_S = \frac{2\,\hat{u}_2}{\hat{u}_2\sqrt{\frac{4}{3}}} = \sqrt{3}$$

4f)

$$k_S = \frac{1}{\sqrt{\frac{t_1}{T} - \frac{1}{4\,\pi}\sin\left(4\,\pi\,\frac{t_1}{T}\right)}}$$

Sonderfall:

Für $t_1 = \frac{3}{8}T$: $\quad k_S = \frac{1}{0{,}674} = 1{,}48$

30.6.5 Formfaktor

Definitionsgleichung: $k_F = \frac{\text{Effektivwert}}{\text{Gleichrichtwert}}$

Praxis:
Bei Messgeräten, die nur den Gleichrichtwert ermitteln können, jedoch Effektivwerte messen sollen, wird der Formfaktor bei der Eichung der Skala berücksichtigt. Effektivwert-Messungen führen in diesem Fall nur dann zu richtigen Ergebnissen, wenn die in der Eichung berücksichtigte Kurvenform auch tatsächlich vorliegt. Ist dies nicht der Fall, so muss das Messergebnis mit Hilfe der Formfaktoren umgerechnet werden.

5a)
Für Gleichspannungimpulse ergeben sich bei schmalen Impulsen große Formfaktorwerte.

$$k_F = \frac{\hat{u}\sqrt{\frac{t_1}{T}}}{\hat{u}\,\frac{t_1}{T}} = \sqrt{\frac{T}{t_1}}$$

Sonderfall:

Für $t_1 = \frac{1}{4}T$: $\quad k_F = 2$

5b)

$$k_F = \frac{\frac{\hat{u}}{\sqrt{3}}}{\frac{1}{2}\,\hat{u}} = \frac{2}{\sqrt{3}}$$

5c)

$$k_F = \frac{\sqrt{4\cdot U_1\,\hat{u}_2\,\frac{t_1}{T} + (U_1 - \hat{u}_2)^2}}{U_1 + \hat{u}_2\left(\frac{2\cdot t_1}{T} - 1\right)}$$

Sonderfall:

Für $t_1 = \frac{1}{2}T$ $\quad k_F = \sqrt{1 + \left(\frac{\hat{u}_2}{U_1}\right)^2}$

5d)

$$k_F = \frac{\sqrt{U_1^2 + \frac{1}{2}\hat{u}_2^2}}{U_1}$$

$$k_F = \sqrt{1 + \frac{1}{2}\left(\frac{\hat{u}_2}{U_1}\right)^2}$$

Sonderfall:

Für $U_1 = \hat{u}_2$: $\quad k_F = \sqrt{\frac{3}{2}}$

5e)

$$k_F = \frac{\hat{u}_2\sqrt{\frac{4}{3}}}{U_1} = \frac{2}{\sqrt{3}}$$

5f)

$$k_F = \frac{\sqrt{\frac{t_1}{T} - \frac{1}{4\,\pi}\sin\left(4\pi\,\frac{t_1}{T}\right)}}{\frac{1}{\pi}\left(1 - \cos\frac{2\pi}{T}\,t_1\right)}$$

Sonderfall:

Für $t_1 = \frac{3}{8}T$ $\quad k_F = \frac{\sqrt{\left(\frac{3}{8} - \frac{1}{4\,\pi}\sin\left(4\pi\,\frac{3}{8}\right)\right)}}{\frac{1}{\pi}\left(1 - \cos\frac{2\pi}{\mathrm{T}}\,\frac{3}{8}\,T\right)}$

$$k_F = \frac{0{,}674}{0{,}543} = 1{,}24$$

Die Ergebnisse der Aufgabe 30.6 (1a bis 5f) sind in der nachfolgenden Tabelle übersichtlich zusammengestellt.

Kurvenform / Definition	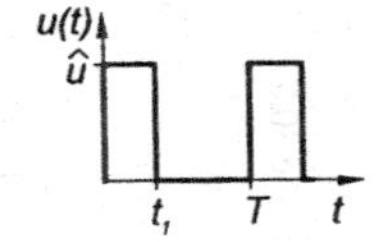	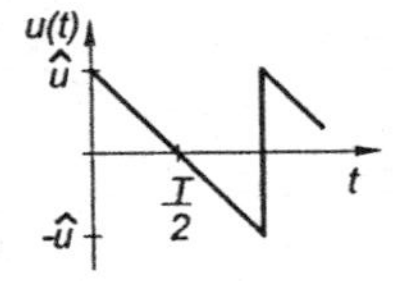	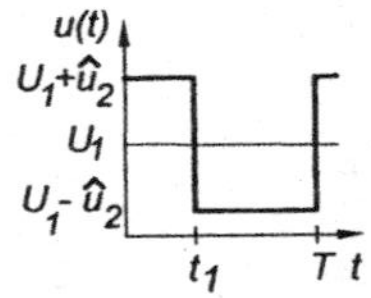	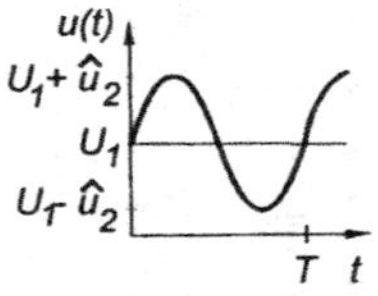	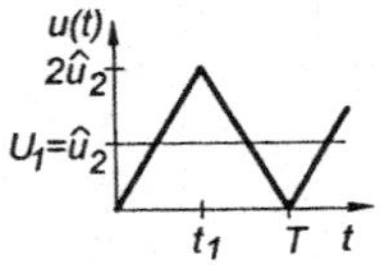	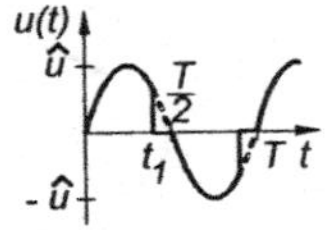
Gleichwert $\overline{u} = \frac{1}{T}\int_0^T u\,\mathrm{d}t$	$\overline{u} = \hat{u}\frac{t_1}{T}$	$\overline{u} = 0$	$\overline{u} = U_1 + \hat{u}_2\left(\frac{2t_1}{T} - 1\right)$	$\overline{u} = U_1$	$\overline{u} = U_1$	$\overline{u} = 0$
Gleichrichtwert $\overline{\lvert u\rvert} = \frac{1}{T}\int_0^T \lvert u\rvert\,\mathrm{d}t$	$\overline{\lvert u\rvert} = \hat{u}\frac{t_1}{T}$	$\overline{\lvert u\rvert} = \frac{1}{2}\hat{u}$	$\overline{\lvert u\rvert} = U_1 + \hat{u}_2\left(\frac{2t_1}{T} - 1\right)$	$\overline{\lvert u\rvert} = U_1$	$\overline{\lvert u\rvert} = U_1$	$\overline{\lvert u\rvert} = \frac{\hat{u}}{\pi}\left(1 - \cos\frac{2\pi}{T}t_1\right)$
Effektivwert $U = \sqrt{\frac{1}{T}\int_0^T u^2\,\mathrm{d}t}$	$U = \hat{u}\sqrt{\frac{t_1}{T}}$	$U = \frac{\hat{u}}{\sqrt{3}}$	$U = \sqrt{4U_1\hat{u}_2\frac{t_1}{T} + (U_1 - \hat{u}_2)^2}$	$U = \sqrt{U_1^2 + \frac{1}{2}\hat{u}_2^2}$	$U = \frac{2\hat{u}_2}{\sqrt{3}}$	$U = \hat{u}\sqrt{\frac{t_1}{T} - \frac{1}{4\pi}\sin\left(4\pi\frac{t_1}{T}\right)}$
Scheitelfaktor $k_S = \frac{\hat{u}}{U}$	$k_S = \sqrt{\frac{T}{t_1}}$	$k_S = \sqrt{3}$	$k_S = \frac{U_1 + \hat{u}_2}{\sqrt{4U_1\hat{u}_2\frac{t_1}{T} + (U_1 - \hat{u}_2)^2}}$	$k_S = \frac{U_1 + \hat{u}_2}{\sqrt{U_1^2 + \frac{1}{2}\hat{u}_2^2}}$	$k_S = \sqrt{3}$	$k_S = \frac{1}{\sqrt{\frac{t_1}{T} - \frac{1}{4\pi}\sin\left(4\pi\frac{t_1}{T}\right)}}$
Formfaktor $k_F = \frac{U}{\overline{\lvert u\rvert}}$	$k_F = \sqrt{\frac{T}{t_1}}$	$k_F = \frac{2}{\sqrt{3}}$	$k_F = \frac{\sqrt{4U_1\hat{u}_2\frac{t_1}{T} + (U_1 - \hat{u}_2)^2}}{U_1 + \hat{u}_2\left(\frac{2\cdot t_1}{T} - 1\right)}$	$k_F = \sqrt{1 + \frac{1}{2}\left(\frac{\hat{u}_2}{U_1}\right)^2}$	$k_F = \frac{2}{\sqrt{3}}$	$k_F = \frac{\sqrt{\frac{t_1}{T} - \frac{1}{4\pi}\sin\left(4\pi\frac{t_1}{T}\right)}}{\frac{1}{\pi}\left(1 - \cos\frac{2\pi}{T}t_1\right)}$

Ergebnistabelle zu Aufgabe 30.6

30.7

An dem als Spannungsmesser wirkenden Drehspulmessinstrument liegt eine sinusförmige Wechselspannung an. Aufgrund der Einweggleichrichtung fließt jedoch nur ein Sinushalbwellenstrom, für den bei idealer Gleichrichterdiode gilt:

$u(t) = \hat{u} \sin \omega t$ für den Bereich $0 \le \omega t < \pi$
$u(t) = 0$ für den Bereich $\pi \le \omega t \le 2\pi$

Berechnung des Gleichrichtwertes:

$$\overline{|u|} = \frac{1}{T} \int_0^{\frac{T}{2}} \hat{u} \sin \omega t \, \mathrm{d}t = \frac{1}{\pi} \hat{u}$$

Der Zeigerausschlag des Drehspulmessinstruments ist proportional zum arithmetischen Mittelwert des Messstromes $\overline{i}$, der sich bei Einweggleichrichtung wie folgt berechnet:

$$\overline{i} \, R_\mathrm{i} = \overline{u} = \frac{1}{\pi} \hat{u}$$

Bei 50 Skalenteilen beträgt der Messstrom:

$$\overline{i} = 50 \ \mu\mathrm{A}$$

Folgt:

$$\overline{u} = \overline{i} \, R_\mathrm{i} = 50 \ \mu A \cdot 1{,}2 \ \mathrm{k\Omega} = 60 \ \mathrm{mV}$$

Der Scheitelwert der angelegten Spannung ist aufgrund der idealen Diodenkennlinie gleich groß wie der Scheitelwert der Messspannung:

$$\hat{u} = \pi \, \overline{u} = \pi \cdot 60 \ \mathrm{mV} = 188 \ \mathrm{mV}$$

Berechnung des Effektivwertes der angelegten Spannung aus der bekannten Amplitude:

$$U = \frac{\hat{u}}{\sqrt{2}} = \frac{188 \ \mathrm{mV}}{\sqrt{2}} = 133 \ \mathrm{mV}$$

Bemerkung: Der Effektivwert der Messspannung, die nur eine Sinushalbwellenspannung ist, berechnet sich bei idealer Diode zu:

$$U^2 = \frac{1}{2\pi} \int_0^{\pi} \hat{u}^2 \sin^2 \omega t \cdot \mathrm{d}\,\omega t = \frac{\hat{u}^2}{2\pi} \left[\frac{1}{2} \omega t - \frac{1}{4} \sin 2\omega t \right]_0^{\pi}$$

$$U^2 = \frac{\hat{u}^2}{2\pi} \left(\frac{1}{2} \pi \right) = \frac{1}{4} \hat{u}^2$$

$$U = \frac{\hat{u}}{2} = \frac{188 \ \mathrm{mV}}{2} = 94 \ \mathrm{mV}$$

30.8

a) Scheitelwert des Halbwellenstromes bei idealer Diode:

$$\hat{i} = \frac{\hat{u}}{R} = \frac{20 \ \mathrm{V}}{100 \ \Omega} = 200 \ \mathrm{mA}$$

Die Diode verhindert, dass während der negativen Halbwelle der Spannung $u(t)$ ein Strom über den Widerstand R fließt; es liegt also eine Einweg-Gleichrichtung vor.

b) Nachfolgendes Bild zeigt den zeitlichen Spannungsverlauf am Widerstand R bei gegebenem kosinusförmigen Verlauf der angelegten Spannung:

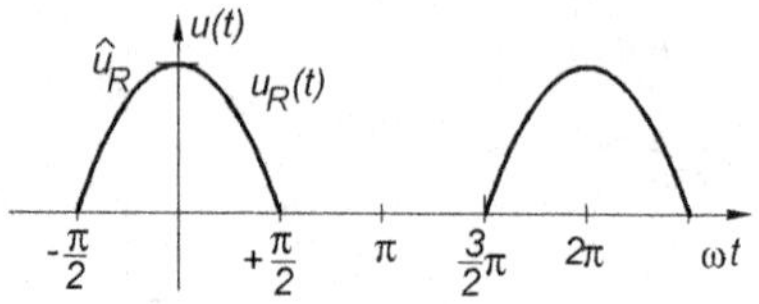

Somit liegen folgende Bedingungen zur Berechnung des Effektivwertes der Spannung am Widerstand vor:

$$\hat{u}_\mathrm{R} = \hat{u} = 20 \ \mathrm{V}$$

$$u_\mathrm{R}(t) = \begin{cases} \hat{u}_\mathrm{R} \cdot \cos \omega t & \text{für } -\frac{\pi}{2} \le \omega t < +\frac{\pi}{2} \\ 0 \ \text{für} + \frac{\pi}{2} \le \omega t < +\frac{3}{2}\pi & \end{cases}$$

Ansatz zur Berechnung des Effektivwertes der Spannung $u_\mathrm{R}(t)$ über eine Periode, d.h. von 0 bis 2π:

$$U_\mathrm{R}^2 = \frac{1}{2\pi} \left[\int_0^{\frac{\pi}{2}} \left(\hat{u}_\mathrm{R} \cdot \cos \omega t \right)^2 \cdot \mathrm{d}\omega t + \int_{\frac{3}{2}\pi}^{2\pi} \left(\hat{u}_R \cdot \cos \omega t \right)^2 \cdot \mathrm{d}\omega t \right]$$

Dieser Ansatz ist unnötig kompliziert. Verschiebt man nämlich die Funktionskurve um $\pi/2$ nach rechts, bleibt hierbei der Wert des Integrals unverändert und es gilt einfach:

$$U_\mathrm{R}^2 = \frac{1}{2\pi} \int_0^{\pi} \left(\hat{u}_\mathrm{R} \cdot \sin \omega t \right)^2 \cdot \mathrm{d}\,\omega t$$

bzw. passend zum nachfolgenden Bild:

$$U_\mathrm{R}^2 = \frac{1}{T} \int_0^{\frac{T}{2}} \left(\hat{u}_\mathrm{R} \cdot \sin \omega t \right)^2 \cdot \mathrm{d}t$$

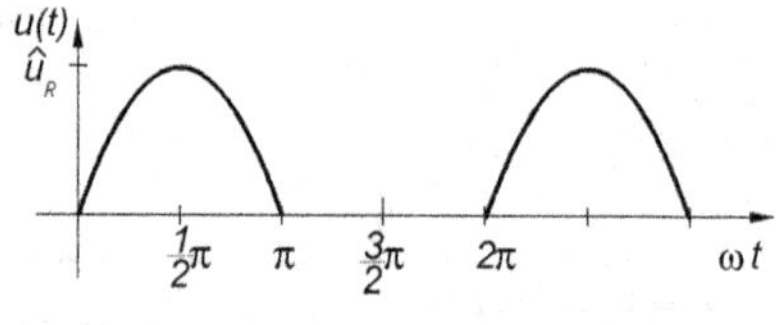

Entsprechend zur Lösung der Aufgabe 30.7 erhält man:

$$U_\mathrm{R}^2 = \frac{\hat{u}_\mathrm{R}^2}{2\pi} \left[\frac{1}{2} \omega t - \frac{1}{4} \cdot \sin 2\omega t \right]_0^{\pi}$$

$$U_\mathrm{R}^2 = \frac{\hat{u}_\mathrm{R}^2}{2\pi} \left(\frac{1}{2} \pi - \frac{1}{4} \cdot \sin 2\pi - 0 - 0 \right) = \frac{1}{4} \hat{u}_\mathrm{R}^2$$

Ergebnis:

$$U_\mathrm{R} = \frac{1}{2} \hat{u}_\mathrm{R} = 10 \ \mathrm{V}$$

30.9

a)

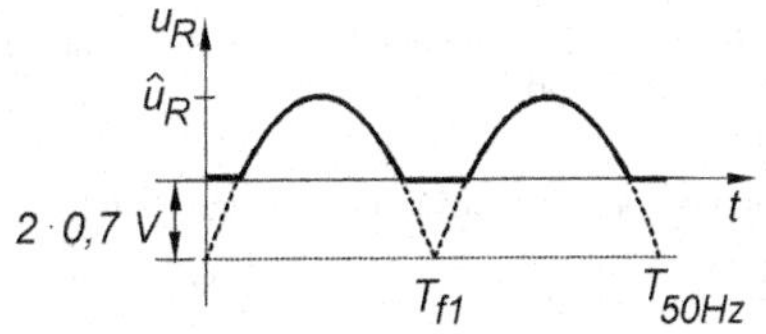

b) $f_1 = 100$ Hz (siehe Skizze zu a), $T_{(f_1)} = \frac{1}{f_1}$)

c) $\hat{i} = \frac{\hat{u}_R}{R} = \frac{\hat{u}_1 - 2\,U_F}{R} = \frac{2{,}8\text{ V} - 2 \cdot 0{,}7\text{ V}}{150\ \Omega} = 9{,}33\text{ mA}$

30.10

a)

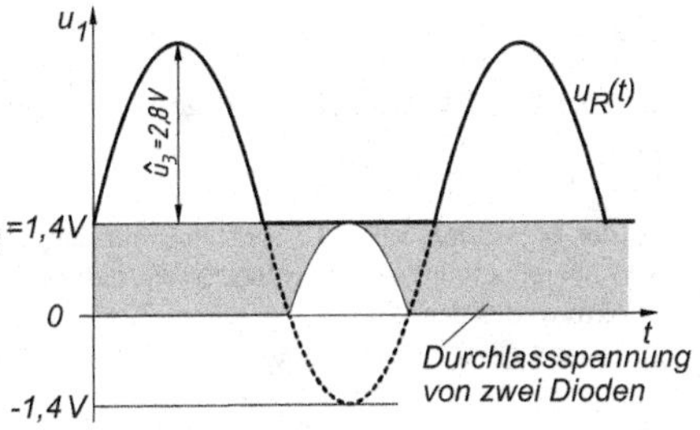

b) Gemäß Liniendiagramm und Schaltbild:

$$\hat{i} = \frac{\hat{u}_R}{R} = \frac{\hat{u}_3 + U_2 - 2 \cdot U_F}{R} = \frac{2{,}8\text{ V}}{150\ \Omega} = 18.67\text{ mA}$$

c) Für den Zeitbereich 0 bis T/2 liefert $\sum u = 0$:

$U_2 + \hat{u}_3 \sin \omega t - 2U_F - u_R = 0 \;\Rightarrow\; u_R = \hat{u}_3 \sin \omega t$

Ansatz für Effektivwertberechnung:

$$U_R{}^2 = \frac{\hat{u}_3{}^2}{T} \int_0^{\frac{T}{2}} \sin^2 \omega t \,\mathrm{d}t$$

Mit Einführung des zeitabhängigen Drehwinkel $\alpha = \omega t$ erhält man:

$$U_R{}^2 = \frac{\hat{u}_3{}^2\,\omega}{2\pi} \int_0^{\pi} \sin^2\alpha \frac{\mathrm{d}\alpha}{\omega} = \frac{\hat{u}_3{}^2}{2\pi} \int_0^{\pi} \sin^2\alpha \,\mathrm{d}\alpha$$

Man setzt: $\sin^2\alpha = \frac{1}{2} - \frac{1}{2}\cos 2\alpha$

Folgt:

$$U_R{}^2 = \frac{\hat{u}_3^2}{2\pi} \int_0^{\pi} \left(\frac{1}{2} - \frac{1}{2}\cos 2\alpha\right) \mathrm{d}\alpha = \frac{\hat{u}_3^2}{2\pi} \left[\frac{1}{2}\alpha - \frac{1}{4}\sin 2\alpha\right]_0^{\pi}$$

$$U_R{}^2 = \frac{\hat{u}_3^2}{2\pi} \left(\frac{1}{2}\pi - \frac{1}{4}\pi \sin 2\pi\right) = \frac{\hat{u}_3{}^2}{4}$$

Ergebnis für den Effektivwert:

$$U_R = \frac{1}{2}\hat{u}_3 = \frac{1}{2}\,2{,}8\text{ V} = 1{,}4\text{ V}$$

d) Bild zeigt das veränderte Liniendiagramm für $u_R(t)$:

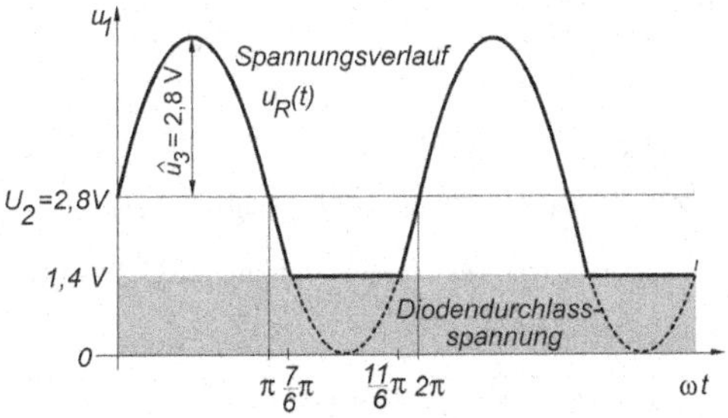

Die Spannung $u_R(t)$ erreicht mit der negativen Halbwelle von $\hat{u}_3 \sin \omega t$ den Wert

$-\frac{1}{2}\,\hat{u}_3 = 1{,}4\text{ V}$ ($\hat{=}$ Durchlassspannung der beiden Dioden)

bei den Winkeln:

$$\omega t_1 = \frac{7}{6}\pi \;(\hat{=}\, 180° + 30°)$$

$$\omega t_2 = \frac{11}{6}\pi \;(\hat{=}\, 360° - 30°)$$

Somit ist zur Bestimmung des Effektivwertes von U_R in den Bereichen von $0 \le \omega t \le \frac{7}{6}\pi$ und

$\frac{11}{6}\pi \le \omega t \le 2\pi$ über $u_R(t)$ zu integrieren:

$$U_R{}^2 = \frac{\hat{u}_3{}^2}{2\pi}\left[\int_0^{\frac{7}{6}\pi} \sin^2\alpha\,\mathrm{d}\alpha + \int_{\frac{11}{6}\pi}^{2\pi} \sin^2\alpha\,\mathrm{d}\alpha\right]$$

$$U_R{}^2 = \frac{\hat{u}_3{}^2}{2\pi}\left[\left(\frac{1}{2}\alpha - \frac{1}{4}\sin 2\alpha\right)_0^{\frac{7}{6}\pi} + \left(\frac{1}{2}\alpha - \frac{1}{4}\sin 2\alpha\right)_{\frac{11}{6}\pi}^{2\pi}\right]$$

$$U_R{}^2 = \frac{\hat{u}_R{}^2}{2\pi}\left[\frac{7}{12}\pi - \frac{1}{4}\cdot\sin\frac{7}{3}\pi + \pi - \frac{1}{4}\cdot\sin 4\pi - \left(\frac{11}{12}\pi - \frac{1}{4}\sin\frac{11}{3}\right)\right] = \frac{\hat{u}_R{}^2}{2\pi}\cdot 1{,}66$$

$$U_R{}^2 = \frac{\hat{u}_R{}^2}{2\pi}\cdot\, 1{,}66 = 0{,}264\,\hat{u}_R^2$$

Ergebnis Effektivwert:

$U_R = 0{,}514\,\hat{u}_R$ mit $\hat{u}_R = U_2 + \hat{u}_3 - 2U_F = 4{,}2$ V

$U_R = 2{,}16$ V

Ergebnis Scheitelwert des Stromes:

$$\hat{i} = \frac{\hat{u}_R}{R} = \frac{4{,}2\text{ V}}{150\ \Omega} = 28\text{ mA}$$

30.11

a) Bei einem Stromflusswinkel $\vartheta = 60°$ ist der Zündzeitpunkt durch den Zündwinkel $\alpha = 120°$ vorgegeben.
Zündzeitpunkt:

$$t_1 = \frac{120°}{360°} T = \frac{1}{3} 20 \text{ ms} = 6{,}67 \text{ ms}$$

Zum Zeitpunkt t_1 nimmt $u_R(t)$ folgenden Wert an:

$$u_{Rmax} = u_R(t_1) = \hat{u}_R \sin\frac{2\pi}{20 \text{ ms}} 6{,}67 \text{ms} = 325 \text{V} \sin 120°$$

$$u_{R\,max} = 281{,}5 \text{ V}$$

$$i_{max} = i(t_1) = \frac{281{,}5 \text{ V}}{325\,\Omega} = 866 \text{ mA}$$

Für Stromflusswinkel $\vartheta = 180°$ erreicht der Scheitelwert der Stromes wegen $\hat{u}_R = \hat{u}_1 = 325$ V:

$$\hat{i} = \frac{\hat{u}_R}{R} = \frac{325 \text{ V}}{325\,\Omega} = 1 \text{ A}$$

b) Da hier keine negativen Flächen im Liniendiagramm für $u_R(t)$ vorliegen, ist der Gleichrichtwert $\overline{|u_R|}$ gleich dem Gleichwert $\bar{u}_R$:

$$\overline{|u_R|} = \frac{1}{T} \int_{\omega t = \frac{2}{3}\pi}^{\pi} \hat{u}_R \sin \omega t \, dt = \frac{\hat{u}_R}{T\,\omega} (-\cos \omega t) \Big|_{\frac{2}{3}\pi}^{\pi},$$

$$\omega = \frac{2\pi}{T}$$

$$\overline{|u_R|} = \frac{\hat{u}_R}{2\pi} (1 + 0{,}5) = \frac{325 \text{ V}}{2\pi} 1{,}5 = 77{,}6 \text{ V}$$

Effektivwert

$$U_R{}^2 = \frac{1}{T} \int_{t=\frac{1}{3}T}^{\frac{T}{2}} \hat{u}_R{}^2 \sin^2 \omega t \, dt = \frac{\hat{u}_R{}^2}{2\pi} \int_{\omega t = \frac{2}{3}\pi}^{\pi} \sin^2 \omega t \, d\omega t$$

$$U_R{}^2 = \frac{\hat{u}_R{}^2}{2\pi} \left(\frac{1}{2} \omega t - \frac{1}{4} \sin 2\omega t \right)_{\frac{2}{3}\pi}^{\pi}$$

$$U_R{}^2 = \frac{\hat{u}_R{}^2}{2\pi} \left[\frac{1}{2} \left(\pi - \frac{2}{3}\pi \right) - \frac{1}{4} \left(\sin 2\pi - \sin \frac{4}{3}\pi \right) \right]$$

$$U_R{}^2 = \hat{u}_R{}^2 \cdot 0{,}0489$$

Effektivwert:

$$U_R = 0{,}221 \cdot \hat{u}_R = 71{,}85 \text{ V}$$

c) Scheitelfaktor:

$$k_S = \frac{\hat{u}_R}{U_R} = \frac{325 \text{ V}}{71{,}85 \text{ V}} = 4{,}52$$

Hierbei ist der Scheitelwert von $\hat{u}_1 = \hat{u}_R = 325$ V zugrunde gelegt. Bezieht man hingegen den Scheitelwert auf den maximalen Wert von $u_R(t_1)$ bei Stromflusswinkel $\vartheta = 60°$, folgt aus $u_{Rmax} = u_R(t_1) = 281{,}5$ V:

$$k_S = \frac{u_{Rmax}}{U_R} = \frac{281{,}5 \text{ V}}{71{,}85 \text{ V}} = 3{,}92$$

30.12

a) Das Drehspulinstrument zeigt aufgrund seiner Trägheit den Gleichwert $\bar{u}_R$ der angeschnittenen Sinushalbwelle an:

$$\bar{u}_R = \frac{1}{T} \int_{t_0}^{t_0+T} u_R(t) \, dt$$

Da der Gleichwert in diesem Fall identisch mit dem Gleichrichtwert ist, erhält man:

$\bar{u}_R = 77{,}6$ V (vgl. Lösung zu 30.11.b)

Will man ihn nochmals ausführlich bestimmen, gilt:

$$\bar{u}_R = \frac{1}{2\pi} \int_{\frac{2}{3}\pi}^{\pi} \hat{u}_R \sin \omega t \, d\omega t = \frac{\hat{u}_R}{2\pi} \left[-\cos \omega t \right]_{\frac{2}{3}\pi}^{\pi}$$

$$\bar{u}_R = 0{,}2387\, \hat{u}_R \quad \text{mit} \quad \hat{u}_1 = \hat{u}_R = 325 \text{ V}$$

$$\bar{u}_R = 77{,}6 \text{ V}$$

b) Beim Drehspul-Vielfachinstrument ist im eingestellten Wechselspannungsbereich die Skala in Effektivwerten für sinusförmige Wechselspannungen geeicht. Diese Eichung bezieht sich auf die Multiplikation des Gleichrichtwertes

$$\overline{|u|} = \frac{2 \cdot \hat{u}}{\pi}$$

mit dem Formfaktor für sinusförmige Wechselspannungen

$k_F = 1{,}11$.

Da der Gleichrichtwert in diesem Fall mit dem Gleichwert übereinstimmt, zeigt das Instrument statt des echten Effektivwertes den Wert

$$\bar{u}_R \cdot k_F = 77{,}6 \text{ V} \cdot 1{,}11 = 86{,}1 \text{ V}$$

an.

c) Ein TRMS-Voltmeter (Echteffektivwert-Messgerät) zeigt den nach zyklischer Abtastung des Signals und Behandlung entsprechend der Definitionsgleichung für den Effektivwert

$$U = \sqrt{\frac{1}{T} \int_0^T u^2 \, dt}$$

ermittelten „echten Effektivwert“ an (wobei das eingesetzte Näherungsverfahren die Genauigkeit des Ergebnisses bestimmt). In diesem Fall also:

$$U_R{}^2 = \frac{1}{T} \int_{\frac{1}{3}T}^{\frac{T}{2}} \hat{u}_R{}^2 \sin^2 \omega t \, dt \quad \text{(vgl. Lösung zu 30.11.b)}$$

$$U_R = 0{,}221 \cdot \hat{u}_R = 0{,}221 \cdot 325 \text{ V} = 71{,}85 \text{ V}$$

d) Für die Abtastung der angeschnittenen Sinusfunktion in 10°-Schritten erhält man nachfolgendes Bild und Tabelle:

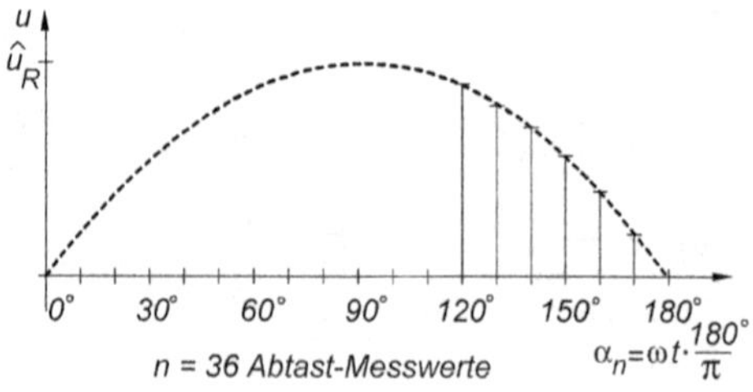

$\alpha_n = \omega t\, 180°/\pi$	n	$u_{tn} = \hat{u}_R \sin\alpha_n$	u_{tn}^2
10°	1	0	0
20°	2	0	0
...	...	...	...
110°	11	0	0
120°	12	281,46 V	79219 V²
130°	13	248,96 V	61983 V²
140°	14	208,91 V	43642 V²
150°	15	162,50 V	26406 V²
160°	16	111,16 V	12355 V²
170°	17	56,44 V	3185 V²
180°	18	0	0
...	...	...	...
360°	36	0	0

$$\sum = 226790\ \text{V}^2$$

Effektivwert gemäß Tabelle:

$$U_R = \sqrt{\frac{1}{n}\sum_{n=1}^{36} u_{tn}^2} = \sqrt{\frac{1}{36}\cdot 226790\ \text{V}^2} = 79{,}37\ \text{V}$$

Tastet man die angeschnittene Sinusfunktion im 5°-Intervall ab, erhöht also n auf $n = 72$ Werte, verbessert sich das Ergebnis auf $U_R = 75{,}64$ V. Man erkennt:

Je kleiner die Schrittweite der Abtastung ist, umso mehr nähert sich das Ergebnis der Aufsummierung der exakten Lösung des Integrals ($U_R = 71{,}85$ V) an. In elektronischen Schaltungen wird n durch die Geschwindigkeit des Analog-Digital-Umsetzers und der Abtast-/Halteschaltung begrenzt.

30.13

Spannungssignal $u_1(t)$:

Ist AC+DC-Kopplung eingestellt, dann misst das DMM den Gesamteffektivwert bestehend aus Gleichspannungs- und Wechselspannungskomponente:

Effektivwert:

$$U_{1\text{eff}} = \frac{2\cdot\hat{u}_1}{\sqrt{3}} = \frac{u_{1\max}}{\sqrt{3}} = \frac{33\ \text{V}}{\sqrt{3}} = 19{,}05\ \text{V}$$

Scheitelfaktor (Crestfaktor):

$$k_S = \frac{u_{1\max}}{U_{1\text{eff}}} = \frac{33\ \text{V}}{19{,}05\ \text{V}} = 1{,}73$$

Ist AC-Kopplung eingestellt, dann misst das DMM nur den Effektivwert des dreieckförmigen Wechselspannungsanteils von $u_1(t)$ mit den Amplituden $\hat{u}_1 = \pm 16{,}5$ V .

Effektivwert:

$$U_{1\text{eff}} = \frac{\hat{u}_1}{\sqrt{3}} = \frac{16{,}5\ \text{V}}{\sqrt{3}} = 9{,}53\ \text{V} \qquad (k_S = \sqrt{3})$$

Crestfaktor des Wechselspannungssignals:

$$k_S = \frac{\hat{u}_1}{U_{1\text{eff}}} = \frac{16{,}5\ \text{V}}{9{,}53\ \text{V}} = 1{,}73 \qquad (k_S = \sqrt{3})$$

Das Spannungssignal $u_1(t)$ kann im 20 V-Messbereich mit einem Fehler < 1,5 % gemessen werden, da die Crestfaktor-Bedingung CF = 3 eingehalten sowie der Messbereich nicht überschritten wird und die Frequenz des Messsignals im Spezifikationsbereich liegt.

Spannungssignal $u_2(t)$:

Bei Wahl der AC+DC-Kopplung wird der Gesamteffektivwert von $u_2(t)$ gemessen.

Effektivwert: (Formeln siehe Tabelle S. 115)

$$U_{2\text{eff}} = \sqrt{4\cdot U_2\cdot\hat{u}_2\cdot\frac{t_1}{T} + (U_2 - \hat{u}_2)^2}$$

$$U_{2\text{eff}} = \sqrt{4\cdot U_2\cdot\hat{u}_2\cdot\frac{t_1}{T} + 0}$$

$$U_{2\text{eff}} = 2\cdot U_2\sqrt{\frac{t_1}{T}} \quad \text{da} \quad \hat{u}_2 = U_2$$

$$U_{2\text{eff}} = u_{2\max}\cdot\sqrt{\frac{t_1}{T}} = 33\ \text{V}\cdot\sqrt{\frac{1}{10}} = 10{,}44\ \text{V}$$

Scheitelwert (Crestfaktor):

$$k_S = \frac{\hat{u}_{2\max}}{U_{2\text{eff}}} = \frac{33\ \text{V}}{10{,}44\ \text{V}} = 3{,}16$$

Wählt man für den Messeingang AC-Kopplung, dann wird eine vorhandene Gleichspannungskomponente abgetrennt und nur der Effektivwert des verbleibenden Wechselanteils gemessen. Die Wirkung der Abtrennung des Gleichanteils ist im nachfolgenden Bild dargestellt.

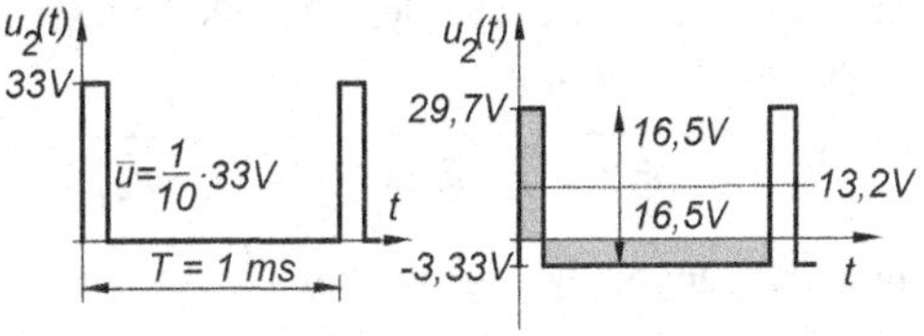

Effektivwert:

$$U_{2\text{eff}} = \sqrt{4\cdot U_2\cdot\hat{u}_2\cdot\frac{t_1}{T} + (U_2 - \hat{u}_2)^2}$$

$$U_{2\text{eff}} = \sqrt{4\cdot 13{,}2\ \text{V}\cdot 16{,}5\ \text{V}\cdot\frac{1}{10} + (13{,}2\ \text{V} - 16{,}5\ \text{V})^2}$$

$$U_{2\text{eff}} = 9{,}9\ \text{V}$$

Scheitelwert (Crestfaktor):

Die Berechnung ist möglicherweise strittig!

Messgerätehersteller würden folgendermaßen rechnen:

$$k_S = \frac{u_{2\max}}{U_{2\text{eff}}} = \frac{33\ \text{V}}{9{,}9\ \text{V}} = 3{,}33$$

Man könnte aber auch der Auffassung sein, dass bei AC-Kopplung am eigentlichen Messeingang nur der Wechselanteil anliegt und daher ein anderer Scheitelwert vorliegt:

$$k_S = \frac{29{,}7\ \text{V}}{9{,}9\ \text{V}} = 3$$

Die Messung mit Fehler < 1,5 % ist nicht möglich: Der Crestfaktor wird zwar nur gering überschritten, aber die Signalfrequenz liegt deutlich außerhalb der Spezifikation.

Hinweis: Wenn bei preiswerten DMM Genauigkeiten von z.B. 0,2 % vom Messwert genannt werden, bezieht sich dies nur auf Gleichspannungsmessungen!

Die Angabe von ± x Digit berücksichtigt die Unsicherheit der letzten Anzeigestelle des DMM aufgrund der begrenzten Auflösung des verwendeten Analog-Digital-Umsetzers.

31 Überlagerung sinusförmiger Wechselgrößen

- Addition und Subtraktion im Linien- und Zeigerdiagramm

Entsprechend den Kirchhoff'schen Maschen- und Knotengleichungen sind bei der Betrachtung eines Wechselstromkreises Spannungen und Ströme zu addieren oder zu subtrahieren. Diese Summen- bzw. Differenzbildung kann rechnerisch oder zeichnerisch erfolgen.

Wechselgrößen mit gleicher Frequenz

Rechnerische Betrachtung

Für die beiden sinusförmigen Schwingungen

$$x_1(t) = \hat{x}_1 \sin(\omega t + \varphi_1) \quad \text{und} \quad x_2(t) = \hat{x}_2 \sin(\omega t + \varphi_2)$$

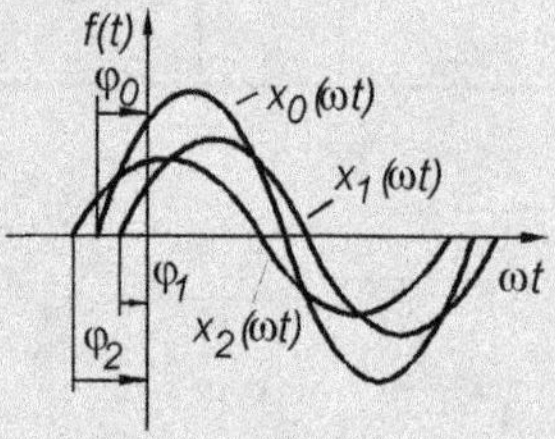

gilt bei einer Addition der Einzelgrößen:

$$x_0(t) = x_1(t) + x_2(t) = \hat{x}_0 \sin(\omega t + \varphi_0)$$

Die Summe ergibt wieder eine sinusförmige Schwingung gleicher Frequenz wie die der Einzelschwingungen, jedoch mit anderer Amplitude

$$\hat{x}_0 = \sqrt{\hat{x}_1^2 + \hat{x}_2^2 + 2\hat{x}_1\hat{x}_2 \cos(\varphi_1 - \varphi_2)}$$

und anderem Nullphasenwinkel

$$\varphi_0 = \arctan \frac{\hat{x}_1 \cdot \sin\varphi_1 + \hat{x}_2 \cdot \sin\varphi_2}{\hat{x}_1 \cdot \cos\varphi_1 + \hat{x}_2 \cdot \cos\varphi_2}$$

Für die beiden sinusförmigen Schwingungen $x_1(t)$ und $x_2(t)$

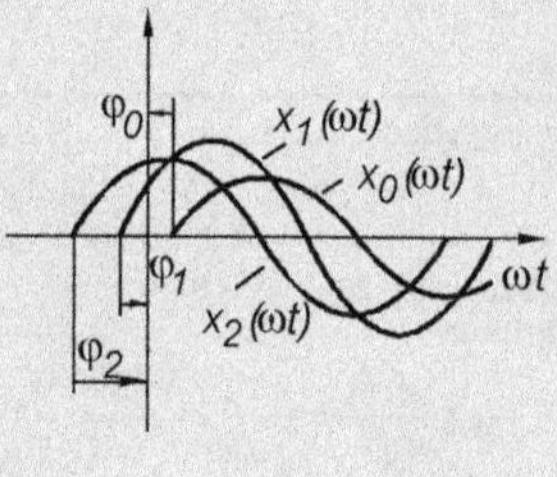

gilt bei einer Subtraktion der Einzelgrößen:

$$x_0(t) = x_1(t) - x_2(t) = \hat{x}_0 \sin(\omega t + \varphi_0)$$

Die Differenz ergibt wieder eine sinusförmige Schwingung gleicher Frequenz wie die der Einzelschwingungen, jedoch mit der Amplitude

$$\hat{x}_0 = \sqrt{\hat{x}_1^2 + \hat{x}_2^2 - 2\hat{x}_1\hat{x}_2 \cos(\varphi_1 - \varphi_2)}$$

und dem Nullphasenwinkel

$$\varphi_0 = \arctan \frac{\hat{x}_1 \cdot \sin\varphi_1 - \hat{x}_2 \cdot \sin\varphi_2}{\hat{x}_1 \cdot \cos\varphi_1 - \hat{x}_2 \cdot \cos\varphi_2}$$

Hierbei repräsentieren:

$x_1(t), x_2(t)$:	Zeitverläufe von Strömen bzw. Spannungen
$x_0(t)$:	resultierender Schwingungsverlauf
$\hat{x}_1, \hat{x}_2, \hat{x}_0$:	Amplituden der Schwingungen
$\varphi_1, \varphi_2, \varphi_0$:	Phasenlage der Schwingungen, bezogen auf den Zeitpunkt $t = 0$
ω :	Kreisfrequenz der Schwingungen $\omega = 2\pi f$

Zeichnerische Betrachtung

Die resultierend Schwingung ergibt sich durch punktweise algebraische Addition bzw. Subtraktion von Strecken, die den Momentanwerten zu diskreten Zeitpunkten entsprechen.

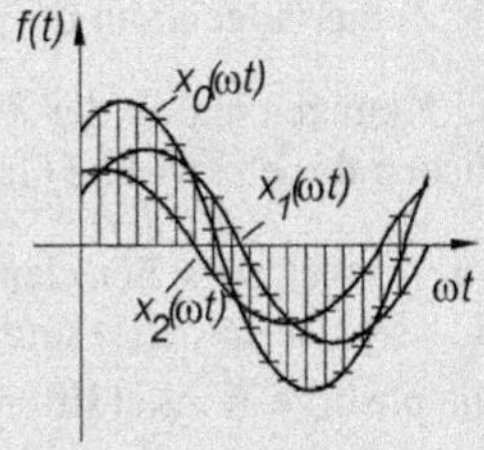

$$x_1(t) = \hat{x}_1 \sin\left(\omega t + \varphi_1\right)$$

$$x_2(t) = \hat{x}_2 \sin\left(\omega t + \varphi_2\right)$$

Ergebnis: Werte aus Liniendiagramm

$$\Downarrow \qquad \Downarrow$$

$$x_0(t) = \hat{x}_0 \sin\left(\omega t + \varphi_0\right)$$

Zeigerdiagramm

Wesentlich einfacher als mit einer punktweisen Addition von sinusförmigen Wechselgrößen in einem Liniendiagramm können frequenzgleiche Wechselgrößen in einem Zeigerdiagramm addiert bzw. subtrahiert werden.

Jede zeitlich sich sinusförmig ändernde Wechselgröße kann durch einen mit der Kreisfrequenz ω rotierenden Zeiger dargestellten werden, wobei gilt:

- Die Projektion der Zeigerspitze auf die Ordinate des Liniendiagramms repräsentiert den Momentanwert der Schwingung zum Beobachtungszeitpunkt t_0.
- Im Zeigerdiagramm rotiert der Zeitzeiger mit der Winkelgeschwindigkeit ω im mathematisch positiven Sinn (Gegenuhrzeigersinn). Es besteht der Zusammenhang mit der Frequenz f: $\omega = 2\pi f$
- Die Periodendauer T der Schwingung entspricht einer Zeigerdrehung um 360°.

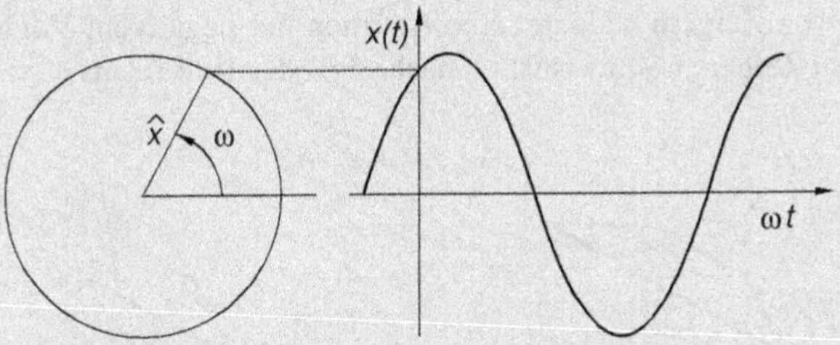

Geht man von der rotierenden Zeigerdarstellung zum ruhenden Zeigerbild über (d.h. Betrachtung der Zeiger nur zum Zeitpunkt t_0 und Wegfall der Umlaufdarstellung), so sei weiterhin vereinbart:

- Die Phasenlage der ruhenden Zeiger wird durch den Nullphasenwinkel angegeben.
- In einem Zeigerdiagramm können nur frequenzgleiche Wechselgrößen eingetragen werden.
- Zeiger lassen sich geometrisch, d.h. unter Berücksichtigung von Betrag und Phasenlage, addieren oder subtrahieren, ähnlich wie die Operationen in einem Vektordiagramm.

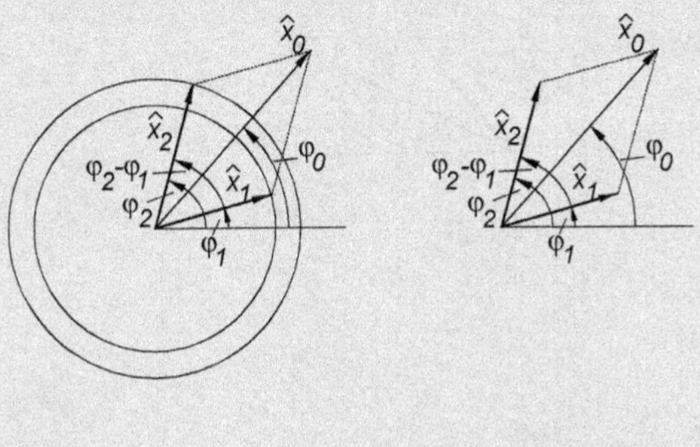

Zeigerdiagramm-Regeln

- Die Zeigerlänge kann die Amplitude oder den Effektivwert der Wechselgröße symbolisieren.
- Zur Kennzeichnung der Zeigereigenschaft soll in Zeigerdiagrammen und Formeln das Formelzeichen der elektrische Größe unterstrichen werden, z.B. $\underline{U}_1$.
- Der Winkel zwischen den Zeigern gibt die Phasenverschiebung zwischen den Wechselgrößen an, wie dies für $x_1(t)$ und $x_2(t)$ im voranstehenden Bild dargestellt ist. Insbesondere bedeutet eine positive Winkeldifferenz von Zeiger $\underline{x}_1$ zu Zeiger $\underline{x}_2$:

  $\varphi_2 > \varphi_1$ bzw. $(\varphi_2 - \varphi_1) > 0$: $x_2(t)$ eilt gegenüber $x_1(t)$ vor.

  Umgekehrt: Eine negative Winkeldifferenz heißt:

  $\varphi_2 < \varphi_1$ bzw. $(\varphi_2 - \varphi_1) < 0$: $x_2(t)$ eilt gegenüber $x_1(t)$ nach.
- Die Zeiger eines Zeigerdiagramms dürfen in der Ebene parallel verschoben werden:

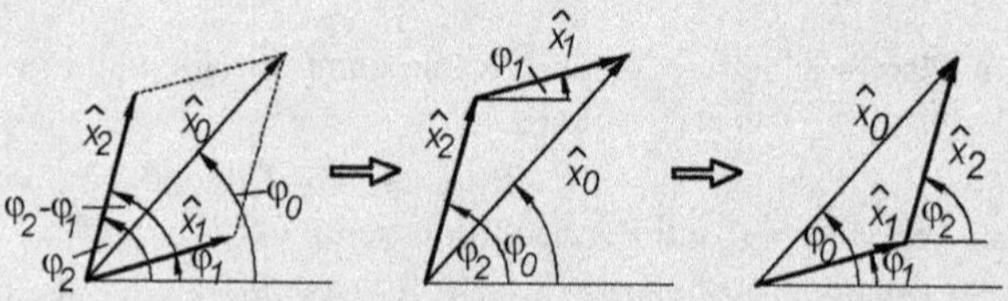

- Sind mehrere Zeiger zu addieren, erfolgt die Abarbeitung sukzessive: An Zeiger $\underline{U}_1$ wird $\underline{U}_2$ und daran $\underline{U}_3$ angetragen (s. nachfolgendes Bild links).
- Eine Subtraktion von Zeigern bedeutet eine Addition mit negativem Vorzeichen: Drehung des positiv orientierten Zeigers U_3 um 180° (s. nachfolgendes Bild rechts).

- Interessiert nur der Effektivwert der resultierenden Größe, nicht aber der von der Beobachtungszeit abhängige Nullphasenwinkel, dann kann auch das gesamte Zeigerdiagramm so gedreht werden, dass ein Zeiger mit der horizontalen Bezugslinie zusammenfällt. Durch die Drehung verändert sich der Phasenverschiebungswinkel zwischen den Wechselgrößen nicht.

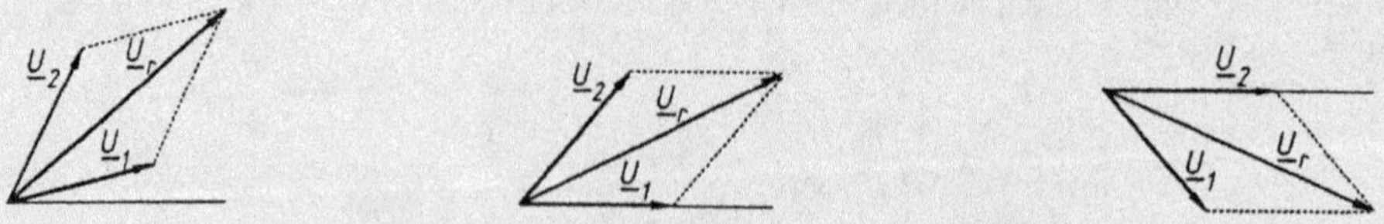

Lösungsmethodik: Erstellen von Zeigerdiagrammen zur Addition/Subtraktion

Frequenzgleiche sinusförmige Wechselgrößen sind zu addieren bzw. subtrahieren.

↓

Betrag der Wechselgrößen in maßstäbliche geometrische Abmessungen umrechnen.

↓ ↓

Mit Berücksichtigung der Nullphasenwinkel

- Horizontale Zeitachse zeichnen
- Nullphasenwinkel und Betrag der ersten Größe entsprechend Maßstabsfaktor antragen
- An Spitze der ersten Größe eine horizontale Achse zeichnen, Betrag und Nullphasenwinkel der zweiten Größe antragen

Ohne Berücksichtigung der Nullphasenwinkel aber Beachtung der Phasenverschiebungswinkel

- Ersten Zeiger in horizontale Achse zeichnen, Zeigerlänge entsprechend Maßstabsfaktor zeichnen.
- Phasenverschiebungswinkel des zweiten Zeigers gegenüber ersten Zeiger einzeichnen und Zeigerlänge antragen.

↓ ↓

Sukzessive alle anderen Zeiger in gleicher Weise antragen. Bei einer Subtraktion ist der anzutragende Zeiger zusätzlich um 180° zu drehen.

↓

Den resultierenden Zeiger von Beginn des Zeigerdiagramms zur Spitze des letzten Zeigers zeichnen. (Null-)Phasenwinkel zur horizontalen Achse messen und Betrag des Ergebniszeigers mit Maßstabsfaktor umrechnen

Wechselgrößen mit unterschiedlicher Frequenz

Rechnerische Betrachtung

Bei der Überlagerung zweier sinusförmiger Größen unterschiedlicher Frequenz entsteht eine nichtsinusförmige periodische Größe, deren Amplitude sich zeitabhängig ändert:

$$x_1(t) = \hat{x}_1 \cdot \sin(\omega_1 t + \varphi_1),\ x_2(t) = \hat{x}_2 \cdot \sin(\omega_2 t + \varphi_2) \Rightarrow x_0(t) = x_1(t) + x_2(t) = \hat{x}_1 \cdot \sin(\omega_1 t + \varphi_1) + \hat{x}_2 \cdot \sin(\omega_2 t + \varphi_2)$$

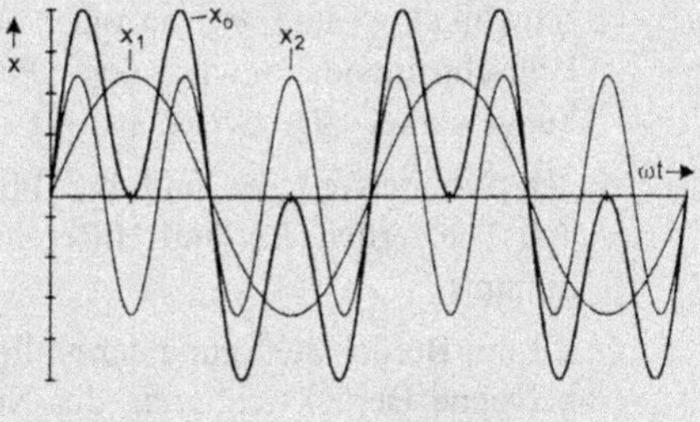

Beispiel: $\hat{x}_1 = \hat{x}_2, \quad \omega_2 = n \cdot \omega_1$

ω_2 ist ein ganzzahliges Vielfaches von ω_1:
$x_0(t)$ ändert die Amplitude und hat die Grundfrequenz

ω_1 bzw. $f_1 = \dfrac{1}{2\pi \cdot \omega_1}$ sowie die Periodendauer $T_1 = \dfrac{1}{f_1}$.

Diagramm: $x_0(t) = \hat{x}_1 \cdot \sin \omega t + \hat{x}_2 \cdot \sin 3\omega t$

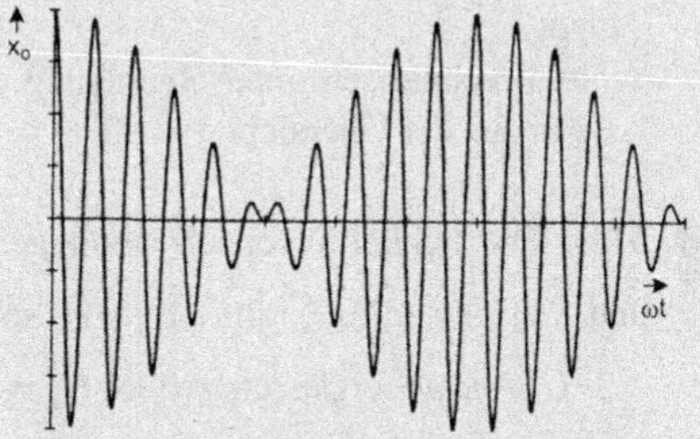

Beispiel: $\hat{x}_1 = \hat{x}_2$, ω_2 und ω_1 liegen eng beieinander.

Es entsteht eine „Schwebung“, wobei $x_0(t)$ periodisch den Amplitudenwert ändert.

Diagramm: $x_0(t) = \hat{x}_1 \cdot \sin \omega t + \hat{x}_2 \cdot \sin 1{,}1\ \omega t$

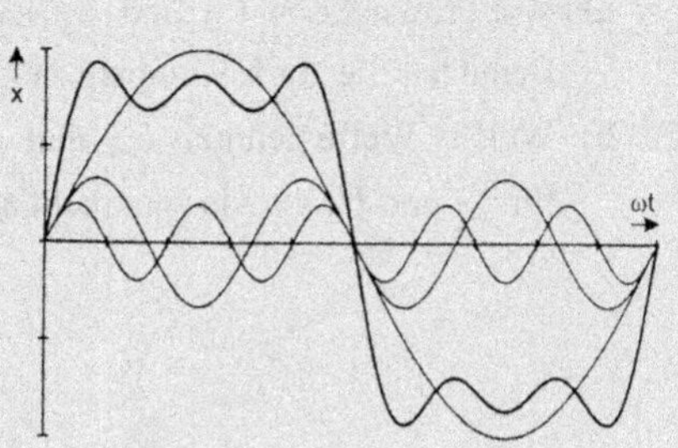

Beispiel: Rechteckschwingung

Das Bild zeigt die Synthese einer angenäherten Rechteckschwingung bestehend aus einer Grundschwingung und zwei ungeradzahligen Oberschwingungen:

$$x = \hat{x}\left[\sin \omega t + \frac{1}{3}\sin 3\omega t + \frac{1}{5}\sin 5\omega t + \ldots\right]$$

Zeichnerische Betrachtung

Siehe vorne (S. 121)

31.1 Aufgaben

❶ **31.1:** Die beiden sinusförmigen Spannungen $u_1 = \hat{u}_1 \sin \omega t$ und $u_2 = \hat{u}_2 \sin(\omega t + \varphi_2)$ mit den Werten $\hat{u}_1 = 10\ \mathrm{V}$, $\hat{u}_2 = 20\ \mathrm{V}$, $\varphi_2 = 45°$ haben die Frequenz $f = 50$ Hz.

a) Bestimmen Sie die Summe der beiden Spannungen im Liniendiagramm durch Berechnung der Momentanwerte von 0° bis 330° in 30°-Schritten und anschließender Überlagerung.

b) Wie lautet die analytische Gleichung der Summenspannung mit den in a) ermittelten Werten für Betrag und Nullphasenwinkel?

❶ **31.2:** Für die Spannungen $u_1 = \hat{u}_1 \sin(\omega t + \varphi_1)$ und $u_2 = \hat{u}_2 \sin(\omega t + \varphi_2)$ mit $\hat{u}_1 = 5\ \mathrm{V}$, $\varphi_1 = 60°$ und $\hat{u}_2 = 8\ \mathrm{V}$, $\varphi_2 = -10°$ soll die resultierende Spannung $u_3(t) = u_1(t) + u_2(t)$ ermittelt werden, und zwar als

a) analytische Lösung (rechnerische Betrachtung)

b) grafische Lösung mit Zeigerdiagramm.

❶❷ **31.3:** Das Oszillogramm zeigt die beiden Wechselströme $i_1(t)$ und $i_2(t)$, die sich im Knotenpunkt A zu $i_3(t)$ überlagern. Zu bestimmen sind

a) die Scheitelwerte $\hat{i}_1$ und $\hat{i}_2$ sowie die Nullphasenwinkel φ_1 und φ_2 bezogen auf den linken Bildschirmrand sowie den Phasenverschiebungswinkel φ_{12} zwischen $i_1(t)$ und $i_2(t)$,

b) der Scheitelwert $\hat{i}_3$ und die Phasenlage von $i_3(t)$ bezüglich $i_2(t)$ mit Hilfe eines Zeigerdiagramms

b.1 mit Berücksichtigung der Nullphasenwinkel
b.2 ohne Berücksichtigung der Nullphasenwinkel

und rechnerisch unter Benutzung der Gleichungen aus der Übersicht.

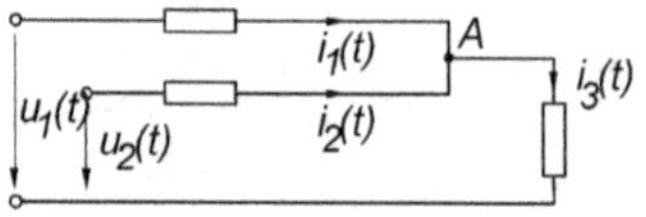

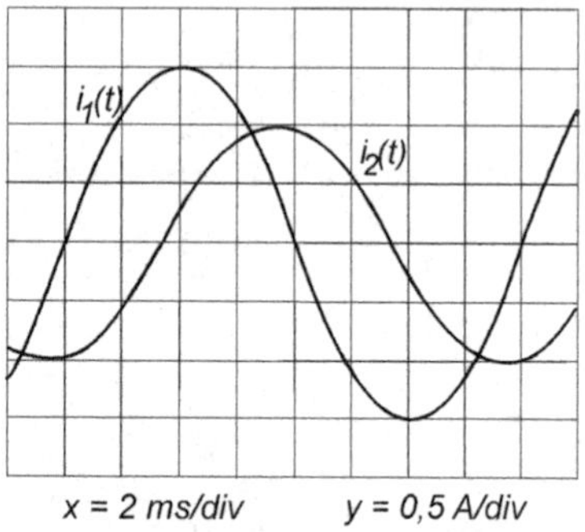

❶❷ **31.4:** Die beiden Wechselspannungen $u_1(t) = \sqrt{2} \cdot U_1 \cdot \sin(\omega t + \varphi_1)$ mit $U_1 = 4$ V, $\varphi_1 = 30°$ und $u_2(t) = \sqrt{2} \cdot U_2 \cdot \sin(\omega t + \varphi)$ sollen sich zu der Spannung $u_a(t) = u_1(t) + u_2(t) = \sqrt{2} \cdot U_a \cdot \sin \omega t$ ergänzen, wobei $U_a = 6$ V ist.

a) Wie groß müssen U_2 und φ_2 sein, damit sich $u_a(t)$ ergibt?
Benutzen Sie zur Lösung ein Zeigerdiagramm.

b) Welche Werte nehmen U_2 und φ_1 bei gleicher Spannung U_a an, wenn die beiden Zeiger für $\underline{U}_1$ und $\underline{U}_2$ gerade senkrecht aufeinander stehen? Wie groß ist dann φ_2?

❶ **31.5:** Bei modernen Geräuschdämpfungssystemen erzeugt ein digitaler Signalprozessor ein zum Störsignal gegenphasiges Signal, sodass sich beide Signale bis auf einen unvermeidlichen Rest gegenseitig aufheben. Dazu wird mit Sensoren das Originalsignal erfasst und in einer Prozessorschaltung das gegenphasige Kompensationssignal erzeugt.
Im vorliegenden Fall sollen 2 Sensoren das Störgeräusch detektieren und in die beiden sinusförmigen Wechselspannungen

$u_1(t) = \hat{u}_1 \cdot \sin \omega t$, $\hat{u}_1 = 10$ V

$u_2(t) = \hat{u}_2 \cdot \cos(\omega t - \varphi_2)$, $\hat{u}_2 = 12$ V, $\varphi_2 = 60°$

umwandeln. Der Rechner digitalisiert die Signale und erzeugt die Kompensationsspannung

$u_K(t) = -u_a(t)$,

so dass der Lautsprecher das „Gegengeräusch" aussenden kann.
Zeichnen Sie ein Zeigerdiagramm für die Summenspannung $\hat{u}_a$ und ermitteln Sie dazu die Kompensationsspannung $\hat{u}_K$.

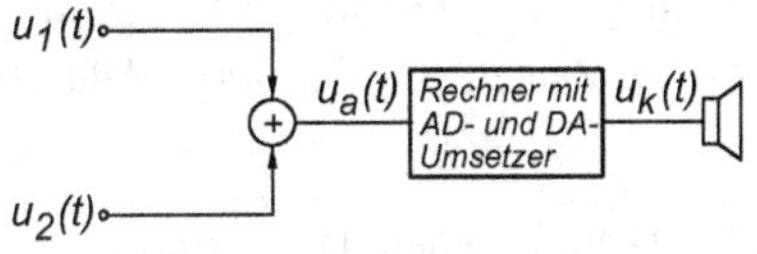

❶❷ **31.6:** In der skizzierten Schaltung erhält man für einen Spannungsumlauf auf der Sekundärseite des Trafos: $u_a = u_1 - u_2$
Bestimmen Sie rechnerisch und im Zeigerdiagramm den Effektivwert U_a und die Phasenlage von $u_a(t)$, wenn

$u_1(t) = \sqrt{2} \cdot U_1 \cdot \sin(\omega t + \varphi_1)$, $U_1 = 10$ V, $\varphi_1 = 60°$

$u_2(t) = \sqrt{2} \cdot U_2 \cdot \sin(\omega t + \varphi_2)$, $U_2 = 4$ V,

$\varphi_2 = 20°$ sind.

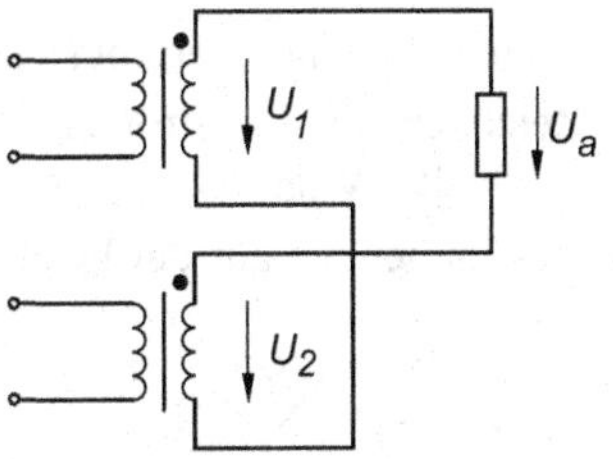

❷ **31.7:** Das Bild zeigt die typische Grundschaltung eines Summierverstärkers mit Operationsverstärker.
Für die Ausgangsspannung der Verstärkerschaltung gilt:

$$U_a = -R_k \left(\frac{U_1}{R_1} + \frac{U_2}{R_2} + \frac{U_3}{R_3} + \frac{U_4}{R_4} \right)$$

Zur Vereinfachung sei hier

$R_k = R_1 = R_2 = R_3 = R_4$

und damit die Verstärkung der einzelnen Känäle:

$$v = \frac{U_a}{U_e} = -1$$

Frequenzgleiche Eingangsspannungen:

$u_1 = \hat{u}_1 \cdot \sin \omega t$, $\hat{u}_1 = 2$ V

$u_2 = u_2 \cdot \cos \omega t$, $\hat{u}_2 = 2\,\hat{u}_1$

$u_3 = \hat{u}_3 \cdot \sin(\omega t + \varphi_3)$, $\hat{u}_3 = 1{,}5\,\hat{u}_1$, $\varphi_3 = 30°$

$u_4 = \hat{u}_4 \cdot \cos(\omega t + \varphi_4)$, $\hat{u}_4 = \hat{u}_1$, $\varphi_4 = 210°$

Gesucht: Zeigerbild, Betrag und Phasenlage von $u_a(t)$.

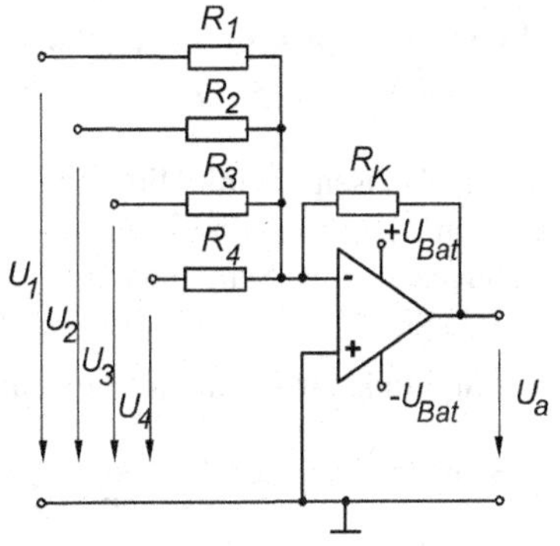

❷❸ **31.8:** Entsprechend den Kirchhoff'schen Gesetzen sind nach der Knoten- bzw. Maschenregel Ströme bzw. Spannungen zu addieren oder zu subtrahieren.

a) Zeigen Sie mit Hilfe von algebraischen Umformungen, dass bei Addition der beiden frequenzgleichen Wechselgrößen $x_1(t) = \hat{x}_1 \sin(\omega t + \varphi_1)$ und $x_2(t) = \hat{x}_2 \sin(\omega t + \varphi_2)$ wieder eine sinusförmige Wechselspannung mit gleicher Frequenz entsteht:

$x_0(t) = x_1(t) + x_2(t) = \hat{x}_0 \cdot \sin(\omega t + \varphi_0)$, wobei $\hat{x}_1, \hat{x}_2, \varphi_1, \varphi_2, \hat{x}_0, \varphi_0$ konstante Größen sind.

b) Wie ändert sich das Ergebnis, wenn statt der Addition eine Subtraktion vorzunehmen ist?

c) Zeigen Sie die obige Addition der Größen $x_1(t)$ und $x_2(t)$ in einem Zeiger- und Liniendiagramm.

❷❸ **31.9:** In einem Drehstromsystem haben die drei Spannungen $\underline{U}_{12}$, $\underline{U}_{23}$, $\underline{U}_{31}$ jeweils eine Phasenverschiebung von 120° (siehe Bild). Sind alle drei Lastwiderstände R_{12}, R_{23} und R_{31} gleich, so spricht man von einer symmetrischen ohmschen Last.

a) Zeichnen Sie das Zeigerdiagramm der drei Spannungen $\underline{U}_{12}$, $\underline{U}_{23}$ und $\underline{U}_{31}$.

b) Führen Sie für die drei Spannungszeiger eine Parallelverschiebung so durch, dass Sie jeweils an die Spitze des ersten Spannungszeigers den zweiten Spannungszeiger anreihen usw.

Welche Spannung ergibt sich aus der Summe aller drei Spannungen?

c) Zeichnen Sie das Stromzeigerbild für die Lastströme, wenn die Beträge von $\underline{U}_{12} = \underline{U}_{23} = \underline{U}_{31} = 400$ V und $R_{12} = R_{23} = R_{31} = 80\ \Omega$ sind.

d) Bestimmen Sie aus der Lösung zu c) die Außenleiterströme $\underline{I}_1$, $\underline{I}_2$ und $\underline{I}_3$.

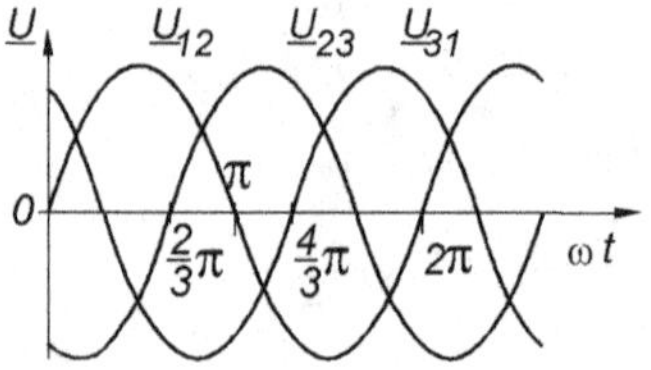

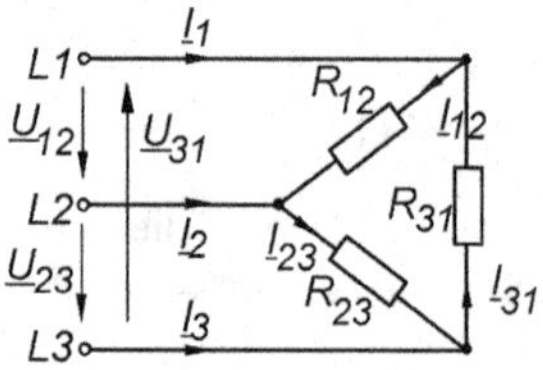

❶❷ **31.10:** Zeichnen Sie die beiden Wechselspannungen $u_1(t) = \hat{u}_1 \cdot \sin\omega t$ und $u_2(t) = \hat{u}_2 \cdot \sin 2\omega t$ mit $\hat{u}_1 = \hat{u}_2 = 1$ V in einem Liniendiagramm auf Karopapier. Zeigen Sie durch punktweise grafische Addition der Funktionswerte, dass die resultierende Spannung $u_3(t) = u_1(t) + u_2(t)$ die gleiche Frequenz hat wie die Grundschwingung $u_1(t)$, die Zahl der Nulldurchdurchgänge aber der von $u_2(t)$ innerhalb der Periodendauer von T_3 entspricht.

Hinweise: y-Achse: $u(t) = 0{,}25$ V/div , x-Achse : ωt-Achse

Darstellung über $2 \cdot 2\pi \mathrel{\hat{=}} 720°$, Funktionswerte der Sinuskurve in 30°-Schritten ermitteln.

❸ **31.11:** Weisen Sie mit Hilfe eines Zeigerdiagramms nach, dass beim Addieren zweier Schwingungen $u_1(t) = \hat{u}_1 \cdot \sin\omega_1 t$ und $u_2(t) = \hat{u}_2 \cdot \sin(\omega_2 t + \varphi_2)$ mit nur wenig verschiedenen Kreisfrequenzen eine Schwingung $u_3(t) = u_1(t) + u_2(t)$ entsteht, die man eine Schwebung nennt und deren

- Amplitude zwischen $(\hat{u}_1 + \hat{u}_2)$ und $(\hat{u}_1 - \hat{u}_2)$ hin und her schwankt,
- Schwebungsdauer $T_S = \dfrac{2\pi}{\omega_2 - \omega_1}$ beträgt,
- Momentanwert sich aus $u_S(t) = \sqrt{\hat{u}_1{}^2 + \hat{u}_2{}^2 - 2 \cdot \hat{u}_1 \cdot \hat{u}_2 \cos\left(180° - \omega_S t - \varphi_{u2}\right)}$ ergibt.

31.2 Lösungen

31.1

a) $u_3(t) = \hat{u}_1 \cdot \sin \omega t + \hat{u}_2 \cdot \sin(\omega t + \varphi_2)$

mit $\hat{u}_1 = 10$ V, $\hat{u}_2 = 20$ V, $\varphi_2 = 45°$

ωt	0°	30°	60°	90°	120°	150°
$u_1(t)$/V	0	5	8,7	10	8,7	5
$u_2(t)$/V	14,1	19,3	19,3	14,1	5,2	-5,2
$u_3(t)$/V	14,1	24,3	28	24,1	13,9	-0,2

ωt	180°	210°	240°	270°	300°	330°
$u_1(t)$/V	0	-5	-8,7	-10	-8,7	-5
$u_2(t)$/V	-14,1	-19,3	-19,3	-14,1	-5,2	5,2
$u_3(t)$/V	-14,1	-24,3	-28	-24,1	-13,9	0,2

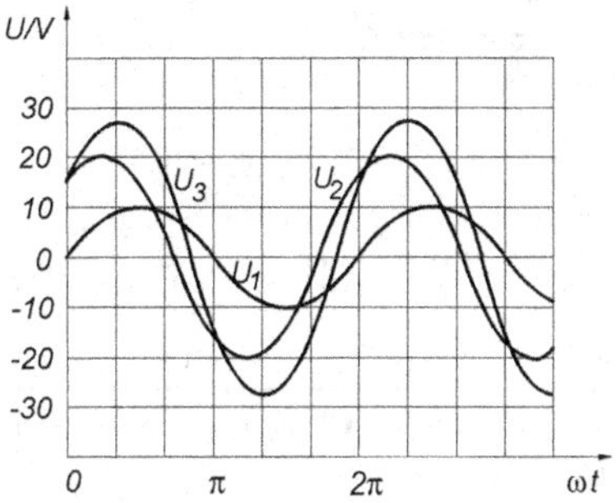

b) $u_3(t) = 28\ \text{V} \cdot \sin(\omega t + 30{,}3°)$

31.2

a) Analytische Lösung mit Gleichungen gemäß Übersicht:

$\hat{u}_3^2 = \hat{u}_1^2 + \hat{u}_2^2 + 2 \cdot \hat{u}_1 \cdot \hat{u}_2 \cdot \cos(\varphi_1 - \varphi_2)$

$\hat{u}_3^2 = (5\ \text{V})^2 + (8\ \text{V})^2 + 2 \cdot 5\ \text{V} \cdot 8\ \text{V} \cdot \cos(60° + 10°)$

$\hat{u}_3 = 10{,}79$ V

$$\varphi_3 = \arctan \frac{\hat{u}_1 \cdot \sin\varphi_1 + \hat{u}_2 \cdot \sin\varphi_2}{\hat{u}_1 \cdot \cos\varphi_1 + \hat{u}_2 \cdot \cos\varphi_2}$$

$$\varphi_3 = \arctan \frac{5\ \text{V} \cdot \sin(60°) + 8\ \text{V} \cdot \sin(-10°)}{5\ \text{V} \cdot \cos(60°) + 8\ \text{V} \cdot \cos(-10°)} = 15{,}82°$$

$u_3(t) = \hat{u}_3 \cdot \sin(\omega t + \varphi_3) = 10{,}79\ \text{V} \cdot \sin(\omega t + 15{,}82°)$

b) Zeigerdiagramm: Maßstab: 1 cm $\hat{=}$ 2,5 V

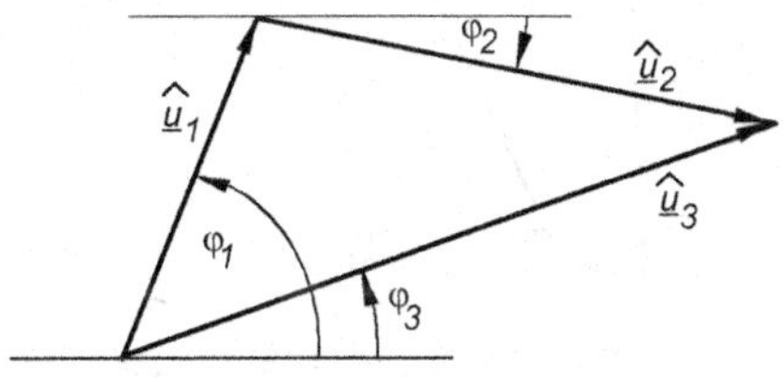

Aus Diagramm abgelesen: $\hat{u}_3 = 10{,}8$ V, $\varphi_3 = 15{,}5°$

$u_3(t) = \hat{u}_3 \cdot \sin(\omega t + \varphi_3) = 10{,}8\ \text{V} \cdot \sin(\omega t + 15{,}5°)$

31.3

a) Aus dem Oszillogramm liest man ab:

$\hat{i}_1 = 3 \cdot 0{,}5\ \text{A/div} \hat{=} 1{,}5\ \text{A}$, $|\varphi_1| \hat{=} 1\ \text{div} \hat{=} \frac{2\ \text{ms}}{20\ \text{ms}} \cdot 360° = 36°$

Da positiver Nulldurchgang nach $t = 0$ folgt: $\varphi_1 = -36°$

$\hat{i}_2 = 2 \cdot 0{,}5\ \text{A/div} \hat{=} 1\ \text{A}$, $|\varphi_2| \hat{=} 3\ \text{div} \hat{=} \frac{3 \cdot 2\ \text{ms}}{20\ \text{ms}} \cdot 360° = 108°$

Da positiver Nulldurchgang nach $t = 0$ folgt: $\varphi_2 = -108°$

Phasenverschiebungswinkel:

$\varphi_{12} = \varphi_1 - \varphi_2 = (-36°) - (-108°) = 72°$, d.h. $i_1(t)$ eilt gegenüber $i_2(t)$ um $72° \hat{=} 4$ ms vor (siehe Oszillogramm)

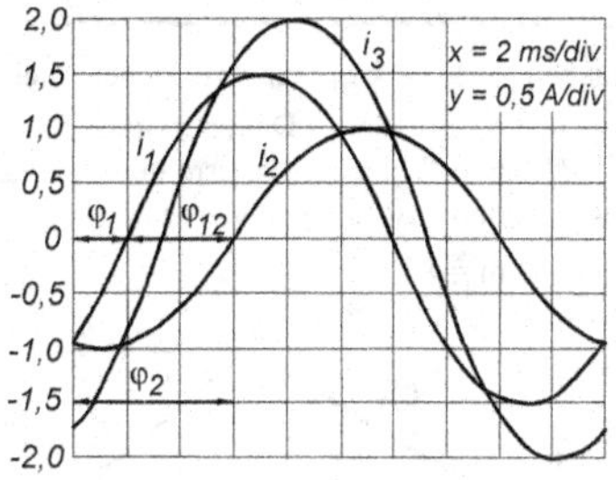

b) Zeigerdiagramme: Maßstab: 1 cm $\hat{=}$ 0,5 A

b.1 Mit Berücksichtigung der Nullphasenwinkel:

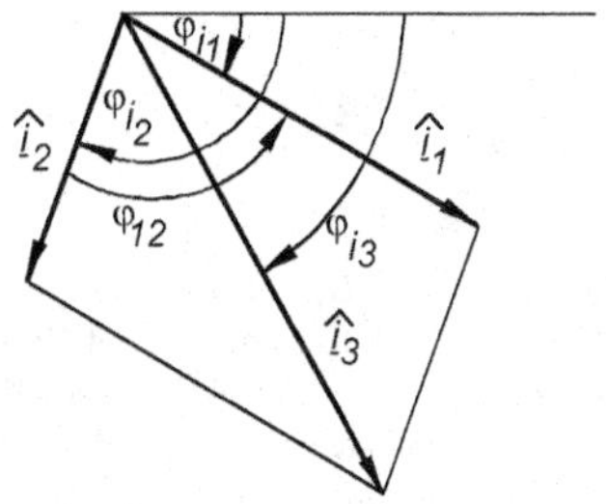

Ablesen: $\varphi_{12} = 72°$, $\varphi_3 = -64°$, $\hat{i}_3 = 2{,}05$ A

b.2 Ohne Berücksichtigung der Nullphasenwinkel:

$\hat{i}_2$ ist Bezugszeiger

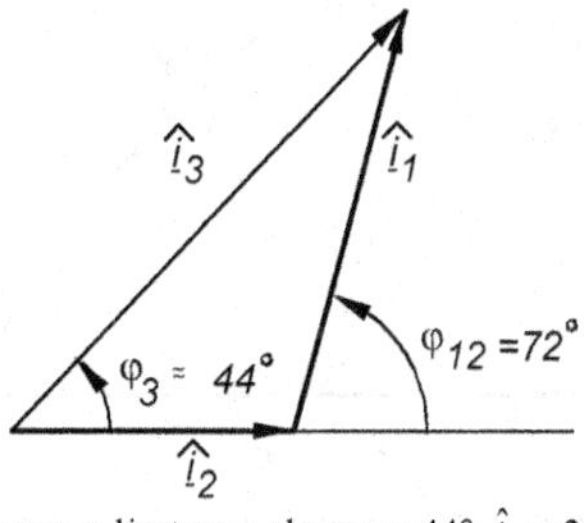

Aus Diagramm liest man ab: $\varphi_3 = 44°$, $\hat{i}_3 = 2{,}05$ A

Analytische Lösung: Berechnung für Zeigerdiagramm mit Berücksichtigung der Nullphasenwinkel

$$\hat{i}_3 = \sqrt{\hat{i}_1^2 + \hat{i}_2^2 + 2 \cdot \hat{i}_1 \cdot \hat{i}_2 \cdot \cos(\varphi_1 - \varphi_2)}$$

$$\hat{i}_3 = \sqrt{(1{,}5\text{ A})^2 + (1\text{ A})^2 + 2 \cdot 1{,}5\text{A} \cdot 1\text{ A} \cdot \cos(72°)}$$

$$\hat{i}_3 = 2{,}044\text{ A}$$

$$\varphi_3 = \arctan \frac{1{,}5\text{ A} \cdot \sin(-36°) + 1\text{ A} \cdot \sin(-108°)}{1{,}5\text{ A} \cdot \cos(-36°) + 1\text{ A} \cdot \cos(-108°)}$$

$$\varphi_3 = -63{,}73°$$

$$\varphi_{32} = \varphi_3 - \varphi_1 = (-63{,}73°) - (-108°) = 44{,}27°$$

Im Zeigerdiagramm ohne Berücksichtigung der Nullphasenwinkel mit Bezugszeiger $\hat{i}_2$ entspricht dies:

$\varphi_2 = 0°, \ \varphi_1 = 72°, \ \varphi_3 = 44{,}27°$

31.4

Die Angaben $\sqrt{2} \cdot U_1 = \hat{u}_1$ usw. beziehen sich auf die Spitzenwerte (Amplituden). Da aber auch die gesuchte Spannung U_2 als Effektivwert zu ermitteln ist, kann direkt von Effektivwerten ausgegangen werden.

a) Maßstab: 1 cm = 1 V

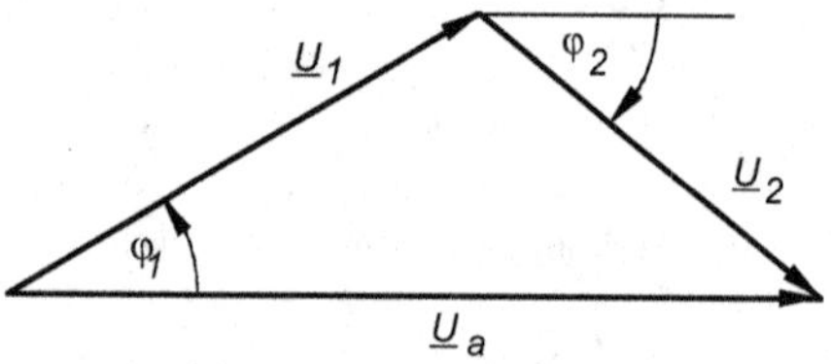

Aus dem Diagramm liest man ab:

$U_2 \mathrel{\hat{=}} 3{,}2\text{ cm} \mathrel{\hat{=}} 3{,}2\text{ V}$

$\varphi_2 = -38°$

b) Der Winkel zwischen U_1 und U_2 soll $\pm$ 90° betragen. Damit bietet sich eine Konstruktion mit Hilfe des Thaleskreises an, dessen Spitzenwinkel immer 90° ist.
Auf U_a wird ein Halbkreis errichtet und um A ein Kreis mit dem Effektivwert U_1 geschlagen. Die Verbindung von Schnittpunkt S und Endpunkt B liefert die fehlende Dreieckseite bzw. U_2 und φ_2.

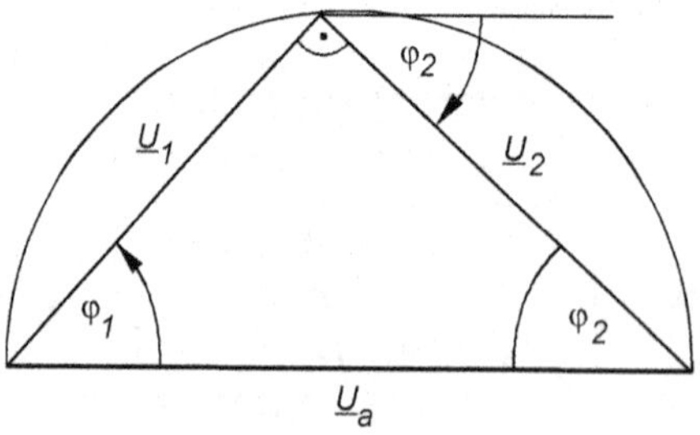

Aus dem Diagramm liest man ab:

$\varphi_1 = 48°, \varphi_2 = -42°, U_2 = 4{,}5\text{ V}$

31.5

Nach Vereinfachung der beiden Gleichungen zu

$$u_1(t) = 10\text{ V} \cdot \sin\omega t$$

$$u_2(t) = \hat{u}_2 \cdot \cos(\omega t - \varphi_2) = \hat{u}_2 \cdot \sin(90° - \omega t + \varphi_2)$$

$$u_2(t) = \hat{u}_2 \cdot \sin[-(\omega t - 150°)] = 12\text{ V} \cdot \sin(\omega t + 30°)$$

folgt im Zeigerdiagramm:

Maßstab: 1 cm = 4 V

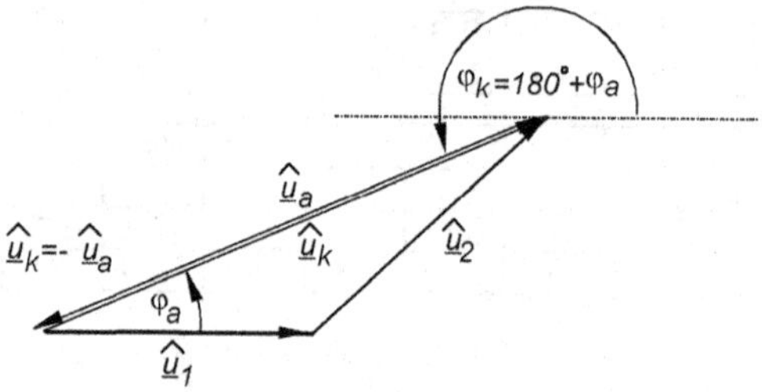

Ablesen: $|\hat{u}_\text{a}| \mathrel{\hat{=}} 5{,}3\text{ cm} \mathrel{\hat{=}} 21{,}2\text{ V}, \ \varphi_\text{a} = 16{,}5°$

Kompensationsspannung $\hat{u}_\text{K}$:

$|\hat{u}_\text{K}| = |\hat{u}_\text{a}|, \ \varphi_\text{K} = 180° + \varphi_\text{a} = 196{,}5°$

31.6

Rechnerische Lösung mit Gleichungen aus der Übersicht:

$$U_\text{a}^2 = U_1^2 + U_2^2 - 2 \cdot U_1 \cdot U_2 \cdot \cos(60° - 20°)$$

$$U_\text{a}^2 = (10\text{ V})^2 + (4\text{ V})^2 - 2 \cdot 10\text{ V} \cdot 4\text{ V} \cdot \cos 40°$$

$$U_\text{a} = 7{,}4\text{ V}$$

$$\varphi_\text{a} = \arctan \frac{U_1 \cdot \sin\varphi_1 - U_2 \cdot \sin\varphi_2}{U_1 \cdot \cos\varphi_1 - U_2 \cdot \cos\varphi_2}$$

$$\varphi_\text{a} = \arctan \frac{10\text{ V} \cdot \sin 60° - 4\text{ V} \cdot \sin 20°}{10\text{ V} \cdot \cos 60° - 4\text{ V} \cdot \cos 20°} = 80{,}34°$$

Zeichnerische Lösung im Zeigerdiagramm:

Maßstab: 1 cm $\mathrel{\hat{=}}$ 2 V

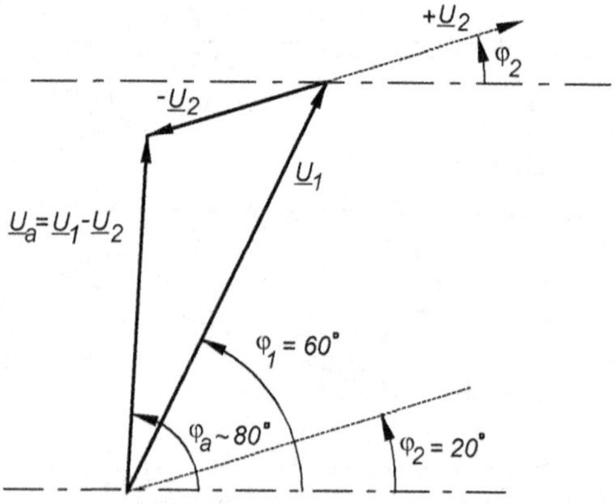

$U_\text{a} = 7{,}4\text{ V}, \ \varphi_\text{a} = 81°$ aus Diagramm

31.7

Zeigerdiagramm, Maßstab: 1 cm $\hat{=}$ 1 V

Begonnen wird zweckmäßigerweise mit $u_1(t)$, da $\varphi_1 = 0°$; anschließend reiht man $u_2(t)$ an, wobei zu beachten ist, dass $\cos\alpha = \sin(90° - \alpha)$ ist, die cos-Funktion um 90° voreilt.

Die Resultierende ergibt sich aus:

$$-u_\mathrm{a}(t) = u_1(t) + u_2(t) + u_3(t) + u_4(t)$$

Minuszeichen ergibt sich aus der Verstärkereigenschaft

$$u_\mathrm{a} = -\sum U_\mathrm{ein}$$

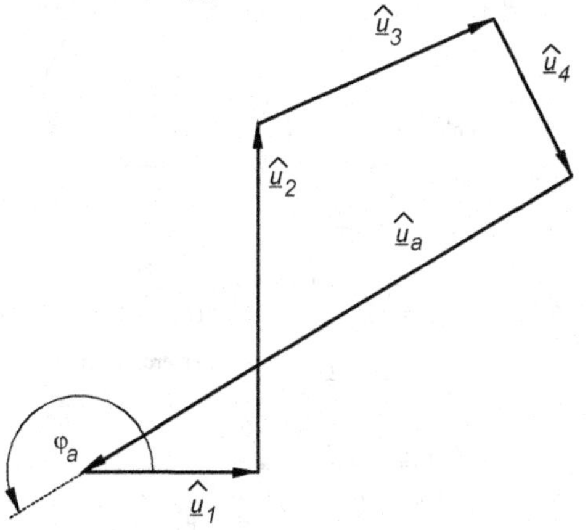

Aus dem Diagramm entnimmt man:

$\hat{u}_\mathrm{a} \hat{=} 6{,}7\ \mathrm{cm} \hat{=} 6{,}7\ \mathrm{V},\ \varphi_\mathrm{a} = 214°$

31.8

Ausgangsbasis:

$x_0(t) = x_1(t) + x_2(t) = \hat{x}_1 \cdot \sin(\omega t + \varphi_1) + \hat{x}_2 \cdot \sin(\omega t + \varphi_2)$

Mit dem Additionstheorem

$$\sin(\alpha + \beta) = \sin\alpha \cdot \cos\beta + \cos\alpha \cdot \sin\beta$$

erhält man:

$$x_0(t) = \hat{x}_1 \sin\omega t \cdot \cos\varphi_1 + \hat{x}_1 \cos\omega t \cdot \sin\varphi_1$$
$$+ \hat{x}_2 \sin\omega t \cdot \cos\varphi_2 + \hat{x}_2 \cos\omega t \cdot \sin\varphi_2$$
$$= \sin\omega t(\hat{x}_1 \cos\varphi_1 + \hat{x}_2 \cos\varphi_2) + \cos\omega t(\hat{x}_1 \sin\varphi_1 + \hat{x}_2 \sin\varphi_2)$$

Hierbei sind $\hat{x}_1$, $\hat{x}_2$, φ_1, φ_2 konstante Größen und somit auch die Klammerausdrücke:

$$A = \hat{x}_1 \cdot \cos\varphi_1 + \hat{x}_2 \cdot \cos\varphi_2$$
$$B = \hat{x}_1 \cdot \sin\varphi_1 + \hat{x}_2 \cdot \sin\varphi_2$$

Somit wird:

$x_0(t) = A \cdot \sin\omega t + B \cdot \cos\omega t$

Vergleicht man dies mit einer Schwingung der Form:

$x_0(t) = \hat{x}_0 \sin(\omega t + \varphi_0) = \hat{x}_0 \cos\varphi_0 \cdot \sin\omega t + \hat{x}_0 \sin\varphi_0 \cdot \cos\omega t$,

erkennt man die Gleichsetzungsmöglichkeit:

$\hat{x}_0 \cdot \cos\varphi_0 = A$ und $\hat{x}_0 \cdot \sin\varphi_0 = B$ bzw.

$\hat{x}_0 \cdot \cos\varphi_0 = \hat{x}_1 \cdot \cos\varphi_1 + \hat{x}_2 \cdot \cos\varphi_2$ und

$\hat{x}_0 \cdot \sin\varphi_0 = \hat{x}_1 \cdot \sin\varphi_1 + \hat{x}_2 \cdot \sin\varphi_2$

mit $\hat{x}_0$ = Amplitude und φ_0 = Nullphasenwinkel der resultierenden Schwingung.

Der Quotient B/A liefert:

$$\frac{B}{A} = \frac{\hat{x}_0 \cdot \sin\varphi_0}{\hat{x}_0 \cdot \cos\varphi_0} = \tan\varphi_0$$

und mit den Ausdrücken für A und B folgt weiter für den Nullphasenwinkel der Summenspannung:

$$\varphi_0 = \arctan\frac{\hat{x}_1 \cdot \sin\varphi_1 + \hat{x}_2 \cdot \sin\varphi_2}{\hat{x}_1 \cdot \cos\varphi_1 + \hat{x}_2 \cdot \cos\varphi 2}$$

Für die Amplitude erhält man mit Hilfe des Ansatzes

$$\sqrt{A^2 + B^2} = \sqrt{\hat{x}_0{}^2 \cos^2\varphi_0 + \hat{x}_0{}^2 \sin^2\varphi_0} = \hat{x}_0\sqrt{1} = \hat{x}_0$$

und mit den eingesetzten Ausdrücken für A und B:

$$\hat{x}_0 = \sqrt{\left(\hat{x}_1 \cos\varphi_1 + \hat{x}_2 \cos\varphi_2{}^2\right) + \left(\hat{x}_1 \sin\varphi_1 + \hat{x}_2 \sin\varphi_2\right)^2}$$

Nach Ausmultiplizieren der Klammern, Sortieren der Terme und Vereinfachen mit $(\sin^2\varphi + \cos^2\varphi) = 1$ erhält man:

$$\hat{x}_0 = \sqrt{\hat{x}_1{}^2 + \hat{x}_2{}^2 + 2\hat{x}_1\hat{x}_2\left(\sin\varphi_1 \cdot \sin\varphi_2 + \cos\varphi_1 \cdot \cos\varphi_2\right)}$$

Mit der trigonometrischen Beziehung

$$\sin\alpha \cdot \sin\beta + \cos\alpha \cdot \cos\beta = \cos(\alpha - \beta)$$

erhält man für die Amplitude der Summenschwingung:

$$\hat{x}_0 = \sqrt{\hat{x}_1{}^2 + \hat{x}_2{}^2 + 2\hat{x}_1\hat{x}_2 \cdot \cos\left(\varphi_1 - \varphi_2\right)}$$

Zusammenfassung:

Die beiden eingerahmten Gleichungen enthalten bei Einzelschwingungen gleicher und konstanter Frequenz ausschließlich die zeitunabhängigen (also konstanten) Größen:

Scheitelwerte $\hat{x}_1$, $\hat{x}_2$ und Nullphasenwinkel φ_1, φ_2.

Es wurde gezeigt, dass mit den Gleichungen für Nullphasenwinkel φ_0 und Scheitelwert $\hat{x}_0$ der Ansatz für die Summenschwingung $x_0(t) = \hat{x}_0 \cdot \sin(\omega t + \varphi_0)$ berechtigt war. Auch weist die resultierende Wechselgröße einen ebenfalls sinusförmigen Verlauf auf und hat die gleiche Kreisfrequenz ω wie die beiden frequenzgleichen Ausgangsschwingungen $x_1(t)$ und $x_2(t)$.

b) Diese Aussagen gelten allgemein für die Überlagerung zweier sinusförmiger Größen mit gleicher Frequenz, denn auch die subtraktive Überlagerung zweier Schwingungen $x_0(t) = x_1(t) - x_2(t) = \hat{x}_1 \cdot \sin(\omega t + \varphi_1) - \hat{x}_2 \cdot \sin(\omega t + \varphi_2)$ führt zum gleichen Ergebnis, wenn man in die obigen eingerahmten Gleichungen den Scheitelwert $\hat{x}_2$ jeweils durch den negativen Wert $(-\hat{x}_2)$ ersetzt. Anders ausgedrückt und bezogen auf den zeitlichen Schwingungsverlauf im Liniendiagramm: $x_2(t)$ ist um den Phasenwinkel $\pm\pi$ zu verschieben.

c) Man kann sich auch die resultierende Schwingung im Liniendiagramm konstruieren, indem man die Momentanwerte der beiden Schwingungen $x_1(t)$ und $x_2(t)$ für die einzelnen Zeitpunkte addiert.

Das nachfolgende Bild zeigt die Addition der beiden sinusförmigen Schwingungen

$$x_1(t) = \hat{x}_1 \cdot \sin(\omega t + \varphi_1)$$

$$x_2(t) = \hat{x}_2 \cdot \sin(\omega t + \varphi_2)\,,$$

dargestellt als rotierende Zeiger und im Liniendiagramm. Da dieses Verfahren aber recht umständlich ist, geht man zweckmäßigerweise zur Betrachtung des Zeigerdiagramms über.

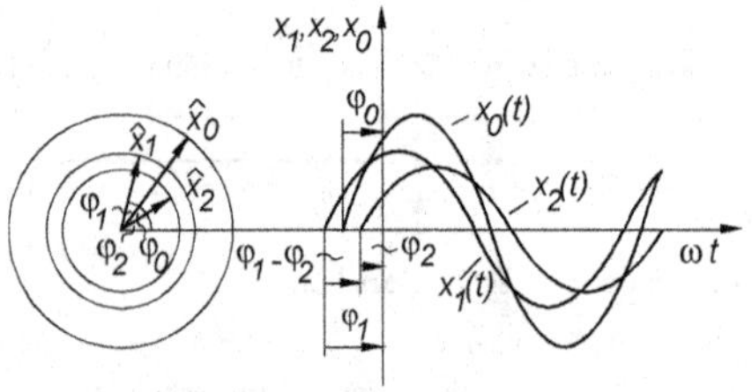

31.9

a) Zeigerdiagramm der Spannungen im Drehstromsystem:

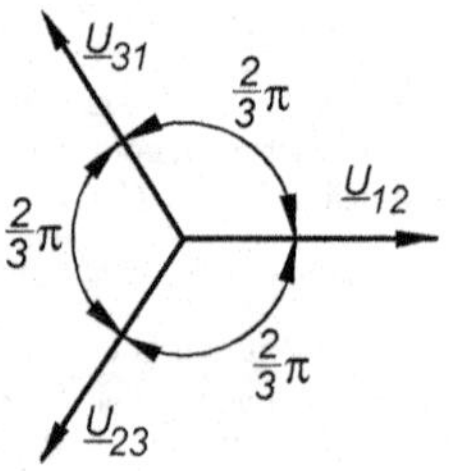

b) Parallelverschiebung der Spannungszeiger führt zu einer anderen Zeigerbilddarstellung in der Form eines Dreiecks:

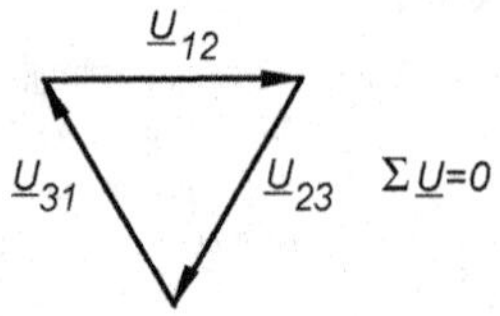

c) Da ohmsche Last, haben die Ströme die gleiche Phasenlage wie die Spannungen, und die Effektivwerte sind z.B.

$$I_{12} = \frac{U_{12}}{R_{12}} = \frac{400\ V}{80\ \Omega} = 5\ \text{A}$$

Maßstab: 1 cm $\hat{=}$ 2,5 A

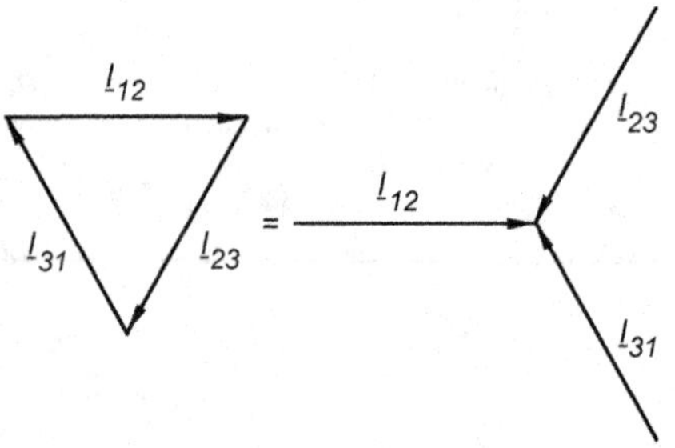

d) Die Außenleiterströme $\underline{I}_1$, $\underline{I}_2$ und $\underline{I}_3$ setzen sich aus den Strangströmen (Ströme in den Widerständen) zusammen:

An den Knotenpunkten gilt:

1:	$\underline{I}_1 = \underline{I}_{12} - \underline{I}_{31}$	(siehe auch
2:	$\underline{I}_2 = \underline{I}_{23} - \underline{I}_{12}$	Schaltbild und
3:	$\underline{I}_3 = \underline{I}_{31} - \underline{I}_{23}$	Zeigerdiagramm)

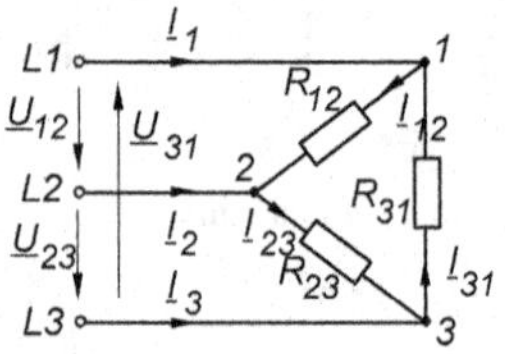

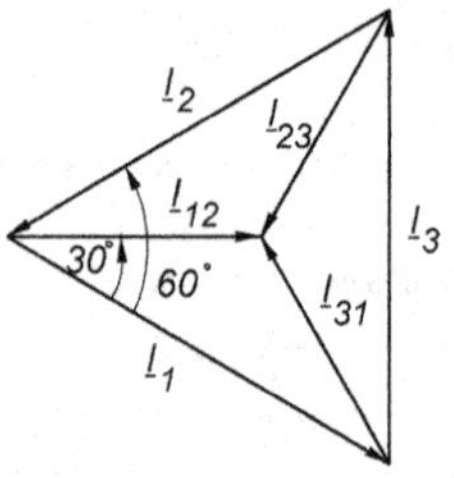

Weiterhin erkennt man aus dem Zeigerbild, dass die Zeiger der Außenleiterströme $\underline{I}_1$, $\underline{I}_2$ und $\underline{I}_3$ jeweils einen Winkel von 60° einschließen, so dass gilt:

$$\cos 30° = \frac{0{,}5 \cdot I_1}{I_{12}} \Rightarrow I_1 = 2 I_{12} \cdot \frac{1}{2}\sqrt{3} = \sqrt{3}\, I_{12}$$

$$I_1 = I_2 = I_3 = 8{,}66\ \text{A}$$

Phasenlage der Außenleiterströme bezogen auf $\underline{I}_{12}$:

$$i_1(t) = \sqrt{3} \cdot I_{12} \cdot \sin(\omega t - 30°)$$

$$i_2(t) = \sqrt{3} \cdot I_{12} \cdot \sin(\omega t - 150°)$$

$$i_3(t) = \sqrt{3} \cdot I_{12} \cdot \sin(\omega t + 90°)$$

31.10

Addition frequenzungleicher Schwingungen:

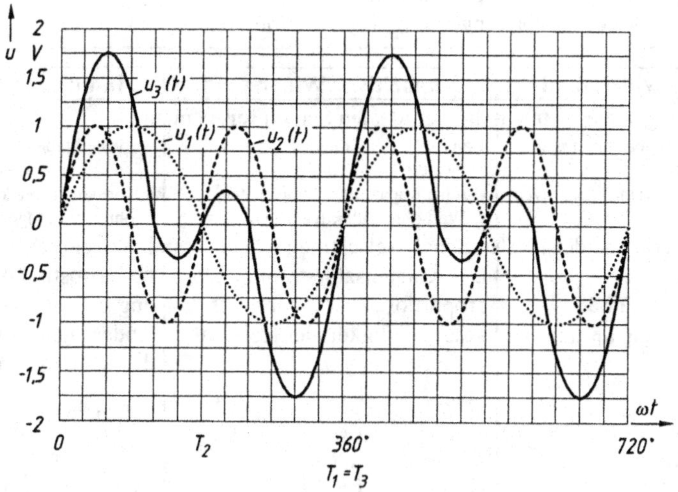

Man erkennt:

Die Periodendauer T_3 der Spannung $u_3(t)$ ist gleich der Periodendauer T_1 von $u_1(t)$.

Die Summenspannung $u_3(t)$ hat vier Nulldurchgänge innerhalb ihrer Periodenzeit T_3, genau wie die Spannung $u_2(t)$ in der gleichen Zeit $T_3 = 2\,T_2$.

31.11

Vorgabe war, dass $u_3(t) = u_s(t) = u_1(t) + u_2(t) = \hat{u}_1 \cdot \sin \omega_1 t + \hat{u}_2 \cdot \sin(\omega_2 t + \varphi_2)$ sei, wobei sich die Kreisfrequenzen ω_1 und ω_2 nicht stark unterscheiden sollen.

Betrachtet man den Zeiger $\underline{U}_1$ als ruhenden Zeiger, rotiert Zeiger $\underline{U}_2$ mit der Relativgeschwindigkeit $\omega_s = \omega_2 - \omega_1$ und beschreibt mit seiner Spitze einen Kreis um den Punkt A. Somit ändert sich auch der resultierende Zeiger $\underline{U}_s$ ständig und in periodischer Folge seine Größe und Phasenlage bezüglich Zeiger $\underline{U}_1$.

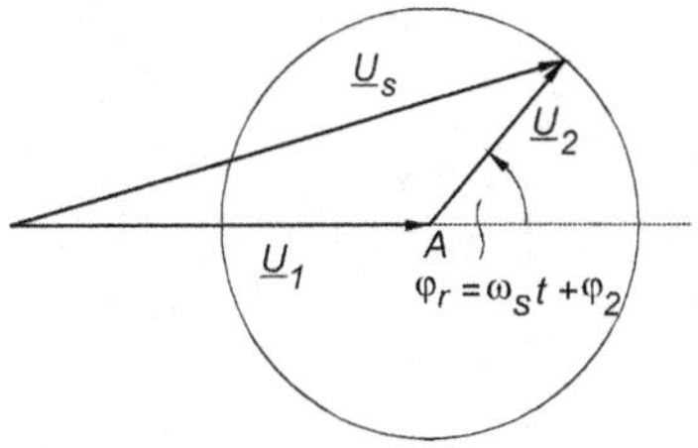

Dabei schwankt sein Momentanwert zwischen

$$u_{smax} = \hat{u}_1 + \hat{u}_2 \quad \text{und} \quad u_{smin} = \hat{u}_1 - \hat{u}_2$$

hin und her; das typische „Pumpen" (An- und Abschwellen) der Schwebung ist zu erkennen.

Die Periodenzeit, die für eine volle Drehung des Zeigers $\underline{U}_2$ um A gebraucht wird, ist

$$T_s = \frac{2\pi}{\omega_s} = \frac{2\pi}{\omega_2 - \omega_1}.$$

Aus dem Kosinusgesetz folgt, dass

$$u_s^2 = \hat{u}_1^2 + \hat{u}_2^2 - 2 \cdot \hat{u}_1 \cdot \hat{u}_2 \cdot \cos(180° - \varphi_r)$$

Also ist der Momentanwert $|u_s(t)|$ gegeben durch:

$$u_s(t) = \sqrt{\hat{u}_1^2 + \hat{u}_2^2 - 2 \cdot \hat{u}_1 \cdot \hat{u}_2 \cdot \cos(180° - \omega_s t - \varphi_2)}$$

Lässt man nun zusätzlich wieder den Zeiger $\underline{U}_1$ um seinen Ursprung mit der Winkelgeschwindigkeit ω_1 rotieren, wird deutlich, dass der Zeiger $\underline{U}_s$ keine konstante Umlaufgeschwindigkeit besitzt:

Einmal erfolgt die Bewegung entgegen der Auslenkung von $\underline{U}_2$, ein anderes Mal ist sie gleichgerichtet mit $\underline{U}_2$. Die resultierende Schwingung ist also nichtharmonisch und wird auch oft als „pseudoharmonische Schwingung" bezeichnet.

Große Bedeutung hat die sensortechnische Erfassung von Schwebungserscheinungen z.B. bei Gebäuden-, Brücken- und Fundamentschwingungen sowie nicht vollständig synchronisierten Zweischrauben-Schiffsantrieben und mehrmotorigen Flugzeugen.

32 Wechselstromwiderstände

- Ideale Schaltkreiselemente
- Grundschaltungen des Wechselstromkreises

Ohmscher Widerstand	**Kapazitiver Widerstand**	**Induktiver Widerstand**
• Voraussetzungen zur Betrachtung der idealen Schaltkreiselemente:		
• rein ohmscher Widerstand mit konstantem Wert • keine induktiven, keine kapazitiven Eigenschaften	• verlustfreier Kondensator mit idealem Dielektrikum • reine Kapazität mit konstantem Wert ohne induktive Eigenschaften	• ideale Spule ohne Drahtwiderstand und Wicklungskapazität • konstanter Induktivitätswert, Kern ohne ferromagnetische Eigenschaft
• Übergangsverhalten der idealen Schaltkreiselemente Widerstand, Kondensator, Spule:		
Ohm´sches Gesetz: Strenge Proportionalität zwischen Spannung u_R und Strom i_R. $u_R = R \cdot i_R$ $i_R = G \cdot u_R$	Der Kondensatorstrom i_C ist proportional zur Änderungsgeschwindigkeit der Kondensatorspannung u_C. $i_C = C \cdot \frac{du_C}{dt}$ $u_C = \frac{1}{C} \cdot \int i_C \cdot dt$	Die Selbstinduktionsspannung u_L ist proportional zur Änderungsgeschwindigkeit des Spulenstromes i_L. $u_L = L \cdot \frac{di_L}{dt}$ $i_L = \frac{1}{L} \cdot \int u_L \cdot dt$
• Verhalten bei sinusförmiger Wechselspannung:		
$u_R(t) = \hat{u}_R \cdot \sin \omega t$ $i_R(t) = \hat{i}_R \cdot \sin \omega t$ 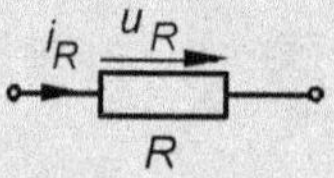	$u_C(t) = \hat{u}_C \cdot \sin \omega t$ $i_C(t) = \hat{i}_C \cdot \sin(\omega t + 90°)$ 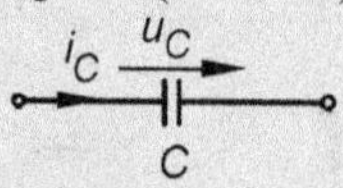	$u_L(t) = \hat{u}_L \cdot \sin \omega t$ $i_L(t) = \hat{i}_L \cdot \sin(\omega t - 90°)$ 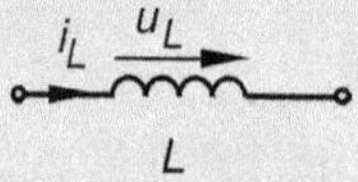
• Phasenlage zwischen Strom und Spannung im Liniendiagramm:		
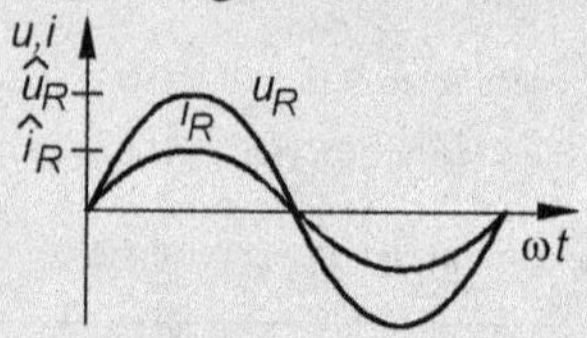Strom i_R und Spannung u_R sind in Phase.	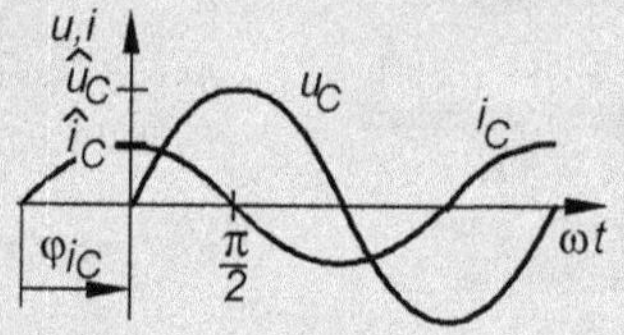Strom i_C eilt der Spannung u_C um 90° voraus.	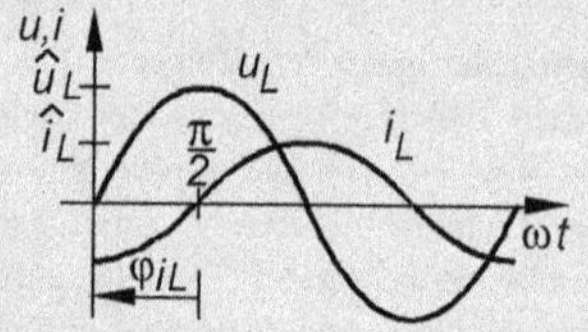Strom i_L eilt der Spannung u_L um 90° nach.
• Phasenverschiebungswinkel φ:		
$\varphi = \varphi_u - \varphi_i = 0$	$\varphi = \varphi_u - \varphi_i = 0 - (+90°)$ $\varphi = -90°$	$\varphi = \varphi_u - \varphi_i = 0 - (-90°)$ $\varphi = +90°$
• Zeigerbilddarstellung:		
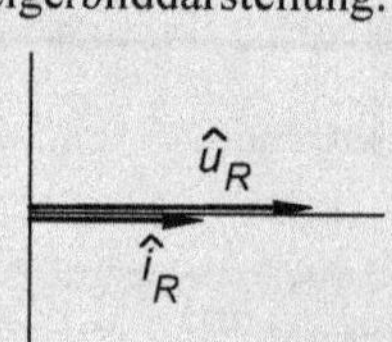	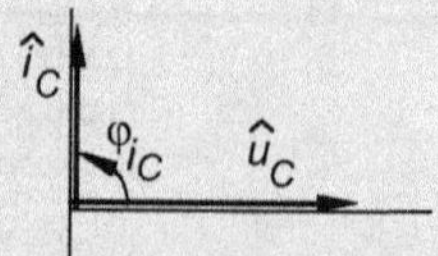	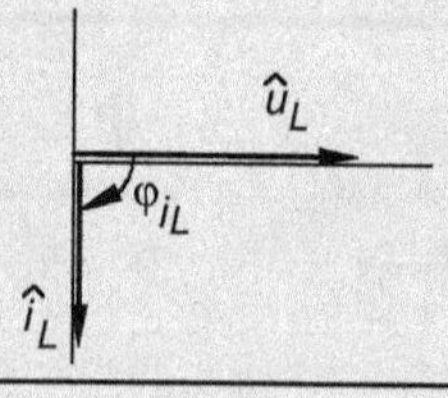

- Wechselstromwiderstände:

Ohm'scher (Wirk-)Widerstand	Kapazitiver Blindwiderstand	Induktiver Blindwiderstand
R in Ω	$X_C = -\dfrac{1}{\omega \cdot C}$ in Ω	$X_L = \omega \cdot L$ in Ω
Ohm'scher (Wirk-)Leitwert	**Kapazitiver Blindleitwert**	**Induktiver Blindleitwert**
$G = \dfrac{1}{R}$ in S	$B_C = \omega \cdot C$ in S	$B_L = -\dfrac{1}{\omega \cdot L}$ in S
Ohm'sches Gesetz	**Ohm'sches Gesetz**	**Ohm'sches Gesetz**
$I_R = \dfrac{U_R}{R}$	$I_C = \dfrac{U_C}{\lvert X_C \rvert}$	$I_L = \dfrac{U_L}{X_L}$
$I_R = U_R \cdot G$	$I_C = U_C \cdot B_C$	$I_L = U_L \cdot \lvert B_L \rvert$

- Vorzeichen und Bezugsrichtung

Vorzeichen (VZ) von Wechselstromwiderständen (-leitwerten) beziehen sich auf die festgelegten Bezugsrichtungen:

Bezugsrichtungen:

Aus X_C und B_L errechnen sich die Werte für L, C, f immer als Betrag! ⇔

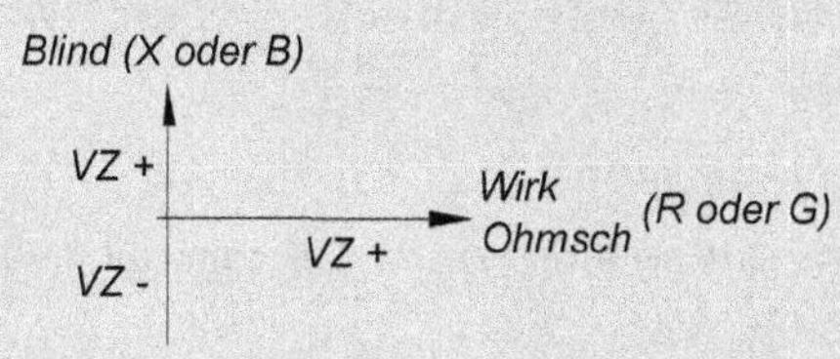

Die Begriffe „Ohmsch", Wirk" sind nicht ganz identisch:
Ohmsch: $\varphi = 0$, R = konst.,
Wirk: $\varphi = 0$, R = oder ≠ konst.

- Frequenzabhängigkeit:

des Ohm'schen Widerstandes:

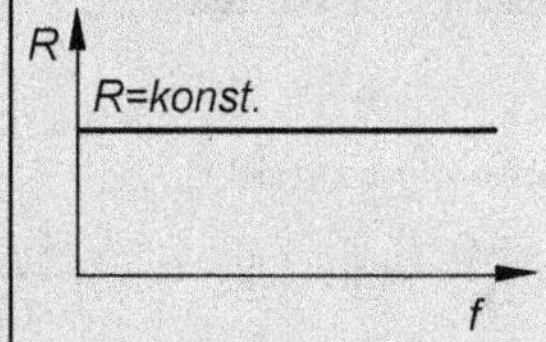

des kapazitiven Widerstandes:

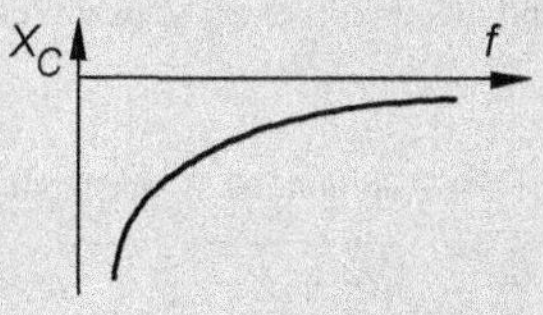

des induktiven Widerstandes:

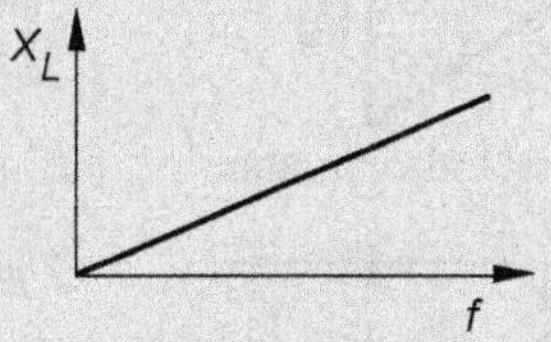

des Ohm'schen Leitwertes:

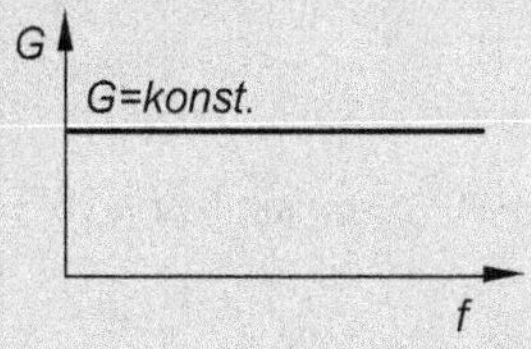

des kapazitiven Leitwertes:

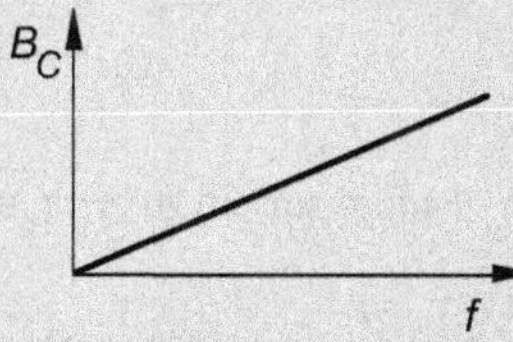

des induktiven Leitwertes:

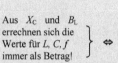

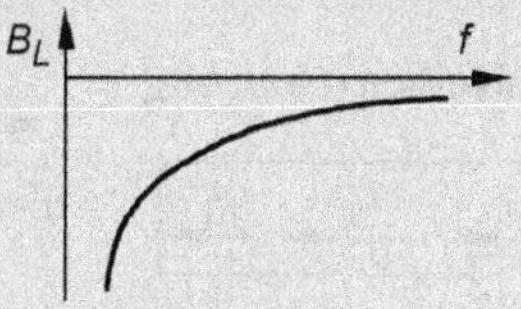

In den nachfolgenden Grundschaltungen entsteht mit der Zusammenschaltung von

- Wechselstromwiderständen ein Gesamtwechselstromwiderstand:

  Scheinwiderstand Z in Ω,
- Wechselstromleitwerten ein Gesamtwechselstromleitwert:

  Scheinleitwert Y in S.

Das Ohm'sche Gesetz für Wechselstromwiderstände bzw. Wechselstromleitwerte lautet dann:

$$\boxed{U = Z \cdot I} \qquad \boxed{I = Y \cdot U}$$

R-*L*-Reihenschaltung

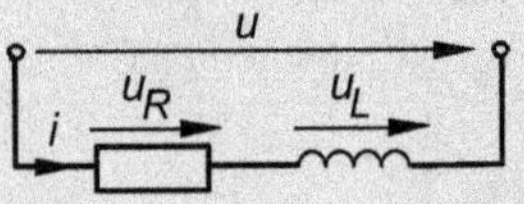

$$i = \hat{i} \cdot \sin \omega t$$
$$u = u_R + u_L = \hat{u}_R \cdot \sin \omega t + \hat{u}_L \cdot \sin(\omega t + 90°)$$

U-*I*-Diagramm

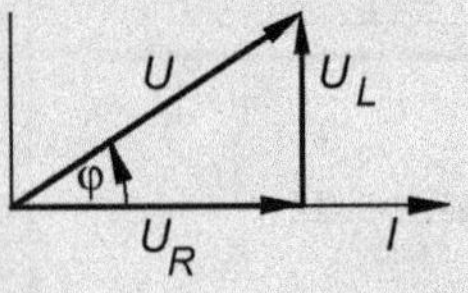

Bei einer Reihenschaltung ist der Strom die gemeinsame Größe an den Elementen und somit auch die Bezugsgröße im Zeigerdiagramm.

- Geometrische Addition der Spannungen (im rechtwinkligen Dreieck):

$$U = \sqrt{U_R^2 + U_L^2} = I \cdot \sqrt{R^2 + X_L^2}$$

Wirkspannung $U_R = U \cdot \cos \varphi$, induktive Blindspannung $U_L = U \cdot \sin \varphi$

Widerstandsdiagramm

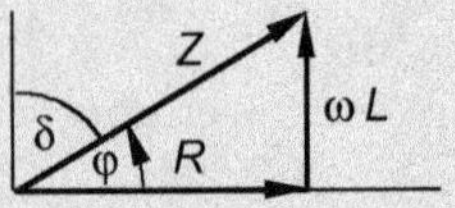

$$Z = \frac{U}{I} = \frac{1}{Y} = \sqrt{R^2 + X_L^2}, \quad \varphi = \arctan \frac{X_L}{R} \quad \text{mit} \quad X_L = \omega \cdot L$$

Wirkwiderstand $R = Z \cdot \cos \varphi$, induktiver Widerstand $X_L = Z \cdot \sin \varphi$, Z: Scheinwiderst.
Für eine reale Spule mit Drahtwiderstand R und induktivem Serienwiderstand X_L gilt:

Verlustfaktor $\tan \delta = \frac{R}{\omega L}$, Güte $Q = \frac{1}{\tan \delta} = \frac{\omega L}{R}$, δ = Verlustwinkel ⇒ $\varphi = 90° - \delta$

R-*C*-Reihenschaltung

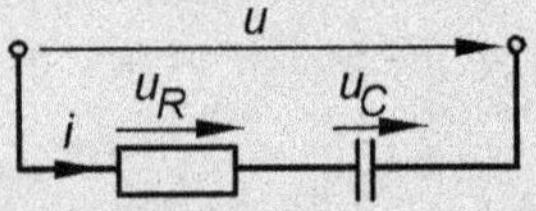

$$i = \hat{i} \cdot \sin \omega t$$
$$u = u_R + u_C = \hat{u}_R \cdot \sin \omega t + \hat{u}_C \cdot \sin(\omega t - 90°)$$

U-*I*-Diagramm

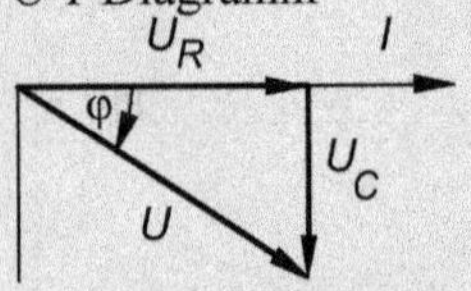

- Geometrische Addition der Spannungen (im rechtwinkligen Dreieck):

$$U = \sqrt{U_R^2 + U_C^2} = I \cdot \sqrt{R^2 + X_C^2}$$

Wirkspannung $U_R = U \cdot \cos \varphi$, kapazitive Blindspannung $U_C = U \cdot \sin \varphi$

Widerstandsdiagramm

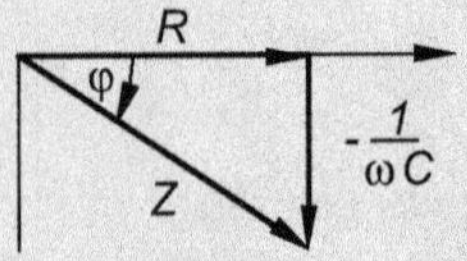

- Geometrische Addition der Widerstände (im rechtwinkligen Dreieck):

$$Z = \frac{U}{I} = \frac{1}{Y} = \sqrt{R^2 + X_C^2}, \qquad \varphi = \arctan \frac{X_C}{R} \quad \text{mit} \quad X_C = -\frac{1}{\omega \cdot C}$$

Wirkwiderstand $R = Z \cdot \cos \varphi$, kapazitiver Widerstand $X_C = Z \cdot \sin \varphi$, Z: Scheinwiderst.

R-*L*-*C*-Reihenschaltung

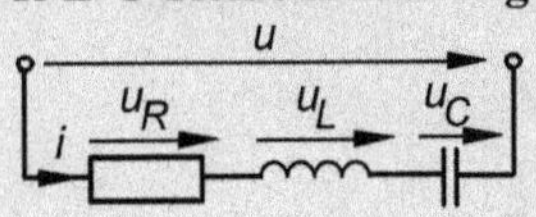

$$i = \hat{i} \cdot \sin \omega t$$
$$u = u_R + u_L + u_C = \hat{u}_R \sin \omega t + \hat{u}_L \sin(\omega t + 90°) + \hat{u}_C \sin(\omega t - 90°)$$

U-*I*-Diagramm

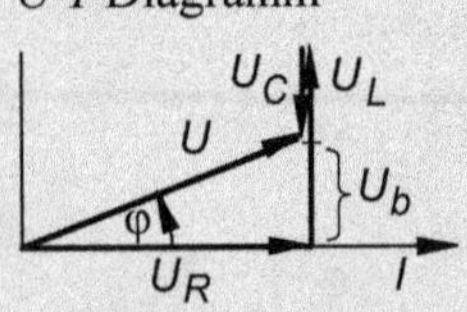

- Geometrische Addition der Spannungen:

$$U = \sqrt{U_R^2 + (U_L - U_C)^2} = I \cdot \sqrt{R^2 + X^2}$$

Wirkspannung $U_R = U \cdot \cos \varphi$, Blindspannung z.B. $(U_L - U_C) = U \cdot \sin \varphi$

Widerstandsdiagramm

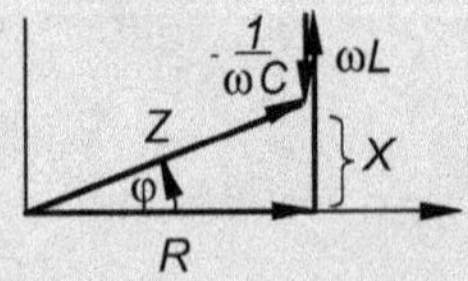

$$Z = \frac{U}{I} = \frac{1}{Y} = \sqrt{R^2 + X^2}, \quad \varphi = \arctan \frac{X}{R} \quad \text{mit } X = \omega \cdot L - \frac{1}{\omega \cdot C}$$

Wirkwiderstand $R = Z \cdot \cos \varphi$, Blindwiderstand $X = Z \cdot \sin \varphi$
Sonderfall „Reihenresonanz“: Die induktiven und kapazitiven Widerstände sind gleich groß und heben sich auf: $\omega_0 L - \frac{1}{\omega_0 C} = 0$ ⇒ Resonanzfrequenz $\omega_0 = \frac{1}{\sqrt{L \cdot C}}$.

***R-L*-Parallelschaltung**

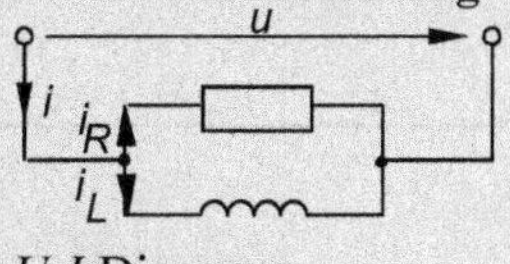

$$u = \hat{u} \cdot \sin \omega t$$

$$i = i_R + i_L = \hat{i}_R \cdot \sin \omega t + \hat{i}_L \cdot \sin(\omega t - 90°)$$

U-*I*-Diagramm

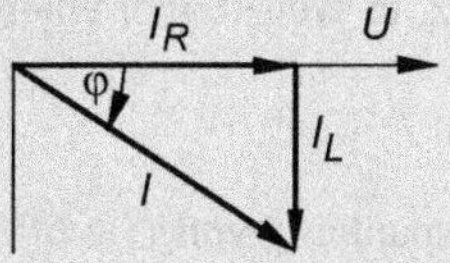

Bei einer Parallelschaltung ist die Spannung die gemeinsame Größe an den Elementen und somit auch die Bezugsgröße im Zeigerdiagramm.

- Geometrische Addition der Ströme (im rechtwinkligen Dreieck):

$$I = \sqrt{I_R^2 + I_L^2} = U \cdot \sqrt{G^2 + B_L^2}$$

Wirkstrom $I_R = I \cdot \cos \varphi$, induktiver Blindstrom $I_L = I \cdot \sin \varphi$

Leitwertdiagramm

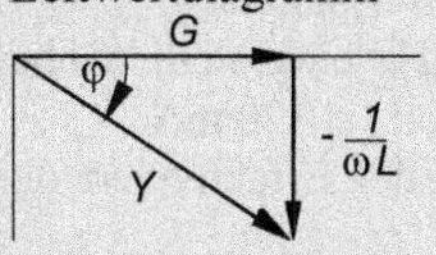

$$Y = \frac{I}{U} = \frac{1}{Z} = \sqrt{G^2 + B_L^2}, \quad \phi = \arctan \frac{B_L}{G} \quad \text{mit} \quad B_L = -\frac{1}{\omega \cdot L}$$

Wirkleitwert $G = Y \cdot \cos \varphi$, induktiver Blindleitwert $B_L = Y \cdot \sin \varphi$, *Y*: Scheinleitwert

***R-C*-Parallelschaltung**

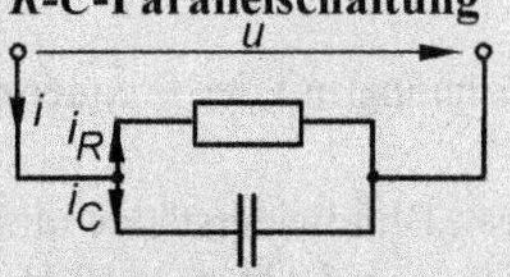

$$u = \hat{u} \cdot \sin \omega t$$

$$i = i_R + i_C = \hat{i}_R \cdot \sin \omega t + \hat{i}_C \cdot \sin(\omega t + 90°)$$

U-*I*-Diagramm

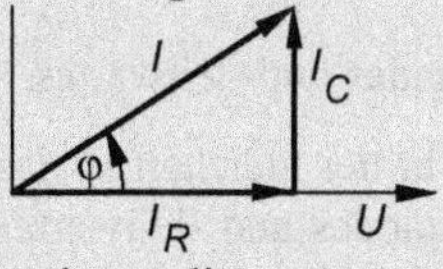

- Geometrische Addition der Ströme (im rechtwinkligen Dreieck):

$$I = \sqrt{I_R^2 + I_C^2} = U \cdot \sqrt{G^2 + B_C^2}$$

Wirkstrom $I_R = I \cdot \cos \varphi$, kapazitiver Blindstrom $I_C = I \cdot \sin \varphi$

Leitwertdiagramm

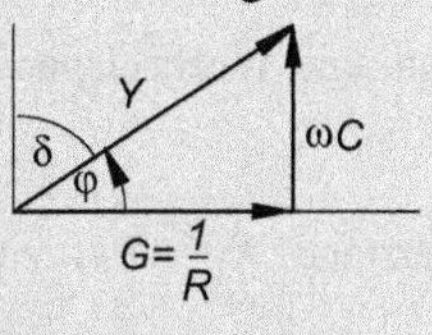

$$Y = \frac{I}{U} = \frac{1}{Z} = \sqrt{G^2 + B_C^2}, \quad \phi = \arctan \frac{B_C}{G} \quad \text{mit} \quad B_C = \omega \cdot C$$

Wirkleitwert $G = Y \cdot \cos \varphi$, kapazitiver Blindleitwert $B_C = Y \cdot \sin \varphi$

Für einen realen Kondensator mit Isolationswiderstand und dielektrischen Verlusten gilt:

Verlustfaktor $\tan \delta = \frac{G}{B_C} = \frac{X_C}{R} = \frac{1}{\omega RC}$, δ = Verlustwinkel $\Rightarrow \varphi = 90° - \delta$

***R-L-C*-Parallelschaltung**

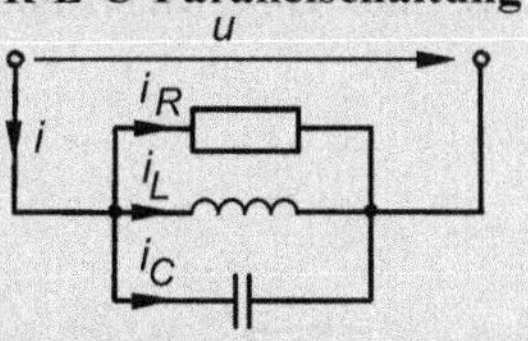

$$u = \hat{u} \cdot \sin \omega t$$

$$i = i_R + i_L + i_C = \hat{i}_R \sin \omega t + \hat{i}_L \sin(\omega t - 90°) + \hat{i}_C \sin(\omega t + 90°)$$

U-*I*-Diagramm

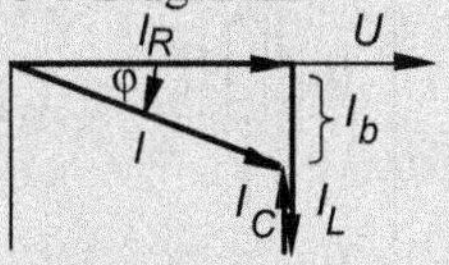

- Geometrische Addition der Ströme:

$$I = \sqrt{I_R^2 + (I_C - I_L)^2} = U \cdot \sqrt{G^2 + B^2}$$

Wirkstrom $I_R = I \cdot \cos \varphi$, Blindstrom z.B. $(I_C - I_L) = I \cdot \sin \varphi$

Leitwertdiagramm

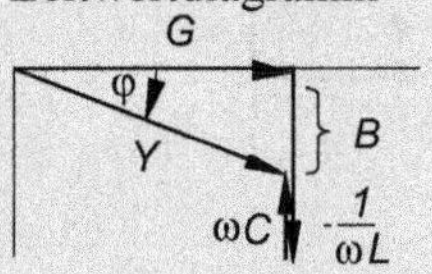

$$Y = \frac{I}{U} = \frac{1}{Z} = \sqrt{G^2 + B^2}, \quad \phi = \arctan \frac{B}{G} \quad \text{mit} \quad B = \omega \cdot C - \frac{1}{\omega \cdot L}$$

Wirkleitwert $G = Y \cdot \cos \varphi$, Blindleitwert $B = Y \cdot \sin \varphi$

Sonderfall „Parallelresonanz“: Die induktiven und kapazitiven Blindleitwerte sind gleich groß und heben sich auf: $\omega_0 C - \frac{1}{\omega_0 L} = 0 \Rightarrow$ Resonanzfrequenz $\omega_0 = \frac{1}{\sqrt{L \cdot C}}$.

32.1 Aufgaben

Ideale Wechselstromwiderstände

❶ **32.1:** Ein MP-Kondensator liegt an Netzwechselspannung 230 V/50 Hz; er weist dabei einen Blindwiderstand von $X_C = -14{,}5\ \Omega$ auf.

Wie groß ist seine Kapazität?

❶ **32.2:** In einer verlustfreien Spule mit $L = 25$ mH, die an einer Wechselspannung von $U = 6$ V angeschlossen ist, fließt ein Strom von $I = 400$ mA.

a) Welche Werte haben der Blindwiderstand und die Frequenz der Wechselspannung?

b) Die Frequenz der Wechselspannung wird auf einen Wert von 1,2 kHz eingestellt, wobei sich die Spannung mitverändert. Jetzt misst man einen Spulenstrom von $I = 120$ mA.
Wie groß ist in diesem Fall der Blindwiderstand und wie groß ist der Effektivwert der Spannung?

❶ **32.3:**

a) Wie groß ist die Induktivität einer Spule, die bei einer Wechselspannung mit der Frequenz 1 kHz einen induktiven Blindwiderstand von $X_L = 2\ \text{k}\Omega$ hat?

b) Berechnen Sie mit der soeben ermittelten Induktivität die induktiven Blindwiderstände und Blindleitwerte für die Frequenzen $f_1 = 0{,}5$ Hz, $f_2 = 1$ Hz, $f_3 = 2$ Hz, $f_4 = 5$ Hz, $f_5 = 10$ Hz und tragen Sie diese grafisch über der Frequenz auf.
Erläutern Sie die Frequenzabhängigkeit des induktiven Blindwiderstandes und -leitwertes.

❶ **32.4:** Zeigen Sie für einen Kondensator mit der Kapazität $C = 100\ \mu$F in der gleichen Weise wie bei Aufgabe 32.3 b) die Abhängigkeit des kapazitiven Blindwiderstandes und -leitwertes von der Frequenz für $f_1 = 0{,}5$ Hz, $f_2 = 1$ Hz, $f_3 = 2$ Hz, $f_4 = 5$ Hz, $f_5 = 10$ Hz.

❶ **32.5:** Eine ideale eisenfreie Spule mit der Induktivität $L = 0{,}1$ mH ist an eine Wechselspannung mit der Frequenz $f = 50$ Hz angeschlossen.

a) Wie groß sind der induktive Widerstand und Leitwert?

b) Wieviele Spulen müsste man in Reihe schalten, um einen Blindwiderstand $X_L = 1\ \Omega$ zu erhalten? (Induktive Verkopplung unberücksichtigt lassen!)

c) Welche Frequenz müsste man einstellen, um mit der Spule aus a) einen Blindwiderstand $X_L = 1\ \Omega$ zu erhalten?

Reihen- und Parallelschaltung von *R* und *L*

❶ **32.6:** Die Serienschaltung aus Widerstand R und Induktivität L liegt an einer sinusförmigen Wechselspannung mit $U = 6$ V, $f = 400$ Hz.

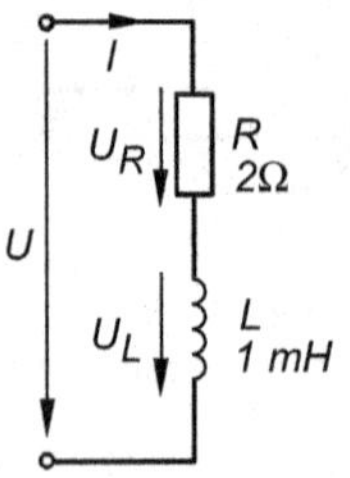

a) Wie groß ist der Scheinwiderstand Z? Lösen Sie die Aufgabe sowohl zeichnerisch als auch rechnerisch.

b) Bestimmen Sie den Strom I und den Phasenverschiebungswinkel φ zwischen angelegter Spannung U und Strom I.

c) Wie groß ist das Verhältnis $\frac{U_L}{U_R}$? Berechnen Sie hieraus U_R und U_L. Überprüfen Sie Ihre Lösung im Strom-/Spannungs-Zeigerdiagramm.

32.7: Vor eine verlustbehaftete Spule ist ein Widerstand R_1 geschaltet, dessen Wert so groß sein soll, dass sich bei der Frequenz f = 1 kHz. ein Phasenverschiebungswinkel $\varphi = \varphi_u - \varphi_i = 40°$ einstellt.

Ermitteln Sie die Werte von R_1 und Gesamtwiderstand Z zeichnerisch und rechnerisch.

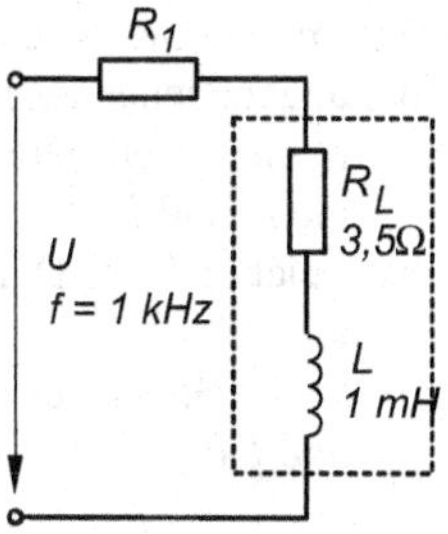

32.8: Eine Spule mit der Induktivität 100 mH und ein Widerstand 47 Ω sind parallelgeschaltet und liegen an der sinusförmigen Wechselspannung mit U = 60 V und f = 50 Hz.

Bestimmen Sie zeichnerisch und rechnerisch die Teilströme I_R und I_L, den Gesamtstrom I sowie den Phasenverschiebungswinkel φ zwischen angelegter Spannung und Gesamtstrom.

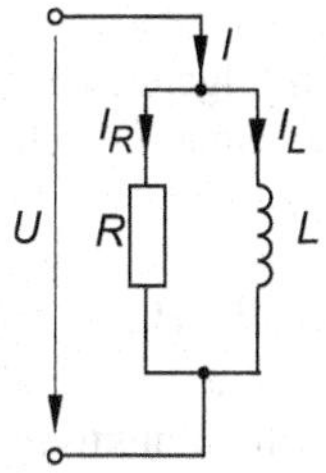

32.9: In der *RL*-Parallelschaltung fließen die Wechselströme I = 1 A und I_R = 0,4 A bei einer Frequenz f = 50 Hz.

a) Wie groß sind die Werte für den Strom I_L und den Phasenverschiebungswinkel φ zwischen I_R und I?

b) Welche Werte haben hier die Induktivität L, der Scheinleitwert Y und der Scheinwiderstand Z?

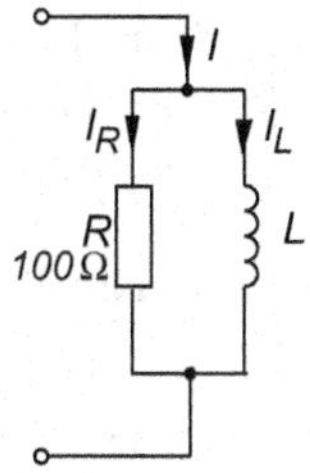

32.10: Die Serienschaltung aus Widerstand R = 50 Ω und Induktivität L liegt an U = 8 V/50 Hz.

a) Bestimmen Sie die Spannungen U_R und U_L sowie die Induktivität L und den Phasenverschiebungswinkel $\varphi = \varphi_u - \varphi_i$, wenn der Strom I = 100 mA beträgt.

b) Zeichnen Sie das *U-I*-Zeigerdiagramm sowie das Widerstandsdreieck und überprüfen Sie Ihre in a) ermittelten Ergebnisse.

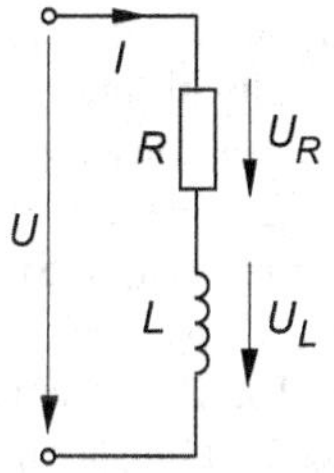

32.11: Eine technische Spule (Ersatzschaltbild mit Reihenschaltung aus Drahtwiderstand R und induktivem Blindwiderstand X_L) hat bei einer Gleichspannung von 60 V eine Stromaufnahme von 1,5 A. Bei einer angelegten Wechselspannung 60 V/50 Hz fließt ein Strom von 0,8 A.

a) Man ermittele die Größen des Ersatzschaltbildes (R, L, X_L, φ, Z) und zeichne das Widerstandsdreieck.

b) Wie groß sind der Verlustwinkel δ, der Verlustfaktor $\tan\delta$ sowie die Güte Q?

32.12: An einer Wechselspannung von 230 V/50 Hz liegt eine technische Spule (vgl. Aufgabe 32.11) und verursacht eine Phasenverschiebung $\varphi = \varphi_u - \varphi_i = 65°$.

Bestimmen Sie rechnerisch und zeichnerisch die Spannungen U_R und U_L sowie die Verhältnisse R/X_L, Z/R und Z/X_L.

❷ **32.13:** Für die skizzierte Schaltung sind allgemein und für die angegebenen Zahlenwerte zu ermitteln:

a) Rechnerisch: Die Beträge und die Phasenlage der Ströme I_1 und I_2.

b) Zeichnerisch: Der Betrag und die Phasenlage des Stromes I.

c) Lesen Sie aus dem Zeigerdiagramm die Werte von U_{R1} und U_{L1} ab.

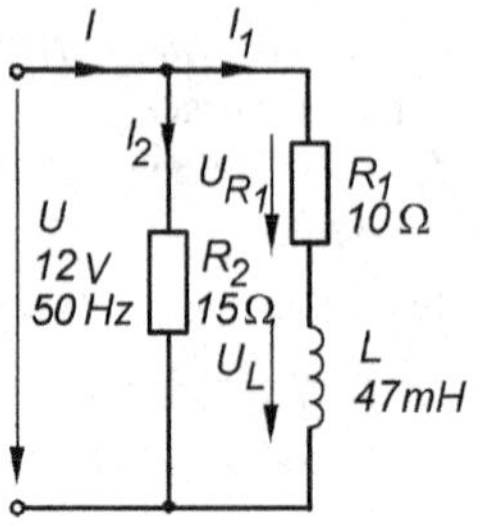

❷ **32.14:** An zwei parallelgeschalteten realen Spulen werden folgende Messungen durchgeführt:
Bei einer Gleichspannung U = 12 V sind I_1 = 1 A und I_2 = 1,6 A.
Legt man stattdessen eine Wechselspannung U mit 10 V/50 Hz an, misst man I_1 = 0,8 A und I_2 = 1 A.

a) Wie groß sind die Drahtwiderstände R_1 und R_2 sowie die Induktivitäten L_1 und L_2?

b) Welche Werte haben die Scheinwiderstände Z_1 und Z_2 sowie die Phasenverschiebungswinkel φ_1, φ_2?

c) Man zeichne das U-I-Zeigerdiagramm und lese daraus den Gesamtphasenverschiebungswinkel φ ab.

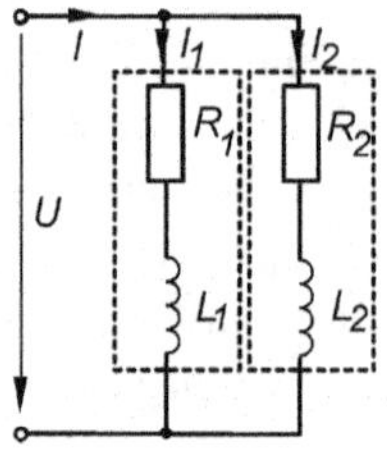

Reihen- und Parallelschaltung von *R* und *C*

❶❷ **32.15:** An einer *RC*-Parallelkombination liegt eine Spannung U = 230 V/50 Hz. Berechnen Sie

a) den Wirkleitwert G und den Blindleitwert B_C,

b) den Scheinleitwert Y und den Scheinwiderstand Z,

c) die Ströme I_R, I_C und I,

d) den Phasenverschiebungswinkel $\varphi = \varphi_i - \varphi_u$.

e) Zeichnen Sie die Strom- und die Leitwertdreiecke und überprüfen Sie Ihre rechnerischen Ergebnisse.

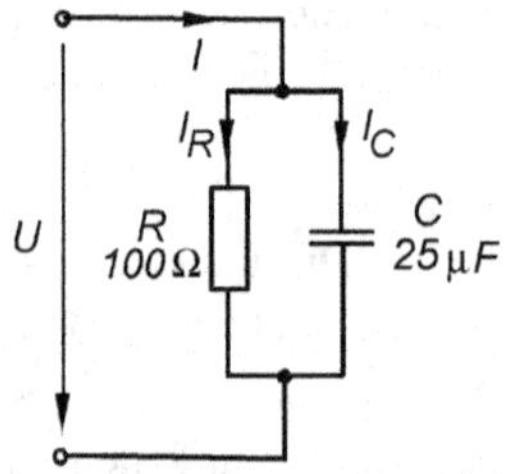

❶❷ **32.16:** Zu einem vergossenem *RC*-Modul, bestehend aus der Parallelschaltung C = 6,8 nF, R_p = 1,2 kΩ, ist ein Widerstand R_1 parallel zu schalten, damit sich ein Phasenverschiebungswinkel $\varphi = \varphi_i - \varphi_u = 60°$ einstellt.
Man bestimme R_1 zeichnerisch und rechnerisch, wenn die Gesamtschaltung an einer Spannung mit der Frequenz f = 80 kHz liegt.

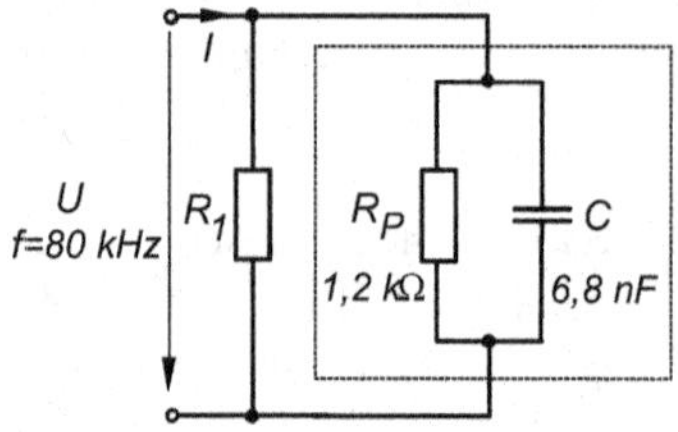

❶❷ **32.17:** Die skizzierte *RC*-Kombination kann als Siebglied eingesetzt werden.
Berechnen Sie Strom I und Spannung U_C bei unbelastetem Ausgang für die Frequenzen f_1 = 100 Hz, f_2 = 200 Hz, f_3 = 500 Hz, f_4 = 1 kHz, f_5 = 2 kHz, f_6 = 5 kHz, f_7 = 10 kHz und stellen Sie $Z(f)$, $U_C(f)$, und $\varphi(f) = \sphericalangle(U_C, I)$ grafisch dar.

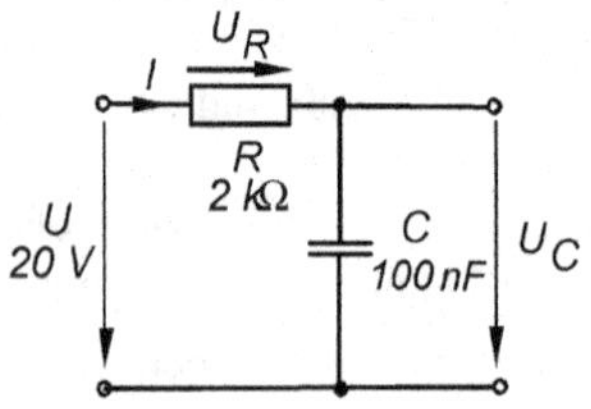

❶❷ **32.18:** Ein *RC*-Glied soll so bemessen werden, dass die Spannung an Widerstand R auf U_R = 110 V absinkt, wenn der Schalter S geöffnet wird.

Bestimmen Sie die Spannung U_C, die Kapazität C, den Strom I_R und den Phasenwinkel $\varphi = \varphi_u - \varphi_i$ bei geöffnetem Schalter.

Zeichnen Sie weiterhin das *U*-*I*-Zeigerdiagramm und das Widerstandsdreieck.

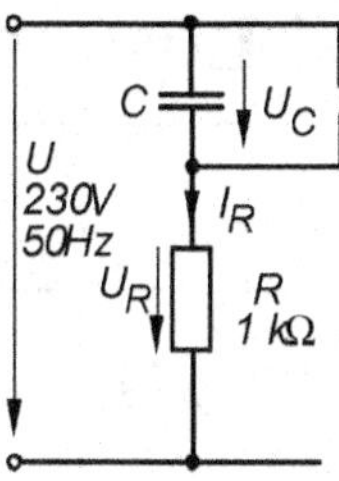

❷ **32.19:** Zur Arbeitspunktstabilisierung einer Emitterschaltung mit Wechselstromgegenkopplung wird oft der Emitterwiderstand in zwei Widerstände R_{E1} und R_{E2} aufgeteilt, wobei gleichzeitig der Widerstand R_{E2} durch den Kondensator C_E wechselstrommäßig ab der Frequenz f_1 weitgehend kurzgeschlossen wird. Hierzu fordert man für die Parallelschaltung aus R_{E2} und C, dass die Phasenverschiebung bei der Frequenz f_1 die Bedingung $\varphi = \varphi_{I_E} - \varphi_{U_{RE2}} \geq 84{,}5°$ sein soll.

a) Dimensionieren Sie den Kondensator C_E so, dass bei f_1 = 40 Hz und R_{E2} = 820 Ω die obige Phasenbedingung erfüllt ist.

b) Leiten Sie aus der Phasenbedingung $\tan\varphi = 10$ eine Näherungsformel zur Bestimmung der Kapazität C_E in Abhängigkeit von R_{E2} und f_1 ab.

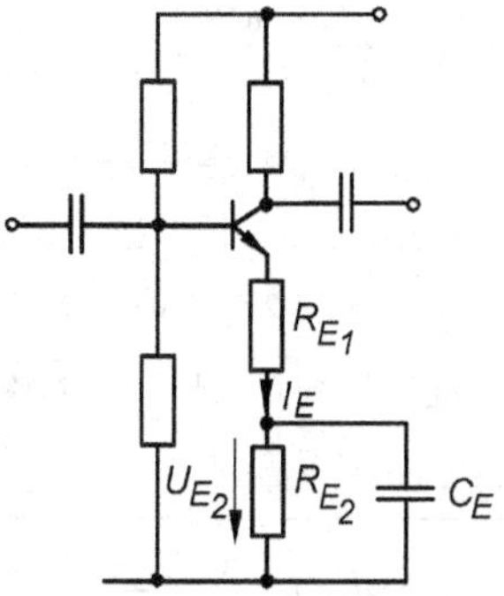

Reihen-und Parallelschaltung von *R*, *L* und *C*

❷❸ **32.20:** Eine reale Spule mit R = 50 Ω, L = 100 mH und ein Kondensator mit C = 820 nF liegen an einer Wechselspannung mit U = 50 V, f = 400 Hz.

a) Wie groß sind der Scheinwiderstand Z, die Stromstärke I, die Spannungen U_R, U_L, U_C und der Phasenverschiebungswinkel φ?

b) Hat die Schaltung induktiven oder kapazitiven Charakter?

c) Zeichnen Sie das vollständige *U*-*I*-Zeigerdiagramm und das Widerstandsdreieck.

d) Ergänzen Sie Ihre Diagramme so, dass mit einer Veränderung des Widerstandes R auf $R_{ges} = R_v + R$ der Phasenverschiebungswinkel $\varphi_1 = \varphi_u - \varphi_i = -45°$ wird.

e) Wie groß sind R_v und Z bei $\varphi_u - \varphi_i = -45°$?

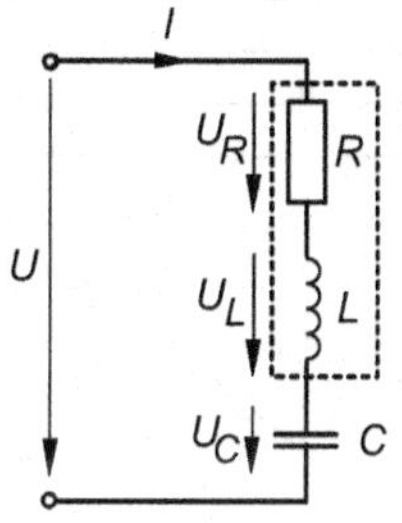

❷ **32.21:** Die nebenstehende Schaltung liegt an einer Wechselspannungsquelle mit U = 50 V, f = 400 Hz.

a) Bestimmen Sie zeichnerisch den Gesamtleitwert Y sowie den Phasenverschiebungswinkel φ sowie rechnerisch die Teilströme I_R, I_L und I_C und den Gesamtstrom I.

b) Zeichnen Sie das vollständige *U*-*I*-Zeigerdiagramm.

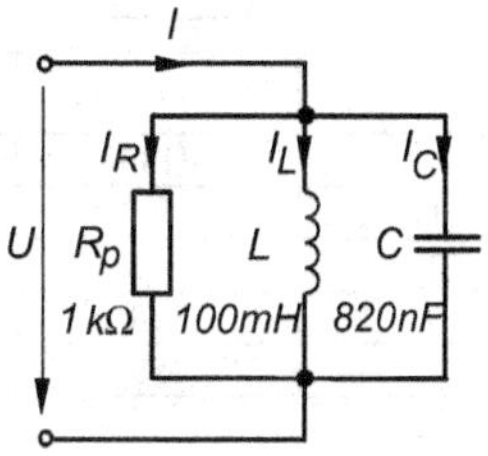

32.2 Lösungen

32.1

$$X_C = -\frac{1}{\omega C} \quad \Rightarrow C = -\frac{1}{2\pi \cdot 50\ \text{s}^{-1} \cdot (-14{,}5\Omega)} = 219{,}5\ \mu\text{F}$$

32.2

a) $X_{L_1} = \frac{U_{L_1}}{I_{L_1}} = \frac{6\ \text{V}}{0{,}4\ \text{A}} = 15\ \Omega$

$$X_{L_1} = \omega_1 \cdot L_1 \Rightarrow f_1 = \frac{X_{L_1}}{2\pi \cdot L} = \frac{15\ \Omega}{2\pi \cdot 25 \cdot 10^{-3}\ \frac{\text{Vs}}{\text{A}}} = 95\ \text{Hz}$$

b) $X_{L_2} = \omega_2 L = 2\pi \cdot 1200\ \text{s}^{-1} \cdot 25 \cdot 10^{-3}\ \frac{\text{Vs}}{\text{A}} = 188{,}5\ \Omega$

$$U_{L_2} = I_{L_2} \cdot X_{L_2} = 0{,}12\ \text{A} \cdot 188{,}5\ \Omega = 22{,}62\ \text{V}$$

32.3

a) $X_L = \omega L \Rightarrow L = \frac{X_L}{\omega} = \frac{2 \cdot 10^3\ \Omega}{2\pi \cdot 10^3\ \text{Hz}} = 318{,}3\ \text{mH}$

b)

f (Hz)	X_L (Ω)	B_L (S)
0,5	1	−1
1	2	−0,5
2	4	−0,25
5	10	−0,1
10	20	−0,05

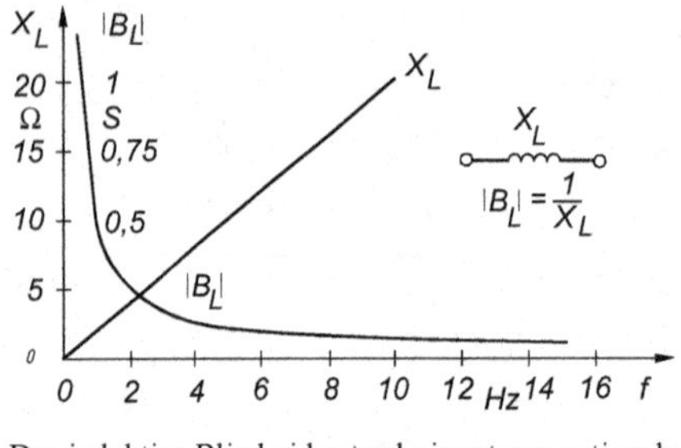

Der induktive Blindwiderstand nimmt proportional mit der Frequenz zu, während der induktive Blindleitwert umgekehrt proportional zur Frequenz abnimmt.

32.4

f (Hz)	$\lvert X_C \rvert$ (Ω)	B_C (mS)
0,5	3183	0,314
1	1592	0,628
2	796	1,26
5	318	3,14
10	159	6,28

$$\lvert X_C \rvert = \frac{1}{\omega C} \Rightarrow B_C = \frac{1}{\lvert X_C \rvert}$$

Während der kapazitive Blindwiderstand umgekehrt proportional zur Frequenz abnimmt, steigt der Blindleitwert proportional zur Frequenz an.

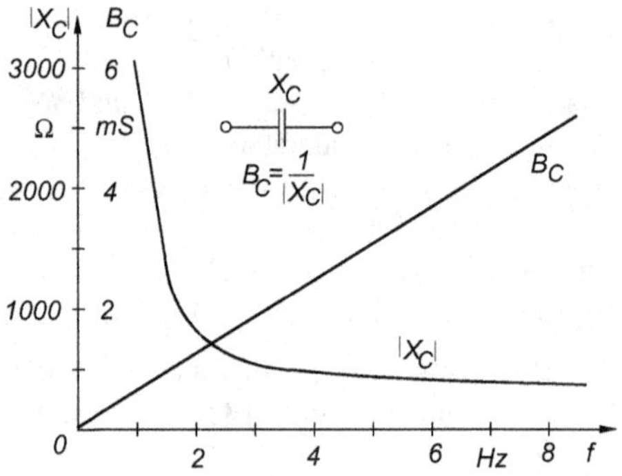

32.5

a) $X_L = \omega L = 2\pi \cdot f \cdot L = 2\pi \cdot 50\ \text{s}^{-1} \cdot 10^{-4}\ \frac{\text{Vs}}{\text{A}} = 31{,}4\ \text{m}\Omega$

$$B_L = \frac{1}{X_L} = \frac{1}{31{,}4\ \text{m}\Omega} = 31{,}8\ \text{S}$$

b) $n = \frac{1\ \Omega}{31{,}4\ \text{m}\Omega} = 31{,}85 \Rightarrow 32$ Spulen in Reihe

c) $X_L = \omega L \Rightarrow f = \frac{X_L}{2\pi \cdot L} = \frac{1\ \frac{\text{V}}{\text{A}}}{2\pi \cdot 10^{-4}\ \frac{\text{Vs}}{\text{A}}} = 1{,}6\ \text{kHz}$

32.6

a) Zeichnerische Lösung:

Geg.: $R = 2\ \Omega$, $L = 1\ \text{mH}$

$$X_L = \omega L = 2\pi \cdot 400\ \text{s}^{-1} \cdot 10^{-3}\ \frac{\text{Vs}}{\text{A}}$$

$X_L = 2{,}51\ \Omega$

Maßstab: 1 cm ≙ 1 Ω

Aus Diagramm ablesen:

$Z \approx 3{,}2\ \Omega$, $\varphi = 52°$

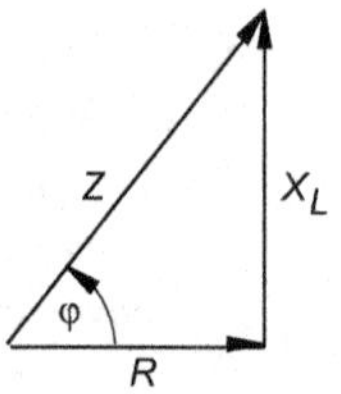

Rechnerische Lösung:

$$Z = \sqrt{R^2 + X_L^2} = \sqrt{(2\ \Omega)^2 + (2{,}51\ \Omega)^2} = 3{,}2\ \Omega$$

$$\varphi = \arctan\frac{X_L}{R} = \arctan\frac{2{,}51\ \Omega}{2\ \Omega} = 51{,}4°$$

$$I = \frac{U}{Z} = \frac{6\ \text{V}}{3{,}2\ \Omega} = 1{,}875\ \text{A}$$

b) $\tan\varphi = \frac{X_L}{R} = \frac{U_L}{U_R} \quad \Rightarrow \quad \frac{U_L}{U_R} = 1{,}255$

c) $U_R = I_R \cdot R$

$U_R = 1{,}875\ \text{A} \cdot 2\ \Omega$

$U_R = 3{,}75\ \text{V}$

$U_L = U_R \cdot \tan\varphi$

$U_L = 3{,}75\ \text{V} \cdot 1{,}255$

$U_L = 4{,}7\ \text{V}$

Maßstab: 1 cm ≙ 2 V

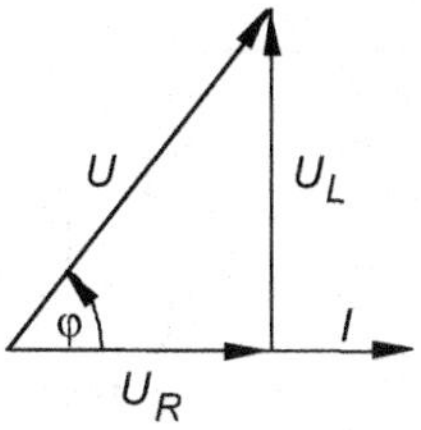

32.7

Zeichnerische Lösung:

- Zu einer beliebig langen horizontalen Linie den Winkel $\varphi = 40°$ antragen;
- Parallele zur Grundlinie im Abstand $X_L = \omega L = 2\pi \cdot 10^3\ s^{-1} \cdot 10^{-3}\ \text{H} = 6{,}28\ \Omega$ zeichnen;
- Schnittpunkt mit Schenkel des Winkels φ liefert Impedanz Z bzw. die Orthogonale auf die Grundlinie den Widerstand R.

Maßstab: 1 cm ≙ 2 Ω

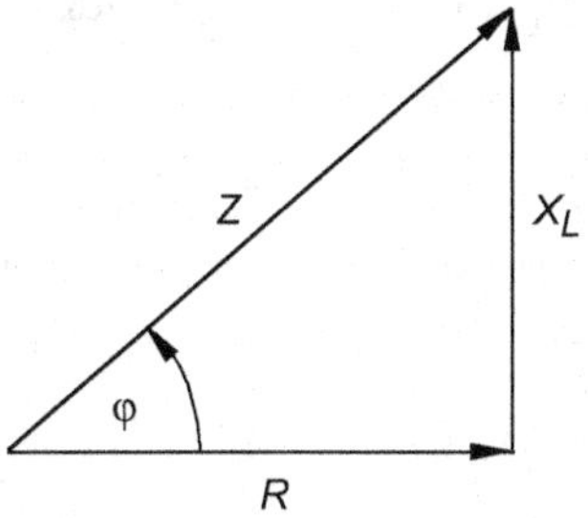

Ablesen: $R \approx 7{,}5\ \Omega, Z \approx 9{,}8\ \Omega \Rightarrow R_1 = R - R_L = 4\ \Omega$

Rechnerische Lösung:

$X_L = \omega L = 6{,}28\ \Omega$ (siehe oben)

$\tan\varphi = \tan 40° = 0{,}839 = \frac{\omega L}{R}$ mit $R = R_1 + R_L$

$$R_1 = \frac{\omega L}{\tan\varphi} - R_L \Rightarrow R_1 = \frac{6{,}28\ \Omega}{0{,}839} - 3{,}5\ \Omega = 4\ \Omega$$

$$R = R_1 + R_L = 4\ \Omega + 3{,}5\ \Omega = 7{,}5\ \Omega$$

$$Z = \sqrt{R^2 + X_L^2} = \sqrt{(7{,}5\ \Omega)^2 + (6{,}28\ \Omega)^2} = 9{,}78\ \Omega$$

32.8

Zeichnerische Lösung:

$$I_R = \frac{U}{R} = \frac{60\ \text{V}}{47\ \Omega} = 1{,}28\ \text{A}$$

$$I_L = \frac{U}{X_L} = \frac{60\ \text{V}}{2\pi \cdot 50\ \text{Hz} \cdot 0{,}1\ \text{H}}$$

$$I_L = \frac{U}{X_L} = \frac{60\ \text{V}}{31{,}4\ \Omega} = 1{,}91\ \text{A}$$

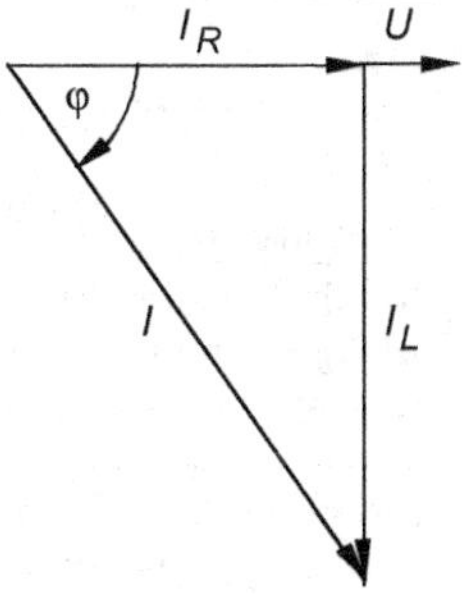

Maßstab: 1 cm ≙ 0,5 A

Aus Diagramm ablesen:

$I \approx 2{,}3\ \text{A}, \quad \varphi \approx 56°$

Rechnerische Lösung:

$I_R = 1{,}28\ \text{A},\ I_L = 1{,}91\ \text{A} \qquad G = \frac{1}{R} = \frac{1}{47\ \Omega} = 21{,}3\ \text{mS}$

$I = \sqrt{I_R^2 + I_L^2} = 2{,}29\ \text{A} \qquad B_L = -\frac{1}{\omega \cdot L} = -31{,}8\ \text{mS}$

$$\tan\varphi = \frac{B_L}{G}$$

$$\varphi = \arctan \frac{-31{,}8\ \text{mS}}{21{,}3\ \text{mS}} = -56{,}2°$$ (Strom eilt nach)

Andere Lösungsmöglichkeit: Wenn I und φ bestimmt sind, kann man folgern:

$I_R = I \cdot \cos\varphi, \qquad I_L = I \cdot \sin\varphi$

32.9

a) Zur Bestimmung des Stromes I_L ergibt sich sehr schnell eine Lösung mit der „Thaleskreis-Konstruktion", da $\underline{I}_R$ senkrecht zu $\underline{I}_L$ stehen muss:

- Thaleskreis über $\underline{I}$;
- Kreisbogen um Anfang von $\underline{I}$ mit I_R;
- Schnittpunkt ist Anfangspunkt von $\underline{I}_L$;

Maßstab: 1 cm ≙ 0,2 A

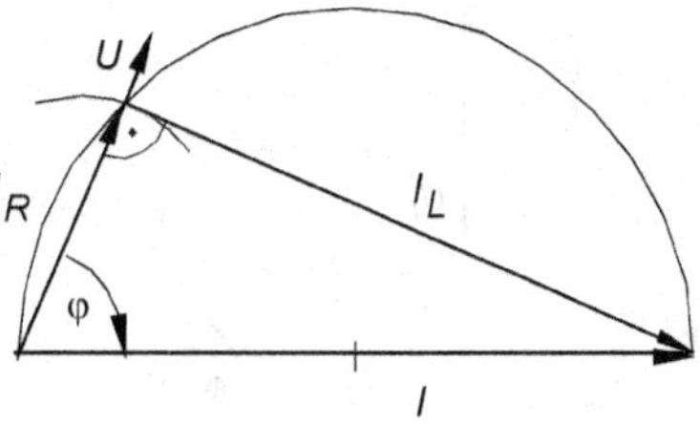

Ablesen der Werte:

$I_L \approx 0{,}91\ \text{A}, \qquad \varphi \approx -66°$

Rechnerische Lösung

$U = I_R \cdot R = 0{,}4\ \text{A} \cdot 100\ \Omega = 40\ \text{V}$

$$Z = \frac{U}{I} = \frac{40\ \text{V}}{1\ \text{A}} = 40\ \Omega$$

$$Y = \frac{1}{Z} = \frac{1}{40\ \Omega} = 25\ \text{mS}$$

$$Y = \sqrt{G^2 + B_L^2}$$

$$B_L = \sqrt{Y^2 - G^2} = \sqrt{(25\ \text{mS})^2 - (10\ \text{mS})^2} = \pm 22{,}9\ \text{mS}$$

Hier muss wegen der Vorzeichenfestlegung für den induktiven Leitwert der negative Wert gewählt werden:

$B_L = -22{,}9\ \text{mS}$

$I_L = U \cdot |B_L| = 40\ \text{V} \cdot 22{,}9\ \text{mS} = 0{,}916\ \text{A}$

$$\varphi = \arctan \frac{B_L}{G} = \arctan \frac{-22{,}9\ \text{mS}}{10\ \text{mS}}$$

$\varphi = -66{,}42°$ (I eilt U um 66,42° nach)

b) $\frac{I_L}{I_R} = \frac{B_L}{G} \Rightarrow B_L = G \cdot \frac{I_L}{I_R} = \frac{1}{100\ \Omega} \cdot \frac{-0{,}917\ \text{A}}{0{,}4\ \text{A}}$

$B_L = -22{,}9\ \text{mS}$

$B_L = -\frac{1}{\omega L} = -22{,}9\ \text{mS} \Rightarrow L = 138{,}9\ \text{mH}$

$$B_L = -\frac{1}{\omega L} = -22{,}9\text{ mS} \Rightarrow L = \frac{1}{314\text{ s}^{-1}\cdot 22{,}9\text{ mS}} = 139\text{ mH}$$

$$Y = 25\text{ mS} \quad\Rightarrow\quad Z = \frac{1}{Y} = 40\ \Omega \text{ (siehe oben)}$$

32.10

a) Am Widerstand R sind Strom und Spannung in Phase:

$$U_R = I_R \cdot R = 0{,}1\text{ A}\cdot 50\text{ V} = 5\text{ V}$$

Für die Serienschaltung gilt:

$$U = \sqrt{U_R^2 + U_L^2} \quad\Rightarrow\quad U_L^2 = 64\text{ V}^2 - 25\text{ V}^2$$

$$U_L = 6{,}25\text{ V}$$

$$U_L = X_L \cdot I \Rightarrow L = \frac{U_L}{\omega I} = \frac{6{,}25\text{ V}}{2\pi\cdot 50\text{ s}^{-1}\cdot 0{,}1\text{ A}} = 200\text{ mH}$$

$$X_L = \omega L = 2\pi\cdot 50\text{ s}^{-1}\cdot 0{,}2\text{ H} = 62{,}8\ \Omega$$

$$U_L = X_L \cdot I = 62{,}8\ \Omega\cdot 0{,}1\text{ A} = 6{,}28\text{ V}$$

$$\varphi = \arctan\frac{\omega L}{R} = \arctan\frac{62{,}8\ \Omega}{50\ \Omega} = 51{,}5°$$

b) Maßstäbe: 1 cm $\hat{=}$ 2 V
1 cm $\hat{=}$ 20 Ω

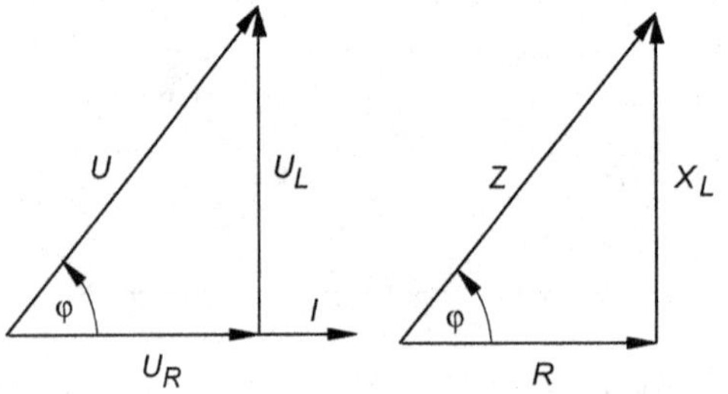

Ablesen: $U_L = 6{,}25$ V, $\varphi = 51°$ $\quad X_L = 62{,}5\ \Omega$

32.11

a) Gleichstromfall: $U = I\cdot R \quad\Rightarrow R = \frac{60\text{ V}}{1{,}5\text{ A}} = 40\ \Omega$

Wechselstromfall: $Z = \frac{U}{I} = \frac{60\text{ V}}{0{,}8\text{ A}} = 75\ \Omega$

Aus $Z = \sqrt{R^2 + X_L^2} \quad\Rightarrow\quad X_L = \sqrt{Z^2 - R^2}$

$$X_L = \sqrt{(75\ \Omega)^2 - (40\ \Omega)^2} = 63{,}44\ \Omega$$

$$X_L = \omega L \Rightarrow L = \frac{63{,}44\ \Omega}{2\pi\cdot 50\text{ s}^{-1}} = 202\text{ mH}$$

$$\tan\varphi = \frac{X_L}{R} = \frac{63{,}44\ \Omega}{40\ \Omega} = 1{,}586$$

$$\varphi = \arctan 1{,}586 = 57{,}8°$$

Zeigerbild: Maßstab: 1 cm $\hat{=}$ 20 Ω

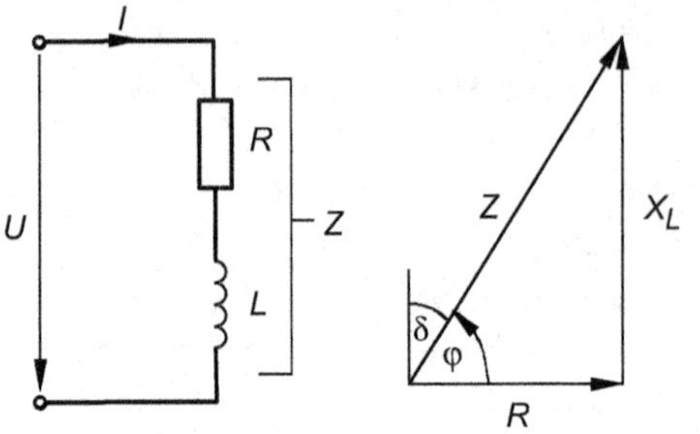

b) Verlustwinkel $\delta = 90° - \varphi = 90° - 57{,}8° = 32{,}2°$

Verlustfaktor $\tan\delta = \tan 32{,}2° = 0{,}63$

Güte $Q = \frac{1}{\tan\delta} = \frac{1}{0{,}63} = 1{,}59$

32.12

Rechnerische Lösung:

$$\underline{U} = \underline{U}_R + \underline{U}_L,\quad \cos\varphi = \frac{U_R}{U} \Rightarrow U_R = U\cdot\cos\varphi$$

$$U_R = 230\text{ V}\cdot\cos 65° = 97{,}2\text{ V}$$

$$\sin\varphi = \frac{U_L}{U} \Rightarrow U_L = U\cdot\sin\varphi = 230\text{ V}\cdot\sin 65° = 208{,}45\text{ V}$$

Die Teilspannungen verhalten sich wie die Teilwiderstände:

$$\frac{R}{X_L} = \frac{U_R}{U_L} = \frac{97{,}2\text{ V}}{208{,}45\text{ V}} = 0{,}4663 \Rightarrow X_L = 2{,}14\cdot R$$

$$Z^2 = R^2 + X_L^2 = R^2\cdot\left[1 + (2{,}14)^2\right] \Rightarrow Z = 2{,}36\cdot R$$

$$Z^2 = R^2 + X_L^2 = X_L^2\left[(0{,}4663)^2 + 1\right] \Rightarrow Z = 1{,}1\cdot X_L$$

Maßstab: 1 cm $\hat{=}$ 50 V

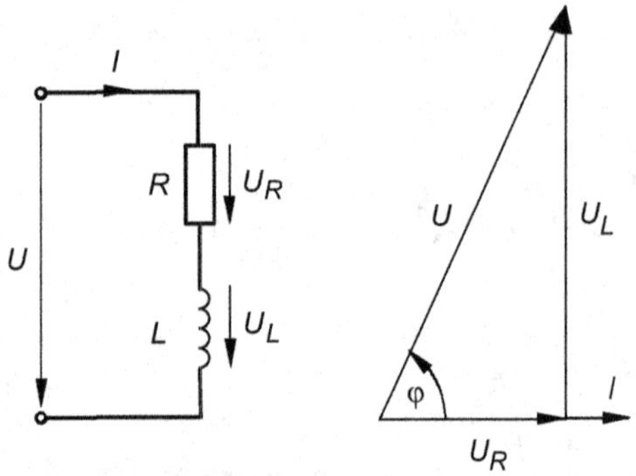

Zeichnerische Lösung:

Zunächst wird der Phasenverschiebungswinkel φ an einer beliebigen horizontalen Geraden angetragen und am oberen Schenkel die Wechselspannung $U = 230$ V maßstabsgerecht eingezeichnet (φ wird zwischen U_R bzw. I und U gemessen!). Da die Winkelsumme aus $\varphi + \delta = 90°$ sein muss, kann man am Zeigerende von U den Winkel $\delta = 90° - \varphi = 25°$ antragen.

Andere Lösungsmöglichkeiten:

- Rechter Winkel am unteren Schenkel an Zeigerspitze von U zeichnen.

Maßstab: 1 cm ≙ 40 V

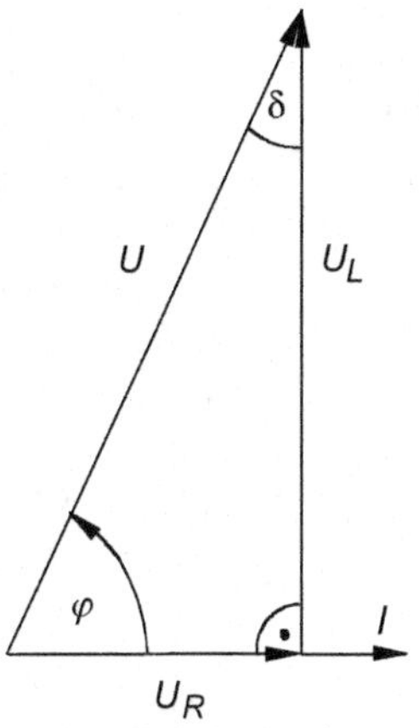

- Eine sehr elegante und schnelle Lösung bietet auch hier die „Thaleskreiskonstruktion“:
  - Strecke für U maßstäblich zeichnen und Halb-(Thales)-kreis darüber errichten;
  - Winkel φ in A antragen; Schnittpunkt S mit A und B verbinden (rechtwinkliges Dreieck erfüllt die Winkelbedingung zwischen U_R und U_L);
  - Streckenlänge $\overline{AS}$ liefert unter Berücksichtigung des Maßstabes U_R, Streckenlänge $\overline{BS}$ die Spannung U_L.

Maßstab: 1 cm ≙ 40 V

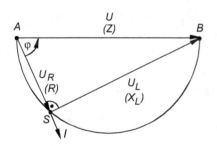

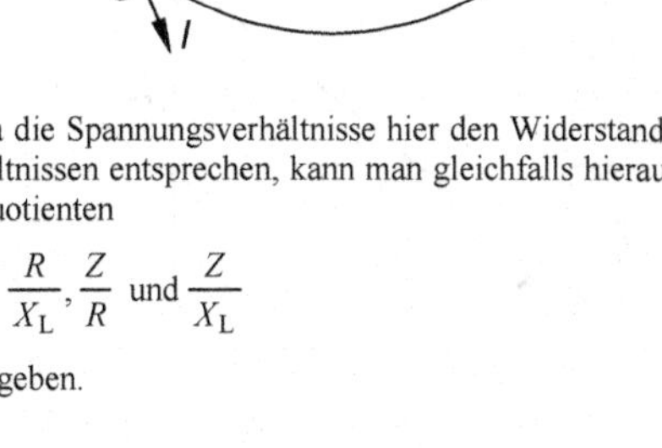

Da die Spannungsverhältnisse hier den Widerstandsverhältnissen entsprechen, kann man gleichfalls hieraus die Quotienten

$$\frac{R}{X_L}, \frac{Z}{R} \text{ und } \frac{Z}{X_L}$$

angeben.

32.13

a) Rechnerische Ermittlung von I_1 und I_2:

Am Widerstand R_2 gilt:

$$I_2 = \frac{U}{R_2} = \frac{12\,\text{V}}{15\,\Omega} = 0{,}8\,\text{A}$$

$\varphi_2 = 0°$, wenn U als Bezugsgröße gewählt wird.

Für die Teilschaltung aus $R_1 - L_1$ erhält man mit

$$U = \sqrt{U_{R_1}{}^2 + U_{L_2}{}^2} = \sqrt{(I_1 R_1)^2 + (I_1 X_L)^2}$$

$$U = I_1 \sqrt{R_1^2 + X_L{}^2}$$

$$I_1 = \frac{U}{\sqrt{R_1^2 + X_L{}^2}} = \frac{12\,\text{V}}{\sqrt{100\,\Omega^2 + (2\pi \cdot 50 \cdot s^{-1} \cdot 0{,}047\,\text{H})^2}}$$

$$I_1 = 0{,}673\,\text{A}$$

$$\varphi_1 = \arctan \frac{\omega L}{R_1} = \arctan \frac{14{,}76\,\Omega}{10\,\Omega} = 55{,}9°$$

b) Zeichnerische Bestimmung von I, U_{R_1} und U_L:

Ausgangspunkt: Bezugsgröße U

- Antragen von U_{R_1} mit Phasenwinkel φ_1, Schnittpunkt an Thaleskreis über U liefert U_{R_1}, Verbindung zu Endpunkt von U ergibt U_L;
- Parallel zu U_{R_1} ist $I_1 = \dfrac{U}{\sqrt{R_1^2 + X_L{}^2}}$ abzutragen;
- An das Ende von I_1 mit $\varphi_2 = 0°$ den Strom $I_2 = \dfrac{U}{R_2}$ eintragen;
- Verbindung von Ursprung mit der Spitze von I_2 liefert I und φ;

Maßstäbe: 1 cm ≙ 2 V
1 cm ≙ 0,25 A

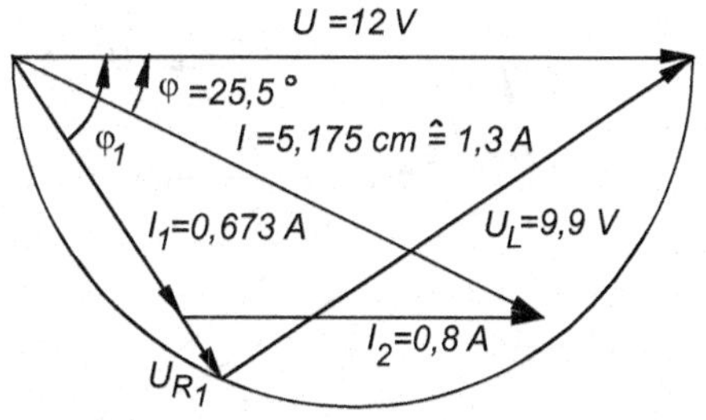

Ablesen der Werte: $I \approx 1{,}3$ A, $\varphi \approx 25{,}5°$
$U_{R_1} \approx 6{,}73$ V, $U_L \approx 9{,}9$ V

Exakte Werte: $I = 1{,}303$ A, $\varphi = 25{,}3°$

32.14

Gleichspannungsfall:

$$R_1 = \frac{U}{I_1} = \frac{12\,\text{V}}{1\,\text{A}} = 12\,\Omega$$

$$R_2 = \frac{U}{I_2} = \frac{12\,\text{V}}{1{,}6\,\text{A}} = 7{,}5\,\Omega$$

Wechselspannungsfall:

$$Z_1 = \frac{U}{I_1} = \sqrt{R_1^2 + X_{L_1}^2}$$

$$X_{L_1} = \sqrt{\left(\frac{U}{I_1}\right)^2 - R_1^2} = \sqrt{\left(\frac{10\,\text{V}}{0{,}8\,\text{A}}\right)^2 - (12\,\Omega)^2} = 3{,}5\,\Omega$$

$$L_1 = \frac{X_{L_1}}{\omega} = \frac{3{,}5\,\Omega}{2\pi \cdot 50\,\text{s}^{-1}} = 11{,}1\,\text{mH}$$

$$Z_2 = \frac{U}{I_2} = \sqrt{R_2^2 + X_{L_2}^2}$$

$$X_{L_2} = \sqrt{\left(\frac{U}{I_2}\right)^2 - R_2^2} = \sqrt{\left(\frac{10\,\text{V}}{1\,\text{A}}\right)^2 - (7{,}5\,\Omega)^2} = 6{,}61\,\Omega$$

$$L_2 = \frac{X_{L_2}}{\omega} = \frac{6{,}61\,\Omega}{2\pi \cdot 50\,\text{s}^{-1}} = 21{,}05\,\text{mH}$$

b) $Z_1 = \frac{U}{I_1} = \frac{10\,\text{V}}{0{,}8\,\text{A}} = 12{,}5\,\Omega$

$$\tan\varphi_1 = \frac{X_{L1}}{R_1} = \frac{3{,}5\,\Omega}{12\,\Omega} = 0{,}29 \Rightarrow \varphi_1 = 16{,}26°$$

$$Z_2 = \frac{U}{I_2} = \frac{10\,\text{V}}{1\,\text{A}} = 10\,\Omega$$

$$\tan\varphi_2 = \frac{X_{L_2}}{R_2} = \frac{6{,}61\,\Omega}{7{,}5\,\Omega} = 0{,}88 \Rightarrow \varphi_2 = 41{,}4°$$

c) *U*-*I*-Zeigerdiagramm

Maßstab: 1 cm ≙ 0,25 A

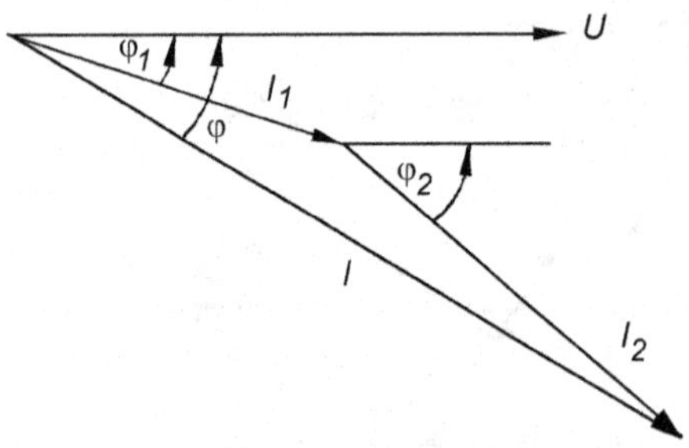

Ablesen: $I \approx 1{,}75$ A, $\varphi \approx 30°$

Exakte Werte: $I = 1{,}76$ A, $\varphi = 30{,}3°$

32.15

a) Wirkleitwert $G = \frac{1}{R} = \frac{1}{100\,\Omega} = 10\,\text{mS}$

Blindleitwert $B_C = \omega C = 7{,}85\,\text{mS}$

b) Scheinleitwert $Y = \sqrt{G^2 + B_C^2} = 12{,}7\,\text{mS}$

Scheinwiderstand $Z = \frac{1}{Y} = \frac{1}{12{,}7\,\text{mS}} = 78{,}74\,\Omega$

c) Ströme:

$$I_R = \frac{U}{R} = \frac{230\,\text{V}}{100\,\Omega} = 2{,}3\,\text{A}$$

$$I_C = \frac{U}{X_C} = U \cdot B_C = 1{,}8\,\text{A}$$

$$I = \sqrt{I_R^2 + I_C^2} = 2{,}92\,\text{A}$$

d) $\varphi = \arctan\frac{B_C}{G} = \arctan\frac{7{,}85\,\text{mS}}{10\,\text{mS}} = 38{,}1°$

e) Stromdreieck:

Maßstab: 1 cm ≙ 0,5 A

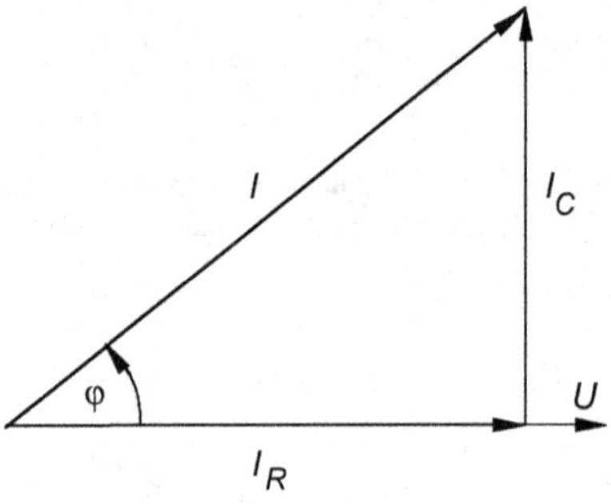

Leitwertdreieck:

Maßstab: 1 cm ≙ 2,5 mS

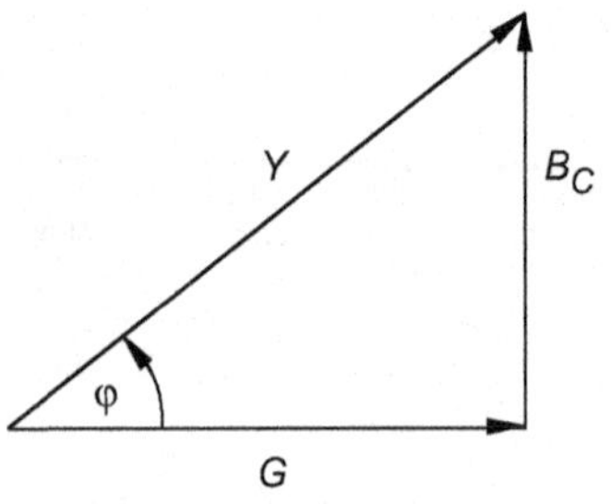

32.16

Leitwertdreieck:

- Horizontale (G-Achse) zeichnen, Winkel $\varphi = 60°$ antragen
- Parallele zur Horizontalen im Abstand B_C zeichnen
- Schnittpunkt mit Schenkel des Winkels φ liefert den Endpunkt von Admittanz Y bzw. die Orthogonale auf Grundlinie ergibt die Strecke G.

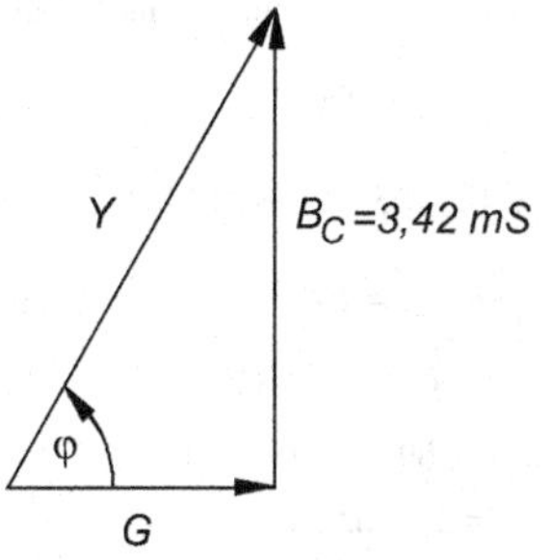

Rechnerische Lösung:

$$B_C = \omega C = 2\pi \cdot 80 \cdot 10^3\ \text{s}^{-1} \cdot 6{,}8 \cdot 10^{-9}\ \frac{\text{As}}{\text{V}} = 3{,}42\ \text{mS}$$

$$\tan\varphi = \frac{B_C}{G} = \tan 60° \Rightarrow G = \frac{B_C}{\tan\varphi} = \frac{3{,}42\ \text{mS}}{1{,}732} = 1{,}98\ \text{mS}$$

$$G = \frac{1}{R_1} + \frac{1}{R_p}$$

$$R_1 = \frac{1}{G - \frac{1}{R_p}} = \frac{1}{1{,}98\ \text{mS} - 0{,}833\ \text{mS}} = 872\ \Omega$$

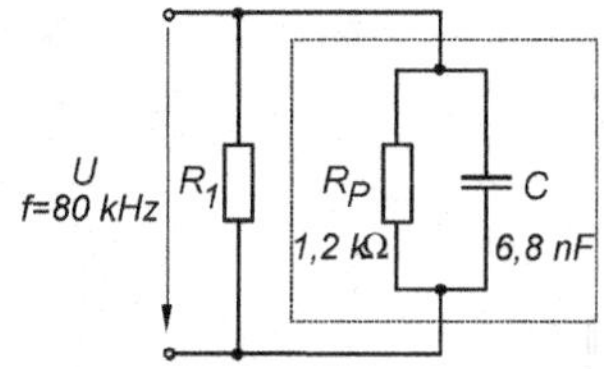

Man wird also einen Normwert von $R_1 = 910\ \Omega$ wählen, wobei besonders darauf zu achten ist, dass R_1 bei $f = 80$ kHz möglichst verlustfrei ist.

32.17

$$X_C = -\frac{1}{2\pi \cdot f \cdot C},\ Z = \sqrt{R^2 + X_C{}^2},\ \varphi = \arctan\frac{X_C}{R},$$

$$U_C = U \cdot \sin\varphi$$

f(Hz)	$\lvert X_C \rvert$(kΩ)	Z(kΩ)	$-\varphi$(°)	U_C(V)
100	15,9	16,0	82,8	19,8
200	7,96	8,21	75,9	19,4
500	3,18	3,76	57,9	16,9
1000	1,59	2,56	38,5	12,4
2000	0,79	2,15	21,7	7,4
5000	0,32	2,03	9,0	3,1
10000	0,16	2,0	4,5	1,6

Darstellung im einfach-logarithmischen Maßstab:

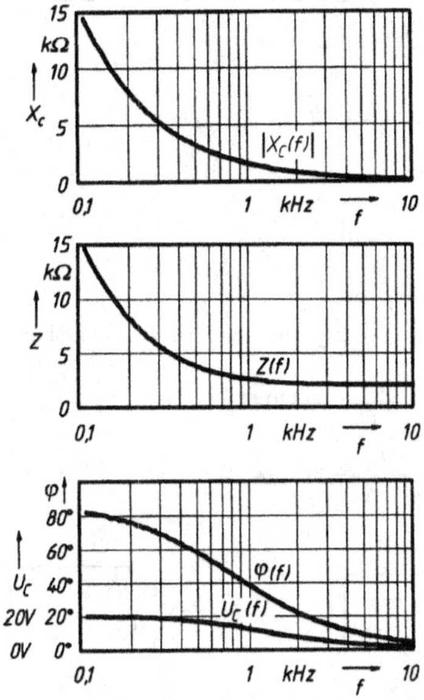

Darstellung im doppelt-logarithmischen Maßstab:

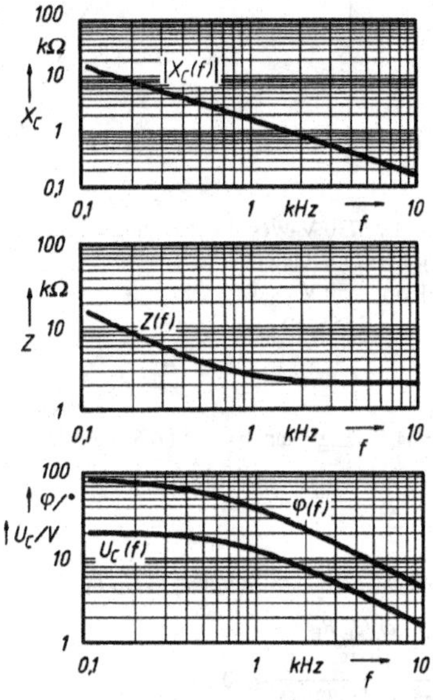

Anhand der grafischen Darstellung erkennt man, dass mit steigender Frequenz der Blindwiderstand des Kondensators umgekehrt proportional abnimmt. Ebenso verhält sich der Scheinwiderstand der RC-Schaltung bei Frequenzen bis ca. 800 Hz. Oberhalb von 800 Hz nähert sich der Scheinwiderstand dem Wirkwiderstandswert R an, da der kapazitive Widerstand schon auf kleine Werte abgenommen hat. Die Kondensatorspannung in Abhängigkeit von der Frequenz zeigt sog. Tiefpassverhalten: Tiefe Frequenzen können die RC-Schaltung fast ungehindert passieren, höhere Frequenzen werden stärker abgeschwächt.

32.18

Rechnerische Lösung:

Aus $U = \sqrt{U_C{}^2 + U_R{}^2}$ folgt mit $U_R = 110$ V:

$$U_C = \sqrt{U^2 - U_R{}^2} = \sqrt{(230\text{ V})^2 - (110\text{ V})^2} = 202\text{ V}$$

Hieraus ergibt sich mit

$$\tan\varphi = \frac{U_C}{U_R} = \frac{-202\text{ V}}{110\text{ V}} = -1{,}836 \quad\Rightarrow\quad \varphi = -61{,}4°$$

Weiterhin:

$$\tan\varphi = \frac{X_C}{R} \quad\Rightarrow\quad X_C = R \cdot \tan(-61{,}4°) = -1{,}84\text{ k}\Omega$$

$$X_C = -\frac{1}{2\pi \cdot f \cdot C} = -1840\ \Omega \quad\Rightarrow C = 1{,}73\ \mu\frac{\text{As}}{\text{V}} \approx 1{,}8\ \mu\text{F}$$

$$I = I_C = I_R = \frac{U_R}{R} = 110\text{ mA}$$

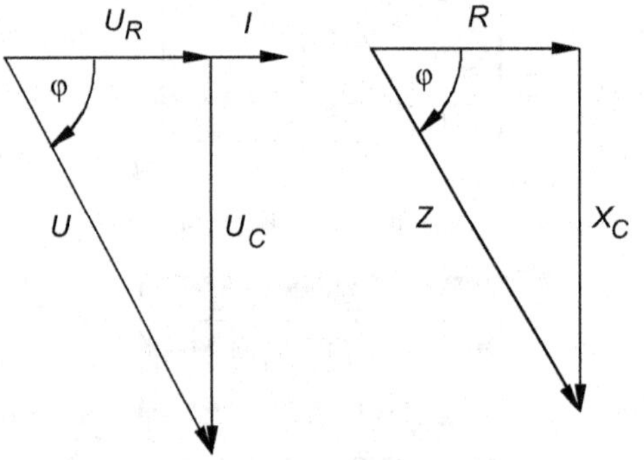

Anmerkung: Da 230 V-Wechselspannung vorliegt, muss der Kondensator C ein ungepolter Typ sein.

Maßstäbe: 1 cm $\hat{=}$ 50 V
1 cm $\hat{=}$ 0,5 kΩ

32.19

a) Aus $\varphi = 84{,}5°$ folgt: $\tan\varphi = \tan 84{,}5° = 10{,}38$

Weiterhin:

$$\varphi = \arctan\frac{B_{C_E}}{G_{E_2}}$$

$$\varphi = \arctan \omega_1 C_E R_{E_2} \quad\Rightarrow\quad \tan\varphi = \omega_1\, C_E\, R_{E_2}$$

$$\tan 84{,}5° = \omega_1\, C_E\, R_{E_2}$$

$$C_E = \frac{10{,}38}{2\pi \cdot 40\text{ Hz} \cdot 820\ \Omega} \approx 50\ \mu\text{F}$$

b) Mit $\tan\varphi = 10$ erhält man die Bedingung:

$$\omega_1 C_E R_{E_2} = 10 \quad\Rightarrow\quad C_E \approx \frac{10}{2\pi \cdot f_1 \cdot R_{E_2}}$$

Die Frequenz f_1, bei der hier C_E einen weitgehend sicheren Kurzschluss für Wechselspannungen bedeutet, nennt man auch „untere Grenzfrequenz".

32.20

a) $Z = \sqrt{R^2 + X^2}$ mit $X = \omega L - \dfrac{1}{\omega C}$

$$\omega \cdot L = 2\pi \cdot f \cdot L = 2\pi \cdot 400\text{ s}^{-1} \cdot 0{,}1\text{ H} = 251{,}3\ \Omega$$

$$\frac{1}{\omega \cdot C} = \frac{1}{2\pi \cdot f \cdot C} = \frac{1}{2\pi \cdot 400\text{ s}^{-1} \cdot 820 \cdot 10^{-9}\text{ F}} = 485{,}2\ \Omega$$

Man erkennt schon hier, dass die Schaltung einen kapazitiven Charakter hat, da eine Reihenschaltung vorliegt, in der $\dfrac{1}{\omega \cdot C} > \omega \cdot L$ ist.

$$Z = \sqrt{(50\ \Omega)^2 + (251{,}3\ \Omega - 485{,}2\ \Omega)^2} = 239{,}2\ \Omega$$

$$I = \frac{U}{Z} = \frac{50\text{ V}}{239{,}2\ \Omega} = 209\text{ mA}$$

$$U_R = I \cdot R = 209\text{ mA} \cdot 50\ \Omega = 10{,}45\text{ V}$$

$$U_L = I \cdot X_L = 209\text{ mA} \cdot 251{,}3\ \Omega = 52{,}5\text{ V}$$

$$U_C = I \cdot X_C = 209\text{ mA} \cdot 485{,}2\ \Omega = 101{,}4\text{ V}$$

$$\tan\varphi = \frac{U_L - U_C}{U_R} = \frac{\omega L - \dfrac{1}{\omega C}}{R} = \frac{-233{,}9\ \Omega}{50\ \Omega} = -4{,}678$$

$$\varphi = -77{,}9°$$

b) Da $\varphi = \varphi_u - \varphi_i = -77{,}9°$ ist, somit also die Spannung gegenüber dem Strom um 77,9° nacheilt, hat die Gesamtschaltung einen kapazitiven Charakter.

c) Maßstäbe: 1 cm $\hat{=}$ 10 V
1 cm $\hat{=}$ 50 Ω

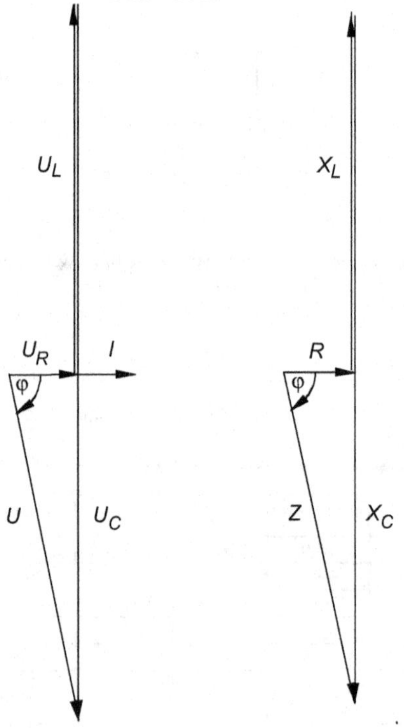

d) $\varphi = \varphi_1$ soll 45° werden:

Wenn $X_L = \omega L$ und $X_C = -\frac{1}{\omega C}$ ihre Werte beibehalten, ist R nach $R_{ges} = R_v + R$ zu vergrößern, sodass $\varphi_1 = -45°$ bzw. $\gamma = 180° - 90° - 45° = 45°$ wird.

Vorgehensweise (s. nachfolgendes Diagramm):

- An die Spitze von $X_C = -\frac{1}{\omega C}$ ist der Winkel $\gamma = 45°$ anzutragen.
- Der Schnittpunkt mit der horizontalen Achse liefert den Wert für R_{ges}.

Maßstab: 1 cm ≙ 50 Ω

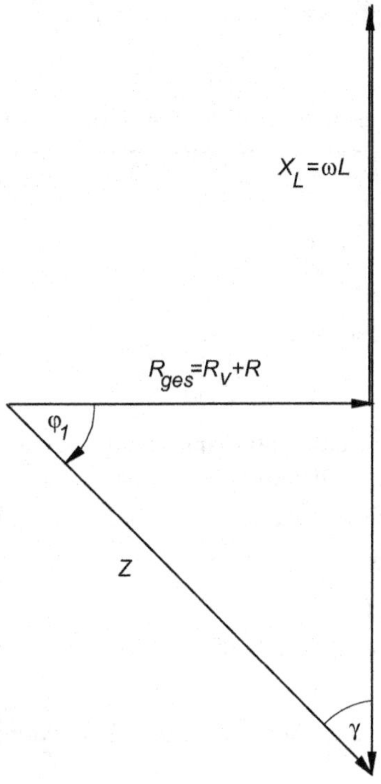

e) Aus Diagramm ablesen bei $\varphi_1 = -45°$:

$$R_{ges} = |X_C| - |X_L| = 485{,}2\,\Omega - 251{,}3\,\Omega \approx 234\,\Omega$$

Hieraus folgt, dass

$$R_v = R_{ges} - R = 234\,\Omega - 50\,\Omega = 184\,\Omega$$

sein muss.

32.21

a) Maßstäbe für

Leitwertdiagramm	Stromdiagramm
1 cm ≙ 0,5 mS	1cm ≙ 25 mA

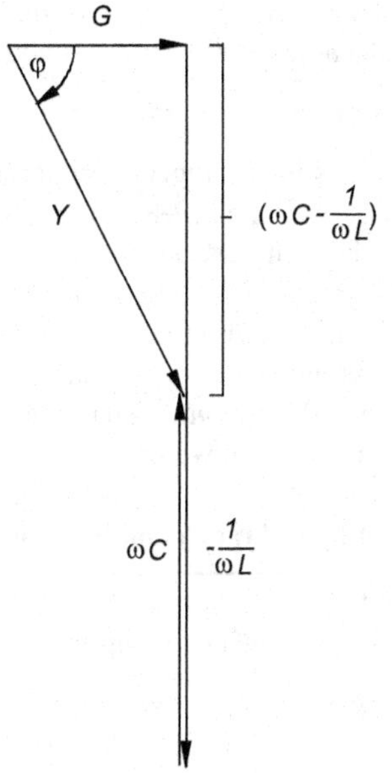

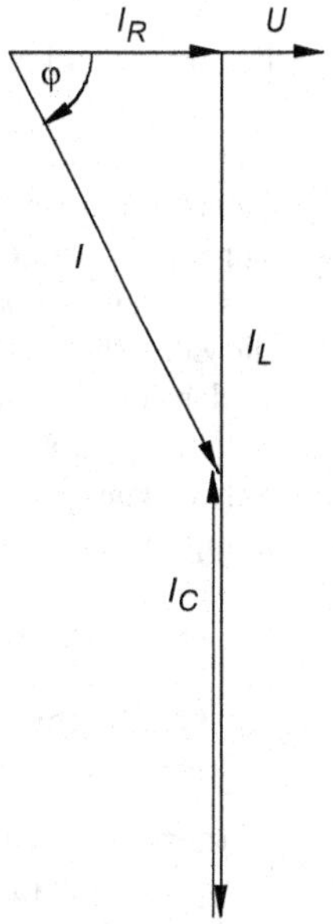

Einzel-Leitwerte:

$$G = \frac{1}{1\ \text{k}\Omega} = 1\ \text{mS}$$

$$B_L = -\frac{1}{\omega L} = \frac{1}{2\pi \cdot 400\ \text{s}^{-1} \cdot 0{,}1\ \text{H}} = -3{,}98\ \text{mS}$$

$$B_C = \omega C = 2\pi \cdot 400\ \text{s}^{-1} \cdot 820 \cdot 10^{-9}\ \text{F} = 2{,}06\ \text{mS}$$

Gesamt-Blindleitwert durch Addition der Einzelleitwerte

$$B = B_L + B_C = -3{,}98\ \text{mS} + 2{,}06\ \text{mS} = -1{,}92\ \text{mS}$$

Aus dem Leitwertdiagramm folgt für den Gesamt-Scheinleitwert:

$$Y = \sqrt{G^2 + B^2} = 2{,}16\ \text{mS}, \quad \varphi = \arctan\frac{B}{G} = -65{,}2°$$

Berechnung der Ströme:

$$I_R = U \cdot G = 50\ \text{V} \cdot 1\ \text{mS} = 50\ \text{mA}$$

$$I_L = U \cdot B_L = 50\ \text{V} \cdot 3{,}98\ \text{mS} = 199\ \text{mA}$$

$$I_C = U \cdot B_C = 50\ \text{V} \cdot 2{,}06\ \text{mS} = 103\ \text{mA}$$

$$I = \sqrt{{I_R}^2 + (I_L - I_C)^2}$$

$$I = \sqrt{(50\ \text{mA})^2 + (199\ \text{mA} - 103\ \text{mA})^2}$$

$$I = 108{,}2\ \text{mA}$$

b) siehe oben

33	**Komplexe Betrachtung von Wechselstromschaltungen**
	Transformation vom Original- in den Bildbereich und zurück Komplexe Widerstände und Leitwerte

Überführt man die sinusförmigen Originalfunktionen von Spannungen $u = \hat{u} \cdot \sin(\omega t + \varphi_u)$ und Strömen $i = \hat{i} \cdot \sin(\omega t + \varphi_i)$ in komplexe Zeitfunktionen, so kann die Zeigerbetrachtung (s. Kp. 31) übernommen werden:
In der komplexen Ebene repräsentiert ein um den Koordinatenursprung rotierender Zeiger eine harmonische Schwingung, dessen Betrag und Phasenlage mit der komplexen Rechnung ermittelt werden kann.

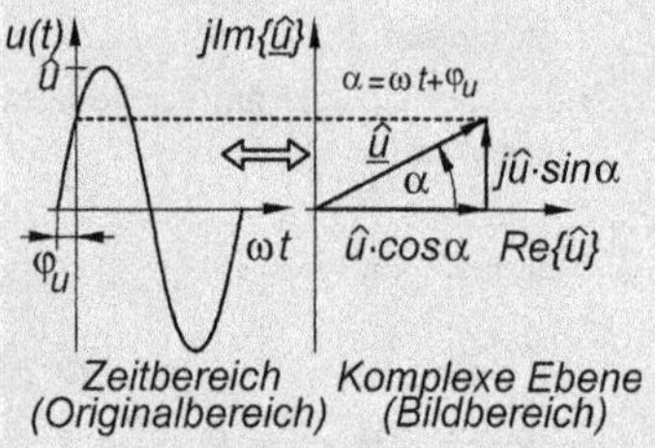

Schema zur vollständigen Transformation aus dem Originalbereich in den Bildbereich und zurück:

Originalbereich	**Bildbereich**
$u_1(t) = \hat{u}_1 \sin(\omega t + \varphi_{u1}) \Rightarrow$ $i_1(t) = \hat{i}_1 \cdot \sin(\omega t + \varphi_{i1})$ (frequenzgleiche harmonische Größen!)	(1) komplexe Zeitfunktionen $\underline{u}_1 = \hat{u}_1 \cdot e^{j(\omega t + \varphi_{u1})} = \hat{u}_1 \cdot e^{j\varphi_{u1}} \cdot e^{j\omega t}$ ⇓ $\underline{i}_1 = \hat{i}_1 \cdot e^{j(\omega t + \varphi_{i1})} = \underbrace{\hat{i}_1 \cdot e^{j\varphi_{i1}}}_{\text{komplexe Amplituden } \underline{u}_1,\, \underline{i}_1,\, \underline{V}_1} \cdot \underbrace{e^{j\omega t}}_{\text{Zeit- bzw. Drehfaktor } \underline{V}_2}$ $\underline{V}_1$ = zeitunabhängig $\quad \underline{V}_2$ = zeitabhängig
	(2) Ausführung der Berechnung mit Hilfe des Ohm'schen Gesetzes und der Kirchhoff'schen Regeln in der komplexen Ebene z.B. • mit komplexen Amplituden $\underline{\hat{u}}_1$ oder $\underline{\hat{i}}_1$ bzw. ⇓ • mit komplexen Effektivwerten $\underline{U}_1 = \underline{\hat{u}}_1 / \sqrt{2}$ oder $\underline{I}_1 = \underline{\hat{i}}_1 / \sqrt{2}$
	(3) Ergebnis der Berechnungen sind die Werte für ⇓ $\underline{\hat{u}}_2$ oder $\underline{\hat{i}}_2$ bzw. $\underline{U}_2$ oder $\underline{I}_2$
Zur Bestimmung der Zeitfunktion kann der Realanteil {Re} oder der Imaginäranteil {Jm} der komplexen Zeitfunktion ausgewertet werden:	(4) Falls Momentanwerte zu bestimmen sind, ist mit dem Zeitfaktor (Drehfaktor) zu multiplizieren: $\underline{u}_2 = \underline{\hat{u}}_2 \cdot e^{j\omega t} = \hat{u}_2 \cdot e^{j(\omega t + \varphi_{u2})} = \sqrt{2} \cdot U_2 \cdot e^{j(\omega t + \varphi_{u2})}$ ⇓ $\underline{i}_2 = \underline{\hat{i}}_2 \cdot e^{j\omega t} = \hat{i}_2 \cdot e^{j(\omega t + \varphi_{i2})} = \sqrt{2} \cdot I_2 \cdot e^{j(\omega t + \varphi_{i2})}$
z.B.: Jm{$\underline{u}_2$}= ⇐ $u_2(t) = \hat{u}_2 \cdot \sin(\omega t + \varphi_{u2})$ bzw. z.B.: Re{$\underline{i}_2$}= $i_2(t) = \hat{i}_2 \cdot \cos(\omega t + \varphi_{i2})$	(5) Zur Rücktransformation: Überführung der Ergebnisse in die trigonometrische Form: $\underline{u}_2 = \hat{u}_2 \cdot [\cos(\omega t + \varphi_{u2}) + j \sin(\omega t + \varphi_{u2})]$ $\underline{i}_2 = \hat{i}_2 \cdot [\cos(\omega t + \varphi_{i2}) + j \sin(\omega t + \varphi_{i2})]$

Kommt es nur auf die **Berechnung von Effektivwerten** an, kann man den mit ω rotierenden Zeiger unbeachtet lassen: **Abspaltung von $e^{j\omega t}$; ruhender Zeiger bei $t = 0$. Es müssen dann nur noch die Schritte 2 und 3 ausgeführt werden**, da die Beträge der komplexen Effektivwerte und die Phasenwinkel mit den Werten des Originalbereichs übereinstimmen.

Komplexe Widerstände und Leitwerte

Während die Zeiger für Scheitel- bzw. Effektivwerte von Strömen oder Spannungen rotierende Zeiger symbolisieren, sind Widerstands- und Leitwert-Operatoren stets ruhende Zeiger (ohne Zeitfaktor $e^{j\omega t}$!). Sie können im komplexen Bereich in einem Operatordiagramm eingetragen werden, wobei ihr Realanteil der horizontalen, reellen Achse und ihr Imaginäranteil der vertikalen, imaginären Achse zuzuordnen ist. Komplexe Größen werden mit Unterstrich geschrieben.

Allgemeine Definitionen:
Für lineare Zweipole im eingeschwungenen Zustand definiert man analog zum Gleichstromkreis:

- komplexer Widerstand: Impedanz $\underline{Z} = \frac{\underline{U}}{\underline{I}}$
- komplexer Leitwert: Admittanz $\underline{Y} = \frac{\underline{I}}{\underline{U}} = \frac{1}{\underline{Z}}$

Impedanz $\underline{Z}$ in Exponentialform: $\underline{Z} = \frac{\underline{u}}{\underline{i}} = \frac{\hat{u} \cdot e^{j(\omega t + \varphi_u)}}{\hat{i} \cdot e^{j(\omega t + \varphi_i)}} = \frac{\hat{u} \cdot e^{j\varphi_u} \cdot e^{j\omega t}}{\hat{i} \cdot e^{j\varphi_i} \cdot e^{j\omega t}} = \frac{\hat{u}}{\hat{i}} \cdot e^{j(\varphi_u - \varphi_i)}$

$$\underline{Z} = \frac{\underline{U}}{\underline{I}} = \frac{U}{I} \cdot e^{j(\varphi_u - \varphi_i)} = |\underline{Z}| \cdot e^{j(\varphi_u - \varphi_i)} = Z \cdot e^{j\varphi_Z}$$

Trigonometr. Form: $\underline{Z} = Z \cdot (\cos\varphi_Z + j\sin\varphi_Z)$

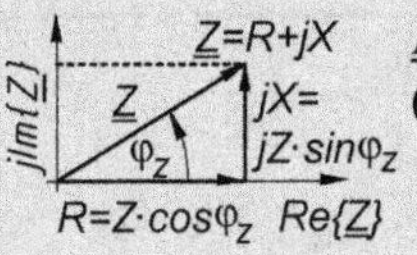

Algebraische Form: $\underline{Z} = R + jX$ mit
(Normalform)

Wirkwiderstand $R = Z \cdot \cos\varphi_Z$

Blindwiderstand $X = Z \cdot \sin\varphi_Z$

Scheinwiderstand $Z = |\underline{Z}| = \sqrt{R^2 + X^2}$

Phasenwinkel $\varphi_Z = \varphi_u - \varphi_i = \arctan\frac{X}{R}$

Admittanz $\underline{Y}$ in Exponentialform: $\underline{Y} = \frac{1}{\underline{Z}} = \frac{\underline{I}}{\underline{U}} = Y \cdot e^{j\varphi_Y}$

Trigonometr.Form: $\underline{Y} = Y \cdot (\cos\varphi_Y + j\sin\varphi_Y)$

Algebraische Form: $\underline{Y} = G + jB = \frac{1}{R + jX}$

oder nach „Imaginärfreimachen" des Nenners:

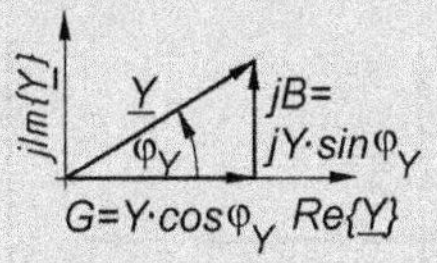

$$\underline{Y} = \frac{R}{R^2 + X^2} - j\frac{X}{R^2 + X^2} = \frac{R}{Z^2} - j\frac{X}{Z^2} \quad \text{mit}$$

Wirkleitwert $G = Y \cdot \cos\varphi_Y = \frac{R}{Z^2}$

Blindleitwert $B = Y \cdot \sin\varphi_Y = -\frac{X}{Z^2}$

Scheinleitwert $Y = |\underline{Y}| = \sqrt{G^2 + B^2}$

Phasenwinkel : Aus $\underline{Y} = \frac{I}{U} \cdot e^{j\varphi_Y} = \frac{I}{U} \cdot e^{-j\varphi_Z} = \frac{I}{U} \cdot e^{-j(\varphi_u - \varphi_i)} \Rightarrow$

$$\varphi_Y = \varphi_i - \varphi_u = \arctan\frac{B}{G} = -\varphi_Z$$

Komplexe Beschreibung der Grundelemente des Wechselstromkreises

Mit der Einführung der komplexen Rechnung kann die Übersicht über die Beschreibungen der Grundelemente des Wechselstromkreises aus Kap. 32 durch die Operatoren ergänzt werden:

Operatoren	Ohmscher Widerstand	Kapazitiver Widerstand	Induktiver Widerstand
	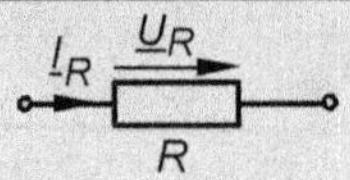	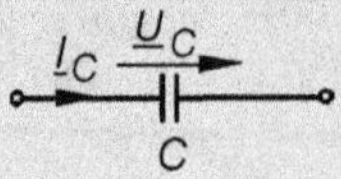	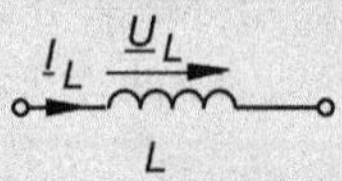
Komplexer Widerstand	$\underline{Z}=\frac{\underline{U}_R}{\underline{I}_R}=R$ bzw. $\underline{Z}=\frac{\hat{u}_R}{\hat{\underline{i}}_R}=\frac{\hat{u}_R}{\hat{i}_R}\cdot e^{j\varphi_Z}=\frac{\hat{u}_R}{\hat{i}_R}$	$\underline{Z}=\frac{\underline{U}_C}{\underline{I}_C}=\frac{1}{j\omega C}=jX_C$ 1) bzw. $\underline{Z}=\frac{\hat{u}_C}{\hat{\underline{i}}_C}=\frac{\hat{u}_C}{\hat{i}_C}\cdot e^{j\varphi_Z}=\frac{\hat{u}_C}{\hat{i}_C}\cdot e^{-j\frac{\pi}{2}}$	$\underline{Z}=\frac{\underline{U}_L}{\underline{I}_L}=j\omega L=jX_L$ 3) bzw. $\underline{Z}=\frac{\hat{u}_L}{\hat{\underline{i}}_L}=\frac{\hat{u}_L}{\hat{i}_L}\cdot e^{j\varphi_Z}=\frac{\hat{u}_L}{\hat{i}_L}\cdot e^{j\frac{\pi}{2}}$
Ohm´sches Gesetz	$\underline{U}_R=R\cdot\underline{I}_R$	$\underline{U}_C=jX_C\cdot\underline{I}_C$ 1) mit $X_C=-\frac{1}{\omega C}$	$\underline{U}_L=jX_L\cdot\underline{I}_L$ 3) mit $X_L=+\omega L$
Phasenwinkel	$\varphi_Z=0°$	$\varphi_Z=-\frac{\pi}{2}$	$\varphi_Z=+\frac{\pi}{2}$
Komplexer Leitwert	$\underline{Y}=\frac{\underline{I}_R}{\underline{U}_R}=G=\frac{1}{R}$	$\underline{Y}=\frac{\underline{I}_C}{\underline{U}_C}=j\omega C=jB_C$ 2)	$\underline{Y}=\frac{\underline{I}_L}{\underline{U}_L}=\frac{1}{j\omega L}=jB_L$ 4)
Ohm´sches Gesetz	$\underline{I}_R=G\cdot\underline{U}_R$	$\underline{I}_C=jB_C\cdot\underline{U}_C$ 2) mit $B_C=+\omega C$	$\underline{I}_L=jB_L\cdot\underline{U}_L$ 4) mit $B_L=-\frac{1}{\omega L}$
Phasenwinkel	$\varphi_Y=0°$	$\varphi_Y=+\frac{\pi}{2}=-\varphi_Z$	$\varphi_Y=-\frac{\pi}{2}=-\varphi_Z$
Zeigerdiagramme Impedanz	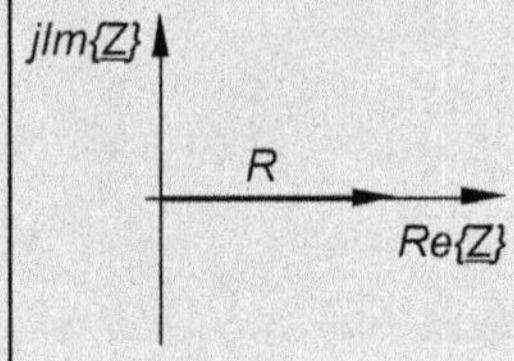	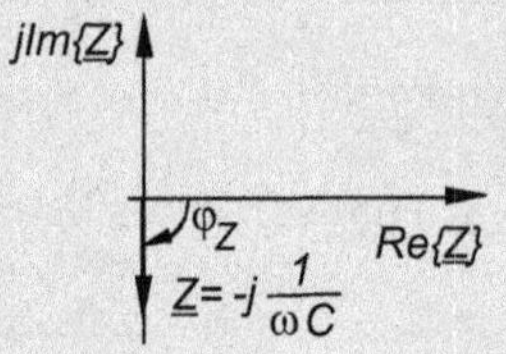	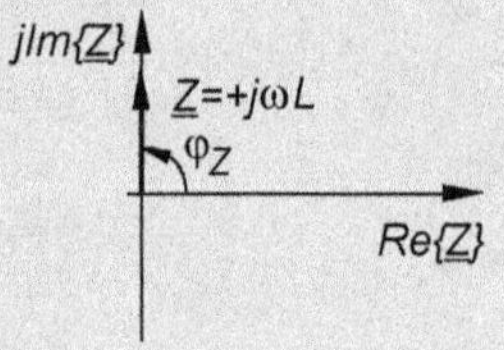
Admittanz	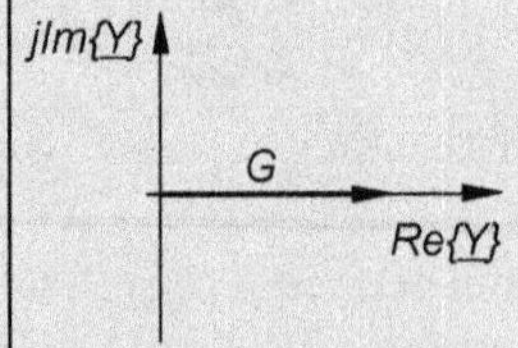	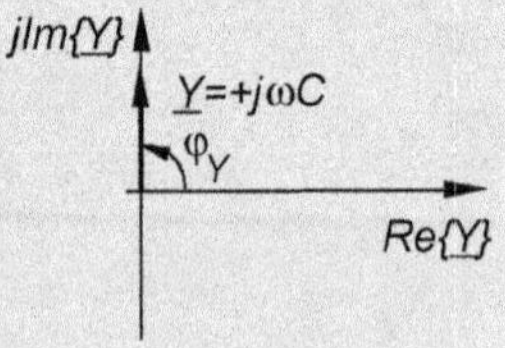	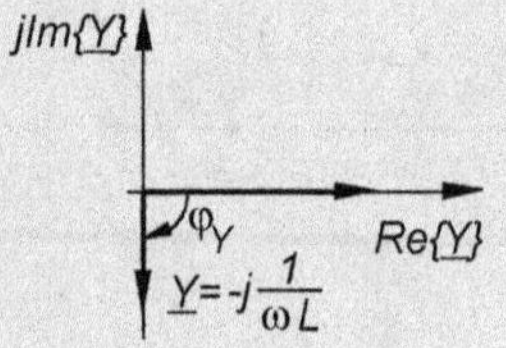
Spannung/Strom	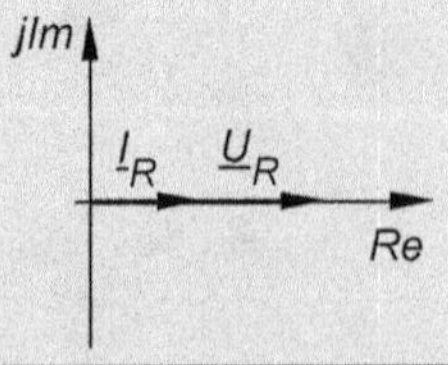	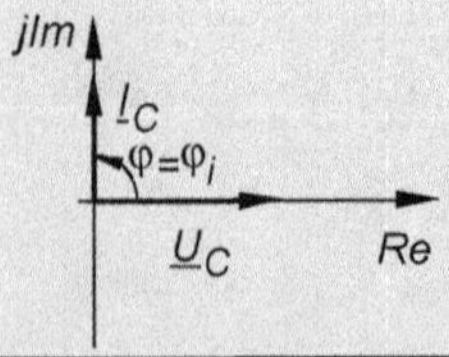	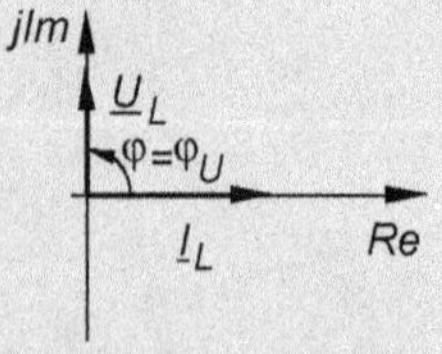

Kirchhoff'sche Gleichungen für komplexe Effektivwerte

Maschenregel: $\sum_{\nu=1}^{n} \underline{U}_\nu = 0$

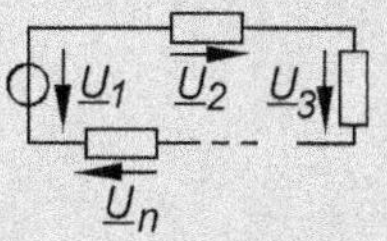

Knotenregel: $\sum_{\nu=1}^{n} \underline{I}_\nu = 0$

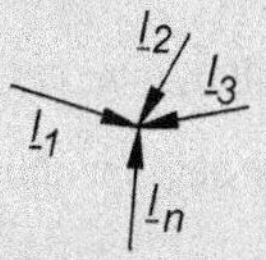

Da die Kirchhoff'schen Gleichungen allgemeingültig sind, lassen sich auch die anderen Regeln des Gleichstromkreises weitestgehend auf den linearen Wechselstromkreis übertragen.

Reihen- und Parallelschaltung von Wechselstromwiderständen

Reihenschaltung

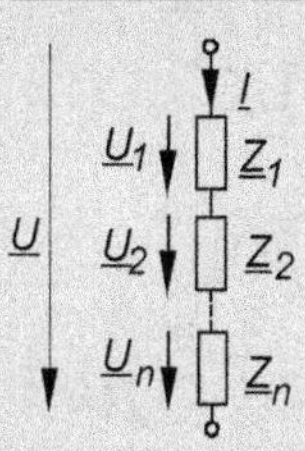

$$\underline{U} = \underline{U}_1 + \underline{U}_2 + \ldots + \underline{U}_n$$

$$\underline{Z} = \frac{\underline{U}}{\underline{I}} = \underline{Z}_1 + \underline{Z}_2 + \ldots + \underline{Z}_n$$

oder

$$\underline{Z} = \sum_{\nu=1}^{n} R_\nu + \mathrm{j} \sum_{\nu=1}^{n} X_\nu$$

Parallelschaltung

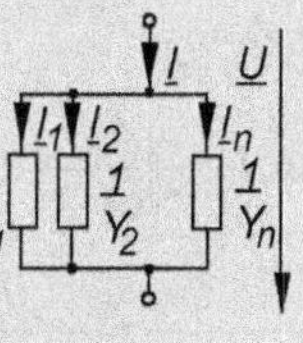

$$\underline{I} = \underline{I}_1 + \underline{I}_2 + \ldots + \underline{I}_n$$

$$\underline{Y} = \frac{\underline{I}}{\underline{U}} = \underline{Y}_1 + \underline{Y}_2 + \ldots + \underline{Y}_n$$

oder

$$\underline{Y} = \sum_{\nu=1}^{n} G_\nu + \mathrm{j} \sum_{\nu=1}^{n} B_\nu$$

Zweckmäßigerweise wählt man im $\underline{I}$-$\underline{U}$-Zeigerdiagramm die allen Elementen gemeinsame Größe

Reihenschaltung	Parallelschaltung
Strom $\underline{I}$	Spannung $\underline{U}$

als Bezugszeiger, sodass mit dem Nullphasenwinkel

$\varphi_\mathrm{i} = 0°$ der Stromzeiger	$\varphi_\mathrm{u} = 0°$ der Spannungszeiger

in der reellen Achse liegt und der Nullphasenwinkel

φ_u der Spannung	φ_i des Stromes

dem Phasenwinkel

φ_z im $\underline{Z}$-Operatordiagramm	φ_y im $\underline{Y}$-Operatordiagramm

entspricht.

RLC-Reihenschaltung

$$\underline{Z} = R + \mathrm{j}\left(\omega L - \frac{1}{\omega C}\right) = R + \mathrm{j}X = Z\mathrm{e}^{\mathrm{j}\varphi_\mathrm{Z}}$$

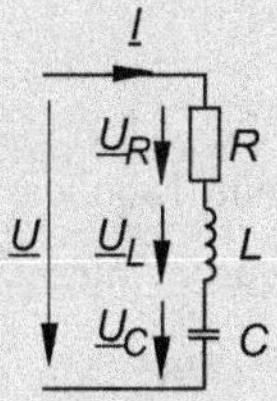

$$Z = \sqrt{R^2 + X^2} = \sqrt{R^2 + \left(\omega L - \frac{1}{\omega C}\right)^2}$$

$$\varphi_\mathrm{z} = \arctan\frac{\mathrm{Im}\{\underline{Z}\}}{\mathrm{Re}\{\underline{Z}\}} = \arctan\frac{\omega L - \frac{1}{\omega C}}{R}$$

$$\underline{U} = I \cdot \sqrt{R^2 + \left(\omega L - \frac{1}{\omega C}\right)^2} \cdot \mathrm{e}^{\mathrm{j}\varphi_\mathrm{z}}$$

$\underline{U}$-$\underline{I}$-Diagramm

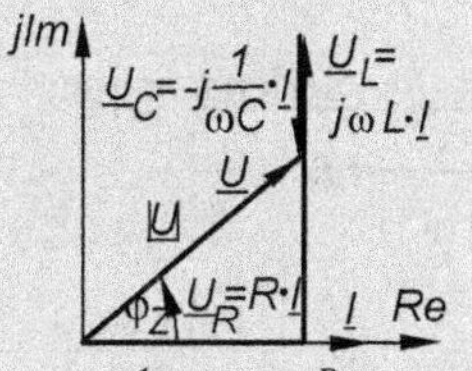

$\underline{Z}$-Operatordiagramm

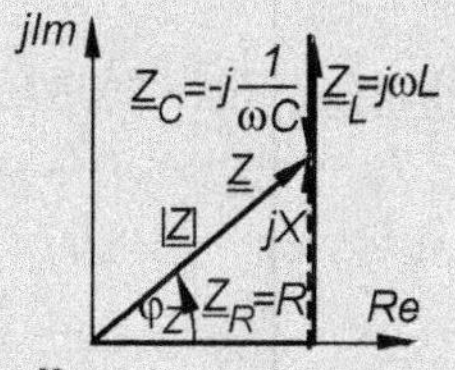

$$\underline{Y} = \frac{1}{R + \mathrm{j}X} = \frac{R}{R^2 + X^2} - \mathrm{j}\frac{X}{R^2 + X^2} = Y \cdot \mathrm{e}^{\mathrm{j}\varphi_\mathrm{y}}, \ \varphi_\mathrm{y} = -\varphi_\mathrm{z}$$

RLC-Parallelschaltung

$$\underline{Y} = \frac{1}{R} + \mathrm{j}\left(\omega C - \frac{1}{\omega L}\right) = G + \mathrm{j}B = Y\mathrm{e}^{\mathrm{j}\varphi_\mathrm{Y}}$$

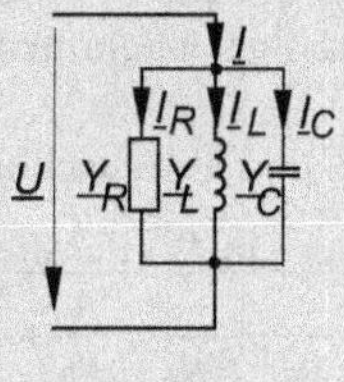

$$Y = \sqrt{G^2 + B^2} = \sqrt{G^2 + \left(\omega C - \frac{1}{\omega L}\right)^2}$$

$$\varphi_\mathrm{y} = \arctan\frac{\mathrm{Im}\{\underline{Y}\}}{\mathrm{Re}\{\underline{Y}\}} = \arctan\frac{\omega C - \frac{1}{\omega L}}{G}$$

$$\underline{I} = U \cdot \sqrt{G^2 + \left(\omega C - \frac{1}{\omega L}\right)^2} \cdot \mathrm{e}^{\mathrm{j}\varphi_\mathrm{y}}$$

$\underline{U}$-$\underline{I}$-Diagramm

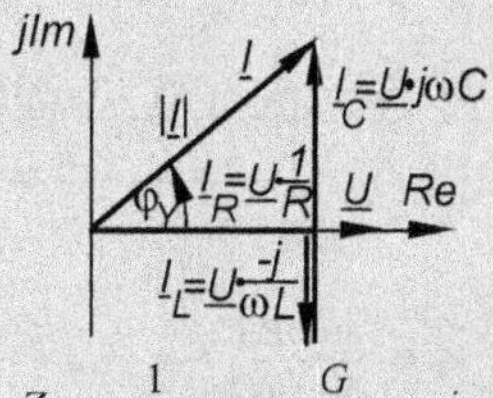

$\underline{Y}$-Operatordiagramm

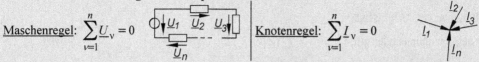

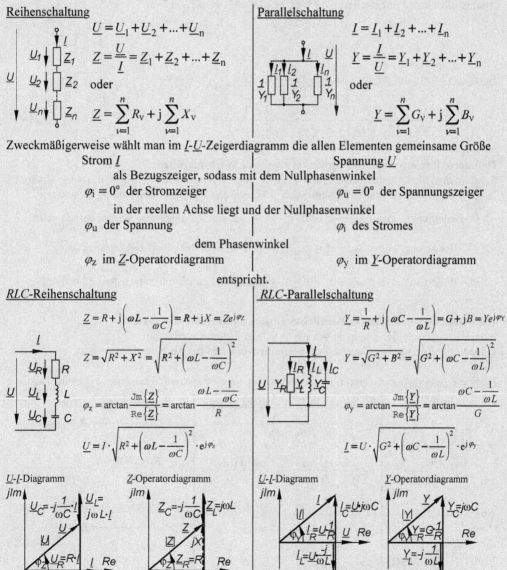

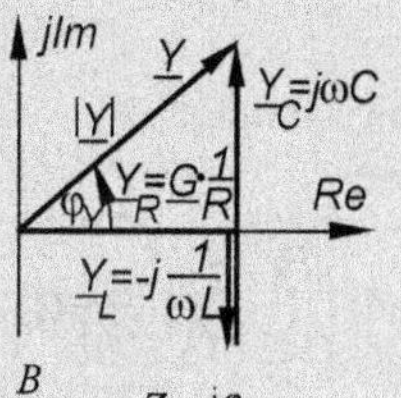

$$\underline{Z} = \frac{1}{G + \mathrm{j}B} = \frac{G}{G^2 + B^2} - \mathrm{j}\frac{B}{G^2 + B^2} = Z \cdot \mathrm{e}^{\mathrm{j}\varphi_\mathrm{z}}, \ \varphi_\mathrm{z} = -\varphi_\mathrm{y}$$

Regeln zur Berechnung einfacher Zusammenschaltungen von Grundelementen

Spannungs- und Stromteiler

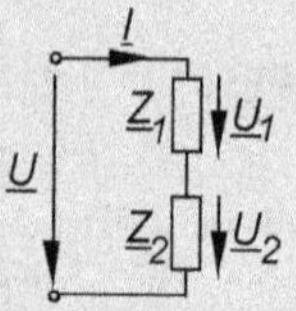

Für den Spannungsteiler gilt: $\underline{U} = \underline{I} \cdot \left(\underline{Z}_1 + \underline{Z}_2\right)$, $\underline{I} = \dfrac{\underline{U}_2}{\underline{Z}_2}$

$$\frac{\underline{U}_2}{\underline{U}} = \frac{\underline{Z}_2}{\underline{Z}_1 + \underline{Z}_2} = \frac{\underline{Y}_1}{\underline{Y}_1 + \underline{Y}_2}$$

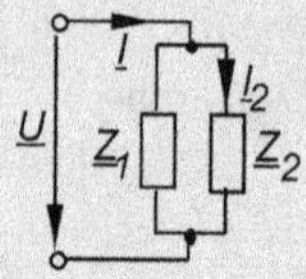

Analog gilt für den Stromteiler: $\underline{I} = \underline{U} \cdot (\underline{Y}_1 + \underline{Y}_2)$, $\underline{I}_2 = \underline{Y}_2 \cdot \underline{U}$

$$\frac{\underline{I}_2}{\underline{I}} = \frac{\underline{Y}_2}{\underline{Y}_1 + \underline{Y}_2} = \frac{\underline{Z}_1}{\underline{Z}_1 + \underline{Z}_2}$$

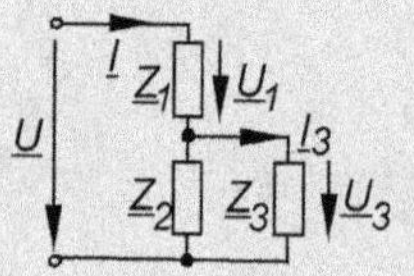

Belasteter Spannungsteiler: $\underline{I}_3 = \underline{I} \cdot \dfrac{\underline{Z}_2}{\underline{Z}_2 + \underline{Z}_3}$, $\underline{U} = \underline{I} \cdot \left(\underline{Z}_1 + \dfrac{\underline{Z}_2 \cdot \underline{Z}_3}{\underline{Z}_2 + \underline{Z}_3}\right)$

$$\frac{\underline{I}_3}{\underline{U}} = \frac{\underline{Z}_2}{\underline{Z}_1 \cdot (\underline{Z}_2 + \underline{Z}_3) + \underline{Z}_2 \underline{Z}_3} = \frac{\underline{Y}_1 \cdot \underline{Y}_3}{\underline{Y}_1 + \underline{Y}_2 + \underline{Y}_3}$$

Definierte Phasenverschiebungswinkel zwischen Wechselgrößen:
Schreibt man die komplexe Größe, z.B. $\underline{Z}$, in der trigonometrischen Form $\underline{Z} = Z \cdot (\cos\varphi + \mathrm{j}\sin\varphi)$, lassen sich einfach definierte Phasenwinkel, z.B. zwischen Strom und Spannung, auswerten:

0°-Bedingung: $(\varphi = \varphi_\mathrm{u} - \varphi_\mathrm{i} = 0)$ ⇒ Imaginäranteil gleich null setzen: $\mathrm{Jm}\{\underline{Z}\} = 0$

45°-Bedingung: $(\varphi = \varphi_\mathrm{u} - \varphi_\mathrm{i} = \pm\frac{\pi}{4})$ ⇒ Imaginär- u. Realanteil gleichsetzen: $\mathrm{Jm}\{\underline{Z}\} = \mathrm{Re}\{\underline{Z}\}$

90°-Bedingung: $(\varphi = \varphi_\mathrm{u} - \varphi_\mathrm{i} = \pm\frac{\pi}{2})$ ⇒ Realanteil gleich null setzen: $\mathrm{Re}\{\underline{Z}\} = 0$

Umwandlung von Serien- in Parallelschaltung, äquivalente Zweipole
Äquivalente Zweipole: Zweipole mit gleichartigen Klemmenverhalten
Unbedingte Äquivalenz: Gleichartiges Klemmenverhalten bei beliebigen Frequenzen ω

Bedingte Äquivalenz: Zweipole sind austauschbar für eine spezielle Frequenz ω gemäß Tabelle:

Umrechnung:

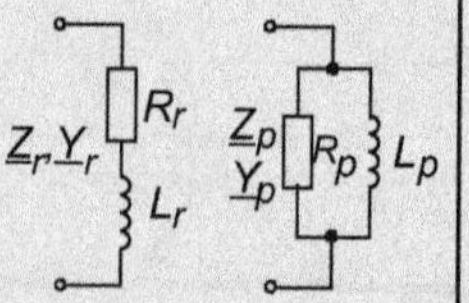

RL-Serien- in RL-Parallelschaltung

$$\underline{Y}_\mathrm{S} = \underline{Y}_\mathrm{P}: \frac{1}{R_\mathrm{S} + \mathrm{j}\,\omega L_\mathrm{S}} = \frac{1}{R_\mathrm{P}} + \frac{1}{\mathrm{j}\,\omega L_\mathrm{P}} \Rightarrow$$

$$R_\mathrm{P} = \frac{R_\mathrm{S}^2 + (\omega L_\mathrm{S})^2}{R_\mathrm{S}}, \quad L_\mathrm{P} = \frac{R_\mathrm{S}^2 + (\omega L_\mathrm{S})^2}{\omega^2 L_\mathrm{S}}$$

RL-Parallel- in RL-Serienschaltung

$$\underline{Z}_\mathrm{P} = \underline{Z}_\mathrm{S}: \frac{1}{\frac{1}{R_\mathrm{P}} + \frac{1}{\mathrm{j}\,\omega L_\mathrm{P}}} = R_\mathrm{S} + \mathrm{j}\,\omega L_\mathrm{S} \Rightarrow$$

$$R_\mathrm{S} = \frac{R_\mathrm{P} \cdot (\omega L_\mathrm{P})^2}{R_\mathrm{P}^2 + (\omega L_\mathrm{P})^2}, \quad L_\mathrm{S} = \frac{R_\mathrm{P}^2 \cdot L_\mathrm{P}}{R_\mathrm{P}^2 + (\omega L_\mathrm{P})^2}$$

Umrechnung:

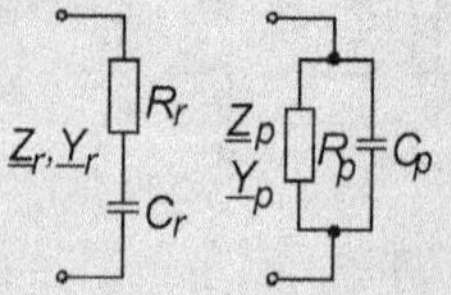

RC-Serien- in RC-Parallelschaltung

$$\underline{Y}_\mathrm{S} = \underline{Y}_\mathrm{P}: \frac{1}{R_\mathrm{S} - \mathrm{j}\frac{1}{\omega C_\mathrm{S}}} = \frac{1}{R_\mathrm{P}} + \mathrm{j}\omega C_\mathrm{P} \Rightarrow$$

$$R_\mathrm{P} = \frac{1 + (\omega R_\mathrm{S} C_\mathrm{S})^2}{R_\mathrm{S} \cdot (\omega C_\mathrm{S})^2}, \quad C_\mathrm{P} = \frac{C_\mathrm{S}}{1 + (\omega R_\mathrm{S} C_\mathrm{S})^2}$$

RC-Parallel- in RC-Serienschaltung

$$\underline{Z}_\mathrm{P} = \underline{Z}_\mathrm{S}: \frac{1}{\frac{1}{R_\mathrm{P}} + \mathrm{j}\,\omega C_\mathrm{P}} = R_\mathrm{S} - \mathrm{j}\frac{1}{\omega C_\mathrm{S}} \Rightarrow$$

$$R_\mathrm{S} = \frac{R_\mathrm{P}}{1 + (\omega R_\mathrm{P} C_\mathrm{P})^2}, \quad C_\mathrm{S} = C_\mathrm{P}\frac{1 + (\omega R_\mathrm{P} C_\mathrm{P})^2}{(\omega R_\mathrm{P} C_\mathrm{P})^2}$$

Lösungsschema zur quantitativen Betrachtung von Wechselstromschaltungen im eingeschwungenen Zustand mit komplexen Größen

Schaltungen mit linearen, idealisierten Bauelementen und Quellen für sinusförmige Anregung

analytische Lösung ↓

Transformation der Schaltung: Einführung von
- komplexen Effektivwerten
- komplexen Operatoren

Praktisch: Schaltung im Bildbereich um-/neuzeichnen. Hierbei sind zu ersetzen:

Originalbereich	U	I	R	C	L
Bildbereich	$\underline{U} = U \cdot e^{j\varphi_u}$	$\underline{I} = I \cdot e^{j\varphi_i}$	R	jX_C s.S.150	$+jX_L$
Quellen: Originalbereich	s. Kap. 34 U_0		s. Kap. 34 I_0		
Bildbereich	$\underline{U}_0 = U_0 \cdot e^{j\varphi_{u0}}$		$\underline{I}_0 = I_0 \cdot e^{j\varphi_{i0}}$		

Anwendung der Maschen- und Knotengleichungen, Ohm'sches Gesetz:
Algebraische Gleichungen für komplexe Effektivwerte
Lösungen der Gleichungen im Bildbereich entspricht:

↓

grafische Lösung ↓

Maßstäbliches Zeigerbild für
- komplexe Effektivwerte
- komplexe Operatoren

Gesuchte Größe ergibt sich aus der Konstruktion des Zeigerbildes. Maßstäbliche Umrechnung liefert:

↓

Lösung im Zeitbereich

Strategien zur Erstellung von Zeigerdiagrammen

Zur Untersuchung einer Schaltung verschafft man sich zweckmäßigerweise einen Überblick mit einem Zeigerdiagramm, das im ersten Schritt auch unmaßstäblich sein kann.
Während *U*-*I*-Diagramme meist in einer Darstellung vereint sind, werden Operatordiagramme getrennt davon aufgestellt.
Bei der Zusammenschaltung von zwei Grundelementen sind bei einer Reihenschaltung das Spannungs- und Widerstandsdreieck, bei einer Parallelschaltung das Strom- und das Leitwertdreieck geometrisch ähnliche Dreiecke.

<u>Reihenschaltung</u>: *I*-Zeiger in horizontaler Achse, *U*-Zeiger gemäß den Phasenbeziehungen an den Bauelementen in geometrischer Addition hinzufügen.

<u>Parallelschaltung</u>: *U*-Zeiger in horizontaler Achse, *I*-Zeiger gemäß den Phasenbeziehungen an den Bauelementen in geometrischer Addition hinzufügen.

<u>Gemischte Schaltung</u>: Von einer **inneren** Teilschaltung ausgehen und die Zeiger gemäß den vorhergehenden Regeln ergänzen.

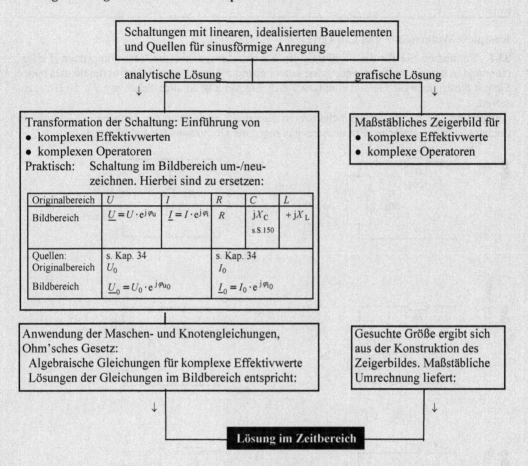

33.1 Aufgaben

Komplexe Widerstände und Leitwerte

33.1: Bestimmen Sie für die nachfolgenden Schaltungen jeweils die Gesamtimpedanz $\underline{Z}$ allgemein und in der Normalform. Setzen Sie anschließend die gegebenen Zahlenwerte ein und bilden Sie mit diesen dann die Gesamtadmittanz $\underline{Y}$. Als Frequenz ist in allen Schaltung $f = 50$ Hz anzusetzen.

Anmerkung: Die nachfolgenden Schaltungen dienen u.a. auch dazu, den Umgang mit komplexen Zahlen an einigen einfachen Zusammenschaltungen der Grundelemente zu trainieren.

❶❷ a)

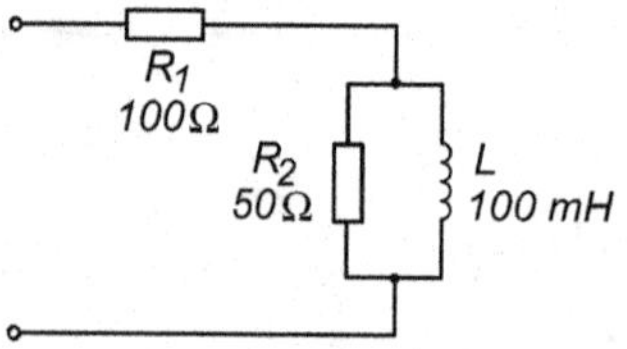

b)

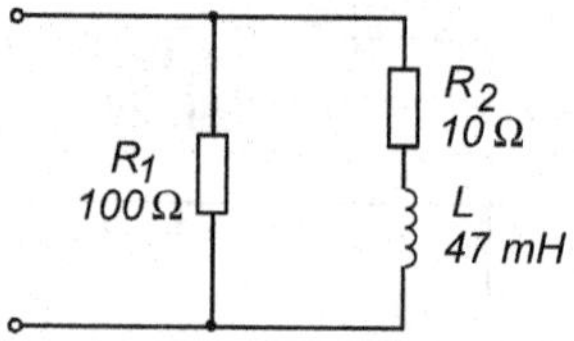

❶❷ c)

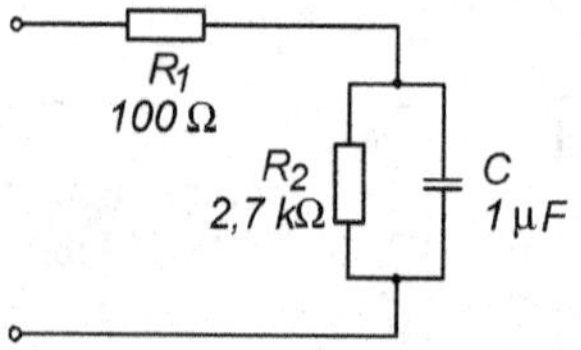

d)

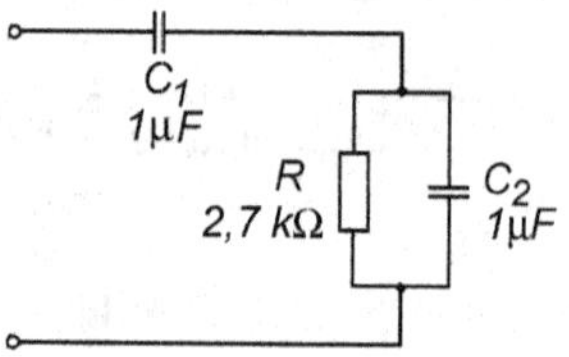

❷❸ e)

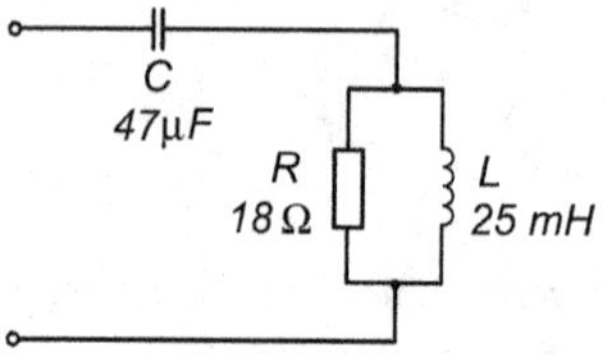

f)

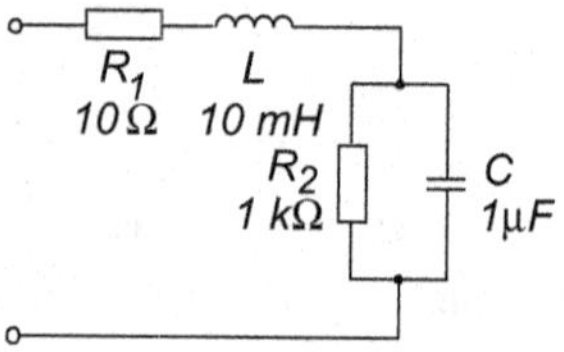

❷❸ g)

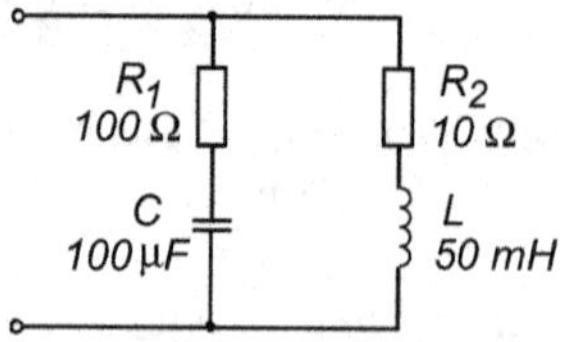

h)

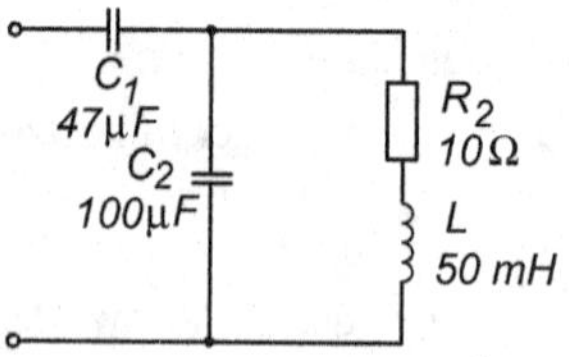

❷ **33.2:** Eine unbekannte, vergossene Impedanz $\underline{Z}_x$ ist an eine Wechselspannungsquelle angeschlossenen (s. Skizze).
Mit einem Oszilloskop wurde die Impedanz $\underline{Z}_x$ untersucht und das dargestellte Schirmbild aufgenommen.

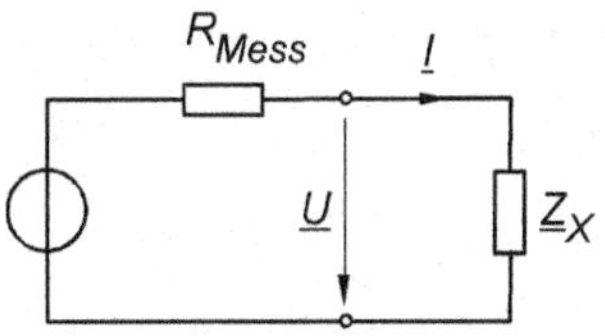

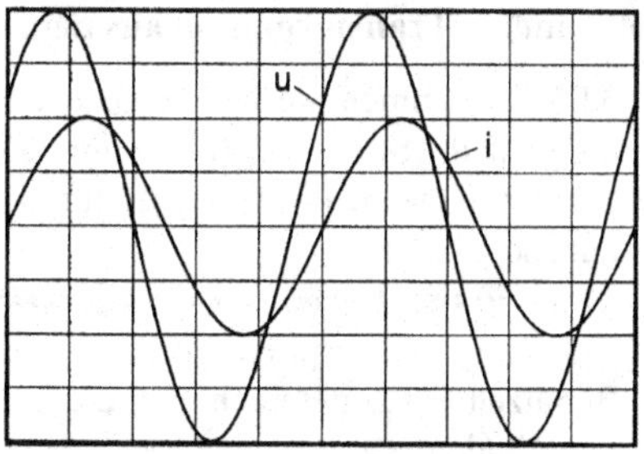

x-Ablenkung t: 4 ms/div
y-Ablenkung U: 5 V/div
I: 20 mA/div

Geben Sie für die unbekannte Impedanz $\underline{Z}_x$ eine Ersatzschaltung aus höchstens zwei Grundelementen (R, L oder C) an, wenn man voraussetzt, dass diese

a) in Serie bzw.

b) parallel

geschaltet sind.

❷ **33.3:**

a) Für die gegebene Schaltung ist der Gesamtwiderstand $\underline{Z}_{ab}$ anzugeben, wenn
$R_1 = 100\ \Omega$, $R_2 = 250\ \Omega$,
$\omega C_1 = 0{,}02$ S, $\omega C_2 = 0{,}025$ S und
$2\omega L_1 = \omega L_2 = 100\ \Omega$ sind.

b) Definieren Sie eine Ersatzschaltung, die aus höchstens zwei Grundelementen (R, L oder C) besteht.

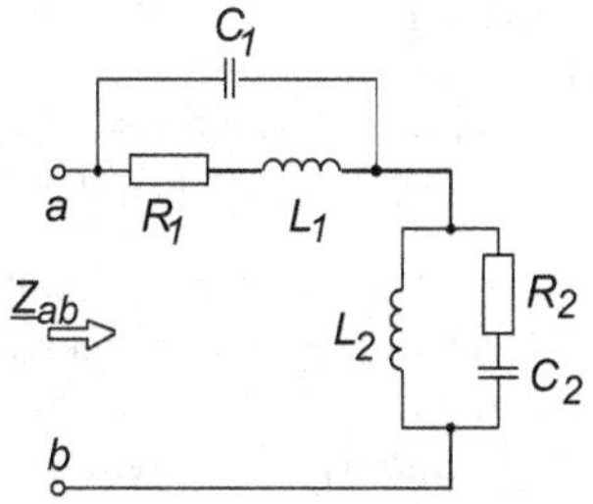

Äquivalente Schaltungen

❶❷ **33.4:** Die beiden gezeigten Parallelschaltungen sollen jeweils in äquivalente Serienschaltungen umgerechnet werden.

a) Leiten Sie die Umrechnungsgleichungen für die Bauelementwerte her.

b) Ermitteln Sie die Werte für die äquivalenten Reihenschaltungen bei der Frequenz 440 Hz.

c) Wie ändern sich die Werte der Serienschaltungen, wenn die Frequenz auf 10 Hz, 50 Hz bzw. 1 kHz verändert wird?

d) Skizzieren Sie die Frequenzabhängigkeit der Wirk- und Blindelemente der Serien-Ersatzschaltungen in einem Diagramm.

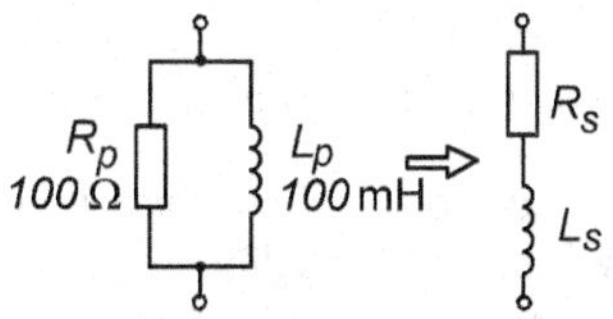

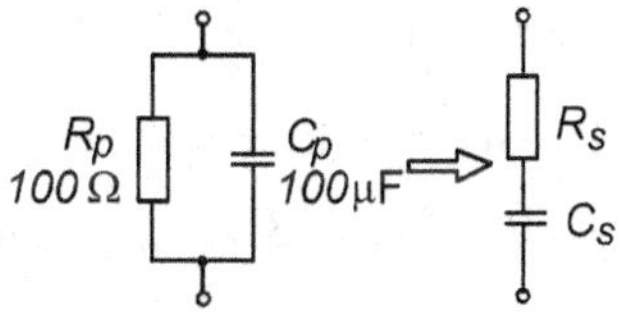

Vollständige Transformation aus dem Original- in den Bildbereich und zurück

❷ **33.5:** Bestimmen Sie für die gegebene Schaltung den Strom $i_C(t)$ zum Zeitpunkt $t_1 = 8$ ms nach $t = 0$, wenn für die Spannungsquelle gilt:
$u(t) = \hat{u} \cdot \sin(\omega t + \varphi_u)$, $\hat{u} = 5$ V, $\varphi_u = -30°$,
$\omega = 2\pi \cdot f = 2\pi \cdot 50$ Hz
Benutzen Sie zur Berechnung die komplexen Amplituden.

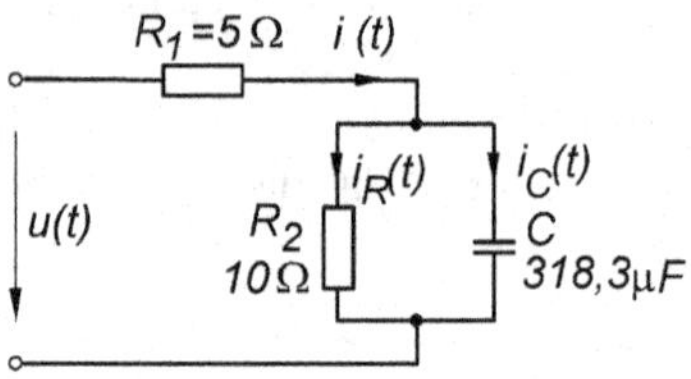

Schaltungsberechnungen

❶❷ **33.6:** In der rechts dargestellten Schaltung sei die Spannung $u(t) = \sqrt{2} \cdot U \cdot \sin \omega t$ mit

$$U = 5 \text{ V}, \ \omega L = \frac{1}{\omega C} = R_1 = R_2 = 10\ \Omega.$$

a) Zeichnen Sie das qualitative Zeigerdiagramm mit den Effektivwerten der Ströme. (Beginnen Sie mit $\underline{I}_2$ horizontal nach rechts)

b) Legen Sie ein maßstäbliches Zeigerdiagramm an und bestimmen Sie hieraus die Ströme $\underline{I}_2$ und $\underline{I}$ sowie die Spannungen $\underline{U}_{R_2}$ und $\underline{U}_C$.

c) Überprüfen Sie anschließend Ihre Rechnung in der Gauß´schen Zahlenebene.

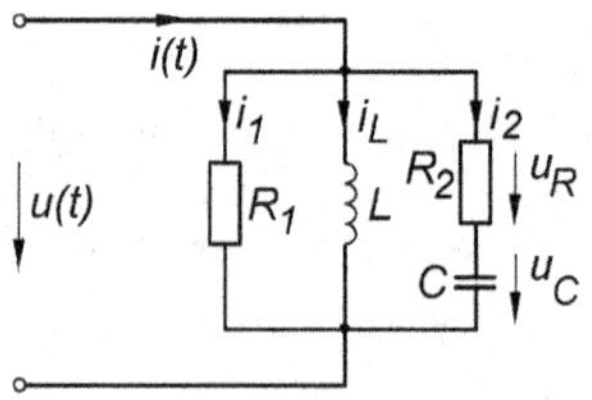

❶❷ **33.7:** Für die skizzierte Schaltung sei $\underline{U}$ (f = 50 Hz), R_1, R_2 und L bekannt.

a) Bestimmen Sie allgemein die Ströme $\underline{I}$, $\underline{I}_R$ und $\underline{I}_L$ nach Betrag und Phasenlage.

b) Welche Werte ergeben sich für die Ströme, wenn $R_1 = 10\ \Omega$, $R_2 = 100\ \Omega$, $L = 0{,}4$ H und $\underline{U} = 220\ \text{V} \cdot e^{j0}$ sind. Zeichnen Sie weiterhin das Zeigerdiagramm für die Ströme.

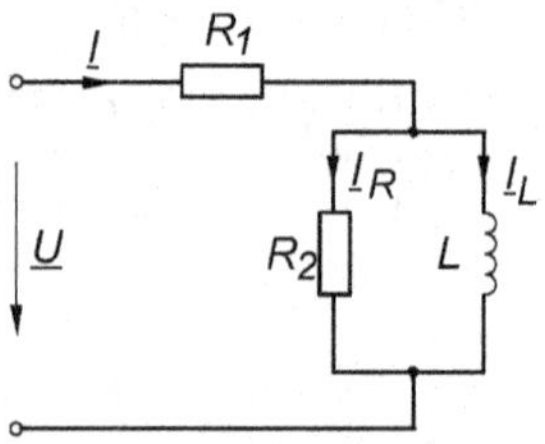

❷ **33.8:** In welcher Schalterstellung des Schalters S brennt die Glühlampe L bei Lampenwiderstand $R_L = R$ am hellsten?

a) Berechnen Sie dazu den Quotienten $\dfrac{\underline{I}_R}{\underline{U}}$ in den drei Schalterstellungen.

b) Welcher Wert $\dfrac{\underline{I}_R}{\underline{U}}$ ergibt sich für $\omega L = \dfrac{1}{\omega C}$?

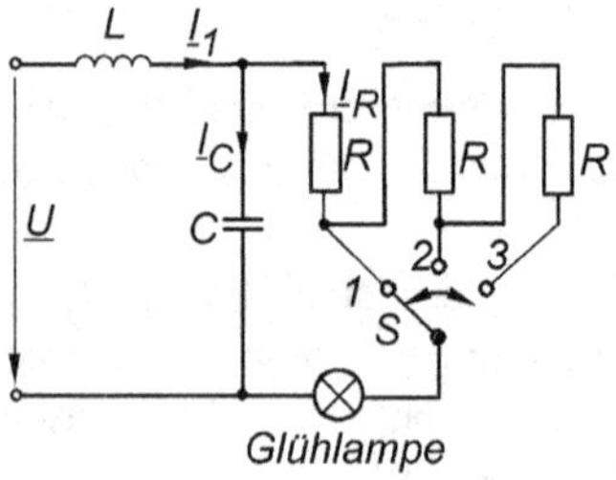

❷ **33.9:** Der Tastkopf eines Oszilloskops besteht aus dem Festwiderstand R_1 und dem Trimmkondensator C_1 und hat die Aufgabe, die Eingangsspannung U_1 auf die Ausgangsspannung U_2 im Verhältnis 10:1 zu reduzieren. Der Tastkopf ist über ein Koaxialkabel mit der Kabelkapazität C_2 = 100 pF an den Oszilloskopeingang (Ersatzbild: $R_0 \| C_0$) angeschlossen.
Bestimmen Sie die Werte von R_1 und C_1 so, dass das Spannungsverhältnis unabhängig von der Frequenz f und konstant ist und keine Phasenverschiebung zwischen U_1 und U_2 auftritt.

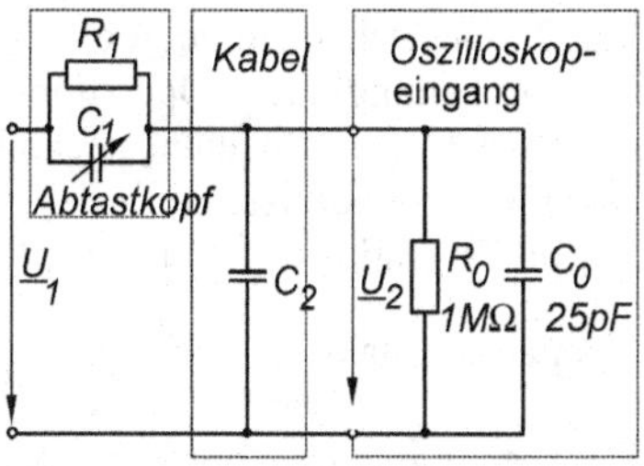

❷ **33.10:** Wechselstromparadoxon

a) In den beiden nebenstehenden Schaltungen ist jeweils der Widerstand R_2 so auszulegen, dass die Beträge der Ströme $\underline{I}_1$ bzw. $\underline{I}_2$ vor und nach dem Schließen der Schalter S gleich sind.

b) Wie groß sind in den beiden Fällen die Phasenwinkel $\varphi = \varphi_u - \varphi_i$?

c) Ermitteln Sie die Phasenwinkel unter der Voraussetzung, dass

$$2R_1 = |j\omega L| = \left|\frac{1}{j\omega C}\right| = 2R$$

sind.

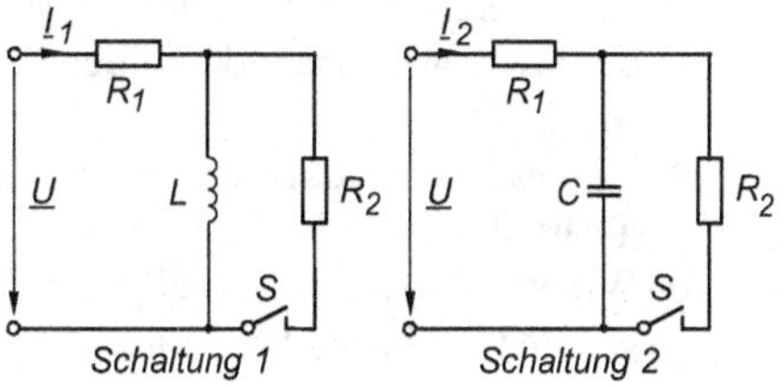

❷ **33.11:** Leiten Sie für den nebenstehenden Spannungsteiler das

Verhältnis $\frac{\underline{U}_3}{\underline{I}}$

aus den Impedanzen $\underline{Z}_1$ bzw. $\underline{Z}_3$ den Admittanzen $\underline{Y}_1$ bis $\underline{Y}_3$ her, und zwar

a) allgemein und

b) für die Zahlenwerte
$\underline{Z}_1 = j\omega L$, $L = 0{,}1$ H, $\underline{Z}_2 = R_2 = 27\ \Omega$,

$\underline{Z}_3 = -j\frac{1}{\omega C}$, $C = 220\ \mu$F, $f = 50$ Hz

in der Normal- und Exponentialform einer komplexen Größe.

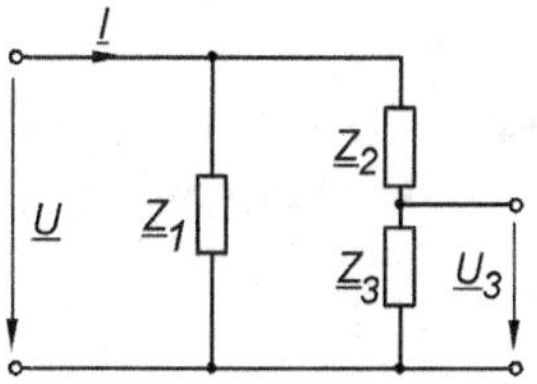

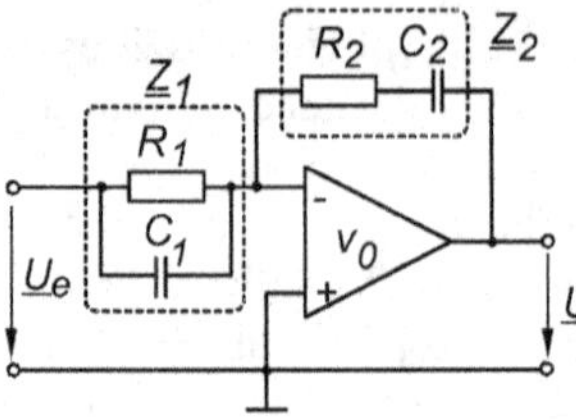

❷❸ **33.12:** Die Schaltung zeigt eine vereinfachte Grundschaltung des Operationsverstärkers, die man in der Regelungstechnik auch als „PID-Regler“ bezeichnet.
Für die Operationsverstärkerschaltung gilt:

Verstärkungsfaktor: $v = \dfrac{\underline{U}_{\mathrm{a}}}{\underline{U}_{\mathrm{e}}} = -\dfrac{\underline{Z}_2}{\underline{Z}_1}$

Das Minuszeichen rührt von dem invertierenden Eingang des idealisierten Operationsverstärkers her, dessen Leerlaufverstärkung $v_0 \to \infty$ ist.

a) Leiten Sie die Gleichung her für die Übertragungsfunktion $v = \dfrac{\underline{U}_{\mathrm{a}}}{\underline{U}_{\mathrm{e}}}$.

b) Diskutieren Sie die Gleichung bezüglich der Frequenzabhängigkeit ihres Real- und Imaginärteils.

c) Gibt es eine Frequenz ω, bei der der Imaginärteil verschwindet?

d) Wie verhält sich die Schaltung bei niedrigen und bei hohen Frequenzen?

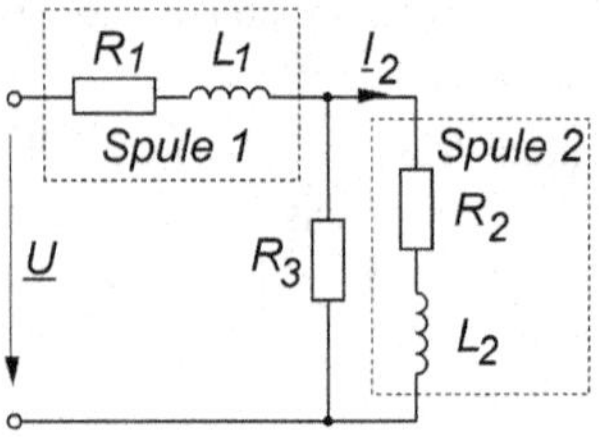

❸ **33.13:** Weisen Sie nach, dass man mit zwei realen Spulen und einem ohmschen Widerstand eine ideale Induktivität simulieren kann.
Kennzeichen: Die Spannung $\underline{U}$ eilt gegenüber dem Strom $\underline{I}_2$ genau um 90° voraus.
Wie groß muss hierbei bei gegebenen Spulen (R_1 und L_1 sowie R_2 und L_2 sind bekannt) der Wert von R_3 sein?

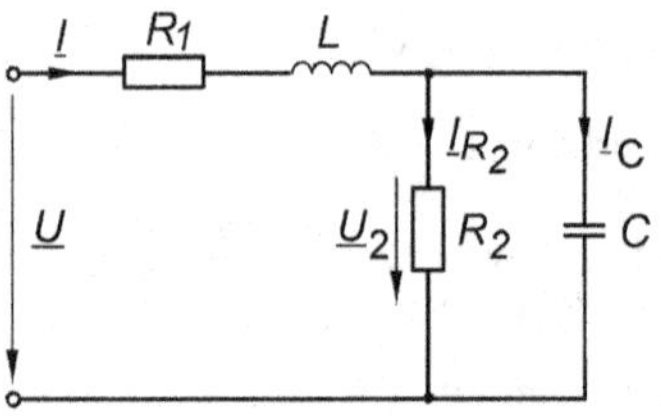

❸ **33.14:** In der abgebildeten Schaltung sind $\underline{U}$ und die Bauelementwerte R_1, R_2, L und C bekannt. Gesucht sind:

a) Strom $\underline{I}_{\mathrm{R}_2}$

b) Frequenz f, bei der der Gesamtwiderstand der Schaltung reell ist.

c) U-I-Zeigerdiagramm

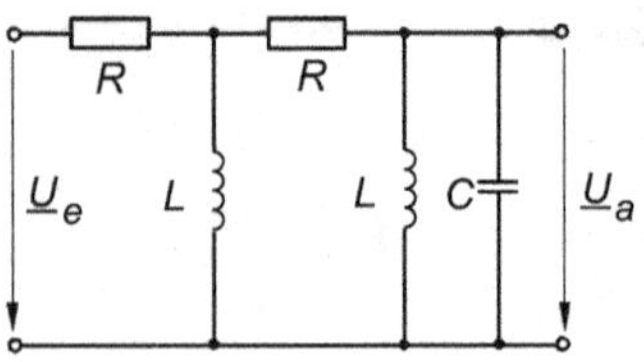

❸ **33.15:** Gegeben ist die skizzierte Schaltung an der Spannung $\underline{U}_{\mathrm{e}}$ mit der Frequenz f.

a) Gesucht ist die Übertragungsfunktion $v = \dfrac{\underline{U}_{\mathrm{a}}}{\underline{U}_{\mathrm{e}}}$ in allgemeiner Form.

b) U_{a} und U_{e} sollen gleichphasig sein. Wie lauten dann die Bedingungen für die Werte von R und L, wenn C vorgegeben ist?

33.2 Lösungen

33.1

a) Allgemein gilt für die vorliegende Reihenschaltung:

$\underline{Z} = \underline{Z}_1 + \underline{Z}_2$ mit $\underline{Z}_1 = R_1$ und $\underline{Z}_2 = R_2 \| \mathrm{j}X_L$

($\|$ bedeutet parallelgeschaltet)

Für die darin enthaltene Parallelschaltung aus R_2 und L sind zunächst die Admittanzen zu addieren:

$$\underline{Y}_2 = \frac{1}{R_2} + \frac{1}{\mathrm{j}\omega L} \Rightarrow \underline{Z}_2 = \frac{1}{\frac{1}{R_2} + \frac{1}{\mathrm{j}\omega L}} = \frac{\mathrm{j}\omega R_2 L}{R_2 + \mathrm{j}\omega L}$$

$$\underline{Z}_2 = \frac{\mathrm{j}\omega R_2 L \cdot (R_2 - \mathrm{j}\omega L)}{R_2^2 + (\omega L)^2} = \frac{R_2 (\omega L)^2 + \mathrm{j}\omega R_2^2 L}{R_2^2 + (\omega L)^2} \qquad (1)$$

Für die Berechnung der Zahlenwerte unter Benutzung eines Taschenrechners, der die Umformung

Normalform $\Leftrightarrow$ Exponentialform

der komplexen Zahlen ermöglicht, setzt man sinnvollerweise nicht in die Endgleichung (1) ein, sondern schon in die Ausgangsgleichungen:

Zahlenwerte:

$R_1 = 100\,\Omega$,

$$\underline{Z}_2 = \frac{1}{\frac{1}{R_2} + \frac{1}{\mathrm{j}\omega L}} = \frac{1}{20\,\mathrm{mS} - \mathrm{j}31{,}83\,\mathrm{mS}} = \frac{1}{37{,}6\,\mathrm{mS} \cdot \mathrm{e}^{-\mathrm{j}(57{,}86°)}}$$

$\underline{Z}_2 = 26{,}6\,\Omega \cdot \mathrm{e}^{+\mathrm{j}(57{,}86°)} = 14{,}15\,\Omega + \mathrm{j}22{,}5\,\Omega$

In der Normalform lassen sich leicht getrennt Real- und Imaginäranteile addieren:

$\underline{Z} = \underline{Z}_1 + \underline{Z}_2 = 100\,\Omega + 14{,}15\,\Omega + \mathrm{j}22{,}5\,\Omega$

$\underline{Z} = 114{,}15\,\Omega + \mathrm{j}22{,}5\,\Omega = 116{,}35\,\Omega \cdot \mathrm{e}^{\mathrm{j}(11{,}1°)}$

$$\underline{Y} = \frac{1}{\underline{Z}} = 8{,}59\,\mathrm{mS} \cdot \mathrm{e}^{-\mathrm{j}(11{,}1°)} = 8{,}43\,\mathrm{mS} - \mathrm{j}1{,}66\,\mathrm{mS}$$

b) Die Gesamtadmittanz der vorliegenden Parallelschaltung aus R_1 sowie R_2 und L ist:

$$\underline{Y} = \underline{Y}_1 + \underline{Y}_2 = \frac{1}{R_1} + \frac{1}{R_2 + \mathrm{j}\omega L} = \frac{1}{R_1} + \frac{R_2 - j\omega L}{R_2^2 + (\omega L)^2}$$

$$\underline{Y} = \frac{R_1 R_2 + R_2^2 + (\omega L)^2 - \mathrm{j}\omega R_1 L}{R_1 \cdot \left[R_2^2 + (\omega L)^2\right]}$$

Umwandlung in die Gesamtimpedanz:

$$\underline{Z} = \frac{1}{\underline{Y}} = \frac{1}{\frac{1}{R_1} + \frac{1}{R_2 + \mathrm{j}\omega L}} = \frac{R_1 \cdot (R_2 + \mathrm{j}\omega L)}{R_1 + R_2 + \mathrm{j}\omega L}$$

$$\underline{Z} = \frac{R_1 \cdot (R_2 + \mathrm{j}\omega L) \cdot (R_1 + R_2 - \mathrm{j}\omega L)}{(R_1 + R_2)^2 + (\omega L)^2}$$

$$\underline{Z} = \frac{R_1 R_2 (R_1 + R_2) + R_1 (\omega L)^2 + \mathrm{j}\omega L \left[R_1 (R_1 + R_2) - R_1 R_2\right]}{(R_1 + R_2)^2 + (\omega L)^2}$$

Zahlenwerte:

$\underline{Z}_1 = R_1 = 100\,\Omega$, $\underline{Y}_1 = 10\,\mathrm{mS}$

$\underline{Z}_2 = R_2 + \mathrm{j}\omega L = 10\,\Omega + \mathrm{j}14{,}76\,\Omega = 17{,}83\,\Omega \cdot \mathrm{e}^{\mathrm{j}(55{,}89°)}$

$\underline{Y}_2 = 56{,}08\,\mathrm{mS} \cdot \mathrm{e}^{-\mathrm{j}(55{,}89°)} = 31{,}4\,\mathrm{mS} - \mathrm{j}46{,}4\,\mathrm{mS}$

$\underline{Y} = \underline{Y}_1 + \underline{Y}_2 = 10\,\mathrm{mS} + 31{,}4\,\mathrm{mS} - \mathrm{j}46{,}4\,\mathrm{mS}$

$\underline{Y} = 62{,}2\,\mathrm{mS} \cdot \mathrm{e}^{-\mathrm{j}(48{,}25°)}$

$$\underline{Z} = \frac{1}{\underline{Y}} = 16{,}07\,\Omega \cdot \mathrm{e}^{\mathrm{j}(48{,}25°)} = 10{,}7\,\Omega + \mathrm{j}11{,}99\,\Omega$$

c) Genau wie bei Aufgabe a) setzt man hier wieder an:

$$\underline{Z} = \underline{Z}_1 + \underline{Z}_2 \text{ mit } \underline{Z}_1 = R_1 \text{ und } \underline{Z}_2 = \frac{1}{\underline{Y}_2} \text{ mit } \underline{Y}_2 = \frac{1}{R_2} + \mathrm{j}\omega C$$

$$\underline{Y}_2 = \frac{1 + \mathrm{j}\omega R_2 C}{R_2} \Rightarrow \underline{Z}_2 = \frac{R_2}{1 + \mathrm{j}\omega R_2 C} = \frac{R_2 - \mathrm{j}\omega R_2^2 C}{1 + (\omega R_2 C)^2}$$

$$\underline{Z} = R_1 + \frac{R_2}{1 + (\omega R_2 C)^2} - \mathrm{j}\frac{\omega R_2^2 C}{1 + (\omega R_2 C)^2}$$

Zahlenwerte:

$\underline{Z}_1 = R_1 = 100\,\Omega$

$$\underline{Y}_2 = \frac{1}{2700\,\Omega} + \mathrm{j}2\pi \cdot 50 \cdot \mathrm{s}^{-1} \cdot 10^{-6}\,\frac{\mathrm{As}}{\mathrm{V}}$$

$\underline{Y}_2 = (370{,}4 + \mathrm{j}314{,}16) \cdot 10^{-6}\,\mathrm{S}$

$$\underline{Y}_2 = 485{,}67\,\mu\mathrm{S} \cdot \mathrm{e}^{\mathrm{j}(40{,}3°)} \Rightarrow \underline{Z}_2 = \frac{1}{\underline{Y}_2} = 2059\,\Omega \cdot \mathrm{e}^{-\mathrm{j}(40{,}3°)}$$

$\underline{Z}_2 = 1570\,\Omega - \mathrm{j}1331{,}9\,\Omega$

$\underline{Z} = 1670\,\Omega - \mathrm{j}1331{,}9\,\Omega = 2136{,}3\,\Omega \cdot \mathrm{e}^{-\mathrm{j}(38{,}6°)}$

$\underline{Y} = 468{,}1\,\mu\mathrm{S} \cdot \mathrm{e}^{\mathrm{j}(38{,}6°)}$

d)

$$\underline{Z} = \underline{Z}_1 + \underline{Z}_2 \text{ mit } \underline{Z}_1 = \frac{1}{\mathrm{j}\omega C_1},\ \underline{Z}_2 = \frac{1}{\frac{1}{R} + \mathrm{j}\omega C_2} = \frac{R}{1 + \mathrm{j}\omega R C_2}$$

$$\underline{Z} = \frac{1}{\mathrm{j}\omega C_1} + \frac{R}{1 + \mathrm{j}\omega R C_2} = -\mathrm{j}\frac{1}{\omega C_1} + \frac{R - \mathrm{j}\omega R^2 C_2}{1 + (\omega R C_2)^2}$$

$$\underline{Z} = \frac{R}{1 + (\omega R C_2)^2} - \mathrm{j}\frac{1 + (\omega R C_2)^2 + (\omega R)^2 C_1 C_2}{\omega C_1 \left[1 + (\omega R C_2)^2\right]}$$

$$\underline{Z} = \frac{R}{1 + (\omega R C_2)^2} - \mathrm{j}\frac{1 + (\omega R)^2 (C_2^2 + C_1 C_2)}{\omega C_1 \left[1 + (\omega R C_2)^2\right]}$$

Zahlenwerte:

$$\underline{Z}_1 = -\mathrm{j}3183{,}1\,\Omega,\ \underline{Z}_2 = \frac{1}{\dfrac{1}{2700\,\Omega} + \mathrm{j}2\pi\cdot 50\cdot s^{-1}\cdot 10^{-6}\dfrac{\mathrm{As}}{\mathrm{V}}}$$

$$\underline{Z}_2 = \frac{1}{(370+\mathrm{j}314)\cdot 10^{-6}\ \mathrm{S}} = \frac{1}{485\cdot 10^{-6}\ \mathrm{S}\cdot \mathrm{e}^{\mathrm{j}(40{,}3°)}}$$

$$\underline{Z}_2 = 2059\,\Omega\cdot \mathrm{e}^{-\mathrm{j}(40{,}3°)} = 1570{,}2\,\Omega - \mathrm{j}1331{,}9\,\Omega$$

$$\underline{Z} = \underline{Z}_1 + \underline{Z}_2 = 1570{,}2\,\Omega - \mathrm{j}(3183{,}1\,\Omega + 1331{,}9\,\Omega)$$

$$\underline{Z} = 1570{,}2\,\Omega - \mathrm{j}4515\,\Omega = 4780{,}3\,\Omega\cdot \mathrm{e}^{-\mathrm{j}(70{,}8°)}$$

$$\underline{Y} = \frac{1}{\underline{Z}} = 209{,}2\,\mu\mathrm{S}\cdot \mathrm{e}^{\mathrm{j}(70{,}8°)} = 68{,}7\,\mu\mathrm{S} + \mathrm{j}197{,}6\,\mu\mathrm{S}$$

e) $\underline{Z} = \underline{Z}_1 + \underline{Z}_2$ mit $\underline{Z}_1 = -\mathrm{j}\dfrac{1}{\omega C}$ und $\underline{Z}_2 = \dfrac{R\cdot \mathrm{j}\omega L}{R + \mathrm{j}\omega L}$

$$\underline{Z}_2 = \frac{\mathrm{j}\omega L R\cdot (R - \mathrm{j}\omega L)}{R^2 + (\omega L)^2} = \frac{R\cdot(\omega L)^2 + \mathrm{j}\omega L R^2}{R^2 + (\omega L)^2}$$

$$\underline{Z} = \frac{R\cdot(\omega L)^2}{R^2 + (\omega L)^2} + \mathrm{j}\left[\frac{R^2\,\omega L}{R^2 + (\omega L)^2} - \frac{1}{\omega C}\right]$$

Zahlenwerte:

$$\underline{Z}_1 = -\mathrm{j}67{,}7\,\Omega,\ \underline{Z}_2 = \frac{1}{\dfrac{1}{R} + \dfrac{1}{\mathrm{j}\omega L}}$$

$$\underline{Z}_2 = \frac{1}{55\ \mathrm{mS} - \mathrm{j}127\ \mathrm{mS}} = \frac{1}{139\ \mathrm{mS}\cdot \mathrm{e}^{-\mathrm{j}(66{,}4°)}}$$

$$\underline{Z}_2 = 7{,}2\,\Omega\cdot \mathrm{e}^{\mathrm{j}(66{,}4°)} = 2{,}88\,\Omega + \mathrm{j}6{,}6\,\Omega$$

$$\underline{Z} = 2{,}88\,\Omega - \mathrm{j}(67{,}7 - 6{,}6)\,\Omega$$

$$\underline{Z} = 2{,}88\,\Omega - \mathrm{j}61{,}12\,\Omega = 61{,}19\,\Omega\cdot \mathrm{e}^{-\mathrm{j}(87{,}3°)}$$

$$\underline{Y} = 16{,}3\ \mathrm{mS}\cdot \mathrm{e}^{\mathrm{j}(87{,}3°)} = 768{,}7\,\mu\mathrm{S} + 16{,}3\ \mathrm{mS}$$

f)

$\underline{Z} = \underline{Z}_1 + \underline{Z}_2$ mit $\underline{Z}_1 = R_1 + \mathrm{j}\omega L$ und $\underline{Z}_2 = \dfrac{1}{\dfrac{1}{R_2} + \mathrm{j}\omega C_2}$

$$\underline{Z}_2 = \frac{R_2}{1 + \mathrm{j}\omega C_2 R_2} = \frac{R_2 - \mathrm{j}\omega C_2 R_2^2}{1 + (\omega C_2 R_2)^2}$$

$$\underline{Z} = R_1 + \frac{R_2}{1 + (\omega C_2 R_2)^2} + \mathrm{j}\left[\omega L - \frac{\omega C_2 R_2^2}{1 + (\omega C_2 R_2)^2}\right]$$

Zahlenwerte:

$$\underline{Z}_1 = 10\,\Omega + \mathrm{j}3{,}14\,\Omega$$

$$\underline{Z}_2 = \frac{1}{\dfrac{1}{R_2} + \mathrm{j}\omega C} = \frac{1}{1\ \mathrm{mS} + \mathrm{j}0{,}314\ \mathrm{mS}} = \frac{1}{1{,}05\ \mathrm{mS}\cdot \mathrm{e}^{\mathrm{j}(17{,}4°)}}$$

$$Z_2 = 954\,\Omega\cdot \mathrm{e}^{-\mathrm{j}(17{,}4°)} = 910{,}17\,\Omega - \mathrm{j}285{,}9\,\Omega$$

$$\underline{Z} = 920{,}17\,\Omega - \mathrm{j}282{,}8\,\Omega = 962{,}6\,\Omega\cdot \mathrm{e}^{-\mathrm{j}(17°)}$$

$$\underline{Y} = 1{,}04\ \mathrm{mS}\cdot \mathrm{e}^{\mathrm{j}(17°)} = 993\,\mu\mathrm{S} + 305\,\mu\mathrm{S}$$

g) $\underline{Z} = \underline{Z}_1 \| \underline{Z}_2$ mit $\underline{Z}_1 = R_1 + \dfrac{1}{\mathrm{j}\omega C}$ und $\underline{Z}_2 = R_2 + \mathrm{j}\omega L$

$$\underline{Z} = \frac{\underline{Z}_1\cdot \underline{Z}_2}{\underline{Z}_1 + \underline{Z}_2} = \frac{\left(R_1 - \mathrm{j}\dfrac{1}{\omega C}\right)(R_2 + \mathrm{j}\omega L)}{R_1 - \mathrm{j}\dfrac{1}{\omega C} + R_2 + \mathrm{j}\omega L}$$

$$\underline{Z} = \frac{R_1 R_2 + \dfrac{L}{C} + \mathrm{j}\left(\omega L R_1 - \dfrac{R_2}{\omega C}\right)}{R_1 + R_2 + \mathrm{j}\left(\omega L - \dfrac{1}{\omega C}\right)}$$

$$\underline{Z} = \frac{\left[R_1 R_2 + \dfrac{L}{C} + \mathrm{j}\left(\omega L R_1 - \dfrac{R_2}{C}\right)\right]\left[R_1 + R_2 - \mathrm{j}\left(\omega L - \dfrac{1}{\omega C}\right)\right]}{(R_1 + R_2)^2 + \left(\omega L - \dfrac{1}{\omega C}\right)^2}$$

$$\underline{Z} = \frac{\left(R_1 R_2 + \dfrac{L}{C}\right)\cdot(R_1 + R_2) + \left[\omega L R_1 - \dfrac{R_2}{C}\right]\cdot\left(\omega L - \dfrac{1}{\omega C}\right)}{(R_1 + R_2)^2 + \left(\omega L - \dfrac{1}{\omega C}\right)^2} +$$

$$+\mathrm{j}\,\frac{(R_1 + R_2)\cdot\left(\omega L R_1 - \dfrac{R_2}{C}\right) - \left(R_1 R_2 + \dfrac{L}{C}\right)\cdot\left(\omega L - \dfrac{1}{\omega C}\right)}{(R_1 + R_2)^2 + \left(\omega L - \dfrac{1}{\omega C}\right)^2}$$

Dieser sehr unübersichtliche Ausdruck ist so nicht ohne weiteres verwendbar. Wesentlich einfacher ist es, von Anfang an Zahlenwerte einzusetzen, wenn kein allgemeiner Ausdruck verlangt wurde.

$$Z_1 = 100\,\Omega - \mathrm{j}31{,}83\,\Omega = 104{,}9\,\Omega\cdot \mathrm{e}^{-\mathrm{j}(39{,}9°)}$$

$$Z_2 = 10\,\Omega + \mathrm{j}15{,}7\,\Omega = 18{,}6\,\Omega\cdot \mathrm{e}^{\mathrm{j}(57{,}5°)}$$

$$\underline{Z} = \frac{\underline{Z}_1\cdot \underline{Z}_2}{\underline{Z}_1 + \underline{Z}_2} = \frac{104{,}9\,\Omega\cdot 18{,}6\,\Omega\cdot \mathrm{e}^{\mathrm{j}(57{,}5° - 17{,}6°)}}{100\,\Omega - \mathrm{j}31{,}83\,\Omega + 10\,\Omega + \mathrm{j}15{,}7\,\Omega}$$

$$\underline{Z} = \frac{1953\,\Omega^2\cdot \mathrm{e}^{\mathrm{j}(39{,}9°)}}{110\,\Omega - \mathrm{j}16{,}12\,\Omega} = \frac{1954{,}16\,\Omega^2\cdot \mathrm{e}^{\mathrm{j}(39{,}9°)}}{111\,\Omega\cdot \mathrm{e}^{-\mathrm{j}(8{,}3°)}}$$

$$\underline{Z} = 17{,}58\,\Omega\cdot \mathrm{e}^{\mathrm{j}(48{,}2°)} = 11{,}7\,\Omega + \mathrm{j}13{,}1\,\Omega$$

$$\underline{Y} = 56{,}9\ \mathrm{mS}\cdot \mathrm{e}^{-\mathrm{j}(48{,}2°)} = 37{,}9\ \mathrm{mS} - \mathrm{j}42{,}4\ \mathrm{mS}$$

Anmerkung:

Wesentlich einfacher kommt man zu einer Lösung, wenn man statt der Gesamtimpedanz $\underline{Z}$ zunächst die Gesamtadmittanz $\underline{Y}$ bestimmt. Da $\underline{Z}_1$ und $\underline{Z}_2$ parallelgeschaltet sind, gilt:

$\underline{Y} = \underline{Y}_1 + \underline{Y}_2$ mit $\underline{Y}_1 = \dfrac{1}{R_1 - \mathrm{j}\dfrac{1}{\omega C}}$ und $\underline{Y}_2 = \dfrac{1}{R_2 + \mathrm{j}\omega L}$

$$\underline{Y} = \frac{1}{R_1 - \mathrm{j}\dfrac{1}{\omega C}} + \frac{1}{R_2 + \mathrm{j}\omega L} = \frac{R_1 + \mathrm{j}\dfrac{1}{\omega C}}{R_1^2 + \left(\dfrac{1}{\omega C}\right)^2} + \frac{R_2 - \mathrm{j}\omega L}{R_2^2 + (\omega L)^2}$$

Man erkennt: Die Fehleranfälligkeit ist bei diesem Lösungsweg wesentlich geringer als bei der zuvor betrachteten Lösung. Deshalb ist bei Parallelschaltungen möglichst zu versuchen, zunächst über die Leitwertfunktionen voranzukommen. Allerdings hat dies Grenzen, wenn die Admittanz $\underline{Y}$ in allgemeiner Form anschließend in die Impedanz $\underline{Z}$ umgewandelt werden muss.

h) Das Bild zeigt die Struktur der vorgegebenen Schaltung:

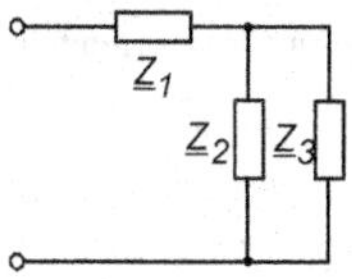

$$\underline{Z} = \underline{Z}_1 + \underline{Z}_{23} \text{ mit } \underline{Z}_1 = \frac{1}{\mathrm{j}\omega C_1},\ \underline{Z}_2 = R_2 + \mathrm{j}\omega L,\ \underline{Z}_3 = \frac{1}{\mathrm{j}\omega C_2}$$

$$\underline{Z}_{23} = \frac{\underline{Z}_2 \cdot \underline{Z}_3}{\underline{Z}_2 + \underline{Z}_3} = \frac{(R + \mathrm{j}\omega L)\left(-\mathrm{j}\frac{1}{\omega C_2}\right)}{R + \mathrm{j}\left(\omega L - \frac{1}{\omega C_2}\right)}$$

$$\underline{Z}_{23} = \frac{\left(\frac{L \cdot R}{C_2} - \mathrm{j}\frac{R}{\omega C_2}\right)\left[R - \mathrm{j}\left(\omega L - \frac{1}{\omega C_2}\right)\right]}{R^2 + \left(\omega L - \frac{1}{\omega C_2}\right)^2}$$

$$\underline{Z}_{23} = \frac{\frac{L \cdot R}{C_2} - \frac{R}{\omega C_2}\left(\omega L - \frac{1}{\omega C_2}\right) - \mathrm{j}\left[\frac{R^2}{\omega C_2} + \frac{L}{C_2}\left(\omega L - \frac{1}{\omega C_2}\right)\right]}{R^2 + \left(\omega L - \frac{1}{\omega C_2}\right)^2}$$

$$\underline{Z} = \frac{\frac{L \cdot R}{C_2} - \frac{R}{\omega C_2}\left(\omega L - \frac{1}{\omega C_2}\right)}{R^2 + \left(\omega L - \frac{1}{\omega C_2}\right)^2} - \mathrm{j}\left[\frac{\frac{R^2}{\omega C_2} + \frac{L}{C_2}\left(\omega L - \frac{1}{\omega C_2}\right)}{R^2 + \left(\omega L - \frac{1}{\omega C_2}\right)^2} + \frac{1}{\omega C_1}\right]$$

Zahlenwerte:

$\underline{Z}_1 = -\mathrm{j}67{,}7\,\Omega,\ \underline{Z}_2 = 10\,\Omega + \mathrm{j}15{,}7\,\Omega = 18{,}6\,\Omega \cdot \mathrm{e}^{\mathrm{j}(57{,}5°)}$

$\underline{Z}_3 = -\mathrm{j}31{,}8\,\Omega$

$$\underline{Z}_{23} = \frac{\underline{Z}_2 \cdot \underline{Z}_3}{\underline{Z}_2 + \underline{Z}_3} = \frac{18{,}6\,\Omega \cdot \mathrm{e}^{\mathrm{j}(57{,}5°)} \cdot 31{,}8\,\Omega \cdot \mathrm{e}^{-\mathrm{j}(90°)}}{10\,\Omega + \mathrm{j}15{,}7\,\Omega - \mathrm{j}31{,}8\,\Omega}$$

$$\underline{Z}_{23} = \frac{592{,}7\,\Omega^2 \cdot \mathrm{e}^{-\mathrm{j}(32{,}5°)}}{18{,}97\,\Omega \cdot \mathrm{e}^{-\mathrm{j}(58{,}2°)}} = 31{,}24\,\Omega \cdot \mathrm{e}^{\mathrm{j}(25{,}7°)}$$

$\underline{Z}_{23} = 28{,}15\,\Omega + \mathrm{j}13{,}55\,\Omega$

$\underline{Z} = \underline{Z}_1 + \underline{Z}_{23} = 28{,}15\,\Omega - \mathrm{j}54{,}17\,\Omega = 61{,}05\,\Omega \cdot \mathrm{e}^{-\mathrm{j}(62{,}5°)}$

$\underline{Y} = 16{,}4\,\mathrm{mS} \cdot \mathrm{e}^{\mathrm{j}(62{,}5°)} = 7{,}55\,\mathrm{mS} + \mathrm{j}14{,}5\,\mathrm{mS}$

33.2

Ansatz:

$$\underline{Z}_\mathrm{x} = \frac{\underline{U}}{\underline{I}} = \frac{U \cdot \mathrm{e}^{\mathrm{j}\varphi_\mathrm{u}}}{I \cdot \mathrm{e}^{\mathrm{j}\varphi_\mathrm{i}}} = \frac{\frac{\hat{u}}{\sqrt{2}}}{\frac{\hat{i}}{\sqrt{2}}}\mathrm{e}^{\mathrm{j}(\varphi_\mathrm{u} - \varphi_\mathrm{i})}$$

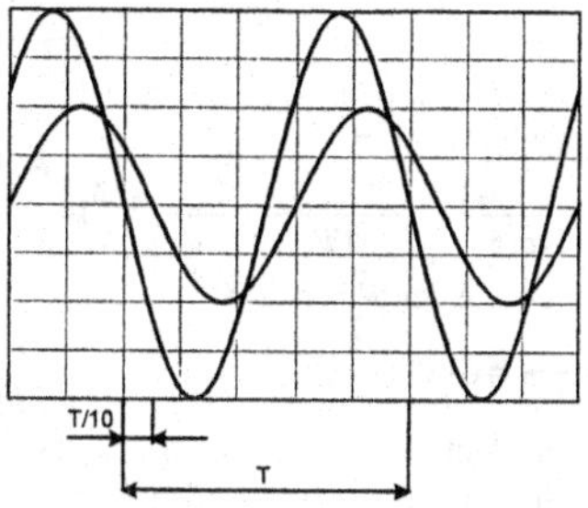

Aus dem Oszilloskopbild entnimmt man:

u eilt gegenüber i um $\frac{T}{10} \mathrel{\hat{=}} \frac{2\pi}{10} = 36°$ vor.

$\varphi_\mathrm{u} - \varphi_\mathrm{i} = \varphi_\mathrm{Z} = 36°$

Außerdem: $T = 20\,\mathrm{ms} \Rightarrow f = 50\,\mathrm{Hz},\ \hat{u} = 20\,\mathrm{V},\ \hat{i} = 40\,\mathrm{mA}$

Somit ergibt sich:

$$\underline{Z}_\mathrm{x} = 500\,\Omega \cdot \mathrm{e}^{\mathrm{j}(36°)} = 500\,\Omega(\cos 36° + \mathrm{j}\sin 36°) \qquad (1)$$

a) Reihenschaltung: Allgemeiner Ansatz:

$\underline{Z} = R + \mathrm{j}X$ mit $R = Z \cdot \cos\varphi_Z$ und $X = Z \cdot \sin\varphi_Z$

Überführt man den komplexen Ausdruck (1) in die Normalform, erhält man:

$\underline{Z}_\mathrm{X} = R_\mathrm{S} + \mathrm{j}X_\mathrm{S} = 404{,}5\,\Omega + \mathrm{j}293{,}89\,\Omega$

Lösung:

Da sowohl R_S als auch X_S positive Werte haben, kann im einfachsten Fall also eine *RL*-Reihenschaltung vorliegen bzw. als Ersatzbild angenommen werden. Mit den Werten $T = 20\,\mathrm{ms} \Rightarrow f = 50\,\mathrm{Hz}$ folgt:

$$X_\mathrm{S} = \omega L_\mathrm{S} = 293{,}89\,\Omega \Rightarrow L_\mathrm{S} = \frac{293{,}89\,\Omega}{2\pi \cdot 50 \cdot \mathrm{s}^{-1}} = 935{,}5\,\mathrm{mH}$$

$R_\mathrm{S} = 404{,}5\,\Omega$

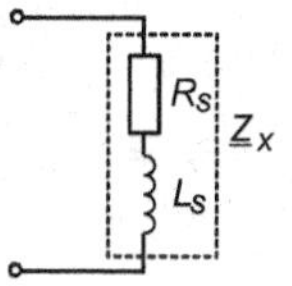

b) Parallelschaltung:
Für die Parallel-Ersatzschaltung geht man zweckmäßigerweise von der Admittanz $\underline{Y}$ aus:

$$\underline{Y}=\frac{1}{\underline{Z}}=\frac{1}{500\,\Omega}\cdot e^{-j\varphi_Z}=2\text{ mS}\cdot e^{-j(36°)}$$

$$\underline{Y}=2\text{ mS}\cdot\left[\cos(-36°)+j\sin(-36°)\right] \qquad (2)$$

$$\underline{Y}=G_P+jB_P=1{,}618\text{ mS}-j1{,}176\text{ mS}$$

Da B negativ ist, kann im einfachsten Fall eine Spule vorliegen:

$$B_P=-\frac{1}{\omega L_P}=-1{,}176\text{ mS}$$

$$L_P=\frac{1}{2\pi\cdot 50\cdot s^{-1}\cdot 1{,}176\cdot 10^{-3}S}=2{,}7\text{ H}$$

Dazu parallel liegt der Widerstand

$$R_P=\frac{1}{G_P}=618\,\Omega$$

Im einfachsten Fall kann somit eine RL-Parallelschaltung als Ersatzschaltbild vorgesehen werden.

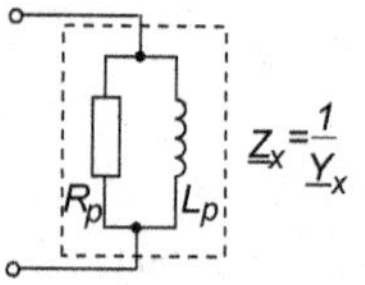

33.3

a) Bezeichnet man die Zusammenschaltung aus

R_1, L_1, C_1 als $\underline{Z}_1=\frac{1}{\underline{Y}_1}$ und

R_2, L_2, C_2 als $\underline{Z}_2=\frac{1}{\underline{Y}_2}$,

erhält man für die vorgegebene Schaltung:

$$\underline{Y}_1=\frac{1}{R_1+j\omega L_1}+j\omega C_1=\frac{1}{100\,\Omega+j50\,\Omega}+j0{,}02\text{ S}$$

$$\underline{Y}_1=8\text{ mS}+j16\text{ mS}\Rightarrow\quad\underline{Z}_1=25\,\Omega-j50\,\Omega$$

$$\underline{Y}_2=\frac{1}{R_2+\frac{1}{j\omega C_2}}+\frac{1}{j\omega L_2}=\frac{1}{250\,\Omega-j40\,\Omega}+\frac{1}{j100\,\Omega}$$

$$\underline{Y}_2=3{,}9\text{ mS}-j9{,}38\text{ mS}\Rightarrow\underline{Z}_2=37{,}8\,\Omega+j90{,}9\,\Omega$$

$$\underline{Z}_{ab}=\underline{Z}_1+\underline{Z}_2=62{,}8\,\Omega+j40{,}9\,\Omega$$

b) RL-Ersatzschaltung aus zwei Grundelementen:
$\underline{Z}_{ab}=R_{Ers}+j\omega L_{Ers}=62{,}8\,\Omega+j40{,}9\,\Omega$

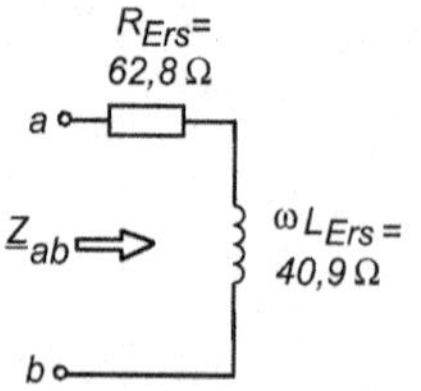

33.4

a)
Ges: Äquivalente RL-Serienschaltung mit $\underline{Z}_S=R_S+j\omega L_S$

Geg: RL-Parallelschaltung

$$\underline{Y}_P=\frac{1}{R_P}+\frac{1}{j\omega L_P}=\frac{R_P+j\omega L_P}{j\omega L_P R_P}$$

$$\underline{Z}_P=\frac{j\omega L_P R_P}{R_P+j\omega L_P}=\frac{j\omega L_P R_P\cdot(R_P-j\omega L_P)}{R_P^2+(\omega L_P)^2}$$

Geordnet nach Real-und Imaginäranteil:

$$\underline{Z}_P=\frac{R_P\cdot(\omega L_P)^2+j\omega L_P R_P^2}{R_P^2+(\omega L_P)^2}$$

Äquivalenzbedingung: Zwei komplexe Zahlen stimmen überein, wenn sie sowohl im Real- als auch im Imaginäranteil übereinstimmen.

$$\underline{Z}_S=\underline{Z}_P\quad\Rightarrow\quad R_S=\frac{R_P\cdot(\omega L_P)^2}{R_P^2+(\omega L_P)^2},\ L_S=\frac{L_P\cdot R_P^2}{R_P^2+(\omega L_P)^2}$$

Ges: Äquivalente RC-Serienschaltung
mit $\underline{Z}_S=R_S-j\frac{1}{\omega C_S}$

Geg: RC-Parallelschaltung

$$\underline{Y}_P=\frac{1}{R_P}+j\omega C_P=\frac{1+j\omega C_P R_P}{R_P}$$

$$\underline{Z}_P=\frac{R_P}{1+j\omega C_P R_P}=\frac{R_P\cdot(1-j\omega C_P R_P)}{1+(\omega C_P R_P)^2}$$

$$\underline{Z}_S=\underline{Z}_P\quad\Rightarrow\quad R_S=\frac{R_P}{1+(\omega C_P R_P)^2},\ C_S=\frac{1+(\omega C_P R_P)^2}{(\omega R_P)^2\cdot C_P}$$

b)
<u>Werte der äquivalenten RL-Parallelschaltung bei 440 Hz:</u>

$$R_S=\frac{R_P\cdot(\omega L_P)^2}{R_P^2+(\omega L_P)^2}=\frac{100\,\Omega\cdot(2\pi\cdot 440\cdot s^{-1}\cdot 0{,}1\text{ H})^2}{(100\,\Omega)^2+(2\pi\cdot 440\text{ Hz}\cdot 0{,}1\text{ H})^2}$$

$$R_P=88{,}43\,\Omega$$

$$L_S=\frac{L_P R_P^2}{R_P^2+(\omega L_P)^2}=\frac{0{,}1\text{ H}\cdot(100\,\Omega)^2}{(100\,\Omega)^2+(2\pi\cdot 440\text{ Hz}\cdot 0{,}1\text{ H})^2}$$

$$L_S=11{,}57\text{ mH}$$

<u>Werte der äquivalenten RC-Reihenschaltung bei 440 Hz:</u>

$$R_S=\frac{R_P}{1+(\omega C_P R_P)^2}=\frac{100\,\Omega}{1+(2\pi\cdot 440\text{ Hz}\cdot 100\,\Omega\cdot 10^{-4}F)^2}$$

$$R_S=130{,}6\text{ m}\Omega$$

$$C_S=\frac{1+(\omega C_P R_P)^2}{(\omega R_P)^2\cdot C_P}=\frac{1+(2\pi\cdot 440\text{ Hz}\cdot 10^{-4}\text{ F}\cdot 100\,\Omega)^2}{(2\pi\cdot 440\text{ Hz}\cdot 100\,\Omega)^2\cdot 10^{-4}\text{ F}}$$

$$C_S=100{,}13\,\mu\text{F}$$

c) *RL*-Reihenschaltung

f	10 Hz	50 Hz	440 Hz	1 kHz
R_S	0,4 Ω	8,98 Ω	88,4 Ω	97,5 Ω
L_S	99,6 mH	91 mH	11,57 mH	2,47 mH

RC-Reihenschaltung

f	10 Hz	50 Hz	440 Hz	1 kHz
R_S	71 Ω	9,2 Ω	130 mΩ	25,3 mΩ
C_S	353 μF	110,13 μF	100,13 μF	100,03 μF

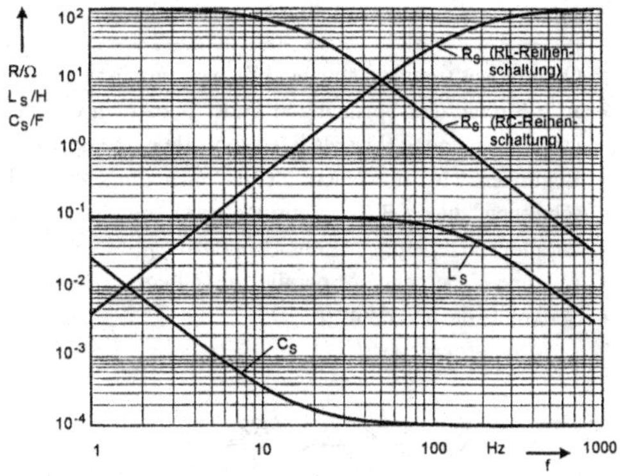

d) Man sieht: Bei der äquivalenten *RL*-Reihenschaltung überwiegt bei niedrigen Frequenzen der induktive Anteil, während bei höheren Frequenzen der nahezu konstante Widerstand R_S dominiert.
Ähnliches gilt für die äquivalente *RC*-Reihenschaltung:
Bei sehr niedrigen Frequenzen überwiegt der kapazitive Anteil, bei höheren Frequenzen wird der Widerstand R_S vernachlässigbar klein bei fast konstantem kap. Anteil.

33.5

Originalbereich

$u(t) = \hat{u} \cdot \sin(\omega t + \varphi_u)$ —— *Hintransformation* ——→

Bildbereich (wegen eingeklammerter Ziffern vgl. Übersichtsblatt)

(1) $\underline{u} = \hat{u} \cdot e^{j(\omega t + \varphi_u)} = \hat{u} \cdot e^{j(\omega t - 30°)} = \hat{u} \cdot e^{-j(30°)} \cdot e^{j\omega t}$

$\underline{i} = \hat{i} \cdot e^{j\varphi_i} \cdot e^{j\omega t}$ $\qquad \underline{u} = \underline{\hat{u}} \cdot e^{j\omega t}$

↓ $\underline{i} = \underline{\hat{i}} \cdot e^{j\omega t}$

Betrachtet werden zunächst nur die komplexen Amplituden (ohne Drehfaktor!)

(2) $\underline{\hat{u}} = \underline{\hat{i}} \cdot R_1 + \underline{\hat{u}}_C$ (1), $\quad \underline{\hat{u}}_C = \underline{\hat{i}}_C \cdot \frac{1}{j\omega C} = \underline{\hat{i}}_R \cdot R_2$

$\underline{\hat{i}}_R = \underline{\hat{i}}_C \cdot \frac{1}{j\omega C R_2}$

Zahlenwerte: $\omega C R_2 = 2\pi \cdot 50 \cdot s^{-1} \cdot 318{,}3\,\mu F \cdot 10\,\Omega = 1$

$\underline{\hat{i}} = \underline{\hat{i}}_C + \underline{\hat{i}}_R = \underline{\hat{i}}_C \cdot (1 - j)$ (2), da hier $\underline{\hat{i}}_R = -j \cdot \underline{\hat{i}}_C$

↓ $\underline{\hat{u}}_C = \underline{\hat{i}}_C \cdot (-j10\,\Omega)$ (3)

Aus (1) mit (2) und (3)

$\underline{\hat{u}} = \underline{\hat{i}}_C \cdot (1 - j) \cdot 5\,\Omega + \underline{\hat{i}}_C \cdot (-j10\,\Omega) = \underline{\hat{i}}_C \cdot (5\,\Omega - j15\,\Omega)$

$\underline{\hat{u}} = \underline{\hat{i}}_C \cdot 15{,}81\,\Omega \cdot e^{-j(71{,}6°)}$

(3) $\underline{\hat{i}}_C = \frac{5\,V \cdot e^{-j(30°)}}{15{,}81\,\Omega \cdot e^{-j(71{,}6°)}} = 316{,}23\,mA \cdot e^{-j(41{,}6°)}$

(4) Hinzufügen des Drehfaktors ergibt:

↓ $\underline{i}_C = \underline{\hat{i}}_C \cdot e^{j\omega t} = 316{,}23\,mA \cdot e^{j(\omega t + 41{,}6°)}$

(5) Zur Rücktransformation: Umwandlung in trigonom. Form

$i_C = 316{,}23\,mA \cdot [\cos(\omega t + 41{,}6°) + j\sin(\omega t + 41{,}6°)]$

←—— *Rücktransformation* ——

Von beiden möglichen Lösungen wird der sinusförmige Zeitverlauf gewählt:

$i_C(t) = \operatorname{Im}\{\underline{i}_C\} = 316{,}23\,mA \cdot \sin(\omega t + 41{,}6°)$

Für den Momentanwert von i_C zum Zeitpunkt $t_1 = 8$ ms nach $t = 0$ folgt:

$\omega t_1 = 314 \cdot s^{-1} \cdot 0{,}008\,s = 2{,}513$ (Bogenmaß) $\hat{=}\ 144°$

Momentanwert:

$i_C(t_1) = 316{,}23\,mA \cdot \sin(144° + 41{,}6°) = -30{,}86\,mA$

33.6

a) Qualitatives (unmaßstäbliches) Zeigerdiagramm:

- Alle Ströme und Spannungen in der Schaltung erhalten eine Bezeichnung (hier als Effektivwerte eingetragen).
- Begonnen wird mit einem Zeiger einer „inneren Teilschaltung", hier z.B. $\underline{I}_2$ in horizontaler Lage.
- Parallel zu $\underline{I}_2$ liegt $\underline{U}_{R2}$, senkrecht dazu $\underline{U}_C$
- $\underline{U}_{R2}$ und $\underline{U}_C$ ergeben $\underline{U}$; parallel zu $\underline{U}$ liegt $\underline{I}_1$
- Senkrecht dazu verläuft $\underline{I}_L$.
  $\underline{I}_1$, $\underline{I}_L$ und $\underline{I}_2$ ergeben $\underline{I}$.

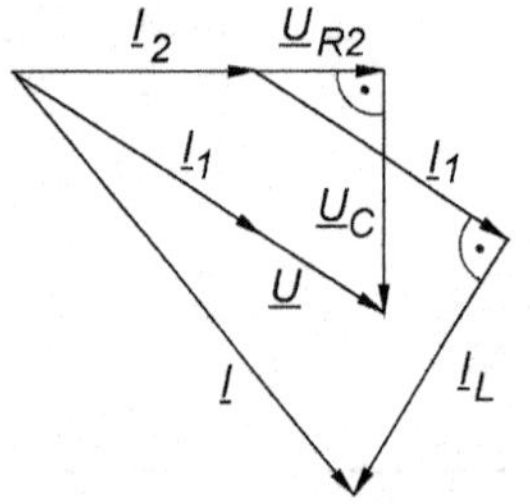

b) Quantitatives (maßstäbliches) Zeigerdiagramm:

- Zweckmäßigerweise beginnt man z.B. mit $\underline{I}_1$ und $\underline{U}$ in horizontaler Lage, da $\underline{I}_2$, $\underline{U}_{R2}$ und $\underline{U}_C$ noch unbekannt.
- Thaleskreis über $\underline{U}$ = 5 V liefert die Beträge $U_{R2} = U_C = 3{,}55$ V
- $\underline{I}_L \perp \underline{I}_1, \underline{I}_2 \parallel \underline{U}_{R2}$ mit $I_2 = \frac{U_{R2}}{R_2} = 0{,}355\ \text{A}$,
- $I_1 = \frac{U}{R_1} = 0{,}5\ \text{A}$, $I_L = \frac{U}{\omega L} = 0{,}5\ \text{A}$

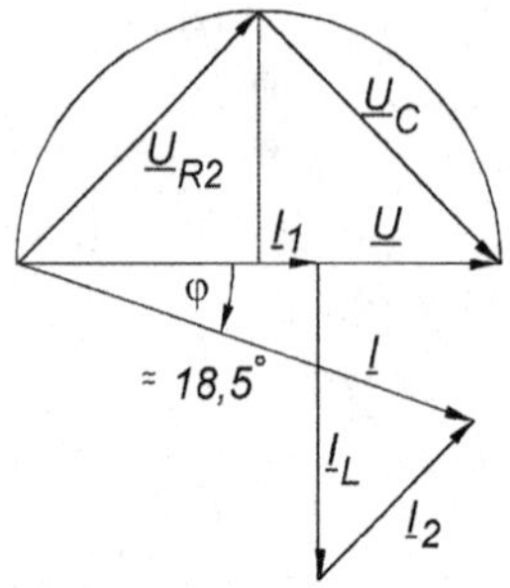

Aus Diagramm:

Maßstab: 1 cm = 1,7 V
1 cm = 0,26 A

$U_R = U_C \approx 3{,}55$ V $\quad I_2 \approx 0{,}355$ A
$\varphi \approx 18{,}5°$ $\quad I \approx 0{,}795$ A

c) Rechnerische Überprüfung:

$$\underline{U} = \underline{U}_{R1} = \underline{I}_1 \cdot R_1 \Rightarrow \underline{I}_1 = 0{,}5\ \text{A} \cdot e^{j0}$$

$$\underline{I}_L = \frac{\underline{U}}{j\omega L} = -j\frac{U}{\omega L} = -j\frac{5\ \text{V}}{10\ \Omega} = -j0{,}5\ \text{A} = 0{,}5\ \text{A} \cdot e^{-j(90°)}$$

$$\underline{I}_2 = \frac{\underline{U}}{R - j\frac{1}{\omega C}} = \frac{\underline{U}}{R(1-j)}, \quad \text{da } R = \frac{1}{\omega C} = 10\ \Omega \text{ (geg.)}$$

$$\underline{I}_2 = \frac{U}{R} \cdot \frac{1+j}{(1-j)\cdot(1+j)} = \frac{1}{4}\text{A} \cdot (1+j) = 0{,}354\ \text{A} \cdot e^{j(45°)}$$

$$\underline{U}_{R2} = 0{,}354\ \text{A} \cdot e^{j(45°)} \cdot 10\ \Omega = 3{,}54\ \text{V} \cdot e^{j(45°)}$$

$$\underline{U}_C = 0{,}354\ \text{A} \cdot e^{j(45°)} \cdot (-j10\ \Omega) = 3{,}54\ \text{V} \cdot e^{-j(45°)}$$

$$\underline{I} = \underline{I}_1 + \underline{I}_L + \underline{I}_2 = 0{,}5\ \text{A} - j\,0{,}5\ \text{A} + 0{,}25\ \text{A} + j0{,}25\ \text{A}$$

$$\underline{I} = 0{,}79\ \text{A} \cdot e^{-j(18{,}4°)}$$

33.7

a) Lösung z.B. mit Stromteilerregel:

$$\frac{\underline{I}_L}{\underline{I}} = \frac{R_2}{R_2 + j\omega L}$$

$$\underline{I} = \frac{\underline{U}}{R_1 + \frac{R_2 \cdot j\omega L}{R_2 + j\omega L}} = \underline{U}\frac{R_2 + j\omega L}{R_1 R_2 + j\omega L \cdot (R_1 + R_2)}$$

$$\underline{I}_L = \underline{I} \cdot \frac{R_2}{R_2 + j\omega L} = \underline{U}\frac{R_2}{R_1 R_2 + j\omega L \cdot (R_1 + R_2)}$$

$$\underline{I}_R = \underline{I} - \underline{I}_L = \frac{j\omega L}{R_1 R_2 + j\omega L \cdot (R_1 + R_2)}$$

b) Zahlenwerte:

$$\underline{I}_L = 220\ \text{V} \cdot e^{j0} \frac{100\ \Omega}{10\ \Omega \cdot 100\ \Omega + j2\pi \cdot 50 \cdot \text{s}^{-1} \cdot 0{,}4\ \text{H} \cdot 110\ \Omega}$$

$$\underline{I}_L = 220\ \text{V}\frac{100}{1000\ \Omega + j13823\ \Omega} = \frac{220\ \text{V} \cdot 100}{13859{,}1\ \Omega \cdot e^{j(85{,}9°)}}$$

$$\underline{I}_L = 0{,}1145\ \text{A} - j1{,}58\ \text{A} = 1{,}59\ \text{A} \cdot e^{-j(85{,}9°)}$$

$$\underline{I} = \underline{I}_L \frac{R_2 + j\omega L}{R_2} = 1{,}587\ \text{A} \cdot e^{-j(85{,}9°)} \cdot \left(1 + j\frac{125{,}6\ \Omega}{100\ \Omega}\right)$$

$$\underline{I} = 1{,}587\ \text{A} \cdot e^{-j(85{,}9°)} \cdot 1{,}6 \cdot e^{j(51{,}5°)} = 2{,}1\ \text{A} - j1{,}44\ \text{A}$$

$$\underline{I}_R = \underline{I} - \underline{I}_L = 2{,}1\ \text{A} - j1{,}44\ \text{A} - 0{,}1145\ \text{A} + j1{,}58\ \text{A}$$

$$\underline{I}_R = 1{,}989\ \text{A} + j\,0{,}144\ \text{A} = 1{,}99\ \text{A} \cdot e^{j(4{,}1°)}$$

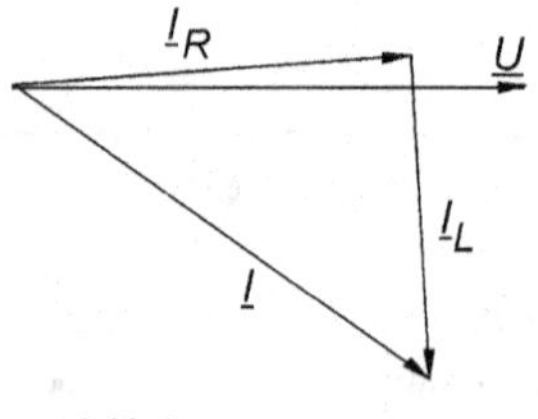

Maßstab: 1 cm = 0,83 A

33.8

a) Mit der Stromteilerregel findet man für die vorgegebene Schaltung unter Berücksichtigung der Schalterstellung:

$$\frac{\underline{I}_R}{\underline{I}_1} = \frac{\frac{1}{j\omega C}}{\frac{1}{j\omega C} + R_\Sigma}, \qquad R_\Sigma \text{ entweder } 2R,\ 3R \text{ oder } 4R$$

$$\underline{I}_1 = \underline{U}\frac{1}{j\omega L + \dfrac{\frac{1}{j\omega C}\cdot R_\Sigma}{\frac{1}{j\omega C} + R_\Sigma}}$$

$$\frac{\underline{I}_R}{\underline{U}} = \frac{\frac{1}{j\omega C}}{\frac{1}{j\omega C} + R_\Sigma} \cdot \frac{\frac{1}{j\omega C} + R_\Sigma}{j\omega L\left(\frac{1}{j\omega C} + R_\Sigma\right) + \frac{1}{j\omega C}\cdot R_\Sigma}$$

$$\frac{\underline{I}_R}{\underline{U}} = \frac{\frac{1}{j\omega C}}{\frac{L}{C} + j\omega L\cdot R_\Sigma + \frac{1}{j\omega C}\cdot R_\Sigma} = \frac{1}{j\omega L - \omega^2 LC\cdot R_\Sigma + R_\Sigma}$$

b) Für $\omega L = \frac{1}{\omega C}$ folgt mit $\omega^2 = \frac{1}{LC}$:

$$\frac{\underline{I}_R}{\underline{U}} = \frac{1}{j\omega L},$$

d.h., unabhängig von der Zahl der Widerstände R ist der Strom I_R in allen Schalterstellungen näherungsweise gleich und konstant! (Näherungsweise, da in der Realität keine verlustlose Spule vorausgesetzt werden kann.)

Diese Schaltung zur Stabilisierung eines Wechselstromes einer bestimmten Frequenz bei unterschiedlicher Belastung mit Widerständen heißt auch „Boucherot-Schaltung", wobei sich Kondensator und Spule in Resonanz befinden.

Man kann leicht nachprüfen, dass die Stromstabilisierung mit den beiden skizzierten Schaltungsvarianten möglich ist, solange

$$\omega L = \frac{1}{\omega C} \text{ ist.}$$

Schaltungsvarianten:

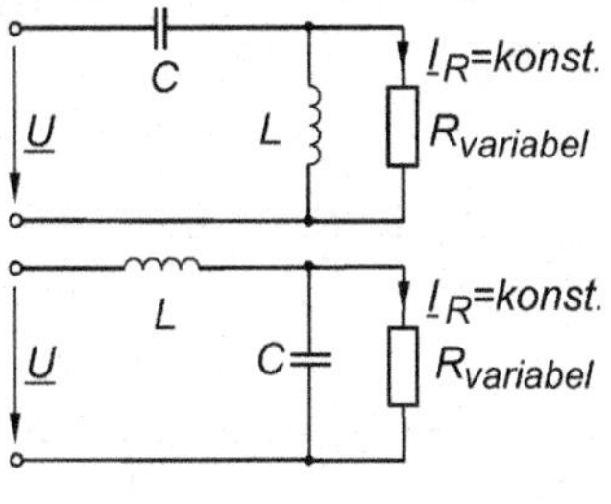

33.9

Vereinfachtes Schaltbild mit

$\underline{Z}_1$ = Tastkopf, $\underline{Z}_2$ = Kabel, $\underline{Z}_0$ = Oszilloskopeingang

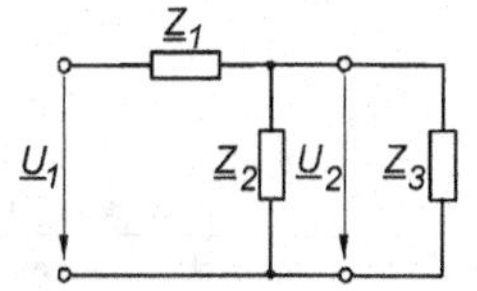

$$\frac{\underline{U}_1}{\underline{U}_2} = \frac{\underline{Z}_1 + \left(\underline{Z}_2 \| \underline{Z}_0\right)}{\underline{Z}_2 \| \underline{Z}_0}$$

$$\underline{Z}_1 = \frac{1}{\frac{1}{R_1} + j\omega C_1} = \frac{R_1}{1 + j\,\omega C_1 R_1}$$

$$\underline{Y}_{20} = j\omega\,(C_0 + C_2) + \frac{1}{R_0}$$

$$\underline{Z}_{20} = \frac{1}{\frac{1}{R_0} + j\omega\,(C_0 + C_2)} = \frac{R_0}{1 + j\omega R_0\cdot(C_0 + C_2)}$$

$$\frac{\underline{U}_1}{\underline{U}_2} = \frac{\frac{R_1}{1 + j\omega C_1 R_1} + \frac{R_0}{1 + j\omega R_0\cdot(C_0 + C_2)}}{\frac{R_0}{1 + j\omega R_0\cdot(C_0 + C_2)}}$$

$$\frac{\underline{U}_1}{\underline{U}_2} = \frac{\frac{R_1}{1 + j\omega C_1 R_1}}{\frac{R_0}{1 + j\omega R_0\cdot(C_0 + C_2)}} + 1 = \frac{R_1 \overbrace{\left[1 + j\omega R_0\,(C_0 + C_2)\right]}^{\underline{Z}_Z}}{R_0\cdot \underbrace{(1 + j\omega C_1 R_1)}_{\underline{Z}_N}} + 1$$

$$\frac{\underline{U}_1}{\underline{U}_2} = \frac{R_1\cdot \underline{Z}_Z}{R_0\cdot \underline{Z}_N} + 1$$

Die Forderung, dass die Phasenlage der Eingangsspannung $\underline{U}_1$ der Phasenlage von $\underline{U}_2$ entsprechen soll, wird erfüllt, wenn die komplexen Zahlen im Zähler $\underline{Z}_Z$ und im Nenner $\underline{Z}_N$ gleich sind:

$$\varphi_Z = \arctan\frac{\mathrm{Im}\,\{\underline{Z}_Z\}}{\mathrm{Re}\,\{\underline{Z}_Z\}} = \varphi_N = \arctan\frac{\mathrm{Im}\{\underline{Z}_N\}}{\mathrm{Re}\,\{\underline{Z}_N\}}$$

Folgt:

$$1 + j\omega R_0 (C_0 + C_2) = 1 + j\omega C_1 R_1 \qquad (1)$$

Die andere Forderung nach Frequenzunabhängigkeit der Spannungsteilung ist hier erfüllt, wenn gilt:

$$R_0 (C_0 + C_2) = C_1 R_1 \;\Rightarrow\; R_0 (25\text{ pF} + 100\text{ pF}) = R_1 C_1 \qquad (2)$$

Außerdem soll sein:

$$\frac{\underline{U}_1}{\underline{U}_2} = \frac{10}{1} = \frac{R_1}{R_0} + 1 \;\Rightarrow\; 10 R_0 = R_1 + R_0 \;\Rightarrow\; R_1 = 9 R_0 \qquad (3)$$

(3) eingesetzt in (2) liefert:

$$R_0\cdot 125\text{ pF} = 9 R_0\cdot C_1 \;\Rightarrow\; C_1 = \frac{125\text{ pF}}{9} = 13{,}9\text{ pF}$$

Weiterhin aus (3): $R_1 = 9\text{ M}\Omega$

33.10

Schaltung 1 | **Schaltung 2**

a) Der Strom in beiden Schaltungen ist bei offenem Schalter S

$$\underline{I}_{11} = \frac{\underline{U}}{R_1 + \mathrm{j}\omega L} = \frac{\underline{U}}{R_1 + \mathrm{j}X_\mathrm{L}}, \quad X_\mathrm{L} = \omega L$$

$$\underline{I}_{21} = \frac{\underline{U}}{R_1 + \frac{1}{\mathrm{j}\omega C}} = \frac{\underline{U}}{R_1 + \mathrm{j}X_\mathrm{C}}, \quad \text{mit } X_\mathrm{C} = -\frac{1}{\omega C}$$

Schließt man den Schalter S, so fließt der Strom

$$\underline{I}_{12} = \frac{\underline{U}}{R_1 + \frac{R_2 \cdot \mathrm{j}X_\mathrm{L}}{R_2 + \mathrm{j}X_\mathrm{L}}} = \frac{\underline{U}(R_2 + \mathrm{j}X_\mathrm{L})}{R_1(R_2 + \mathrm{j}X_\mathrm{L}) + R_2 \cdot \mathrm{j}X_\mathrm{L}}$$

$$\underline{I}_{22} = \frac{\underline{U}}{R_1 + \frac{R_2 \cdot (+\mathrm{j}X_\mathrm{C})}{R_2 + \mathrm{j}X_\mathrm{C}}} = \frac{\underline{U}(R_2 + \mathrm{j}X_\mathrm{C})}{R_1(R_2 + \mathrm{j}X_\mathrm{C}) + R_2 \cdot \mathrm{j}X_\mathrm{C}} \quad \text{s.o.}$$

In den beiden Fällen soll jeweils der gleiche Strom fließen, d.h. die Gesamtwiderstände sollen gleich sein: $|\underline{Z}_1| = |\underline{Z}_2| = |\underline{Z}|$:

$$|\underline{Z}| = |R_1 + \mathrm{j}X_\mathrm{L}| = \frac{|R_1(R_2 + \mathrm{j}X_L) + R_2 \cdot \mathrm{j}X_\mathrm{L}|}{|R_2 + \mathrm{j}X_\mathrm{L}|}$$

$$|\underline{Z}| = |R_1 + \mathrm{j}X_\mathrm{C}| = \frac{|R_1(R_2 + \mathrm{j}X_\mathrm{C}) + R_2 \cdot \mathrm{j}X_\mathrm{C}|}{|R_2 + \mathrm{j}X_\mathrm{C}|} \quad \text{s.o.}$$

$$\sqrt{R_1^2 + X_\mathrm{L}^2} = \frac{\sqrt{(R_1R_2)^2 + [X_\mathrm{L}(R_1 + R_2)]^2}}{\sqrt{R_2^2 + X_\mathrm{L}^2}}$$

$$\sqrt{R_1^2 + X_\mathrm{C}^2} = \frac{\sqrt{(R_1 \cdot R_2)^2 + [X_C \cdot (R_1 + R_2)]^2}}{\sqrt{R_2^2 + X_\mathrm{C}^2}}$$

Zur Vereinfachung wird quadriert und, da völlig äquivalent, statt X_L bzw. X_C nur noch X gesetzt:

$$R_1^2 + X^2 = \frac{(R_1R_2)^2 + X^2(R_1 + R_2)^2}{R_2^2 + X^2} \Rightarrow (R_1^2 + X^2) \cdot (R_2^2 + X^2) = (R_1R_2)^2 + X^2(R_1 + R_2)^2 \Rightarrow \quad R_2 = \frac{X^2}{2R_1}$$

$$R_2 = \frac{(\omega L)^2}{2R_1}$$

$$R_2 = \frac{1}{2R_1(\omega C)^2}$$

b) Schalter S ist offen: Allgemein ist für die Reihenschaltung mit $\underline{Z} = R \pm \mathrm{j}X$

$$\varphi_\mathrm{Z} = \arctan \frac{\mathrm{Im}\{\underline{Z}\}}{R} \quad \Rightarrow$$

$$\varphi_{\mathrm{Z}_{11}} = \arctan \frac{\omega L}{R}$$

$$\varphi_{\mathrm{Z}_{21}} = \arctan \frac{-1}{\omega C \cdot R}$$

Schalter S ist geschlossen: $R_1 + (X \| R_2)$:

$$\underline{Z} = R_1 + \frac{R_2 \cdot \mathrm{j}X}{R_2 + \mathrm{j}X} = R_1 + \frac{\mathrm{j}R_2X(R_2 - \mathrm{j}X)}{R_2^2 + X^2} = \frac{R_1(R_2^2 + X^2) + R_2X^2}{R_2^2 + X^2} + \mathrm{j}\,\frac{R_2^2X}{R_2^2 + X^2} \quad \Rightarrow$$

Für beide Schaltungen:

$$\varphi_\mathrm{Z} = \arctan \frac{R_2^2 \cdot X}{R_1(R_2^2 + X^2) + R_2 \cdot X^2}$$

c) Vorgabe: $2R_1 = X_\mathrm{L} = X_\mathrm{C} = 2R$, dann ist bei offenem Schalter S (siehe b)):

$$\varphi_{\mathrm{Z}_{11}} = \arctan \frac{\omega L}{R} = \arctan 2 = 63{,}4°$$

$$\varphi_{\mathrm{Z}_{21}} = \arctan \frac{-1}{R \cdot \omega C} = \arctan(-2) = -63{,}4°$$

Schalter S ist geschlossen:

Da $R_2 = \frac{X^2}{2R_1}$, folgt mit $\varphi_\mathrm{Z} = \arctan \frac{R_2^2 \cdot X}{R_1(R_2^2 + X^2) + R_2 \cdot X^2}$ in beiden Fällen: $\varphi_\mathrm{Z} = \arctan \frac{X^3}{4R^3 + 3R \cdot X^2}$

Setzt man weiter ein, erhält man:

$$\varphi_{\mathrm{Z}_{12}} = \arctan \frac{(\omega L)^3}{4R^3 + 3R(\omega L)^2}$$

$$\varphi_{\mathrm{Z}_{12}} = \arctan \frac{8R^3}{4R^3 + 3 \cdot 4R^3}$$

$$\varphi_{\mathrm{Z}12} = \arctan \frac{1}{2} = 26{,}6°$$

$$\varphi_{\mathrm{Z}_{22}} = \arctan \frac{\left(-\frac{1}{\omega C}\right)^3}{4R^3 + 3R \cdot \left(-\frac{1}{\omega C}\right)^2}$$

$$\varphi_{\mathrm{Z}_{22}} = \arctan \frac{-8R^3}{4R^3 + 3 \cdot 4R^3} = \arctan\left(-\frac{1}{2}\right) = -26{,}6°$$

33.11

a) $\dfrac{\underline{U}_3}{\underline{U}} = \dfrac{\underline{Z}_3}{\underline{Z}_2 + \underline{Z}_3}$ (1)

$\dfrac{\underline{U}}{\underline{I}} = \underline{Z}_1 \| (\underline{Z}_2 + \underline{Z}_3) \Rightarrow \underline{U} = \underline{I} \cdot \dfrac{\underline{Z}_1(\underline{Z}_2 + \underline{Z}_3)}{\underline{Z}_1 + \underline{Z}_2 + \underline{Z}_3}$ (2)

(2) in (1):

$\dfrac{\underline{U}_3}{\underline{I}} = \dfrac{\underline{Z}_3}{\underline{Z}_2 + \underline{Z}_3} \cdot \dfrac{\underline{Z}_1(\underline{Z}_2 + \underline{Z}_3)}{\underline{Z}_1 + \underline{Z}_2 + \underline{Z}_3} = \dfrac{\underline{Z}_1 \cdot \underline{Z}_3}{\underline{Z}_1 + \underline{Z}_2 + \underline{Z}_3}$ (3)

$$\frac{\underline{U}_3}{\underline{I}} = \frac{1}{\underline{Y}_1 \cdot \underline{Y}_3} \cdot \frac{1}{\frac{1}{\underline{Y}_1} + \frac{1}{\underline{Y}_2} + \frac{1}{\underline{Y}_3}}$$

$$\frac{\underline{U}_3}{\underline{I}} = \frac{\underline{Y}_1 \cdot \underline{Y}_2 \cdot \underline{Y}_3}{\underline{Y}_1 \cdot \underline{Y}_3(\underline{Y}_1 \cdot \underline{Y}_2 + \underline{Y}_1 \cdot \underline{Y}_3 + \underline{Y}_2 \cdot \underline{Y}_3)}$$

$\dfrac{\underline{U}_3}{\underline{I}} = \dfrac{\underline{Y}_2}{\underline{Y}_1 \cdot \underline{Y}_2 + \underline{Y}_1 \cdot \underline{Y}_3 + \underline{Y}_2 \cdot \underline{Y}_3}$ (4)

b) Zahlenwerte:

$\underline{Z}_1 = j\omega L = j31{,}4\,\Omega,\ \underline{Z}_2 = R_2 = 27\,\Omega,\ \underline{Z}_3 = -j14{,}47\,\Omega$

Eingesetzt in (3)

$$\frac{\underline{U}_3}{\underline{I}} = \frac{j31{,}42\,\Omega \cdot (-j14{,}47\,\Omega)}{(+j31{,}42\,\Omega) + (27\,\Omega) + (-j14{,}47\,\Omega)}$$

$$\frac{\underline{U}_3}{\underline{I}} = \frac{454{,}6\,\Omega^2}{27\,\Omega + j17\,\Omega} \approx 12\,\Omega - j7{,}6\,\Omega \approx 14\,\Omega \cdot e^{-j(32°)}$$

33.12

a) Mit

$\underline{Z}_1 = \dfrac{1}{\frac{1}{R_1} + j\omega C_1}$ und $\underline{Z}_2 = R_2 + \dfrac{1}{j\omega C_2}$ erhält man:

$$-\frac{\underline{U}_a}{\underline{U}_e} = \left(R_2 + \frac{1}{j\omega C_2}\right) \cdot \left(\frac{1}{R_1} + j\omega C_1\right)$$

$$-\frac{\underline{U}_a}{\underline{U}_e} = \frac{R_2}{R_1} + \frac{C_1}{C_2} + j\omega C_1 R_2 + \frac{1}{j\omega C_2 R_1}$$

$$-\frac{\underline{U}_a}{\underline{U}_e} = \left(\frac{R_2}{R_1} + \frac{C_1}{C_2}\right) + j\left(\omega C_1 R_2 - \frac{1}{\omega C_2 R_1}\right)$$

bzw., wenn wie üblich $\dfrac{C_1}{C_2} \ll \dfrac{R_2}{R_1}$:

$$\frac{\underline{U}_a}{\underline{U}_e} = -\frac{R_2}{R_1}\left[1 + j\left(\omega C_1 R_1 - \frac{1}{\omega C_2 R_2}\right)\right]$$

b) Für alle Frequenzen ω ist der Realanteil konstant:

Re: $\dfrac{R_2}{R_1} + \dfrac{C_1}{C_2} = \text{konst.}$

c) Der Imaginäranteil verschwindet bei

$\omega C_1 R_1 - \dfrac{1}{\omega C_2 R_2} = 0$ bzw. wenn die Frequenz

$\omega^2 = \dfrac{1}{R_1 C_1 \cdot R_2 C_2}$ ist.

Dies bedeutet, dass auch die Phasenverschiebung

$\varphi = \arctan \dfrac{\mathrm{Im}\{\}}{\mathrm{Re}\{\}} = 0$ ist und der Quotient $\dfrac{\underline{U}_a}{\underline{U}_e}$ einen Extremwert annimmt.

d) Niedrige Frequenzen:

$\left(\dfrac{1}{\omega C_2 R_2}\right)$ wird groß mit $\omega \to 0$, $(\omega C_1 R_1)$ wird vernachlässigbar klein: ⇒ Niedrige Frequenzen werden besonders verstärkt (Tiefpassverhalten).

Hohe Frequenzen:

$\left(\dfrac{1}{\omega C_2 R_2}\right)$ wird vernachlässigbar klein mit $\omega \to \infty$, während $(\omega C_1 R_1)$ sehr groß wird: ⇒ Hohe Frequenzen gelangen verstärkt zum Ausgang (Hochpassverhalten).

Insgesamt hat die Schaltung idealisiert einen typischen Frequenzgang:

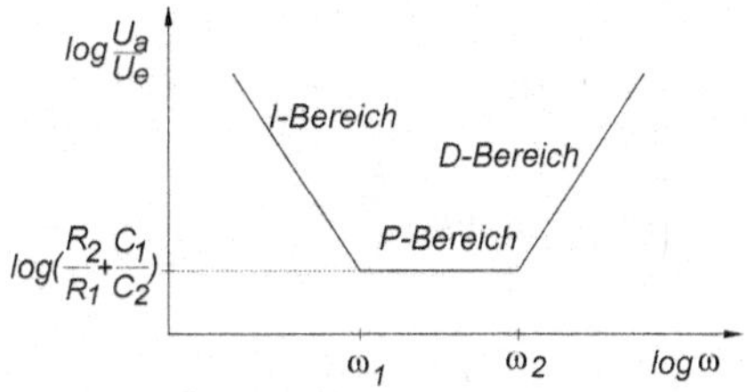

Hierbei bezeichnet man die Frequenzen ω_1 und ω_2 bzw. f_1 und f_2 als Eckfrequenzen, wobei

$f_1 = \dfrac{1}{2\pi \cdot R_2 \cdot C_2}$ und $f_2 = \dfrac{1}{2\pi \cdot R_1 \cdot C_1}$ sind.

Die folgenden Diagramme zeigen das reale Verhalten der Schaltung, wobei

$R_1 = 50\,\mathrm{k}\Omega,\ R_2 = 100\,\mathrm{k}\Omega,\ C_1 = 20\,\mathrm{nF},\ C_2 = 1\,\mu\mathrm{F}$ sind und beim Operationsverstärker $V_0 \to \infty$ geht.

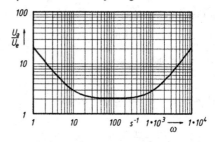

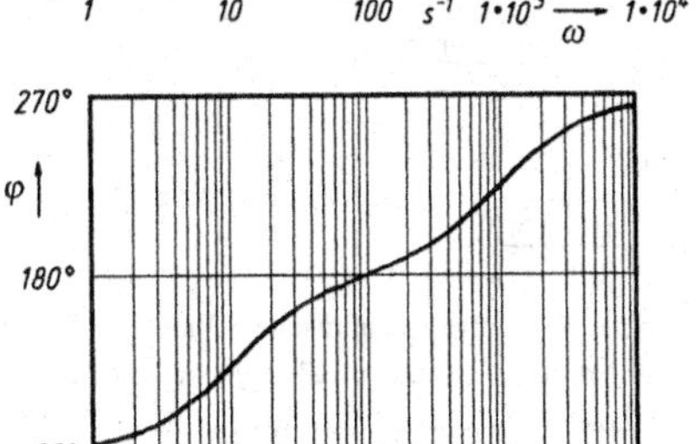

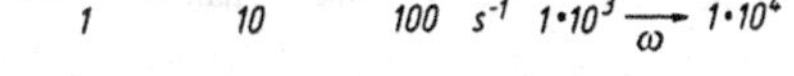

33.13

Man kann entweder die in den Übersichtsseiten angeführten Gleichungen des belasteten Spannungsteilers benutzen oder leitet sich diese aus den Grundgleichungen nochmals her:

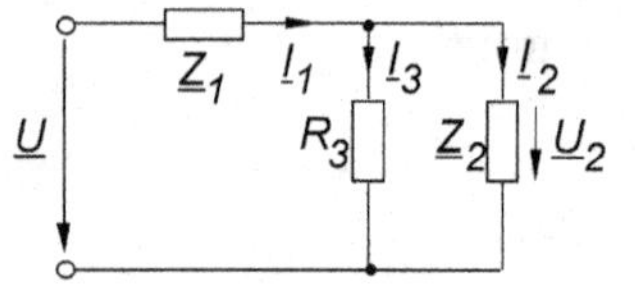

$$\underline{U} = \underline{I}_1 \cdot \underline{Z}_1 + \underline{I}_3 \cdot R_3 \qquad (1)$$

$$\underline{I}_1 = \underline{I}_2 + \underline{I}_3 \qquad (2)$$

$$\underline{I}_3 = \underline{I}_2 \cdot \frac{\underline{Z}_2}{R_3} \qquad (3)$$

(3) in (2) ergibt

$$\underline{I}_1 = \underline{I}_2 \cdot \left(1 + \frac{\underline{Z}_2}{R_3}\right)$$

eingesetzt in (1) und den Quotienten $\frac{\underline{U}}{\underline{I}_2}$ gebildet:

$$\frac{\underline{U}}{\underline{I}_2} = \frac{\underline{I}_2\left(1 + \frac{\underline{Z}_2}{R_3}\right) \cdot \underline{Z}_1 + \underline{I}_2 \cdot \frac{\underline{Z}_2}{R_3} \cdot R_3}{\underline{I}_2} = \underline{Z}_1 + \frac{\underline{Z}_1 \underline{Z}_2}{R_3} + \underline{Z}_2$$

$$\frac{\underline{U}}{\underline{I}_2} = (R_1 + \mathrm{j}\omega L_1) + \frac{(R_1 + \mathrm{j}\omega L_1)(R_2 + \mathrm{j}\omega L_2)}{R_3} + (R_2 + \mathrm{j}\omega L_2)$$

Damit $\underline{U}$ gegenüber $\underline{I}_2$ um 90° voreilt, muss sein:

$$\varphi = \arctan \frac{\mathrm{Im}\left\{\frac{\underline{U}}{\underline{I}_2}\right\}}{\mathrm{Re}\left\{\frac{\underline{U}}{\underline{I}_2}\right\}} = \frac{\pi}{2}$$

Die Tangensfunktion geht für $\varphi = \frac{\pi}{2}$ nach ∞,

sodass die Winkelbedingung erfüllt wird, wenn

$\mathrm{Re}\left\{\frac{\underline{U}}{\underline{I}_2}\right\}$ sich null annähert:

$$\mathrm{Re}\left\{\frac{\underline{U}}{\underline{I}_2}\right\} = R_1 + \frac{R_1 R_2 - \omega^2 L_1 L_2}{R_3} + R_2 = 0$$

$$R_1 + R_2 = \frac{\omega^2 L_1 L_2 - R_1 R_2}{R_3}$$

Ergebnis:

$$R_3 = \frac{\omega^2 L_1 L_2 - R_1 R_2}{R_1 + R_2}$$

Wenn also R_3 ein realer ohmscher Widerstand sein soll, muss der Nenner > 0 (ist bei realen R_1, R_2 sowieso erfüllt) und $\omega^2 L_1 L_2 \rangle R_1 R_2$ sein, d.h. kleiner ohmscher Widerstand der beiden Spulen! (Hummel-Schaltung)

33.14

a) Mit dem Ansatz für den belasteten Spannungsteiler

$$\frac{\underline{I}_{\mathrm{R2}}}{\underline{U}} = \frac{\underline{Z}_2}{\underline{Z}_1\underline{Z}_2 + \underline{Z}_1\underline{Z}_3 + \underline{Z}_2\underline{Z}_3} \quad \text{folgt:}$$

$$\underline{I}_{\mathrm{R2}} = \underline{U} \cdot \frac{\frac{1}{\mathrm{j}\omega C}}{(R_1 + \mathrm{j}\omega L) \cdot \frac{1}{\mathrm{j}\omega C} + (R_1 + \mathrm{j}\omega L) \cdot R_2 + \frac{1}{\mathrm{j}\omega C} \cdot R_2}$$

$$\underline{I}_{\mathrm{R2}} = \underline{U} \cdot \frac{1}{R_1 + R_2 - \omega^2 R_2 LC + \mathrm{j}\omega\,(R_1 R_2 C + L)}$$

$$\underline{I}_{\mathrm{R2}} = \underline{U} \cdot \frac{\left[\left(R_1 + R_2 - \omega^2 R_2 LC\right) - \mathrm{j}\omega\left(R_1 R_2 C + L\right)\right]}{(R_1 R_2 - \omega^2 R_2 LC)^2 + \left[\omega\,(R_1 R_2 C + L)\right]^2}$$

b) $$\underline{Z} = R_1 + \mathrm{j}\omega L + \frac{R_2 \cdot \frac{1}{\mathrm{j}\omega C}}{R_2 + \frac{1}{\mathrm{j}\omega C}} = R_1 + \mathrm{j}\omega L + \frac{R_2}{1 + \mathrm{j}\omega C R_2}$$

Nach Hauptnennerbildung und Imaginär-Freimachen des Nenners ergibt sich für den komplexen Gesamtwiderstand:

$$\underline{Z} = \frac{\left[(R_1 + R_2 - \omega^2 R_2 LC) + \mathrm{j}\,(\omega R_1 R_2 C + \omega L)\right] \cdot (1 - \mathrm{j}\omega C R_2)}{1 + (\omega C R_2)^2}$$

Wenn $\underline{Z}$ reell werden soll, muss der Imaginärteil gleich null sein. Betrachtet werden nur noch die imaginären Glieder:

$$\mathrm{j}\,\mathrm{Im}\{\underline{Z}\} = (R_1 + R_2 - \omega^2 R_2 LC)(-\mathrm{j}\omega C R_2) + \mathrm{j}(\omega C \cdot R_1 R_2 + \omega L)$$

$$\mathrm{j}\,\mathrm{Im}\{\underline{Z}\} = \mathrm{j}(-\omega C R_1 R_2 - \omega C R_2{}^2 + \omega^3 R_2{}^2 L C^2 + \omega C R_1 R_2 + \omega L)$$

$$\mathrm{Im}\{\underline{Z}\} = 0 \quad \Rightarrow \quad \omega(-R_2{}^2 C + \omega^2 R_2{}^2 L C^2 + L) = 0$$

Gesuchte (Kreis-)Frequenz: $$\omega = \sqrt{\frac{1}{LC} - \frac{1}{(R_2 C)^2}}$$

c) Zeigerbild:

- Begonnen wird mit $\underline{U}_2$ und $\underline{I}_{\mathrm{R2}}$
- Senkrecht zu $\underline{U}_2$ bzw. $\underline{I}_{\mathrm{R2}}$ den Strom $\underline{I}_{\mathrm{C}}$ antragen
- Resultierender $\underline{I}$ in Phase mit $\underline{U}_{\mathrm{R1}}$
- Senkrecht zu $\underline{U}_{\mathrm{R1}}$ ist $\underline{U}_{\mathrm{L}}$ anzutragen
- Alle Spannungszeiger aneinandergereiht ergeben den resultierenden Zeiger $\underline{U}$

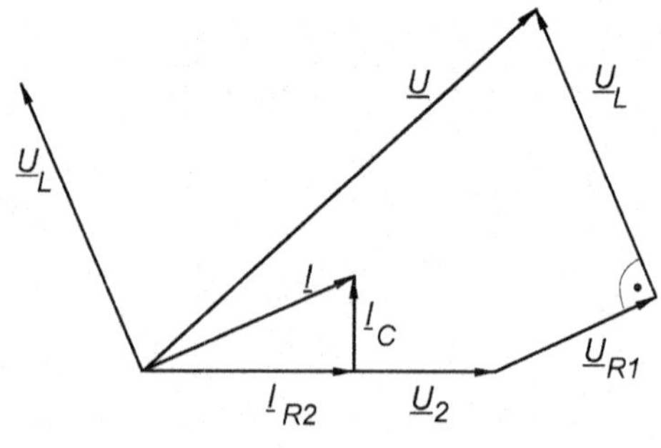

33.15

a) Ansatz: $\frac{\underline{U}_a}{\underline{U}_e} = \frac{\underline{U}_1}{\underline{U}_e} \cdot \frac{\underline{U}_a}{\underline{U}_1}$

Herleitung eines Widerstandsverhältnisses für $\frac{\underline{U}_1}{\underline{U}_e}$:

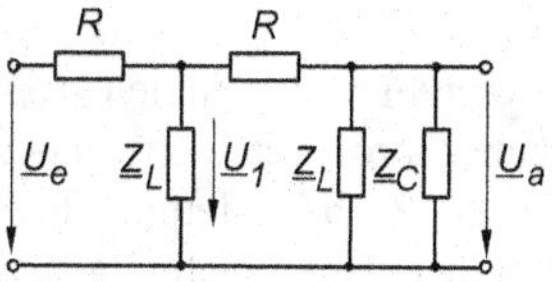

$$\frac{\underline{U}_1}{\underline{U}_e} = \frac{\underline{Z}_L \parallel (R + \underline{Z}_L \parallel \underline{Z}_C)}{R + \left[\underline{Z}_L \parallel (R + \underline{Z}_L \parallel \underline{Z}_C)\right]}$$

$$\frac{\underline{U}_1}{\underline{U}_e} = \frac{\dfrac{\underline{Z}_L \cdot \left(R + \dfrac{\underline{Z}_L \cdot \underline{Z}_C}{\underline{Z}_L + \underline{Z}_C}\right)}{\underline{Z}_L + \left(R + \dfrac{\underline{Z}_L \cdot \underline{Z}_C}{\underline{Z}_L + \underline{Z}_C}\right)}}{R + \dfrac{\underline{Z}_L \cdot \left(R + \dfrac{\underline{Z}_L \cdot \underline{Z}_C}{\underline{Z}_L + \underline{Z}_C}\right)}{\underline{Z}_L + \left(R + \dfrac{\underline{Z}_L \cdot \underline{Z}_C}{\underline{Z}_L + \underline{Z}_C}\right)}}$$

$$\frac{\underline{U}_1}{\underline{U}_e} = \frac{\underline{Z}_L \cdot \left(R + \dfrac{\underline{Z}_L \cdot \underline{Z}_C}{\underline{Z}_L + \underline{Z}_C}\right)}{R \cdot \left(\underline{Z}_L + R + \dfrac{\underline{Z}_L \cdot \underline{Z}_C}{\underline{Z}_L + \underline{Z}_C}\right) + \underline{Z}_L \cdot \left(R + \dfrac{\underline{Z}_L \cdot \underline{Z}_C}{\underline{Z}_L + \underline{Z}_C}\right)}$$

mit $\frac{\underline{Z}_L \cdot \underline{Z}_C}{\underline{Z}_L + \underline{Z}_C} = \frac{\mathrm{j}\omega L \cdot \frac{1}{\mathrm{j}\omega C}}{\mathrm{j}\omega L + \frac{1}{\mathrm{j}\omega C}} = \frac{\mathrm{j}\omega L}{1 - \omega^2 LC}$

$$\frac{\underline{U}_1}{\underline{U}_e} = \frac{\mathrm{j}\omega L \cdot \left(R + \dfrac{\mathrm{j}\omega L}{1-\omega^2 LC}\right)}{R\left(\mathrm{j}\omega L + R + \dfrac{\mathrm{j}\omega L}{1-\omega^2 LC}\right) + \mathrm{j}\omega L\left(R + \dfrac{\mathrm{j}\omega L}{1-\omega^2 LC}\right)} = \frac{\mathrm{j}\omega L \cdot \left[R \cdot (1-\omega^2 LC) + \mathrm{j}\omega L\right]}{R\left[(R+\mathrm{j}\omega L)\cdot(1-\omega^2 LC) + \mathrm{j}\omega L\right] + \mathrm{j}\omega L\left[R\cdot(1-\omega^2 LC) + \mathrm{j}\omega L\right]}$$

Herleitung eines Widerstandsverhältnisses für $\frac{\underline{U}_a}{\underline{U}_1}$:

$$\frac{\underline{U}_a}{\underline{U}_1} = \frac{\underline{Z}_L \parallel \underline{Z}_C}{R + \underline{Z}_L \parallel \underline{Z}_C}$$

$$\frac{\underline{U}_a}{\underline{U}_1} = \frac{\dfrac{\underline{Z}_L \cdot \underline{Z}_C}{\underline{Z}_L + \underline{Z}_C}}{R + \dfrac{\underline{Z}_L \cdot \underline{Z}_C}{\underline{Z}_L + \underline{Z}_C}} = \frac{\dfrac{\mathrm{j}\omega L}{1-\omega^2 LC}}{R + \dfrac{\mathrm{j}\omega L}{1-\omega^2 LC}} = \frac{\mathrm{j}\omega L}{R\cdot(1-\omega^2 LC) + \mathrm{j}\omega L}$$

Einsetzen der Teilergebnisse in die Ausgangsbeziehung:

$$\frac{\underline{U}_a}{\underline{U}_e} = \frac{\mathrm{j}\omega L \cdot \left[R\cdot(1-\omega^2 LC) + \mathrm{j}\omega L\right]}{R\cdot\left[(R+\mathrm{j}\omega L)\cdot(1-\omega^2 LC) + \mathrm{j}\omega L\right] + \mathrm{j}\omega L \cdot \left[R\cdot(1-\omega^2 LC) + \mathrm{j}\omega L\right]} \cdot \frac{\mathrm{j}\omega L}{R\cdot(1-\omega^2 LC) + \mathrm{j}\omega L}$$

Ergebnis: $\frac{\underline{U}_a}{\underline{U}_e} = \frac{-(\omega L)^2}{R^2 \cdot (1-\omega^2 LC) - (\omega L)^2 + \mathrm{j}\omega \cdot (3R - 2\omega^2 RLC)}$

b) $\underline{U}_a$ und $\underline{U}_e$ sind gleichphasig, wenn der Imaginärteil gleich null ist. Nullsetzen des Imaginäranteils ergibt:

$3R - 2\omega^2 RLC = 0 \;\Rightarrow\; L = \frac{3}{2 \cdot \omega^2 \cdot C}$ (da $R \neq 0$)

Weiterhin erkennt man, dass R einen beliebigen Wert mit $R > 0$ annehmen kann!

34 Lösungsmethoden zur Analyse von Wechselstromnetzen

Alle Netzwerkanalyseverfahren der Gleichstromtechnik (s. Band I, Kap.14) lassen sich in gleichartiger Weise auf Wechselstromnetze anwenden. Deshalb erfolgt hier nur noch eine sehr knappe Darstellung der Methoden. Zu beachten ist aber, dass bei Netzwerken mit mehreren Quellen diese exakt frequenzgleich sein müssen, beliebige Nullphasenwinkel sind jedoch zulässig. In den entsprechenden Übungsaufgaben ist diese Forderung erfüllt, weil angenommen wird, dass die Quellen einen gemeinsamen Frequenzursprung haben, also keine freilaufenden Generatoren sind.

Wechselspannungsquelle mit Quellenspannung U_0: 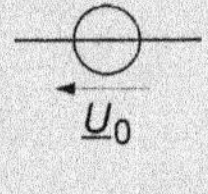

Wechselstromquelle mit Quellenstrom I_0: 

Spannungs- und Stromteiler-Ersatzschaltungen

Lösungsstrategie: Oft lassen sich Netzwerkteile so zu komplexen Teilwiderständen zusammenfassen, dass die Spannungs- und Stromteilerregeln (s. auch Kap. 33) angesetzt werden können:

$$\frac{\underline{U}_3}{\underline{U}}=\frac{\dfrac{\underline{Z}_2\cdot\underline{Z}_3}{\underline{Z}_2+\underline{Z}_3}}{\underline{Z}_1+\dfrac{\underline{Z}_2\cdot\underline{Z}_3}{\underline{Z}_2+\underline{Z}_3}}=\frac{\underline{Z}_2\cdot\underline{Z}_3}{\underline{Z}_1\cdot(\underline{Z}_2+\underline{Z}_3)+(\underline{Z}_2\cdot\underline{Z}_3)}=\frac{\underline{Y}_1}{\underline{Y}_1+\underline{Y}_2+\underline{Y}_3}$$

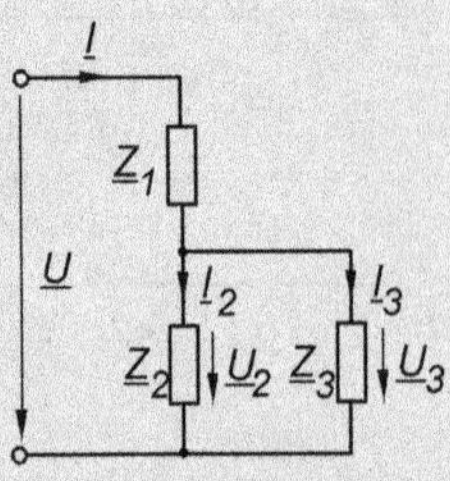

$$\frac{\underline{I}_3}{\underline{I}}=\frac{\dfrac{\underline{Z}_2\cdot\underline{Z}_3}{\underline{Z}_2+\underline{Z}_3}}{\underline{Z}_3}=\frac{\underline{Z}_2}{\underline{Z}_2+\underline{Z}_3}=\frac{\underline{Y}_3}{\underline{Y}_2+\underline{Y}_3},\qquad \frac{\underline{I}_3}{\underline{I}_2}=\frac{\underline{Y}_3}{\underline{Y}_2}=\frac{\underline{Z}_2}{\underline{Z}_3}$$

$$\frac{\underline{I}_3}{\underline{U}}=\frac{\underline{Z}_2}{\underline{Z}_1\underline{Z}_2+\underline{Z}_1\underline{Z}_3+\underline{Z}_2\underline{Z}_3}=\frac{1}{\underline{Z}_1+\underline{Z}_3+\dfrac{\underline{Z}_1\cdot\underline{Z}_3}{\underline{Z}_2}}=\frac{\underline{Y}_1\cdot\underline{Y}_3}{\underline{Y}_1+\underline{Y}_2+\underline{Y}_3}$$

Besonders vorteilhaft ist diese Methode, wenn nur in einem Netzwerkzweig oder Netzwerkteil eine Spannung oder ein Strom zu bestimmen ist.

Stern-Dreieck-Umwandlung

Lösungsstrategie: Vereinfachung von Netzwerkteilen mit Hilfe der Stern-Dreieck-Umwandlung.

Umwandlungsregeln:

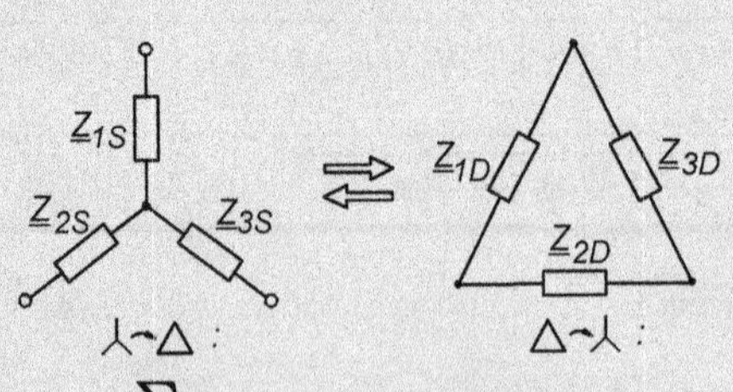

$$\underline{Z}_{1D}=\frac{\sum\underline{Z}_S}{\underline{Z}_{3S}},\quad \underline{Z}_{2D}=\frac{\sum\underline{Z}_S}{\underline{Z}_{1S}},\quad \underline{Z}_{3D}=\frac{\sum\underline{Z}_S}{\underline{Z}_{2S}}\qquad \underline{Z}_{1S}=\frac{\underline{Z}_{1D}\cdot\underline{Z}_{3D}}{\sum\underline{Z}_D},\quad \underline{Z}_{2S}=\frac{\underline{Z}_{1D}\cdot\underline{Z}_{2D}}{\sum\underline{Z}_D},\quad \underline{Z}_{3S}=\frac{\underline{Z}_{2D}\cdot\underline{Z}_{3D}}{\sum\underline{Z}_D}$$

$$\sum\underline{Z}_S=\underline{Z}_{1S}\cdot\underline{Z}_{2S}+\underline{Z}_{1S}\cdot\underline{Z}_{3S}+\underline{Z}_{2S}\cdot\underline{Z}_{3S}\qquad \sum\underline{Z}_D=\underline{Z}_{1D}+\underline{Z}_{2D}+\underline{Z}_{3D}$$

Ersatzspannungsquelle und Ersatzstromquelle

Lösungsstrategie: Sind in einem Netzwerk der Strom oder die Spannung in nur einem Netzzweig gesucht, kann man den Rest der Schaltung als eine gedachte Ersatzspannungs- oder Ersatzstromquelle behandeln. Die charakteristischen Größen der Ersatzquellen sind bei der

- Ersatzspannungsquelle: Quellenspannung $\underline{U}_0$ und Innenwiderstand $\underline{Z}_i$
- Ersatzstromquelle: Quellenstrom $\underline{I}_0$ und Innenleitwert $\underline{Y}_i$

Vorgehensweise: Die charakteristischen Größen der Ersatzquellen ergeben sich aus:

Ersatzschaltung	Spannungsquelle	Stromquelle
	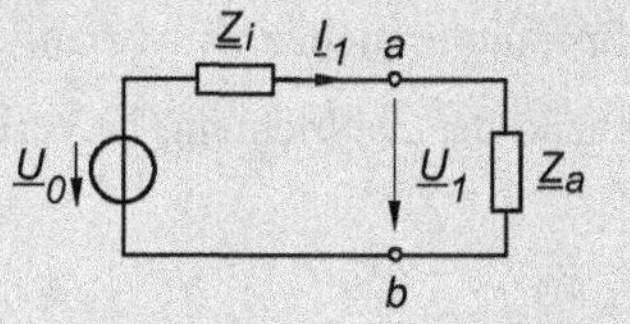	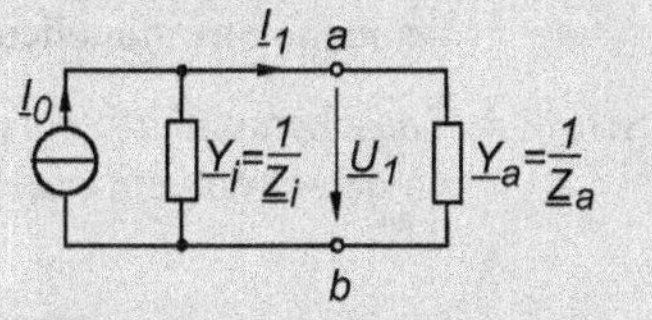
Leerlauf $\underline{Z}_a \to \infty$	$\underline{U}_1 = \underline{U}_0 = \underline{U}_L, \quad \underline{I}_1 = 0$	$\underline{I}_1 = 0, \quad \underline{U}_1 = \underline{I}_0 \cdot \underline{Z}_i$
Kurzschluss $\underline{Z}_a \to 0$	$\underline{U}_1 = 0, \quad \underline{I}_1 = \frac{\underline{U}_0}{\underline{Z}_i} = \underline{I}_k$	$\underline{I}_1 = \underline{I}_0 = \underline{I}_k, \quad \underline{U}_1 = 0$
Last $0 \langle \underline{Z}_a \langle \infty$	$\underline{U}_1 = \underline{I}_1 \cdot \underline{Z}_a = \underline{U}_0 - \underline{I}_1 \cdot \underline{Z}_i$	$\underline{I}_1 = \frac{\underline{U}_1}{\underline{Z}_a} = \underline{I}_0 - \frac{\underline{U}_1}{\underline{Z}_i}$
Ermittlung des Innenwiderstandes	Man stellt sich die Spannungsquelle kurzgeschlossen vor;	Man stellt sich die Stromquelle abgeklemmt vor;
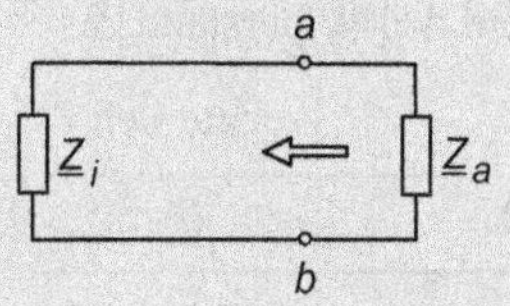	dann liegt, von der Klemmenseite aus gesehen, der Innenwiderstand $\underline{Z}_i$ zwischen den Anschlüssen a und b, also parallel zu $\underline{Z}_a$.	

Superpositionsgesetz

Die Spannungen bzw. Ströme in den einzelnen Zweigen eines linearen Netzes sind das Ergebnis der Addition der Teilwirkungen jeder einzelnen Netzquelle (alle mit gleicher Kreisfrequenz ω).

Lösungsstrategie:

1. In einem Netz mit mehreren Quellen wird zunächst die Wirkung einer Quelle betrachtet,
   - alle übrigen Spannungsquellen werden kurzgeschlossen gedacht ($\underline{Z}_i$ verbleiben im Netzzweig!)
   - alle übrigen Stromquellen werden abgeklemmt gedacht (ihre $\underline{Z}_i$ verbleiben im Netzzweig!).

   Für diese eine Quelle werden nun die Teilströme bzw. Teilspannungen in den einzelnen Zweigen des Netzes berechnet.
2. Mit allen anderen Quellen ist sukzessive in der gleichen Weise zu verfahren.
   - Hinweis: Bei den Aufgabenlösungen ist die n-te Teilwirkung durch n hochgestellte Apostrophe gekennzeichnet, z.B.: $\underline{I}_1'''$
3. Die gesuchten Größen in den einzelnen Zweigen ergeben sich dann durch Aufaddition der Teilströme bzw. Teilspannungen unter Berücksichtigung ihrer Orientierung.

Beachte: Vorausgesetzt sind lineare Netzwerkelemente, d.h. z.B. keine Spule mit Eisenkern o.ä.!

Lösungsstrategie zur Maschenstromanalyse unter Benutzung eines „vollständigen Baumes"

Schritt 1: Vollständigen Baum so wählen, dass alle Knoten verbunden sind, aber kein geschlossener Umlauf entsteht (siehe Skizze). Zur Vereinfachung können die gesuchten Ströme und die Quellen in die Verbindungszweige gelegt werden (unabhängige Ströme).

Schritt 2: Nummerierung der Zweige vornehmen (z.B. entsprechend den vorgegebenen Strömen bzw. Bauelementen).

Schritt 3: Zählrichtung in allen Verbindungszweigen vorgeben. Diese Zählrichtung entspricht der Umlaufrichtung für die unabhängigen Maschen ⇒ gleiche Orientierung wie Spannungs-Zählpfeile in den Verbindungszweigen. Zur Vereinfachung gegebenenfalls vorhandene Stromquellen in Spannungsquellen umformen.

Schritt 4: Maschenumläufe entsprechend der Zählrichtung in Verbindungszweigen festlegen und in den Graph eintragen.

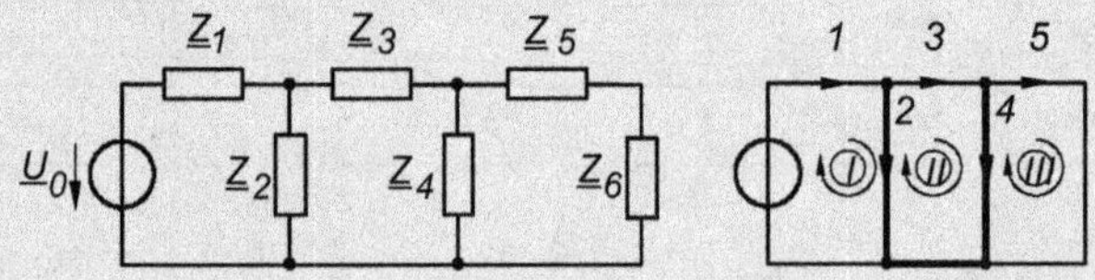

Schritt 5: Koeffizientenschema für Widerstandsmatrix aufstellen:

- Hauptdiagonale: Summe aller Widerstände des zugehörigen Spannungsumlaufes.
- Die übrigen Elemente werden durch die Widerstände gebildet, die den verschiedenen Umläufen gemeinsam sind.

Beispiel: Masche I hat mit Masche II als gemeinsames Element den Widerstand $\underline{Z}_2$.

	$\underline{I}_1$	$\underline{I}_3$	$\underline{I}_5$	rechte Seite
Masche I	$\underline{Z}_1+\underline{Z}_2$	$-\underline{Z}_2$	0	$\underline{U}_0$
Masche II	$-\underline{Z}_2$	$\underline{Z}_2+\underline{Z}_3+\underline{Z}_4$	$-\underline{Z}_4$	0
Masche III	0	$-\underline{Z}_4$	$\underline{Z}_4+\underline{Z}_5+\underline{Z}_6$	0

Die Widerstände erhalten ein positives Vorzeichen, wenn in dem gemeinsamen Zweig beide Umläufe die gleiche Orientierung haben, anderenfalls ein negatives Vorzeichen. Sind keine gemeinsamen Elemente vorhanden, ist der Widerstand mit $\underline{Z}=0$ einzusetzen. Das Koeffizientenschema ist symmetrisch zur Hauptdiagonalen.

Schritt 6: Auf der rechten Seite des Gleichungssytems stehen die Generatorspannungen in dem betrachteten Umlauf mit

- positivem Vorzeichen, wenn Umlauf- und Spannungsrichtung entgegengesetzt sind bzw.,
- negativem Vorzeichen bei gleicher Orientierung.

Schritt 7: Die unbekannten Ströme (im Beispiel $\underline{I}_1$, $\underline{I}_3$ und $\underline{I}_5$) können dann mit den Lösungsmethoden für Gleichungssysteme bestimmt werden.

Die Maschenstromanalyse ist immer dann zweckmäßig, wenn der Baum so gelegt werden kann, dass möglichst wenig Gleichungen, d.h. möglichst wenig Verbindungszweige, entstehen.

Lösungsstrategie zur Knotenspannungsanalyse unter Benutzung eines „vollständigen Baumes"

Schritt 1: Vollständigen Baum so wählen, dass alle Knoten sternförmig mit dem Bezugsknoten verbunden sind (siehe Skizze). Ist nur ein Strom bzw. nur eine Spannung gesucht, kann der Bezugsknoten in einen Knoten dieses Zweiges gelegt werden. Zur Vereinfachung lege man vorhandene Stromquellen in Verbindungszweige.

Schritt 2: Kennzeichnung des Bezugsknotens (hier: Knoten A) und der anderen Knoten (hier: B, C, D).

Schritt 3: Zählpfeilrichtung der unabhängigen Spannungen (Baumzweige) in Richtung auf Bezugsknoten festlegen. Zur Vereinfachung gegebenenfalls vorhandene Spannungsquellen in Stromquellen umformen.

Schritt 4: Knotenströme mit Zählrichtung in Verbindungszweigen festlegen und in den Graph eintragen.

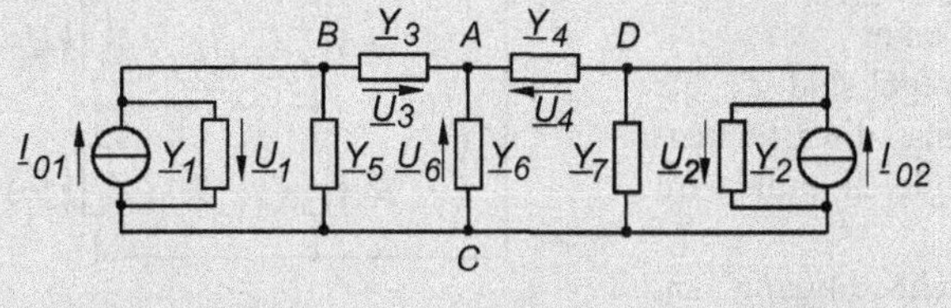

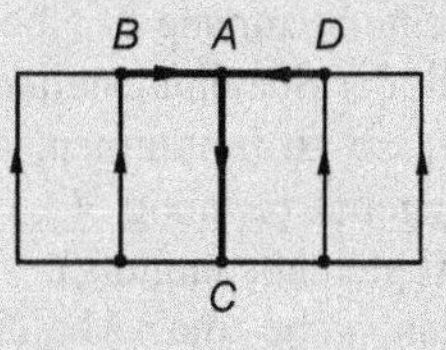

Schritt 5: Koeffizientenschema für Admittanzmatrix aufstellen:

- Hauptdiagonale: Summe aller Admittanzen der Zweige, die von dem betrachteten Knoten ausgehen.
- Die übrigen Elemente werden durch die Admittanzen gebildet, die einen Knoten mit einem anderen Knoten verbinden.

Beispiel: Der Knoten D (mit der Spannung $\underline{U}_4$ gegenüber dem Bezugsknoten A) ist mit dem Knoten C durch die Admittanzen $\underline{Y}_2$ und $\underline{Y}_7$ verbunden.

	$\underline{U}_3$	$\underline{U}_4$	$\underline{U}_6$	rechte Seite
Knoten B	$\underline{Y}_1+\underline{Y}_3+\underline{Y}_5$	0	$-(\underline{Y}_1+\underline{Y}_5)$	$\underline{I}_{01}$
Knoten D	0	$\underline{Y}_2+\underline{Y}_4+\underline{Y}_7$	$-(\underline{Y}_2+\underline{Y}_7)$	$\underline{I}_{02}$
Knoten C	$-(\underline{Y}_1+\underline{Y}_5)$	$-(\underline{Y}_2+\underline{Y}_7)$	$\underline{Y}_1+\underline{Y}_2+\underline{Y}_5+\underline{Y}_6+\underline{Y}_7$	$-(\underline{I}_{01}+\underline{I}_{02})$

Grundsätzlich haben alle übrigen Elemente ein negatives Vorzeichen.
Ist kein direkter Verbindungsweg vorhanden, ist die Admittanz mit $\underline{Y}=0$ einzutragen.
Das Koeffizientenschema ist symmetrisch zur Hauptdiagonalen.

Schritt 6: Auf der rechten Seite des Gleichungssytems stehen alle in den betreffenden Knoten

- zufließenden Generatorströme mit positivem Vorzeichen bzw.
- abfließenden Generatorströme mit negativem Vorzeichen.

Schritt 7: Die unbekannten Spannungen (im Beispiel $\underline{U}_3$, $\underline{U}_4$ und $\underline{U}_6$) sind anschließend mit den Lösungsmethoden für Gleichungssysteme zu ermitteln.

Die Knotenspannungsanalyse ist immer dann vorteilhaft einzusetzen, wenn sich alle Knoten durch möglichst wenig Baumzweige ($\hat{=}$ Zahl der Knotengleichungen) verbinden lassen.

34.1 Aufgaben

Spannungs- und Stromteiler-Ersatzschaltung

❷ **34.1:** In nebenstehender Schaltung sind bekannt:
die Quellenspannung $\underline{U}_0$ mit ω bzw. f und die Schaltungsgrößen R_1, R_3, L_2 sowie L_4.
Bestimmen Sie mit der Spannungsteilerregel den Strom $\underline{I}_4$ in allgemeiner Form.

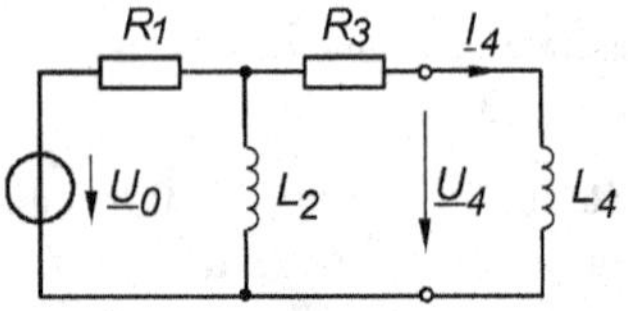

❷ **34.2:** In der skizzierten Brückenschaltung seien die Widerstände $\underline{Z}_1$ bis $\underline{Z}_4$ sowie die angelegte Spannung $\underline{U}_0$ bekannt.

a) Mit der Spannungsteilerregel sind $\underline{Z}_1$ bis $\underline{Z}_4$ so zu bestimmen, dass die Brückendiagonalspannung $\underline{U}_5$ gleich null wird (Abgleichbedingung).

b) Man gebe die Abgleichbedingung an, wenn $\underline{Z}_1 = R_1 + \mathrm{j}\,\omega L_1$, $\underline{Z}_2 = R_2$,

$$\underline{Z}_3 = R_3 \text{ und } \underline{Z}_4 = R_4 \left\| \frac{1}{\mathrm{j}\,\omega C_4} \right. \text{ sind.}$$

(Maxwell-Wien-Brücke zur Messung verlustbehafteter Induktivitäten)

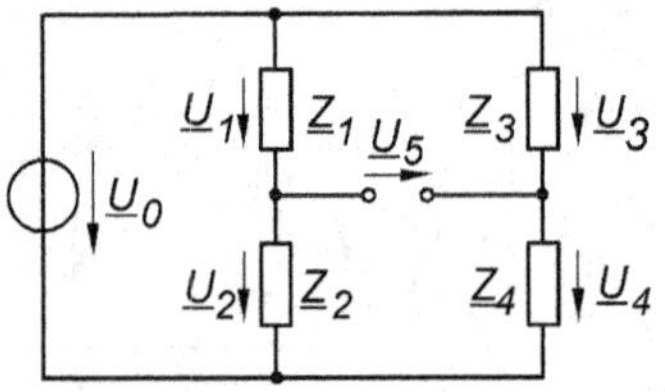

❷ ❸ **34.3:** Für die in Aufgabe 34.2 gegebene Brückenschaltung sei nun:

$\underline{Z}_1 = \underline{Z}_2 = R$,

$\underline{Z}_3$ ein Potenziometer R_3 mit $0 \le R_3 < \infty$,

$$\underline{Z}_4 = \frac{1}{\mathrm{j}\omega C}.$$

Die entstandene Schaltung wird Phasendrehbrücke genannt.

a) Welchen Wert nimmt die Brückendiagonalspannung $\underline{U}_5$ bei Variation von R_3 an?

b) In welchem Bereich lässt sich mittels R_3 der Phasenverschiebungswinkel zwischen den Spannungen $\underline{U}_5$ und $\underline{U}_0$ einstellen?

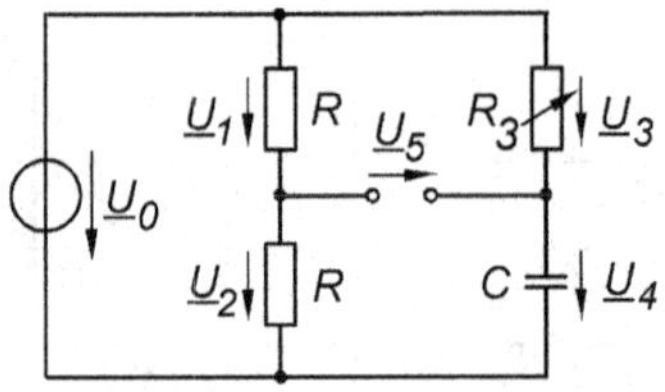

❷❸ **34.4:** Für die gegebene Schaltung mit R_1, C und L soll der Widerstand R_2 so bemessen werden, dass die Spannung $\underline{U}_2$ gegenüber der Spannung $\underline{U}_0$ eine Phasenverschiebung von $\varphi = -\pi/2$ hat.
Leiten Sie mit der Spannungsteilerregel eine entsprechende Beziehung für $\underline{U}_0/\underline{U}_2$ her und bestimmen Sie den zulässigen Wertebereich der Kreisfrequenz ω.

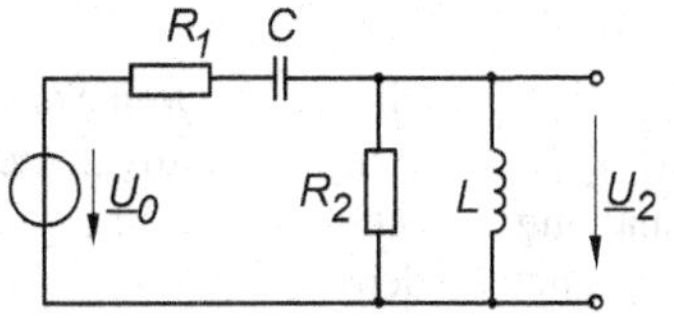

❷ **34.5:** Leiten Sie für den gegebenen modifizierten Stromteiler die Verhältnisse

$$\frac{\underline{U}_3}{\underline{I}} = \qquad \text{sowie} \qquad \frac{\underline{I}_3}{\underline{I}} =$$

in der allgemeinen Form her, wobei die rechten Gleichungsseiten nur Impedanzen bzw. nur Admittanzen enthalten sollen.

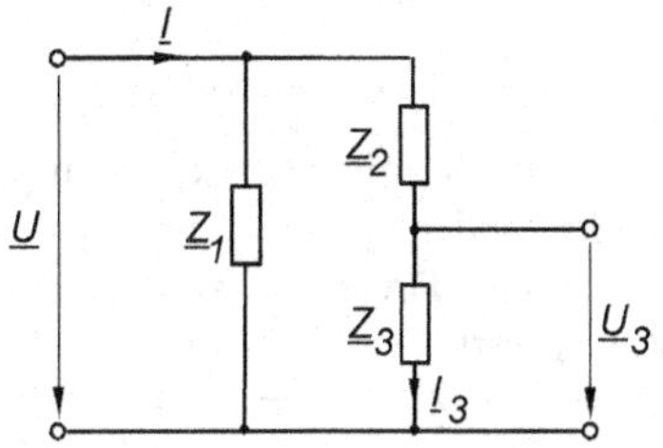

❷ **34.6:** In dem abgebildeten Netzwerk haben die Bauelemente folgende Werte:

$\underline{Z}_2 = \underline{Z}_3 = \underline{Z}_4 = R = 25\ \Omega$

$\underline{Z}_1 = \underline{Z}_6 = \mathrm{j}X_\mathrm{L} = \mathrm{j}10\ \Omega$

$\underline{Z}_5 = +\mathrm{j}X_\mathrm{C} = -\mathrm{j}10\ \Omega$

$\underline{I}_0 = 1\ \mathrm{A} \cdot \mathrm{e}^{\mathrm{j}\,0}$

Ges.: Ströme $\underline{I}_4$ und $\underline{I}_2$ mit Stromteilerregel

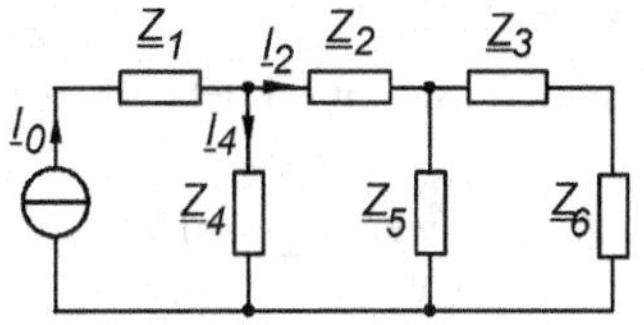

Stern-Dreieck-Umwandlung

❶❷ **34.7:**

a) Leiten Sie unter Zuhilfenahme der Dreieck-Stern-Transformation der aus $\underline{Z}_2$, $\underline{Z}_3$ und $\underline{Z}_4$ bestehenden Teilschaltung die Gleichung des erweiterten Spannungsteilers für das Verhältnis

$$\frac{\underline{U}_\mathrm{a}}{\underline{U}_0} = f\left(\underline{Z}_1, \underline{Z}_2, \underline{Z}_3, \underline{Z}_4\right)$$

her.

b) Ermitteln Sie $\underline{U}_\mathrm{a}$ mit Betrag und Phasenwinkel, wenn gilt:

$\underline{Z}_1 = \underline{Z}_3 = \mathrm{j}\omega L = \mathrm{j}10\ \Omega$,

$\underline{Z}_2 = \underline{Z}_4 = -\mathrm{j}\dfrac{1}{\omega C} = -\mathrm{j}5\ \Omega$,

$\underline{U}_0 = 12\ \mathrm{V}$.

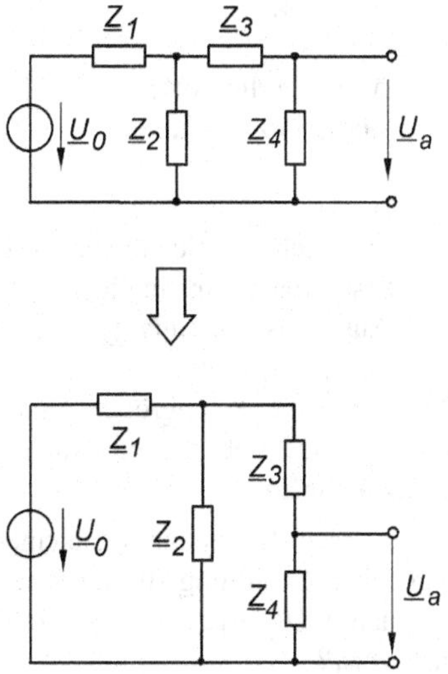

❷ **34.8:**

a) Nach Umwandlung der Dreieckschaltung aus $\underline{Z}_1, \underline{Z}_3, \underline{Z}_5$ in eine äquivalente Sternschaltung sollen die Ströme $\underline{I}_2$ und $\underline{I}_4$ berechnet werden.

b) Bestimmen Sie anschließend die Spannungen $\underline{U}_2$ und $\underline{U}_4$ und hieraus $\underline{U}_5$.

c) Wie erklären Sie sich den erhöhten Wert von $\underline{U}_5$ gegenüber $\underline{U}_0$?

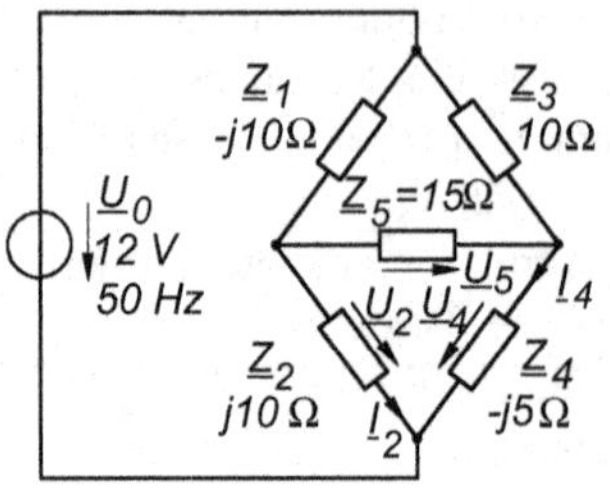

❷❸ **34.9:**

a) Wandeln Sie die Sternschaltung aus den Widerständen $\underline{Z}_2$, $\underline{Z}_3$ und $\underline{Z}_4$ in eine äquivalente Dreieckschaltung um.
Zahlenwerte:
$\underline{Z}_1 = \underline{Z}_4 = \underline{Z}_5 = \underline{Z}_6 = (3\ \Omega + \mathrm{j}4\ \Omega)$
$\underline{Z}_2 = +\mathrm{j}10\ \Omega$
$\underline{Z}_3 = -\mathrm{j}10\ \Omega$.

b) Berechnen Sie anschließend die Spannungen
$\underline{U}_5$ und $\underline{U}_6$, wenn $\underline{U}_0 = 10\ \mathrm{V}\ \mathrm{e}^{\mathrm{j}\,0}$ ist.

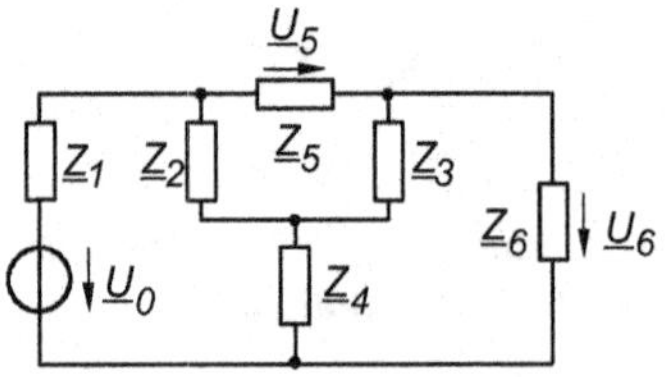

Ersatz-Spannungs- und -Stromquellen

❶❷ **34.10:** In dem rechts gezeichneten Netzwerk sind $\underline{U}_0$ und f, R_1, R_3, L_2 und L_4 gegeben. Mit der Methode der Ersatzspannungsquelle soll der Strom $\underline{I}_4$ bestimmt werden (vgl. auch Aufgabe 34.1!).

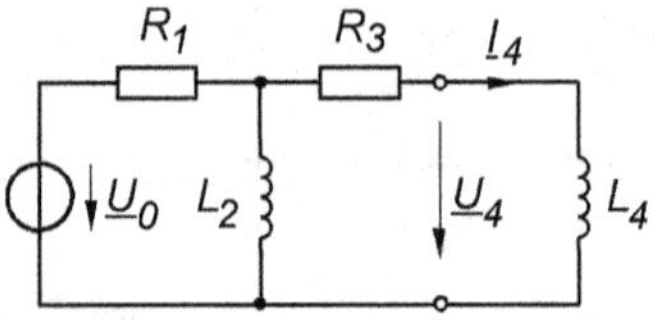

❷ **34.11:** Lösen Sie die Aufgabe 34.10 mit der Methode der Ersatzstromquelle.

❷ **34.12:**

a) Die vorgegebene Schaltung soll durch eine Ersatzspannungsquelle mit der gleichen Ausgangsspannung $\underline{U}_a$ beschrieben werden.
Geben Sie die Kenngrößen Innenwiderstand $\underline{Z}_i$ und Leerlaufspannung $\underline{U}_L$ der Ersatzquelle an.

b) Wie müssen die Schaltungselemente der gegebenen Schaltung dimensioniert werden, damit $\underline{U}_a$ frequenzunabhängig konstant wird?

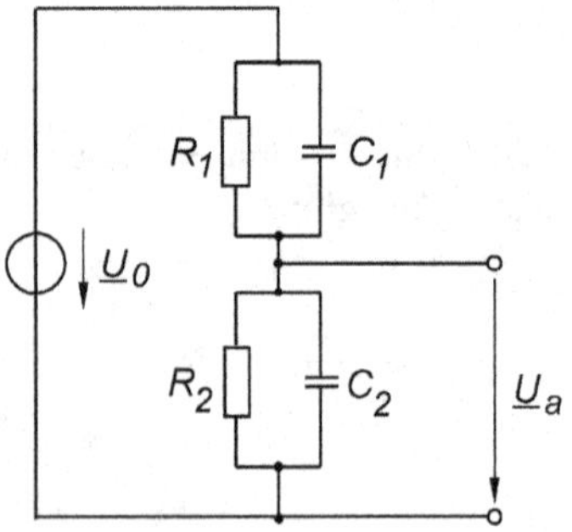

❷❸ **34.13:** Die skizzierte Schaltung, die an den Klemmen a und b mit der Impedanz $\underline{Z}_a$ belastet ist, soll als Ersatzspannungsquelle betrachtet werden.

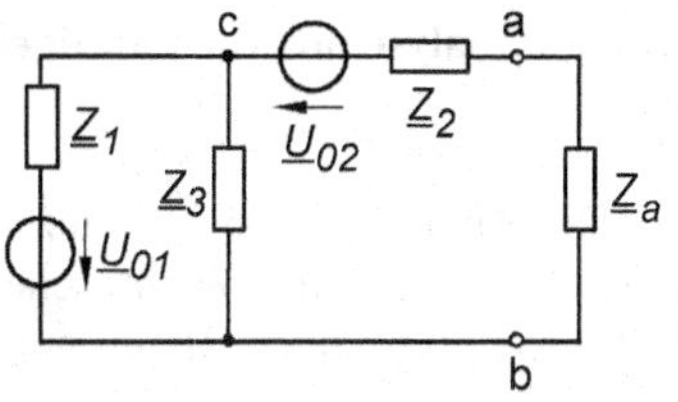

a) Gesucht sind die Kenngrößen der Ersatzquelle in allgemeiner Form und

b) für die Zahlenwerte

$\underline{U}_{01} = 8\ \text{V} \cdot e^{j(30°)}$

$\underline{U}_{02} = 6\ \text{V} \cdot e^{j0}$

Die Quellen laufen exakt frequenzgleich.

$\underline{Z}_1 = 25\ \Omega, \underline{Z}_2 = 5\ \Omega, \underline{Z}_3 = 2\ \Omega - j10\ \Omega,$

$\underline{Z}_a = 10\ \Omega + j\ 20\ \Omega$

c) Welcher Strom fließt bei den angegebenen Bauelementwerten durch $\underline{Z}_a$?

Überlagerungsgesetz (Superposition)

❶❷ **34.14:** Gegeben ist das skizzierte Netzwerk mit $\underline{U}_{01}$, $\underline{I}_{02}$, L und R wobei Spannungen und Ströme sinusförmig und exakt frequenzgleich verlaufen.
Gesucht: Strom $\underline{I}_R$ mit Superpositionsgesetz.

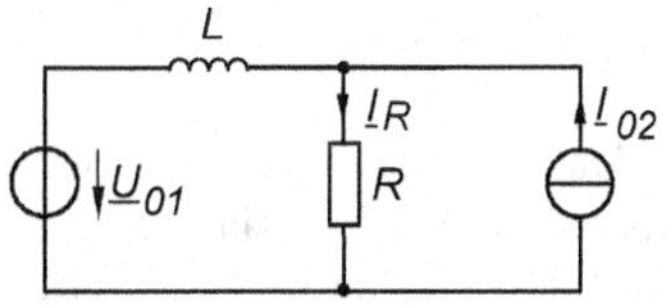

❷ **34.15:** Aufgabe 34.13 soll hier nochmals mit dem Überlagerungsgesetz gelöst werden. Das Ziel ist es, Spannung $\underline{U}_a$ und Strom $\underline{I}_a$ zu ermitteln. Zahlenwerte:

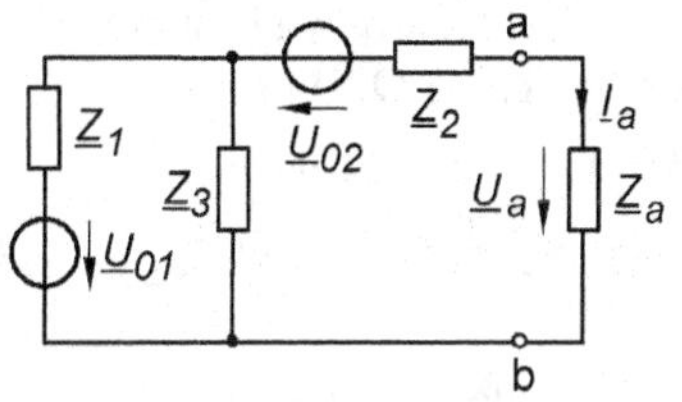

$\underline{U}_{01} = 8\ \text{V} \cdot e^{j(30°)}$; $\underline{U}_{02} = 6\ \text{V} \cdot e^{j\,0}$

$\underline{Z}_1 = 25\ \Omega$, $\underline{Z}_2 = 5\ \Omega$, $\underline{Z}_3 = 2\ \Omega - j10\ \Omega$,

$\underline{Z}_a = 10\ \Omega + j20\ \Omega$

Vergleichen Sie den Lösungsaufwand zu 34.13 und diskutieren Sie kritisch die Anwendung der Überlagerungsmethode bei Wechselstromnetzen.

❷ **34.16:** In dem abgebildeten Netzwerk eilt die Spannung $\underline{U}_{01}$ der Spannung $\underline{U}_{02}$ um 90° vor.

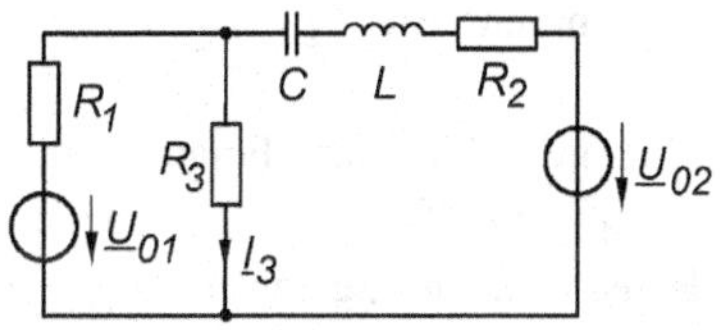

a) Bestimmen Sie den Strom $\underline{I}_3$ in allgemeiner Form, wenn $R_1 = R_2 = R_3 = R$ ist.

b) Wie groß wird $\underline{I}_3$ bei $U_{01} = U_{02} = 10\ \text{V}$, $R = 10\ \Omega$, $X_L = 5\ \Omega$, $X_C = -2\ \Omega$?

Maschenstromanalyse mit vollständigem Baum

❶❷ **34.17:** Die Aufgabe 34.16 soll hier mit gleichen Werten aber mit der Maschenstromanalyse mit vollständigem Baum gelöst werden.

Man bestimme die Ströme $\underline{I}_1, \underline{I}_2$ und $\underline{I}_3$.
Vergleichen Sie den Lösungsaufwand mit der Methode „Superposition“ in Aufgabe 34.16.

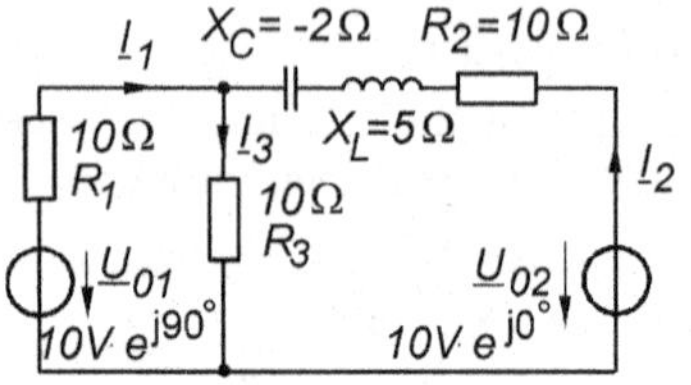

❷ **34.18:** Für die rechts gezeichnete Schaltung mit $\underline{U}_0 = 6\ \text{V} \cdot \text{e}^{\text{j}0}$, $f = 440\ \text{Hz}$,

$\underline{Z}_2 = \underline{Z}_3 = \underline{Z}_4 = R = 1\ \Omega$,

$\underline{Z}_1 = \underline{Z}_6 = \text{j}\omega L$ mit $L = 362\ \mu\text{H}$,

$\underline{Z}_5 = \dfrac{1}{\text{j}\omega C}$ mit $C = 361{,}7\ \mu\text{F}$

sollen der Strom $\underline{I}_3$ und die Spannung $\underline{U}_6$ berechnet werden.

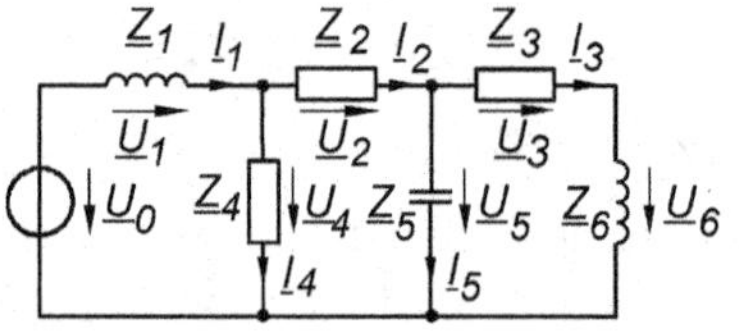

❷ **34.19:** Das gegebene Netzwerk mit den idealen Spannungsquellen (sinusförmiger Spannungsverlauf, gleiche Frequenz und Phasenlage) weist die Quellenspannungen

$\underline{U}_{01} = \underline{U}_{03} = 10\ \text{V}$ und $\underline{U}_{02} = 5\ \text{V}$

und die Wechselstromwiderstände

$R_1 = R_2 = R_3 = 5\ \Omega$, $X_{\text{L1}} = 10\ \Omega$,

$|X_\text{C}| = |X_{\text{L2}}| = 100\ \Omega$ auf.

Gesucht: die Ströme $\underline{I}_1$, $\underline{I}_3$, $\underline{I}_{20}$ und $\underline{I}_2$.

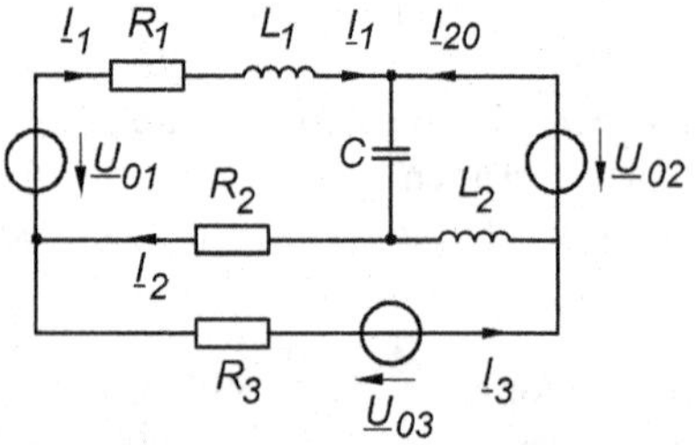

❷ **34.20:** In der gegebenen Schaltung mit den Werten $R_1 = R_2 = 10\ \Omega$ und $R_3 = R_4 = 20\ \Omega$ sowie allen Blindwiderständen $|X_{\text{Cn}}| = |X_{\text{Ln}}| = 10\ \Omega$ liefern die Spannungsquellen die phasengleichen, also auch frequenzgleichen Wechselspannungen $\underline{U}_{01} = 25\ \text{V}$ und $\underline{U}_{02} = 20\ \text{V}$.

a) Bestimmen Sie $\underline{Z}_1, \underline{Z}_2, \underline{Z}_{31}, \underline{Z}_{32}$ und $\underline{Z}_3$.
b) Zeichnen Sie das Ersatzschaltbild mit $\underline{Z}_1, \underline{Z}_2$ und $\underline{Z}_3$.
c) Berechnen Sie die Ströme $\underline{I}_1, \underline{I}_2, \underline{I}_3$ und $\underline{I}_{31}$ mit der Maschenstromanalyse mit vollständigem Baum.

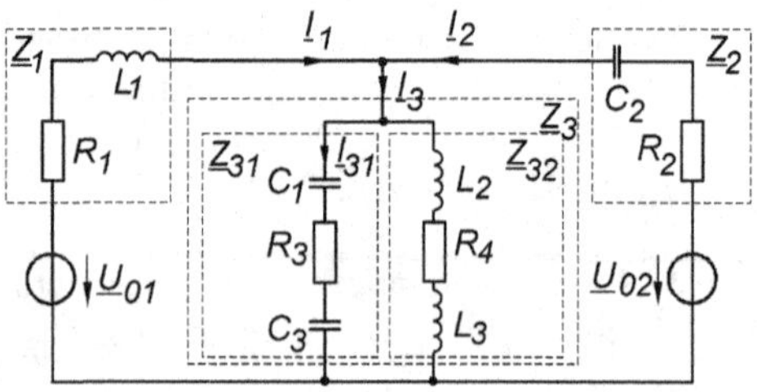

Knotenspannungsanalyse mit vollständigem Baum

❶❷ **34.21:** Die Spannung $\underline{U}_3$ der abgebildeten Schaltung soll mit der vorgegebenen Analysemethode bestimmt werden.

a) Lösung in allgemeiner Form. Wählen Sie hierzu einen vollständigen Baum und stellen Sie das Leitwert-Koeffizientenschema auf.

b) Berechnen Sie $\underline{U}_3$ und $\underline{I}_3$ für die Werte
$\underline{Y}_1 = 1\ \text{S}$, $\underline{Y}_2 = 2\ \text{S}$, $\underline{Y}_3 = -\text{j}1\ \text{S}$,
$\underline{I}_{01} = 1\ \text{A} \cdot \text{e}^{\text{j}\,0}$, $\underline{I}_{02} = 0{,}5\ \text{A} \cdot \text{e}^{-\text{j}\,(90°)}$

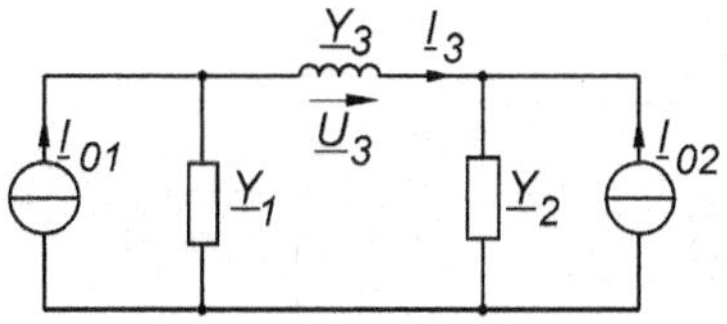

❷ **31.22:** Die Aufgabe 34.18 soll ebenfalls mit der Knotenspannungsanalyse gelöst werden. Gesucht sind Spannung $\underline{U}_5$ sowie Strom $\underline{I}_3$. In Aufgabe 34.18 war die Spannung mit $\underline{U}_0 = 6\ \text{V}$ vorgegeben.

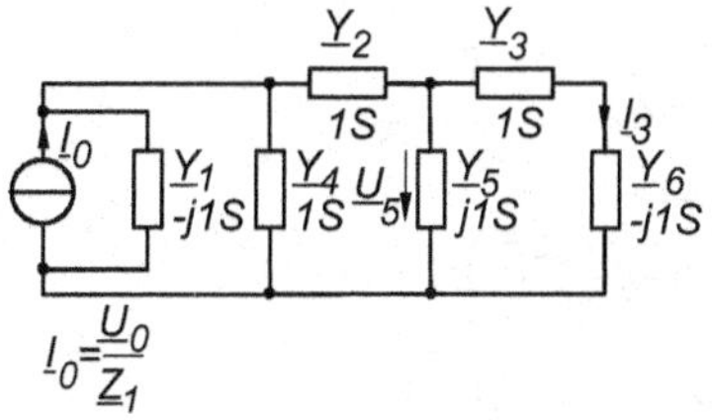

❷❸ **34.23:**

a) Eine Wechselstrombrückenschaltung sei hier zunächst in allgemeiner Form betrachtet. Bestimmen Sie
$\underline{U}_5 = f(\underline{U}_0, \underline{Z}_0, \underline{Z}_1, ..\underline{Z}_5)$

b) Leiten Sie aus der allgemeinen Lösung die Abgleichbedingungen für die Messbrücke ab.

c) Wie lautet die Abgleichbedingung für die Maxwell-Wien-Brücke (Induktivitätsbrücke), bei der die folgenden Elemente eingesetzt werden:
$\underline{Z}_1 = R_1$, $\quad \underline{Z}_4 = R_4$,
$$\underline{Z}_2 = \frac{1}{\frac{1}{R_2} + \text{j}\,\omega C_2} \quad (R_2,\ C_2\text{: einstellbar}),$$
$\underline{Z}_3 = R_\text{x} + \text{j}\,\omega L_\text{x}$ (R_x, L_x: gesuchte Werte)?

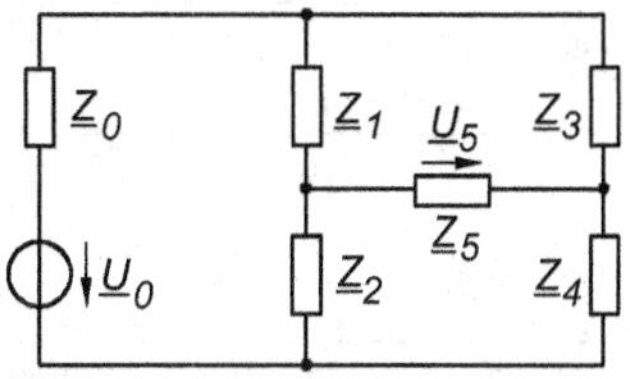

❸ **34.24:** Für die nebenstehende Schaltung sind die Spannungen $\underline{U}_5$, $\underline{U}_7$ und $\underline{U}_8$ zu ermitteln.

a) Wählen Sie einen geeigneten Baum und zeichnen Sie den zugehörigen Graph.

b) Stellen Sie das Leitwert-Koeffizientenschema in allgemeiner Form auf.

c) Berechnen Sie die gesuchten Spannungen bei
$\underline{Z}_1 = \underline{Z}_4 = +\text{j}10\ \Omega$, $\underline{Z}_6 = \underline{Z}_8 = -\text{j}10\ \Omega$,
$\underline{Z}_3 = \underline{Z}_5 = \underline{Z}_7 = 20\ \Omega$, $\underline{Z}_2 = 10\ \Omega$.
$\underline{U}_{01} = 5\ \text{V} \cdot \text{e}^{\text{j}\,0}$ und $\underline{I}_{02} = 1\ \text{A} \cdot \text{e}^{-\text{j}\,(60°)}$

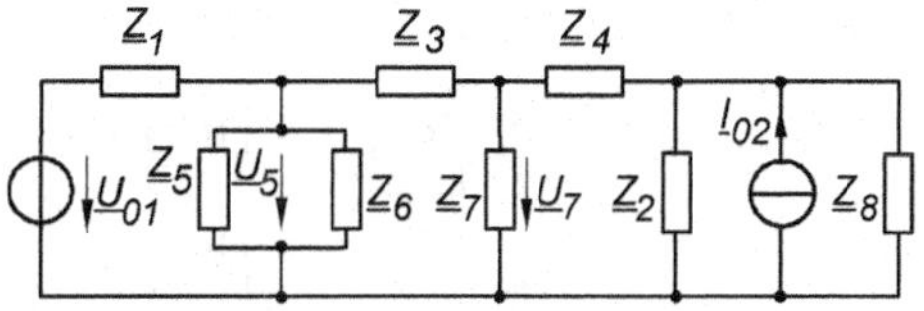

34.2 Lösungen

34.1

Mit

$$\underline{I}_4 = \frac{\underline{U}_4}{\mathrm{j}\omega L_4} = \frac{\underline{U}_4}{\underline{Z}_4}$$

und

$$\frac{\underline{U}_4}{\underline{U}_2} = \frac{\mathrm{j}\omega L_4}{R_3 + \mathrm{j}\omega L_4}$$

$$\frac{\underline{U}_4}{\underline{U}_2} = \frac{\underline{Z}_4}{\underline{Z}_3 + \underline{Z}_4}$$

folgt:

$$\underline{I}_4 = \frac{\underline{U}_2}{\underline{Z}_3 + \underline{Z}_4} \qquad (1)$$

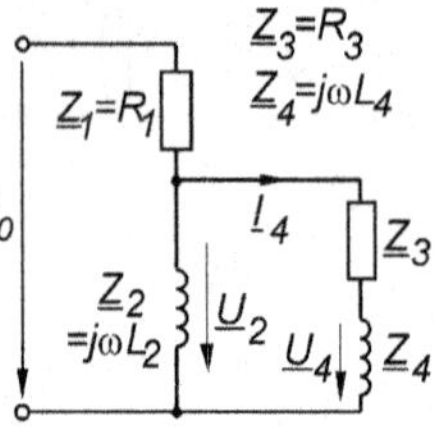

Außerdem gilt:

$$\frac{\underline{U}_2}{\underline{U}_0} = \frac{\dfrac{\underline{Z}_2(\underline{Z}_3+\underline{Z}_4)}{\underline{Z}_2+\underline{Z}_3+\underline{Z}_4}}{\underline{Z}_1 + \dfrac{\underline{Z}_2(\underline{Z}_3+\underline{Z}_4)}{\underline{Z}_2+\underline{Z}_3+\underline{Z}_4}}$$

$$\underline{U}_2 = \underline{U}_0 \frac{\underline{Z}_2(\underline{Z}_3+\underline{Z}_4)}{\underline{Z}_1(\underline{Z}_2+\underline{Z}_3+\underline{Z}_4)+\underline{Z}_2(\underline{Z}_3+\underline{Z}_4)}$$

Aus (1) folgt somit:

$$\underline{I}_4 = \underline{U}_0 \frac{\underline{Z}_2(\underline{Z}_3+\underline{Z}_4)}{\underline{Z}_1(\underline{Z}_2+\underline{Z}_3+\underline{Z}_4)+\underline{Z}_2(\underline{Z}_3+\underline{Z}_4)} \cdot \frac{1}{(\underline{Z}_3+\underline{Z}_4)}$$

Eingesetzt:

$$\underline{I}_4 = \underline{U}_0 \frac{\mathrm{j}\omega L_2}{R_1(\mathrm{j}\omega L_2 + R_3 + \mathrm{j}\omega L_4) + \mathrm{j}\omega L_2(R_3 + \mathrm{j}\omega L_4)}$$

oder

$$\underline{I}_4 = \underline{U}_0 \frac{\mathrm{j}\,\omega L_2}{R_1 \cdot R_3 + \mathrm{j}\omega L_2(R_1 + R_3) + \mathrm{j}\omega L_4(R_1 + \mathrm{j}\omega L_2)}$$

34.2

a) Allgemeine Brückenschaltung

Der Maschenumlauf im unteren Brückenteil ergibt:

$$\underline{U}_5 = \underline{U}_2 - \underline{U}_4$$

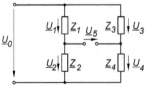

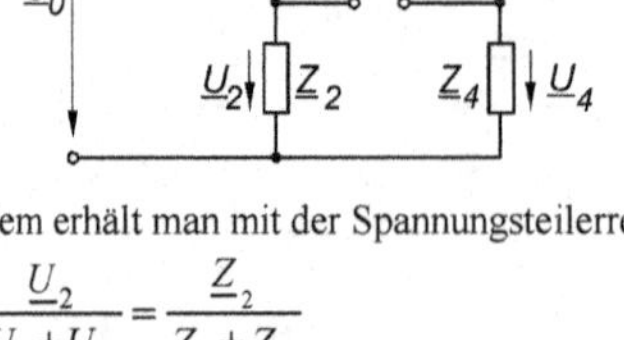

Außerdem erhält man mit der Spannungsteilerregel:

$$\frac{\underline{U}_2}{\underline{U}_0} = \frac{\underline{U}_2}{\underline{U}_1+\underline{U}_2} = \frac{\underline{Z}_2}{\underline{Z}_1+\underline{Z}_2}$$

sowie

$$\frac{\underline{U}_4}{\underline{U}_0} = \frac{\underline{U}_4}{\underline{U}_3+\underline{U}_4} = \frac{\underline{Z}_4}{\underline{Z}_3+\underline{Z}_4}$$

$$\underline{U}_5 = \underline{U}_2 - \underline{U}_4 = \underline{U}_0 \frac{\underline{Z}_2}{\underline{Z}_1+\underline{Z}_2} - \underline{U}_0 \frac{\underline{Z}_4}{\underline{Z}_3+\underline{Z}_4}$$

Mit der Bedingung $\underline{U}_5 = 0$ wird:

$$\frac{\underline{Z}_2}{\underline{Z}_1+\underline{Z}_2} = \frac{\underline{Z}_4}{\underline{Z}_3+\underline{Z}_4} \quad \text{oder} \quad \frac{\underline{Z}_1+\underline{Z}_2}{\underline{Z}_2} = \frac{\underline{Z}_3+\underline{Z}_4}{\underline{Z}_4}$$

$$\frac{\underline{Z}_1}{\underline{Z}_2}+1 = \frac{\underline{Z}_3}{\underline{Z}_4}+1 \quad \Rightarrow \quad \frac{\underline{Z}_1}{\underline{Z}_2} = \frac{\underline{Z}_3}{\underline{Z}_4} \qquad (1)$$

b) Wien-Maxwell-Brücke

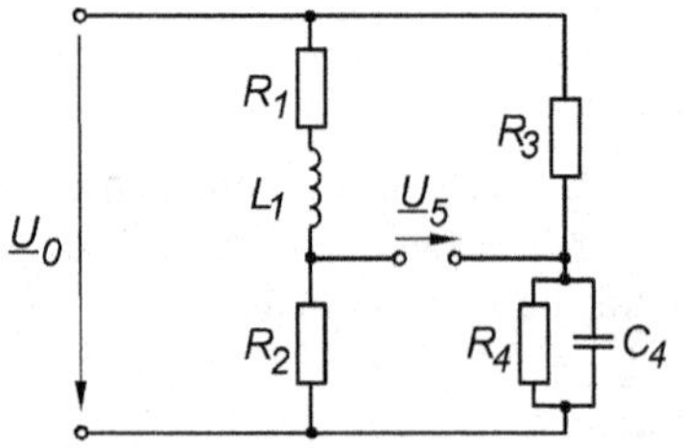

Brückenglieder:

$$\underline{Z}_1 = R_1 + \mathrm{j}\omega L_1,\ \underline{Z}_2 = R_2,\ \underline{Z}_3 = R_3$$

$$\underline{Z}_4 = \frac{R_4}{1+\mathrm{j}\omega C_4 R_4}$$

Eingesetzt in (1):

$$\frac{R_1 + \mathrm{j}\omega L_1}{R_2} = \frac{R_3\left(1+\mathrm{j}\omega C_4 R_4\right)}{R_4}$$

Da zwei komplexe Zahlen nur gleich sind, wenn sie sowohl im Real- als auch im Imaginärteil übereinstimmen, müssen die beiden folgenden Bedingungen erfüllt sein:

<u>Realanteil:</u>

$$\frac{R_1}{R_2} = \frac{R_3}{R_4}$$

<u>Imaginäranteil:</u>

$$\frac{\mathrm{j}\omega L_1}{R_2} = \mathrm{j}\omega R_3 C_4$$

Somit:

$$R_1 = R_2 \frac{R_3}{R_4} \quad \text{und} \quad L_1 = R_2 R_3 C_4$$

Die Messung der beiden Größen R_1 und L_1 der verlustbehafteten Spule ist also unabhängig von der Kreisfrequenz ω der angelegten Brückenversorgungsspannung.

Damit sind in der Praxis lediglich R_3 und R_4 als verstellbare Widerstände (Potentiometer) auszuführen. Um eine maximale Brückenempfindlichkeit zu erzielen, sollte R_2 ungefähr in der gleichen Größenordnung wie R_1 liegen (Symmetrische Brücke).

34.3

a) Mit der Teillösung aus Aufgabe 34.2

$$\frac{\underline{U}_5}{\underline{U}_0}=\frac{\underline{Z}_2}{\underline{Z}_1+\underline{Z}_2}-\frac{\underline{Z}_4}{\underline{Z}_3+\underline{Z}_4}$$

und der Schaltungseigenart,

dass $\underline{U}_1=\underline{U}_2=\frac{\underline{U}_0}{2}$ ist

(da $\underline{Z}_1=\underline{Z}_2=R$), folgt mit

der Spannungsteilerregel:

$$\frac{\underline{U}_3}{\underline{U}_0}=\frac{R_3}{R_3-\mathrm{j}\frac{1}{\omega C}}=\frac{\omega C R_3}{\omega C R_3-\mathrm{j}}$$

Weiterhin:

$$\frac{\underline{U}_5}{\underline{U}_0}=\frac{\underline{U}_3-\underline{U}_1}{\underline{U}_0}=\frac{\underline{U}_3-\frac{\underline{U}_0}{2}}{\underline{U}_0}=\frac{\underline{U}_3}{\underline{U}_0}-\frac{1}{2}$$

$$\frac{\underline{U}_5}{\underline{U}_0}=\frac{\omega C R_3}{\omega C R_3-\mathrm{j}}-\frac{1}{2}=\frac{2\omega C R_3-(\omega C R_3-\mathrm{j})}{2(\omega C R_3-\mathrm{j})}$$

$$\frac{\underline{U}_5}{\underline{U}_0}=\frac{1}{2}\cdot\frac{\omega C R_3+\mathrm{j}}{\omega C R_3-\mathrm{j}}$$

Im Nenner und Zähler stehen konjugiert komplexe Größen, für die gilt (vgl. mathematischen Anhang):

$$\frac{\underline{Z}}{\underline{Z}^*}=\frac{a+\mathrm{j}b}{a-\mathrm{j}b}=\frac{Z\cdot\mathrm{e}^{\mathrm{j}\alpha}}{Z\cdot\mathrm{e}^{-\mathrm{j}\alpha}}=\frac{Z\cdot\mathrm{e}^{\mathrm{j}\arctan\left(\frac{b}{a}\right)}}{Z\cdot\mathrm{e}^{\mathrm{j}\arctan\left(-\frac{b}{a}\right)}}=\mathrm{e}^{\mathrm{j}2\alpha}$$

$$\frac{\underline{Z}}{\underline{Z}^*}=\mathrm{e}^{\mathrm{j}2\cdot\arctan\frac{b}{a}}$$

Hier ist:

$$\frac{\underline{U}_5}{\underline{U}_0}=\frac{1}{2}\cdot\frac{\omega C R_3+\mathrm{j}}{\omega C R_3-\mathrm{j}}=\frac{1}{2}\cdot\mathrm{e}^{\mathrm{j}2\cdot\arctan\frac{1}{\omega C R_3}}$$

Dies bedeutet, dass das Verhältnis der Beträge

$\frac{U_5}{U_0}=\frac{1}{2}$ konstant ist,

b) während der Phasenwinkel φ_u zwischen $\underline{U}_5$ und $\underline{U}_0$ in Abhängigkeit von der Stellung des Potenziometers R_3 Werte zwischen 0° und 180° annehmen kann.

Dieses Ergebnis lässt sich auch leicht aus dem Spannungszeigerdiagramm ablesen:

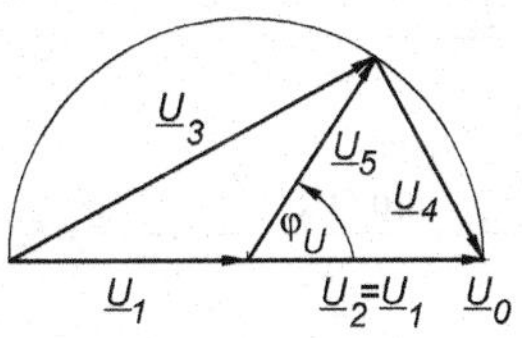

34.4

Eingangsspannung $\underline{U}_0=U_0\cdot\mathrm{e}^{\mathrm{j}\varphi_0}$

Ausgangsspannung $\underline{U}_2=U_2\cdot\mathrm{e}^{\mathrm{j}\varphi_2}$

Phasenbedingung gemäß Aufgabe:

$$\frac{\underline{U}_0}{\underline{U}_2}=\frac{U_0}{U_2}\cdot\mathrm{e}^{\mathrm{j}(\varphi_0-\varphi_2)}=\frac{U_0}{U_2}\cdot\mathrm{e}^{\mathrm{j}\left(-\frac{\pi}{2}\right)}=-\mathrm{j}\frac{U_0}{U_2}$$

Spannungsteilung:

$$-\mathrm{j}\frac{U_0}{U_2}=\frac{R_1+\frac{1}{\mathrm{j}\omega C}+\frac{R_2\cdot\mathrm{j}\omega L}{R_2+\mathrm{j}\omega L}}{\frac{R_2\cdot\mathrm{j}\omega L}{R_2+\mathrm{j}\omega L}}$$

$$-\mathrm{j}\frac{U_0}{U_2}=\frac{(R_2+\mathrm{j}\omega L)\cdot\left(R_1-\mathrm{j}\frac{1}{\omega C}\right)+\mathrm{j}\omega L R_2}{\mathrm{j}\omega L R_2}$$

$$-\mathrm{j}\frac{U_0}{U_2}=\frac{\mathrm{j}\omega C R_1 R_2-\omega^2 LCR_1+R_2+\mathrm{j}\omega L-\omega^2 LCR_2}{-\omega^2 LCR_2}$$

$$-\mathrm{j}\frac{U_0}{U_2}=\frac{-R_2+\omega^2 LC(R_1+R_2)-\mathrm{j}\,(\omega L+\omega C R_1 R_2)}{\omega^2 LCR_2}$$

Dieser Ausdruck kann nur dann negativ imaginär sein, d.h. Phasenverschiebung um $-\pi/2$ von $\underline{U}_2$ gegenüber $\underline{U}_0$, wenn auf der rechten Seite der Gleichung der Realteil gleich null ist:

$$\frac{-R_2+\omega^2 LC(R_1+R_2)}{\omega^2 LCR_2}=0 \quad\Rightarrow\quad R_2=\omega^2 LC\,(R_1+R_2)$$

$$R_2\left(1-\omega^2 LC\right)=\omega^2 LCR_1 \quad\Rightarrow\quad R_2=\frac{\omega^2 LCR_1}{1-\omega^2 LC}$$

Wenn also R_2 ein realer ohmscher Widerstand sein soll, muss der Nenner > 0 sein:

$$1-\omega^2 LC>0 \quad\Rightarrow\quad 1>\omega^2 LC$$

Ergebnis: $\omega^2<\frac{1}{L\cdot C}$

34.5

Aus $\underline{U}_3=\underline{U}\frac{\underline{Z}_3}{\underline{Z}_2+\underline{Z}_3}$ und $\underline{U}=\underline{I}\frac{\underline{Z}_1(\underline{Z}_2+\underline{Z}_3)}{\underline{Z}_1+\underline{Z}_2+\underline{Z}_3}$

folgt (vgl. Übersichtsseiten):

$$\frac{\underline{U}_3}{\underline{I}}=\frac{\underline{Z}_3}{\underline{Z}_2+\underline{Z}_3}\cdot\frac{\underline{Z}_1(\underline{Z}_2+\underline{Z}_3)}{\underline{Z}_1+\underline{Z}_2+\underline{Z}_3}=\frac{\underline{Z}_1\cdot\underline{Z}_3}{\underline{Z}_1+\underline{Z}_2+\underline{Z}_3}$$

$$\frac{\underline{U}_3}{\underline{I}}=\frac{\underline{Y}_2}{\underline{Y}_1\underline{Y}_2+\underline{Y}_1\underline{Y}_3+\underline{Y}_2\underline{Y}_3}$$

Einsetzen von $\underline{U}_3=\underline{I}_3\cdot\underline{Z}_3$ ergibt:

$$\frac{\underline{I}_3}{\underline{I}}=\frac{\underline{Z}_1}{\underline{Z}_1+\underline{Z}_2+\underline{Z}_3}=\frac{1}{\underline{Y}_1\left(\frac{1}{\underline{Y}_1}+\frac{1}{\underline{Y}_2}+\frac{1}{\underline{Y}_3}\right)}$$

$$\frac{\underline{I}_3}{\underline{I}}=\frac{\underline{Y}_2\underline{Y}_3}{\underline{Y}_1\underline{Y}_2+\underline{Y}_1\underline{Y}_3+\underline{Y}_2\underline{Y}_3}$$

34.6

Zur Schaltungsvereinfachung seien zunächst die Elemente $\underline{Z}_2$, $\underline{Z}_3$, $\underline{Z}_5$ und $\underline{Z}_6$ zusammengefasst zu $\underline{Z}_a$:

$$\underline{Z}_a = \underline{Z}_2 + \frac{\left(\underline{Z}_3 + \underline{Z}_6\right)\cdot \underline{Z}_5}{\underline{Z}_3 + \underline{Z}_5 + \underline{Z}_6}$$

$$\underline{Z}_a = 25\,\Omega + \frac{(25\,\Omega + \text{j}10\,\Omega)\cdot(-\text{j}10\,\Omega)}{25\,\Omega + \text{j}10\,\Omega - \text{j}10\,\Omega}$$

$$\underline{Z}_a = 25\,\Omega + 4\,\Omega - \text{j}10\,\Omega = 30{,}67\,\Omega\cdot \text{e}^{-\text{j}(19°)}$$

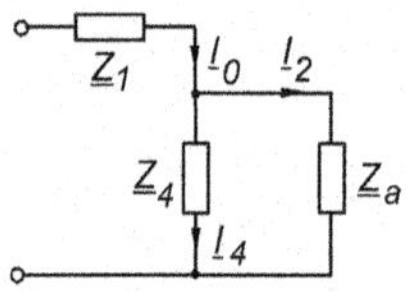

Da zur Aufgabenlösung $\underline{Z}_1$ völlig unberücksichtigt bleiben kann, gilt einfach:

$$\frac{\underline{I}_4}{\underline{I}_0} = \frac{\underline{Y}_4}{\underline{Y}_4 + \underline{Y}_a} = \frac{\frac{1}{\underline{Z}_4}}{\frac{1}{\underline{Z}_4} + \frac{1}{\underline{Z}_a}} = \frac{\frac{1}{\underline{Z}_4}}{\frac{\underline{Z}_4 + \underline{Z}_a}{\underline{Z}_4\cdot \underline{Z}_a}} = \frac{\underline{Z}_a}{\underline{Z}_4 + \underline{Z}_a}$$

$$\underline{I}_4 = \underline{I}_0 \frac{30{,}67\,\Omega\cdot \text{e}^{-\text{j}(19°)}}{25\,\Omega + 29\,\Omega - \text{j}10\,\Omega} = \underline{I}_0 \frac{30{,}67\,\Omega\cdot \text{e}^{-\text{j}(19°)}}{54{,}92\,\Omega\cdot \text{e}^{-\text{j}(10{,}49°)}}$$

$$\underline{I}_4 = 558{,}6\,\text{mA}\cdot \text{e}^{-\text{j}(8{,}5°)}$$

$$\underline{I}_2 = \underline{I}_4 \cdot \frac{\underline{Z}_4}{\underline{Z}_a} = 455{,}2\,\text{mA}\cdot \text{e}^{\text{j}(10{,}5°)}$$

34.7

a) Schaltungen:

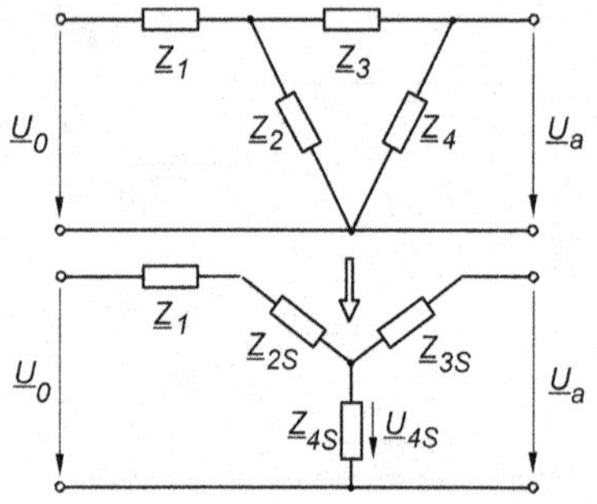

Umrechnung von Dreieck- in Sternwiderstände:

$$\underline{Z}_{2S} = \frac{\underline{Z}_2\cdot \underline{Z}_3}{\underline{Z}_2 + \underline{Z}_3 + \underline{Z}_4} = \frac{\underline{Z}_2\cdot \underline{Z}_3}{\sum \underline{Z}_D}$$

$$\underline{Z}_{3S} = \frac{\underline{Z}_3\cdot \underline{Z}_4}{\sum \underline{Z}_D}$$

$$\underline{Z}_{4S} = \frac{\underline{Z}_2\cdot \underline{Z}_4}{\sum \underline{Z}_D}$$

Nach Umzeichnen der gebildeten Sternschaltung und Vergleich mit der gegebenen Schaltung wird offensichtlich, dass für den vorgegebenen unbelasteten Spannungsteiler

$\underline{U}_a = \underline{U}_{4S}$ ist.

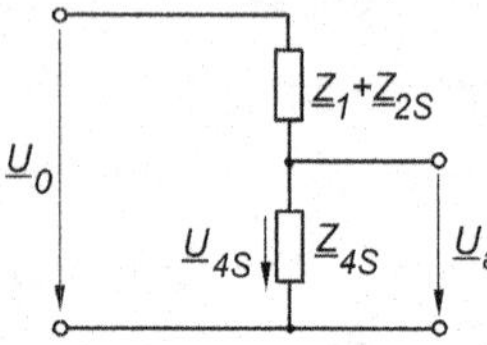

Somit ist die Schaltung besonders einfach und man erhält:

$$\frac{\underline{U}_a}{\underline{U}_0} = \frac{\underline{Z}_{4S}}{\underline{Z}_1 + \underline{Z}_{2S} + \underline{Z}_{4S}} = \frac{\underline{Z}_2\cdot \underline{Z}_4}{\sum \underline{Z}_D\cdot\left(\underline{Z}_1 + \frac{\underline{Z}_2\cdot \underline{Z}_3}{\sum \underline{Z}_D} + \frac{\underline{Z}_2\cdot \underline{Z}_4}{\sum \underline{Z}_D}\right)}$$

$$\frac{\underline{U}_a}{\underline{U}_0} = \frac{\underline{Z}_2\cdot \underline{Z}_4}{\underline{Z}_1(\underline{Z}_2 + \underline{Z}_3 + \underline{Z}_4) + \underline{Z}_2\cdot \underline{Z}_3 + \underline{Z}_2\cdot \underline{Z}_4}$$

b) Zahlenwerte:

$$\frac{\underline{U}_a}{\underline{U}_0} = \frac{(-\text{j}5\Omega)^2}{\text{j}10\Omega(-\text{j}5\Omega + \text{j}10\Omega - \text{j}5\Omega) + \text{j}10\Omega(-\text{j}5\Omega) + (-\text{j}5\Omega)^2}$$

$$\frac{\underline{U}_a}{\underline{U}_0} = \frac{-25\,\Omega^2}{+25\,\Omega^2} \Rightarrow \underline{U}_a = -\underline{U}_0 \Rightarrow \underline{U}_a = 12\,\text{V}\cdot \text{e}^{\text{j}(180°)}$$

Somit liegt hier eine 180°-Phasendrehschaltung vor.

34.8

a) Die Umwandlung der Teilschaltung in eine äquivalente Sternschaltung liefert:

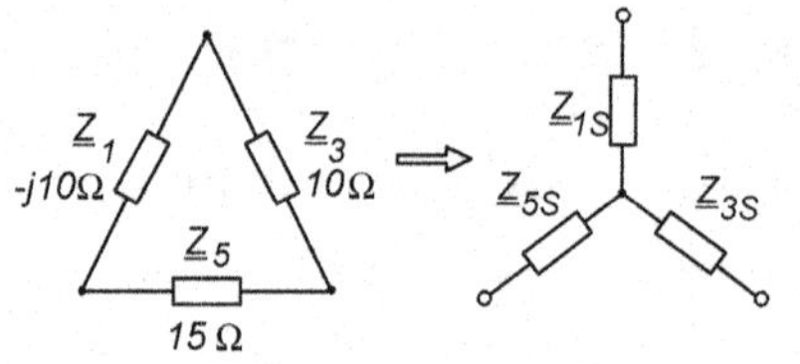

$$\sum \underline{Z}_D = \underline{Z}_1 + \underline{Z}_3 + \underline{Z}_5 = -\text{j}10\,\Omega + 10\,\Omega + 15\,\Omega$$

$$\sum \underline{Z}_D = 25\,\Omega - \text{j}10\,\Omega = 26{,}9\,\Omega\cdot \text{e}^{-\text{j}(21{,}8°)}$$

$$\underline{Z}_{1S} = \frac{\underline{Z}_1\cdot \underline{Z}_3}{\sum \underline{Z}_D} = \frac{10\,\Omega\cdot \text{e}^{-\text{j}(90°)}\cdot 10\,\Omega}{26{,}9\,\Omega\cdot \text{e}^{-\text{j}(21{,}8°)}} = 3{,}71\,\Omega\cdot \text{e}^{-\text{j}(68{,}2°)}$$

$$\underline{Z}_{3S} = \frac{\underline{Z}_3\cdot \underline{Z}_5}{\sum \underline{Z}_D} = \frac{10\,\Omega\cdot 15\,\Omega}{26{,}9\,\Omega\cdot \text{e}^{-\text{j}(21{,}8°)}} = 5{,}57\,\Omega\cdot e^{\text{j}(21{,}8°)}$$

$$\underline{Z}_{3S} = 5{,}17\,\Omega + \text{j}2{,}07\,\Omega$$

$$\underline{Z}_{5S} = \frac{\underline{Z}_1\cdot \underline{Z}_5}{\sum \underline{Z}_D} = \frac{10\,\Omega\cdot \text{e}^{-\text{j}(90°)}\cdot 15\,\Omega}{26{,}9\,\Omega\cdot \text{e}^{-\text{j}(21{,}8°)}} = 5{,}57\,\Omega\cdot \text{e}^{-\text{j}(68{,}2°)}$$

$$\underline{Z}_{5S} = 2{,}07\,\Omega - \text{j}5{,}17\,\Omega$$

Mit den Sternwiderständen ergibt sich folgende Schaltung:

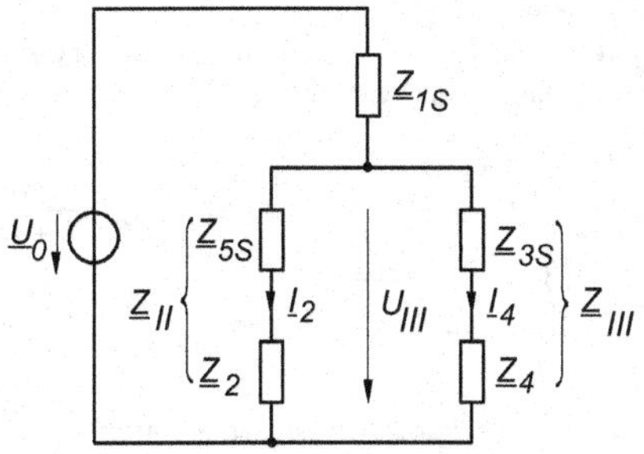

$$\underline{Z}_{II} = \underline{Z}_{5S} + \underline{Z}_2 = 2{,}07\,\Omega - \mathrm{j}5{,}17\,\Omega + \mathrm{j}10\,\Omega$$

$$\underline{Z}_{II} = 2{,}07\,\Omega + \mathrm{j}4{,}83\,\Omega = 5{,}25\,\Omega\cdot \mathrm{e}^{\mathrm{j}(66{,}8°)}$$

$$\underline{Z}_{III} = \underline{Z}_{3S} + \underline{Z}_4 = 5{,}17\,\Omega + \mathrm{j}2{,}07\,\Omega - \mathrm{j}5\,\Omega$$

$$\underline{Z}_{III} = 5{,}17\,\Omega - \mathrm{j}2{,}93\,\Omega = 5{,}95\,\Omega\cdot \mathrm{e}^{-\mathrm{j}(29{,}5°)}$$

$$\frac{\underline{U}_{III}}{\underline{U}_0} = \frac{\dfrac{\underline{Z}_{II}\cdot\underline{Z}_{III}}{\underline{Z}_{II}+\underline{Z}_{III}}}{\underline{Z}_{1S} + \dfrac{\underline{Z}_{II}\cdot\underline{Z}_{III}}{\underline{Z}_{II}+\underline{Z}_{III}}} = \frac{\underline{Z}_{II}\cdot\underline{Z}_{III}}{\underline{Z}_{1S}(\underline{Z}_{II}+\underline{Z}_{III})+\underline{Z}_{II}\cdot\underline{Z}_{III}}$$

$$\frac{\underline{U}_{III}}{\underline{U}_0} = 0{,}752\cdot \mathrm{e}^{\mathrm{j}(42°)} \quad\Rightarrow\quad \underline{U}_{III} = 12\,\mathrm{V}\cdot 0{,}752\cdot \mathrm{e}^{\mathrm{j}(42°)}$$

$$\underline{U}_{III} = 9\,\mathrm{V}\cdot \mathrm{e}^{\mathrm{j}(42°)}$$

$$\underline{I}_2 = \frac{\underline{U}_{III}}{\underline{Z}_{II}} = \frac{9\,\mathrm{V}\cdot \mathrm{e}^{\mathrm{j}(42°)}}{5{,}25\,\Omega\cdot \mathrm{e}^{\mathrm{j}(66{,}8°)}} = 1{,}72\,\mathrm{A}\cdot \mathrm{e}^{-\mathrm{j}(24{,}8°)}$$

$$\underline{U}_2 = \underline{I}_2\cdot\underline{Z}_2 = 1{,}72\,\mathrm{A}\cdot \mathrm{e}^{-\mathrm{j}(24{,}8°)}\cdot \mathrm{j}10\,\Omega = 17{,}2\,\mathrm{V}\cdot \mathrm{e}^{\mathrm{j}(65{,}2°)}$$

$$\underline{I}_4 = \frac{\underline{U}_{III}}{\underline{Z}_{III}} = \frac{9\,\mathrm{V}\cdot \mathrm{e}^{\mathrm{j}(42°)}}{5{,}95\,\Omega\cdot \mathrm{e}^{-\mathrm{j}(29{,}5°)}} = 1{,}52\,\mathrm{A}\cdot \mathrm{e}^{\mathrm{j}[71{,}5°]}$$

$$\underline{U}_4 = \underline{I}_4\cdot\underline{Z}_4 = 1{,}52\,\mathrm{A}\cdot \mathrm{e}^{\mathrm{j}[71{,}5°]}\cdot(-\mathrm{j}5\,\Omega) = 7{,}6\,\mathrm{V}\cdot \mathrm{e}^{-\mathrm{j}(18{,}5°)}$$

b) $\underline{U}_5 = \underline{U}_2 - \underline{U}_4 = (7{,}2\,\mathrm{V} + \mathrm{j}15{,}6\,\mathrm{V}) - (7{,}2\,\mathrm{V} - \mathrm{j}2{,}4\,\mathrm{V})$

$$\underline{U}_5 = \mathrm{j}18\,\mathrm{V} = 18\,\mathrm{V}\cdot \mathrm{e}^{\mathrm{j}(90°)}$$

c) Da sich induktive und kapazitive Blindwiderstände teilweise aufheben, sind die Ströme in den einzelnen Zweigen so groß, dass sich aus den daraus resultierenden Spannungsabfällen auch ein erhöhter Wert für $\underline{U}_5$ ergibt.

34.9

a) Umwandlung in eine äquivalente Schaltung:

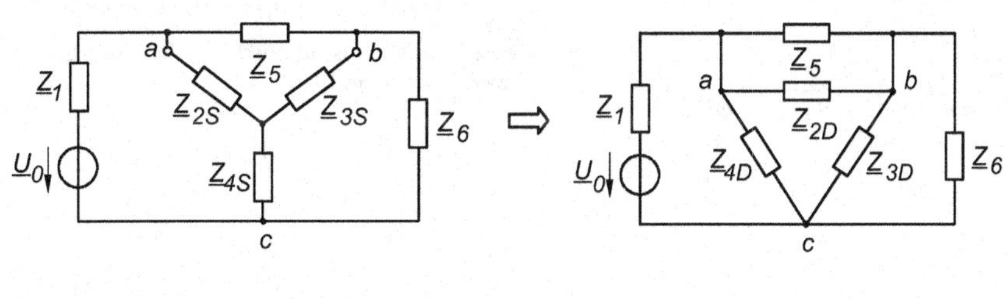

$$\underline{Z}_{2D} = \frac{\sum\underline{Z}_S}{\underline{Z}_{4S}},\quad \underline{Z}_{3D} = \frac{\sum\underline{Z}_S}{\underline{Z}_{2S}},\quad \underline{Z}_{4D} = \frac{\sum\underline{Z}_S}{\underline{Z}_{3S}}$$

mit $\sum\underline{Z}_S = \underline{Z}_{2S}\cdot\underline{Z}_{3S} + \underline{Z}_{2S}\cdot\underline{Z}_{4S} + \underline{Z}_{3S}\cdot\underline{Z}_{4S}$

$$\underline{Z}_{2S} = 10\,\Omega\cdot \mathrm{e}^{\mathrm{j}(90°)},\ \underline{Z}_{3S} = 10\,\Omega\cdot{}^{-\mathrm{j}(90°)},\ \underline{Z}_{4S} = 5\,\Omega\cdot \mathrm{e}^{\mathrm{j}(53{,}1°)}$$

$$\underline{Z}_1 = \underline{Z}_4 = \underline{Z}_5 = \underline{Z}_6 = 3\,\Omega + \mathrm{j}4\,\Omega = 5\,\Omega\cdot \mathrm{e}^{\mathrm{j}[53{,}1°]}$$

$$\sum\underline{Z}_S = \underline{Z}_{2S}\cdot\underline{Z}_{3S} + \underline{Z}_{2S}\cdot\underline{Z}_{4S} + \underline{Z}_{3S}\cdot\underline{Z}_{4S}$$

$$\sum\underline{Z}_S = 100\,\Omega^2$$

$$\underline{Z}_{2D} = \frac{100\,\Omega^2}{5\,\Omega\cdot \mathrm{e}^{\mathrm{j}(53{,}1°)}} = 20\,\Omega\cdot \mathrm{e}^{-\mathrm{j}(53{,}1°)} = 12\,\Omega - \mathrm{j}16\,\Omega$$

$$\underline{Z}_{3D} = \frac{100\,\Omega^2}{10\,\Omega\cdot \mathrm{e}^{\mathrm{j}(90°)}} = 10\,\Omega\cdot \mathrm{e}^{-\mathrm{j}(90°)} = -\mathrm{j}10\,\Omega$$

$$\underline{Z}_{4D} = \frac{100\,\Omega^2}{10\,\Omega\cdot \mathrm{e}^{-\mathrm{j}(90°)}} 10\,\Omega\cdot \mathrm{e}^{\mathrm{j}(90°)} = \mathrm{j}10\,\Omega$$

b) Durch Widerstands-Zusammenfassung lässt sich das Schaltbild auf eine Spannungsteilerstruktur zurückführen:

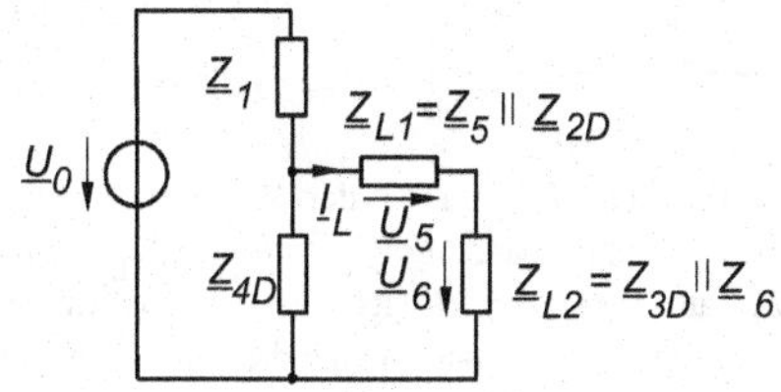

$$\underline{Z}_5 \| \underline{Z}_{2D} = \underline{Z}_{L1} \quad\Rightarrow\quad \underline{Z}_{L1} = \frac{\underline{Z}_5\cdot\underline{Z}_{2D}}{\underline{Z}_5 + \underline{Z}_{2D}}$$

$$\underline{Z}_{L1} = \frac{5\,\Omega\cdot \mathrm{e}^{\mathrm{j}(53{,}1°)}\cdot 20\,\Omega\cdot \mathrm{e}^{-\mathrm{j}(53{,}1°)}}{(3\,\Omega + \mathrm{j}4\,\Omega) + (12\,\Omega - \mathrm{j}16\,\Omega)} = \frac{100\,\Omega^2}{15\,\Omega - \mathrm{j}12\,\Omega}$$

$$\underline{Z}_{L1} = 5{,}2\,\Omega\cdot \mathrm{e}^{+\mathrm{j}(38{,}7°)} = 4{,}06\,\Omega + \mathrm{j}3{,}25\,\Omega$$

$$\underline{Z}_{L2} = \frac{\underline{Z}_6\cdot\underline{Z}_{3D}}{\underline{Z}_6 + \underline{Z}_{3D}} = \frac{5\,\Omega\cdot \mathrm{e}^{\mathrm{j}(53{,}1°)}\cdot 10\,\Omega\cdot \mathrm{e}^{-\mathrm{j}(90°)}}{(3\,\Omega + \mathrm{j}4\,\Omega) - \mathrm{j}10\,\Omega}$$

$$\underline{Z}_{L2} = 7{,}45\,\Omega\cdot \mathrm{e}^{\mathrm{j}(26{,}5°)} = 6{,}\overline{6}\,\Omega + \mathrm{j}3{,}\overline{3}\,\Omega$$

$$\underline{Z}_L = \underline{Z}_{L2} + \underline{Z}_{L2} = 10{,}73\,\Omega + \mathrm{j}6{,}6\,\Omega = 12{,}59\,\Omega\cdot \mathrm{e}^{\mathrm{j}(31{,}6°)}$$

Mit den Ansätzen für die Spannungsteiler-Ersatzschaltung aus den Übersichtsseiten erhält man:

$$\frac{\underline{I}_L}{\underline{U}_0} = \frac{\underline{Z}_{4D}}{\underline{Z}_1(\underline{Z}_{4D} + \underline{Z}_L) + \underline{Z}_{4D} \cdot \underline{Z}_L} = 44{,}72\ \text{mS} \cdot e^{-j(26{,}5°)}$$

$$\underline{I}_L = \underline{U}_0 \cdot 44{,}72\ \text{mS} \cdot e^{-j(26{,}5°)} = 10\ \text{V} \cdot 44{,}72\ \text{mS} \cdot e^{-j(26{,}5°)}$$

$$\underline{I}_L = 447{,}2\ \text{mA} \cdot e^{-j(26{,}5°)} = 0{,}4\ \text{A} - j\,0{,}2\ \text{A}$$

$$\underline{U}_6 = \underline{I}_L \cdot \underline{Z}_{L2} = 447{,}2\ \text{mA} \cdot e^{-j(26{,}5°)} \cdot 7{,}45\ \Omega \cdot e^{j(26{,}5°)}$$

$$\underline{U}_6 = 3{,}33\ \text{V} \cdot e^{j0}$$

$$\underline{U}_5 = \underline{I}_L \cdot \underline{Z}_{L1} = 447{,}2\ \text{mA} \cdot e^{-j(26{,}5°)} \cdot 5{,}2\ \Omega \cdot e^{j(38{,}7°)}$$

$$\underline{U}_5 = 2{,}33\ \text{V} \cdot e^{j(12{,}1°)}$$

34.10

Den Innenwiderstand $\underline{Z}_i$ der Schaltung erhält man, wenn man in Gedanken die Spannungsquelle überbrückt:

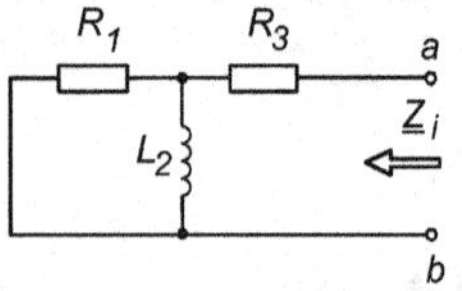

$$\underline{Z}_i = R_3 + \frac{R_1 \cdot j\omega L_2}{R_1 + j\omega L_2}$$

Im Leerlauffall ($\underline{I}_4 = 0$) ist der Widerstand R_3 ohne Wirkung und die Spannung $\underline{U}_{4L} = \underline{U}_{2L} = \underline{U}_L$ liegt auch an L_2 an. Damit ergibt sich für das Netzwerk ohne Belastung an den Klemmen a und b die Leerlaufspannung:

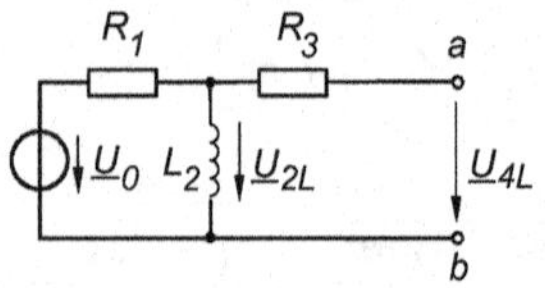

$$\underline{U}_L = \underline{U}_0 \frac{j\omega L_2}{R_1 + j\omega L_2}$$

Für die Ersatzschaltung mit $\underline{U}_L$ und $\underline{Z}_i$ folgt:

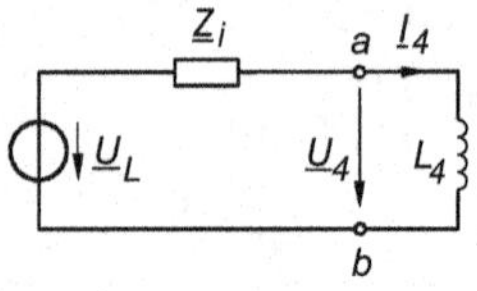

$$\underline{I}_4 = \frac{\underline{U}_L}{\underline{Z}_i + j\omega L_4}$$

$$\underline{I}_4 = \underline{U}_0 \frac{\dfrac{j\omega L_2}{R_1 + j\omega L_2}}{R_3 + \dfrac{R_1 \cdot j\omega L_2}{R_1 + j\omega L_2} + j\omega L_4}$$

$$\underline{I}_4 = \frac{\underline{U}_0 \cdot j\omega L_2}{R_1 R_3 + j\omega L_2 (R_1 + R_3) + j\omega L_4 (R_1 + j\omega L_2)}$$

34.11

Genau wie bei der Ersatzspannungsquelle wird der Innenleitwert $\underline{Y}_i$ der Ersatzstromquelle bei kurzgeschlossen gedachter Spannungsquelle bestimmt:

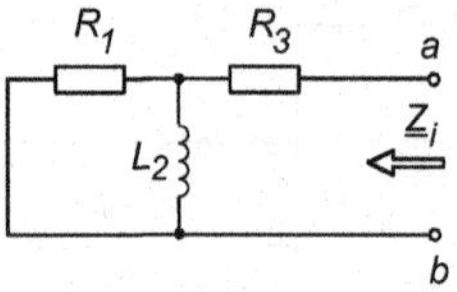

$$\underline{Z}_i = R_3 + \frac{R_1 \cdot j\omega L_2}{R_1 + j\omega L_2}$$

$$\underline{Y}_i = \frac{1}{\underline{Z}_i}$$

Weiterhin gilt bei kurzgeschlossenen Klemmen a und b für den Kurzschlussstrom:

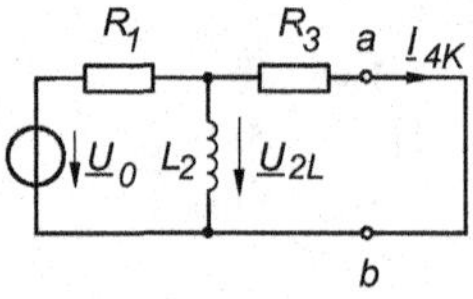

$$\underline{I}_{4K} = \frac{\underline{U}_0 \cdot j\omega L_2}{R_1 R_3 + j\omega L_2 (R_1 + R_3)}$$

Der Quellenstrom der Ersatzstrom-Stromquelle ist gleich dem Kurzschlussstrom:

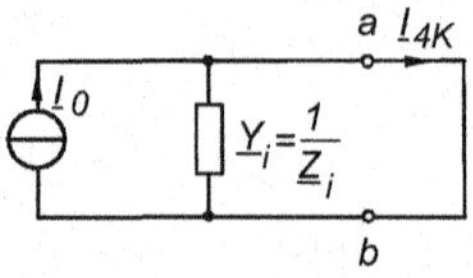

$$\underline{I}_0 = \underline{I}_{4K}$$

Also erhält man mit Stromteilerregel für die mit L_4 belastete Ersatzstromquelle:

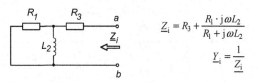

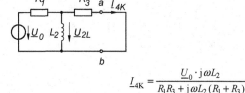

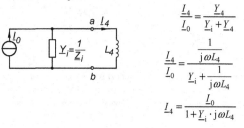

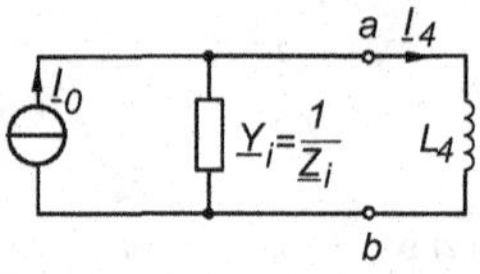

$$\frac{\underline{I}_4}{\underline{I}_0} = \frac{\underline{Y}_4}{\underline{Y}_i + \underline{Y}_4}$$

$$\frac{\underline{I}_4}{\underline{I}_0} = \frac{\dfrac{1}{j\omega L_4}}{\underline{Y}_i + \dfrac{1}{j\omega L_4}}$$

$$\underline{I}_4 = \frac{\underline{I}_0}{1 + \underline{Y}_i \cdot j\omega L_4}$$

Eingesetzt für den Innenleitwert $\underline{Y}_i$ und umgeformt, ergibt sich:

$$\underline{I}_4 = \frac{\underline{U}_0 \cdot j\omega L_2}{R_1 R_3 + j\omega L_2 (R_1 + R_3) + j\omega L_4 (R_1 + j\omega L_2)}$$

Dieser Ausdruck ist identisch mit den Lösungen der Aufgaben 34.1 und 34.10.

34.12

a) Innenwiderstand

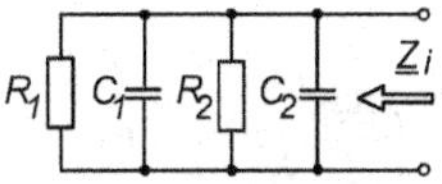

$$\underline{Z}_{\mathrm{i}} = \frac{1}{\frac{1}{R_1} + \frac{1}{R_2} + \mathrm{j}\,\omega\,(C_1 + C_2)}$$

Leerlaufspannung:

Bezeichnet man die in der Aufgabenstellung gegebenen Parallelschaltungen aus R_1 und C_1 mit $\underline{Z}_1$ und die aus R_2 und C_2 mit $\underline{Z}_2$, ergibt sich:

$$\underline{Z}_1 = \frac{R_1 \cdot \frac{1}{\mathrm{j}\omega C_1}}{R_1 + \frac{1}{\mathrm{j}\omega C_1}} = \frac{R_1}{1 + \mathrm{j}\omega C_1 R_1}\text{; analog } \underline{Z}_2 = \frac{R_2}{1 + \mathrm{j}\omega C_2 R_2}$$

$$\frac{\underline{U}_{\mathrm{a}}}{\underline{U}_0} = \frac{\underline{Z}_2}{\underline{Z}_1 + \underline{Z}_2} = \frac{1}{1 + \frac{\underline{Z}_1}{\underline{Z}_2}} = \frac{1}{1 + \frac{R_1}{R_2} \cdot \frac{1 + \mathrm{j}\omega C_2 R_2}{1 + \mathrm{j}\omega C_1 R_1}}$$

Für die unbelastete Schaltung ist $\underline{U}_{\mathrm{L}} = \underline{U}_{\mathrm{a}}$ mit:

$$\underline{U}_{\mathrm{L}} = \underline{U}_0 \frac{1}{1 + \frac{R_1}{R_2} \cdot \frac{1 + \mathrm{j}\omega C_2 R_2}{1 + \mathrm{j}\omega C_1 R_1}}$$

b) Die Schaltung ist frequenzunabhängig, wenn die beiden Imaginärteile des Nennerquotienten gleich sind:

$$\omega C_2 R_2 = \omega C_1 R_1$$

Folgt:

$$\frac{\underline{U}_{\mathrm{a}}}{\underline{U}_0} = \frac{1}{1 + \frac{R_1}{R_2}} = \frac{R_2}{R_1 + R_2}$$

34.13

a) Zunächst wird die Quelle aus $\underline{U}_{01}$ mit $\underline{Z}_1$ und die parallelgeschaltete Impedanz $\underline{Z}_3$ zwischen den Klemmen b und c betrachtet:

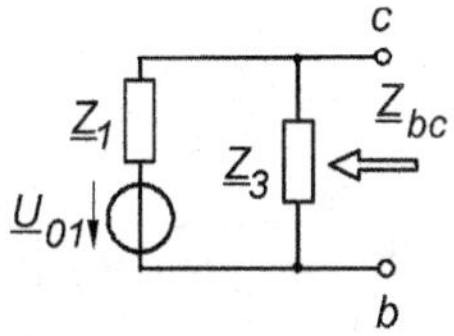

Innenwiderstand

$$\underline{Z}_{\mathrm{bc}} = \frac{\underline{Z}_1 \cdot \underline{Z}_3}{\underline{Z}_1 + \underline{Z}_3}$$

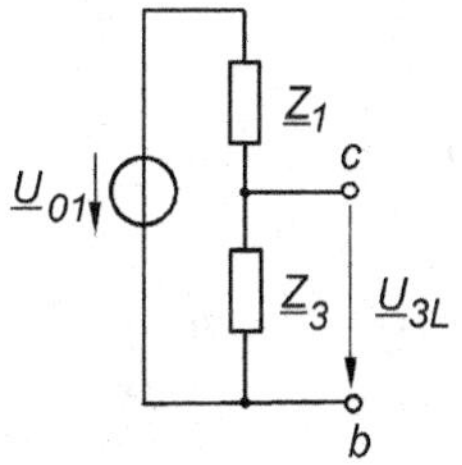

Leerlaufspannung

$$\underline{U}_{3\mathrm{L}} = \underline{U}_{01} \frac{\underline{Z}_3}{\underline{Z}_1 + \underline{Z}_3}$$

Zusammenfassen der beiden Spannungsquellen:

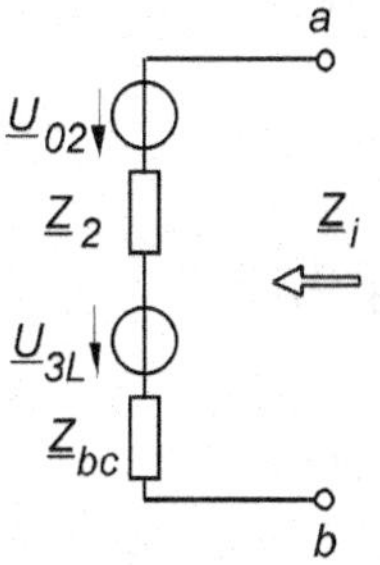

Gesamt Innenwiderstand

$$\underline{Z}_{\mathrm{i}} = \underline{Z}_2 + \underline{Z}_{\mathrm{bc}}$$

$$\underline{Z}_{\mathrm{i}} = \underline{Z}_2 + \frac{\underline{Z}_1 \cdot \underline{Z}_3}{\underline{Z}_1 + \underline{Z}_3}$$

Gesamt Leerlaufspannung

$$\underline{U}_{\mathrm{L}} = \underline{U}_{02} + \underline{U}_{3\mathrm{L}}$$

$$\underline{U}_{\mathrm{L}} = \underline{U}_{02} + \underline{U}_{01} \frac{\underline{Z}_3}{\underline{Z}_1 + \underline{Z}_3}$$

b) Zahlenwerte:

$$\underline{Z}_{\mathrm{i}} = 5\,\Omega + \frac{25\,\Omega \cdot (2\,\Omega - \mathrm{j}10\,\Omega)}{25\,\Omega + (2\,\Omega - \mathrm{j}10\,\Omega)}$$

$$\underline{Z}_{\mathrm{i}} = 9{,}6\,\Omega - \mathrm{j}\;7{,}54\,\Omega = 12{,}2\,\Omega \cdot \mathrm{e}^{-\mathrm{j}(38{,}1^\circ)}$$

$$\underline{U}_{\mathrm{L}} = 6\;\mathrm{V} \cdot \mathrm{e}^{\mathrm{j}(0^\circ)} + 8\;\mathrm{V} \cdot \mathrm{e}^{\mathrm{j}(30^\circ)} \cdot \frac{(2\,\Omega - \mathrm{j}10\,\Omega)}{25\,\Omega + (2\,\Omega - \mathrm{j}10\,\Omega)}$$

$$\underline{U}_{\mathrm{L}} = 8{,}6\;\mathrm{V} \cdot \mathrm{e}^{-\mathrm{j}(9^\circ)}$$

c) Stromstärke mittels Ersatzspannungsquelle:

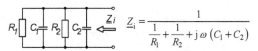

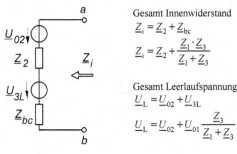

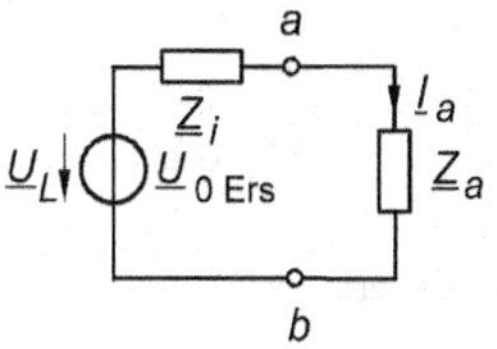

$$\underline{I}_{\mathrm{a}} = \frac{\underline{U}_{\mathrm{L}}}{\underline{Z}_{\mathrm{i}} + \underline{Z}_{\mathrm{a}}}$$

$$\underline{I}_{\mathrm{a}} = \frac{8{,}6\;\mathrm{V} \cdot \mathrm{e}^{-\mathrm{j}(9^\circ)}}{(9{,}6\,\Omega - \mathrm{j}7{,}54\,\Omega) + (10\,\Omega + \mathrm{j}20\,\Omega)} = 0{,}37\;\mathrm{A} \cdot \mathrm{e}^{-\mathrm{j}(41{,}4^\circ)}$$

34.14

Schritt 1: $\underline{I}_{02}$ abgeklemmt:

$$\underline{U}_{01} = \underline{I}_{\mathrm{R}}{}' (R + \mathrm{j}\omega L) \quad \text{bzw.} \quad \underline{I}_{\mathrm{R}}{}' = \frac{\underline{U}_{01}}{R + \mathrm{j}\omega L}$$

Schritt 2: $\underline{U}_{01}$ überbrückt:

$$\frac{\underline{I}_{\mathrm{R}}{}''}{\underline{I}_{02}} = \frac{\mathrm{j}\omega L}{R + \mathrm{j}\omega L} \quad \text{bzw.} \quad \underline{I}_{\mathrm{R}}{}'' = \underline{I}_{02} \frac{\mathrm{j}\omega L}{R + \mathrm{j}\omega L}$$

Schritt 3: Überlagerung:

$$\underline{I}_{\mathrm{R}} = \underline{I}_{\mathrm{R}}{}' + \underline{I}_{R}{}'' = \frac{1}{R + \mathrm{j}\omega L} \cdot \left(\underline{U}_{01} + \underline{I}_{02} \cdot \mathrm{j}\omega L\right)$$

Man beachte:

Das Überlagerungsgesetz darf nur angewendet werden, wenn ausschließlich lineare Bauelemente in der Schaltung vorhanden sind. Es dürfen also z.B. keine Spulen mit Eisenkern vorkommen.

34.15

Schritt 1: $\underline{U}_{02}$ in Gedanken überbrückt:

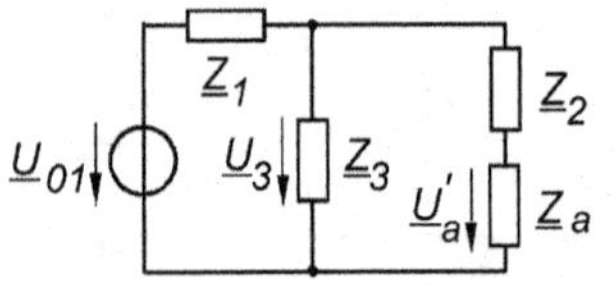

$$\frac{\underline{U}'_a}{\underline{U}_{01}} = \frac{\underline{U}'_a}{\underline{U}_3} \cdot \frac{\underline{U}_3}{\underline{U}_{01}}$$

$$\frac{\underline{U}'_a}{\underline{U}_3} = \frac{\underline{Z}_a}{\underline{Z}_2 + \underline{Z}_a} = \frac{10\,\Omega + j20\,\Omega}{15\,\Omega + j20\,\Omega} = 0{,}894 \cdot e^{j(10{,}3°)}$$

$$\frac{\underline{U}_3}{\underline{U}_{01}} = \frac{\underline{Z}_3 \| (\underline{Z}_2 + \underline{Z}_a)}{\underline{Z}_1 + [\underline{Z}_3 \| (\underline{Z}_2 + \underline{Z}_a)]}$$

$$[\underline{Z}_3 \| (\underline{Z}_2 + \underline{Z}_a)] = \frac{(2\,\Omega - j10\,\Omega)(15\,\Omega + j20\,\Omega)}{(2\,\Omega - j10\,\Omega) + (15\,\Omega + j20\,\Omega)}$$

$$= 7{,}22\,\Omega - j10{,}72\,\Omega$$

$$\frac{\underline{U}_3}{\underline{U}_{01}} = 0{,}381 \cdot e^{-j(37{,}6°)}$$

$$\frac{\underline{U}'_a}{\underline{U}_{01}} = \frac{\underline{U}'_a}{\underline{U}_3} \cdot \frac{\underline{U}_3}{\underline{U}_{01}} = 0{,}894 \cdot e^{j(10{,}3°)} \cdot 0{,}381 \cdot e^{-j(37{,}6°)}$$

$$\frac{\underline{U}'_a}{\underline{U}_{01}} = 0{,}34 \cdot e^{-j(27{,}3°)}$$

$$\underline{U}'_a = 0{,}34 \cdot e^{-j(27{,}3°)} \cdot 8\text{ V} \cdot e^{j(30°)} = 2{,}72\text{ V} + j0{,}127\text{ V}$$

Schritt 2: $\underline{U}_{01}$ in Gedanken überbrückt

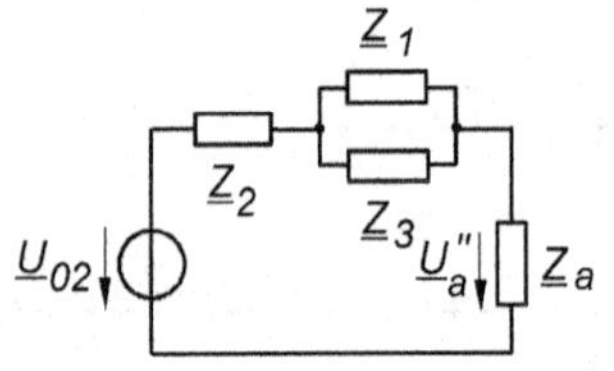

$$\frac{\underline{U}''_a}{\underline{U}_{02}} = \frac{\underline{Z}_a}{\underline{Z}_{ges}}$$

$$\underline{Z}_{ges} = \underline{Z}_2 + \underline{Z}_a + (\underline{Z}_1 \| \underline{Z}_3) = 19{,}64\,\Omega + j12{,}46\,\Omega$$

$$\frac{\underline{U}''_a}{\underline{U}_{02}} = \frac{10\,\Omega + j20\,\Omega}{19{,}64\,\Omega + j12{,}46\,\Omega} = 0{,}961 \cdot e^{j(31°)}$$

$$\underline{U}''_a = 0{,}961 \cdot e^{j(31°)} \cdot 6\text{ V} = 4{,}94\text{ V} + j2{,}97\text{ V}$$

Schritt 3: Überlagerung

$$\underline{U}_a = \underline{U}'_a + \underline{U}''_a = (2{,}72\text{ V} + j0{,}127\text{ V}) + (4{,}94\text{ V} + j2{,}97\text{ V})$$

$$\underline{U}_a = 7{,}66\text{ V} + j3{,}1\text{ V} = 8{,}27\text{ V} \cdot e^{j(22°)}$$

$$\underline{I}_a = \frac{\underline{U}_a}{\underline{Z}_a} = \frac{8{,}27\text{ V} \cdot e^{j(22°)}}{22{,}36\,\Omega \cdot e^{j(63{,}4°)}} = 0{,}37\text{ A} \cdot e^{-j(41{,}4°)}$$

Die Anwendung der Überlagerungsmethode erfordert viele Rechenschritte. Bei umfangreicheren Schaltungen steigt der Arbeitsaufwand beträchtlich. Andere Rechenverfahren sind dann günstiger, wie z.B. die Ersatzquellenmethoden.

34.16

Schritt 1: $\underline{U}_{02}$ in Gedanken überbrückt

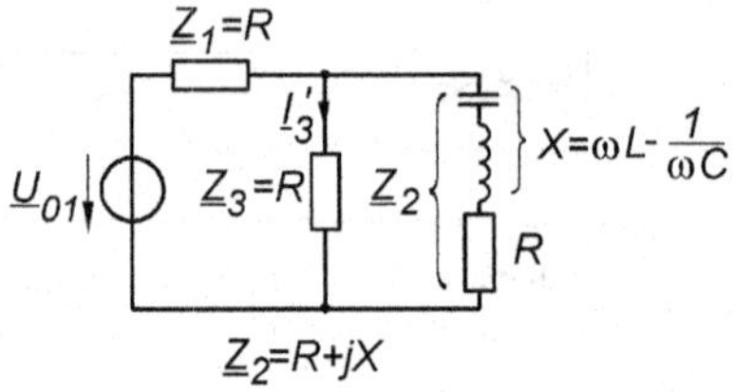

Gemäß Spannungsteilerregel (s. Übersichtsseiten) gilt für obige Schaltung:

$$\frac{\underline{I}'_3}{\underline{U}_{01}} = \frac{\underline{Z}_2}{\underline{Z}_1 \cdot \underline{Z}_2 + \underline{Z}_1 \cdot \underline{Z}_3 + \underline{Z}_2 \cdot \underline{Z}_3}$$

Eingesetzt und vereinfacht:

$$\frac{\underline{I}'_3}{\underline{U}_{01}} = \frac{\underline{Z}_2}{R\underline{Z}_2 + R^2 + R\underline{Z}_2} = \frac{\underline{Z}_2}{R(R + 2\underline{Z}_2)} = \frac{R + jX}{R(3R + j2X)}$$

$$\underline{I}'_3 = U_{01} \cdot e^{j(90°)} \cdot \frac{R + jX}{R(3R + j2X)} = U_{01} \cdot \frac{-X + jR}{R(3R + j2X)}$$

Schritt 2: $\underline{U}_{01}$ in Gedanken überbrückt

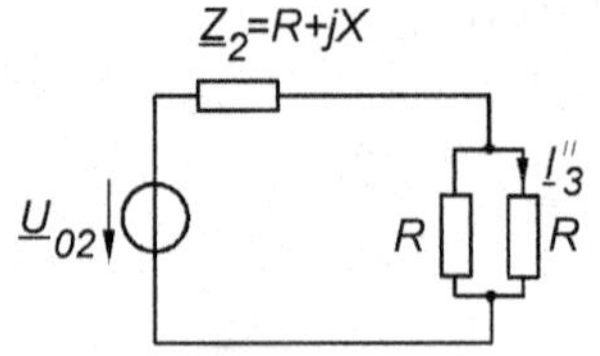

Gemäß Spannungsteilerregel (s. Übersichtsseiten) gilt:

$$\frac{\underline{I}''_3}{\underline{U}_{02}} = \frac{R}{R\underline{Z}_2 + R\underline{Z}_2 + R^2} = \frac{1}{3R + j2X}$$

$$\underline{I}''_3 = U_{02} \cdot e^{j(0°)} \cdot \frac{1}{3R + j2X} = U_{02} \cdot \frac{R}{R(3R + j2X)}$$

Schritt 3: Überlagerung

$$\underline{I}_3 = \underline{I}'_3 + \underline{I}''_3 = U_{01} \cdot \frac{(R - X) + jR}{R(3R + j\,2X)} \quad \text{mit } U_{01} = U_{02} \text{ lt. Aufg.}$$

$$\underline{I}_3 = U_{01} \cdot \frac{\left(R - \omega L + \frac{1}{\omega C}\right) + jR}{R\left\{3R + j\left[2\left(\omega L - \frac{1}{\omega C}\right)\right]\right\}}$$

b) Zahlenwerte:

$$\underline{I}_3 = 10\text{ V} \cdot \frac{(10 - 5 + 2)\Omega + j10\,\Omega}{10\,\Omega\{30\,\Omega + j[2(5 - 2)\Omega]\}} = \frac{10\text{ V}(7\,\Omega + j10\,\Omega)}{10\,\Omega(30\,\Omega + j6\,\Omega)}$$

$$\underline{I}_3 = 399\text{ mA} \cdot e^{j(43{,}7°)}$$

34.17

Graph mit gewähltem Baum:

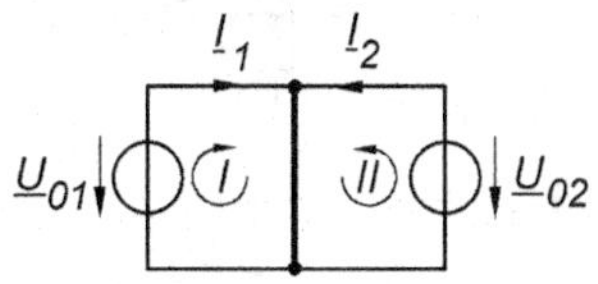

Koeffizientenschema:

Masche	$\underline{I}_1$	$\underline{I}_2$	rechte Seite
I	R_1+R_3	R_3	$\underline{U}_{01}$
II	R_3	R_2+R_3+ $\mathrm{j}\left(\lvert X_L\rvert-\lvert X_C\rvert\right)$	$\underline{U}_{02}$

Zahlenwerte:

Masche	$\underline{I}_1$	$\underline{I}_2$	rechte Seite
I	20 Ω	10 Ω	j10 V
II	10 Ω	20 Ω + j3 Ω	10 V

Determinaten:

$$\underline{\mathbf{D}} = 20\Omega(20+\mathrm{j}3)\Omega - 10\Omega\cdot 10\Omega = 300\Omega^2 + \mathrm{j}60\Omega^2$$
$$= 305{,}94\Omega^2\cdot \mathrm{e}^{\mathrm{j}(11{,}3°)}$$
$$\underline{\mathbf{D}}_1 = \mathrm{j}10\,\mathrm{V}(20+\mathrm{j}3)\Omega - 10\,\mathrm{V}\cdot 10\Omega = -130\,\mathrm{V}\Omega + \mathrm{j}200\,\mathrm{V}\Omega$$
$$= 238{,}54\,\mathrm{V}\Omega\cdot \mathrm{e}^{\mathrm{j}(123°)}$$
$$\underline{\mathbf{D}}_2 = 10\,\mathrm{V}\cdot 20\Omega - \mathrm{j}10\,\mathrm{V}\cdot 10\Omega = 200\,\mathrm{V}\Omega - \mathrm{j}100\,\mathrm{V}\Omega$$
$$= 223{,}6\,\mathrm{V}\Omega\cdot \mathrm{e}^{-\mathrm{j}(26{,}6°)}$$

Ströme:

$$\underline{I}_1 = \frac{\underline{\mathbf{D}}_1}{\underline{\mathbf{D}}},\ \underline{I}_1 = \frac{238{,}54\,\mathrm{V}\Omega\cdot \mathrm{e}^{\mathrm{j}(123°)}}{305{,}94\Omega^2\cdot \mathrm{e}^{\mathrm{j}(11{,}3°)}} = 779{,}7\,\mathrm{mA}\cdot \mathrm{e}^{\mathrm{j}(111{,}7°)}$$
$$= -288{,}5\,\mathrm{mA} + \mathrm{j}724{,}4\,\mathrm{mA}$$
$$\underline{I}_2 = \frac{\underline{\mathbf{D}}_2}{\underline{\mathbf{D}}},\ \underline{I}_2 = \frac{223{,}6\,\mathrm{V}\Omega\cdot \mathrm{e}^{-\mathrm{j}(26{,}6°)}}{305{,}94\Omega^2\cdot \mathrm{e}^{\mathrm{j}(11{,}3°)}} = 730\,\mathrm{mA}\cdot \mathrm{e}^{-\mathrm{j}(37{,}9°)}$$
$$= 576{,}9\,\mathrm{mA} - \mathrm{j}448{,}7\,\mathrm{mA}$$
$$\underline{I}_3 = \underline{I}_1 + \underline{I}_2 = 288{,}4\,\mathrm{mA} + \mathrm{j}275{,}7\,\mathrm{mA} = 399\,\mathrm{mA}\cdot \mathrm{e}^{\mathrm{j}(43{,}7°)}$$

Man erkennt, dass der Lösungsaufwand gegenüber der Methode „Überlagerungsgesetz" deutlich geringer ist.

34.18

Graph mit gewähltem Baum:

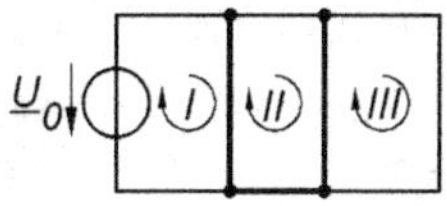

Koeffizientenschema:

Masche	$\underline{I}_1$	$\underline{I}_2$	$\underline{I}_3$	rechte Seite
I	$\underline{Z}_1+\underline{Z}_4$	$-\underline{Z}_4$	0	$\underline{U}_0$
II	$-\underline{Z}_4$	$\underline{Z}_2+\underline{Z}_4+\underline{Z}_5$	$-\underline{Z}_5$	0
III	0	$-\underline{Z}_5$	$\underline{Z}_3+\underline{Z}_5+\underline{Z}_6$	0

Einsetzen der Werte:

Masche	$\underline{I}_1$	$\underline{I}_2$	$\underline{I}_3$	rechte Seite
I	$R+\mathrm{j}X_L$	$-R$	0	$\underline{U}_0$
II	$-R$	$2R-\mathrm{j}\lvert X_C\rvert$	$-\left(-\mathrm{j}\lvert X_C\rvert\right)$	0
III	0	$-\left(-\mathrm{j}\lvert X_C\rvert\right)$	$R+\mathrm{j}\left(\lvert X_L\rvert-\lvert X_C\rvert\right)$	0

Masche	$\underline{I}_1$	$\underline{I}_2$	$\underline{I}_3$	rechte Seite
I	(1+j) Ω	−1 Ω	0	$\underline{U}_0$
II	−1 Ω	(2−j) Ω	+j1 Ω	0
III	0	+j1 Ω	(1+j 0) Ω	0

Gesucht ist $\underline{I}_3$. Berechnung mit Determinaten: $\underline{I}_3 = \frac{\underline{\mathbf{D}}_3}{\underline{\mathbf{D}}}$

$$\underline{\mathbf{D}} = \begin{vmatrix} (1+\mathrm{j}) & -1 & 0 \\ -1 & (2-\mathrm{j}) & \mathrm{j} \\ 0 & \mathrm{j} & 1 \end{vmatrix}\begin{vmatrix} (1+\mathrm{j}) & -1 \\ -1 & (2-\mathrm{j}) \\ 0 & \mathrm{j} \end{vmatrix}$$

$$\underline{\mathbf{D}} = [(1+\mathrm{j})(2-\mathrm{j})\cdot 1 + 0 + 0 - 0 - (1+\mathrm{j})\cdot \mathrm{j}\cdot \mathrm{j} - (-1)(-1)\cdot 1]\Omega^3$$
$$= [2+1+2\mathrm{j}-\mathrm{j}+1+\mathrm{j}-1]\Omega^3 = [3+2\mathrm{j}]\Omega^3$$

$$\underline{\mathbf{D}}_3 = \begin{vmatrix} (1+\mathrm{j}) & -1 & \underline{U}_0 \\ -1 & (2-\mathrm{j}) & 0 \\ 0 & \mathrm{j} & 0 \end{vmatrix}\begin{vmatrix} (1+\mathrm{j}) & -1 \\ -1 & (2-\mathrm{j}) \\ 0 & \mathrm{j} \end{vmatrix}$$

$$\underline{\mathbf{D}}_3 = [0+0-\mathrm{j}\underline{U}_0 - 0 - 0 - 0]\Omega^2 = -\mathrm{j}\underline{U}_0\,\Omega^2$$

Also ist:

$$\underline{I}_3 = \frac{\underline{\mathbf{D}}_3}{\underline{\mathbf{D}}} = \frac{-\mathrm{j}\underline{U}_0\,\Omega^2}{(3+2\mathrm{j})\Omega^3} = -\frac{\mathrm{j}\underline{U}_0\cdot(3-2\mathrm{j})}{(9+4)\Omega} = -\frac{\underline{U}_0}{13\,\Omega}\cdot(2+3\mathrm{j})$$

$$\underline{I}_3 = -\frac{6\,\mathrm{V}}{13\,\Omega}\cdot 3{,}61\cdot \mathrm{e}^{\mathrm{j}\arctan\frac{3}{2}} = -1{,}664\,\mathrm{A}\cdot \mathrm{e}^{\mathrm{j}(56{,}3°)}$$

Der Stromzeiger $\underline{I}_3$ ist also gegenüber dem Spannungszeiger $\underline{U}_0$ um +56,3° gedreht, $\underline{I}_3$ eilt gegenüber $\underline{U}_0$ vor. Weiterhin fließt der reale Strom $\underline{I}_3$ in positiver Richtung entgegengesetzt zu der ursprünglich angenommenen Stromrichtung.

$$\underline{U}_6 = \underline{I}_3\cdot \underline{Z}_6 \qquad \text{mit} \qquad \underline{Z}_6 = \mathrm{j}X_L$$
$$\underline{U}_6 = -1{,}664\,\mathrm{A}\cdot \mathrm{e}^{\mathrm{j}(56{,}3°)}\cdot 1\,\Omega\cdot \mathrm{e}^{\mathrm{j}(90°)}$$
$$\underline{U}_6 = -1{,}664\,\mathrm{V}\cdot \mathrm{e}^{\mathrm{j}(146{,}3°)} \quad \text{oder}$$
$$\underline{U}_6 = +1{,}664\,\mathrm{V}\cdot \mathrm{e}^{-\mathrm{j}(33{,}7°)} \quad \text{da} \quad -1 = \mathrm{j}^2 = \mathrm{e}^{\mathrm{j}(\pm 180°)}$$

34.19

Graph:

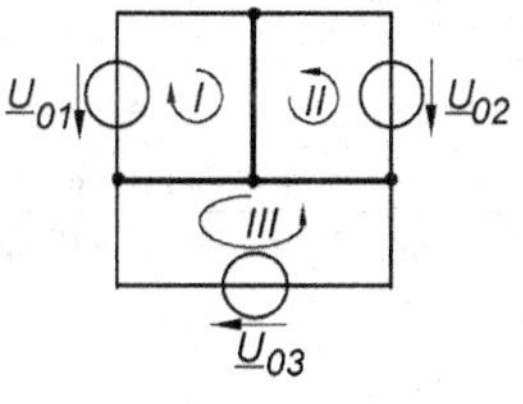

Koeffizientenschema:

	$\underline{I}_1$	$\underline{I}_{20}$	$\underline{I}_3$	rechte Seite
I	$R_1+R_2+\underline{Z}_{L1}+\underline{Z}_C$	$\underline{Z}_C$	R_2	$\underline{U}_{01}$
II	$\underline{Z}_C$	$\underline{Z}_{L2}+\underline{Z}_C$	$-\underline{Z}_{L2}$	$\underline{U}_{02}$
III	R_2	$-\underline{Z}_{L2}$	$R_2+R_3+\underline{Z}_{L2}$	$\underline{U}_{03}$

Zahlenwerte:

	$\underline{I}_1$	$\underline{I}_{20}$	$\underline{I}_3$	rechte Seite
I	10 Ω − j 90 Ω	−j 100 Ω	5 Ω	10 V
II	−j 100 Ω	0	−j 100 Ω	5 V
III	5 Ω	−j 100 Ω	10 Ω + j 100 Ω	10 V

Determinanten:

$$\underline{\mathbf{D}} = \left[0-5-5-\left\{0-(10-\mathrm{j}90)-(10+\mathrm{j}100)\right\}\right]10^4\ \Omega^3$$
$$= \left[10^5+\mathrm{j}10^5\right]\Omega^3 = \sqrt{2}\cdot 10^5\ \Omega^3\cdot \mathrm{e}^{\mathrm{j}(45^\circ)}$$

$$\underline{\mathbf{D}}_1 = \left[0-100-\mathrm{j}2{,}5-\left\{0-100-\mathrm{j}0{,}5(10+\mathrm{j}100)\right\}\right]\cdot 10^3\ \mathrm{V}\Omega^2$$
$$= [-50+\mathrm{j}2{,}5]\cdot 10^3\ \mathrm{V}\Omega^2 = 5{,}01\cdot 10^4\ \mathrm{V}\Omega^2\cdot \mathrm{e}^{\mathrm{j}(177{,}1^\circ)}$$

$$\underline{\mathbf{D}}_2 = [5\cdot(10-\mathrm{j}90)\cdot(10+\mathrm{j}100)-\mathrm{j}5\cdot 10^3-\mathrm{j}5\cdot 10^3$$
$$-\left\{125-\mathrm{j}10^3(10-\mathrm{j}90)-\mathrm{j}10^3(10+\mathrm{j}100)\right\}\ ]\mathrm{V}\Omega^2$$
$$= \left[-35{,}38+\mathrm{j}10{,}5\right]\cdot 10^3\ \mathrm{V}\Omega^2 = 3{,}69\cdot 10^4\ \mathrm{V}\Omega^2\cdot \mathrm{e}^{\mathrm{j}(16{,}5^\circ)}$$

$$\underline{\mathbf{D}}_3 = \left[0-\mathrm{j}2{,}5\cdot 10^3-10^5-\left\{0-\mathrm{j}500(10-\mathrm{j}90)-10^5\right\}\right]\mathrm{V}\Omega^2$$
$$= \left[45\cdot 10^3+\mathrm{j}2{,}5\cdot 10^3\right]\mathrm{V}\Omega^2 = 4{,}51\cdot 10^4\ \mathrm{V}\Omega^2\cdot \mathrm{e}^{\mathrm{j}(13{,}2^\circ)}$$

Ströme:

$$\underline{I}_1 = \frac{\underline{\mathbf{D}}_1}{\underline{\mathbf{D}}},\quad \underline{I}_1 = 354\ \mathrm{mA}\cdot \mathrm{e}^{\mathrm{j}(132{,}1^\circ)} = (-237{,}5+\mathrm{j}262{,}5)\ \mathrm{mA}$$

$$\underline{I}_{20} = \frac{\underline{\mathbf{D}}_2}{\underline{\mathbf{D}}},\quad \underline{I}_{20} = 261\ \mathrm{mA}\cdot \mathrm{e}^{-\mathrm{j}(28{,}5^\circ)} = (229{,}4-\mathrm{j}124{,}5)\ \mathrm{mA}$$

$$\underline{I}_3 = \frac{\underline{\mathbf{D}}_3}{\underline{\mathbf{D}}},\quad \underline{I}_3 = 318{,}7\ \mathrm{mA}\cdot \mathrm{e}^{-\mathrm{j}(41{,}8^\circ)} = (237{,}5-\mathrm{j}212{,}5)\ \mathrm{mA}$$

$$\underline{I}_2 = \underline{I}_1+\underline{I}_3 = \mathrm{j}50\ \mathrm{mA} = 50\ \mathrm{mA}\cdot \mathrm{e}^{\mathrm{j}(90^\circ)}$$

34.20

a) Ersatzwiderstände:

$$\underline{Z}_1 = R_1+\mathrm{j}\omega L_1 = 10\ \Omega+\mathrm{j}10\ \Omega$$
$$\underline{Z}_2 = R_2+\mathrm{j}X_{C2} = 10\ \Omega-\mathrm{j}10\ \Omega$$
$$\underline{Z}_{31} = R_3-\mathrm{j}\frac{1}{\omega C_{1,3}} = 20\ \Omega-\mathrm{j}20\ \Omega = 28{,}28\,\Omega\cdot \mathrm{e}^{-\mathrm{j}(45^\circ)}$$
$$\underline{Z}_{32} = R_4+\mathrm{j}\omega L_{2,3} = 20\ \Omega+\mathrm{j}20\ \Omega = 28{,}28\,\Omega\cdot \mathrm{e}^{\mathrm{j}(45^\circ)}$$
$$\underline{Z}_3 = \frac{\underline{Z}_{31}\cdot\underline{Z}_{32}}{\underline{Z}_{31}+\underline{Z}_{32}} = \frac{(28{,}28\ \Omega)^2\cdot \mathrm{e}^{\mathrm{j}(-45^\circ+45^\circ)}}{(20\ \Omega-\mathrm{j}20\ \Omega)+(20\ \Omega+\mathrm{j}20\ \Omega)}$$
$$\underline{Z}_3 = 20\ \Omega$$

b) Ersatzschaltbild:

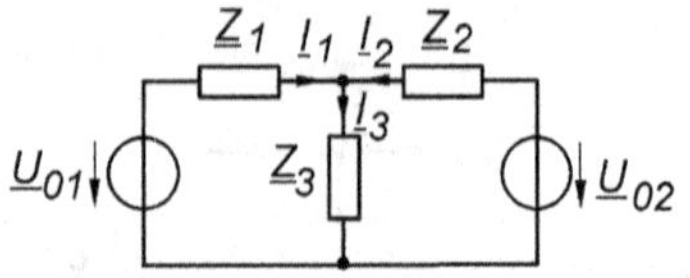

Graph:

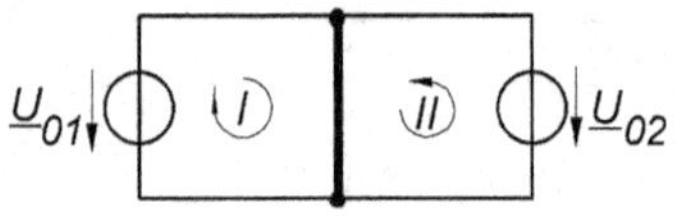

c) Koeffizientenschema:

Masche	$\underline{I}_1$	$\underline{I}_2$	rechte Seite
I	$\underline{Z}_1+\underline{Z}_3$	$\underline{Z}_3$	$\underline{U}_{01}$
II	$\underline{Z}_3$	$\underline{Z}_2+\underline{Z}_3$	$\underline{U}_{02}$

Zahlenwerte:

Masche	$\underline{I}_1$	$\underline{I}_2$	rechte Seite
I	30 Ω + j 10 Ω	20 Ω	25 V
II	20 Ω	30 Ω − j 10 Ω	20 V

Determinanten:

$$\underline{\mathbf{D}} = (30\ \Omega+\mathrm{j}10\ \Omega)\cdot(30\ \Omega-\mathrm{j}10\ \Omega)-400\ \Omega^2 = 600\ \Omega^2$$
$$\underline{\mathbf{D}}_1 = 25\ \mathrm{V}\cdot(30\,\Omega-\mathrm{j}10\,\Omega)-400\ \mathrm{V}\Omega = 350\ \mathrm{V}\Omega-\mathrm{j}250\ \mathrm{V}\Omega$$
$$= 430{,}12\ \mathrm{V}\Omega\cdot \mathrm{e}^{-\mathrm{j}(35{,}5^\circ)}$$
$$\underline{\mathbf{D}}_2 = 20\mathrm{V}\cdot(30\,\Omega+\mathrm{j}10\,\Omega)-25\ \mathrm{V}\cdot 20\,\Omega = 100\ \mathrm{V}\Omega+\mathrm{j}200\ \mathrm{V}\Omega$$
$$= 223{,}61\ \mathrm{V}\Omega\cdot \mathrm{e}^{\mathrm{j}(63{,}4^\circ)}$$

Ströme:

$$\underline{I}_1 = \frac{\underline{\mathbf{D}}_1}{\underline{\mathbf{D}}},\quad \underline{I}_1 = \frac{430{,}12\ \mathrm{V}\Omega\cdot \mathrm{e}^{-\mathrm{j}(35{,}5^\circ)}}{600\ \Omega^2}$$
$$= 716{,}9\ \mathrm{mA}\cdot \mathrm{e}^{-\mathrm{j}(35{,}5^\circ)} = (583{,}3-\mathrm{j}416{,}7)\ \mathrm{mA}$$

$$\underline{I}_2 = \frac{\underline{\mathbf{D}}_2}{\underline{\mathbf{D}}},\quad \underline{I}_2 = \frac{223{,}61\ \mathrm{V}\Omega\cdot \mathrm{e}^{\mathrm{j}(63{,}4^\circ)}}{600\ \Omega^2}$$
$$= 372{,}7\ \mathrm{mA}\cdot \mathrm{e}^{\mathrm{j}(63{,}4^\circ)} = (166{,}7+\mathrm{j}333{,}3)\ \mathrm{mA}$$

$$\underline{I}_3 = \underline{I}_1+\underline{I}_2 = (583{,}3-\mathrm{j}416{,}7)\ \mathrm{mA}+(166{,}7+\mathrm{j}333{,}3)\ \mathrm{mA}$$
$$= (750-\mathrm{j}83{,}4)\ \mathrm{mA} = 754{,}6\ \mathrm{mA}\cdot \mathrm{e}^{-\mathrm{j}(6{,}35^\circ)}$$

$$\underline{U}_3 = \underline{I}_3\cdot\underline{Z}_3 = 754{,}6\ \mathrm{mA}\cdot \mathrm{e}^{-\mathrm{j}(6{,}35^\circ)}\cdot 20\ \Omega$$
$$= 15{,}09\ \mathrm{V}\cdot \mathrm{e}^{-\mathrm{j}(6{,}35^\circ)}$$

$$\underline{I}_{31} = \frac{\underline{U}_3}{\underline{Z}_{31}} = \frac{15{,}09\ \mathrm{V}\cdot \mathrm{e}^{-\mathrm{j}(6{,}35^\circ)}}{28{,}28\ \Omega\cdot \mathrm{e}^{-\mathrm{j}(45^\circ)}} = 533\ \mathrm{mA}\cdot \mathrm{e}^{\mathrm{j}(38{,}65^\circ)}$$

34.21

Graph:

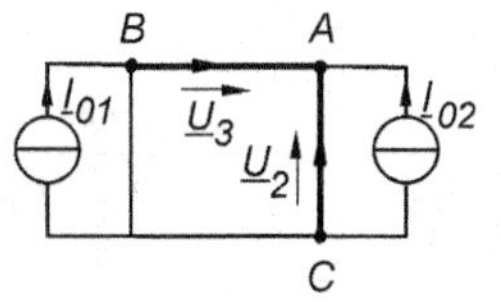

Koeffizientenschema:

Knoten	$\underline{U}_3$	$\underline{U}_2$	rechte Seite
B	$\underline{Y}_1+\underline{Y}_3$	$-\underline{Y}_1$	$\underline{I}_{01}$
C	$-\underline{Y}_1$	$\underline{Y}_1+\underline{Y}_2$	$-(\underline{I}_{01}+\underline{I}_{02})$

Zahlenwerte:

Knoten	$\underline{U}_3$	$\underline{U}_2$	rechte Seite
B	(1–j) S	–1 S	1 A
C	–1 S	3 S	–(1A–j0,5A)

Gesucht ist $\underline{U}_3 = \dfrac{\underline{\mathbf{D}}_1}{\underline{\mathbf{D}}}$:

$$\underline{\mathbf{D}} = \{3\cdot(1-\mathrm{j})-1\}\ \mathrm{S}^2 = (2-\mathrm{j}3)\ \mathrm{S}^2 = 3{,}6\ \mathrm{S}^2\cdot \mathrm{e}^{-\mathrm{j}(56{,}3^\circ)}$$

$$\underline{\mathbf{D}}_1 = 1\mathrm{A}\cdot 3\mathrm{S} - \{-1\mathrm{S}[-(1\mathrm{A}-\mathrm{j}0{,}5\mathrm{A})]\} = \{3-1+\mathrm{j}0{,}5\}\,\mathrm{A}\cdot\mathrm{S}$$
$$= (2+\mathrm{j}0{,}5)\,\mathrm{A}\cdot\mathrm{S} = 2{,}06\ \mathrm{A}\cdot\mathrm{S}\cdot\mathrm{e}^{\mathrm{j}(14^\circ)}$$

$$\underline{U}_3 = \frac{\underline{\mathbf{D}}_1}{\underline{\mathbf{D}}} = \frac{2{,}06\ \mathrm{A}\cdot\mathrm{S}\cdot\mathrm{e}^{\mathrm{j}(14^\circ)}}{3{,}6\ \mathrm{S}^2\cdot\mathrm{e}^{-\mathrm{j}(56{,}3^\circ)}} = 571{,}8\ \mathrm{mV}\cdot\mathrm{e}^{\mathrm{j}(70{,}3^\circ)}$$

$$\underline{I}_3 = \underline{U}_3\cdot\underline{Y}_3 = 571{,}8\ \mathrm{mV}\cdot\mathrm{e}^{\mathrm{j}(70{,}3^\circ)}\cdot 1\ \mathrm{S}\cdot\mathrm{e}^{-\mathrm{j}(90^\circ)}$$
$$= 571{,}8\ \mathrm{mA}\cdot\mathrm{e}^{-\mathrm{j}(19{,}7^\circ)}$$

34.22

Aus der in Aufgabe 34.18 gegebenen Spannungsquelle $\underline{U}_0$ mit Innenwiderstand $\underline{Z}_1$ wird eine Stromquelle $\underline{I}_0$ mit Innenleitwert $\underline{Y}_1$ gebildet:

$$\underline{I}_0 = \frac{\underline{U}_0}{\underline{Z}_1} = \frac{6\ \mathrm{V}}{\mathrm{j}1\ \Omega} = 6\ \mathrm{A}\cdot\mathrm{e}^{-\mathrm{j}(90^\circ)}$$

$$\underline{Y}_1 = \frac{1}{\underline{Z}_1} = -\mathrm{j}1\,\mathrm{S}\quad \text{(gegeben)}$$

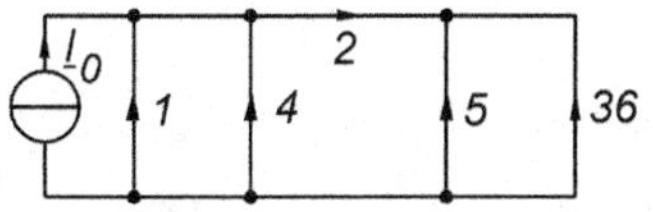

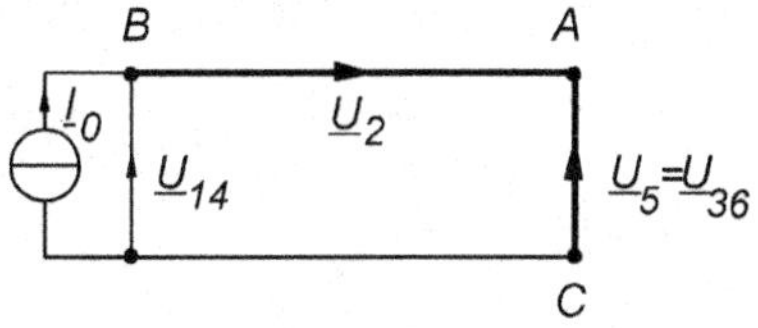

Da der Strom $\underline{I}_3$ durch die Elemente $\underline{Y}_3$ bzw. $\underline{Y}_6$ zu bestimmen ist, geht man zweckmäßigerweise von der Spannung $\underline{U}_5 = \underline{U}_{36}$ aus ($\underline{U}_{36}$ sei hier die Spannung über $\underline{Y}_3$ und $\underline{Y}_6$), wozu man die beiden Leitwerte zusammenfasst; anschließend erfolgt Gleiches mit $\underline{Y}_1$ und $\underline{Y}_4$:

$$\underline{Z}_3+\underline{Z}_6 = 1\,\Omega+\mathrm{j}1\,\Omega\ \Rightarrow$$

$$\underline{Y}_{36} = \frac{1}{1\Omega+\mathrm{j}1\Omega} = \frac{1\Omega-\mathrm{j}1\Omega}{2\,\Omega^2} = \frac{1}{2}\mathrm{S}-\mathrm{j}\frac{1}{2}\mathrm{S} = 0{,}707\mathrm{S}\cdot\mathrm{e}^{-\mathrm{j}(45^\circ)}$$

$$\underline{Y}_{14} = \underline{Y}_1+\underline{Y}_4 = 1\,\mathrm{S}-\mathrm{j}1\,\mathrm{S}$$

Koeffizientenschema:

Knoten	$\underline{U}_2$	$\underline{U}_5$	rechte Seite
B	$\underline{Y}_{14}+\underline{Y}_2$	$-\underline{Y}_{14}$	$+\underline{I}_0$
C	$-\underline{Y}_{14}$	$\underline{Y}_{14}+\underline{Y}_5+\underline{Y}_{36}$	$-\underline{I}_0$

Zahlenwerte:

$$\underline{Y}_{14}+\underline{Y}_2 = (2-\mathrm{j})\ \mathrm{S} = 2{,}24\ \mathrm{S}\cdot\mathrm{e}^{-\mathrm{j}(26{,}6^\circ)}$$
$$-\underline{Y}_{14} = -(1-\mathrm{j})\ \mathrm{S} = [-1+\mathrm{j}]\ \mathrm{S} = 1{,}41\ \mathrm{S}\cdot\mathrm{e}^{\mathrm{j}(135^\circ)}$$
$$\underline{Y}_{14}+\underline{Y}_5+\underline{Y}_{36} = \left(1-\mathrm{j}+\mathrm{j}+\frac{1}{2}-\mathrm{j}\frac{1}{2}\right)\ \mathrm{S} = 1{,}58\ \mathrm{S}\cdot\mathrm{e}^{-\mathrm{j}\,(18{,}4^\circ)}$$

Zahlenwerte eingesetzt:

Knoten	$\underline{U}_2$	$\underline{U}_5$	rechte Seite
B	$2{,}24\ \mathrm{S}\cdot\mathrm{e}^{-\mathrm{j}(26{,}6^\circ)}$	$1{,}41\ \mathrm{S}\cdot\mathrm{e}^{\mathrm{j}(135^\circ)}$	$6\ \mathrm{A}\cdot\mathrm{e}^{-\mathrm{j}\,(90^\circ)}$
C	$1{,}41\ \mathrm{S}\cdot\mathrm{e}^{\mathrm{j}(135^\circ)}$	$1{,}58\ \mathrm{S}\cdot\mathrm{e}^{-\mathrm{j}(18{,}4^\circ)}$	$-6\mathrm{A}\cdot\mathrm{e}^{-\mathrm{j}\,(90^\circ)}$

Determinanten:

$$\underline{\mathbf{D}} = 2{,}24\ \mathrm{S}\cdot\mathrm{e}^{-\mathrm{j}(26{,}6^\circ)}\cdot 1{,}58\,\mathrm{S}\cdot\mathrm{e}^{-\mathrm{j}(18{,}4^\circ)} - \left(1{,}41\ \mathrm{S}\cdot\mathrm{e}^{\mathrm{j}\,(135^\circ)}\right)^2$$
$$= \left(3{,}54\cdot\mathrm{e}^{-\mathrm{j}(45^\circ)} - 2\cdot\mathrm{e}^{\mathrm{j}(270^\circ)}\right)\mathrm{S}^2 = (2{,}5-\mathrm{j}0{,}5)\ \mathrm{S}^2$$
$$= 2{,}55\ \mathrm{S}^2\cdot\mathrm{e}^{-\mathrm{j}(11{,}3^\circ)}$$

$$\underline{\mathbf{D}}_2 = 2{,}24\ \mathrm{S}\cdot\mathrm{e}^{-\mathrm{j}(26{,}6^\circ)}\cdot\left(-6\ \mathrm{A}\cdot\mathrm{e}^{-\mathrm{j}(90^\circ)}\right)$$
$$-6\ \mathrm{A}\cdot\mathrm{e}^{-\mathrm{j}(90^\circ)}\cdot 1{,}41\,\mathrm{S}\cdot\mathrm{e}^{\mathrm{j}(135^\circ)}$$
$$= (-13{,}4\cdot\mathrm{e}^{-\mathrm{j}(116{,}6^\circ)} - 8{,}49\cdot\mathrm{e}^{\mathrm{j}(45^\circ)})\ \mathrm{A}\cdot\mathrm{S}$$
$$= (6+\mathrm{j}12-6-\mathrm{j}6)\ \mathrm{A}\cdot\mathrm{S} = \mathrm{j}6\ \mathrm{A}\cdot\mathrm{S} = 6\ \mathrm{A}\cdot\mathrm{S}\cdot\mathrm{e}^{\mathrm{j}(90^\circ)}$$

Spannung, Strom:

$$\underline{U}_5 = \frac{\underline{\mathbf{D}}_2}{\underline{\mathbf{D}}} = \frac{6\ \mathrm{A}\cdot\mathrm{S}\cdot\mathrm{e}^{\mathrm{j}\,(90^\circ)}}{2{,}55\ \mathrm{S}^2\cdot\mathrm{e}^{-\mathrm{j}\,(11{,}3^\circ)}} = 2{,}35\ \mathrm{V}\cdot\mathrm{e}^{\mathrm{j}\,(101{,}3^\circ)}$$

$$\underline{I}_3 = -\underline{U}_5\cdot\underline{Y}_{36} = -2{,}35\ \mathrm{V}\cdot\mathrm{e}^{\mathrm{j}\,(101{,}3^\circ)}\cdot 0{,}707\ \mathrm{S}\cdot\mathrm{e}^{-\mathrm{j}\,(45^\circ)}$$
$$= -1{,}66\ \mathrm{A}\cdot\mathrm{e}^{\mathrm{j}\,(56{,}3^\circ)}$$

(Minuszeichen: Gesuchter Strom $\underline{I}_3$ ist entgegen der angenommenen Richtung von $\underline{U}_5$ im Graph orientiert!)

34.23

a) Umgewandelte Schaltung:

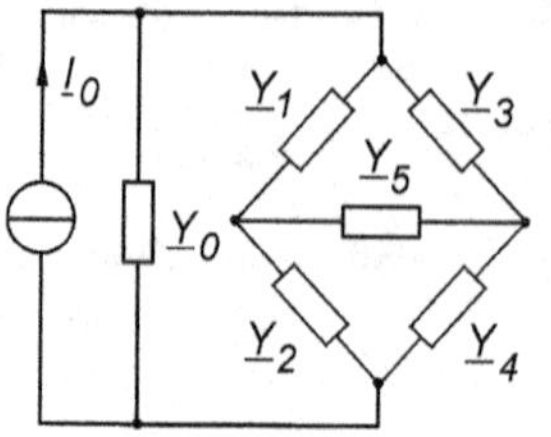

$$\underline{I}_0 = \frac{\underline{U}_0}{\underline{Z}_0}$$

$$\underline{Y}_0 = \frac{1}{\underline{Z}_0}$$

Streckennetz (Graph) mit gewähltem Baum:

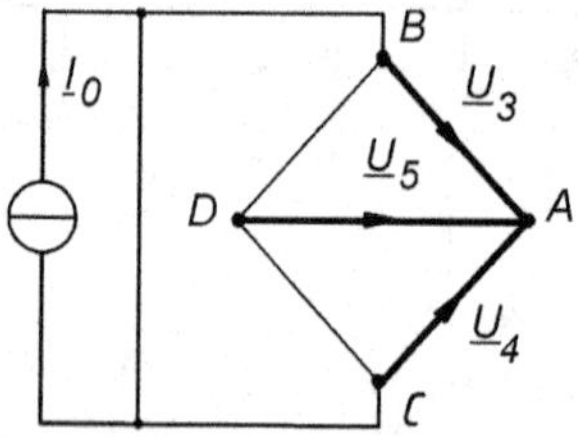

Koeffizientenschema:

Knoten	$\underline{U}_3$	$\underline{U}_4$	$\underline{U}_5$	rechte Seite
B	$\underline{Y}_{11}=\underline{Y}_0+\underline{Y}_1+\underline{Y}_3$	$-\underline{Y}_0$	$-\underline{Y}_1$	$\underline{I}_0$
C	$-\underline{Y}_0$	$\underline{Y}_{22}=\underline{Y}_0+\underline{Y}_2+\underline{Y}_4$	$-\underline{Y}_2$	$-\underline{I}_0$
D	$-\underline{Y}_1$	$-\underline{Y}_2$	$\underline{Y}_{33}=\underline{Y}_1+\underline{Y}_2+\underline{Y}_5$	0

In abgekürzter Schreibweise:

Knoten	$\underline{U}_3$	$\underline{U}_4$	$\underline{U}_5$	rechte Seite
B	$\underline{Y}_{11}$	$-\underline{Y}_0$	$-\underline{Y}_1$	$\underline{I}_0$
C	$-\underline{Y}_0$	$\underline{Y}_{22}$	$-\underline{Y}_2$	$-\underline{I}_0$
D	$-\underline{Y}_1$	$-\underline{Y}_2$	$\underline{Y}_{33}$	0

Determinanten:

$$\underline{\mathbf{D}} = \begin{vmatrix} \underline{Y}_{11} & -\underline{Y}_0 & -\underline{Y}_1 \\ -\underline{Y}_0 & \underline{Y}_{22} & -\underline{Y}_2 \\ -\underline{Y}_1 & -\underline{Y}_2 & \underline{Y}_{33} \end{vmatrix} \begin{matrix} \underline{Y}_{11} & -\underline{Y}_0 \\ -\underline{Y}_0 & \underline{Y}_{22} \\ -\underline{Y}_1 & -\underline{Y}_2 \end{matrix}$$

$$\underline{\mathbf{D}} = \underline{Y}_{11}\underline{Y}_{22}\underline{Y}_{33} - \underline{Y}_0\underline{Y}_1\underline{Y}_2 - \underline{Y}_0\underline{Y}_1\underline{Y}_2 - \underline{Y}_1^2\underline{Y}_{22} - \underline{Y}_2^2\underline{Y}_{11} - \underline{Y}_0^2\underline{Y}_{33}$$

$$\underline{\mathbf{D}} = \underline{Y}_{11}\underline{Y}_{22}\underline{Y}_{33} - 2\cdot\underline{Y}_0\underline{Y}_1\underline{Y}_2 - \underline{Y}_1^2\underline{Y}_{22} - \underline{Y}_2^2\underline{Y}_{11} - \underline{Y}_0^2\underline{Y}_{33}$$

$$\underline{\mathbf{D}}_3 = \begin{vmatrix} \underline{Y}_{11} & -\underline{Y}_0 & \underline{I}_0 \\ -\underline{Y}_0 & \underline{Y}_{22} & -\underline{I}_0 \\ -\underline{Y}_1 & -\underline{Y}_2 & 0 \end{vmatrix} \begin{matrix} \underline{Y}_{11} & -\underline{Y}_0 \\ -\underline{Y}_0 & \underline{Y}_{22} \\ -\underline{Y}_1 & -\underline{Y}_2 \end{matrix}$$

$$\underline{\mathbf{D}}_3 = -\underline{I}_0\underline{Y}_0\underline{Y}_1 + \underline{I}_0\underline{Y}_0\underline{Y}_2 + \underline{I}_0\underline{Y}_1\underline{Y}_{22} - \underline{I}_0\underline{Y}_2\underline{Y}_{11}$$

$$\underline{\mathbf{D}}_3 = \underline{I}_0\cdot(\underline{Y}_0\underline{Y}_2 + \underline{Y}_1\underline{Y}_{22} - \underline{Y}_0\underline{Y}_1 - \underline{Y}_2\underline{Y}_{11})$$

$$\underline{U}_5 = \frac{\underline{\mathbf{D}}_3}{\underline{\mathbf{D}}}$$

$$\underline{U}_5 = \frac{\underline{I}_0\cdot(\underline{Y}_0\underline{Y}_2 + \underline{Y}_1\underline{Y}_{22} - \underline{Y}_0\underline{Y}_1 - \underline{Y}_2\underline{Y}_{11})}{\underline{Y}_{11}\underline{Y}_{22}\underline{Y}_{33} - \underline{Y}_1^2\underline{Y}_{22} - \underline{Y}_2^2\underline{Y}_{11} - \underline{Y}_0(\underline{Y}_0\underline{Y}_{33} + 2\underline{Y}_1\underline{Y}_2)}$$

Eingesetzt für $\underline{Y}_{11}, \underline{Y}_{22}$ im Nenner ergibt dort eine Vereinfachung:

$$\underline{U}_5 = \frac{\underline{\mathbf{D}}_3}{\underline{\mathbf{D}}} =$$

$$\frac{\underline{I}_0[\underline{Y}_0\underline{Y}_2 + \underline{Y}_1(\underline{Y}_0 + \underline{Y}_2 + \underline{Y}_4) - \underline{Y}_0\underline{Y}_1 - \underline{Y}_2(\underline{Y}_0 + \underline{Y}_1 + \underline{Y}_3)]}{\underline{Y}_{11}\underline{Y}_{22}\underline{Y}_{33} - \underline{Y}_1^2\underline{Y}_{22} - \underline{Y}_2^2\underline{Y}_{11} - \underline{Y}_0(\underline{Y}_0\underline{Y}_{33} + 2\underline{Y}_1\underline{Y}_2)}$$

Man erhält:

$$\underline{U}_5 = \frac{\underline{I}_0\cdot[\underline{Y}_1\underline{Y}_4 - \underline{Y}_2\underline{Y}_3]}{\underline{Y}_{11}\underline{Y}_{22}\underline{Y}_{33} - \underline{Y}_1^2\underline{Y}_{22} - \underline{Y}_2^2\underline{Y}_{11} - \underline{Y}_0(\underline{Y}_0\underline{Y}_{33} + 2\underline{Y}_1\underline{Y}_2)}$$

b) Abgleichbedingung:

Aus $\underline{U}_5 = 0$ folgt $\underline{\mathbf{D}}_3 = 0 \Rightarrow$

$\underline{Y}_1\cdot\underline{Y}_4 = \underline{Y}_2\cdot\underline{Y}_3$ bzw.:

$$\frac{1}{\underline{Z}_1\cdot\underline{Z}_4} = \frac{1}{\underline{Z}_2\cdot\underline{Z}_3} \Rightarrow \underline{Z}_1\cdot\underline{Z}_4 = \underline{Z}_2\cdot\underline{Z}_3$$

Ergebnis:

$$\frac{\underline{Z}_1}{\underline{Z}_2} = \frac{\underline{Z}_3}{\underline{Z}_4}$$

Man beachte, dass mit der Abgleichbedingung zwei Forderungen zu erfüllen sind:

Schreibt man die Abgleichbedingung in der Exponentialform

$$\frac{Z_1\cdot e^{j\varphi_1}}{Z_2\cdot e^{j\varphi_2}} = \frac{Z_3\cdot e^{j\varphi_3}}{Z_4\cdot e^{j\varphi_4}}$$

erkennt man, dass sowohl die Betragsbedingung

$$\frac{Z_1}{Z_2} = \frac{Z_3}{Z_4}$$

als auch die Phasenbedingung

$$\varphi_1 - \varphi_2 = \varphi_3 - \varphi_4$$

zu erfüllen sind!

c) Maxwell-Wien-Brücke

Abgleichbedingung:

$$\underline{Y}_1\cdot\underline{Y}_4 = \underline{Y}_2\cdot\underline{Y}_3 \Rightarrow \frac{1}{R_1}\cdot\frac{1}{R_4} = \left(\frac{1}{R_2} + j\omega C_2\right)\left(\frac{1}{R_x + j\omega L_x}\right)$$

$$R_x + j\omega L_x = R_1\cdot R_4\cdot\left(\frac{1}{R_2} + j\omega C_2\right)$$

Re { }: $R_x = \frac{R_1\cdot R_4}{R_2}$

Im { }: $L_x = R_1\cdot R_4\cdot C_2$

34.24

a) Umgewandelte Schaltung

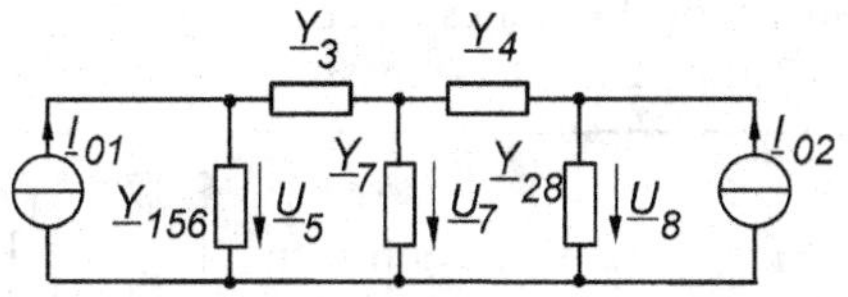

$$\underline{I}_{01} = \frac{\underline{U}_{01}}{\underline{Z}_1}$$

$$\underline{Z}_{156} = \frac{1}{\underline{Y}_{156}} \mathrel{\hat{=}} \left(\underline{Z}_1 \,\|\, \underline{Z}_5 \,\|\, \underline{Z}_6\right)$$

$$\underline{Z}_{28} = \frac{1}{\underline{Y}_{28}} \mathrel{\hat{=}} \left(\underline{Z}_2 \,\|\, \underline{Z}_8\right)$$

Streckennetz (Graph) mit gewähltem Baum:

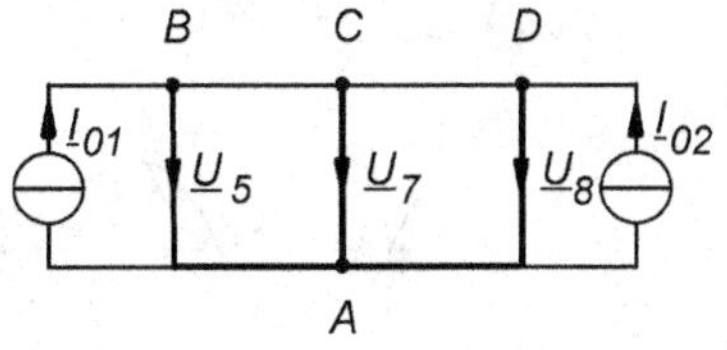

b) Koeffizientenschema:

Knoten	$\underline{U}_5$	$\underline{U}_7$	$\underline{U}_8$	rechte Seite
B	$\underline{Y}_{156}+\underline{Y}_3$	$-\underline{Y}_3$	0	$\underline{I}_{01}$
C	$-\underline{Y}_3$	$\underline{Y}_3+\underline{Y}_4+\underline{Y}_7$	$-\underline{Y}_4$	0
D	0	$-\underline{Y}_4$	$\underline{Y}_{28}+\underline{Y}_4$	$\underline{I}_{02}$

Zahlenwerte:

$$\underline{Z}_1 = \underline{Z}_4 = \mathrm{j}\omega L = \mathrm{j}10\,\Omega$$

$$\underline{Z}_6 = \underline{Z}_8 = -\mathrm{j}\frac{1}{\omega C} = -\mathrm{j}10\,\Omega$$

$$\underline{Y}_1 = \underline{Y}_4 = -\mathrm{j}0{,}1\,\mathrm{S}$$

$$\underline{Y}_6 = \underline{Y}_8 = +\mathrm{j}0{,}1\,\mathrm{S}$$

$$\underline{Y}_2 = \frac{1}{\underline{Z}_2} = 0{,}1\,\mathrm{S}$$

$$\underline{Y}_3 = \underline{Y}_5 = \underline{Y}_7 = 0{,}05\,\mathrm{S}$$

$$\underline{Y}_{156} = \underline{Y}_1 + \underline{Y}_5 + \underline{Y}_6 = -\mathrm{j}0{,}1\,\mathrm{S} + 0{,}05\,\mathrm{S} + \mathrm{j}0{,}1\,\mathrm{S} = 0{,}05\,\mathrm{S}$$

$$\underline{Y}_{156} + \underline{Y}_3 = 0{,}1\,\mathrm{S}$$

$$\underline{Y}_{28} = \underline{Y}_2 + \underline{Y}_8 = 0{,}1\,\mathrm{S} + \mathrm{j}0{,}1\,\mathrm{S}$$

$$\underline{Y}_{28} + \underline{Y}_4 = 0{,}1\,\mathrm{S} + \mathrm{j}0{,}1\,\mathrm{S} - \mathrm{j}0{,}1\,\mathrm{S} = 0{,}1\,\mathrm{S}$$

$$\underline{I}_{01} = \frac{\underline{U}_{01}}{\underline{Z}_1} = \frac{5\,\mathrm{V}}{\mathrm{j}10\,\Omega} = 0{,}5\,\mathrm{A}\cdot e^{-\mathrm{j}(90^\circ)} = -\mathrm{j}0{,}5\,\mathrm{A}$$

c) Koeffizientenschema mit eingesetzten Zahlenwerten:

Knoten	$\underline{U}_5$	$\underline{U}_7$	$\underline{U}_8$	rechte Seite
B	0,1 S	−0,05 S	0	−j0,5A
C	−0,05 S	(0,1−j0,1)S	j0,1 S	0
D	0	j0,1 S	0,1 S	$1\mathrm{A}\cdot e^{-\mathrm{j}(60^\circ)}$

Determinanten:

$$\mathbf{D} = \left|\begin{array}{ccc||cc} 0{,}1 & -0{,}05 & 0 & 0{,}1 & -0{,}05 \\ -0{,}05 & (0{,}1-\mathrm{j}0{,}1) & \mathrm{j}0{,}1 & -0{,}05 & (0{,}1-0{,}1) \\ 0 & \mathrm{j}0{,}1 & 0{,}1 & 0 & \mathrm{j}0{,}1 \end{array}\right| \mathrm{S}^3$$

$$\underline{\mathbf{D}} = (1{,}75-\mathrm{j})\cdot 10^{-3}\,\mathrm{S}^3 = 2{,}016\cdot 10^{-3}\,\mathrm{S}^3\cdot e^{-\mathrm{j}(29{,}7^\circ)}$$

$$\mathbf{D}_1 = \left|\begin{array}{ccc||cc} -\mathrm{j}0{,}5 & -0{,}05 & 0 & -\mathrm{j}0{,}5 & -0{,}05 \\ 0 & (0{,}1-\mathrm{j}0{,}1) & \mathrm{j}0{,}1 & 0 & (0{,}1-\mathrm{j}0{,}1) \\ e^{-\mathrm{j}(60^\circ)} & \mathrm{j}0{,}1 & 0{,}1 & e^{-\mathrm{j}(60^\circ)} & \mathrm{j}0{,}1 \end{array}\right| \mathrm{AS}^2$$

$$\underline{\mathbf{D}}_1 = (-9{,}33-\mathrm{j}\,12{,}5)\cdot 10^{-3}\mathrm{AS}^2 = 15{,}6\cdot 10^{-3}\mathrm{A}\cdot\mathrm{S}^2\cdot e^{-\mathrm{j}(126{,}7^\circ)}$$

$$\mathbf{D}_2 = \left|\begin{array}{ccc||cc} 0{,}1 & -\mathrm{j}0{,}5 & 0 & 0{,}1 & -\mathrm{j}0{,}5 \\ -0{,}05 & 0 & \mathrm{j}0{,}1 & -0{,}05 & 0 \\ 0 & e^{-\mathrm{j}(60^\circ)} & 0{,}1 & 0 & e^{-\mathrm{j}(60^\circ)} \end{array}\right| \mathrm{AS}^2$$

$$\underline{\mathbf{D}}_2 = (-8{,}66-\mathrm{j}\,7{,}5)\cdot 10^{-3}\mathrm{AS}^2 = 11{,}46\cdot 10^{-3}\mathrm{A}\cdot\mathrm{S}^2\cdot e^{-\mathrm{j}(139{,}1^\circ)}$$

$$\mathbf{D}_3 = \left|\begin{array}{ccc||cc} 0{,}1 & -0{,}05 & -\mathrm{j}0{,}5 & 0{,}1 & -0{,}05 \\ -0{,}05 & (0{,}1-\mathrm{j}0{,}1) & 0 & -0{,}05 & (0{,}1-\mathrm{j}0{,}1) \\ 0 & \mathrm{j}0{,}1 & e^{-\mathrm{j}(60^\circ)} & 0 & \mathrm{j}0{,}1 \end{array}\right| \mathrm{AS}^2$$

$$\underline{\mathbf{D}}_3 = (-7{,}41-\mathrm{j}\,11{,}5)\cdot 10^{-3}\mathrm{AS}^2 = 13{,}68\cdot 10^{-3}\mathrm{A}\cdot\mathrm{S}^2\cdot e^{-\mathrm{j}(122{,}8^\circ)}$$

Spannungen:

$$\underline{U}_5 = \frac{\underline{\mathbf{D}}_1}{\underline{\mathbf{D}}} = \frac{15{,}6\cdot 10^{-3}\,\mathrm{A}\cdot\mathrm{S}^2\cdot e^{-\mathrm{j}(126{,}7^\circ)}}{2{,}016\cdot 10^{-3}\,\mathrm{S}^3\cdot e^{-\mathrm{j}(29{,}7^\circ)}} = 7{,}74\,\mathrm{V}\cdot e^{-\mathrm{j}(97^\circ)}$$

$$\underline{U}_7 = \frac{\underline{\mathbf{D}}_2}{\underline{\mathbf{D}}} = \frac{11{,}46\cdot 10^{-3}\,\mathrm{A}\cdot\mathrm{S}^2\cdot e^{-\mathrm{j}(139{,}1^\circ)}}{2{,}016\cdot 10^{-3}\,\mathrm{S}^3\cdot e^{-\mathrm{j}(29{,}7^\circ)}} = 5{,}68\,\mathrm{V}\cdot e^{-\mathrm{j}(109{,}4^\circ)}$$

$$\underline{U}_8 = \frac{\underline{\mathbf{D}}_2}{\underline{\mathbf{D}}} = \frac{13{,}68\cdot 10^{-3}\,\mathrm{A}\cdot\mathrm{S}^2\cdot e^{-\mathrm{j}(122{,}8^\circ)}}{2{,}016\cdot 10^{-3}\,\mathrm{S}^3\cdot e^{-\mathrm{j}(29{,}7^\circ)}} = 6{,}78\,\mathrm{V}\cdot e^{-\mathrm{j}(93{,}1^\circ)}$$

35 Die Leistung im Wechselstromkreis

- Wirkleistung, Blindleistung, Scheinleistung, Leistungsfaktor
- Blindleistungs-(Blindstrom-)kompensation, Leistungsanpassung

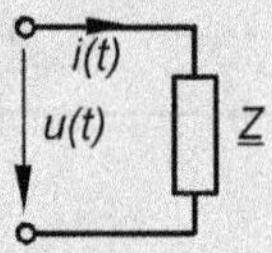

Mit den zeitabhängigen Größen $i(t)=\hat{i}\cdot\sin\omega t,\quad u(t)=\hat{u}\cdot\sin(\omega t+\varphi)$ ergibt sich die Wechselstromleistung zu: $p(t)=u(t)\cdot i(t)=\hat{u}\cdot\sin(\omega t+\varphi)\cdot\hat{i}\cdot\sin\omega t$ oder

$$p(t)=\frac{1}{2}\cdot\hat{u}\cdot\hat{i}\cdot[\cos\varphi-\cos(2\omega t+\varphi)] \quad \text{bzw.} \quad p(t)=U\cdot I\cdot[\underbrace{\cos(\varphi)}_{\text{zeitunabhängiger Faktor}}-\underbrace{\cos(2\omega t+\varphi)}_{\text{zeitabhängiger Faktor}}]$$

Nach Umformung und in Effektivwerten:

$$p(t)=\underbrace{UI\cos\varphi\,[1-\cos(2\omega t)]}_{\text{Wirkleistung}}+\underbrace{UI\sin\varphi\cdot\sin(2\omega t)}_{\text{Blindleistung}}$$

Während die Wirkleistung mit 2ω um die mittlere Leistung $U\cdot I\cdot\cos\varphi$ schwankt, ist der zeitliche Mittelwert der Blindleistung gleich null und hat doch eine technische Bedeutung, weil die Blindenergie zwischen Quelle und induktiver bzw. kapazitiver Last hin und her pendelt und dabei für den Auf- und Abbau magnetischer bzw. elektrischer Felder zuständig ist.

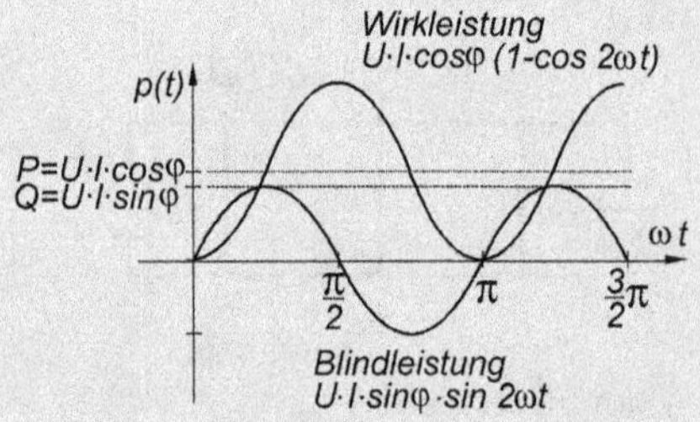

Wirkleistung (echte Leistung im physikalischen Sinn)

$$P=\frac{1}{T}\int_0^T p(t)\cdot\mathrm{d}t=U\cdot I\cdot\cos\varphi \qquad \text{Einheit: } 1\ \text{W}$$

Hierbei ist: $P=P_{\max}$ bei $\varphi=0$

Blindleistung (reine Rechengröße)

$$Q=U\cdot I\cdot\sin\varphi \qquad \text{Einheit: } 1\ \text{W (Var)}$$

Hierbei ist : $Q=Q_{\max}$ bei $\varphi=\pm\frac{\pi}{2}$

Spezialfälle: Ideale Grundelemente

Ohm'scher Widerstand

$\varphi=\varphi_u-\varphi_i=0$

i und *u* sind „in Phase"

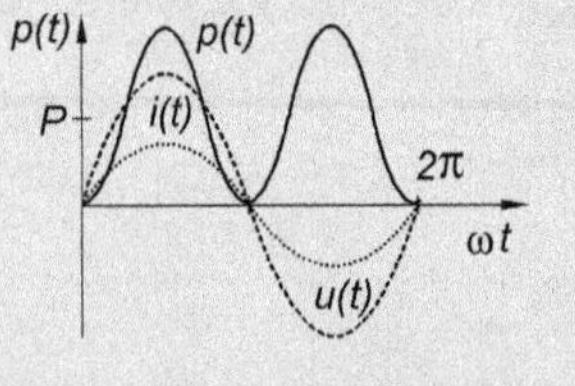

Aus $\varphi=0$ folgt: $P=I^2\cdot R,\ Q=0$

Alle aufgenommene Energie wird verbraucht und z.B. in Wärmeenergie umgesetzt.

Induktiver Widerstand

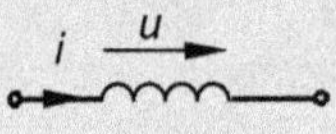

$\varphi=\varphi_u-\varphi_i=+\frac{\pi}{2}$

u eilt gegenüber *i* um $\frac{\pi}{2}$ vor

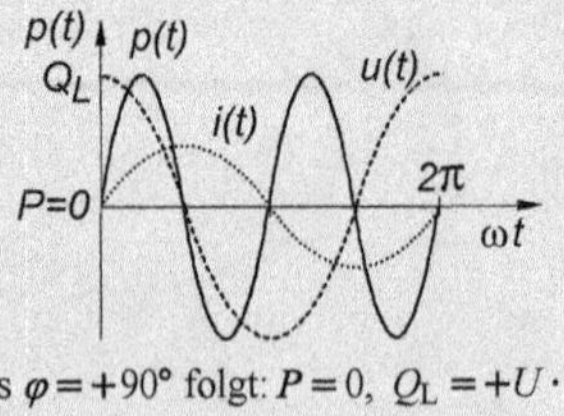

Aus $\varphi=+90°$ folgt: $P=0,\ Q_L=+U\cdot I$

Alle aufgenommene Energie wird bei $p>0$ im magnetischen Feld zwischengespeichert und bei $p<0$ an die Quelle zurückgeliefert.

Kapazitiver Widerstand

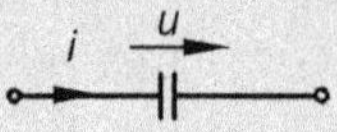

$\varphi=\varphi_u-\varphi_i=-\frac{\pi}{2}$

u eilt gegenüber *i* um $\frac{\pi}{2}$ nach

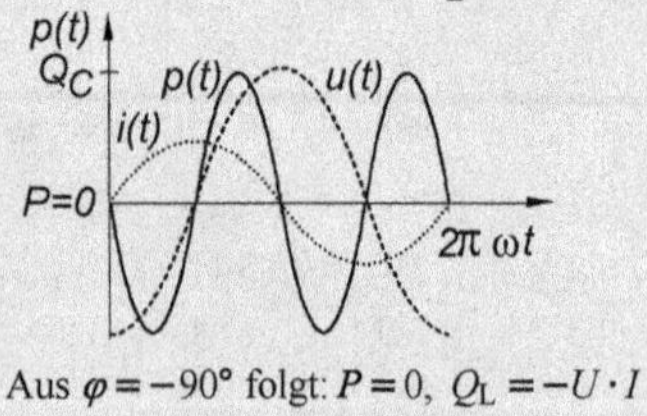

Aus $\varphi=-90°$ folgt: $P=0,\ Q_L=-U\cdot I$

Alle aufgenommene Energie wird bei $p>0$ im elektrischen Feld zwischengespeichert und bei $p<0$ an die Quelle zurückgeliefert.

Scheinleistung

Misst man in einer Wechselstromschaltung Strom und Spannung getrennt voneinander (φ bleibt unberücksichtigt!), ist das Produkt die scheinbar zur Verfügung stehende Leistung:

$\boxed{S = U \cdot I}$ Einheit: 1 W (1 VA)

Die Scheinleistung ist die geometrische Summe aus Wirkleistung und Blindleistung:

$$S = \sqrt{P^2 + Q^2} = \sqrt{(U \cdot I \cdot \cos\varphi)^2 + (U \cdot I \cdot \sin\varphi)^2}$$

Leistungsfaktor

Das Verhältnis von Wirkleistung zu Scheinleistung nennt man den Leistungsfaktor:

$\boxed{\cos\varphi = \frac{P}{S}}$ Der Leistungsfaktor erreicht den Maximalwert $\cos\varphi = 1$, wenn $\varphi = 0$ ist, d.h. u und i in Phase sind.

Komplexe Beschreibung der Wechselstromleistung

Im Operatordiagramm bildet die Scheinleistung S zusammen mit der Wirkleistung P und der Blindleistung Q das Leistungsdreieck.
Liegt das Operatordiagramm in der Gauß'schen Zahlenebene, gilt:

$$\underline{S} = S \cdot \cos\varphi + \mathrm{j}\, S \cdot \sin\varphi = P + \mathrm{j}\, Q$$

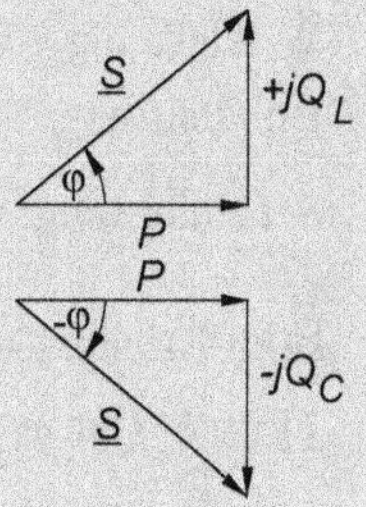

Hierbei ist: $P = \mathrm{Re}\{\underline{S}\} = S \cdot \cos\varphi$ die Wirkleistung

$Q = \mathrm{Jm}\{\underline{S}\} = S \cdot \sin\varphi$ die Blindleistung

$\underline{S}$ die komplexe Scheinleistung

In Exponentialschreibweise:

$$\underline{S} = S \cdot \mathrm{e}^{\mathrm{j}\varphi} = U \cdot I \cdot \mathrm{e}^{\mathrm{j}\varphi} = U \cdot \mathrm{e}^{+\mathrm{j}\varphi_u} \cdot I \cdot \mathrm{e}^{-\mathrm{j}\varphi_i} \Rightarrow$$

$\boxed{\underline{S} = \underline{U} \cdot \underline{I}^*}$ (* bedeutet hier konjugiert komplexe Größe, siehe Anhang!)

Beispiel: Spannung $\underline{U} = 230\ \mathrm{V} \cdot \mathrm{e}^{\mathrm{j}\,0°}$, Strom $\underline{I} = 1\ \mathrm{A} \cdot \mathrm{e}^{+\mathrm{j}\,30°}$ (kapazitiv)

Konjugiert komplexe Größe $\underline{I}^* = 1\ \mathrm{A} \cdot \mathrm{e}^{-\mathrm{j}\,30°}$

Komplexe Scheinleistung $\underline{S} = \underline{U} \cdot \underline{I}^* = 230\ \mathrm{V} \cdot \mathrm{e}^{\mathrm{j}\,0°} \cdot 1\ \mathrm{A} \cdot \mathrm{e}^{-\mathrm{j}\,30°}$

$\underline{S} = 230\ \mathrm{VA} \cdot \mathrm{e}^{-\mathrm{j}\,30°} = 230\ \mathrm{VA} \cdot (\cos 30° - \mathrm{j} \sin 30°)$

$\underline{S} = \underbrace{199\ \mathrm{W}}_{\text{Wirkleistung}} - \underbrace{\mathrm{j}\,115\ \mathrm{Var}}_{\text{kapazitive Blindleistung}}$

Weiterhin kann man ableiten:

Aus $\underline{S} = P + \mathrm{j}Q$ sowie $\underline{S} = \underline{U} \cdot \underline{I}^*$ und Beachtung der Rechenregeln für komplexe Zahlen (siehe Anhang) $\Rightarrow$

$$P = \mathrm{Re}\{\underline{S}\} = \mathrm{Re}\{\underline{U} \cdot \underline{I}^*\} = \mathrm{Re}\{\underline{I} \cdot \underline{Z} \cdot \underline{I}^*\} = \mathrm{Re}\{\underline{I} \cdot \underline{I}^* \cdot \underline{Z}\} = \left|\underline{I}^2\right| \cdot \mathrm{Re}\{\underline{Z}\} \Rightarrow \boxed{P = I^2 \cdot \mathrm{Re}\{\underline{Z}\}} \text{ bzw. } P = U^2 \cdot \mathrm{Re}\{\underline{Y}^*\}$$

$$Q = \mathrm{Jm}\{\underline{S}\} = \mathrm{Jm}\{\underline{U} \cdot \underline{I}^*\} = \mathrm{Jm}\{\underline{I} \cdot \underline{Z} \cdot \underline{I}^*\} = \mathrm{Jm}\{\underline{I} \cdot \underline{I}^* \cdot \underline{Z}\} = \left|\underline{I}^2\right| \cdot \mathrm{Jm}\{\underline{Z}\} \Rightarrow \boxed{Q = I^2 \cdot \mathrm{Jm}\{\underline{Z}\}} \text{ bzw. } Q = U^2 \cdot \mathrm{Jm}\{\underline{Y}^*\}$$

Da $\mathrm{e}^{\mathrm{j}\varphi} = \cos\varphi + \mathrm{j}\sin\varphi$ und $\mathrm{e}^{-\mathrm{j}\varphi} = \cos\varphi - \mathrm{j}\sin\varphi$ folgt mit $\mathrm{e}^{\mathrm{j}\varphi} + \mathrm{e}^{-\mathrm{j}\varphi}$: $\cos\varphi = \frac{1}{2} \cdot \left(\mathrm{e}^{\mathrm{j}\varphi} + \mathrm{e}^{-\mathrm{j}\varphi}\right)$

$\mathrm{e}^{\mathrm{j}\varphi} - \mathrm{e}^{-\mathrm{j}\varphi}$: $\sin\varphi = \frac{1}{2\mathrm{j}} \cdot \left(\mathrm{e}^{\mathrm{j}\varphi} - \mathrm{e}^{-\mathrm{j}\varphi}\right)$

für die komplexe Scheinleistung: $\underline{S} = P + \mathrm{j}Q = S \cdot \cos\varphi + \mathrm{j}S \cdot \sin\varphi = U \cdot I \cdot \frac{1}{2} \cdot \left(\mathrm{e}^{\mathrm{j}\varphi} + \mathrm{e}^{-\mathrm{j}\varphi}\right) + \mathrm{j} \cdot U \cdot I \cdot \frac{1}{2\mathrm{j}} \cdot \left(\mathrm{e}^{\mathrm{j}\varphi} - \mathrm{e}^{-\mathrm{j}\varphi}\right)$

Durch Aufspalten in Real- und Imaginäranteil erhält man somit:

$$P = \frac{1}{2}\left(U \cdot \mathrm{e}^{\mathrm{j}\varphi_u} \cdot I \cdot \mathrm{e}^{-\mathrm{j}\varphi_i}\right) + \frac{1}{2}\left(U \cdot \mathrm{e}^{-\mathrm{j}\varphi_u} \cdot I \cdot \mathrm{e}^{+\mathrm{j}\varphi_i}\right) \Rightarrow \boxed{P = \frac{1}{2} \cdot \left(\underline{U} \cdot \underline{I}^* + \underline{U}^* \cdot \underline{I}\right)}$$

$$Q = \frac{1}{2\mathrm{j}}\left(U \cdot \mathrm{e}^{\mathrm{j}\varphi_u} \cdot I \cdot \mathrm{e}^{-\mathrm{j}\varphi_i}\right) - \frac{1}{2\mathrm{j}}\left(U \cdot \mathrm{e}^{-\mathrm{j}\varphi_u} \cdot I \cdot \mathrm{e}^{+\mathrm{j}\varphi_i}\right) \Rightarrow \boxed{Q = \frac{1}{2\mathrm{j}} \cdot \left(\underline{U} \cdot \underline{I}^* - \underline{U}^* \cdot \underline{I}\right)}$$

Bei bekannten $\underline{U}$ und $\underline{I}$ können somit sowohl $\underline{S}$ als auch P und Q bestimmt werden.

Blindleistungs-(Blindstrom-)kompensation

Will man zur Leitungsentlastung den Leistungsfaktor möglichst groß machen, muss die Blindleistungsaufnahme des Verbrauchers minimiert werden. Blindleistungen werden durch induktive oder kapazitive Einflüsse im Netz hervorgerufen. In der Praxis überwiegen dabei die induktiven Lasten, deren Blindanteile durch die Zuschaltung von Kondensatoren kompensiert werden können.

- **Parallel-Kompensation**

  Zerlegt man den Strom $\underline{I}_1$ in der verlustbehafteten Spule gedanklich in einen Wirkanteil $\underline{I}_{w1}$ und in einen Blindanteil $\underline{I}_{b1}$, so erkennt man, dass sich der Gesamtblindstrom durch einen zu $\underline{I}_{b1}$ entgegengerichteten Blindstrom $\underline{I}_c$ auf $\underline{I}_{b2}$ minimieren lässt.

  Dies entspricht einer Reduzieruung des Phasenverschiebungswinkels von φ_1 auf φ_2. Dazu muss man die Blindleistung von $Q_1 = Q_L$ auf Q_2 verringern bzw. den Blindstrom von I_{b1} auf I_{b2} vermindern.

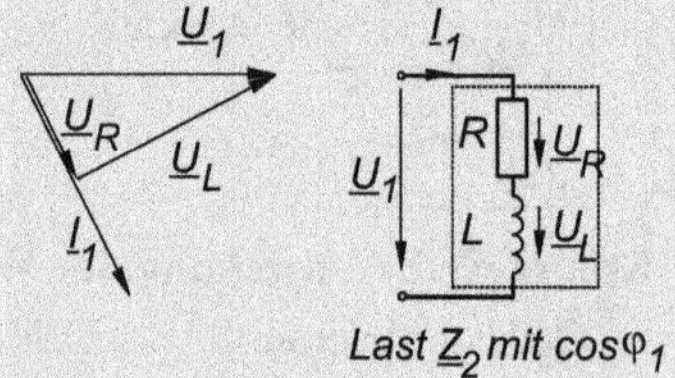

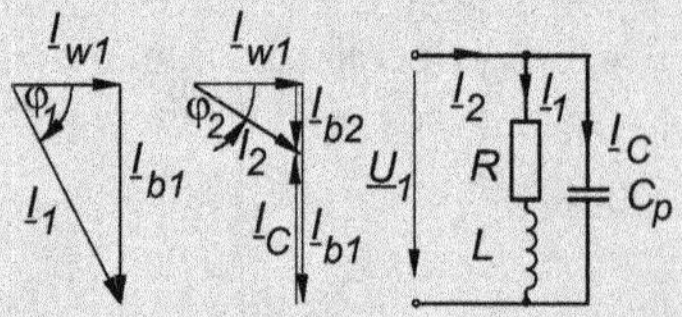

Leistungsbilanz der ohmsch-induktiven Last

Wirkleistung $P_1 = U_1 \cdot I_1 \cdot \cos\varphi_1$

Blindleistung $Q_1 = U_1 \cdot I_1 \cdot \sin\varphi_1$

Scheinleistung $S_1 = \sqrt{P_1^2 + Q_1^2}$

Erforderliche kapazitive Blindleistung:

$$Q_C = P \cdot (\tan\varphi_1 - \tan\varphi_2)$$

Erforderliche Kompensationskapazität:

$$C_p = \frac{Q_C}{\omega \cdot U_1^2}$$

Leistungsbilanz der kompensierten Schaltung

Wirkleistung $P_2 = P_1$ (unverändert)

Blindleistung $Q_2 = Q_1 - Q_C$

Scheinleistung $S_2 = \sqrt{P_1^2 + Q_2^2} < S_1$

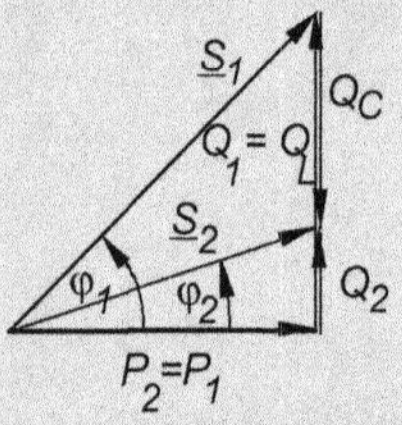

$$Q_2 = Q_L - Q_C$$

$$Q_2 = P_1 \cdot \tan\varphi_2$$

$$S_2 = \frac{P_1}{\cos\varphi_2}$$

- **Serien-Kompensation**

  Bei der Serien-Kompensation nutzt man die Eigenschaft eines RLC-Serienkreises aus. Durch Hinzufügen einer kapazitiven Spannung U_C wird die vorhandene induktive Blindspannung U_L kompensiert.

  Erforderliche Kompensationskapazität:

$$C_r = \frac{Q_C}{\omega \cdot U_C^2}, \qquad \text{wobei } C_r > C_p \quad \text{(s. o.)}$$

$$\underline{U}_2 = \underline{U}_1 \cdot \frac{\cos\varphi_1}{\cos\varphi_2}$$

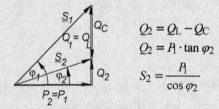

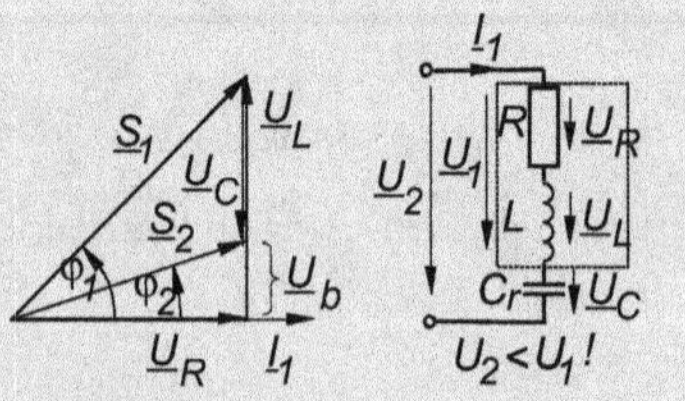

Eine reine Serienkompensation wird in Verbrauchernetzen nur selten angewendet.

Leistungsanpassung

In der Nachrichtentechnik wird häufig angestrebt, dass der Verbraucher eine maximale Wirkleistung aufnimmt. Genau wie bei den Gleichstromkreisen muss auch hier eine Widerstandsanpassung vorliegen. Je nach Aufgabenstellung stehen zwei verschiedene Methoden zur Verfügung:

Direkte Anpassung an Ersatzspannungsquelle

Problem: Eine Spannungsquelle mit konstanter Quellenspannung $\underline{U}_0$ und komplexem Innenwiderstand $\underline{Z}_i$ ist gegeben, der komplexe Widerstand $\underline{Z}_a$ des Verbrauchers ist für maximale Wirkleistungsaufnahme zu bestimmen.

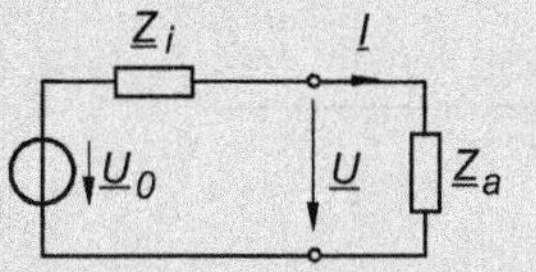

$\underline{Z}_i = R_i + j X_i$

$\underline{Z}_a = R_a + j X_a$

In $\underline{Z}_a$ umgesetzte Wirkleistung:

$P_a = I^2 \cdot R_a$

Da $\underline{I} = \dfrac{\underline{U}_0}{\underline{Z}_i + \underline{Z}_a} = \dfrac{\underline{U}_0}{(R_i + R_a) + j\,(X_i + X_a)}$

und $|\underline{I}| = I = \dfrac{U_0}{\sqrt{(R_i + R_a)^2 + (X_i + X_a)^2}}$

folgt: $P_a = \dfrac{U_0^{\,2} \cdot R_a}{(R_i + R_a)^2 + (X_i + X_a)^2}$

Die Wirkleistung erreicht ein Maximum, wenn die Bedingungen

$$\left.\begin{array}{l} R_a = R_i \\ X_a = -X_i \end{array}\right\} \quad \boxed{\underline{Z}_a = \underline{Z}_i^*} \quad \text{erfüllt sind.}$$

Die im Verbraucher umgesetzte Wirkleistung beträgt bei Anpassung:

$$P_{a\,max} = \frac{\left|\underline{U}_0^{\,2}\right| \cdot R_i}{(2R_i)^2} = \frac{1}{4} \cdot \frac{U_0^2}{R_i}$$

Dabei muss die Quelle die Leistung

$$P_0 = P_a + P_i = 2 \cdot P_{a\,max}$$

aufbringen, so dass der Wirkungsgrad nur

$$\eta_{Anpass} = \frac{P_{a\,max}}{P_0} = 50\% \text{ beträgt.}$$

Direkte Anpassung an Ersatzstromquelle:

Wird der Generator durch eine Ersatzstromquelle dargestellt, gelten analoge Bedingungen für Wirkleistungsanpassung:

$G_a \quad G_i$ Mit $\underline{Y}_i = G_i + jB_i$

$B_a \quad B_i$ $\underline{Y}_a = G_a + jB_a$ folgt: $\boxed{\underline{Y}_a = \underline{Y}_i^*}$

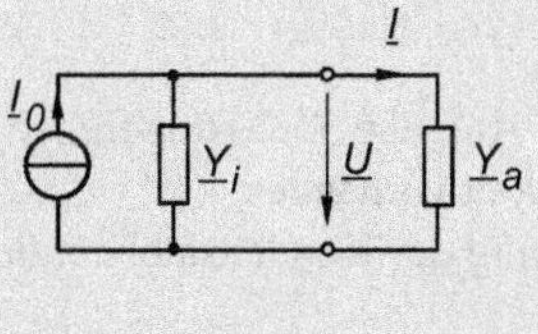

Anpassung über Widerstandstransformation

Problem: Ein reeller Widerstand R_a soll an eine Spannungsquelle mit $\underline{U}_0$ und reellem Innenwiderstand R_i für maximale Leistungsaufnahme angepasst werden, wobei der Fall $R_a \neq R_i$ vorliegt. Die Anpassung erfolgt über ein *LC*-Glied.

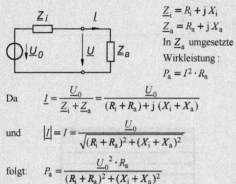

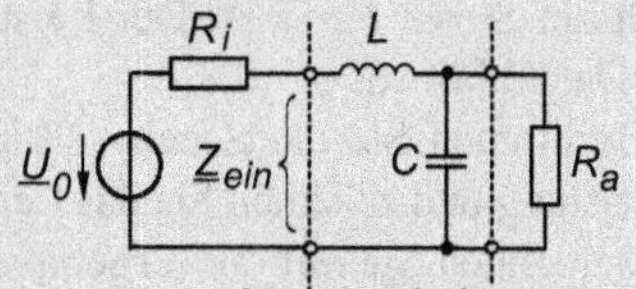

Anpassschaltung für den Fall $R_i \neq R_a$

Anpassung ist erreicht, wenn für eine Frequenz ω die Widerstandsbedingung des Einganges

$$\boxed{R_i = \underline{Z}_{ein}}$$

realisiert wird.

Dazu berechnet man in allgemeiner Form den Eingangswiderstand

$$\underline{Z}_{ein} = j\,\omega L + \frac{1}{j\,\omega C + \dfrac{1}{R_a}}$$

und ordnet den Ausdruck nach Real- und Imaginäranteil. Danach setzt man:

$$R_i = \mathrm{Re}\left\{\underline{Z}_{ein}\right\}$$

und löst die Gleichung nach Kapazität C auf. Zur Berechnung der Induktivität L setzt man

$$\mathrm{Jm}\left\{\underline{Z}_{ein}\right\} = 0$$

und löst die Gleichung nach L auf.

Die Wirkleistung im Verbraucher ist maximal und beträgt:

$$P_{a\,max} = \frac{1}{4} \cdot \frac{U_0^2}{R_i}$$

Die *LC*-Anpassschaltung bewirkt eine verlustfreie Widerstandstransformation des Abschlusswiderstandes (Verbrauchers) an den Innenwiderstand der Quelle. Näheres hierzu siehe in weiterführender Literatur unter Wellenwiderstandsanpassung, die in der modernen Informationstechnik eine große Rolle spielt.

35.1 Aufgaben

Leistungsberechnung, Leistungsfaktor

❶ **35.1:** Die Spule eines Leistungsrelais (Schütz) ist durch das angegebene Ersatzschaltbild dargestellt. Bei einer Wechselspannung $U = 230$ V, $f = 50$ Hz fließt ein Strom $I = 1$ A. Der Leistungsfaktor ist laut Datenblatt $\cos\varphi = 0{,}8$.

a) Bestimmen Sie die Schein-, Wirk- und Blindleistung und zeichnen Sie das Leistungsdreieck.

b) Berechnen Sie mit den Ergebnissen von a) die Werte von R und L.

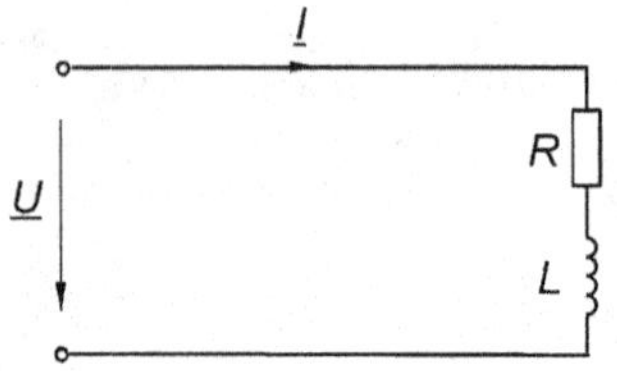

❶ **35.2:** Dem Leistungsschild eines Wechselstrommotors sind u.a. folgende Daten zu entnehmen: $U_N = 230$ V, $f = 50$ Hz, $P_{ab} = 850$ W, $\cos\varphi = 0{,}8$.

a) Wie groß ist die Stromaufnahme des Motors bei Nennleistungsabgabe an der Welle, wenn der Wirkungsgrad $\eta = 0{,}72$ ist?

b) Wie groß sind dann Blind- und Scheinleistung im Nennbetrieb?

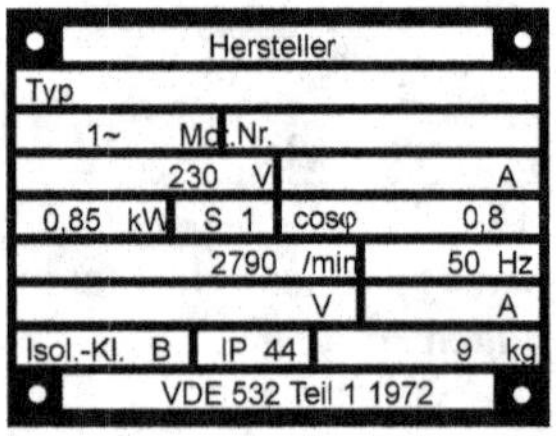

❷ **35.3:** Für die Schaltung a) sind R_1 und X_{L1} vorgegeben. Wie müssen dann R_2 und X_{L2} der Schaltung b) ausgelegt werden, damit die Wirk- und die Blindleistung in den beiden Zweipolen gleich groß sind?
Bestimmen Sie zunächst die Lösung in allgemeiner Form unter Benutzung der komplexen Leistungsbeschreibung.
Überprüfen Sie anschließend Ihre Ergebnisse durch Einsetzen der Zahlenwerte und Berechnung der Leistungen beider Schaltungen.

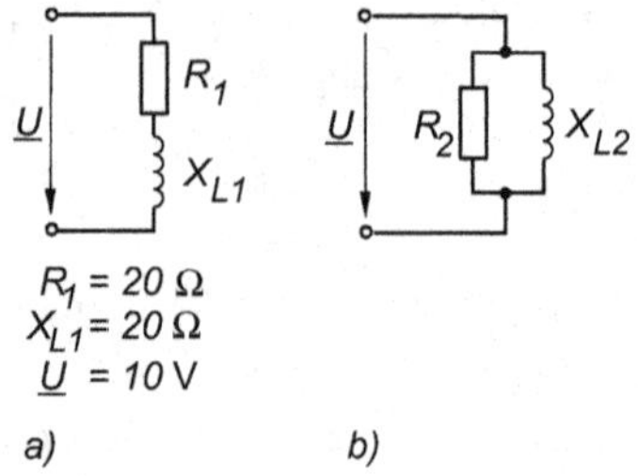

❷ **35.4:** Ein Zweipol, der aus zwei der Grundelemente R, L bzw. C besteht, liegt an der Wechselspannung $U_0 = 230$ V, $f = 50$ Hz. Durch den Zweipol fließt ein Strom $I = 5$ A, der gegenüber der Spannung um 35° vorauseilt.

a) Definieren Sie den Zweipol bei Reihen- und Parallelschaltung der beiden Grundelemente.

b) Wie groß sind in den beiden Fällen Scheinleistung, Wirkleistung und Blindleistung?

Blindleistungskompensation

❶❷ **35.5:** Zur Blindstromkompensation des Wechselstrommotors aus Aufgabe 35.2 ist lediglich ein Kondensator mit $C = 25\,\mu$F und ausreichender Spannungsfestigkeit vorhanden.
Welche Leistungsfaktorverbesserung lässt sich bei Parallelschaltung des Kondensators erzielen?

❶❷ **35.6:** Eine Leuchtstofflampe wird mit einem induktiven Vorschaltgerät (Drossel Dr) betrieben. Vereinfachend sei hier die Lampe als ohmscher Widerstand angenommen und der Starter außer Acht gelassen, sodass man das vereinfachte Ersatzschaltbild annehmen kann. Hierbei ist: R_L = Lampen- + Drosselwiderstand, X_{Dr} = Drosselblindwiderstand. Laut Datenblatt verbraucht die Lampe bei $U_N = 230$ V, $f = 50$ Hz, $I_1 = 0{,}67$ A eine Leistung von 58 W, das Vorschaltgerät 13 W. Zunächst sei C_P unberücksichtigt.

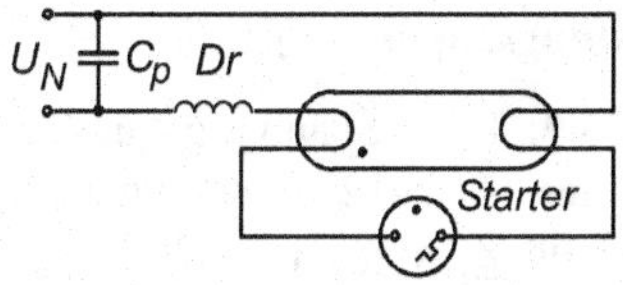

vereinfachtes Ersatzschaltbild:

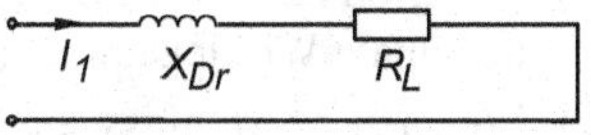

a) Geben Sie den Leistungsfaktor cos φ, den Phasenverschiebungswinkel φ, die Scheinleistung und die Blindleistung des Beleuchtungssystems an.
b) Welche Werte haben die Elemente des vereinfachten Ersatzschaltbildes?
c) Wie groß muss der Kompensationskondensator C_P sein für einen Leistungsfaktor 0,95 (induktiv)?
d) Zeichnen Sie das Leistungsdreieck vor und nach der Kompensation. Leiten Sie hieraus die verminderte Scheinleistung sowie aus einem Stromdiagramm den von I_1 auf I_2 verminderten Strom ab.

❷ **35.7:** Die gegebene Schaltung hat die Bauelementwerte $R_1 = 10\,\Omega$, $R_2 = 100\,\Omega$, $L = 318{,}31$ mH und liegt an der Spannung $U_0 = 230$ V / 50 Hz. Gesucht sind:

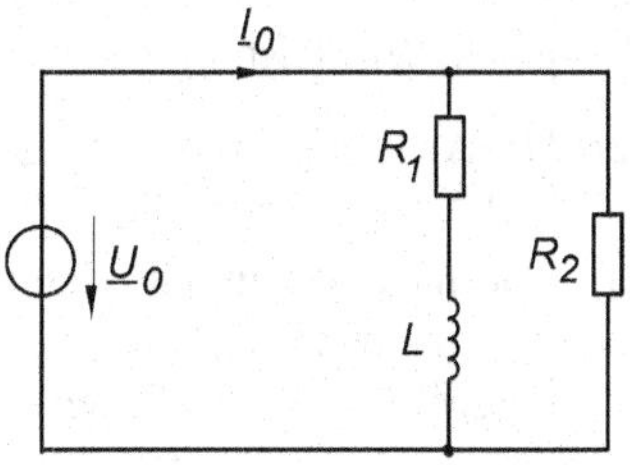

a) $\underline{Z}_{ges}$, Gesamtstrom $\underline{I}_0 = \underline{I}_{01}$ der Schaltung.
b) Leistungsfaktor cos φ_1 der Schaltung sowie Wirkstromanteil I_{w1} und Blindstromanteil I_{b1}.
c) Kapazität des Parallelkondensators zu R_1L, um den Gesamtleistungsfaktor auf cos $\varphi_2 = 0{,}9$ zu erhöhen.
d) Gesamtstrom $\underline{I}_0 = \underline{I}_{02}$ und Blindstromanteil I_{b2} bei erhöhtem Leistungsfaktor. Zeichnen Sie das Stromdiagramm ohne und mit Kompensation.

❷ **35.8:** Eine Kompakt-Leuchtstofflampe mit einer Drossel Dr als Vorschaltgerät liegt an $\underline{U}_0 = 230$ V/50 Hz. Daten: Lampenstrom $I_L = 0{,}37$ A, Lampenleistung $P_L = 22$ W, Systemleistung mit Vorschaltgerät $P_S = 30$ W.

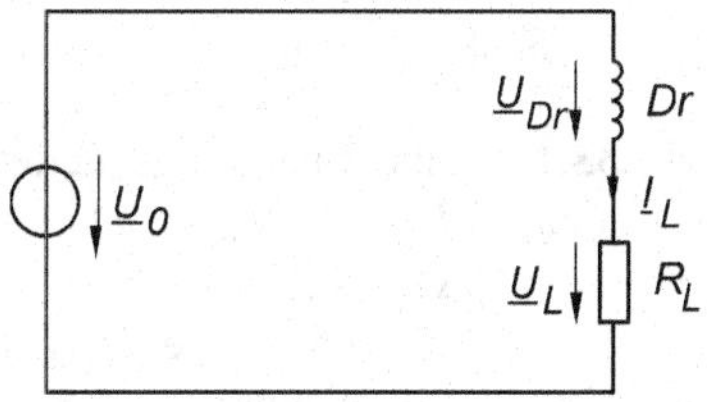

a) Wie groß sind der Leistungsfaktor des Gesamtsystems und der Phasenverschiebungswinkel $\varphi_0 = \varphi_u - \varphi_i$?
b) Man berechne $\underline{U}_L$ und $\underline{U}_{Dr}$, wenn man die Lampe als ohmschen Verbraucher mit R_L betrachtet.
c) Wie groß sind der Leistungsfaktor der Drossel cos φ_{Dr} und φ_{Dr}?
d) Welche Blindleistung entsteht in der Drossel?
e) Welchen Wert hat die Induktivität der Drossel?

Leistungsanpassung

❶ **35.9:** Eine Spannungsquelle mit der Leerlaufspannung $\underline{U}_0 = 12$ V hat einen komplexen Innenwiderstand $\underline{Z}_i = R_i + j\,X_i = 20\ \Omega - j\,20\ \Omega$.

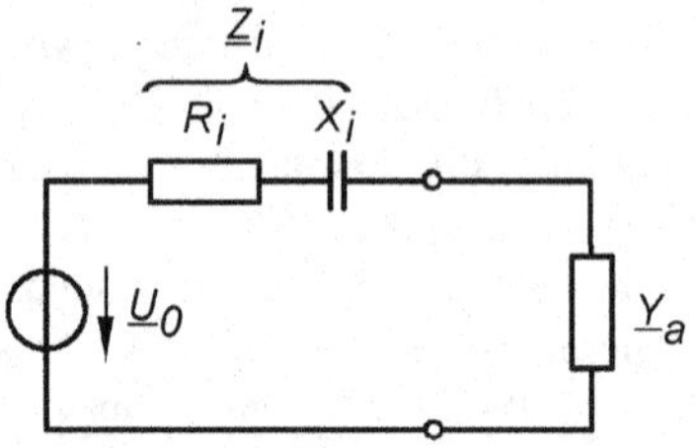

a) Wie groß ist der Kurzschlussstrom der Quelle?

b) Wie groß ist die verfügbare Quellenleistung, wenn maximale Wirkleistung umgesetzt werden soll?

c) Welchen Wert muss eine Admittanz $\underline{Y}_a$ haben, um die verfügbare Quellenleistung aufzunehmen?

❷❸ **35.10:** Ein komplexer Widerstand $\underline{Z}_a$ belastet eine Spannungsquelle $\underline{U}_0$ mit dem Innenwiderstand aus R_0 und C_0.

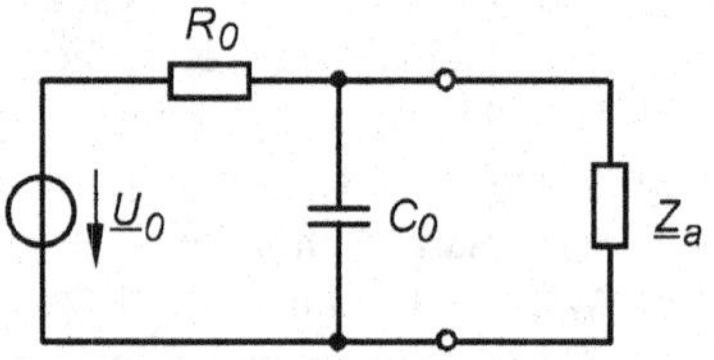

a) Wie muss $\underline{Z}_a = f(R_0, C_0)$ ausgelegt werden, damit in $\underline{Z}_a$ die maximale Wirkleistung auftritt?

Mit welchen Grundelementen *R*, *L*, *C* kann im einfachsten Fall $\underline{Z}_a$ realisiert werden?

b) Berechnen Sie die im Lastwiderstand $\underline{Z}_a$ umgesetzte maximale Wirkleistung bei $\underline{U}_0 = 6$ V und $R_0 = 1\ \Omega$.

Wie groß ist dann die von der Quelle aufzubringende Wirkleistung?

❸ **35.11:** An die Spannungsquelle mit $\underline{U}_0$, R_0 und C_0 ist die Last $\underline{Z}_a$ angeschlossen.

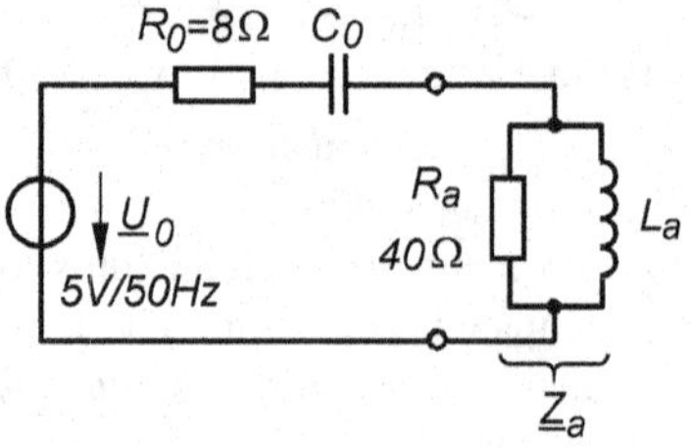

a) Wie muss die Induktivität L_a dimensioniert werden, damit in R_0 und R_a die gleichen Wirkleistungen umgesetzt werden?

Wie groß sind die Wirkleistungen in R_0 und R_a, wenn außerdem noch $X_C = -4\ \Omega$ ist?

b) Welchen Wert muss L_a haben, wenn in $\underline{Z}_a$ maximale Wirkleistung umgesetzt werden soll? Wie groß ist in diesem Fall die Leistung der Spannungsquelle?

c) Berechnen Sie den Wirkungsgrad bei der Aufgabenlösung b).

❸ **35.12:** Eine Spannungsquelle mit der Quellenspannung $U_0 = 12$ V und dem Innenwiderstand $R_i = 60\ \Omega$ soll an einen Verbraucherwiderstand $R_a = 120\ \Omega$ über eine *LC*-Anpassschaltung die maximale Wirkleistung abgeben.

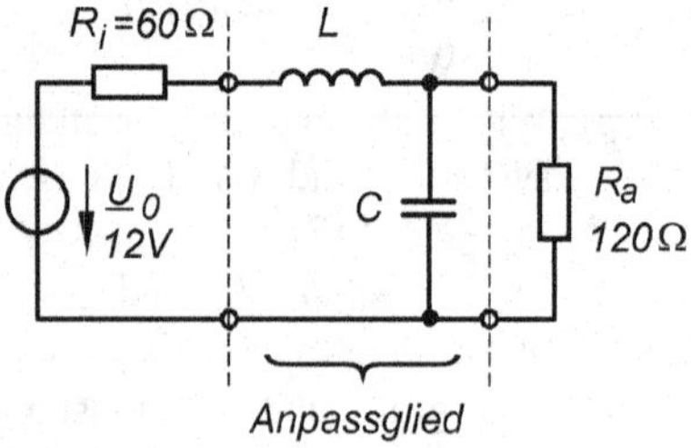

a) Man berechne X_L und X_C der Anpassschaltung.

b) Wie groß ist die an R_a abgegebene Wirkleistung?

35 Lösungen

35.1

a) $S = U \cdot I = 230\ \text{V} \cdot 1\ \text{A} = 230\ \text{VA}$

$P = S \cdot \cos\varphi = 230\ \text{VA} \cdot 0{,}8 = 184\ \text{W}$

$Q_\text{L} = S \cdot \sin\varphi = \sqrt{S^2 - P^2} = 138\ \text{Var}$

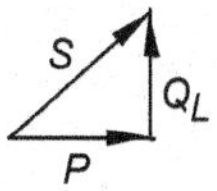

b) $P = I^2 \cdot R \;\Rightarrow\; R = \dfrac{P}{I^2} = \dfrac{184\ \text{W}}{(1\ \text{A})^2} = 184\ \Omega$

$Q_L = I^2 \cdot X_\text{L} \Rightarrow X_\text{L} = \omega L = \dfrac{Q_\text{L}}{I^2} \Rightarrow L = \dfrac{Q_\text{L}}{\omega \cdot I^2} = 439\ \text{mH}$

35.2

a) Aus $P_\text{ab} = \eta \cdot P_\text{el}$ folgt: $P = P_\text{el} = \dfrac{850\ \text{W}}{0{,}72} = 1180{,}\overline{5}\ \text{W}$

$P = U \cdot I \cdot \cos\varphi \Rightarrow I = \dfrac{P}{U \cdot \cos\varphi} = \dfrac{1180{,}\overline{5}\ \text{W}}{230\ \text{V} \cdot 0{,}8} = 6{,}4\ \text{A}$

b) $\varphi =$ arccos (0,8)=36,9° (induktiv)

$Q_\text{L} = U \cdot I \cdot \sin\varphi = 230\ \text{V} \cdot 6{,}4\ \text{A} \cdot \sin 36{,}9° = 884\ \text{Var}$

$S = U \cdot I = 230\ \text{V} \cdot 6{,}4\ \text{A} = 1472\ \text{VA}$

35.3

Aus $\underline{S} = \underline{U} \cdot \underline{I}^*$ sowie $\underline{U} = \underline{I} \cdot \underline{Z}$ bzw. $\underline{U}^* = \underline{I}^* \cdot \underline{Z}^*$

$\underline{I}^* = \underline{U}^* \cdot \underline{Y}^*$

folgt:

$\underline{S} = \underline{I} \cdot \underline{I}^* \cdot \underline{Z} = I^2 \cdot \underline{Z} = U^2 \cdot \underline{Y}^* \;\Rightarrow$

$P = \text{Re}\{\underline{S}\} = I^2 \cdot \text{Re}\{\underline{Z}\} = U^2 \cdot \text{Re}\{\underline{Y}^*\}$

$Q = \text{Jm}\{\underline{S}\} = I^2 \cdot \text{Jm}\{\underline{Z}\} = U^2 \cdot \text{Jm}\{\underline{Y}^*\}$

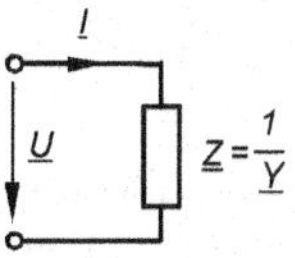

Schaltung a):

$\underline{Z}_1 = R_1 + \text{j}\, X_\text{L1}$, $\underline{Y}_1 = \dfrac{1}{R_1 + \text{j}\, X_\text{L1}} = \dfrac{R_1 - \text{j}\, X_\text{L1}}{R_1^2 + X_\text{L1}^2}$,

$\underline{Y}_1^* = \dfrac{R_1 + \text{j}\, X_\text{L1}}{R_1^2 + X_\text{L1}^2}$

$P_1 = I^2 \cdot \text{Re}\{\underline{Z}_1\} = I^2 \cdot R_1 = U^2 \cdot \text{Re}\{\underline{Y}_1^*\} = U^2 \cdot \dfrac{R_1}{R_1^2 + X_\text{L1}^2}$

$Q_1 = I^2 \cdot \text{Jm}\{\underline{Z}_1\} = I^2 \cdot X_\text{L1} = U^2 \cdot \dfrac{X_{L1}}{R_1^2 + X_\text{L1}^2}$

Schaltung b):

$\underline{Y}_2 = G_2 + \dfrac{1}{\text{j}\omega L} = \dfrac{1}{R_2} - \text{j}\dfrac{1}{X_\text{L2}}$, $\underline{Y}_2^* = \dfrac{1}{R_2} + \text{j}\dfrac{1}{X_\text{L2}}$

$P_2 = U^2 \cdot \text{Re}\{\underline{Y}_2^*\} = U^2 \cdot \dfrac{1}{R_2}$

$Q_2 = U^2 \cdot \text{Jm}\{\underline{Y}_2^*\} = U^2 \cdot \dfrac{1}{X_\text{L2}}$

Die Leistung der Schaltung a) und b) sollen gleich sein:

$P_1 = P_2$: $U^2 \dfrac{R_1}{R_1^2 + X_\text{L1}^2} = U^2 \dfrac{1}{R_2} \Rightarrow R_2 = \dfrac{R_1^2 + X_\text{L1}^2}{R_1}$

$Q_1 = Q_2$: $U^2 \dfrac{X_\text{L1}}{R_1^2 + X_\text{L1}^2} = U^2 \dfrac{1}{X_\text{L2}} \Rightarrow X_\text{L2} = \dfrac{R_1^2 + X_\text{L1}^2}{X_\text{L1}}$

Zahlenwerte Schaltung a):

$\underline{Z}_1 = 20\ \Omega + \text{j}\ 20\ \Omega = 28{,}28\ \Omega \cdot \text{e}^{\text{j}(45°)}$

$\underline{I}_1 = \dfrac{\underline{U}_1}{\underline{Z}_1} = \dfrac{10\ \text{V}}{28{,}28\ \Omega} \cdot \text{e}^{-\text{j}(45°)} = 353{,}55\ \text{mA} \cdot \text{e}^{-\text{j}(45°)}$

$\underline{S}_1 = \underline{U}_1 \cdot \underline{I}_1^* = 10\ \text{V} \cdot 353{,}55\ \text{mA} \cdot \text{e}^{+\text{j}(45°)}$

$\underline{S}_1 = \underbrace{2{,}5\ \text{W}}_{P_1} + \underbrace{\text{j}\,2{,}5\ \text{Var}}_{Q_1}$

Zahlenwerte Schaltung b):

$\underline{Y}_2 = G_2 - \text{j}\,|B_2|$

$G_2 = \dfrac{1}{R_2} = \dfrac{R_1}{R_1^2 + X_\text{L1}^2} = \dfrac{20\ \Omega}{(20\ \Omega)^2 + (20\ \Omega)^2} = \dfrac{1}{40\ \Omega}$

$|B_2| = \dfrac{1}{X_\text{L2}} = \dfrac{X_\text{L1}}{R_1^2 + X_\text{L1}^2} = \dfrac{20\ \Omega}{(20\ \Omega)^2 + (20\ \Omega)^2} = \dfrac{1}{40\ \Omega}$

$\underline{Y}_2 = \dfrac{1}{40\ \Omega} - \text{j}\dfrac{1}{40\ \Omega}$, $\underline{Y}_2^* = \dfrac{1}{40\ \Omega} + \text{j}\dfrac{1}{40\ \Omega}$

$\underline{S}_2 = \underline{U}_2^2 \cdot \underline{Y}_2^* = 100\ \text{V}^2 \cdot \left(\dfrac{1}{40\ \Omega} + \text{j}\dfrac{1}{40\ \Omega}\right)$

$\underline{S}_2 = \underbrace{2{,}5\ \text{W}}_{P_2} + \underbrace{\text{j}2{,}5\ \text{Var}}_{Q_2}$ s.o.

35.4

a) Ansatz für Reihenschaltung der Grundelemente:

$\underline{U} = \underline{I} \cdot \underline{Z}_1 = I \cdot \text{e}^{\text{j}(35°)} \cdot \underline{Z}_1 \;\Rightarrow\; \underline{Z}_1 = \dfrac{230\ \text{V} \cdot \text{e}^{-\text{j}(35°)}}{5\ \text{A}} \;\Rightarrow$

$\underline{Z}_1 = R_1 + \text{j}\, X_1 \Rightarrow R_1 = 46\ \Omega \cdot \cos(-35°) = 37{,}7\ \Omega$

$\Rightarrow \text{j}\, X_1 = \text{j}\, 46\ \Omega \cdot \sin(-35°) = \text{j}\,(-26{,}4\ \Omega)$

Da X_1 negativ ist, handelt es sich also um eine Kapazität:

$|X_1| = \dfrac{1}{\omega C} = 26{,}4\ \Omega \;\Rightarrow$

$C_1 = \dfrac{1}{2\pi \cdot 50\ \text{s}^{-1} \cdot 26{,}4\ \Omega} = 120{,}6\ \mu\text{F}$

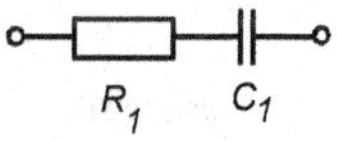

Ansatz für Parallelschaltung der Grundelemente:

$\underline{I} = I \cdot \text{e}^{\text{j}(35°)} = \underline{U} \cdot \underline{Y}_2 \;\Rightarrow\; \underline{Y}_2 = \dfrac{I \cdot \text{e}^{\text{j}(35°)}}{U \cdot \text{e}^{\text{j}0}} = \dfrac{5\ \text{A}}{230\ \text{V}} \cdot \text{e}^{\text{j}(35°)}$

$\underline{Y}_2 = 21{,}7\ \text{mS} \cdot (\cos 35° + \text{j}\sin 35°) = 17{,}8\ \text{mS} + \text{j}12{,}5\ \text{mS}$

$\underline{Y}_2 = G_2 + \text{j}\, B_2$ mit

$G_2 = 17{,}8\ \text{mS} \Rightarrow R_2 = 56{,}2\ \Omega$

$B_2 = \omega C_2 = 12{,}5\ \text{mS} \Rightarrow C_2 = 39{,}7\ \mu\text{F}$

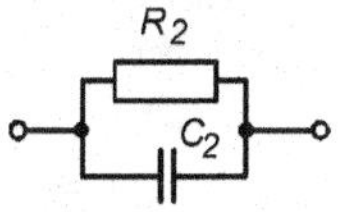

b) Sowohl für die Serien- als auch Parallelschaltung gilt:

$S = U \cdot I = 1150\ \text{VA}$, $\varphi = 35°$

$P = U \cdot I \cdot \cos\varphi = I^2 \cdot R_1 = U^2 \cdot G_2 = 1150\ \text{W} \cdot 0{,}82 = 942\ \text{W}$

$Q_C = U \cdot I \cdot \sin\varphi = I^2 \cdot X_1 = U^2 \cdot B_2 = 659{,}6\ \text{Var}$

Lösungsmöglichkeit mit komplexer Leistungsbetrachtung:

$\underline{S} = \underline{U} \cdot \underline{I}^* = P + \mathrm{j}Q \quad \text{mit} \quad \underline{U} \cdot \underline{I}^* = U \cdot I \cdot \mathrm{e}^{-\mathrm{j}\varphi}$

$\underline{S} = U \cdot I \cdot (\cos\varphi - \mathrm{j}\sin\varphi)$

$\underline{S} = 230\ \mathrm{V} \cdot 5\ \mathrm{A}\,(\cos 35° - \mathrm{j}\sin 35°)$

$\underline{S} = 942\ \mathrm{W} - \mathrm{j}\,659{,}6\ \mathrm{Var}$

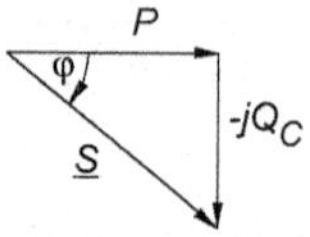

35.5

Der Leistungsfaktor im unkompensierten Zustand beträgt $\cos\varphi_1 = 0{,}8$ und die Blindleistung $Q_1 = 885{,}4\ \mathrm{Var}$ (s. 35.2). Bei Parallelschaltung des Kondensators kann man einen Teil der induktiven Blindleistung kompensieren:

$$Q_\mathrm{C} = \frac{U^2}{X_\mathrm{C}} = U^2 \omega C_\mathrm{P} = (230\ \mathrm{V})^2 \cdot 314\ \mathrm{s}^{-1} \cdot 25\ \mu F = 415{,}5\ \mathrm{Var}$$

Somit reduziert sich die Blindleistung von $Q_1 = 884\ \mathrm{Var}$ auf $Q_2 = Q_1 - Q_\mathrm{C} = 468{,}5\ \mathrm{Var}$ bei gleichbleibender Wirkleistung $P_\mathrm{el} = 1180{,}\overline{5}\ \mathrm{W}$.

$$\tan\varphi_2 = \frac{Q_2}{P_\mathrm{el}} = \frac{468{,}5\ \mathrm{Var}}{1180{,}\overline{5}\ \mathrm{W}} = 0{,}397 \quad \Rightarrow \quad \varphi_2 = 21{,}7°$$

Mit einem Kondensator $C_\mathrm{P} = 25\ \mu F$ lässt sich ein Leistungsfakor $\cos\varphi_2 = 0{,}929$ erreichen. Dadurch ergibt sich eine Verringerung der Scheinleistung ($S_2 = 1270\ \mathrm{W}$) und Stromaufnahme ($I_2 = 5{,}52\ \mathrm{A}$).

35.6

a) $S_1 = U \cdot I = 230\ \mathrm{V} \cdot 0{,}67\ \mathrm{A} = 154\ \mathrm{VA}$

$$\cos\varphi_1 = \frac{P}{S_1} = \frac{58\ \mathrm{W} + 13\ \mathrm{W}}{154\ \mathrm{VA}} = 0{,}461 \Rightarrow \quad \varphi_1 = 62{,}5°$$

$Q_1 = S \cdot \sin\varphi_1 = 136{,}7\ \mathrm{Var}$

b) $P = I_1^2 \cdot R_\mathrm{L} \quad \Rightarrow R_\mathrm{L} = \dfrac{71\ \mathrm{W}}{(0{,}67\ \mathrm{A})^2} = 158{,}16\ \Omega$

$Q_1 = I_1^2 \cdot X_\mathrm{Dr} \quad \Rightarrow X_\mathrm{Dr} = \dfrac{Q_1}{I_1^2} = \dfrac{136{,}7\ \mathrm{Var}}{(0{,}67\ \mathrm{A})^2} = 305\ \Omega$

$X_\mathrm{Dr} = \omega L \quad \Rightarrow L = \dfrac{X_\mathrm{Dr}}{\omega} = 971\ \mathrm{mH}$

c) Leistungsfaktorverbesserung von $\cos\varphi_1 = 0{,}461$ auf $\cos\varphi_2 = 0{,}95$: $\varphi_2 = \arccos 0{,}95 = 18{,}2°$

Die Blindleistung muss von Q_1 auf Q_2 vermindert werden, wobei P_1 konstant bleibt:

$Q_2 = P \cdot \tan\varphi_2 = 71\ \mathrm{W} \cdot \tan 18{,}2° = 23{,}34\ \mathrm{Var}$

Hierbei muss der Kondensator C_P als Zwischenspeicher für einen Teil der hin- und herpendelnden Energie dienen:

$Q_{\mathrm{C_P}} = Q_1 - Q_2 = 136{,}7\ \mathrm{Var} - 23{,}34\ \mathrm{Var} = 113{,}4\ \mathrm{Var}$

$$Q_{\mathrm{C_P}} = \frac{U_\mathrm{N}^2}{X_\mathrm{C}} \quad \Rightarrow X_\mathrm{C} = \frac{1}{\omega C_\mathrm{P}} = \frac{U_\mathrm{N}^2}{Q_{\mathrm{C_P}}}$$

$$C_\mathrm{P} = \frac{Q_{\mathrm{C_P}}}{\omega \cdot U_\mathrm{N}^2} = \frac{113{,}4\ \mathrm{Var}}{2\pi \cdot 50\ \mathrm{s}^{-1} \cdot (230\ \mathrm{V})^2} = 6{,}82\ \mu F$$

d) Betrachtung im Leistungsdreieck:

Kompensation vermindert Scheinleistung S und Strom I.

$$2{,}1\ \mathrm{cm} \cdot \frac{33{,}5\ \mathrm{VA}}{\mathrm{cm}} = 70{,}4\ \mathrm{VA} = S_2$$

<u>Leistungsdreieck</u>: Maßstab: 1 cm = 33,5 W

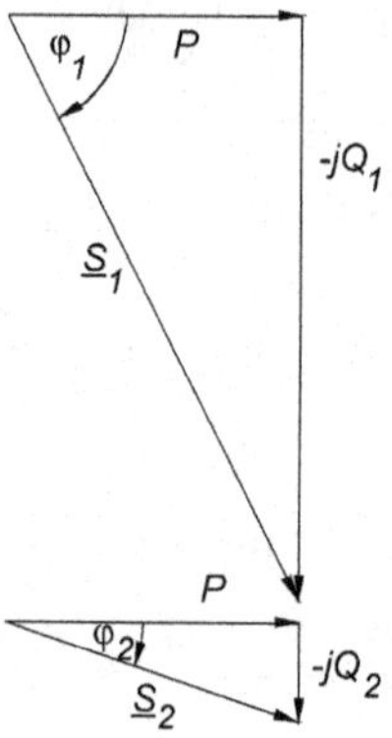

Proberechnung:

$\underline{S}_2 = \sqrt{P^2 + Q_2}$

$\underline{S}_2 = \sqrt{(71\ \mathrm{W})^2 + (23{,}34\ \mathrm{W})^2}$

$\underline{S}_2 = 74{,}7\ \mathrm{VA}$

Betrachtung im Stromdreieck:

Vor Kompensation:

$I_\mathrm{w1} = I_1 \cos\varphi_1 = 0{,}67\ \mathrm{A} \cdot \cos 62{,}5° = 309\ \mathrm{mA}$

$I_\mathrm{b1} = I_1 \cdot \sin\varphi_1 = 594{,}3\ \mathrm{mA}$

Nach Kompensation:

$I_\mathrm{w2} = I_\mathrm{w1} = 309\ \mathrm{mA} = I_2 \cdot \cos\varphi_2$

$$I_2 = \frac{I_\mathrm{w1}}{\cos\varphi_2} = \frac{309\ \mathrm{mA}}{0{,}95} = 325{,}3\ \mathrm{mA}$$

$I_\mathrm{b2} = I_2 \cdot \sin\varphi_2 = 325{,}3\ \mathrm{mA} \cdot \sin 18{,}2° = 101{,}6\ \mathrm{mA}$

<u>Stromdreieck</u>: Maßstab: 1 cm = $0{,}1\overline{6}\ \mathrm{A}$

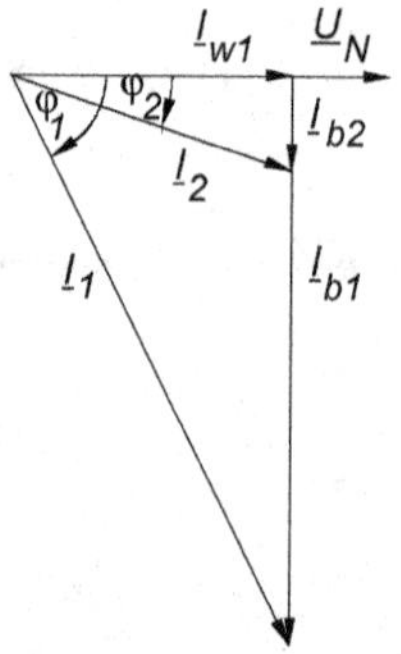

35.7

a) $\underline{Z}_{ges} = \dfrac{(R_1 + j\omega L)\cdot R_2}{R_2 + R_1 + j\omega L}$

$\underline{Z}_{ges} = \dfrac{10\,\Omega\cdot 100\,\Omega + j314\,s^{-1}\cdot 318{,}31\,mH\cdot 100\,\Omega}{110\,\Omega + j314\,s^{-1}\cdot 318{,}31\,mH}$

$\underline{Z}_{ges} = \dfrac{10^3\Omega^2 + j10^4\,\Omega^2}{110\,\Omega + j100\,\Omega} = \dfrac{10050\,\Omega^2\cdot e^{j(84,3°)}}{148{,}6\,\Omega\cdot e^{j(42°)}} =$

$= 67{,}6\,\Omega\cdot e^{j(42°)}$

$\underline{I}_{01} = \dfrac{\underline{U}_0}{\underline{Z}_{ges}} = \dfrac{230\,V}{67{,}6\,\Omega\cdot e^{j42°}} = 3{,}4\,A\cdot e^{-j(42°)}$

b) $\cos\varphi_1 = \cos(-42°) = 0{,}743$

$I_{w1} = I_{01}\cdot\cos\varphi_1 = 3{,}4\,A\cdot 0{,}743 = 2{,}53\,A$

$I_{b1} = I_{01}\cdot\sin\varphi_1 = 3{,}4\,A\cdot(-0{,}669) = -2{,}28\,A$

c) Nach Parallelschaltung des Kondensators C_p soll $\cos\varphi_2 = 0{,}9$ sein: $\varphi_2 = \arccos 0{,}9 = -25{,}84°$

Bei der Kompensation bleibt I_{w1} erhalten:

$\cos\varphi_2 = \dfrac{I_{w1}}{I_{02}} \Rightarrow I_{02} = \dfrac{I_{w1}}{\cos\varphi_2} = \dfrac{2{,}53\,A}{0{,}9} = 2{,}8\,A$

$I_{b2} = I_{w1}\cdot\tan\varphi_2 = 2{,}53\,A\cdot(-0{,}484) = -1{,}22\,A$

Der Kondensatorstrom muss somit betragen:

$I_C = I_{b1} - I_{b2} = -2{,}28\,A + 1{,}22\,A = -1{,}05\,A$

$\underline{U}_C = \underline{U}_0 = \dfrac{\underline{I}_C}{j\omega C_P} \Rightarrow C_P = \dfrac{|\underline{I}_C|}{\omega\cdot|\underline{U}_c|} = \dfrac{1{,}05\,A}{314\,s^{-1}\cdot 230\,V}$

$C_P = 14{,}5\,\mu F$

Hier wird man also einen Kondensator $C_p = 15\,\mu F$ wählen.

d) Siehe c) $I_{02} = 2{,}8\,A$, $I_{b2} = -1{,}22\,A$

<u>Stromdiagramm</u>: Maßstab: 1 cm = 0,875 A

I_{b1}, I_{01}: ohne Kompensation

I_{b2}, I_{02}: nach Kompensation

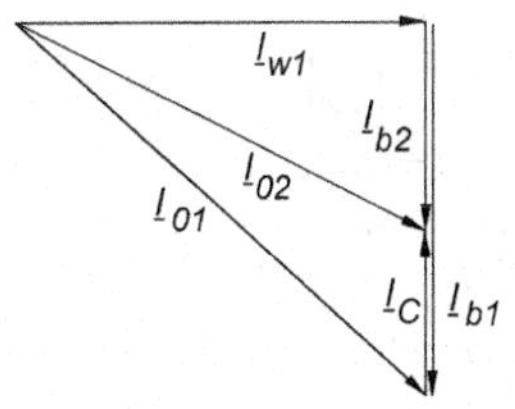

35.8

a) Reihenschaltung aus Drossel und Lampe:

Scheinleistung $S = U_0\cdot I_L = 230\,V\cdot 0{,}37\,A = 85{,}1\,VA$

Leistungsfaktor $\cos\varphi_0 = \dfrac{30\,W}{85{,}1\,VA} = 0{,}3525 \Rightarrow \varphi_0 = 69{,}4°$

Der Strom durch die Drosselspule eilt gegenüber der Spannung an der Drosselspule um 69,4° nach.

b) Die Lampe alleine (ohne Vorschaltgerät) verbraucht $P_L = 22\,W$. Damit ergibt sich die Lampenspannung zu:

$U_L = \dfrac{P_L}{I_L} = \dfrac{22\,W}{0{,}37\,A} = 59{,}46\,V$

Im Vorschaltgerät wird die Wirkleistung

$P_{Dr} = P_S - P_L = 30\,W - 22\,W = 8\,W$ umgesetzt.

Spannung an der Drosselspule:

$\mathrm{Re}\{\underline{U}_{Dr}\} = \dfrac{8\,W}{0{,}37\,A} = 21{,}62\,V$

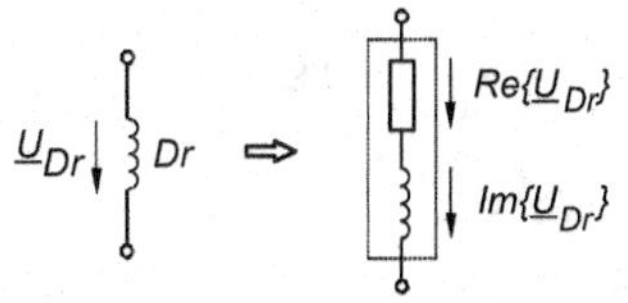

Es gilt gemäß Ersatzschaltbild:

$U_0^2 = \left(U_L + \mathrm{Re}\{\underline{U}_{Dr}\}\right)^2 + \left(\mathrm{Im}\{\underline{U}_{Dr}\}\right)^2$

$\mathrm{Im}\{\underline{U}_{Dr}\} = \sqrt{(230\,V)^2 - (59{,}46\,V + 21{,}62\,V)^2} = 215{,}23\,V$

$|\underline{U}_{Dr}| = \sqrt{\left(\mathrm{Re}\{\underline{U}_{Dr}\}\right)^2 + \left(\mathrm{Im}\{\underline{U}_{Dr}\}\right)^2} = 216{,}32\,V$

<u>Spannungsdreieck</u>:

Maßstab: 1 cm = 33,3 V

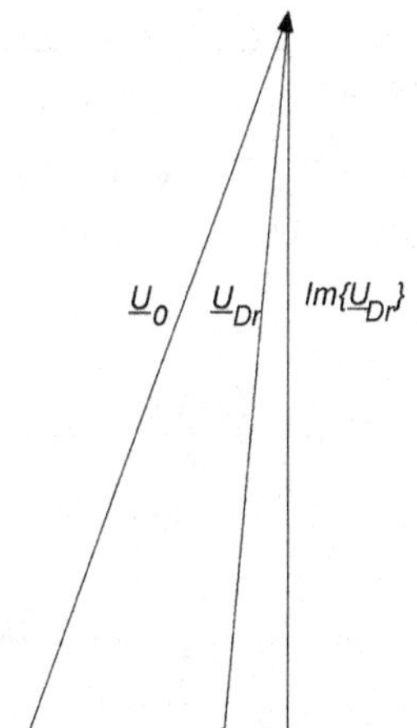

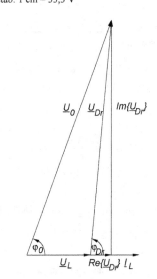

c) Leistungsfaktor der Drossel:

$$\cos\varphi_{\mathrm{Dr}} = \frac{\mathrm{Re}\left\{\underline{U}_{\mathrm{Dr}}\right\}}{\left|\underline{U}_{\mathrm{Dr}}\right|} = \frac{21{,}62\ \mathrm{V}}{216{,}32\ \mathrm{V}} = 0{,}0\overline{9} \Rightarrow \varphi_{\mathrm{Dr}} = 84{,}26°$$

d) $Q_{\mathrm{Dr}} = \mathrm{Jm}\left\{\underline{S}\right\} = \mathrm{Jm}\left\{\underline{U}_0 \cdot \underline{I}^*\right\}, \quad \underline{I}_{\mathrm{L}} = 0{,}37\ \mathrm{A} \cdot \mathrm{e}^{-\mathrm{j}(69{,}4°)}$

$$\underline{I}_{\mathrm{L}}^* = 0{,}37\ \mathrm{A} \cdot \mathrm{e}^{+\mathrm{j}(69{,}4°)}$$

$$Q_{\mathrm{Dr}} = 230\ \mathrm{V} \cdot 0{,}37\ \mathrm{A} \cdot \sin 69{,}4° = 79{,}6\ \mathrm{Var}$$

e) 1. Lösungsmöglichkeit:

$$\mathrm{Jm}\left\{\underline{U}_{\mathrm{Dr}}\right\} = \underline{I}_{\mathrm{L}} \cdot \mathrm{j}\omega L \Rightarrow \mathrm{j}\omega L = \frac{\mathrm{Jm}\left\{\underline{U}_{\mathrm{Dr}}\right\}}{\underline{I}_{\mathrm{L}}} \Rightarrow$$

$$L = \frac{215{,}23\ \mathrm{V}}{0{,}37\ \mathrm{A} \cdot 2\pi \cdot 50\ \mathrm{s}^{-1}} = 1{,}85\ \mathrm{H}$$

2. Lösungsmöglichkeit:

$$Q_{\mathrm{Dr}} = I_{\mathrm{L}}{}^2 \cdot X_{\mathrm{L}} \Rightarrow \omega L = \frac{Q_{\mathrm{L}}}{I_{\mathrm{L}}{}^2} \Rightarrow$$

$$L = \frac{Q_{\mathrm{Dr}}}{\omega \cdot I_{\mathrm{L}}{}^2} = \frac{79{,}6\ \mathrm{Var}}{2\pi \cdot 50\ \mathrm{s}^{-1} \cdot (0{,}37\ \mathrm{A})^2} = 1{,}85\ \mathrm{H}$$

3. Lösungsmöglichkeit:

$$P_{\mathrm{Dr}} = I_{\mathrm{L}} \cdot R \Rightarrow R = \frac{P_{\mathrm{Dr}}}{I_{\mathrm{L}}{}^2} = \frac{8\ \mathrm{W}}{(0{,}37\ \mathrm{A})^2} = 58{,}44\ \Omega$$

$$\varphi_{\mathrm{Dr}} = \arctan\frac{\omega L}{R} \Rightarrow \omega L = R \cdot \tan\varphi_{\mathrm{Dr}}$$

$$L = \frac{R}{\omega} \cdot \tan\varphi_{\mathrm{Dr}} = \frac{58{,}44\ \Omega}{2\pi \cdot 50\ \mathrm{s}^{-1}} \cdot \tan 84{,}26° = 1{,}85\ \mathrm{H}$$

35.9

a) Kurzschlussstrom

$$\underline{I}_{\mathrm{K}} = \frac{\underline{U}_0}{\underline{Z}_{\mathrm{i}}} = \frac{12\ \mathrm{V}}{20\ \Omega - \mathrm{j}20\ \Omega} = \frac{12\ \mathrm{V}}{28{,}28\ \Omega \cdot \mathrm{e}^{-\mathrm{j}45°}}$$

$$\underline{I}_{\mathrm{K}} = 424{,}3\ \mathrm{mA} \cdot \mathrm{e}^{\mathrm{j}(45°)}$$

b) Verfügbare Quellenleistung

$$P_{\mathrm{a\,max}} = \frac{1}{4} \cdot \frac{\left|\underline{U}_0\right|^2}{R_{\mathrm{i}}} = \frac{1}{4} \cdot \frac{(12\ \mathrm{V})^2}{20\ \Omega} = 1{,}8\ \mathrm{W}$$

c) Admittanz

Aus

$\underline{Z}_{\mathrm{a}} = \underline{Z}_{\mathrm{i}}^*$ folgt: $\underline{Z}_{\mathrm{a}} = 20\ \Omega + \mathrm{j}20\ \Omega = 28{,}28\ \Omega \cdot \mathrm{e}^{\mathrm{j}(45°)}$

$$\underline{Y}_{\mathrm{a}} = \frac{1}{\underline{Z}_{\mathrm{a}}} = 35{,}35\ \mathrm{mS} \cdot \mathrm{e}^{-\mathrm{j}(45°)}$$

Ebenso hätte man auch ansetzen können:

$$\underline{Y}_{\mathrm{a}} = \underline{Y}_{\mathrm{i}}^*;$$

$$\underline{Y}_{\mathrm{i}} = \frac{1}{20\ \Omega - \mathrm{j}20\ \Omega} = \frac{1}{28{,}28\ \Omega \cdot \mathrm{e}^{-\mathrm{j}45°}} = 35{,}35\ \mathrm{mS} \cdot \mathrm{e}^{\mathrm{j}(45°)}$$

$$\underline{Y}_{\mathrm{a}} = 35{,}35\ \mathrm{mS} \cdot \mathrm{e}^{-\mathrm{j}(45°)}$$

35.10

a) Die maximale Wirkleistung wird in $\underline{Z}_{\mathrm{a}}$ bei Leistungsanpassung mit $\underline{Z}_{\mathrm{a}} = \underline{Z}_{\mathrm{i}}^*$ umgesetzt.
Zur Bestimmung von $\underline{Z}_{\mathrm{i}}$ ($\underline{U}_0$ kurzgeschlossen) erhält man:

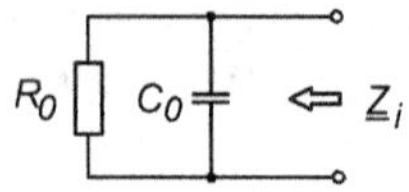

$$\underline{Z}_{\mathrm{i}} = \frac{R_0 \cdot \frac{1}{\mathrm{j}\omega C_0}}{R_0 + \frac{1}{\mathrm{j}\omega C_0}} = \frac{R_0}{1 + \mathrm{j}\omega R_0 C_0} = \frac{R_0 \cdot (1 - \mathrm{j}\omega R_0 C_0)}{1 + (\omega R_0 C_0)^2} \Rightarrow$$

$$\underline{Z}_{\mathrm{i}} = \frac{R_0}{1 + (\omega R_0 C_0)^2} - \mathrm{j}\frac{\omega R_0^2 C_0}{1 + (\omega R_0 C_0)^2} = R_{\mathrm{i}} - \mathrm{j}\,X_{\mathrm{i}}$$

Dabei beträgt die Leerlaufspannung $\underline{U}_{\mathrm{L}}$ der Ersatzquelle:

$$\frac{\underline{U}_{\mathrm{L}}}{\underline{U}_0} = \frac{\frac{1}{\mathrm{j}\omega C_0}}{R_0 + \frac{1}{\mathrm{j}\omega C_0}} = \frac{1}{1 + \mathrm{j}\omega R_0 C_0} \Rightarrow \underline{U}_{\mathrm{L}} = \underline{U}_0 \frac{1}{1 + \mathrm{j}\omega R_0 C_0}$$

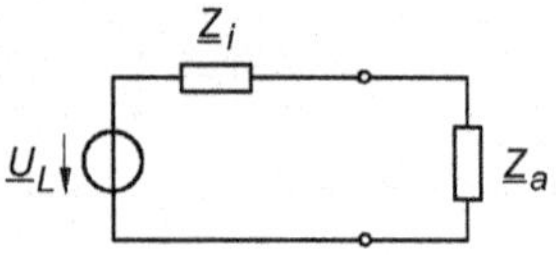

Mit der Bedingung für maximalen Wirkleistungsumsatz in $\underline{Z}_{\mathrm{a}}$: $\underline{Z}_{\mathrm{a}} = \underline{Z}_{\mathrm{i}}^*$ folgt:

$$\underline{Z}_{\mathrm{a}} = \frac{R_0}{1 + (\omega R_0 C_0)^2} + \mathrm{j}\frac{\omega R_0^2 C_0}{1 + (\omega R_0 C_0)^2} = R_{\mathrm{a}} + \mathrm{j}\omega L_{\mathrm{a}}$$

Man erkennt, dass der Lastwiderstand $\underline{Z}_{\mathrm{a}}$ durch die Serienschaltung aus ohmschen Widerstand und einer Induktivität realisiert werden kann.

b) Mit $\left|\underline{U}_{\mathrm{L}}\right|^2 = \frac{\left|\underline{U}_0\right|^2}{1 + (\omega R_0 C_0)^2}$ folgt für den maximalen Wirkleistungsumsatz:

$$P_{\mathrm{a\,max}} = \frac{1}{4} \cdot \frac{\left|\underline{U}_{\mathrm{L}}\right|^2}{R_i} = \frac{1}{4} \cdot \frac{U_0^2}{1 + (\omega R_0 C_0)^2} \cdot \frac{1 + (\omega R_0 C_0)^2}{R_0}$$

$$P_{\mathrm{a\,max}} = \frac{1}{4} \cdot \frac{U_0{}^2}{R_0}$$

Dieses formal erzielte Ergebnis hätte man auch schneller anschaulich voraussagen können, da nämlich in C und in L nur Blindleistung umgesetzt werden kann.

Somit: $P_{\mathrm{a\,max}} = \frac{1}{4} \cdot \frac{36\ \mathrm{V}^2}{1\ \Omega} = 9\ \mathrm{W}$

Quellenleistung

$P_0 = 2 \cdot P_{\mathrm{a\,max}} = 18\ \mathrm{W}$ (da $P_{\mathrm{a\,max}} = P_{\mathrm{i\,max}}$)

35.11

a) Wirkleistung in $\underline{Z}_a$:

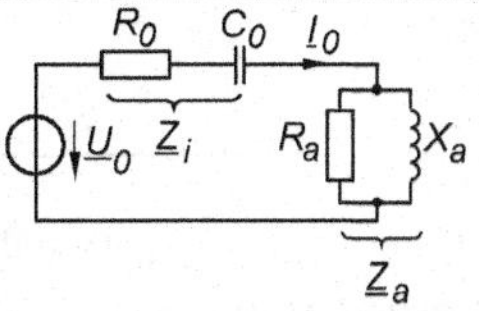

$P_a = |I_a|^2 \cdot \text{Re}\{\underline{Z}_a\} \Rightarrow$

$P_a = I_a{}^2 \cdot \text{Re}\left\{\frac{R_a \cdot \text{j}\,X_a}{R_a + \text{j}\,X_a}\right\}$

Wirkleistung in $\underline{Z}_i$:

$P_i = |\underline{I}_0|^2 \cdot \text{Re}\{\underline{Z}_i\} = I_0{}^2 \cdot R_0$

Da $\underline{I}_a = \underline{I}_0$ ist und $P_i = P_a$ sein soll, folgt:

$R_0 = \text{Re}\left\{\frac{R_a \cdot \text{j}X_a}{R_a + \text{j}X_a}\right\} = \text{Re}\left\{\frac{\text{j}R_a X_a(R_a - \text{j}X_a)}{R_a{}^2 + X_a{}^2}\right\} = \frac{R_a \cdot X_a{}^2}{R_a{}^2 + X_a{}^2}$

$R_0(R_a{}^2 + X_a{}^2) = R_a \cdot X_a{}^2 \Rightarrow X_a{}^2(R_a - R_0) = R_a{}^2 R_0 \Rightarrow$

$X_a = R_a \cdot \sqrt{\frac{R_0}{R_a - R_0}}$

Zahlenwerte:

$X_a = 40\,\Omega\sqrt{\frac{8\,\Omega}{40\,\Omega - 8\,\Omega}} = 40\,\Omega\sqrt{\frac{1}{4}} = 20\,\Omega$

$L_a = \frac{X_a}{\omega} = \frac{20\,\Omega}{2\pi \cdot 50\ \text{s}^{-1}} = 63{,}7\ \text{mH}$

Wirkleistung in R_0 bzw. R_a:

$\underline{I}_a = \underline{I}_0 = \frac{\underline{U}_0}{\underline{Z}_i + \underline{Z}_a}$ mit $\underline{Z}_i = 8\,\Omega - \text{j}4\,\Omega$

$\underline{Z}_a = \frac{R_a \cdot \text{j}\,X_a}{R_a + \text{j}\,X_a} = \frac{R_a\,X_a \cdot \text{j}(R_a - \text{j}\,X_a)}{R_a{}^2 + X_a{}^2}$

$\underline{Z}_a = \frac{R_a \cdot X_a}{R_a{}^2 + X_a{}^2} \cdot (X_a + \text{j}R_a)$

Zahlenwerte:

$\underline{Z}_a = \frac{40\,\Omega \cdot 20\,\Omega}{(40\,\Omega)^2 + (20\,\Omega)^2} \cdot (20\,\Omega + \text{j}40\,\Omega) = 8\,\Omega + \text{j}16\,\Omega$

$\underline{Z} = \underline{Z}_i + \underline{Z}_a = 16\,\Omega + \text{j}12\,\Omega = 20\,\Omega \cdot e^{\text{j}(36{,}9°)}$

$\underline{I}_0 = \underline{I}_a = \frac{\underline{U}_0}{\underline{Z}} = \frac{5\ \text{V}}{20\,\Omega \cdot e^{\text{j}(36{,}9°)}} = 0{,}25\ \text{A} \cdot e^{-\text{j}(36{,}9°)}$

$P_i = |\underline{I}_0|^2 \cdot \text{Re}\{\underline{Z}_i\} = (0{,}25\ \text{A})^2 \cdot 8\ \Omega = 0{,}5\ \text{W}$

$P_a = |\underline{I}_a|^2 \cdot \text{Re}\{\underline{Z}_a\} = 0{,}5\ \text{W}$

b) $P_{a\,max}$ bei Leistungsanpassung: $\underline{Z}_a = \underline{Z}_i^*$

$\underline{Z}_i = 8\,\Omega - \text{j}4\,\Omega \quad \Rightarrow \underline{Z}_i^* = 8\,\Omega + \text{j}4\,\Omega$

$\omega L_a = 4\,\Omega \quad \Rightarrow L_a = \frac{4\,\Omega}{2\pi \cdot 50\ \text{s}^{-1}} = 12{,}7\ \text{mH}$

Quellenleistung $P_0 = \frac{U_0{}^2}{2 \cdot R_0} = \frac{25\ \text{V}^2}{2 \cdot 8\,\Omega} = 1{,}56\ \text{W}$

c) Wirkungsgrad $\eta = \frac{P_{a\,max}}{P_i}$

$P_{a\,max} = \frac{1}{4} \cdot \frac{U_0{}^2}{\text{Re}\{\underline{Z}_i\}} = \frac{1}{4} \cdot \frac{(5\ \text{V})^2}{8\,\Omega} = 781\ \text{mW} = \frac{1}{2} \cdot P_0$

(Vergleiche in Übersichtsblätter: $\eta_{\text{Anpassung}} = 50\,\%$.)

35.12

a) Eingangswiderstand:

$\underline{Z}_{ein} = +\text{j}X_L + \frac{\text{j}X_C \cdot R_a}{R_a + \text{j}\,X_C}$ mit $X_C = -\frac{1}{\omega C}$

Imaginärfreimachen des Nenners:

$\underline{Z}_{ein} = +\text{j}\,X_L + \frac{\text{j}R_a X_C \cdot (R_a - \text{j}X_C)}{(R_a + \text{j}X_C) \cdot (R_a - \text{j}X_C)}$

$\underline{Z}_{ein} = +\text{j}\,X_L + \frac{R_a X_C{}^2 + \text{j}R_a{}^2 X_C}{R_a{}^2 + X_C{}^2}$

- Kapazitiver Widerstand:

$\text{Re}\{\underline{Z}_{ein}\} = R_i \quad \Rightarrow \quad \frac{R_a X_C{}^2}{R_a{}^2 + X_C{}^2} = R_i \quad \Rightarrow$

$\frac{120\,\Omega \cdot X_C{}^2}{(120\,\Omega)^2 + X_C{}^2} = 60\,\Omega \quad \Rightarrow$

$2 \cdot X_C{}^2 = (120\,\Omega)^2 + X_C{}^2$

$X_C{}^2 = (120\,\Omega)^2 \quad \Rightarrow \pm X_C = 120\,\Omega$

X_C muss negativ sei, s.o.: $\Rightarrow X_C = -120\,\Omega$

- Induktiver Widerstand:

$\text{Jm}\{\underline{Z}_{ein}\} = 0 \quad \Rightarrow +\text{j}X_L + \frac{\text{j}R_a{}^2 X_C}{R_a{}^2 + X_C{}^2} = 0$

$X_L = -\frac{(120\,\Omega)^2 \cdot (-120\,\Omega)}{(120\,\Omega)^2 + (120\,\Omega)^2} = +60\,\Omega$

b) Wirkleistung des Verbrauchers

Formel laut Übersichtsblatt:

$P_{a\,max} = \frac{1}{4} \cdot \frac{U_0{}^2}{R_i} = \frac{1}{4} \cdot \frac{(12\ \text{V})^2}{60\,\Omega} = 0{,}6\ \text{W}$

Kontrollrechnung über Schaltung:

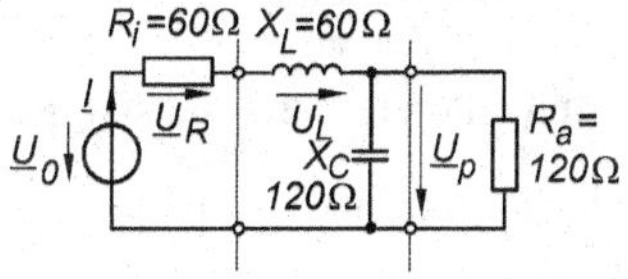

$\underline{Z}_{ein} = +\text{j}X_L + \frac{R_a X_C{}^2 + \text{j}\,R_a{}^2 X_C}{R_a{}^2 + X_C{}^2}$

$\underline{Z}_{ein} = +\text{j}60\,\Omega + \frac{120\,\Omega\,(120\,\Omega)^2 + \text{j}(120\,\Omega)^2\,(-120\,\Omega)}{(120\,\Omega)^2 + (120\,\Omega)^2}$

$\underline{Z}_{ein} = 60\,\Omega$ (reell)

$\underline{I} = \frac{\underline{U}_0}{R_i + Z_{ein}} = \frac{12\ \text{V}}{60\,\Omega + 60\,\Omega} = 0{,}1\ \text{A}$ (reell)

$\underline{U}_P = \underline{U}_0 - \underline{U}_{R_i} - \underline{U}_L = 12\,\text{V} - 6\,\text{V} - \text{j}6\,\text{V} = 8{,}49\,\text{V} \cdot e^{-\text{j}45°}$

$P_{a\,max} = \frac{U_P{}^2}{R_a} = \frac{(8{,}49\ \text{V})^2}{120\,\Omega} = 0{,}6\ \text{W}$

36 Ortskurven

Ein Zeigerdiagramm zeigt die elektrischen Verhältnisse an einem Bauelement oder einer Schaltung bei konstanten Größen (z.B. f, R, L, C) an. Variiert man einen der Parameter, beschreibt die Zeigerspitze der betrachteten komplexen Funktion (z.B. $\underline{Z}$, $\underline{Y}$) eine Ortskurve in der Gauß'schen Ebene.

Beispiel: RL-Reihenschaltung mit $\underline{Z} = R + \mathrm{j}\omega L$

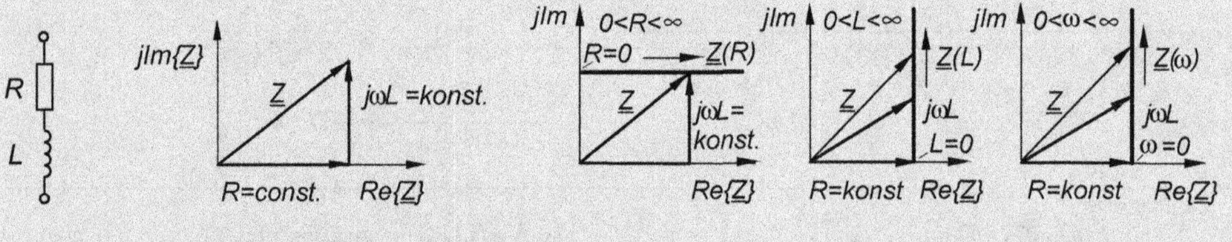

Schaltbild — Zeigerbild bei konstanten Größen — Ortskurven für $\underline{Z}$ bei Variation von R, L oder ω

Alle Widerstands- bzw. Leitwert-Ortskurven verlaufen ausschließlich im 1. und 4. Quadranten. Ist bei Ortskurven eine quantitative Aussage gewünscht, sind reelle und imaginäre Achse im gleichen Maßstab zu skalieren, damit die Winkelbeziehung zwischen den Zeigern oder zu den Achsen erhalten bleiben.

Ortskurven vom Geradentyp

Bezeichnet man bei der komplexen Zahl $\underline{K} = a + \mathrm{j}b$ die veränderliche Größe mit p, folgt hieraus:

1. Möglichkeit: $\boldsymbol{K_1(p) = p + \mathrm{j}b}$ — 2. Möglichkeit: $\boldsymbol{K_2(p) = a + \mathrm{j}p}$

Ortskurven von Gleichungen dieser Form sind parallele Geraden zur reellen bzw. imaginären Achse.

Beispiele: $\underline{Z}_1 = R + \mathrm{j}\omega L, \quad 0 < \omega < \infty \quad \text{bzw.} \quad 0 < L < \infty$: Gerade parallel zur imaginären Achse im Abstand R im 1. Quadranten (s. Tabelle, Beispiel 4a).

$\underline{Z}_2 = R - \mathrm{j}\dfrac{1}{\omega C}, \quad 0 < \omega < \infty \quad \text{bzw.} \quad 0 < C < \infty$: Gerade parallel zur imaginären Achse im Abstand R im 4. Quadranten (s. Tabelle, Beispiel 5a).

Ortskurven vom Teilkreis- bzw. Kreistyp

Der Kehrwert der Funktionen $\underline{K}_1$ bzw. $\underline{K}_2$ mit $\dfrac{1}{\underline{K}_1} = \dfrac{1}{p + \mathrm{j}b}$ bzw. $\dfrac{1}{K_2} = \dfrac{1}{a + \mathrm{j}p}$ führt zu Ortskuven, die einen (Teil-)Kreis durch den Nullpunkt bilden.

Beispiele: $\underline{Y}_1 = \dfrac{1}{\underline{Z}_1} = \dfrac{1}{R + \mathrm{j}\omega L}, \quad 0 < \omega < \infty \quad \text{bzw.} \quad 0 < L < \infty$: Halbkreis im 4. Quadranten durch den Nullpunkt

$\underline{Y}_2 = \dfrac{1}{\underline{Z}_2} = \dfrac{1}{R - \mathrm{j}\dfrac{1}{\omega C}}, \quad 0 < \omega < \infty \quad \text{bzw.} \quad 0 < C < \infty$: Halbkreis im 1. Quadranten durch den Nullpunkt

Allgemeine Regeln für die Inversion (Kehrwertbildung) von Ortskurven

Bei der Inversion einer komplexen Größe ergibt

- eine Geraden, die durch den Nullpunkt geht, wieder in eine Gerade, die durch den Nullpunkt geht;
- eine Gerade, die nicht durch den Nullpunkt geht, einen Kreis, der den Nullpunkt berührt;
- ein Kreis, der durch den Nullpunkt geht, eine Gerade, die nicht durch den Nullpunkt geht;
- ein Kreis, der nicht durch den Nullpunkt geht, wieder einen Kreis, der nicht durch den Nullpunkt geht;
- eine Halbgerade, die parallel zu einer Koordinatenachse verläuft, einen Halbkreis in der gegenüberliegenden Halbebene, wobei sein Mittelpunkt auf der Achse liegt, auf der die Halbgerade senkrecht steht.

Abbildungseigenschaften bei der Inversion von Ortskurven

- Bei der Inversion geht das Maximum von $\underline{Z}$ in das Minimum von $\underline{Y}$ über bzw. umgekehrt.
- Die Ortskurvenpunkte auf der reellen Achse werden bei der Inversion in Kurvenpunkte auf der reellen Achse abgebildet.
- Der unendlich ferne Punkt wird in den Nullpunkt abgebildet.
- Bei $\omega = 0$ und $\omega \Rightarrow \infty$ haben die Ortskurven entweder einen senkrechten oder einen tangentialen Verlauf zu den Achsen des Koordinatensystems.
- Die Beträge der Schnittwinkel der Ausgangs- und der invertierten Ortkurve mit den Koordinatenachsen sind gleich.
- Sind ausschließlich die passiven und konstanten Elemente R, L und C vorhanden, ist der Drehsinn der Ortskurve der komplexen Funktion von ω i.a. rechtsdrehend.

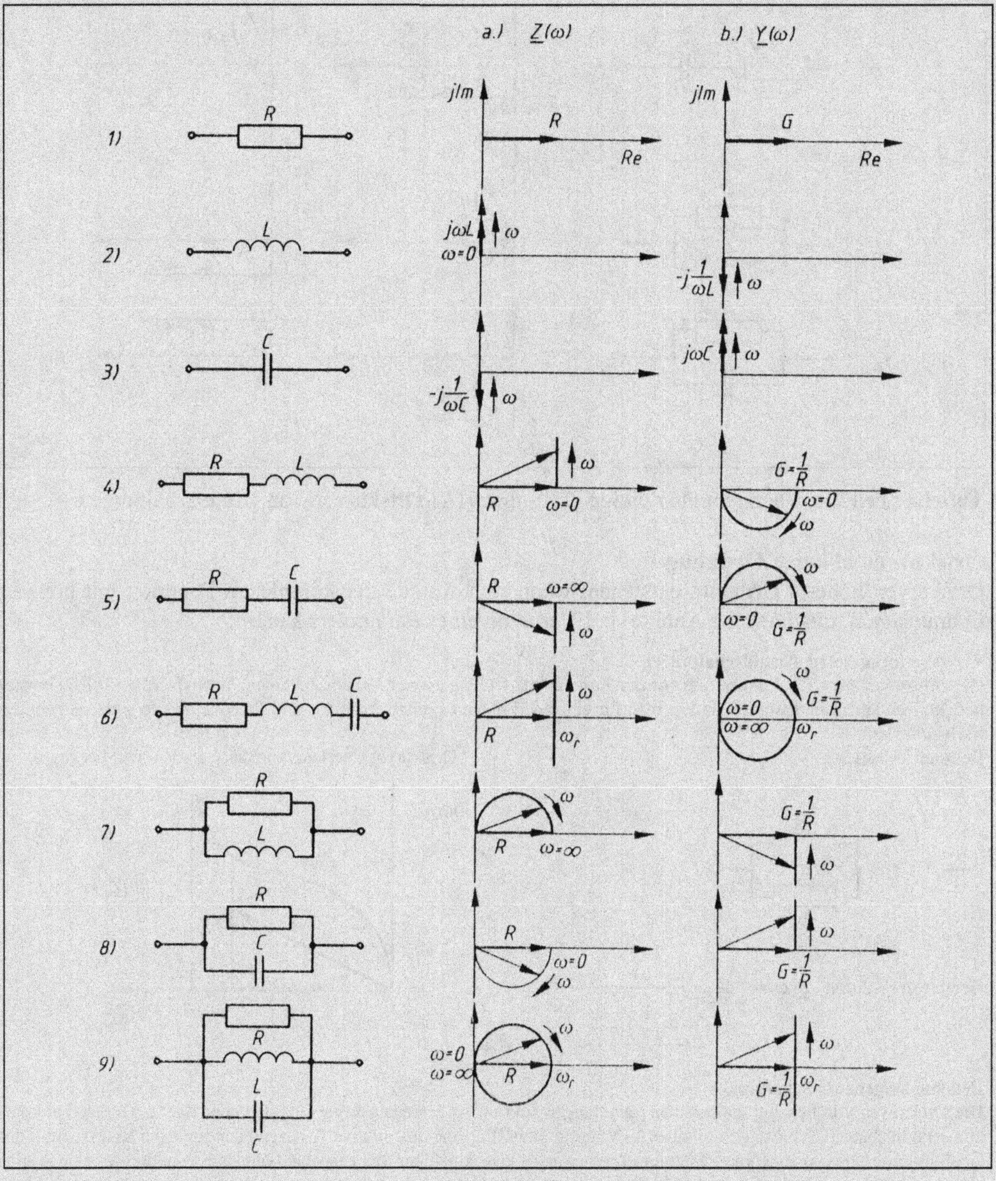

Beachte: Die gleichen Ortskurvenverläufe wie bei $f(\omega)$ ergeben sich bei Variation von L bzw. C!

Tabelle: Übersicht über einige $\underline{Z}(\omega)$- und $\underline{Y}(\omega)$-Ortskurven und Grundschaltungen

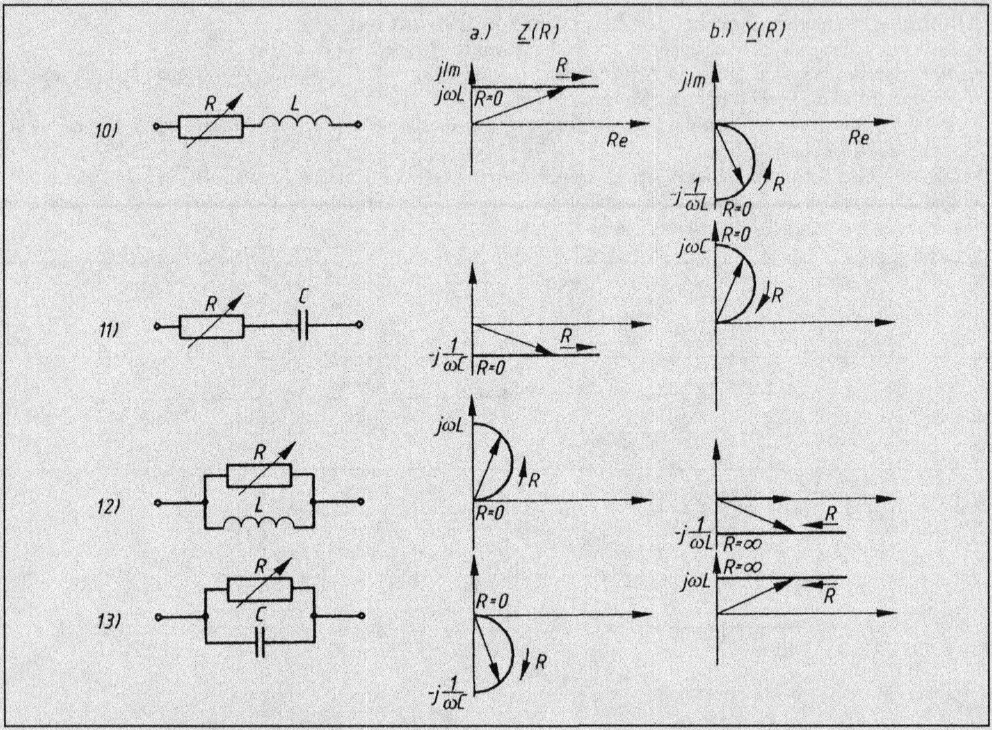

Tabelle (Teil 2): Übersicht über einige $\underline{Z}(R)$- und $\underline{Y}(R)$-Ortskurven von Grundschaltungen

Ortskurven höherer Ordnung

Ortskurven höherer Ordnung entstehen, wenn sich Anteile der komplexen Funktion mit höherer Ordnung (z.B. quadratische Anteile) bei Variation eines Parameters ändern.

- **Zusammengesetzte Grundschaltungen**

Die Ortskurven von Schaltungen, die aus der Zusammenkopplung zweier Grundschaltungen nach Tabelle (Teil 1) entstehen, können konstruiert werden, indem man für einzelne Frequenzpunkte die Real- und Imaginäranteile getrennt geometrisch aufaddiert.

Beispiel: Schaltung:

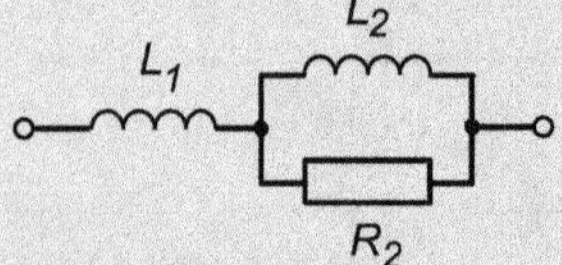

Ortskurve: Überlagerung des Geraden- und Kreistyps

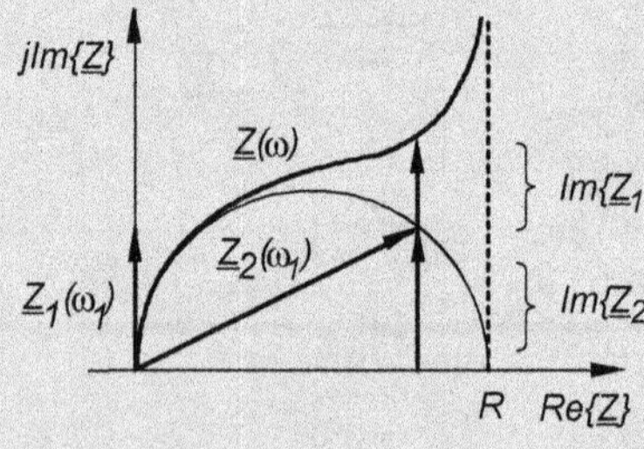

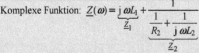

Komplexe Funktion: $\underline{Z}(\omega) = \underbrace{\mathrm{j}\,\omega L_1}_{\underline{Z}_1} + \underbrace{\dfrac{1}{\dfrac{1}{R_2} + \dfrac{1}{\mathrm{j}\,\omega L_2}}}_{\underline{Z}_2}$

Beliebig aufgebaute Schaltungen

Die Ortskurven von beliebig aufgebauten Schaltungen sind im Allgemeinen keine Geraden oder Kreise. Gerade bei kompliziert aufgebauten Schaltungen lohnt es sich häufig nicht, für eine quantitative Aussage eine grafische Konstruktion der Ortskurvenverläufe vorzunehmen. Stattdessen ist es meist zweckmäßiger, die gesuchte komplexe Funktion für eine ausreichende Anzahl von Frequenzpunkten durch ein geeignetes Mathematik- oder Schaltungssimulationsprogramm mit grafischen Darstellungsmöglichkeiten zu bestimmen.

Parametrierung der Ortskurven bei der Inversion

Bei den Ortskurven der Grundschaltungen vom Geradentyp liegt oft eine lineare Parametrierung z.B. eine lineare Frequenzeinteilung vor. Bei der Inversion geht diese lineare Skalierung in eine nichtlineare Skalierung über. Man kann sich nun leicht einen Frequenzmaßstab schaffen, wenn man besonders ausgezeichnete Frequenzen betrachtet, wie z.B. die Frequenz ω_1, bei welcher der Phasenwinkel $\varphi = 45°$ beträgt.

Im nebenstehenden Beispiel hat für die Funktion $\underline{Z} = R + \mathrm{j}\omega L$ Real- und Imaginäranteil den gleichen Betrag (Zeigerlänge), wenn $R = \omega_1 L$ ist.

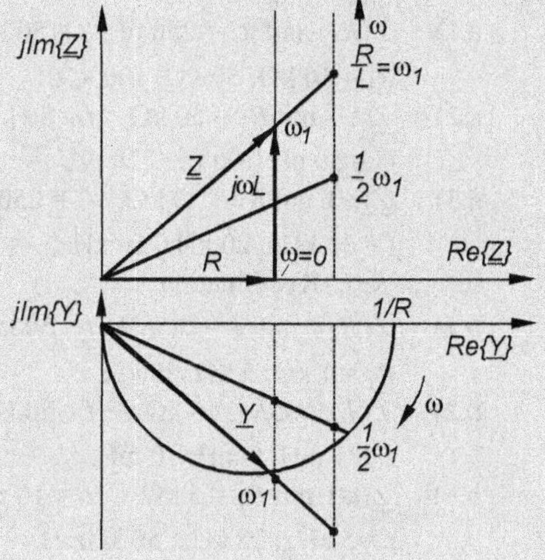

Durch Vervielfachung bzw. Teilung dieser Kreisfrequenz erhält man eine Frequenzskalierung, die man entweder direkt an der $\underline{Z}(\omega)$-Ortskurve oder durch Verlängerung der Zeiger bis zu einer parallelen Geraden anbringen kann.
Da wegen

$$\underline{Z} = Z \cdot \mathrm{e}^{\mathrm{j}\varphi_z} \quad \text{und} \quad \underline{Y} = Y \cdot \mathrm{e}^{\mathrm{j}\varphi_y} = \frac{1}{Z} \cdot \mathrm{e}^{-\mathrm{j}\varphi_z}$$

der Phasenwinkel $\varphi_y = -\varphi_z$ ist, kann man den so konstruierten Frequenzmaßstab nach der Spiegelung an der reellen Achse auch für die $\underline{Y}(\omega)$-Ortskurve benutzen, wenn eine gleiche Maßstabseinteilung der Koordinatenachsen vorliegt. Ist keine gleichartige Achsenskalierung möglich, muss die Funktion normiert werden.
Beispiel: $Z = R + \mathrm{j}\omega L \Rightarrow Z/R = 1 + \mathrm{j}(\omega L/R)$

Lösungsstrategie zur Betrachtung von zusammengesetzten Schaltungen mit mehreren frequenzabhängigen Elementen

Hat eine Schaltung mehrere Elemente, deren Impedanz oder Admittanz sich bei einer Variation der Kreisfrequenz ω mitverändert, kann man die resultierende Ortskurve schrittweise ermitteln:

Schritt 1: Aufteilung der Schaltung in Grundschaltungen entsprechend Tabelle.

Schritt 2: Man kann nun z.B. mit der am weitesten rechts liegenden Grundschaltung beginnen und die dazugehörige Ortskurve ermitteln. Dabei ist zu berücksichtigen: Ist die nächstangrenzende Grundschaltung in Reihe geschaltet, wird die $\underline{Z}(\omega)$-Ortskurve bestimmt; parallel geschaltet, arbeitet man zweckmäßigerweise mit der $\underline{Y}(\omega)$-Ortskurve weiter.

Schritt 3: Ermittlung der Ortskurve der angrenzenden Grundschaltung unter Berücksichtigung von Schritt 2.

Schritt 4: Überlagerung der Ortskurven der Ausgangs- und der angrenzenden Teilschaltung durch geometrische Addition. Dies hat meistens punktweise für jede betrachtete Frequenz zu erfolgen.

Schritt 5: Betrachtung der nächstangrenzenden Grundschaltung, wiederum unter Berücksichtigung von Schritt 2. Dazu sind gegebenenfalls die ermittelten Ortskurven zu invertieren, wobei man die Abbildungseigenschaften bei der Inversion benutzen kann.

Wiederholung der Schritte 3 bis 5 bis alle Teilschaltungen berücksichtigt sind.

36.1 Aufgaben

➊ **36.1:** Für die beiden skizzierten Serienschaltungen sind die $\underline{Z}$-Ortskurven für jeweils 3 Werte zu berechnen und grafisch darzustellen.

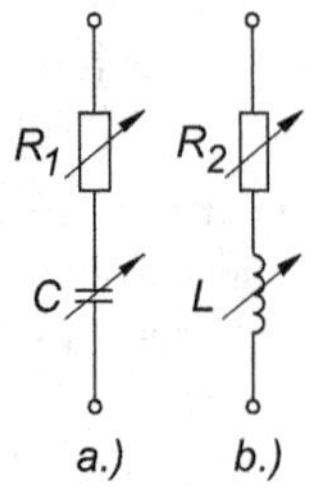

a) $R_1 C$ -Kombination:

a.1) $\underline{Z}(R_1)$ mit $C = 250$ pF, $f = 50$ kHz und variablem Widerstand $R_1 = 10$ kΩ; 50 kΩ; 100 kΩ.

a.2) $\underline{Z}(C)$ mit $R_1 = 50$ kΩ, $f = 50$ kHz und variabler Kapazität $C = 50$ pF; 100 pF; 250 pF.

a.3) $\underline{Z}(\omega)$ mit $R_1 = 50$ kΩ, $C = 250$ pF und variabler Frequenz $f = 10$ kHz; 20 kHz, 50 kHz.

b) $R_2 L$ -Kombination:

b.1) $\underline{Z}(R_2)$ mit $L = 10$ mH, $f = 50$ kHz und variablem Widerstand $R_2 = 1$ kΩ; 5 kΩ, 10 kΩ.

b.2) $\underline{Z}(L)$ mit $R_2 = 5$ kΩ, $f = 50$ kHz und variabler Induktivität $L = 1$ mH, 5 mH; 10 mH.

b.3) $\underline{Z}(\omega)$ mit $R_2 = 5$ kΩ, $L = 10$ mH und variabler Frequenz $f = 5$ kHz; 25 kHz; 50 kHz.

➊ **36.2:** In Weiterführung der Aufgabe 36.1:

a) Zeichnen Sie die invertierten Ortskurven. Überlegen Sie sich zuerst den prinzipiellen Verlauf und benutzen Sie dann einige Zahlenwerte aus der zugehörigen Lösung zu 36.1 für die Bestimmung von Ortskurvenpunkten.

b) Parametrieren Sie die $\underline{Y}(\omega)$-Ortskurve der RL-Reihenschaltung für einige Vielfache und Teile der Kreisfrequenz ω_1, bei der der Phasenwinkel $\varphi_{Z_1} = 45°$ ist.

➋ **36.3:** Eine R_1C-Parallelschaltung liegt mit einem komplexen Widerstand $\underline{Z}_2$ in Reihe.

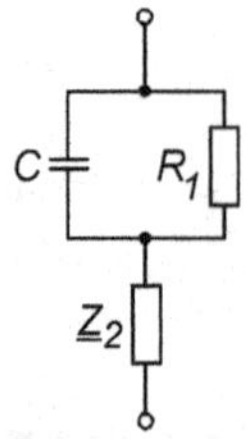

a) Skizzieren Sie den prinzipiellen Verlauf der $\underline{Z}(\omega)$-Ortskurve, wobei vereinfachend $\underline{Z}_2 = R_2$ sein soll.

b) Welchen Verlauf hat die $\underline{Y}(\omega)$-Ortskurve?

Diskutieren Sie in beiden Fällen auch die Frequenzpunkte $\omega = 0$ und $\omega = \infty$.

➋ **36.4** Entwickeln Sie für die Parallelschaltung der RL-Grundschaltung mit dem komplexen Widerstand $\underline{Z}_2$ die $\underline{Y}(\omega)$-Ortskurve. Vereinfachend soll hier $\underline{Z}_2 = R_2$ sein.

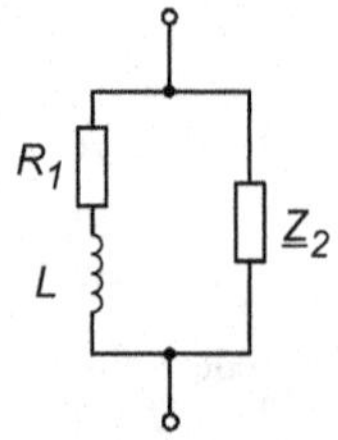

Zeigen Sie, dass der Phasenverschiebungswinkel φ_y immer $\leq 90°$ sein muss. Wodurch wird φ_y geometrisch bestimmt?

❷ **36.5:** Vorgegeben ist die rechts skizzierte Schaltung.

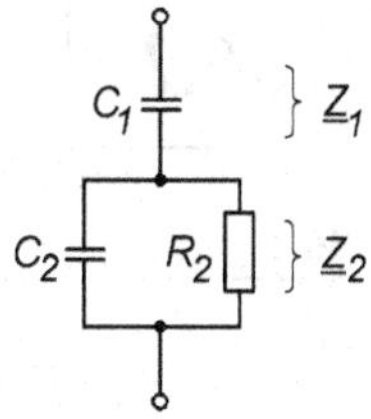

a) Geben Sie in allgemeiner Form den prinzipiellen Verlauf der $\underline{Z}(\omega)$-Ortskurve der Gesamtschaltung an.

b) Berechnen Sie für die Bauelementwerte $C_1 = 100$ nF, $R_2 = 1$ kΩ und $C_2 = 10$ nF die Ortskurvenwerte von $\underline{Z}_1$ und $\underline{Z}_2$ bei den Frequenzen $f = 0; 1; 2; 5; 10; 20; 50$ kHz.
Ermitteln Sie anschließend die $\underline{Z}(\omega)$-Ortskurve durch geometrische Addition.

c) Welche Auswirkung hat eine Vergrößerung von C_1 auf den $\underline{Z}(\omega)$-Ortskurvenverlauf?

d) Lesen Sie aus Ihrer Zeichnung den minimalen Phasenwinkel φ_z ab.

❷ **36.6:** In Weiterführung zu Aufgabe 36.5:

a) Bestimmen Sie die $\underline{Y}(\omega)$-Ortskurve der gegebenen $\underline{Z}(\omega)$-Funktion.

b) Lesen Sie aus Ihrer Zeichnung den minimalen Phasenwinkel φ_y ab und vergleichen Sie ihn mit der Lösung aus Aufgabe 36.5.

❷❸ **36.7:** Gegeben ist die Parallelschaltung zweier Reihenschaltungen:

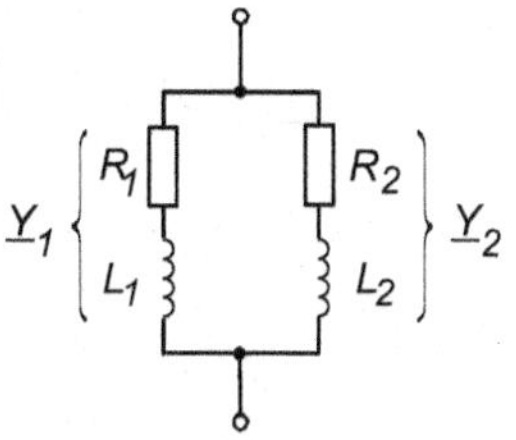

a) Diskutieren Sie den prinzipiellen $\underline{Y}(\omega)$-Ortskurvenverlauf der Gesamtschaltung.

b) Berechnen Sie die Werte der $\underline{Y}(\omega)$-Ortskurve bei den Bauelementwerten $R_1 = 1\ \Omega$, $L_1 = 10$ mH, $R_2 = 5\ \Omega$, $L_2 = 100$ mH und den Frequenzen $f = 0; 4; 6; 10; 20; 50$ Hz.
Anleitung: Berechnen Sie zuerst die $\underline{Y}_1$- und $\underline{Y}_2$-Werte und fügen Sie dann die Ergebnisse zusammen.

c) Wie verändert sich der $\underline{Y}(\omega)$-Ortskurvenverlauf bei Vergrößerung der Induktivität L_2?

❷❸ **36.8:** Vorgegeben ist die rechts abgebildete Schaltung.
Gesucht:

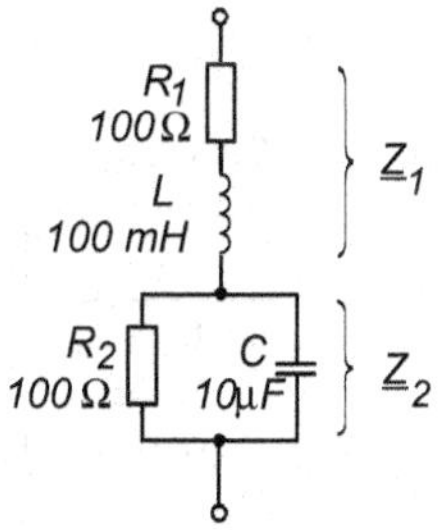

a) $\underline{Z}(\omega)$-Ortskurve für $0 < \omega < \infty$.
Koordinateneinteilung: z.B. 1 cm = 45 Ω

b) Bei welcher Kreisfrequenz ω_{φ_z} wird der Phasenverschiebungswinkel $\varphi_z = 45°$ erreicht?

Lösungshinweis:
Betrachten Sie zuerst die Teilschaltungen mit $\underline{Z}_1$ und $\underline{Z}_2$ und die zugehörigen Frequenzskalen.
Überlagern Sie anschließend die Ortskurven für die Kreisfrequenzpunkte $\omega = 400; 800; 1200; 1600$ und $2000\ \text{s}^{-1}$.
Überprüfen Sie Ihre Lösung durch Betrachten der Kreisfrequenzpunkte $\omega = 0$ und $\omega = \infty$.

36.2 Lösungen

36.1

a) $\underline{Z} = R_1 - \mathrm{j}\frac{1}{\omega C}$

Maßstab für a): 40 kΩ ≙ 1 cm

a.1) $\underline{Z}(\omega)$-Ortskurve: $\mathrm{Jm}\{\underline{Z}\} = \text{const}$

R_1	$-\mathrm{Jm}\{\underline{Z}\}$
10 kΩ	12,73 kΩ
50 kΩ	12,73 kΩ
100 kΩ	12,73 kΩ

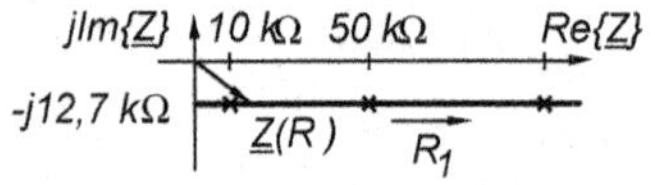

a.2) $\underline{Z}(C)$-Ortskurve: $\mathrm{Re}\{\underline{Z}\} = \text{const} = R_1$

C	$-\mathrm{Jm}\{\underline{Z}\}$
50 pF	63,66 kΩ
100 pF	31,83 kΩ
250 pF	12,73 kΩ

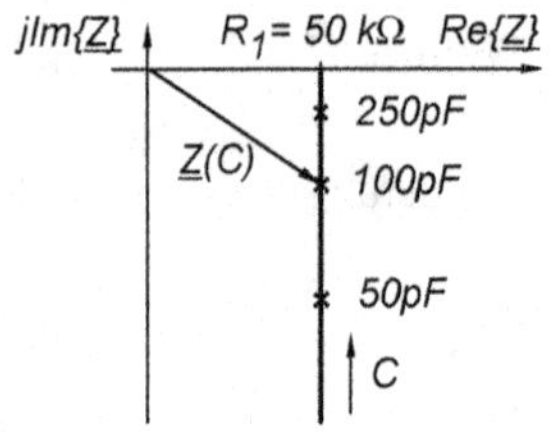

a.3) $\underline{Z}(\omega)$-Ortskurve: $\mathrm{Re}\{\underline{Z}\} = \text{const} = R_1$

f	ω	$-\mathrm{Jm}\{\underline{Z}\}$
10 kHz	62832 s^{-1}	63,66 kΩ
20 kHz	125664 s^{-1}	31,83 kΩ
50 kHz	314160 s^{-1}	12,73 kΩ

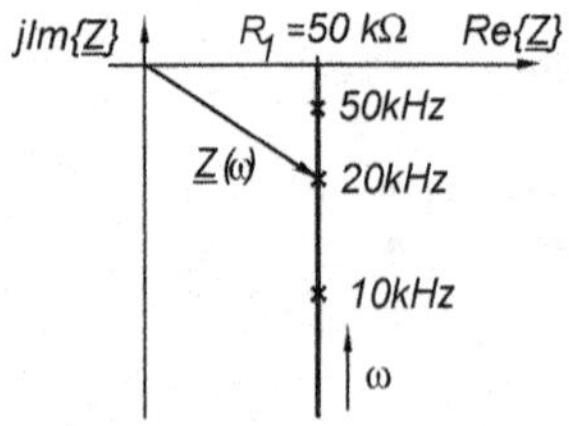

b) $\underline{Z} = R_2 + \mathrm{j}\omega L$

Maßstab für b): 4 kΩ ≙ 1 cm

b.1) $\underline{Z}(R)$ -Ortskurve: $\mathrm{Jm}\{\underline{Z}\} = \text{const}$

R_2	$+\mathrm{Jm}\{\underline{Z}\}$
1 kΩ	3,14 kΩ
5 kΩ	3,14 kΩ
10 kΩ	3,14 kΩ

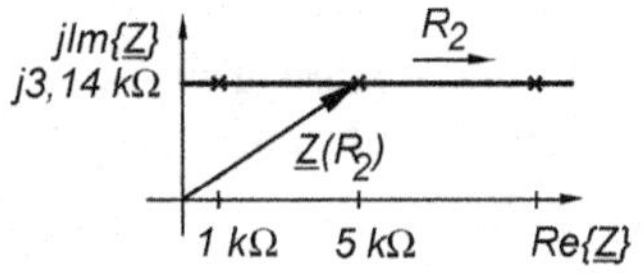

b.2) $\underline{Z}(L)$-Ortskurve: $\mathrm{Re}\{\underline{Z}\} = \text{const} = R_2$

L	$+\mathrm{Jm}\{\underline{Z}\}$
1 mH	314 Ω
5 mH	1570 Ω
10 mH	3140 Ω

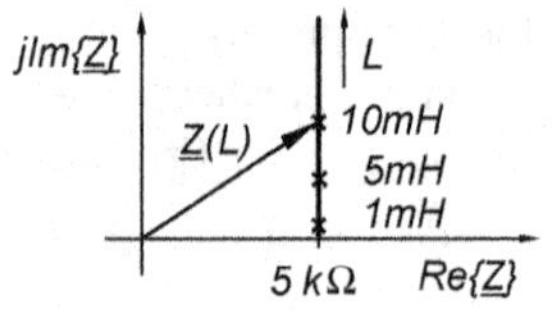

b.3) $\underline{Z}(\omega)$-Ortskurve: $\mathrm{Re}\{\underline{Z}\} = \text{const} = R_2$

f	ω	$+\mathrm{Jm}\{\underline{Z}\}$
5 kHz	31416 s^{-1}	314 Ω
25 kHz	157000 s^{-1}	1570 Ω
50 kHz	314160 s^{-1}	3140 Ω

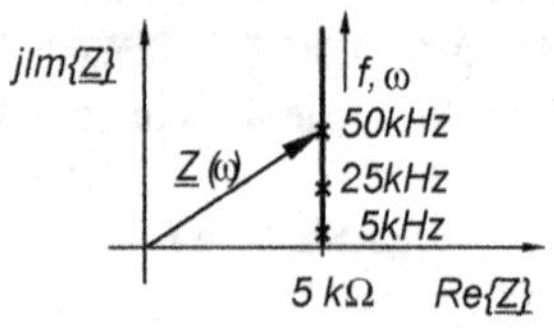

36.2

a) Da die Ortskurven der Lösungen zu 36.1 alle Geraden sind, die nicht durch den Nullpunkt gehen, müssen bei der Inversion (Teil-)Kreise entstehen, die den Nullpunkt berühren. Weiterhin lässt sich feststellen, dass die Halbgeraden, die parallel zu den Koordinatenachsen verlaufen, bei der Inversion in Halbkreise übergehen, deren Mittelpunkt auf der Koordinatenachse liegt, auf der die Halbgerade senkrecht steht. Dabei verlaufen alle Halbkreise im gegenüberliegenden Quadranten.

Zahlenwerte und Ortskurven:
Maßstab für 36.1a.1)...a.3): $20\ \mu S = 1\ cm$

Fall 36.1a.1)

$\mathrm{Im}\{\underline{Z}\} = 12{,}73\ k\Omega \Rightarrow$ Durchmesser der $\underline{Y}(C)$-Ortskurve:

$$\omega C = \frac{1}{12{,}73\ k\Omega} = 78{,}5\ \mu S$$

Die Ortskurve verläuft im 1. Quadranten und steht senkrecht auf der imaginären Achse.

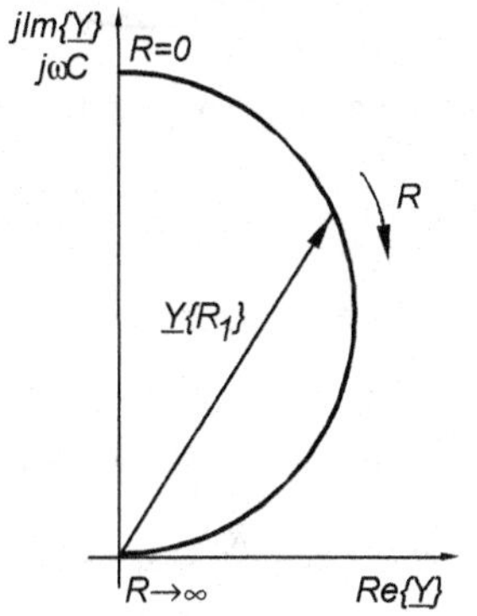

Fall 36.1a.2)

$R_1 = 50\ k\Omega \Rightarrow$ Durchmesser der $\underline{Y}(C)$ -Ortskurve:

$$G_1 = \frac{1}{R_1} = \frac{1}{50\ k\Omega} = 20\ \mu S$$

Die Ortskurve verläuft im 1. Quadranten und steht senkrecht auf der reellen Achse.

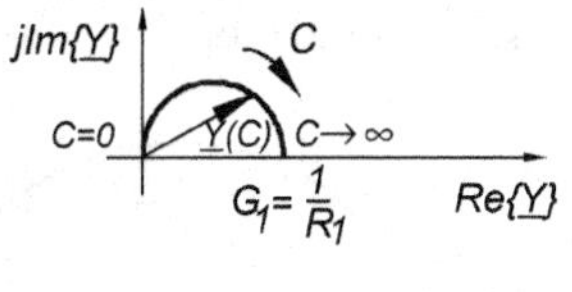

Fall 36.1a.3)

$R_1 = 50\ k\Omega \Rightarrow$ Durchmesser der $\underline{Y}(\omega)$ -Ortskurve:

$$G_1 = \frac{1}{R_1} = \frac{1}{50\ k\Omega} = 20\ \mu S \quad \text{(wie im Fall a.2)}$$

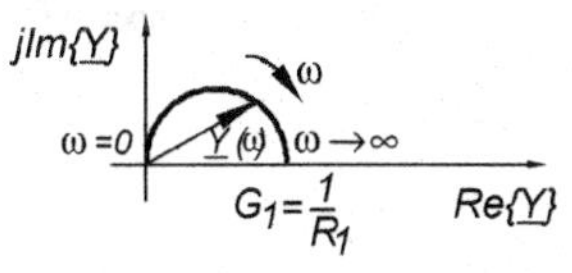

Maßstab für 36.1b.1)...b.3): $100\ \mu S = 1\ cm$

Fall 36.1b.1)

$\mathrm{Im}\{\underline{Z}\} = 3{,}14\ k\Omega \Rightarrow$ Durchmesser der $\underline{Y}(R_2)$ -Ortskurve:

$$\frac{1}{\omega L} = \frac{1}{3{,}14\ k\Omega} = 318{,}3\ \mu S$$

Die Ortskurve verläuft im 4. Quadranten und steht senkrecht auf der imaginären Achse.

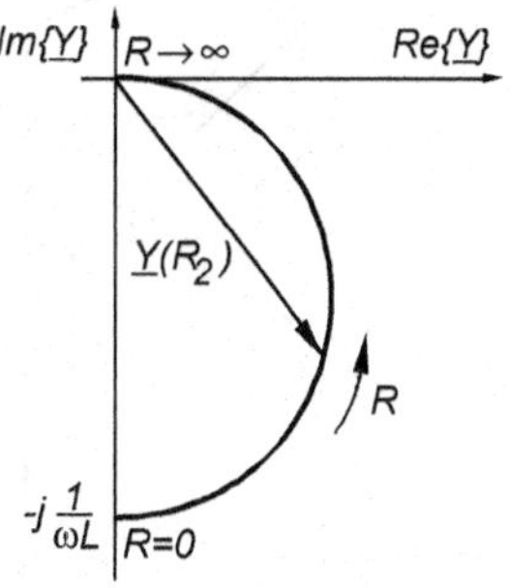

Fall 36.1b.2)

$R_2 = 5\ k\Omega \Rightarrow$ Durchmesser der $\underline{Y}(L)$ -Ortskurve:

$$G_2 = \frac{1}{R_2} = \frac{1}{5\ k\Omega} = 200\ \mu S$$

Die Ortskurve verläuft im 4. Quadranten und steht senkrecht auf der reellen Achse.

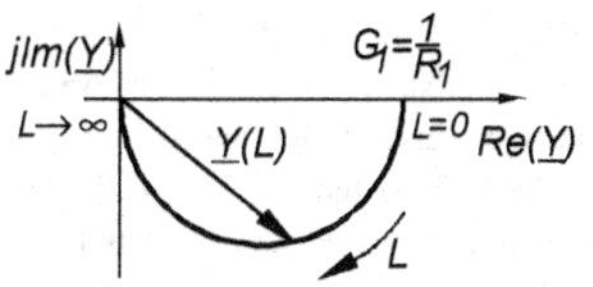

Fall 36.1b.3)

$R_2 = 5\ k\Omega \Rightarrow$ Durchmesser der $\underline{Y}(\omega)$ -Ortskurve:

$$G_2 = \frac{1}{R_2} = \frac{1}{5\ k\Omega} = 200\ \mu S \quad \text{(Verlauf wie im Fall a.2)}$$

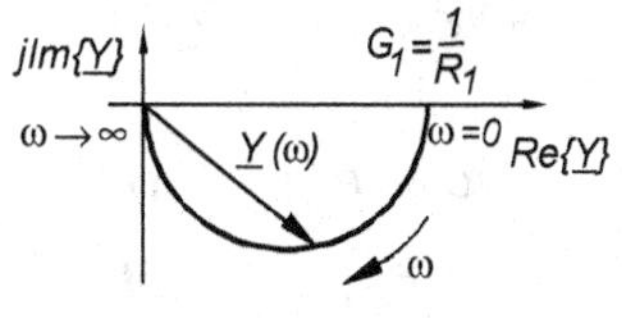

b) Wie man an einigen Zahlenbeispielen leicht nachprüfen kann, ist bei diesen Ortskurven vom Kreistyp die Skalierung nichtlinear. Dies kann man auch z.B. mit der $\underline{Y}(\omega)$-Ortskurve im Fall b.3) ($\underline{Z} = R + j\omega L$) zeigen:
Betrachtet man die Kreisfrequenz ω_1, für die Real- und Imaginäranteil gleich sind, also $\omega_1 = R/L$, ist der Phasenwinkel $\varphi_z = 45° = -\varphi_y$. Zeichnet man nun eine Gerade durch den Ursprung mit $\varphi_y = -45°$ so, dass sie eine (beliebige) senkrechte Gerade auf der reellen Achse schneidet, kann man die Senkrechte linear unterteilen.

Konstruktionslösung:

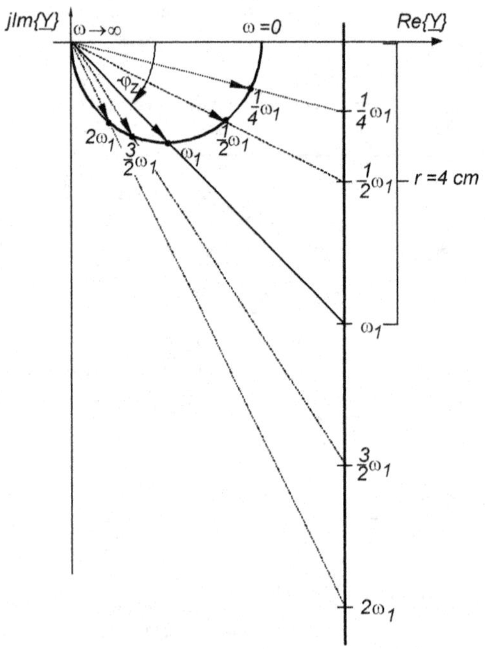

Jede Verbindung vom Ursprung zur skalierten Geraden liefert mit dem Schnittpunkt am Halbkreis den zugehörigen Frequenzpunkt für die $\underline{Y}(\omega)$-Ortskurve.

Zweckmäßigerweise wählt man den Abstand der Geraden von der imaginären Achse so, dass der Frequenzpunkt ω_1 gerade einen Abstand r besitzt, der einem ganzzahligen Wert in „cm" entspricht (hier z.B. r = 4 cm).

Man erkennt die ungleichmäßige Teilung entlang des Halbkreisbogens.

36.3

a) Da eine Reihenschaltung von R_1C mit $\underline{Z}_2$ vorliegt, beginnt man zweckmäßigerweise mit den $\underline{Z}(\omega)$-Ortskurven der beiden Reihenelemente $\underline{Z}_1$ und $\underline{Z}_2$.

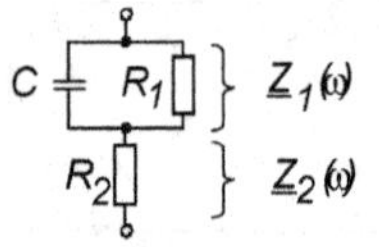

Der konstante komplexe Widerstand $\underline{Z}_2(\omega)$ ist hier ein reeller Widerstand R_2, dessen Ortskurve $\underline{Z}_2(\omega)$ als eine Gerade in der reellen Achse liegt. Die $\underline{Z}_1(\omega)$-Ortskurve der R_1C-Parallelschaltung hat die Form eines Halbkreises im 4. Quadranten und den Durchmesser R_1. Also ergibt sich die resultierende $\underline{Z}(\omega)$-Ortskurve aus der Verschiebung der $\underline{Z}_1(\omega)$-Ortskurve um R_2 auf der reellen Achse.

Einzelortskurven $\underline{Z}_1(\omega)$ und $\underline{Z}_2(\omega)$:

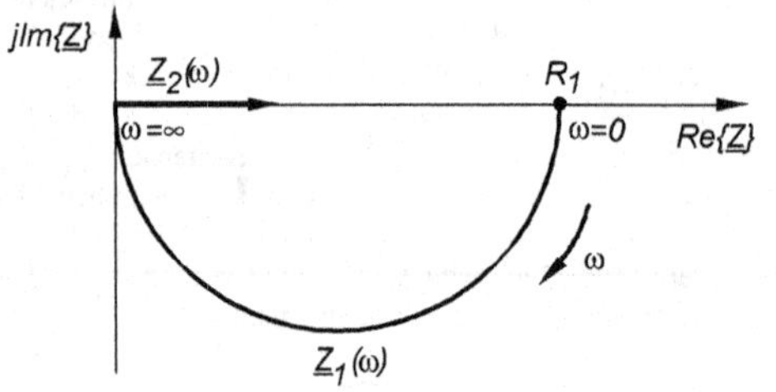

Resultierende $\underline{Z}(\omega)$-Ortskurve:

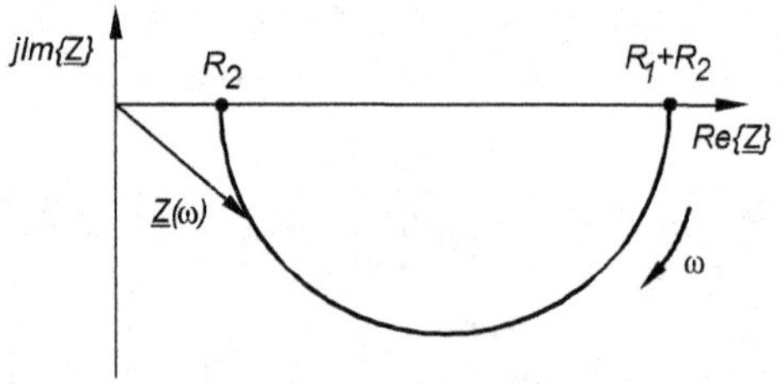

Betrachtung der beiden ausgezeichneten Frequenzpunkte:
Formal gilt:

$$\underline{Y}_1 = \frac{1}{R_1} + \mathrm{j}\omega C_1 \quad \Rightarrow$$

$$\underline{Z}_1 = \frac{1}{\frac{1}{R_1} + \mathrm{j}\omega C_1} = \frac{R_1}{1 + \mathrm{j}\omega R_1 C_1} \qquad \text{und} \qquad \underline{Z}_2 = R_2$$

$$\underline{Z} = \underline{Z}_1 + \underline{Z}_2 = R_2 + \frac{R_1}{1 + \mathrm{j}\omega R_1 C_1} \quad \Rightarrow$$

$$\omega = 0: \quad \underline{Z}(\omega) = R_2 + \frac{R_1}{1+0} = R_1 + R_2$$

$$\omega \to \infty: \quad \underline{Z}(\omega) = R_2 + 0 = R_2$$

b) Entsprechend den Übersichtsblättern ist bekannt, dass die Inversion eines (Halb-)Kreises, der nicht durch den Nullpunkt geht, wiederum einen (Halb-)Kreis ergibt, der nicht durch den Nullpunkt geht. Außerdem sind die negativ imaginären Ortskurvenwerte um die reelle Achse zu spiegeln. Berücksichtigt man die übrigen Abbildungseigenschaften bei der Inversion von Ortskurven (rechtsdrehend etc.), lässt sich nun leicht der prinzipielle Verlauf der $\underline{Y}(\omega)$-Ortskurve skizzieren:

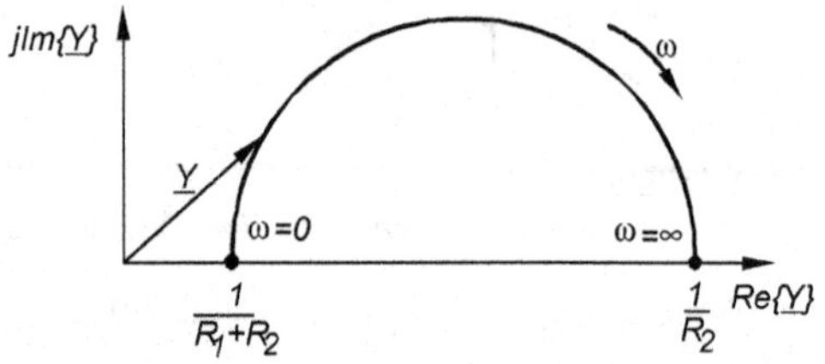

Betrachtung der beiden ausgezeichneten Frequenzpunkte:

$$\omega = 0: \quad \underline{Y}(\omega) = \frac{1}{R_1 + R_2}$$

$$\omega \to \infty: \quad \underline{Y}(\omega) = \frac{1}{R_2}$$

36.4

Die $\underline{Y}(\omega)$-Ortskurve der RL-Reihenschaltung ist ein Halbkreis mit dem Durchmesser $1/R_1$ und liegt im 4. Quadranten.
Durch Parallelschaltung von R_2 entsteht somit als $\underline{Y}(\omega)$-Ortskurve der Gesamtschaltung ein Halbkreis, der um $G_2 = 1/R_2$ verschoben ist.
Der Winkel φ_y wird geometrisch durch den Kreisradius $1/R_1$ und den Abstand $1/R_2$ auf der Abzisse bestimmt. Man erkennt:
Bei endlichem Wert von R_2 muss φ_y also immer $\leq 90°$ sein.

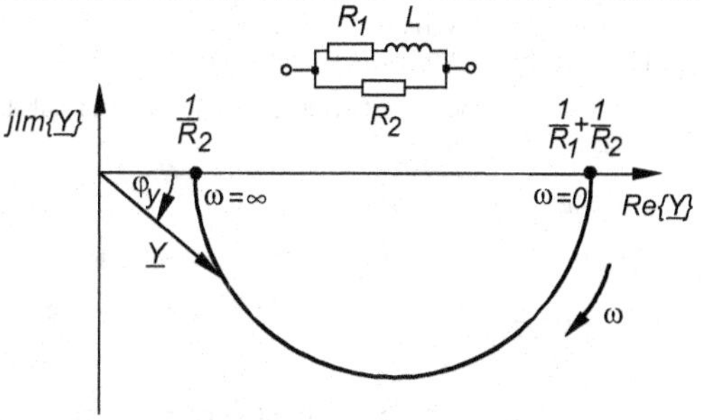

36.5

a) Aus der Ortskurventabelle der Übersicht ist zu entnehmen, dass die $\underline{Z}_1(\omega)$ -Ortskurve eine Gerade in der negativ imaginären Achse und die $\underline{Z}_2(\omega)$ -Ortskurve ein Halbkreis im 4. Quadranten mit dem Durchmesser R_2 ist.
Mit $\underline{Z}(\omega) = \underline{Z}_1(\omega) + \underline{Z}_2(\omega)$ folgt:

$$\underline{Z} = -\mathrm{j}\frac{1}{\omega C_1} + \frac{R_2 \cdot \frac{1}{\mathrm{j}\omega C_2}}{R_2 + \frac{1}{\mathrm{j}\omega C_2}}$$

$$\underline{Z} = \underbrace{-\mathrm{j}\frac{1}{\omega C_1}}_{\underline{Z}_1} + \underbrace{\frac{\frac{1}{R_2} - \mathrm{j}\omega C_2}{(\frac{1}{R_2})^2 + (\omega C_2)^2}}_{\underline{Z}_2}$$

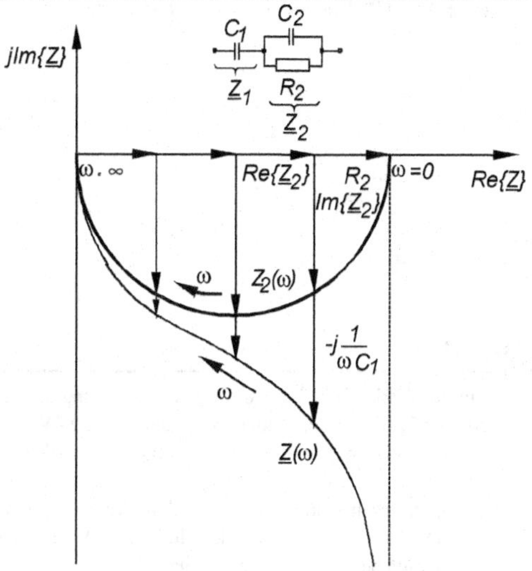

b) Zahlenwerte: $C_1 = 100$ nF, $R_2 = 1$ kΩ, $C_2 = 10$ nF

f / kHz	$\underline{Z}_1/\Omega$ $\frac{1}{\omega C_1}$	$\mathrm{Jm}\{\underline{Z}_2\}/\Omega$ $\frac{\omega C_2}{(\frac{1}{R_2})^2 + (\omega C_2)^2}$	$\mathrm{Re}\{\underline{Z}_2\}/\Omega$ $\frac{\frac{1}{R_2}}{(\frac{1}{R_2})^2 + (\omega C_2)^2}$	$\mathrm{Jm}\{\underline{Z}\}/\Omega$
0	$\to \infty$	$\to \infty$	1000	$\to -\infty$
1	−1591	−63	996	−1654
2	−796	−124	985	−920
5	−318	−286	910	−604
10	−159	−451	717	−610
20	−79	−487	388	−566
50	−32	−289	92	−321
100	−16	−155	25	−171

c) Man erkennt, dass bei einer Vergrößerung des Wertes von C_1 der Sattelpunkt der $\underline{Z}_2(\omega)$-Ortskurve sich näher an die reelle Achse verlagert. Umgekehrt wird bei einer Verkleinerung von C_1 die Ortskurve „glatter".

Für $\omega \to \infty$ mündet die Ortskurve $\underline{Z}(\omega)$ senkrecht auf der Abzissenachse ein

$$\varphi = -\frac{\pi}{2},$$

für $\omega \to 0$ nähert sich der Phasenwinkel ebenfalls

$$\varphi = -\frac{\pi}{2}.$$

d) Man kann nun leicht den minimalen Phasenwinkel $\varphi_{z\,min}$ zwischen Spannung und Strom aus dem Diagramm für die angegebenen Zahlenwerte entnehmen. Er beträgt: $\varphi_{z\,min} \approx -34°$ bei einer Frequenz $f \approx 5$ kHz .

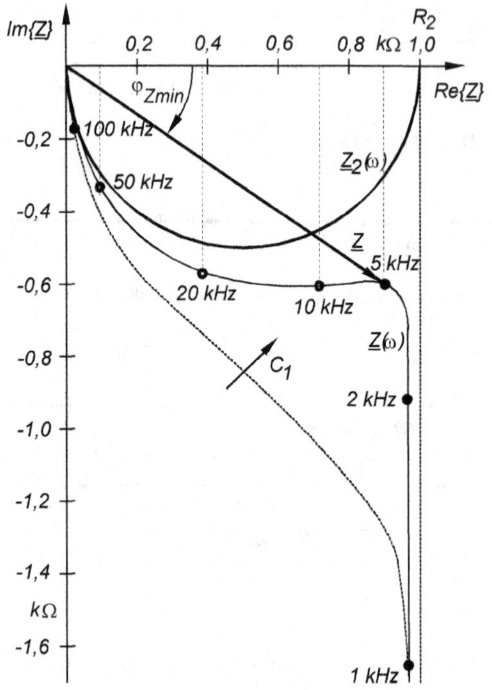

36.6

a) Um den Verlauf der Leitwertes $\underline{Y}$ der Schaltung als Funktion der Frequenz anzugeben, müsste man die $\underline{Y}$-Werte aus einem recht komplizierten mathematischen Ausdruck ermitteln.

Einfacher erhält man ein Ergebnis durch die Inversion der $\underline{Z}(\omega)$-Ortskurve. Hierzu werden folgende Abbildungseigenschaften bei der Inversion benutzt:

1. Die Beträge der Schnittwinkel der Ausgangs- und der invertierten Ortskurve mit den Koordinatenachsen sind gleich.
2. Die Zeigerlängen der Ausgangs-Ortskurve sind in die entsprechenden Zeigerlängen der invertierten Ortskurve unter Berücksichtigung der festgelegten Koordinaten-Maßstäbe umzurechnen.
3. Da $\underline{Y} = Y \cdot e^{j\varphi_y} = \dfrac{1}{Z \cdot e^{j\varphi_z}} = \dfrac{1}{Z} \cdot e^{-j\varphi_z}$, folgt:

   Beispiel für $f \approx 5$ kHz : $\underline{Z}$-Ortskurve der Lösung von Aufgabe 26.5 (s. Seite oben) hat:
   - Phasenwinkel $\varphi_z = -34°$,
   - Widerstandsbetrag $Z = 1{,}08\ \text{k}\Omega \mathrel{\hat{=}} 5{,}4$ cm bei Maßstab $1\ \text{cm} \mathrel{\hat{=}} 0{,}2\ \text{k}\Omega$.

   Für den zugehörigen Leitwert-Zeiger $\underline{Y}$ gilt dann:
   - Phasenwinkel $\varphi_y = +34°$,
   - Leitwertbetrag $Y = \dfrac{1}{Z} = \dfrac{1'}{1{,}08\ \text{k}\Omega} = 0{,}91\ \text{mS} \mathrel{\hat{=}} 4{,}55$ cm

     bei Maßstab $1\ \text{cm} \mathrel{\hat{=}} 0{,}2$ mS .

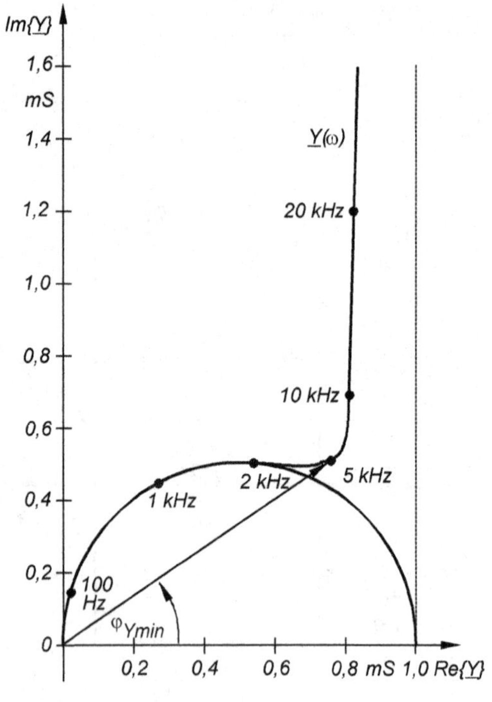

b) Der minimale Phasenwinkel ist $\varphi_{y\,min} = -\varphi_{z\,min} \approx +34°$ und wird bei einer Frequenz $f \approx 5$ kHz erreicht. Bei dieser Frequenz hat der Leitwert den Betrag $Y \approx 0{,}91$ mS.

36.7

a) Da hier eine Parallelschaltung zweier Reihenschaltungen vorliegt, ist es zweckmäßig, die $\underline{Y}(\omega)$-Ortskurve zu betrachten.

Die Ortskurven der beiden RL-Serienschaltungen sind Halbkreise mit dem Durchmesser $1/R$ im 4. Quadranten. Lässt man den Einfluss von L_1 außer Betracht, ist die Ortskurve der R_2L_2-Reihenschaltung ein Halbkreis, der auf der reellen Achse um $G_1 = 1/R_1$ verschoben ist.

Die resultierende Ortskurve $\underline{Y}(\omega)$ entsteht aus der geometrischen Addition der beiden Ortskurvenwerte für jeden einzelnen Frequenzpunkt, also:

$$\underline{Y}(\omega) = \underline{Y}_1(\omega) + \underline{Y}_2(\omega)$$

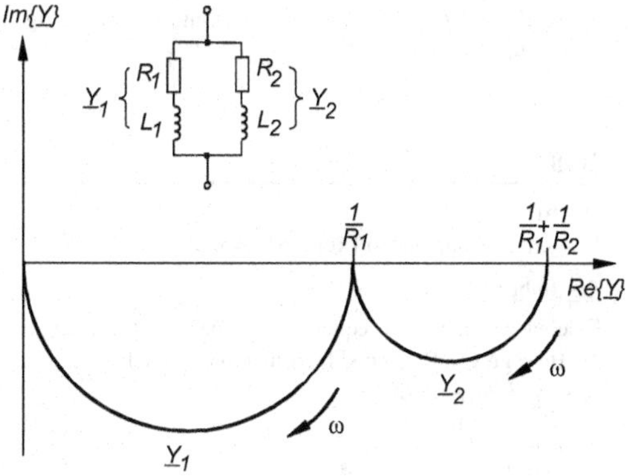

Damit wird die resultierende Ortskurve einen Verlauf haben, der, in Abhängigkeit von den Bauelementen, näherungsweise der Kurvenform der beiden Ausgangsortskurven entspricht.

Im Allgemeinen ist $R_1 \neq R_2$ und $L_1 \neq L_2$, sodass die unterschiedliche Kurvenparametrierungen als Funktion der Frequenz f zu beachten sind.

Ermittlung der Admittanz $\underline{Y}$: Aus $\underline{Z}_1 = R_1 + \mathrm{j}\omega L_1$ und $\underline{Z}_2 = R_2 + \mathrm{j}\omega L_2$ folgt:

$$\underline{Y}_1 = \frac{1}{R_1 + \mathrm{j}\omega L_1} = \frac{R_1 - \mathrm{j}\omega L_1}{R_1^2 + (\omega L_1)^2}, \quad \underline{Y}_2 = \frac{1}{R_2 + \mathrm{j}\omega L_2} = \frac{R_2 - \mathrm{j}\omega L_2}{R_2^2 + (\omega L_2)^2} \quad \Rightarrow$$

$$\underline{Y}(\omega) = \left[\frac{R_1}{R_1^2 + (\omega L_1)^2} + \frac{R_2}{R_2^2 + (\omega L_2)^2}\right] - \mathrm{j}\left[\frac{\omega L_1}{R_1^2 + (\omega L_1)^2} + \frac{\omega L_2}{R_2^2 + (\omega L_2)^2}\right]$$

b) Bauelementwerte: $R_1 = 1\,\Omega$, $L_1 = 10\,\text{mH}$, $R_2 = 5\,\Omega$, $L_2 = 100\,\text{mH}$

f / Hz	$\mathrm{Re}\{\underline{Y}_1\}$ / S	$\mathrm{Re}\{\underline{Y}_2\}$ / S	$\mathrm{Re}\{\underline{Y}\}$ / S	$\mathrm{Jm}\{\underline{Y}_1\}$ / S	$\mathrm{Jm}\{\underline{Y}_2\}$ / S	$\mathrm{Jm}\{\underline{Y}\}$ / S
0	1,0	0,2	1,2	0	0	0
4	0,94	0,16	1,15	−0,24	−0,08	−0,32
6	0,88	0,13	1,0	−0,33	−0,1	−0,43
10	0,72	0,08	0,8	−0,45	−0,1	−0,55
20	0,39	0,03	0,42	−0,49	−0,07	−0,56
50	0,09	0,005	0,097	−0,29	−0,03	−0,32

Es ist zu erkennen, dass die resultierende Ortskurve $\underline{Y}(\omega)$ nur wenig unterhalb des Kreisbogens mit dem Durchmesser $(1/R_1 + 1/R_2)$ verläuft. Man hätte die Ortskurve $\underline{Y}(\omega)$ also auch direkt näherungsweise aufgrund der Vorüberlegung konstruieren können. Der ideale Kreisbogen wird erreicht, wenn $R_1 = R_2$ und $L_1 = L_2$ wird.

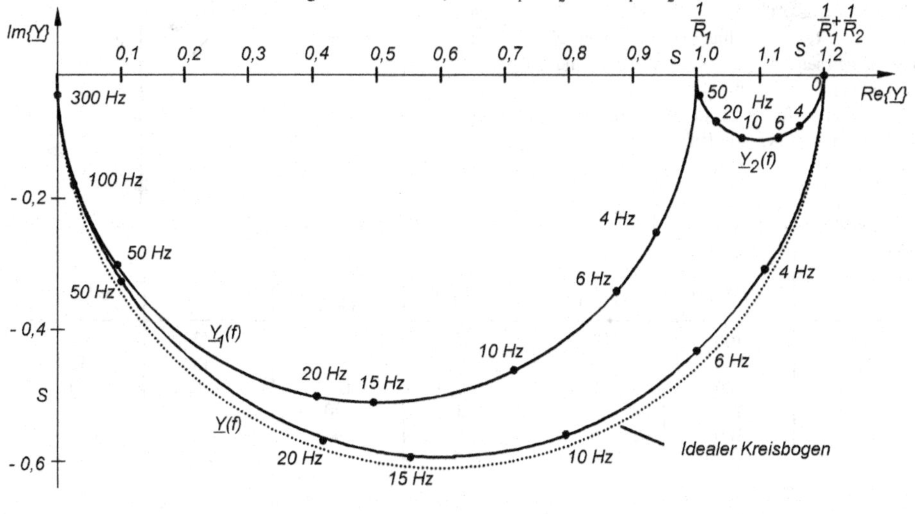

c) Bei starker Vergrößerung von L_2 schmiegt sich die $\underline{Y}(\omega)$-Ortskurve stärker an die $\underline{Y}_2$-Ortskurve an und erhält eine ausgeprägte Einbuchtung.
Das Diagramm zeigt einen gerechneten Ortskurvenverlauf für $L_2 = 2{,}5$ H. Die erwähnte Einbuchtung liegt hier bei $f = 0{,}8$ Hz.

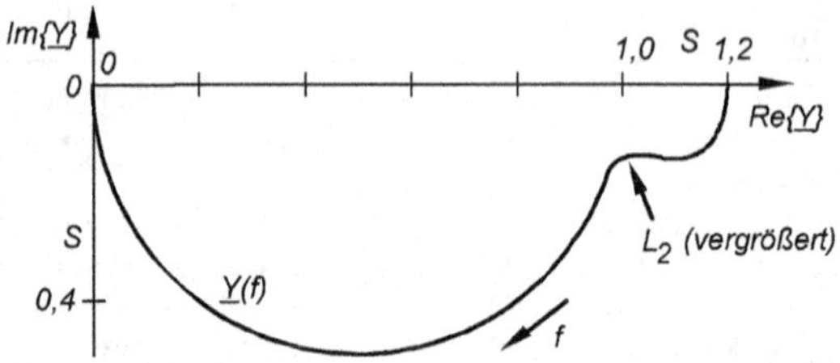

36.8

a) + b)
Vorgehen entsprechend Lösungshinweis: 1 cm = 45 Ω

<u>RL-Reihenschaltung</u>:

Eine ausgezeichnete Frequenz ist die 45°-Frequenz, bei der die Beträge von Real- und Imaginäranteil gleich sind:
Aus $\underline{Z}_1 = R_1 + j\omega_1 L \;\Rightarrow$

$$\omega_1 = \frac{R}{L} = \frac{100\,\Omega}{0{,}1\,\text{H}} = 1000\,\text{s}^{-1}$$

<u>RC-Parallelschaltung</u>:

Aus $\underline{Y}_2 = \dfrac{1}{R_2} + j\omega_2 C$ folgt für die 45°-Frequenz:

$$\omega_2 = \frac{1}{R_2 C} = \frac{1}{100\,\Omega \cdot 10\,\mu\text{F}} = 1000\,\text{s}^{-1}$$

Also $\omega_1 = \omega_2$.

Die $\underline{Y}_2$-Ortskurve wird anschließend mit den Inversionsregeln in die $\underline{Z}_2$-Ortskurve überführt:

Durchmesser:

$R_2 = \dfrac{1}{G_2}$ und Spiegelung an der reellen Achse.

<u>Zur Skalierung</u>:

Vielfache bzw. Teile der Geradenabschnitte bilden und mit Frequenzwerten versehen (lineare Teilung!).
Bei der $\underline{Z}_2(\omega)$-Ortskurve:
Verbindung vom Achsenkreuz zur Frequenzgeraden (mit linearer Teilung!) liefert Schnittpunkt an $\underline{Z}_2(\omega)$-Ortskurve (mit nichtlinearer Teilung!).

<u>Grafischer Lösungsweg</u>:

Nun könnten Real- und Imaginäranteil von $\underline{Z}_1(\omega)$ und $\underline{Z}_2(\omega)$ abgelesen und getrennt nach Real- und Imaginäranteil aufaddiert werden. (Hier besonders einfach, da gleiche Maßstäbe für $\underline{Z}_1$ und $\underline{Z}_2$ vorliegen, sodass nur noch die Längen addiert werden müßten.)

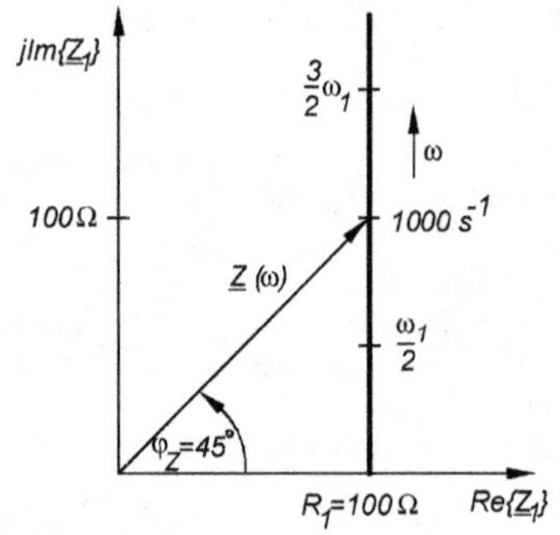

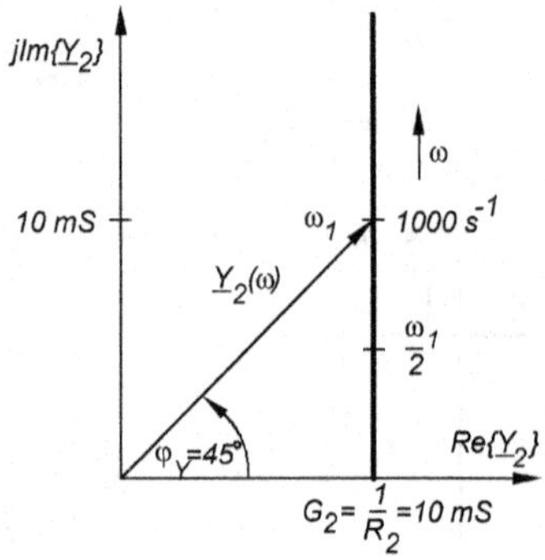

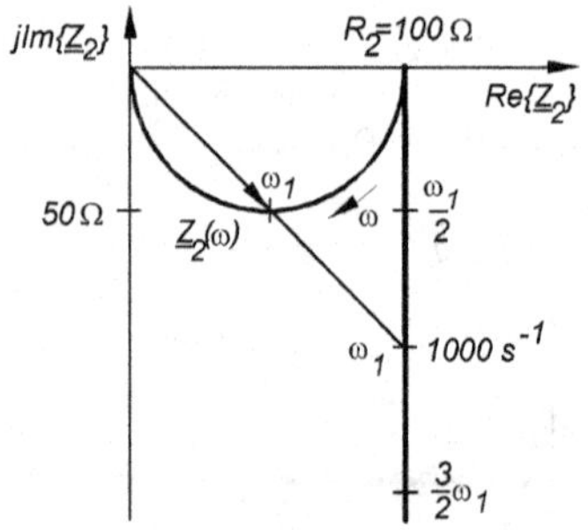

<u>Rechnerischer Lösungsweg</u>:

Wertetabelle: alle Widerstandswerte in Ohm

ω / s^{-1}	Re$\{\underline{Z}_1\}$ /Ω	Re$\{\underline{Z}_2\}$ /Ω	Re$\{\underline{Z}\}$ /Ω	Jm$\{\underline{Z}_1\}$ /Ω	Jm$\{\underline{Z}_2\}$ /Ω	Jm$\{\underline{Z}\}$ /Ω
400	100	85	185	40	−32	8
800	100	60	160	80	−48	32
1000	100	50	150	100	−50	50
1200	100	41	141	120	−49	71
1600	100	28	128	160	−45	115
2000	100	20	120	200	−40	160

Ergebnisse: Gesucht waren:

a) $\underline{Z}(\omega)$-Ortskurve der gegebenen Schaltung:

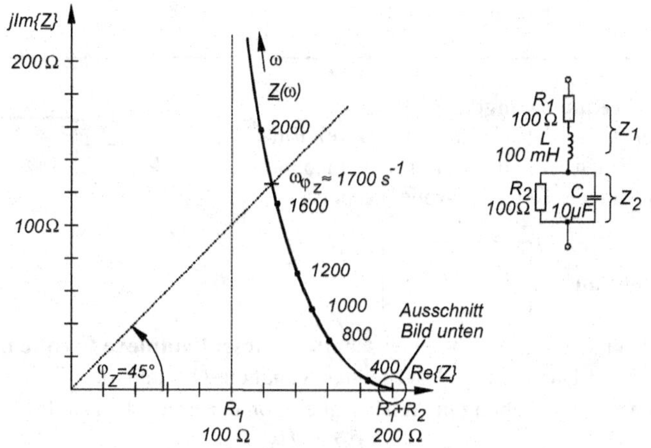

b) Kreisfrequenz ω_{φ_Z} , bei der sich ein Phasenwinkel $\varphi_Z = 45°$ einstellt:

$$\omega_{\varphi_Z} \approx 1700\ \text{s}^{-1}$$

Überprüfung des Kurvenverlaufes für $\omega = 0$ und $\omega \to \infty$:

Bei $\omega = 0$:

1. L bildet Kurzschluss, verbleibt R_1
2. C entspricht Leitungstrennung, verbleibt paralleler R_2

   $\Rightarrow$ ergibt: $\underline{Z}_{\omega=0} = R_1 + R_2$

Bei $\omega \to \infty$:

1. C bildet Kurzschluss und überbrückt R_2
2. $\text{Re}\{\underline{Z}_1\}$ ist R_1
3. $\text{Im}\{\underline{Z}_1\}$ geht mit $\omega L \to \infty$

   $\Rightarrow$ ergibt: $\text{Im}\{\underline{Z}_{\omega\to\infty}\} \to \infty$

   $\text{Re}\{\underline{Z}_{\omega\to\infty}\} = R_1$

   Für $\omega \to \infty$ schmiegt sich die $\underline{Z}(\omega)$ -Ortskurve an eine Gerade parallel zur imaginären Achse im Abstand R_1 an (vgl. Diagramm unten).

Eine genauere Untersuchung im Bereich sehr kleiner Frequenzen zeigt, dass auch hier die reelle Achse senkrecht geschnitten wird!

Ausschnitt-Vergrößerung:

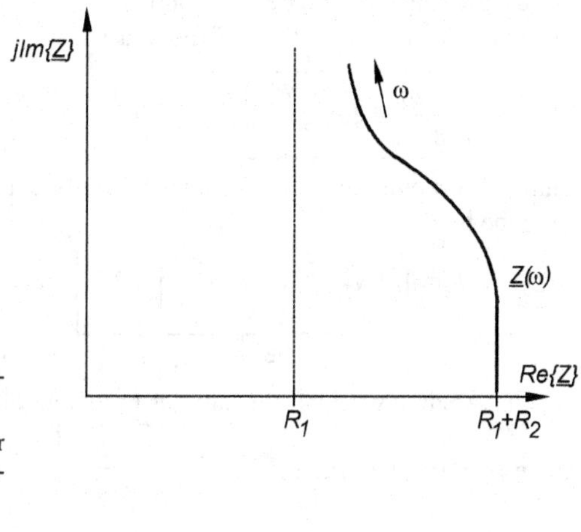

37 Übertragungsfunktion und Frequenzgang

- Filterschaltungen und Resonanzkreise

Grundlagen der Frequenzgangdarstellung

Wird ein linearer Vierpol (Schaltung mit zwei Ein- und Ausgangsklemmen und linearen Bauelementen) mit einer sinusförmigen Eingangsgröße gespeist, so beschreibt die

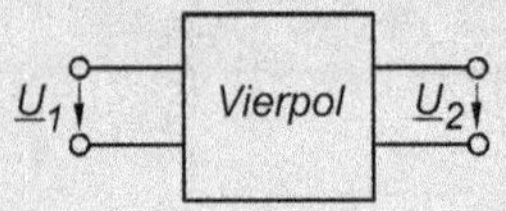

Übertragungsfunktion $\underline{A}(\mathrm{j}\omega) = \dfrac{\underline{U}_2}{\underline{U}_1}$

die Frequenzabhängigkeit der Vierpoleigenschaften. Dieser **komplexe Frequenzgang** kann in den **Amplitudengang** zur Darstellung des Frequenzgangbetrages und den **Phasengang** zur Kennzeichnung der Phasenverschiebung in Abhängigkeit von der Frequenz ω aufgespalten werden.

Komplexer Frequenzgang $\underline{A}(\mathrm{j}\omega) = \dfrac{U_2 \cdot \mathrm{e}^{\mathrm{j}\varphi_{u2}}}{U_1 \cdot \mathrm{e}^{\mathrm{j}\varphi_{u1}}} = \underbrace{\dfrac{U_2}{U_1}} \cdot \underbrace{\mathrm{e}^{\mathrm{j}(\varphi_{u2} - \varphi_{u1})}}$

Amplitudengang $A(\omega) = |\underline{A}(\mathrm{j}\omega)|$ **Phasengang** $\varphi(\omega)$

Im Allgemeinen wird der Amplitudengang grafisch im logarithmischen Maßstab über der Frequenz aufgetragen, um Amplitudenverhältnisse über mehrere Zehnerpotenzen hinweg bei ausreichender Ablesegenauigkeit angeben zu können. Das logarithmische Größenverhältnis des Amplitudenganges bezeichnet man als **Dämpfungsmaß** bzw. **Verstärkungsfaktor** gemessen in dB = Dezibel:

$$\frac{A(\omega)}{\mathrm{dB}} = 20 \cdot \lg \frac{U_2}{U_1}$$

Häufig vorkommende Spannungsverhältnisse und ihre Angabe in dB-Werten:

$\dfrac{U_2}{U_1}$	0,1	$1/\sqrt{2}$	1	$\sqrt{2}$	2	10	100
$\lvert A(\omega)\rvert$	–20 dB	–3 dB	0 dB	+3 dB	+6 dB	+20 dB	+40 dB

An der Abzisse wird häufig statt der Frequenz f bzw. ω

die **normierte Frequenz** $\Omega = \dfrac{\omega}{\omega_{\mathrm{bez}}}$

angetragen, wobei ω_{bez} eine besondere Frequenz ist, z.B. Grenzfrequenz ω_{g} oder Resonanzfrequenz ω_0. Skaliert man die Frequenzachse ebenfalls im logarithmischen Maßstab, so erhält man das **Bode-Diagramm**.

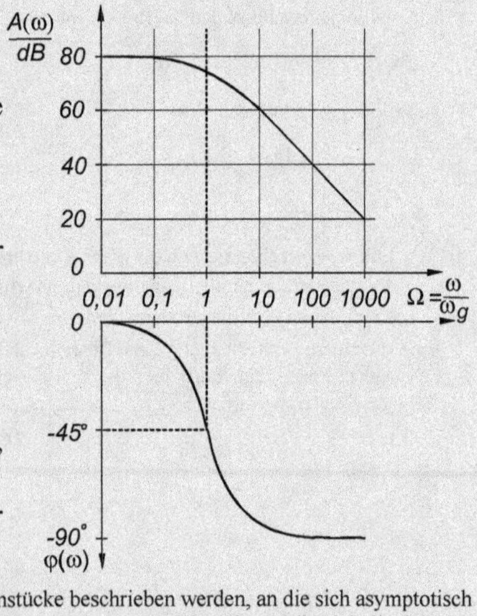

Im Bode-Diagramm kann der Frequenzgang vereinfachend als Geradenstücke beschrieben werden, an die sich asymptotisch der reale Kurvenverlauf anschmiegt. Vorteil dieser Darstellung: Bei Kettenschaltung von Vierpolen ergibt sich die Gesamt-Übertragungsfunktion aus dem Produkt der einzelnen Übertragungsfunktionen. Dies entspricht aufgrund der logarithmischen Darstellung im Bode-Diagramm einer einfachen grafischen Aufaddition von Strecken.

Einfache Filterschaltungen, Bezeichnungen

Grenzfrequenz f_g, $\omega_g = 2\pi \cdot f_g$

Die Grenzfrequenz f_g gibt bei Filterschaltungen die Grenze zwischen Durchlass- und Sperrbereich an. Hierbei ist das Spannungsverhältnis:

$$\frac{U_2}{U_1} = \frac{1}{\sqrt{2}} = 0{,}707$$

Im Bode-Diagramm bedeutet dies eine Reduktion um 3 dB. Gleichzeitig sind die Beträge von Real- und Imaginäranteil der Übertragungsfunktion gleich groß, so dass die Phasenverschiebung zwischen Ein- und Ausgangsspannung $\varphi = 45°$ beträgt.

Tiefpass

Signale mit einer Frequenz $f < f_g$ können fast ungeschwächt passieren, während höhere Frequenzanteile bedämpft werden.
Die Dämpfung erreicht bei den hier dargestellten Tiefpässen im Sperrbereich 20 dB/Dekade
(Dekade: Frequenzerhöhung um den Faktor 10).

Hochpass

Signale mit einer Frequenz $f > f_g$ werden durchgelassen, niedrigere Frequenzanteile dagegen abgeschwächt. Auch hier beträgt bei den dargestellten Gliedern die Sperrdämpfung 20 dB/Dekade.

Grundsätzlich zeigen die nebeneinander skizzierten *RC*- und *RL*-Glieder 1. Ordnung gleichartiges Verhalten. In der Praxis werden aber oft *RC*-Kombinationen bevorzugt verwendet.

Bandbreite, Bandpass, Bandsperre

Existiert eine obere und eine untere Grenzfrequenz f_{g_o} und f_{g_u}, bezeichnet man deren Differenz als Bandbreite:

$$\boxed{B = \Delta f = f_{g_o} - f_{g_u}}.$$

Das Glied mit dem rechts gezeigten Verhalten nennt man Bandpass. Liegt ein analoges Verhalten im Sperrbereich vor, nennt man dies eine Bandsperre.

Mittenfrequenz $f_m = \sqrt{f_{g_u} \cdot f_{g_o}}$.

Reale Filter: Hauptnachteil der einfachen Filter ist ihre nur geringe Belastbarkeit. Heute werden oft aktive Filter durch Ergänzung der passiven Elemente mit Verstärkerschaltungen verwendet oder auch digitale Filter eingesetzt.

Tiefpass:

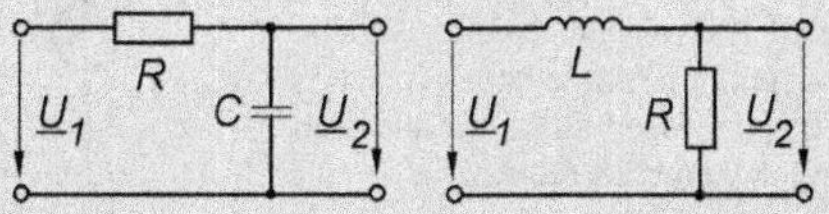

$$\omega_g = \frac{1}{RC} \qquad \omega_g = \frac{R}{L}$$

$$A(\omega) = \frac{1}{\sqrt{1 + \left(\frac{\omega}{\omega_g}\right)^2}}; \quad \varphi(\omega) = -\arctan \frac{\omega}{\omega_g}$$

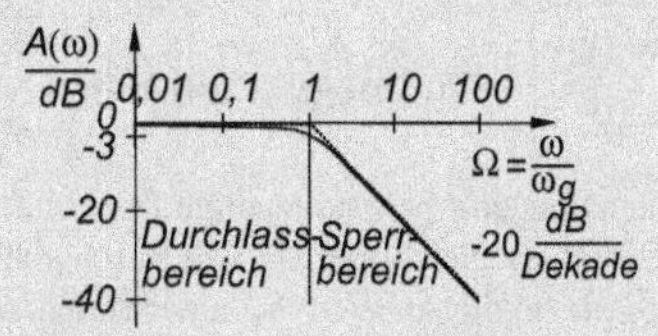

Hochpass:

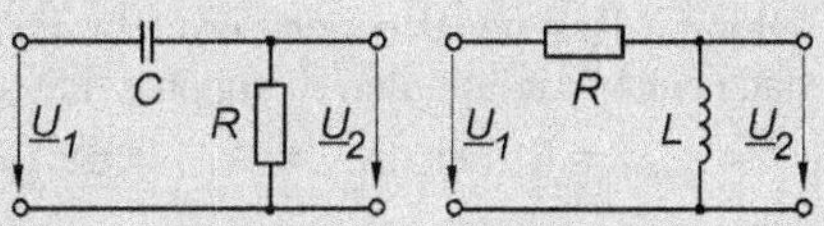

$$\omega_g = \frac{1}{RC} \qquad \omega_g = \frac{R}{L}$$

$$A(\omega) = \frac{1}{\sqrt{1 + \left(\frac{\omega_g}{\omega}\right)^2}}; \quad \varphi(\omega) = +\arctan \frac{\omega_g}{\omega}$$

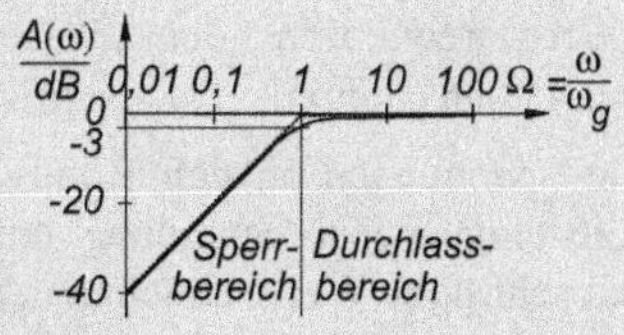

RC-Bandpass:

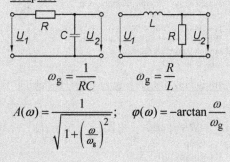

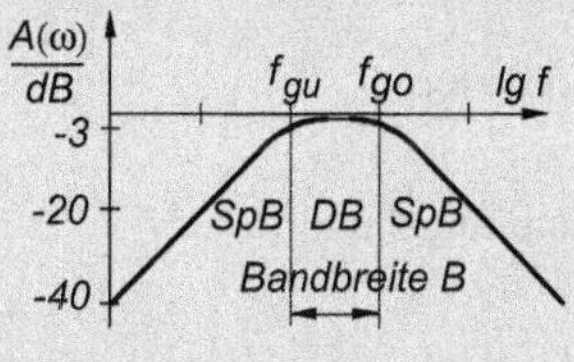

Serienresonanzkreis

Der Serienresonanzkreis erhält eine sinusförmige Frequenzeinprägung durch die Konstantspannungsquelle und reagiert mit einem typischen Widerstandsverhalten auf die ihm aufgezwungene Frequenz $\omega = 2\pi \cdot f$.

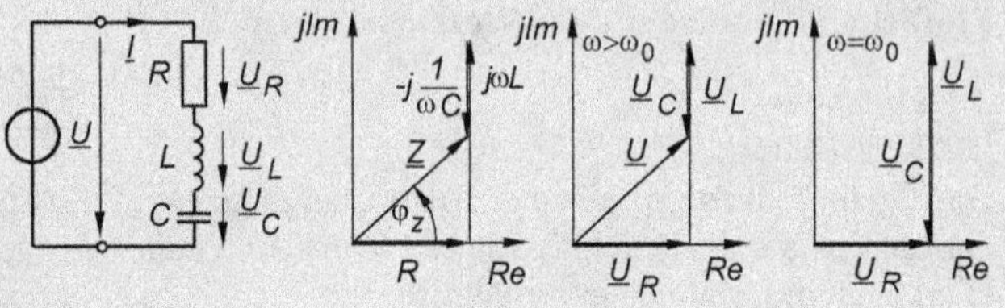

Impedanz des Serienkreises bei beliebiger Frequenz:

$$\underline{Z} = R + \mathrm{j}\left(\omega L - \frac{1}{\omega C}\right), \qquad Z = \sqrt{R^2 + \left(\omega L - \frac{1}{\omega C}\right)^2}, \qquad \varphi_Z = \arctan \frac{\omega L - \frac{1}{\omega C}}{R}$$

Resonanzfall:

$$\left.\begin{array}{l} X_L = X_C \\ \varphi_Z = 0 \end{array}\right\} \text{ d.h. Imaginärteil} = 0 \qquad \omega_r L - \frac{1}{\omega_r C} = 0 \;\Rightarrow\; \text{Resonanzfrequenz: } \omega_r = \frac{1}{\sqrt{LC}}$$

Resonanzfrequenz ω_r ist diejenige Frequenz, bei der der Phasenverschiebungswinkel zwischen U und I einer beliebigen LCR-Schaltung gleich null ist. Die Resonanzfrequenz ω_r der verlustbehafteten Serienschaltung (mit $R > 0$) erreicht den theoretisch möglichen Wert ω_0 einer verlustlosen reinen LC-Schaltung, für die gilt: $\omega_0^2 \cdot LC = 1$.

Eigenschaften

- Bei der Resonanzfrequenz erreicht der Betrag der Impedanz ein Minimum, den Resonanzwiderstand:

$$Z\big|_{\omega_r} = Z_{min} = R \quad \text{bei} \quad \varphi\big|_{\omega_r} = 0 \,, \qquad \text{d.h. reeller Widerstand}$$

Unterhalb der Resonanzfrequenz zeigt die Schaltung kapazitives, oberhalb davon induktives Verhalten.

- Bei Konstantspannungseinspeisung erreicht im Resonanzfall der Strom sein Maximum:

$$I\big|_{\omega_r} = I_{max} = \frac{U}{R}$$

Bei den Grenzfrequenzen verringert sich sein Wert um 3 dB auf den 0,707-fachen Wert. Gleichzeitig nimmt bei den Grenzfrequenzen der Phasenwinkel die Werte $\varphi_Z = \pm 45°$ an (induktiv +, kapazitiv –).

- Die Spannungen an den Blindwiderständen übersteigen die eingespeiste Spannung um ein Vielfaches und können sehr hohe Werte annehmen, z.B.:

$$\frac{U_L}{U} = \frac{\omega_r L}{R} = Q \qquad \text{(Spannungsresonanz} \rightarrow \text{Isolation beachten)}$$

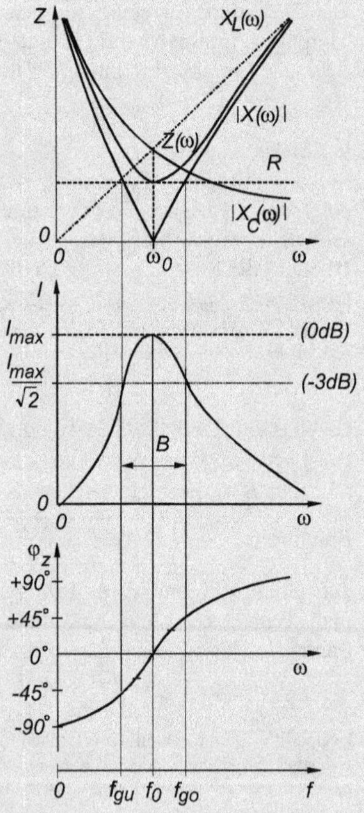

Weitere Definitionen:

- Bandbreite: $B = f_{go} - f_{gu} = \frac{1}{2\pi} \cdot \frac{R}{L}$
- Gütefaktor: $Q = \frac{f_r}{B} = \frac{\omega_r L}{R} = \frac{1}{R} \cdot \sqrt{\frac{L}{C}}$
- Dämpfungsfaktor: $d = \frac{1}{Q}$

Parallelresonanzkreis

Der Parallelresonanzkreis erhält eine sinusförmige Frequenzeinprägung durch die Konstantstromquelle und reagiert mit einem typischen Widerstandsverhalten auf die ihm aufgezwungene Frequenz $\omega = 2\pi \cdot f$.

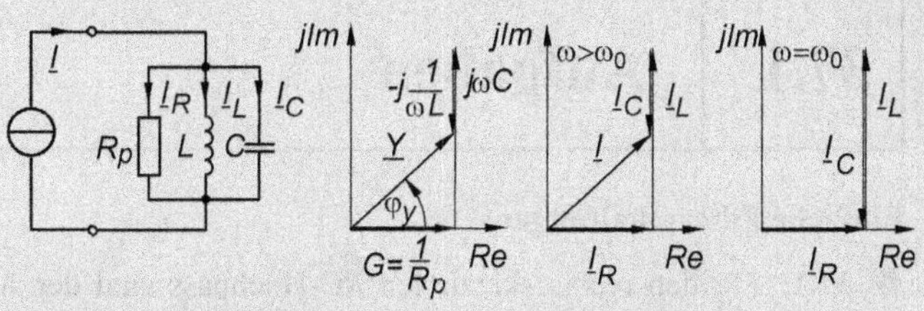

Admittanz des Parallelkreises bei beliebiger Frequenz:

$$\underline{Y} = \frac{1}{R_P} + j\left(\omega C - \frac{1}{\omega L}\right), \qquad Y = \sqrt{\frac{1}{R_P{}^2} + \left(\omega C - \frac{1}{\omega L}\right)^2}, \qquad \varphi_Y = \arctan\left(\omega C - \frac{1}{\omega L}\right) \cdot R_P$$

Resonanzfall:

$$\left.\begin{array}{l} B_C = B_L \\ \varphi_Z = 0 \end{array}\right\} \text{ d.h. Imaginärteil} = 0 \qquad \omega_r C - \frac{1}{\omega_r L} = 0 \quad \Rightarrow \quad \text{Resonanzfrequenz: } \omega_r = \frac{1}{\sqrt{LC}}$$

Resonanzfrequenz ω_r ist diejenige Frequenz, bei der der Phasenverschiebungswinkel zwischen U und I einer beliebigen LCR-Schaltung gleich null ist. Die Resonanzfrequenz ω_r der verlustbehafteten Parallelschaltung erreicht den theoretisch möglichen Wert ω_0 einer verlustlosen reinen LC-Schaltung ($R_P \Rightarrow \infty$) für die gilt: $\omega_0{}^2 \cdot LC = 1$.

Eigenschaften:

- Bei der Resonanzfrequenz erreicht der Betrag der Impedanz ein Maximum (Resonanzwiderstand):

$$Z\big|_{\omega_r} = Z_{max} = R_P \quad \text{bei} \quad \varphi\big|_{\omega_r} = 0, \text{ d.h. reeller Widerstand}$$

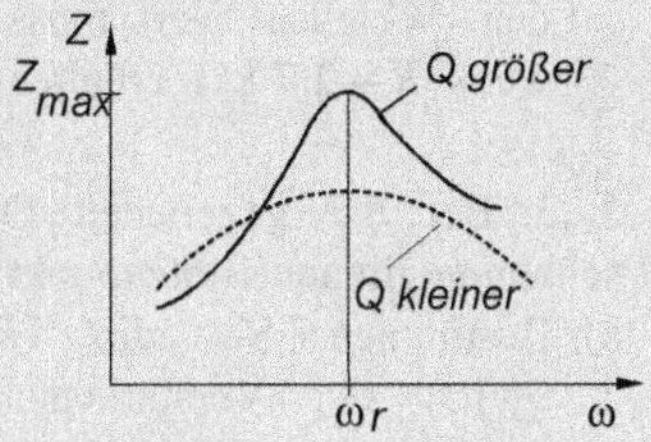

- Bei Konstantstromeinspeisung erreicht im Resonanzfall die Spannung ihr Maximum:

$$U\big|_{\omega_r} = U_{max} = I \cdot R_P$$

- Die Ströme in den Blindwiderständen übersteigen den eingespeisten Strom um ein Vielfaches:

$$\frac{I_L}{I} = \frac{R_P}{\omega_r L} = Q \qquad \text{(Stromresonanz} \rightarrow \text{Leiterquerschnitt beachten)}$$

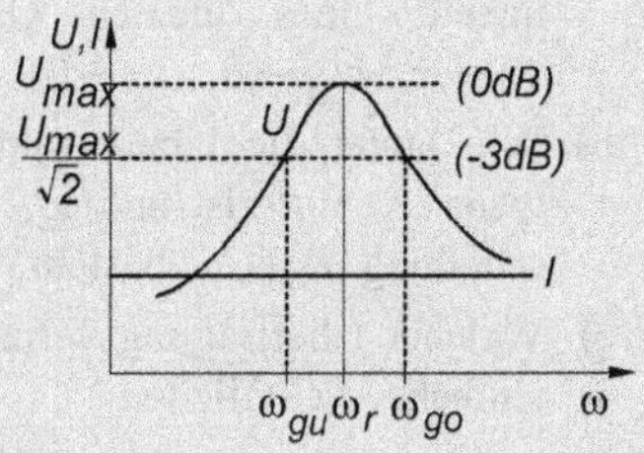

Weitere Definitionen:

- Gütefaktor: $Q = \dfrac{R_P}{\omega_r L} = R_P \cdot \sqrt{\dfrac{C}{L}}$

- Bandbreite: $B = f_{go} - f_{gu} = \dfrac{f_r}{Q}$

Parallelresonanzkreis mit realen Bauelementen:

Eine vom obigen Parallelresonanzkreis abweichende Schaltung entsteht, wenn z.B. der Wicklungswiderstand R_L der Spule berücksichtigt werden muss. Dabei seien der Isolationswiderstand und die dielektrischen Verluste des Kondensators im Widerstand R_P bereits enthalten.

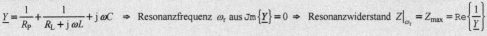

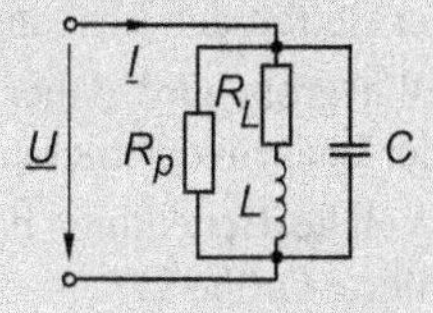

Der Einfluss von R_L ist:

1) Die Resonanzfrequenz ω_r wird geringfügig kleiner als ω_0.
2) Der Resonanzwiderstand $Z|_{\omega_r} = Z_{max}$ wird kleiner als R_P.
3) Vergrößerte Bandbreite B entsprechend geringerer Kreisgüte Q.

Lösungsansatz: (unter Verzicht auf bekannte Näherungsformeln)

$$\underline{Y} = \frac{1}{R_P} + \frac{1}{R_L + j\omega L} + j\omega C \quad \Rightarrow \quad \text{Resonanzfrequenz } \omega_r \text{ aus } \mathrm{Im}\{\underline{Y}\} = 0 \quad \Rightarrow \quad \text{Resonanzwiderstand } Z\big|_{\omega_r} = Z_{max} = \mathrm{Re}\left\{\frac{1}{\underline{Y}}\right\}$$

37.1 Aufgaben

Einfache Filterschaltungen

❶ **37.1:** Für den rechts skizzierten *RC*-Hochpass sind der Amplituden- und Phasengang für die Frequenzen $f_1 = 10$ Hz, $f_2 = 100$ Hz, $f_3 = 400$ Hz, $f_4 = 1$ kHz, $f_5 = 10$ kHz zu berechnen und in Abhängigkeit von der normierten Frequenz $\Omega = \omega / \omega_g$ in zweckmäßiger logarithmischer Form darzustellen.

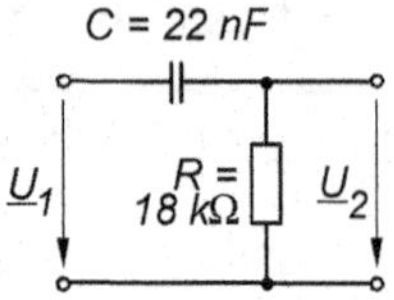

- 3dB-Grenzfrequenz: $\omega_g = \frac{1}{RC}$

❶ **37.2:** Ein Tiefpass soll so ausgelegt werden, dass bei einer Frequenz f = 1,8 kHz eine Dämpfung von 20 dB vorliegt.

a) Bestimmen Sie die erforderliche Kapazität *C*.

b) Wie groß sind die Grenzfrequenzen ω_g und f_g?

c) Der *RC*-Tiefpass soll durch einen *RL*-Tiefpass ersetzt werden. Welchen Wert muss dann die Induktivität *L* haben, wenn $R = 2{,}7\ \text{k}\Omega$ erhalten bleiben soll?

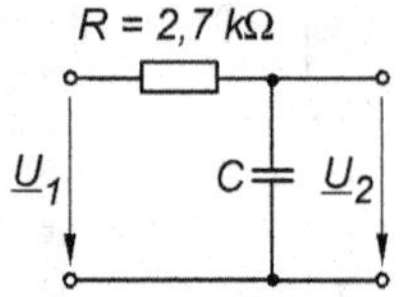

- 3dB-Grenzfrequenz: $\omega_g = \frac{1}{RC}$

❶❷ **37.3:** Bei der gegebenen Operationsverstärkerschaltung gilt am Knotenpunkt A: $\sum \underline{I} = 0$.

a) Bestimmen Sie die Übertragungsfunktion $\underline{A}(\mathrm{j}\omega)$ der Verstärkerschaltung unter Annahme eines idealen Operationsverstärkers ($v \to \infty$, $\underline{U}_\mathrm{d} \to 0$, $\underline{I}_\mathrm{d} \to 0$).

b) Wie lautet die Übertragungsfunktion $\underline{A}(\mathrm{j}\omega)$, wenn $\underline{Z}_1 = R_1$ ist und $\underline{Z}_\mathrm{K}$ aus einer Parallelschaltung $R_\mathrm{K} \| C_\mathrm{K}$ besteht?

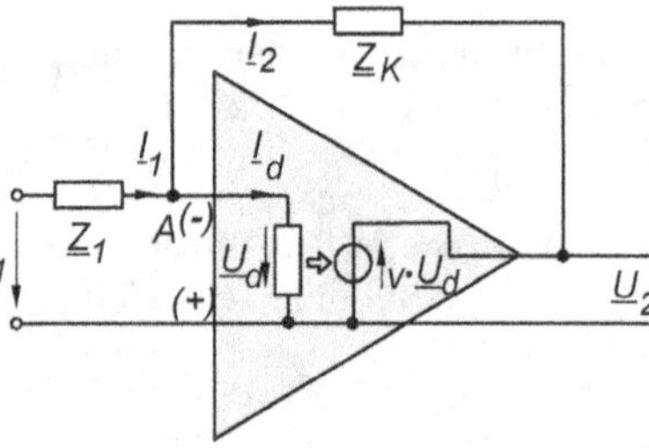

c) Welches Übertragungsverhalten ergibt sich bei $R_1 = R_\mathrm{K}$? Vergleich mit den Eigenschaften einfacher *RC*-Glieder.

❶❷ **37.4:** Kombiniert man einen Tief- und einen Hochpass und wählt die Bauelemente entsprechend aus, erhält man aus der Überlagerung ein Bandpassverhalten.

a) Bestimmen Sie die Übertragungsfunktion $\underline{A}(\mathrm{j}\omega)$, und setzen Sie hierin $\omega RC = \Omega$.

b) Bei welcher Frequenz ω_r liegt die Resonanzstelle (maximaler Betrag der Ausgangsspannung)?

Wie groß wird dabei das Spannungsverhältnis U_2/U_1 und der Phasenverschiebungswinkel φ?

c) Welche Bedeutung hat hier die oben als Abkürzung eingeführte Größe Ω?

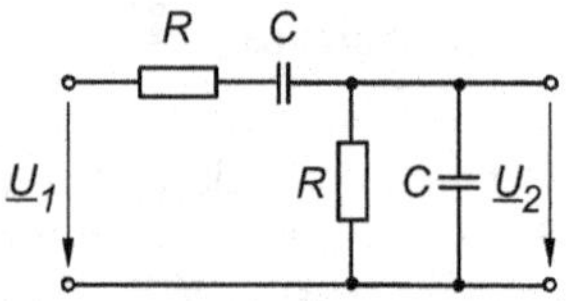

$\underline{A}(j\omega) = \frac{\underline{U}_2}{\underline{U}_1}$

❷❸ **37.5:** Vorgegeben ist ein aus zwei *RC*-Gliedern bestehender Tiefpass.

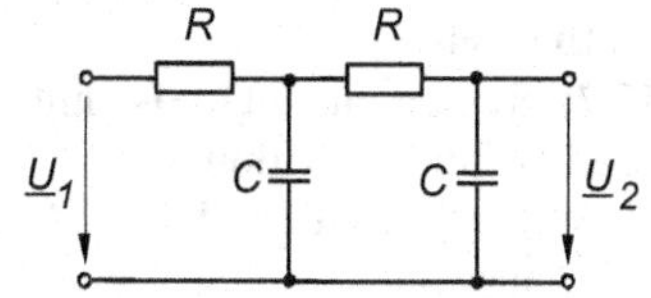

$$\underline{A}(j\omega) = \frac{\underline{U}_2}{\underline{U}_1}$$

a) Leiten Sie die Übertragungsfunktion $\underline{A}(\mathrm{j}\omega)$ her, und setzen Sie darin $\omega RC = \Omega$.

b) Bestimmen Sie aus $\underline{A}(\mathrm{j}\omega)$ den Amplitudengang $A(\omega)$ und Phasengang $\varphi(\omega)$, und stellen Sie diese im Bode-Diagramm mit $\Omega_1 = 0{,}5$; $\Omega_2 = 0{,}5$; $\Omega_3 = 1$; $\Omega_4 = 2$; $\Omega_5 = 10$ dar.

c) Vergleichen Sie den Amplitudengang dieses Tiefpasses mit dem eines einfachen *RC*-Gliedes.

d) Welche Bedeutung hat hier die oben als Abkürzung eingeführte Größe Ω?

❸ **37.6:** Das gegebene Tiefpassfilter enthält eine Verstärkerstufe und zwei *RC*-Glieder. Dieses aktive Filter wird durch einen mitgekoppelten Verstärker realisiert, dessen Verstärkung durch eine interne Gegenkopplung auf einen genau definierten Wert *k* festgelegt wird. Die Gegenkopplung erfolgt durch den Spannungsteiler $(k-1)R_4$, R_4 und die Mitkopplung über C_2.
Der Faktor *k* ist der eingestellte Verstärkungsfaktor und bestimmt den Frequenzgangsverlauf des Filters entscheidend, wenn man wie üblich $R_1 = R_2 = R$ und $C_1 = C_2 = C$ wählt.

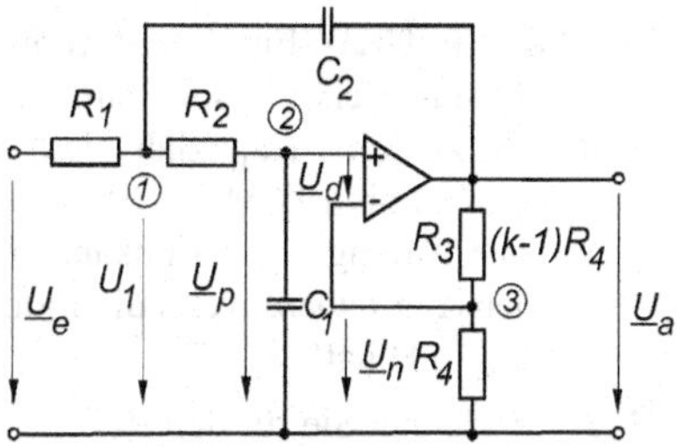

a) Zeigen Sie, dass sich für die Übertragungsfunktion folgende Beziehung ergibt:

$$\underline{A}(p) = \frac{\underline{U}_\mathrm{a}}{\underline{U}_\mathrm{e}} = \frac{k}{1 + p(3-k)RC + p^2(RC)^2}, \text{ mit } p = \mathrm{j}\omega$$

<u>Lösungshinweis</u>: Stellen Sie für die Anwendung des Knotenspannungsverfahrens zunächst die Knotengleichungen für die Knoten 1, 2, 3 auf.
Nutzen Sie dann die Gleichsetzungsmöglichkeit der Spannungen $\underline{U}_\mathrm{p}$ und $\underline{U}_\mathrm{n}$ aus, die wegen $\underline{U}_\mathrm{d} \to 0$ am Verstärkereingang besteht.

b) Führen Sie die Dimensionierung des Filters unter den folgenden Bedingungen aus:
$R_1 = R_2 = R = 47\ \mathrm{k\Omega}, f_\mathrm{g} = 1\ \mathrm{kHz}, R_4 = 10\ \mathrm{k\Omega}$

c) Berechnen und zeichnen Sie den Amplitudengang $A(\omega) = U_2/U_1$ des Filters.

d) Bestimmen Sie die –3dB-Grenzfrequenz aus dem Amplitudengang $A(\omega)$ des Filters.

e) Ermitteln Sie die Dämpfung des Filters im Sperrbereich in dB/Dekade aus der Abnahme des Amplitudenganges über eine Frequenzdekade.

Ergänzende Hinweise

<u>Vorgehensweise beim Filterentwurf</u>:
Filter werden nach opimierten Frequenzgängen entworfen, z.B. als Bessel-, Butterworth- oder Tschebycheff-Tiefpässe.
Um das Filter konkret dimensionieren zu können, wird zuerst die Grenzfrequenz festgelegt:

$$\omega_\mathrm{g} = 2\pi \cdot f_\mathrm{g}$$

Die Grenzfrequenz wird in die Übertragungsfunktion der Schaltung eingeführt durch die Setzung:

$$p = \omega_\mathrm{g} \cdot P$$

Dadurch entsteht eine Übertragungsfunktion mit einheitenfreien Koeffizienten von *P* wie sie den Filtertabellen zugrundeliegt:

$$\underline{A}(P) = \frac{\underline{U}_\mathrm{a}}{\underline{U}_\mathrm{e}} = \frac{k}{1 + \omega_\mathrm{g}(3-k)RC \cdot P + \omega_\mathrm{g}^2(RC)^2 \cdot P^2}$$

Dann werden einer Filtertabelle für den gewünschten Filtertyp zwei Koeffizienten entnommen, z.B. für einen Butterworth-Tiefpass, 2. Ordnung:

für den Term $\omega_\mathrm{g} RC \cdot (3-k) = a_1 \Rightarrow a_1 = \sqrt{2}$

für den Term $\omega_\mathrm{g}^2 R^2 C^2 = b_1 \Rightarrow b_1 = 1$

Aus diesen Angaben kann das Produkt *RC* und der Faktor *k* berechnet werden.

$$RC = \frac{\sqrt{b_1}}{\omega_\mathrm{g}} \qquad k = 3 - \frac{a_1}{\sqrt{b_1}}$$

Es folgt die Berechnung der Schaltungswerte:

$C_1 = C_2 = \dfrac{(RC)}{R}$ mit gewähltem $R = R_1 = R_2$

$R_3 = (1-k) \cdot R_4$ mit gewähltem R_4

Resonanzkreise

❶ **37.7:** Reihenschwingkreis mit Resonanzfrequenz 205 kHz und einer Bandbreite von 28 kHz:

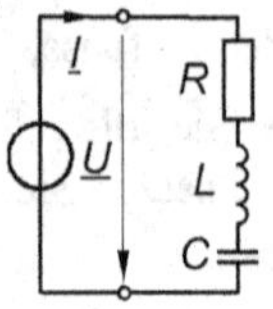

a) Wie müssen die Induktivität L und die Kapazität C ausgelegt werden, wenn der Drahtwiderstand der Spule $R = 5\ \Omega$ beträgt?

b) Wie groß ist die Güte des Kreises und welche Werte haben die beiden Grenzfrequenzen?

❶ **37.8:** Ein UKW-Empfangsteil mit einem idealisierten LC-Parallelkreis soll durch einen Drehkondensator (bzw. eine Kapazitätsdiode) auf die Frequenzen von 88 bis 108 MHz abstimmbar sein.
Welche Anfangs- und Endkapazität muss der Drehkondensator haben, wenn die Induktivität $L = 0{,}22\ \mu$H hat?

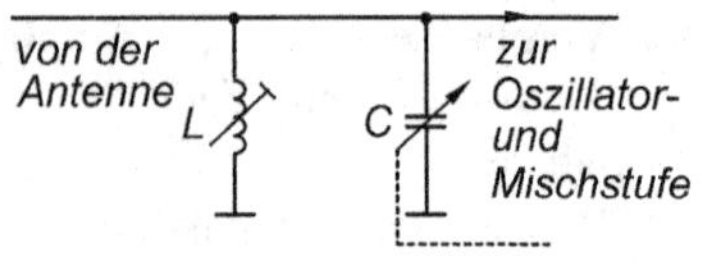

❷ **37.9:** Zeigen Sie für den Reihenresonanzkreis, dass folgende Beziehungen gelten:

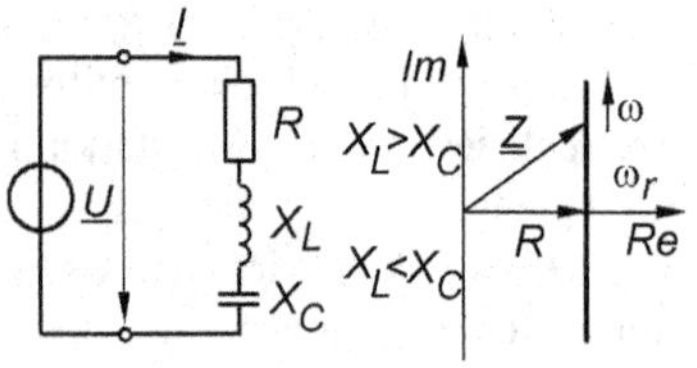

a) Im Resonanzfall $|\underline{Z}| = R$ (Minimum).

b) Bei Grenzfrequenzen $\omega_{\mathrm{g_u}}\,(\omega_{\mathrm{g_o}}) : |\underline{Z}| = \sqrt{2} \cdot R$.

c) Leiten Sie aus dem Ansatz $\mathrm{Jm}\{\underline{Z}\} = \mathrm{Re}\{\underline{Z}\}$ eine Beziehung für die Grenzfrequenzen in der Form $\omega_{\mathrm{g_u}}, \omega_{\mathrm{g_o}} = \mathrm{f}\,(R, L, C)$ her.

d) Gehen Sie von den Definitionsgleichungen für Bandbreite B und Schwingkreisgüte Q aus, und leiten Sie unter Verwendung der in c) gefundenen Beziehung die Schwingkreisformeln

$$B = \frac{1}{2\pi} \cdot \frac{R}{L}, \qquad Q = \frac{f_\mathrm{r}}{B} = \frac{1}{R} \cdot \sqrt{\frac{L}{C}} \quad \text{her.}$$

❸ **37.10:** Für den skizzierten Parallelschwingkreis sollen folgende Kenngrößen bestimmt werden:

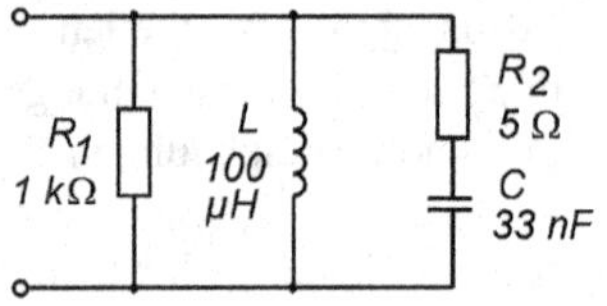

a) Resonanzfrequenz f_r,

b) Güte Q,

c) Bandbreite B.

❸ **37.11:** Das nebenstehende Ersatzschaltbild bildet das elektrische Verhalten eines Schwingquarzes nach. L und C sind durch die mechanischen Eigenschaften des Schwingquarzes festgelegt.
R ist ein kleiner ohmscher Widerstand, der die Dämpfung nachbildet. C_0 steht für die Kapazität der Elektrodenanschlüsse.
Leiten Sie eine Beziehung für die Impedanz des Schwingquarzes her und aus dieser die Formeln für die Serien- und Parallelresonanzstelle.

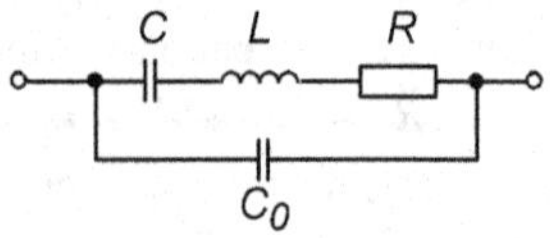

Typische Werte für einen 4 MHz-Quarz: $L = 100$ mH, $C = 0{,}015$ pF, $C_0 = 5$ pF, $R = 100\ \Omega$, $Q = 25000$

37.2 Lösungen

37.1

$$\frac{\underline{U}_2}{\underline{U}_1}=\frac{R}{R+\frac{1}{j\omega C}}=\frac{1}{1-j\frac{1}{\omega RC}}=\frac{1}{1-j\frac{1}{\Omega}}$$

$$\frac{U_2}{U_1}=\frac{1}{\sqrt{1+\left(\frac{1}{\omega RC}\right)^2}}=\frac{1}{\sqrt{1+\frac{1}{\Omega^2}}}$$

$$\varphi(\omega)=-\arctan\left(-\frac{1}{\Omega}\right)=\arctan\frac{1}{\Omega},$$

$$\omega_g=\frac{1}{RC}=2525{,}25\ \text{s}^{-1}$$

Darstellung des Amplitudenganges als Verstärkungsmaß $\frac{A(\omega)}{\text{dB}}=20\cdot\lg\frac{U_2}{U_1}$ über der normierten Frequenz Ω.

f / Hz	ω/s^{-1}	$\Omega=\frac{\omega}{\omega_g}$	$\frac{U_2}{U_1}$	$20\cdot\lg\frac{U_2}{U_1}$	$\varphi(\omega)$
10	62,83	0,025	0,025	–32 dB	88,6°
100	628,3	0,25	0,25	–12 dB	75,9°
400	2513	0,995	0,705	–3 dB	45°
1000	6283	2,488	0,928	–0,65 dB	21,9°
10000	62832	24,88	0,999	–0,007 dB	2,3°

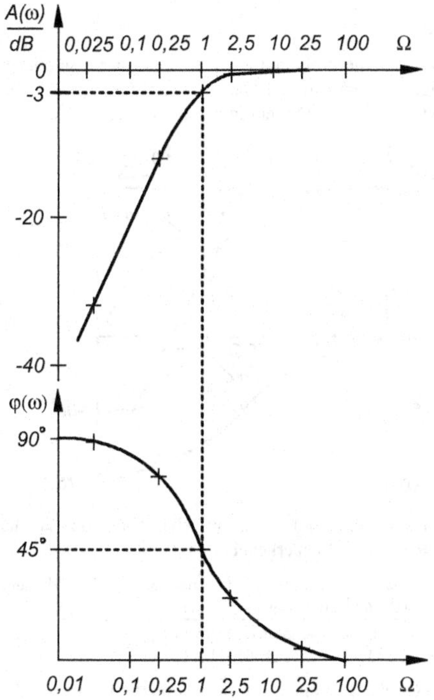

37.2

a) $$\frac{\underline{U}_2}{\underline{U}_1}=\frac{1}{j\omega C\cdot\left(R+\frac{1}{j\omega C}\right)}=\frac{1}{1+j\omega RC}$$

$$\frac{U_2}{U_1}=\frac{1}{\sqrt{1+(\omega RC)^2}}$$

$$-20\ \text{dB}=20\cdot\lg\frac{U_2}{U_1}\Rightarrow-1=\lg\frac{U_2}{U_1}\Rightarrow\frac{U_2}{U_1}=10^{-1}=0{,}1\Rightarrow$$

$$0{,}1=\frac{1}{\sqrt{1+(\omega RC)^2}}\Rightarrow 1+(\omega RC)^2=100\Rightarrow(\omega RC)^2=99$$

$$C=\frac{\sqrt{99}}{2\pi\cdot f\cdot R}=\frac{\sqrt{99}}{2\pi\cdot 1800\ \text{Hz}\cdot 2{,}7\ \text{k}\Omega}=325{,}8\ \text{nF}$$

b) Ansatz für Grenzfrequenz:

$$\frac{U_2}{U_1}=\frac{1}{\sqrt{2}}=\frac{1}{\sqrt{1+(\omega_g RC)^2}}\quad\Rightarrow\quad\omega_g=\frac{1}{RC}$$

$$f_g=\frac{\omega_g}{2\pi}=\frac{1}{2\pi\cdot RC}=\frac{1}{2\pi\cdot 2{,}7\,\text{k}\Omega\cdot 325{,}8\,\text{nF}}=180{,}9\,\text{Hz}$$

c) $$\omega_g=\frac{R}{L}\quad\Rightarrow\quad L=\frac{R}{\omega_g}=\frac{2700\ \Omega}{1136{,}7\ \text{s}^{-1}}=2{,}37\ \text{H}$$

Man sieht, dass eine solche Induktivität wesentlich teurer ist als die RC-Kombination aus Aufgabe a).

37.3

a) Da $\underline{U}_d\to 0$ und $\underline{I}_d\to 0$ gilt für Knotenpunkt A:

$$\underline{I}_1-\underline{I}_2=0\quad\Rightarrow\quad\underline{I}_1=\underline{I}_2$$

Weiterhin ist:

$$\underline{I}_1=\frac{\underline{U}_1-\underline{U}_d}{\underline{Z}_1}\ \text{mit}\ \underline{U}_d\to 0\quad\Rightarrow\quad\underline{I}_1=\frac{\underline{U}_1}{\underline{Z}_1}$$

$$\underline{I}_2\cdot\underline{Z}_K+\underline{U}_2=0\Rightarrow\underline{I}_2=-\frac{\underline{U}_2}{\underline{Z}_K}\Rightarrow-\frac{\underline{U}_2}{\underline{Z}_K}=\frac{\underline{U}_1}{\underline{Z}_1}\Rightarrow$$

Ergebnis:

$$\frac{\underline{U}_2}{\underline{U}_1}=-\frac{\underline{Z}_K}{\underline{Z}_1}$$

b) $$\frac{\underline{U}_2}{\underline{U}_1}=\frac{-\frac{R_K}{j\omega C_K}}{R_1\cdot\left(R_K+\frac{1}{j\omega C_K}\right)}=-\frac{R_K}{R_1\cdot(1+j\omega R_K C_K)}$$

c) $$R_K=R_1\quad\Rightarrow\quad\frac{\underline{U}_2}{\underline{U}_1}=-\frac{1}{1+j\omega R_1 C_K}$$

Vergleicht man dies mit der Übertragungsfunktion des einfachen RC-Gliedes, erkennt man, dass hier das typische Tiefpassverhalten vorliegt.

37.4

a)
$$\frac{\underline{U}_2}{\underline{U}_1}=\frac{\dfrac{1}{\dfrac{1}{R}+\mathrm{j}\omega C}}{\dfrac{1}{\dfrac{1}{R}+\mathrm{j}\omega C}+R+\dfrac{1}{\mathrm{j}\omega C}}=\frac{\mathrm{j}\,\omega RC}{(\mathrm{j}\,\omega RC+1)^2+\mathrm{j}\,\omega RC}$$

Mit $\omega RC=\Omega$ folgt:

$$\frac{\underline{U}_2}{\underline{U}_1}=\frac{\mathrm{j}\Omega}{(\mathrm{j}\Omega+1)^2+\mathrm{j}\Omega}=\frac{\Omega\cdot e^{\mathrm{j}\frac{\pi}{2}}}{1-\Omega^2+3\mathrm{j}\Omega}$$

$$\frac{\underline{U}_2}{\underline{U}_1}=\frac{e^{\mathrm{j}\frac{\pi}{2}}}{\dfrac{1-\Omega^2}{\Omega}+3\mathrm{j}}=\frac{e^{\mathrm{j}\frac{\pi}{2}}}{\sqrt{\left(\dfrac{1-\Omega^2}{\Omega}\right)^2+3^2}\cdot e^{\mathrm{j}\arctan\frac{3\Omega}{1-\Omega^2}}}$$

b) $$\frac{U_2}{U_1}=\frac{1}{\sqrt{\left(\dfrac{1-\Omega^2}{\Omega}\right)^2+9}}$$

Man erkennt, dass die rechte Gleichungsseite für $\Omega=1$ maximal wird. Somit liegt die Resonanzstelle bei

$$\Omega=1=\omega_r RC\quad\Rightarrow\quad\omega_r=\frac{1}{RC}$$

Spannungsverhältnis bei der Resonanzfrequenz:

$$\frac{U_2}{U_1}=\frac{1}{\sqrt{9}}=\frac{1}{3}\text{, d.h. } U_2 \text{ wird maximal } \frac{1}{3}\cdot U_1.$$

Der Phasenverschiebungswinkel ist dabei:

Aus $e^{\mathrm{j}\varphi}=\dfrac{e^{\mathrm{j}\frac{\pi}{2}}}{e^{\mathrm{j}\arctan\frac{3\Omega}{1-\Omega^2}}}$ folgt $\varphi=\frac{\pi}{2}-\arctan\dfrac{3\Omega}{1-\Omega^2}$

Weiterhin:

$$\lim_{\Omega\to1}\arctan\frac{3\Omega}{1-\Omega^2}=+\frac{\pi}{2}\quad\text{und somit für}\quad\varphi\big|_{\omega=\omega_g}=0$$

c) Gesetzt wurde oben $\omega RC=\Omega$. Erkannt wurde, dass die Resonanzstelle bei $\omega_r=1/RC$ liegt. Also folgt:

$\dfrac{\omega}{\omega_r}=\Omega$ (= normierte Frequenz mit ω_r als Bezugsgröße)

37.5

a)

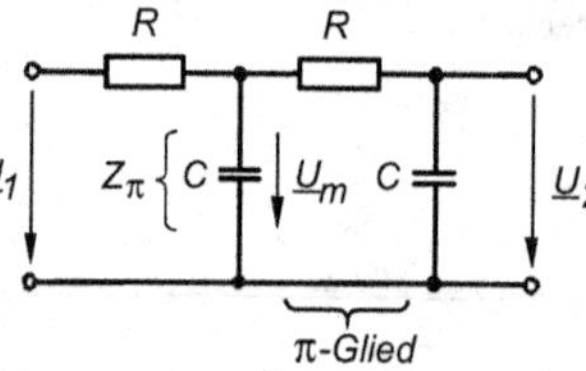

$$\frac{\underline{U}_2}{\underline{U}_m}=\frac{\dfrac{1}{\mathrm{j}\omega C}}{R+\dfrac{1}{\mathrm{j}\omega C}}=\frac{1}{1+\mathrm{j}\omega RC}$$

Setzt man $\omega RC=\Omega$, so vereinfacht sich der Ausdruck:

$$\frac{\underline{U}_2}{\underline{U}_m}=\frac{1}{1+\mathrm{j}\Omega}$$

Das π-Glied aus C-R-C hat den Eingangswiderstand $\underline{Z}_\pi$:

$$\underline{Z}_\pi=\frac{\underline{Z}_C\cdot(\underline{Z}_R+\underline{Z}_C)}{\underline{Z}_R+2\underline{Z}_C}=\frac{\underline{Z}_R+\underline{Z}_C}{(\underline{Z}_R/\underline{Z}_C)+2}=\frac{R+(1/\mathrm{j}\omega C)}{2+\mathrm{j}\omega RC}$$

$$\underline{Z}_\pi=\frac{1+\mathrm{j}\omega RC}{(2+\mathrm{j}\omega RC)\cdot\mathrm{j}\omega C}=\frac{1+\mathrm{j}\Omega}{(2+\mathrm{j}\Omega)\cdot\mathrm{j}\omega C}\quad\text{mit } \omega RC=\Omega$$

Somit ergibt sich für die Spannungsteilung:

$$\frac{\underline{U}_m}{\underline{U}_1}=\frac{\underline{Z}_\pi}{R+\underline{Z}_\pi}=\frac{1+\mathrm{j}\Omega}{(2+\mathrm{j}\Omega)\cdot\mathrm{j}\omega C}\cdot\frac{1}{R+\dfrac{1+\mathrm{j}\Omega}{(2+\mathrm{j}\Omega)\cdot\mathrm{j}\omega C}}$$

$$\frac{\underline{U}_m}{\underline{U}_1}=\frac{1+\mathrm{j}\Omega}{1-\Omega^2+3\mathrm{j}\Omega}$$

Ergebnis Übertragungsfunktion:

$$\underline{A}(\mathrm{j}\omega)=\frac{\underline{U}_2}{\underline{U}_1}=\frac{\underline{U}_2}{\underline{U}_m}\cdot\frac{\underline{U}_m}{\underline{U}_1}=\frac{1}{1-\Omega^2+3\mathrm{j}\Omega}$$

b) Amplitudengang $A(\omega)=\dfrac{U_2}{U_1}=\dfrac{1}{\sqrt{(1-\Omega^2)^2+9\Omega^2}}$

Phasengang:

$$\varphi(\omega)=-\arctan\frac{\mathrm{Im}\{\text{Nenner}\}}{\mathrm{Re}\{\text{Nenner}\}}=-\arctan\frac{3\Omega}{1-\Omega^2}$$

Ω	0,1	0,5	1	2	10	100
A/dB	−0,3	−4,5	−9,55	16,5	−40,3	−80
$\varphi(\omega)$	−16,9°	−63,5°	−90°	−117°	−163°	−178°

Anmerkung: Man beachte, dass Taschenrechner üblicherweise nur die „Hauptwerte" der arctan-Funktion zwischen

$$-\frac{\pi}{2}\le\varphi\le+\frac{\pi}{2}$$

anzeigen. Die Probe mit einem groben, unmaßstäblichen Zeigerdiagramm liefert aber schnell eine Aussage über die tatsächliche Größenordnung der Winkelangabe.

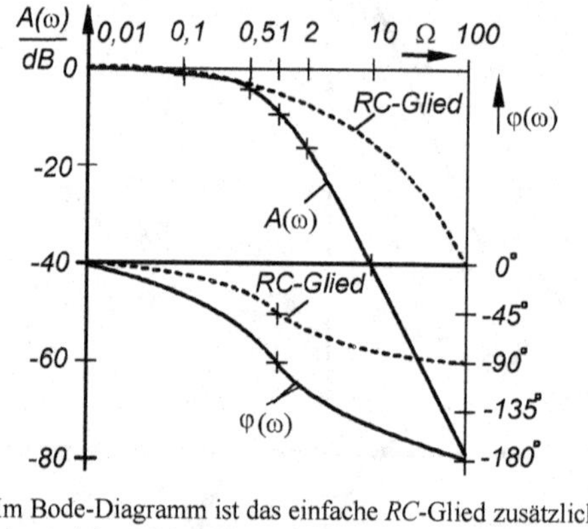

c) Im Bode-Diagramm ist das einfache RC-Glied zusätzlich eingezeichnet. Man erkennt:

Einfach-RC-Glied	Dämpfung 20dB/Dekade	Grenzfrequenz bei $\Omega=1$	Phasendrehung max. −90°
Zweifach RC-Glied	Dämpfung 40 dB/Dekade	Grenzfrequenz bei $\Omega\approx0{,}37$	Phasendrehung max. −180°

d) Die Größe Ω ist auch hier eine normierte Frequenz, aber die Bezugsfrequenz ist nicht die −3 dB-Grenzfrequenz der Tiefpass-Schaltung, sondern die eines einzelnen RC-Gliedes.

37.6

a) Knotenspannungsverfahren mit den Knoten 1, 2 und 3:

$$\frac{\underline{U}_e - \underline{U}_1}{R_1} + (\underline{U}_a - \underline{U}_1)\cdot pC_2 - \frac{\underline{U}_1 - \underline{U}_p}{R_2} = 0 \qquad (1)$$

$$\frac{\underline{U}_1 - \underline{U}_p}{R_2} - \underline{U}_p \cdot pC_1 = 0 \qquad (2)$$

$$\frac{\underline{U}_a - \underline{U}_n}{R_3} - \frac{\underline{U}_n}{R_4} = 0 \qquad (3)$$

Folgt mit $R_3 = (k-1)\cdot R_4$

$$\frac{\underline{U}_a - \underline{U}_n}{(k-1)\cdot R_4} = \frac{\underline{U}_n}{R_4} \Rightarrow \underline{U}_n = \frac{\underline{U}_a}{k}$$

$$\underline{U}_p = \underline{U}_n \text{, da } \underline{U}_d \to 0$$

$$\underline{U}_p = \frac{\underline{U}_a}{k} \qquad (4)$$

Gl. (4) in Gl. (1) eingesetzt:

$$\frac{\underline{U}_e - \underline{U}_1}{R_1} + (\underline{U}_a - \underline{U}_1)\cdot pC_2 - \frac{\underline{U}_1 - \frac{\underline{U}_a}{k}}{R_2} = 0 \qquad (5)$$

Gl. (4) in Gl. (2) eingesetzt und nach $\underline{U}_1$ aufgelöst:

$$\underline{U}_1 = \frac{\underline{U}_a}{k}\cdot(1 + pR_2C_1) \qquad (6)$$

Gl. (6) in Gl. (5) eingesetzt und sortiert nach $\underline{U}_e$ und $\underline{U}_a$ sowie vereinfacht durch $R_1 = R_2 = R$; $C_1 = C_2 = C$:

$$\underline{U}_e - \frac{\underline{U}_a}{k}\cdot\left[2 + 3pRC + p^2(RC)^2\right] + \frac{\underline{U}_a}{k}\cdot\left[pkRC + 1\right] = 0$$

$$\underline{A}(p) = \frac{\underline{U}_a}{\underline{U}_e} = \frac{k}{2 + 3pRC + p^2(RC)^2 - pkRC - 1}$$

Übertragungsfunktion:

$$\underline{A}(p) = \frac{\underline{U}_a}{\underline{U}_e} = \frac{k}{1 + p(3-k)RC + p^2(RC)^2}$$

b) Dimensionierung:

Geg.: $R_1 = R_2 = R = 47\ \text{k}\Omega$

$R_4 = 10\ \text{k}\Omega$

$f_g = 1\ \text{kHz}$

Lös.:

$$\left.\begin{matrix} a_1 = \sqrt{2} \\ b_1 = 1 \end{matrix}\right\} \text{ Koeffizienten aus Filtertabelle}$$

$$(RC) = \frac{\sqrt{b_1}}{2\pi\cdot f_g} = 159{,}15\cdot 10^{-6}\ \text{s}^{-1}$$

Verstärkungsfaktor k:

$$k = 3 - \frac{a_1}{2\pi\cdot f_g\cdot(RC)} = 3 - \frac{a_1}{\sqrt{b_1}}$$

$$k = 3 - \sqrt{2} = 1{,}586 \quad (\hat{=} + 4\,\text{dB})$$

$$C_1 = C_2 = C = \frac{(RC)}{R} = \frac{159{,}15\cdot 10^{-6}\ \text{s}^{-1}}{47\ \text{k}\Omega} \approx 3{,}3\ \text{nF}$$

$$R_3 = (k-1)\cdot R_4 = (1{,}586 - 1)\cdot 10\ \text{k}\Omega = 5{,}86\ \text{k}\Omega$$

c) Aus der Übertragungsfunktion

$$\underline{A}(p) = \frac{k}{1 + p(3-k)RC + p^2(RC)^2} \quad \text{wird mit } p = \mathrm{j}\omega\text{:}$$

$$\underline{A}(\mathrm{j}\omega) = \frac{k}{1 - (\omega RC)^2 + \mathrm{j}\omega(3-k)RC}$$

Einsetzen des Verstärkungsfaktors $k = 3 - \sqrt{2}$ ergibt:

$$\underline{A}(\mathrm{j}\omega) = \frac{3-\sqrt{2}}{1 - (\omega RC)^2 + \mathrm{j}\omega\sqrt{2}\cdot RC}$$

Übergang auf Betrag:

$$A(\omega) = \frac{U_2}{U_1} = \frac{3-\sqrt{2}}{\sqrt{\left[1-(\omega RC)^2\right]^2 + (\omega\cdot\sqrt{2}\cdot RC)^2}}$$

$$A(\omega) = \frac{U_2}{U_1} = \frac{3-\sqrt{2}}{\sqrt{1 - 2(\omega RC)^2 + (\omega RC)^4 + 2(\omega RC)^2}}$$

$$A(\omega) = \frac{U_2}{U_1} = \frac{3-\sqrt{2}}{\sqrt{1+(\omega RC)^4}}$$

Einsetzen der normierten Frequenz $\Omega = \omega RC$ ergibt Amplitudengang:

$$\frac{A(\omega)}{\text{dB}} = 20\cdot\lg\frac{U_2}{U_1} = 20\cdot\lg\frac{3-\sqrt{2}}{\sqrt{1+\Omega^4}}$$

Ω	0,01	0,1	1	10	100
$A(\omega)$/dB	+4	+4	+1	–36	–76

↑ –3dB-Grenzfrequenz

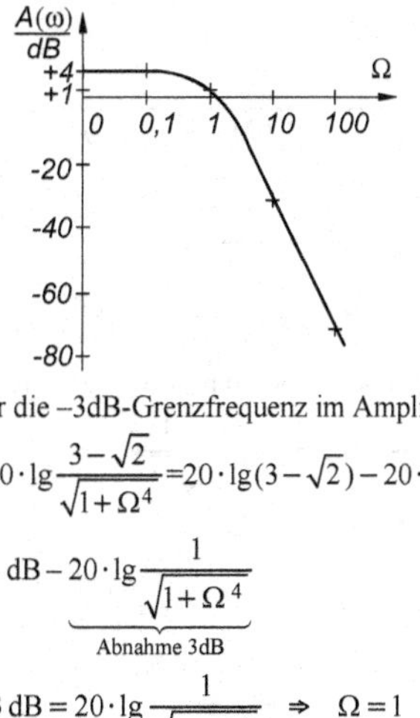

d) Ansatz für die –3dB-Grenzfrequenz im Amplitudengang:

$$\frac{A(\omega)}{\text{dB}} = 20\cdot\lg\frac{3-\sqrt{2}}{\sqrt{1+\Omega^4}} = 20\cdot\lg(3-\sqrt{2}) - 20\cdot\lg\frac{1}{\sqrt{1+\Omega^4}}$$

$$\frac{A(\omega)}{\text{dB}} = 4\ \text{dB} - \underbrace{20\cdot\lg\frac{1}{\sqrt{1+\Omega^4}}}_{\text{Abnahme 3dB}}$$

Folgt: $-3\ \text{dB} = 20\cdot\lg\frac{1}{\sqrt{1+\Omega^4}} \Rightarrow \Omega = 1$

–3 dB-Grenzfrequenz bei:

$$\Omega = 1 = \omega_g RC \Rightarrow \omega_g = \frac{1}{RC}$$

e) Betrachtung des Amplitudenganges bei hohen Frequenzen ergibt:

$$\frac{A(\omega)}{\text{dB}} = 20\cdot\lg\frac{U_2}{U_1} \approx 20\cdot\lg\frac{3-\sqrt{2}}{\Omega^2}.$$ Man erkennt:

Die Dämpfung nimmt im Sperrbereich um 40 dB/Dekade zu (s. obige Tabelle).

37.7

a) $B=\frac{1}{2\pi}\cdot\frac{R}{L} \Rightarrow L=\frac{R}{2\pi\cdot B}=\frac{5\,\Omega}{2\pi\cdot 28\text{ kHz}}=28{,}4\,\mu\text{H}$

$\omega_r^2=\omega_0^2=\frac{1}{LC} \Rightarrow$

$C=\frac{1}{\omega_r^2 L}=\frac{1}{(2\pi\cdot 205\text{ kHz})^2\cdot 28{,}4\,\mu\text{H}}=21{,}2\text{ nF}$

b) $Q=\frac{f_r}{B}=\frac{205\text{ kHz}}{28\text{ kHz}}=7{,}32$

$f_{g_o}\approx f_r+\frac{B}{2}=219\text{ kHz}$

$f_{g_u}\approx f_r-\frac{B}{2}=191\text{ kHz}$

37.8

Die Endkapazität ($\hat{=}$ max. Kapazität) gehört zur unteren Frequenz $f_1=88$ MHz:

$\omega_1^2=\frac{1}{LC_E} \Rightarrow$

$C_E=\frac{1}{\omega_1^2 L}=\frac{1}{(2\pi\cdot 88\text{ MHz})^2\cdot 0{,}22\,\mu\text{H}}=14{,}87\text{ pF}$

Zur oberen Frequenz f_2 = 108 MHz gehört die Anfangskapazität:

$\omega_2^2=\frac{1}{LC_A} \Rightarrow$

$C_A=\frac{1}{\omega_2^2 L}=\frac{1}{(2\pi\cdot 108\text{ MHz})^2\cdot 0{,}22\,\mu\text{H}}=9{,}87\text{ pF}$

37.9

a) $\underline{Z}=R+\text{j}\left(\omega L-\frac{1}{\omega C}\right)$

Resonanzfall: $\varphi_Z=0$, d.h. Imaginärteil verschwindet:

$\omega L-\frac{1}{\omega C}=0 \Rightarrow \omega_r=\frac{1}{\sqrt{LC}} \Rightarrow f_r=\frac{1}{2\pi\cdot\sqrt{LC}}$

also folgt:

$\underline{Z}\big|_{\omega=\omega_r}=R$

b) Bandgrenzen: $\varphi_Z=\pm 45°$, d.h. $\text{Re}\{\underline{Z}\}=\text{Im}\{\underline{Z}\} \Rightarrow$

$$|\underline{Z}|=\sqrt{R^2+\underbrace{\left(\omega L-\frac{1}{\omega C}\right)^2}_{=R^2}}=\sqrt{2\cdot R^2}=\sqrt{2}\cdot R$$

c) $\varphi_Z=\arctan\frac{\text{Im}\{\underline{Z}\}}{\text{Re}\{\underline{Z}\}}=\arctan\frac{\omega L-\frac{1}{\omega C}}{R}=\pm 45°\big|_{\omega=\omega_g}$

d.h. $\pm\frac{\omega L-\frac{1}{\omega C}}{R}=\pm 1 \Rightarrow \pm\left(\omega L-\frac{1}{\omega C}\right)=\pm R$

Auszuwerten ist z.B. nur die Gleichung

$+(\omega L-\frac{1}{\omega C})=\pm R$,

da die zweite Beziehung mit negativer Klammer die gleichen Ergebnisse liefert:

$\omega^2 LC-1=\pm\omega RC \Rightarrow \omega^2\pm\omega\frac{R}{L}-\frac{1}{LC}=0$

Mit $\omega=\omega\big|_{\omega_g}$ folgt:

$$\omega_{g_{o/u}}=\pm\frac{R}{2L}\pm\sqrt{\left(\frac{R}{2L}\right)^2+\frac{1}{LC}}$$

Da der Wurzelausdruck für reale Bauelemente immer Werte liefert, die größer als der Wert

$\left(\frac{R}{2L}\right)$

sind und außerdem nur reale, d.h. positive Wurzeln interessieren, folgt als Ergebnis:

$$\omega_{g_{o/u}}=\pm\frac{R}{2L}+\sqrt{\left(\frac{R}{2L}\right)^2+\omega_r^2}$$

d) Die Bandbreite ist definiert als die Differenz der beiden Grenzfrequenzen:

$B=f_{g_o}-f_{g_u}=\frac{1}{2\pi}(\omega_{g_o}-\omega_{g_u})$

Durch Einsetzen der unter c) hergeleiteten Beziehung ergibt sich:

$$B=\frac{1}{2\pi}\left[\left(\frac{R}{2L}+\sqrt{\left(\frac{R}{2L}\right)^2+\omega_r^2}\right)-\left(-\frac{R}{2L}+\sqrt{\left(\frac{R}{2L}\right)^2+\omega_r^2}\right)\right]$$

$B=\frac{1}{2\pi}\cdot\frac{R}{L}$

Die Güte ist definiert aus der Resonanzfrequenz bezogen auf die Bandbreite:

$Q=\frac{f_r}{B}$

Einsetzen der Bandbreiteformel für B und der Resonanzformel für f_r ergibt:

$$Q=\frac{\frac{1}{2\pi\cdot\sqrt{LC}}}{\frac{1}{2\pi}\cdot\frac{R}{L}}=\frac{L}{R\sqrt{LC}}$$

$Q=\frac{1}{R}\cdot\sqrt{\frac{L}{C}}$

Häufig wird anstelle des Gütefaktors Q der Dämpfungsfaktor d verwendet, der jedoch nur den Reziprokwert der Güte darstellt:

$d=\frac{1}{Q}$

37.10

a) $\underline{Y} = \frac{1}{R_1} + \frac{1}{\mathrm{j}\omega L} + \frac{\frac{1}{R_2} \cdot \mathrm{j}\omega C}{\frac{1}{R_2} + \mathrm{j}\omega C} = \frac{1}{R_1} + \frac{1}{\mathrm{j}\omega L} + \frac{\mathrm{j}\omega C}{1 + \mathrm{j}\omega R_2 C}$

$$\underline{Y} = \frac{1}{R_1} + \frac{\omega^2 R_2 C^2}{1 + (\omega R_2 C)^2} + \mathrm{j}\left(\frac{\omega C}{1 + (\omega R_2 C)^2} - \frac{1}{\omega L}\right)$$

Resonanzfall: $\mathrm{Jm}\{\underline{Y}\}\big|_{\omega=\omega_r} = 0$

$$\frac{\omega_r C}{1 + (\omega_r R_2 C)^2} = \frac{1}{\omega_r L} \Rightarrow$$

$$\omega_r^2 LC = 1 + (\omega_r R_2 C)^2$$

$$\omega_r^2 (LC - R_2^2 C^2) = 1$$

$$\omega_r = \sqrt{\frac{1}{LC - R_2^2 C^2}} = 552767\ \mathrm{s}^{-1}$$

$$f_r = \frac{\omega_r}{2\pi} = 88\ \mathrm{kHz}$$

Im Vergleich dazu die Resonanzfrequenz eines verlustfreien (ungedämpften) Schwingkreises:

$$f = \frac{1}{2\pi \cdot \sqrt{LC}} = \frac{1}{2\pi \cdot \sqrt{100\ \mu\mathrm{H} \cdot 33\ \mathrm{nF}}} = 87{,}61\ \mathrm{kHz}$$

Die Abweichung der Phasenresonanzfrequenz f_r von der Resonanzfrequenz f_0 eines ungedämpften Schwingkreises beträgt im vorliegenden Fall 0,4 % und ist in der Praxis meistens noch kleiner, da stark gedämpfte Resonanzkreise wegen ihrer geringen Selektivität nur selten gebraucht werden. In vielen Fällen lohnt der Aufwand des genauen Rechnens also gar nicht.

b) Beziehung für den Gütefaktor Q laut Übersicht:

$$Q = \frac{f_r}{B} = \frac{R_p}{\omega_r L} = R_p \cdot \sqrt{\frac{C}{L}}$$

R_p ist der gesamte ohmsche Widerstand der Schaltung als Parallel-Ersatzwiderstand. Zu seiner Bestimmung im vorliegenden Schaltungsfall kann man z.B. eine Umwandlung der RC-Reihenschaltung in eine äquivalente Parallelschaltung vornehmen (s.a. Kap. 33):

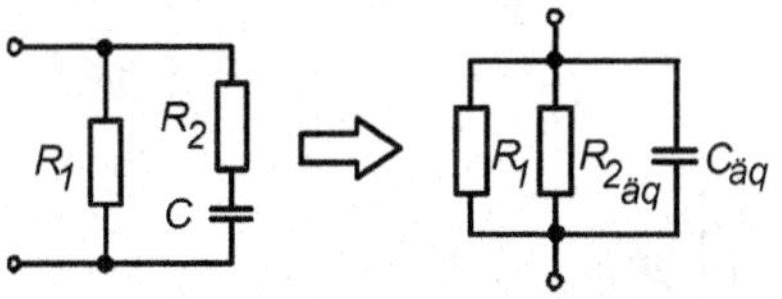

Für die Ersatzelemente erhält man:

$$R_{2\ddot{a}q} = \frac{1 + (\omega_r C R_2)^2}{R_2 \cdot (\omega_r C)^2} = 606\ \Omega$$

$$R_p = R_1 \| R_{2\ddot{a}q} = \frac{1\ \mathrm{k}\Omega \cdot 606\ \Omega}{1\ \mathrm{k}\Omega \cdot 606\ \Omega} = 377{,}4\ \Omega$$

$$C_{\ddot{a}q} = \frac{C}{1 + (\omega_r C R_2)^2} = 32{,}73\ \mathrm{nF}$$

Güte:

$$Q = \frac{R_p}{\omega_r L} = \frac{377{,}4\ \Omega}{552767\ \mathrm{s}^{-1} \cdot 100\ \mu\mathrm{H}} = 6{,}83$$

oder

$$Q = R_p \cdot \omega_r C_{\ddot{a}q} = 377{,}4\ \Omega \cdot 552767\ \mathrm{s}^{-1} \cdot 32{,}73\ \mathrm{nF} = 6{,}83$$

c) Bandbreite

$$B = \frac{f_r}{Q} = \frac{88\ \mathrm{kHz}}{6{,}83} = 12{,}88\ \mathrm{kHz}$$

37.11

Man kann den angegebenen typischen Werten für den Quarz den Gütefaktor Q = 25 000 entnehmen und daraus schließen, dass eine Berücksichtigung des Dämpfungswiderstandes R bei der Berechnung der Impedanz nicht erforderlich ist.

Impedanz $\underline{Z}$ unter Vernachlässigung von R:

$$\underline{Z} = \frac{(\underline{Z}_C + \underline{Z}_L) \cdot \underline{Z}_{C_0}}{(\underline{Z}_C + \underline{Z}_L) + \underline{Z}_{C_0}}$$

$$\underline{Z} = \frac{\left(\mathrm{j}\omega L - \mathrm{j}\frac{1}{\omega C}\right) \cdot \left(-\mathrm{j}\frac{1}{\omega C_0}\right)}{\left(\mathrm{j}\omega L - \mathrm{j}\frac{1}{\omega C}\right) + \left(-\mathrm{j}\frac{1}{\omega C_0}\right)} = \frac{\frac{L}{C_0} - \frac{1}{\omega^2 C C_0}}{-\mathrm{j}\left(\omega L - \frac{1}{\omega C} - \frac{1}{\omega C_0}\right)}$$

$$\underline{Z} = \frac{\frac{\omega^2 LCC_0 - C_0}{\omega^2 C C_0^2}}{\mathrm{j}\frac{\omega^2 LCC_0 - C_0 - C}{\omega C C_0}}$$

Ergebnis für Impedanz:

$$\underline{Z} = \mathrm{j}\left[\frac{1}{\omega} \cdot \frac{\omega^2 LC - 1}{C_0 + C - \omega^2 LCC_0}\right]$$

Man erkennt, dass es eine Frequenz gibt, bei der $\underline{Z} = 0$ wird, und eine andere Frequenz, bei der $\underline{Z} = \infty$ wird.

Der erste Fall ist die Serienresonanz des Schwingquarzes: Aus Zählerterm = 0 folgt für die Serienresonanz:

$$f_S = \frac{1}{2\pi \cdot \sqrt{LC}}$$

Der zweite Fall ist die Parallelresonanz des Schwingquarzes aus Nennerterm = 0.

$$f_p = \frac{1}{2\pi \cdot \sqrt{LC}} \cdot \sqrt{1 + \frac{C}{C_0}}$$

Man erkennt, dass die Serienresonanzstelle etwas unterhalb der Parallelresonanzstelle liegt:

$$f_S = \frac{1}{2\pi \cdot \sqrt{LC}} = \frac{1}{2\pi \cdot \sqrt{100\ \mathrm{mH} \cdot 0{,}015\ \mathrm{pF}}} = 4{,}109363\ \mathrm{MHz}$$

$$f_P = \frac{1}{2\pi \cdot \sqrt{LC}} \cdot \sqrt{1 + \frac{C}{C_0}}$$

$$f_P = 4{,}109363\ \mathrm{MHz} \cdot \sqrt{1 + \frac{0{,}015\ \mathrm{pF}}{5\ \mathrm{pF}}} = 4{,}115522\ \mathrm{MHz}$$

38 Transformator

• Gesetze, Ersatzschaltungen, Zeigerbilder, Kennwerte

Die elektrotechnischen Grundlagen des Transformators (Selbstinduktion, Gegeninduktion) sind in Kapitel 28 dargestellt. Die Wirkungsweise des Transformators in geschalteten Gleichstromkreisen (Schaltnetzteile) ist in Kapitel 29 behandelt. In diesem Kapitel 38 wird der Transformator in Wechselstromkreisen bei sinusförmiger Netzwechselspannung angewendet.

Gesetze des idealen Transformators

Beim idealen Transformator vereinfachen sich die an sich komplexen Zusammenhänge auf einfache Beziehungen:

$$\frac{U_1}{U_2} = \frac{\mathrm{N}_1}{\mathrm{N}_2} = \ddot{u}$$

Die Spannungen des idealen Transformators verhalten sich wie die zugehörigen Windungszahlen.

$$\frac{I_1}{I_2} = \frac{\mathrm{N}_2}{\mathrm{N}_1} = \frac{1}{\ddot{u}}$$

Die Ströme des idealen Transformators verhalten sich umgekehrt wie die zugehörigen Windungszahlen.

$$Z_1 = \ddot{u}^2 \cdot Z_2$$

Widerstände transformieren sich mit dem Quadrat des Übersetzungs-Verhältnisses $\ddot{u}$.

$$U_1 = 4{,}44 \cdot \mathrm{N}_1 \cdot f \cdot \hat{\Phi}$$

Transformator-Hauptgleichung mit $\hat{\Phi} = \hat{B} \cdot A_{\mathrm{Fe}}$

Der ideale Transformator

- ist verlustlos (keine Leistungsverluste in Wicklungen und Eisenkern)
- ist streuungsfrei (gleicher Magnetfluss in Primär- und Sekundärspule)
- hat eine lineare Magnetisierungskennlinie (keine Sättigung, keine Hysterese)
- hat eine sehr große Primärinduktivität (Magnetisierungsstrom vernachlässigbar)

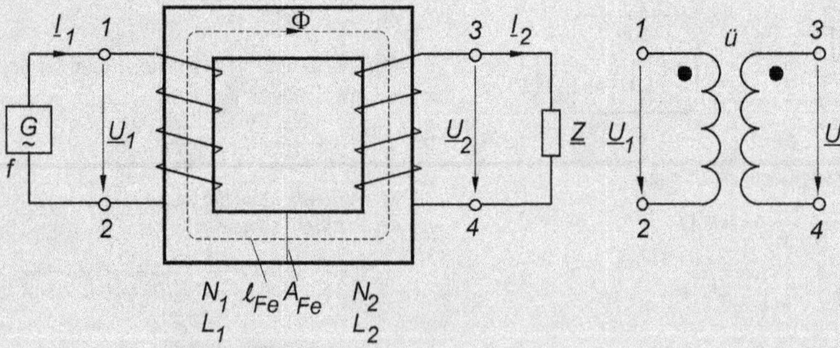

Vollständiges Ersatzschaltbild des Transformators mit Zeigerdiagramm

Transformator-Ersatzschaltbild mit galvanischer Trennung

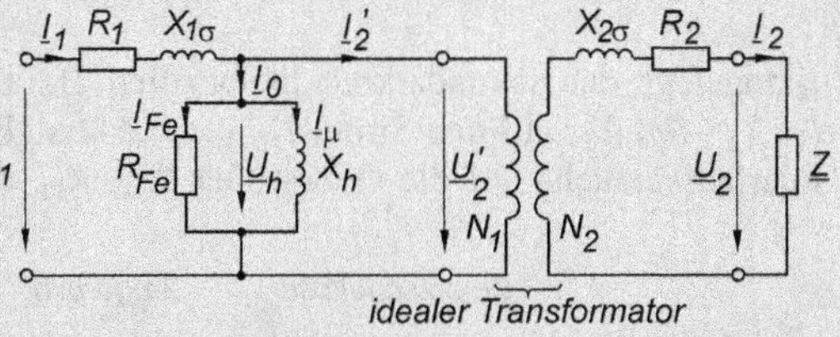

Ströme:

$\underline{I}_\mu$ = Magnetisierungsstrom

$\underline{I}_{Fe}$ = Eisenverluststrom

$\underline{I}_0$ = Leerlaufstrom

$\underline{I}_1, \underline{I}_2$ = Primär-, Sekundärstrom

Transformator-Ersatzschaltbild ohne galvanische Trennung:
Alle Größen der Sekundärseite auf die Primärseite umgerechnet

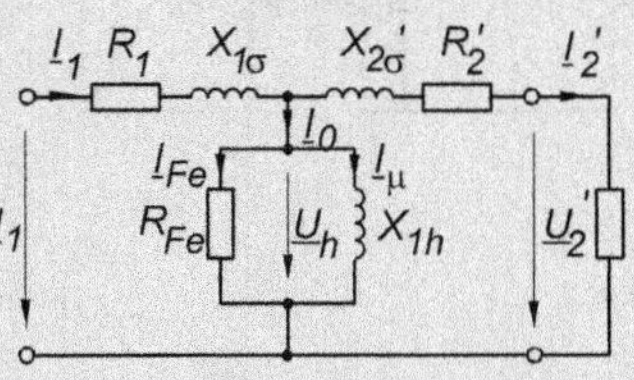

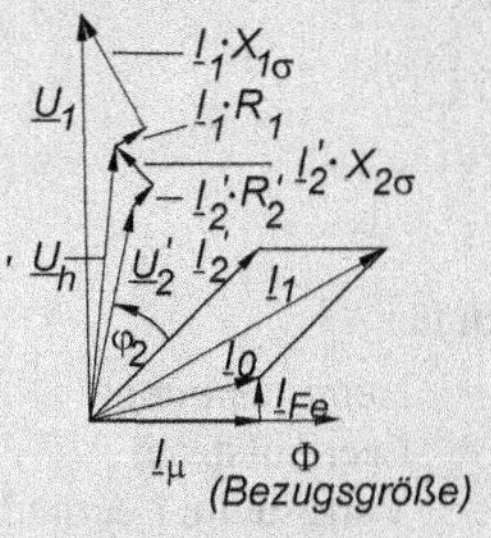

Umrechnung der Sekundärgrößen auf Primärgrößen:

⇨ gestrichene Größen:

$$R_2' = ü^2 \cdot R_2 \quad \text{(z.B.)}$$

$$X_{2\sigma}' = ü^2 \cdot X_{2\sigma}$$

$$\underline{I}_2' = \frac{1}{ü} \cdot \underline{I}_2$$

$$\underline{U}_2' = ü \cdot \underline{U}_2$$

Grundgleichungen:

$$\underline{U}_1 = \underline{I}_1 \cdot R_1 + \underline{I}_1 \cdot jX_{1\sigma} + \underline{U}_h$$

$$\underline{U}_h = \underline{I}_2' \cdot R_2' + \underline{I}_2' \cdot jX_{2\sigma}' + \underline{U}_2'$$

$$\underline{I}_1 = \underline{I}_0 + \frac{1}{ü} \cdot \underline{I}_2$$

$$\underline{I}_0 = \underline{I}_\mu + \underline{I}_{Fe}$$

Wirk- und Blindwiderstände

R_1, R_2 = Kupferverlustwiderstände

R_{Fe} = Eisenverlustwiderstand ↙ Streuinduktivität

$X_{1\sigma}, X_{2\sigma}$ = Streureaktanzen ⇨ $X_\sigma = \omega \cdot L_\sigma$

X_h = Hauptreaktanz ⇨ $X_h = \omega \cdot L_h$

↖ Haupinduktivität

Vereinfachtes Ersatzschaltbild des realen Transformators

Vernachlässigt werden: Magnetisierungsstrom $\underline{I}_\mu$, Eisenverluste $\underline{I}_{Fe}$

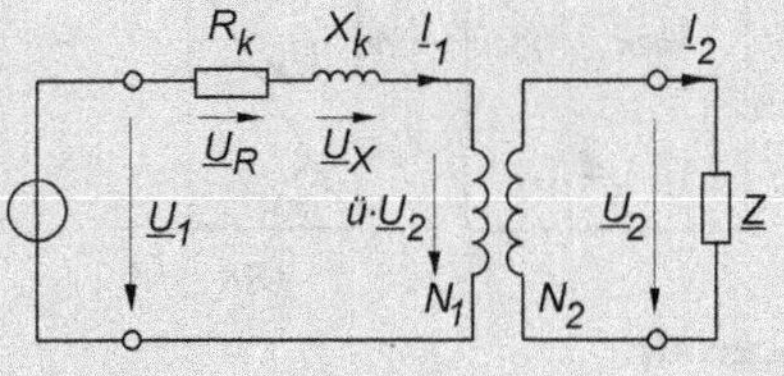

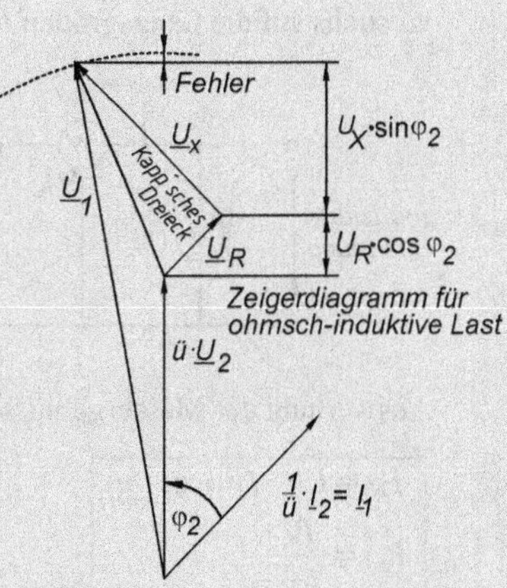

Im Belastungsfall tritt eine Änderung der Sekundärspannung auf, die vom Betrag des Laststromes und der Art der Belastung (ohmsch, induktiv, kapazitiv) abhängt:

$$U_2 \approx \frac{U_1}{ü} - \Delta U_2 \quad \text{mit} \quad \Delta U_2 = \frac{1}{ü}(U_R \cdot \cos\varphi_2 + U_X \cdot \sin\varphi_2)$$

$$U_R = I_1 \cdot R_K \quad \text{mit} \quad R_K = R_{Cu1} + ü^2 \cdot R_{Cu2}$$

$$U_2 = \frac{U_1}{ü} \quad \text{(Leerlauf)!}$$

$$U_X = I_1 \cdot X_K \quad \text{mit} \quad X_K = X_{1\sigma} + ü^2 \cdot X_{2\sigma}$$

$$\sphericalangle(U_2 \cdot I_2) = \varphi_2$$

Messungen am Transformator

Ziel der Messungen ist die Bestimmung der Größen des Transformator-Ersatzschaltbildes.

Leerlaufmessung

An den Transformator wird Nennspannung U_{1N} angelegt; der Sekundärkreis bleibt offen. Bei der Leerlaufmessung ist der Einfluss der Größen R_1, X_1 ; R_2, X_2 auf den Strom I_{10} vernachlässigbar klein, so dass mit dem Messergebnissen des Leerlaufversuchs auf die Quergrößen X_{1h}, R_{Fe} des Ersatzschaltbildes geschlossen werden kann.

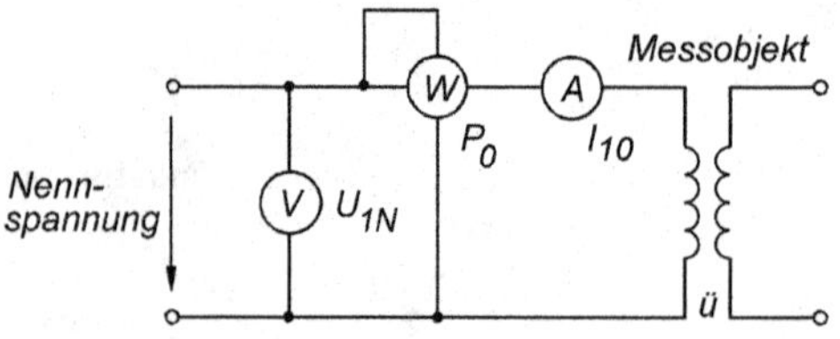

Ersatzschaltbild

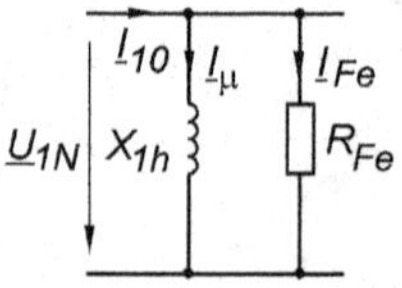

Zeigerbild

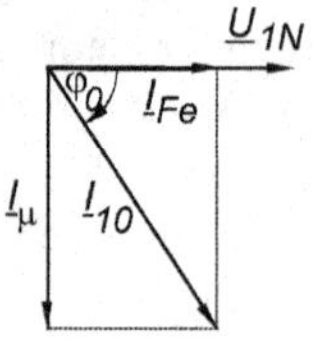

Auswertung der Messergebnisse:

$$P_0 = U_{1N} \cdot I_{10} \cdot \cos\varphi_0$$

$$R_{Fe} = \frac{U_{1N}^2}{P_0}$$

$$X_{1h} = \frac{U_{1N}}{\sqrt{I_{10}^2 - \left(\frac{P_0}{U_{1N}}\right)^2}}$$

Legende:

U_{1N} = Nennspannung

I_{10} = Leerlaufstrom

P_0 = Verluste im Leerlaufbetrieb!

Die gemessene Wirkleistung P_0 muss logisch zwingend dem Ersatzwiderstand des Eisens zugeordnet werden.

⇨ Eisenverluste des Transformators (belastungsunabhängig!)

Kurzschlussmessung

An den Transformator wird eine entsprechend reduzierte Spannung angelegt, sodass gerade Nennstrom I_{1N} fließt; der Sekundärkreis ist kurzgeschlossen: Infolge der stark herabgesetzten Spannung sind die Eisenverluste vernachlässigbar klein, sodass mit den Messergebnissen des Kurzschlussversuchs auf die Längsgrößen R_K, X_K geschlossen werden kann.

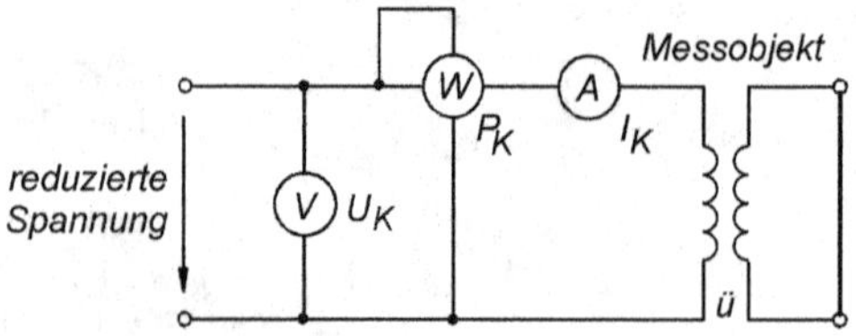

Ersatzschaltbild

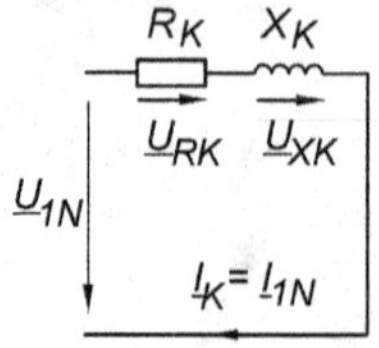

Zeigerbild

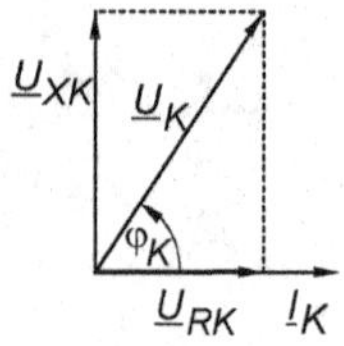

Auswertung der Messergebnisse

$$P_K = U_K \cdot I_K \cdot \cos\varphi_K$$

$$R_K = \frac{P_K}{I_K^2}$$

$$Z_K = \frac{U_K}{I_K}$$

Weiterhin:

Kupferwiderstände

$$R_1 + R_2' = R_K$$

Streureaktanz:

$$X_K = \sqrt{Z_K^2 - R_K^2} = X_{1\sigma} + X_{2\sigma}'$$

Legende:

U_K = Kurzschlussspannung

I_K = Kurzschlussstrom

P_K = Verluste im Kurzschlussbetrieb!

Die gemessene Wirkleistung P_K muss logisch zwingend den Kupferwiderständen R_1, R_2 zugeordnet werden.

⇨ Kupferverluste des Transformators (belastungsabhängig)

Nennkurzschlussspannung in %
$$u_{1K} = \frac{U_K}{U_{1N}} \cdot 100\,\%$$
(Leistungsschildangabe)

38.1 Aufgaben

➊ **38.1:** Ein idealer Transformator (s. Bild) habe primärseitig $N_1 = 1035$ Windungen.

a) Wie groß ist die Windungszahl N_2?

b) Man berechne den Primärstrom bei Ausschluss des Lastwiderstandes $R_L = 4\ \Omega$.

c) Wie groß erscheint der transformierte Widerstand R_L auf der Primärseite?

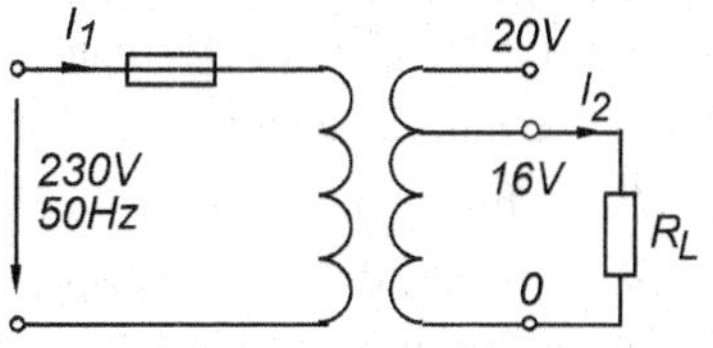

➊ **38.2:** Gegeben ist die Magnetisierungskurve des Eisens für einen verlustlosen Transformator 230 V/16 V, 50 Hz, $N_1 = 1035$, $l_{Fe} = 0{,}3$ m.

a) Gesucht ist der Eisenquerschnitt A_{Fe} für eine Flussdichte $\hat{B} = 1{,}2\,\mathrm{T}$ (Amplitude).

b) Wie groß ist der Magnetisierungsstrom I_μ der Primärwicklung?

c) Wie groß ist die Primärinduktivität des streuungsfreien Transformators?

d) Ist Umkehrbetrieb 16 V/230 V zulässig?

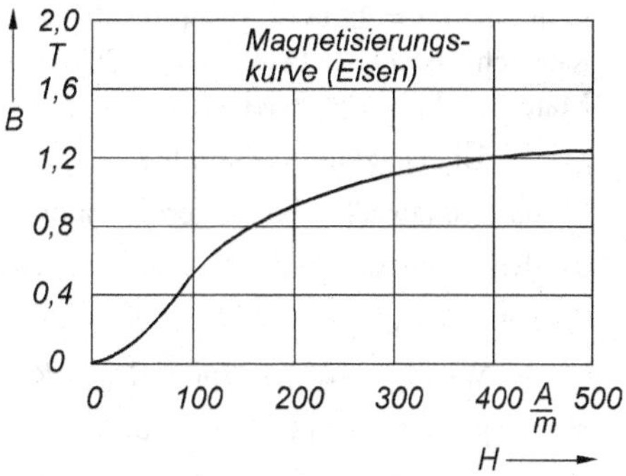

➋ **38.3:** Ein Einphasen-Transformator für 230 V/24 V, 50 Hz mit einer Nennleistung 200 VA soll dimensioniert werden. Abmessungen siehe Bild. Verluste vernachlässigen!

a) Bestimmen Sie die Windungszahlen über die Trafo-Hauptgleichung für $\hat{B} = 1{,}2T$.

b) Bestimmen Sie die erforderlichen Drahtquerschnitte für Stromdichte $S = 2{,}5\,\frac{\mathrm{A}}{\mathrm{mm}^2}$.

c) Ermitteln Sie den Leerlaufstrom I_{10}; siehe dazu Magnetisierungskurve der Aufgabe 38.2.

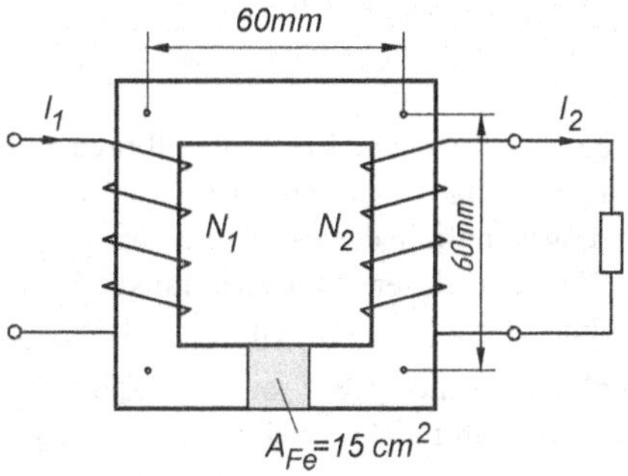

➋ **38.4:** Ein verlustloser Transformator 230 V/16 V, 50 Hz und der Windungszahlen $N_1 = 1035$, $N_2 = 72$ habe einen Eisenquerschnitt von $A_{Fe} = 8{,}34\ \mathrm{cm}^2$.

Wie groß wird die Amplitude der Flussdichte $\hat{B}$ im Eisen? Lösen Sie die Aufgabe

a) über die Transformator-Hauptgleichung,

b) über das Induktionsgesetz.

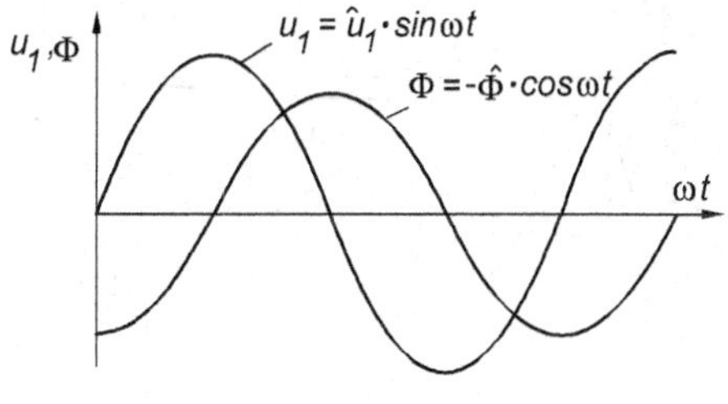

❷❸ **38.5:** Entsprechend dem vereinfachten Ersatzschaltbild sind von einem verlustbehafteten Transformator folgende Angaben bekannt.
Daten: $\ddot{u} = 2$, $R_K = 4\,\Omega$, $X_K = 30\,\Omega$
Der Transformator wird mit einer ohmsch-induktiven Last $\underline{Z} = 10\,\Omega \cdot e^{+j60°}$ belastet und mit Spannungen $U_1 < U_{1N}$ betrieben.

a) Man berechne alle Größen des Zeigerdiagramms, wobei für die sekundäre Klemmenspannung $|U_2| = 100$ V, 50 Hz angenommen wird.

b) Man zeichne das Zeigerdiagramm maßstäblich mit $50\,\text{V} \mathrel{\hat{=}} 1\,\text{cm}$ und $2\,\text{A} \mathrel{\hat{=}} 1\,\text{cm}$.

c) Wie groß wird $|U_2|$ bei $U_1 = 235\,\text{V} / 50\,\text{Hz}$?

d) Man berechne die Ausgangsspannung U_2 bei Belastung mit $\underline{Z} = 10\,\Omega \cdot e^{+j60°}$ mit der Näherungsformel des Kapp'schen Dreiecks und den Zahlenwerten von a).

❷❸ **38.6:** An einem Einphasentransformator mit 27,6 kVA, 50 Hz wurden im Leerlauf- und Kurzschlussversuch folgende Messwerte ermittelt:
Leerlauf: $U_1 = 230\,\text{V}, U_2 = 400\,\text{V}, I_0 = 8\,\text{A}, P_0 = 1\,\text{kW}$
Kurzschluss: $U_K = 18$ V, $I_K = 120$ A, $P_K = 1{,}2$ kW
Man berechne bzw. zeichne:

a) das Übersetzungsverhältnis $\ddot{u}$,

b) das unmaßstäbliche Zeigerdiagramm für den Leerlauffall mit U_1, I_0, I_μ, I_{Fe},

c) den Magnetisierungsstrom I_μ und den Eisenverluststrom I_{Fe}

d) den Eisenverlustwiderstand R_{FE} aus der Leerlaufmessung,

e) die Wicklungswiderstände R_{Cu1}, R_{Cu2} unter der Annahme $R_{Cu1} = \ddot{u}^2 \cdot R_{Cu2}$.

f) die primäre Hauptinduktivität L_{1h},

g) die Streuinduktivitäten $L_{1\sigma}$, $L_{2\sigma}$ unter der Annahme $L_{1\sigma} = \ddot{u}^2 \cdot L_{2\sigma}$,

h) das vollständige Ersatzschaltbild mit den Kenndaten des Transformators,

i) den Wirkungsgrad der Leistungsübertragung bei Wirkleistungs-Volllast.

❸ **38.7:** Elektrische Ersatzschaltbilder reichen nicht aus, um das Verhalten von Transformatoren vollständig zu beschreiben. Für die folgenden Fragestellungen muss auch die Magnetisierungskennlinie des Eisens herangezogen werden (s. auch Kp. 22).
Ein verlustloser Einphasentransformator habe die im Bild angegebene Magnetisierungskennlinie $B = f(I_{10})$. Daten: $N_1 = 1035$, $A_{Fe} = 10\,\text{cm}^2$, $f = 50$ Hz.

a) Konstruieren Sie im Liniendiagramm den zeitlichen Verlauf des Leerlaufstromes für Betrieb mit 40 % Überspannung bezogen auf $U_{1N} = 230$ V und $\hat{B} = 1$ T als 100 %.

b) Ermitteln Sie im Liniendiagramm den Einschaltstrom des leerlaufenden Transformators beim Einschalten im Nulldurchgang der Nennspannung U_{1N}.

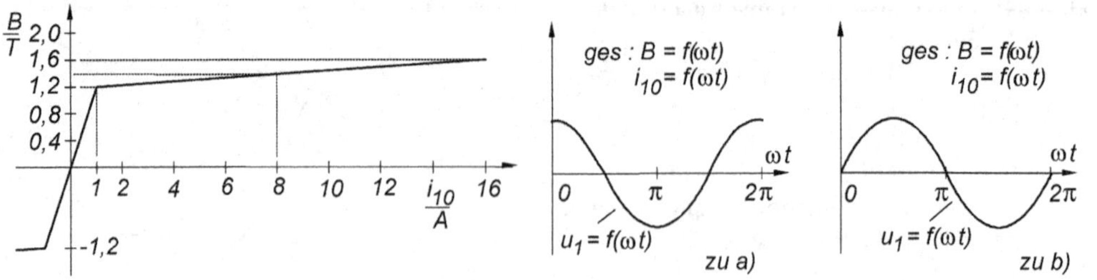

38.2 Lösungen

38.1

a) $N_2 = \frac{N_1 \cdot U_2}{U_1} = \frac{1035 \cdot 16\ \text{V}}{230\ \text{V}} = 72$

$N_2 = 90$ für 20 V-Ausgang

b) $I_2 = \frac{U_2}{R_L} = \frac{16\ \text{V}}{4\ \Omega} = 4\ \text{A}$

$I_1 = \frac{N_2 \cdot I_2}{N_1} = \frac{72 \cdot 4\ \text{A}}{1035} = 0{,}278\ \text{A}$

c) $R_1' = \frac{U_1}{I_1} = \frac{230\ \text{V}}{0{,}278\ \text{A}} = 827\ \Omega$

oder

$R_1' = \ddot{u}^2 \cdot R_L = \left(\frac{1035}{72}\right)^2 \cdot 4\ \Omega = 827\ \Omega$

38.2

a) Aus Transformator-Hauptgleichung :

$A_{Fe} = \frac{U_1}{4{,}44 \cdot N_1 \cdot f \cdot \hat{B}} = \frac{230\ \text{V}}{4{,}44 \cdot 1035 \cdot 50 \frac{1}{\text{s}} \cdot 1{,}2 \frac{\text{Vs}}{\text{m}^2}} = 8{,}34\ \text{cm}^2$

b) $\hat{H}_{Fe} = 400\ \frac{\text{A}}{\text{m}}$ für $B = 1{,}2\ \text{T}$

aus Magnetisierungskurve

$\hat{H}_{Fe} = \frac{\hat{I}_\mu \cdot N_1}{l_{Fe}}$

$\hat{I}_\mu = \frac{400\ \frac{\text{A}}{\text{m}} \cdot 0{,}3\ \text{m}}{1035} = 0{,}116\ \text{A}$

$I_\mu \approx 82\ \text{mA}$ (Effektivwert)

c) $L_1 = \frac{N_1 \cdot \hat{\Phi}}{\hat{I}_\mu}$ mit $\Phi = B \cdot A_{Fe}$

$L_1 = \frac{1035 \cdot 1{,}2\ \text{T} \cdot 8{,}34 \cdot 10^{-4}\text{m}^2}{0{,}116\ \text{A}} = 8{,}93\ \text{H}$

oder

$I_\mu = \frac{U_1}{X_{L1}}$ mit $X_{L1} = 2\pi \cdot f \cdot L_1$

$L_1 = \frac{U_1}{2\pi \cdot f \cdot I_\mu} = \frac{230\ \text{V}}{314\ \text{s}^{-1} \cdot 82\ \text{mA}} = 8{,}93\ \text{H}$

d) Ja, mit entsprechend dem Übersetzungsverhältnis erhöhtem Magnetisierungsstrom $\hat{I}_\mu^*$.

$\hat{I}_\mu^* = \frac{\hat{H}_{Fe} \cdot l_{Fe}}{N_2} = \frac{400\ \frac{\text{A}}{\text{m}} \cdot 0{,}3\ \text{m}}{72}$

$\hat{I}_\mu^* = 1{,}67\ \text{A}$

38.3

a) $U_1 = 4{,}44 \cdot N_1 \cdot f \cdot \hat{B} \cdot A_{Fe}$

$N_1 = \frac{230\ \text{V}}{4{,}44 \cdot 50 \frac{1}{\text{s}} \cdot 1{,}2 \frac{\text{Vs}}{\text{m}^2} \cdot 15 \cdot 10^{-4}\text{m}^2} = 576$

$N_2 = \frac{N_1 \cdot U_2}{U_1} = 60$

b) $I_1 = \frac{S}{U_1} = \frac{200\ \text{VA}}{230\ \text{V}} = 0{,}87\ \text{A}$

$I_2 = \frac{S}{U_2} = \frac{200\ \text{VA}}{24\ \text{V}} = 8{,}33\ \text{A}$

$A_{Cu1} = \frac{I_1}{S} = \frac{0{,}87\ \text{A}}{2{,}5 \frac{\text{A}}{\text{mm}^2}} = 0{,}35\ \text{mm}^2$

$A_{Cu2} = \frac{I_2}{S} = \frac{8{,}33\ \text{A}}{2{,}5 \frac{\text{A}}{\text{mm}^2}} = 3{,}33\ \text{mm}^2$

c)

$\hat{H}_{Fe} = 400\ \frac{\text{A}}{\text{m}}$ bei $\hat{B} = 1{,}2\ \text{T}$

$\hat{I}_\mu = \frac{\hat{H}_{Fe} \cdot l_{Fe}}{N_1} = \frac{400\ \frac{\text{A}}{\text{m}} \cdot 0{,}24\ \text{m}}{576} = 0{,}167\ \text{A}$

$I_\mu = \frac{\hat{I}_\mu}{\sqrt{2}} = 0{,}118\ \text{A}$

Leerlaufstrom I_{10} ist gleich dem Magnetisierungsstrom I_μ, da Eisenverluste hier vernachlässigt ($I_{Fe} = 0$).

38.4

a) $U_1 = 4{,}44 \cdot N_1 \cdot f \cdot \hat{\Phi}$ mit $\hat{\Phi} = \hat{B} \cdot A_{Fe}$

$\hat{\Phi} = \frac{230\ \text{V}}{4{,}44 \cdot 1035 \cdot 50 \frac{1}{\text{s}}} = 1\ \text{mVs}$

$\hat{B} = \frac{\hat{\Phi}}{A_{Fe}} = \frac{1 \cdot 10^{-3}\ \text{Vs}}{8{,}34 \cdot 10^{-4}\ \text{m}^2} = 1{,}2\ \text{T}$

b) $u_1 = N_1 \cdot \frac{d\Phi}{dt}$

$d\Phi = \frac{u_1}{N_1} \cdot dt$ mit $u_1 = \hat{u}_1 \cdot \sin \omega t$

$\Phi = \frac{\hat{u}_1}{N_1} \int \sin \omega t \cdot dt = -\underbrace{\frac{\hat{u}_1}{N_1 \cdot \omega}}_{\hat{\Phi}} \cdot \cos \omega t$

$\hat{\Phi} = \frac{\sqrt{2} \cdot 230\ \text{V}}{1035 \cdot 2\pi \cdot 50 \frac{1}{\text{s}}} = 1\ \text{mVs}$

$\hat{B} = \frac{\hat{\Phi}}{A_{Fe}} = 1{,}2\ \text{T}$

38.5

a)

$$\ddot{u}\cdot \underline{U}_2 = 2\cdot 100\ \text{V}\cdot \text{e}^{\text{j}0} = 200\ \text{V}$$

$$\underline{I}_2 = \frac{\underline{U}_2}{\underline{Z}} = \frac{100\ \text{V}}{10\ \Omega\cdot \text{e}^{+\text{j}(60°)}} = 10\ \text{A}\cdot \text{e}^{-\text{j}(60°)}$$

$$\underline{I}_1 = \frac{1}{\ddot{u}}\cdot \underline{I}_2 = 5\ \text{A}\cdot \text{e}^{-\text{j}(60°)}$$

$$\underline{U}_\text{R} = I_1\cdot R_\text{K} = 20\ \text{V}\cdot \text{e}^{-\text{j}(60°)}$$

$$\underline{U}_\text{R} = 20\ \text{V}\cdot \text{e}^{-\text{j}(60°)} \approx 10\ \text{V} - \text{j}17\ \text{V}$$

$$\underline{U}_\text{X} = \underline{I}_1\cdot \text{j}X_\text{X}$$

$$\underline{U}_\text{X} = 150\ \text{V}\cdot \text{e}^{+\text{j}(30°)} = 130\ \text{V} + \text{j}75\ \text{V}$$

$$\underline{U}_1 = \ddot{u}\underline{U}_2 + \underline{U}_\text{R} + \underline{U}_\text{X}$$

$$\underline{U}_1 \approx 200\ \text{V} + 10\ \text{V} - \text{j}17\ \text{V} + 130\ \text{V} + \text{j}75\ \text{V}$$

$$\underline{U}_1 \approx 340\ \text{V} + \text{j}58\ \text{V}$$

$$\underline{U}_1 = U_1\cdot \text{e}^{\text{j}\varphi_1} \approx 345\ \text{V}\cdot \text{e}^{+\text{j}(10°)}$$

b) Aus Zeigerdiagramm:

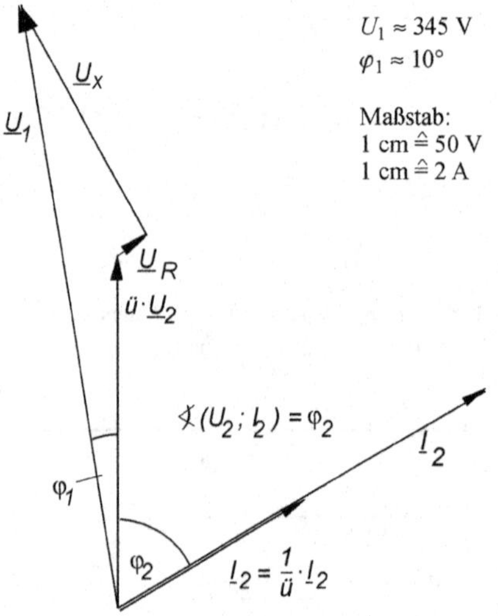

$U_1 \approx 345$ V
$\varphi_1 \approx 10°$

Maßstab:
1 cm ≙ 50 V
1 cm ≙ 2 A

c) Auch für U_1 = 235V (anstelle von U_1 = 345V) gilt das Zeigerdiagramm, man muss es sich nur maßstäblich verkleinert vorstellen. Man darf die Methode des Ähnlichkeitssatzes (s. Kp. 4, Band 1) anwenden, solange $U_{1\text{N}}$ nicht überschritten wird.

$$U_2 = 100\ \text{V}\cdot \frac{230\ \text{V}}{345\ \text{V}} = 66{,}7\ \text{V}$$

d) $\Delta U_2 \approx \frac{1}{\ddot{u}}\cdot\left(U_\text{R}\cdot \cos\varphi_2 + U_\text{X}\cdot \sin\varphi_2\right)$

$$\Delta U_2 \approx \frac{1}{2}\cdot\left(20\ \text{V}\cdot \cos 60° + 150\ \text{V}\cdot \sin 60°\right)$$

$$\Delta U_2 \approx 0{,}5\cdot\left(10\ \text{V} + 129{,}9\ \text{V}\right) \approx 70\ \text{V}$$

$$U_2 \approx \frac{U_1}{\ddot{u}} - \Delta U_2 = \frac{345\ \text{V}}{2} - 70\ \text{V}$$

$$U_2 \approx 102{,}5\ \text{V}\ (2{,}5\%\ \text{Fehler})$$

38.6

a) $\ddot{u} = \frac{\text{N}_1}{\text{N}_2} = \frac{230\ \text{V}}{400\ \text{V}} = \frac{1}{\sqrt{3}}$

b)

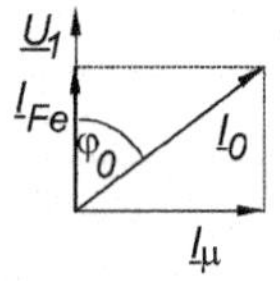

c) Scheinleistung im Leerlauffall
$S = U_1\cdot I_0 = 230\ \text{V}\cdot 8\ \text{A} = 1840\ \text{VA}$

Wirkleistung im Leerlauffall (≙ Eisenverluste)
$P_0 = P_\text{Fe} = 1000\ \text{W}$ (gemessen)

Phasenverschiebungswinkel im Leerlauf

$$\measuredangle(U_1, I_0) = \varphi_0 = \arccos\frac{P_0}{S} = 57°$$

Wirkstromanteil im Leerlauf
$I_\text{Fe} = I_0\cdot \cos\varphi_0 = 8\ \text{A}\cdot \cos 57°$
$I_\text{Fe} = 4{,}35\ \text{A}$

Blindstromanteil im Leerlauf
$I_\mu = I_0\cdot \sin\varphi_0 = 8\ \text{A}\cdot \sin 57°$
$I_\mu = 6{,}71\ \text{A}$

d) Eisenverlustwiderstand aus Leerlaufmessung
(P_0 = Eisenverluste)

$$R_\text{Fe} = \frac{U_1^2}{P_0} = \frac{(230\ \text{V})^2}{1000\ \text{W}} \approx 53\ \Omega$$

e) Wicklungswiderstände aus Kurzschlussmessung
(P_K = Kupferverluste)

$$R_\text{K} = \frac{P_\text{K}}{I_\text{K}^2} = \frac{1200\ \text{W}}{(120\ \text{A})^2} \approx 83{,}3\ \text{m}\Omega$$

$R_\text{K} = R_\text{Cu1} + \ddot{u}^2\cdot R_\text{Cu2}$ mit Bedingung :

$R_\text{Cu1} = \ddot{u}^2\cdot R_\text{Cu2} \Rightarrow R_\text{Cu1} = 42\ \text{m}\Omega$
$R_\text{Cu2} = 125\ \text{m}\Omega$

f) Primäre Hauptinduktivität aus Leerlaufmessung

$$X_\text{1h} = \frac{U_1}{\sqrt{I_0^2 - \left(\frac{P_0}{U_1}\right)^2}} = \frac{230\ \text{V}}{\sqrt{(8\ \text{A})^2 - \left(\frac{1\ \text{kW}}{230\ \text{V}}\right)^2}}$$

$X_\text{1h} = 34{,}3\ \Omega$

$$L_\text{1h} = \frac{X_\text{1h}}{2\pi\cdot f} = \frac{34{,}3\ \Omega}{314\ \text{s}^{-1}} = 109\ \text{mH}$$

g) Streuinduktivitäten aus Kurzschlussmessung

$$Z_\text{K} = \frac{U_\text{K}}{I_\text{K}} = \frac{18\ \text{V}}{120\ \text{A}} = 0{,}15\ \Omega$$

$X_K = \sqrt{Z_K{}^2 - R_K{}^2} = \sqrt{(150\,\text{m}\Omega)^2 - (83{,}3\,\text{m}\Omega)^2}$

$X_K = 125\,\text{m}\Omega$

$X_K = X_{1\sigma} + \ddot{u}^2 \cdot X_{2\sigma}$ mit Bedingung

$X_{1\sigma} = \ddot{u}^2 \cdot X_{2\sigma} \Rightarrow X_{1\sigma} = 63\,\text{m}\Omega$

$X_{2\sigma} = 188\,\text{m}\Omega$

$$L_{1\sigma} = \frac{X_{1\sigma}}{2\pi \cdot f} = \frac{63\,\text{m}\Omega}{314\,\text{s}^{-1}} = 0{,}2\,\text{mH}$$

$$L_{2\sigma} = \frac{X_{2\sigma}}{2\pi \cdot f} = \frac{188\,\text{m}\Omega}{314\,\text{s}^{-1}} = 0{,}6\,\text{mH}$$

h)

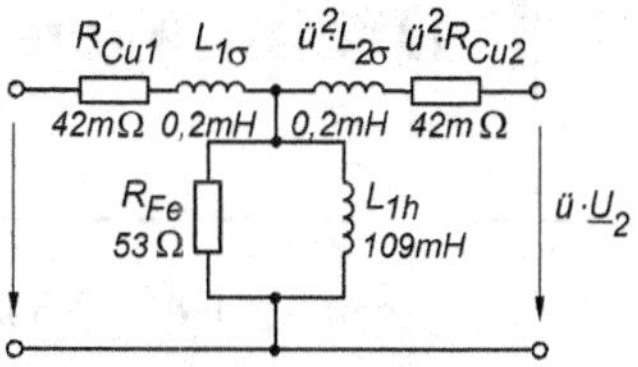

i) Wirkungsgrad

$$\eta = \frac{P_2}{P_{1N}} = \frac{(27{,}6 - 1{,}0 - 1{,}2)\,\text{kW}}{27{,}6\,\text{kW}} \cdot 100\,\% = 92\,\%$$

38.7

a) Verlauf $B = f(t)$ und $i_{10} = f(t)$ bei Dauerbetrieb

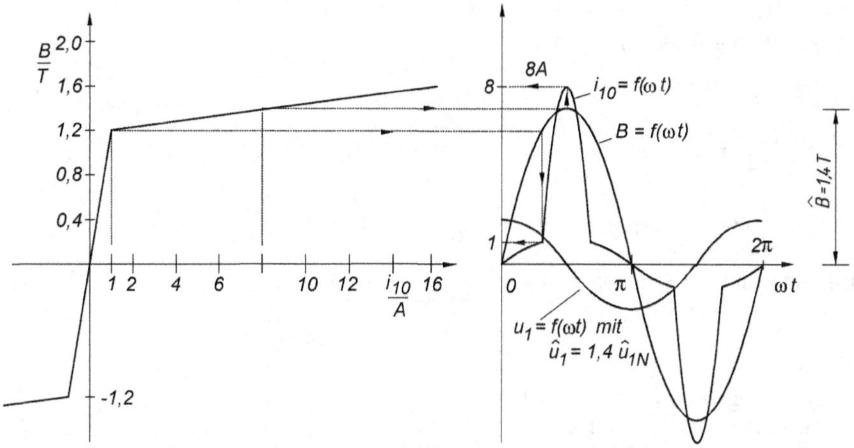

Ansatz für 40 % Überspannung : $U_1 = 1{,}4 \cdot U_{1N} \cdot \cos \omega t$

Transformator-Hauptgleichung : $U_1 = 4{,}44 \cdot f \cdot N_1 \cdot \hat{B} \cdot A_{Fe} \quad \Rightarrow \quad \hat{B} = 1{,}4\,\text{T}$

b) Verlauf $B = f(t)$ und $i_{10} = f(t)$ unmittelbar nach dem Einschalten (Rush-Effekt)

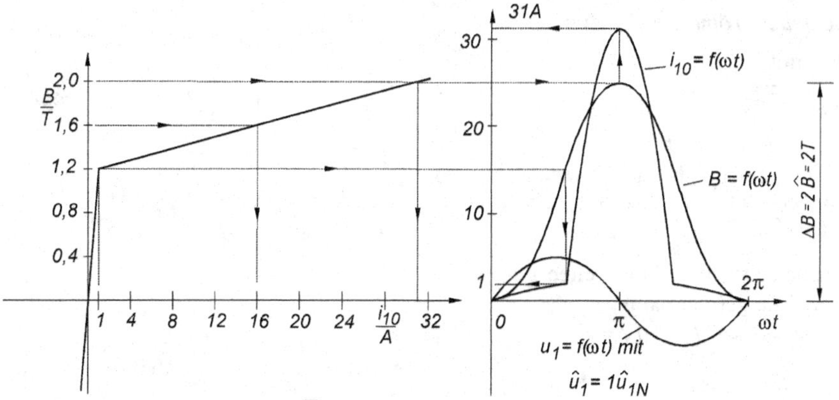

Ansatz für Nennspannung : $u_1 = \sqrt{2} \cdot U_{1N} \cdot \sin \omega t$

$$\Delta B = \frac{1}{N_1 \cdot A_{Fe}} \cdot \int_0^{\pi} \hat{u}_1 \cdot \sin \omega t \cdot \mathrm{d}\omega t \quad \Rightarrow \quad \Delta B = \frac{\hat{u}_1}{N_1 \cdot A_{Fe} \cdot \omega} \cdot \left[-\cos \omega t\right]_0^{\pi} = 1\,\text{T} \cdot \left[(+1) - (-1)\right] = 2\,\text{T}$$

39 Dreiphasensysteme

Beim Dreiphasensystem sind die Wicklungsstränge des Generators um $\varphi = \frac{2}{3} \cdot \pi \mathrel{\hat{=}} 120°$ versetzt. In den drei Generatorsträngen mit den Anschlussklemmenpaaren U1-U2, V1-V2, W1-W2 entstehen die *Strangspannungen* U_{St}. Bei symmetrischem Aufbau ist:

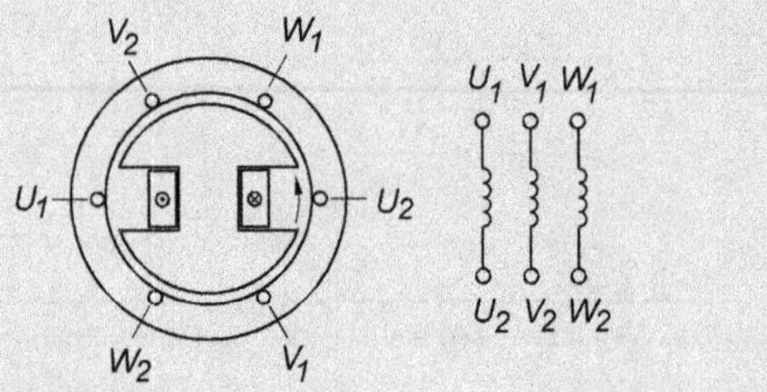

$u_1(t) = \hat{u} \cdot \sin \omega t, \quad u_2(t) = \hat{u} \cdot \sin(\omega t - 120°),$

$u_3(t) = \hat{u} \cdot \sin(\omega t - 240°) = \hat{u} \cdot \sin(\omega t + 120°)$

bzw. unter Benutzung der Effektivwerte:

$$\underline{U}_1 = \frac{\hat{u}}{\sqrt{2}}, \qquad \underline{U}_2 = \frac{\hat{u}}{\sqrt{2}} \cdot \mathrm{e}^{-\mathrm{j}\frac{2}{3}\pi},$$

$$\underline{U}_3 = \frac{\hat{u}}{\sqrt{2}} \cdot \mathrm{e}^{-\mathrm{j}\frac{4}{3}\pi} = \frac{\hat{u}}{\sqrt{2}} \cdot \mathrm{e}^{\mathrm{j}\frac{2}{3}\pi} \quad \text{(s. Zeigerbild)}$$

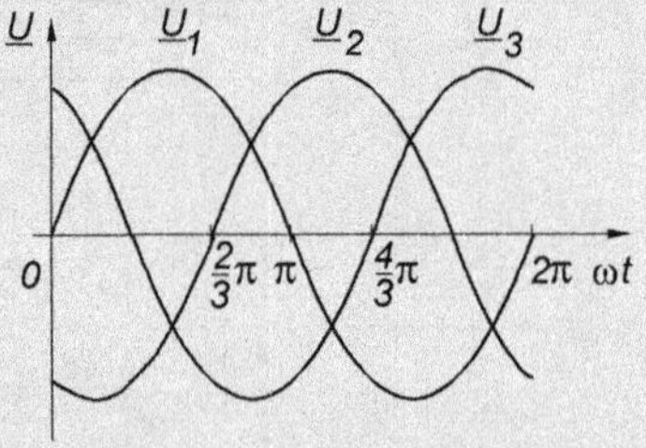

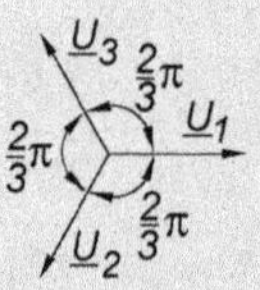

Zur Leitereinsparung sind die Spannungen miteinander verkettet:

Dreieckschaltung

Die *Außenleiterspannungen* U_{L} (Spannung z.B. zwischen den Außenleitern L1 und L2) sind gleich den Strangspannungen U_{st} und man kann ansetzen:

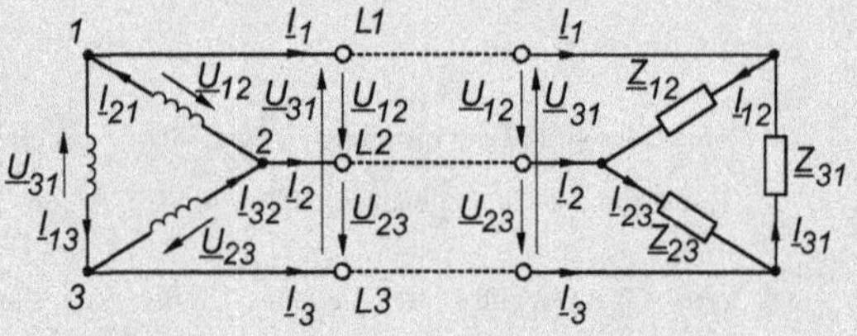

$\underline{U}_{12} + \underline{U}_{23} + \underline{U}_{31} = 0$

Bei symmetrischer Last, $\underline{Z}_{12} = \underline{Z}_{23} = \underline{Z}_{31}$, haben alle *Außenleiterströme* gleiche Beträge:

$I = I_1 = I_2 = I_3 \quad \text{mit}$

$I = I_{12} \cdot \sqrt{3} = I_{23} \cdot \sqrt{3} = I_{31} \cdot \sqrt{3}$

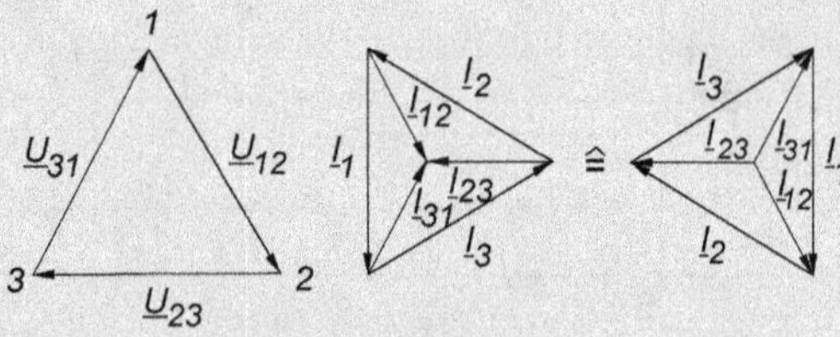

Man beachte: *Strangströme* (hier z.B. $\underline{I}_{12}$) eilen gegenüber den entsprechenden Außenleiterströmen (hier: gegenüber $\underline{I}_1$) um jeweils 30° vor!

Für die verbraucherseitigen Ströme gelten gemäß Schaltung und Zeigerdiagramm:

$\underline{I}_1 = \underline{I}_{12} - \underline{I}_{31}, \quad \underline{I}_2 = \underline{I}_{23} - \underline{I}_{12}, \quad \underline{I}_3 = \underline{I}_{31} - \underline{I}_{23}$

mit: $\underline{I}_{12} = \dfrac{\underline{U}_{12}}{\underline{Z}_{12}}, \quad \underline{I}_{23} = \dfrac{\underline{U}_{23}}{\underline{Z}_{23}}, \quad \underline{I}_{31} = \dfrac{\underline{U}_{31}}{\underline{Z}_{31}}$

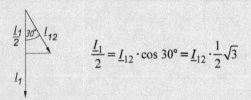

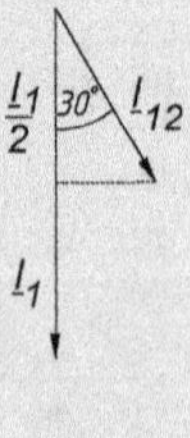

$$\frac{\underline{I}_1}{2} = \underline{I}_{12} \cdot \cos 30° = \underline{I}_{12} \cdot \frac{1}{2}\sqrt{3}$$

Sternschaltung

Bei dieser Spannungsverkettung sind die drei Rückleitungen der Strangspannungsgeneratoren in einem *Sternpunkt* N zusammengefasst. Das Spannungszeigerdiagramm zeigt, dass sich die Außenleiterspannungen aus der Überlagerung von zwei Strangspannungen ergeben, z.B. $\underline{U}_{12} = \underline{U}_1 - \underline{U}_2$.

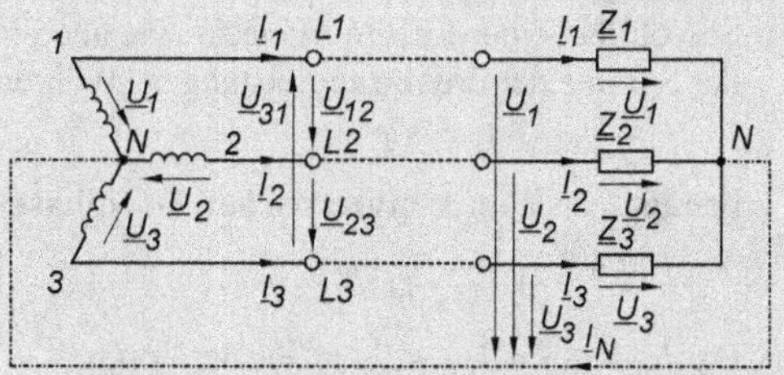

Bei symmetrischer Last bleibt der Neutralleiter N stromlos: ($\underline{I}_\mathrm{N} = 0$) und es ist:

$$\underline{I}_1 + \underline{I}_2 + \underline{I}_3 = 0 = \frac{\underline{U}_1}{\underline{Z}_1} + \frac{\underline{U}_2}{\underline{Z}_2} + \frac{\underline{U}_3}{\underline{Z}_3}$$

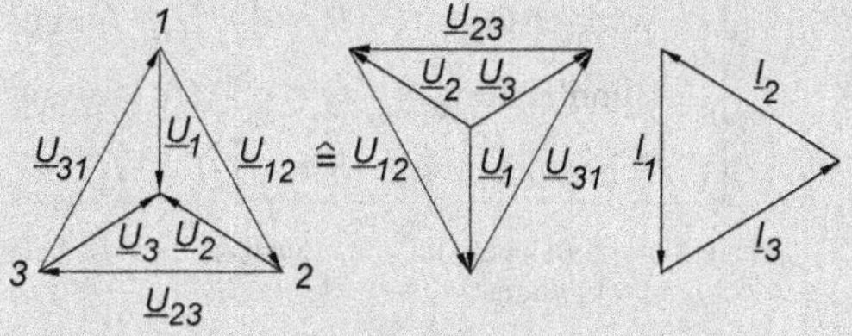

Weiterhin gilt gemäß Zeigerdiagramm:

$$\underline{U}_{12} + \underline{U}_{23} + \underline{U}_{31} = 0$$

Hier bilden die Strangspannungen $\underline{U}_1, \underline{U}_2, \underline{U}_3$ im Zeigerdreieck der Außenleiterspannungen die Winkelhalbierenden, sodass analog zur Dreieckschaltung folgt:

$$U_1 = U_2 = U_3 = \frac{U_{12}}{\sqrt{3}} = \frac{U_{23}}{\sqrt{3}} = \frac{U_{31}}{\sqrt{3}}$$

Die Außenleiterspannungen eilen gegenüber den entsprechenden Strangspannungen um 30° vor!

Unsymmetrische Belastung

Im Allgemeinen sind im belasteten, realen Netz Unsymmetrien nicht zu vermeiden. Im gezeigten Bild ist an ein symmetrisches Netz mit dem Sternpunkt N eine unsymmetrische Last in Sternschaltung mit $\underline{Z}_1 \neq \underline{Z}_2 \neq \underline{Z}_3$ angeschlossen; der Neutralleiter N habe den Widerstand $\underline{Z}_\mathrm{N}$. Dadurch ist der Verbraucher-Sternpunkt N′ nicht mehr gleich dem Generator-Sternpunkt N. Es fließt ein *Ausgleichsstrom* $\underline{I}_\mathrm{N}$ über den Neutralleiter N und an diesem entsteht ein Spannungsabfall, die *Verlagerungsspannung* $\underline{U}_\mathrm{N} = \underline{I}_\mathrm{N} \cdot \underline{Z}_\mathrm{N}$.

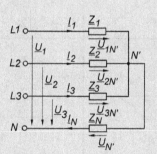

Verlagerungsspannung $\underline{U}_\mathrm{N}$:

$$\underline{U}_\mathrm{N} = \frac{\dfrac{\underline{U}_1}{\underline{Z}_1} + \dfrac{\underline{U}_2}{\underline{Z}_2} + \dfrac{\underline{U}_3}{\underline{Z}_3}}{\dfrac{1}{\underline{Z}_1} + \dfrac{1}{\underline{Z}_2} + \dfrac{1}{\underline{Z}_3} + \dfrac{1}{\underline{Z}_\mathrm{N}}}$$

Strom im N-Leiter $\underline{I}_\mathrm{N}$:

$$\underline{I}_\mathrm{N} = \underline{I}_1 + \underline{I}_2 + \underline{I}_3$$

$$\underline{I}_\mathrm{N} = \frac{\underline{U}_1}{\underline{Z}_1} + \frac{\underline{U}_2}{\underline{Z}_2} + \frac{\underline{U}_3}{\underline{Z}_3}$$

Bei unsymmetrischer Dreieckslast fließen unterschiedlich große Außenleiterströme:

$$\underline{I}_1 = \underline{I}_{12} - \underline{I}_{31} = \frac{\underline{U}_{12}}{\underline{Z}_{12}} - \frac{\underline{U}_{31}}{\underline{Z}_{31}}$$

$$\underline{I}_2 = \underline{I}_{23} - \underline{I}_{12} = \frac{\underline{U}_{23}}{\underline{Z}_{23}} - \frac{\underline{U}_{12}}{\underline{Z}_{12}}$$ (s. linke Buchseite)

$$\underline{I}_3 = \underline{I}_{31} - \underline{I}_{23} = \frac{\underline{U}_{31}}{\underline{Z}_{31}} - \frac{\underline{U}_{23}}{\underline{Z}_{23}}$$

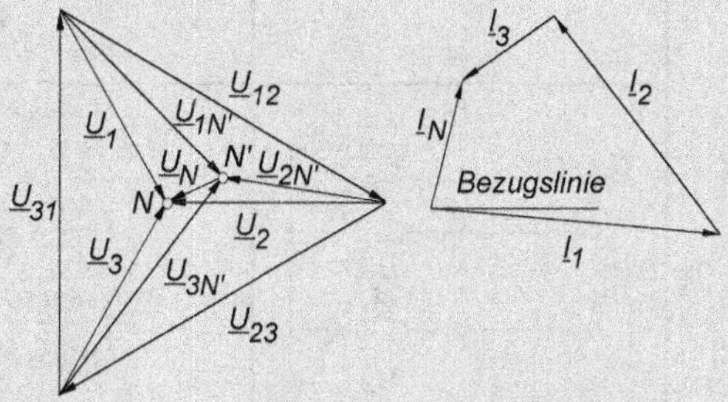

Leistung im Dreiphasensystem bei symmetrischer Belastung

Sowohl bei einer Last in Dreieck- wie auch in Sternschaltung ist die Gesamtleistung immer gleich der Summe der drei Strangleistungen. Während im Einphasennetz die Wirkleistung

$P = U_{St} \cdot I_{St} \cdot \cos\varphi$ (Index St = Stranggröße)

beträgt, ist sie im **symmetrischen Dreiphasennetz** dreimal so groß:

$P = 3 \cdot U_{St} \cdot I_{St} \cdot \cos\varphi$

Da $I_{St} = I_{12} = I_{21} = I_{31} = \frac{I_L}{\sqrt{3}}$ ist, folgt: (Index L = Außenleitergröße)

Wirkleistung	$P = \sqrt{3} \cdot U_L \cdot I_L \cdot \cos\varphi$
Blindleistung	$Q = \sqrt{3} \cdot U_L \cdot I_L \cdot \sin\varphi$
Scheinleistung	$S = \sqrt{3} \cdot U_L \cdot I_L$

(dabei ist φ der Winkel zwischen U_{St} und I_{St})

Anmerkung: Im Gegensatz zum Einphasennetz ist beim Dreiphasennetz die Momentanleistung $p(t)$ zeitunanhängig und konstant!

In komplexer Schreibweise (darin bedeuten z.B. $\underline{I}_{12}^*$: konjugiert komplexer Strom $\underline{I}_{12}$):

Dreieckschaltung: $\underline{S} = \underline{U}_{12} \cdot \underline{I}_{12}^* + \underline{U}_{23} \cdot \underline{I}_{23}^* + \underline{U}_{31} \cdot \underline{I}_{31}^* = \sqrt{3} \cdot U_L \cdot I_L \cdot e^{j\varphi}$

Sternschaltung: $\underline{S} = \underline{U}_1 \cdot \underline{I}_1^* + \underline{U}_2 \cdot \underline{I}_2^* + \underline{U}_3 \cdot \underline{I}_3^* = \sqrt{3} \cdot U_L \cdot I_L \cdot e^{j\varphi}$

Bei gleichen Generatorspannungen und Belastungswiderständen ergibt sich in Abhängigkeit von der Generator-Verbraucher-Zusammenschaltung nachfolgende Tabelle:

Generator / Verbraucher	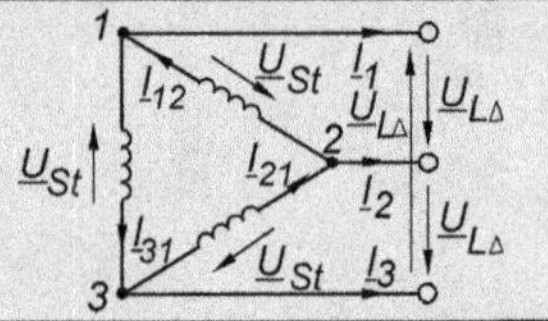	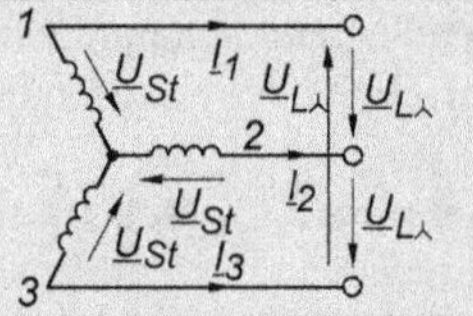
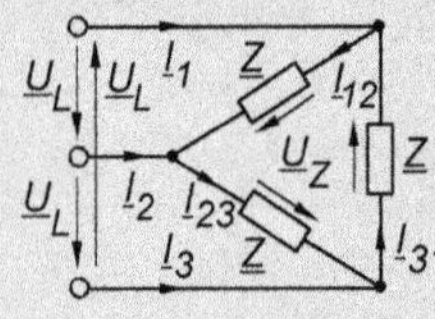	Außenleiterspannungen $U_{L\Delta} = U_{12} = U_{23} = U_{31} = U_{St}$ Außenleiterströme $I_L = I_1 = I_2 = I_3 = \sqrt{3} \cdot I_{12} = \sqrt{3} \cdot I_{23} = \sqrt{3} \cdot I_{31}$ $I_L = \sqrt{3} \cdot \frac{U_Z}{Z} = \sqrt{3} \cdot \frac{U_{L\Delta}}{Z} = \sqrt{3} \cdot \frac{U_{St}}{Z}$ An Verbraucherwiderstände abgegebene Leistung $P_{Ges} = \sqrt{3} \cdot U_{L\Delta} \cdot I_L \cdot \cos\varphi$ $P_{Ges} = \sqrt{3} \cdot U_{St} \cdot \sqrt{3} \cdot \frac{U_{St}}{Z} \cdot \cos\varphi$ $P_{Ges} = 3 \cdot \frac{U_{St}^2}{Z} \cdot \cos\varphi$	$U_{L\lambda} = U_{12} = U_{23} = U_{31} = \sqrt{3} \cdot U_{St}$ $I_L = \sqrt{3} \cdot \frac{U_Z}{Z} = \sqrt{3} \cdot \frac{U_{L\lambda}}{Z} = 3 \cdot \frac{U_{St}}{Z}$ $P_{Ges} = \sqrt{3} \cdot U_{L\lambda} \cdot I_L \cdot \cos\varphi$ $P_{Ges} = \sqrt{3} \cdot \sqrt{3} \cdot U_{St} \cdot 3 \cdot \frac{U_{St}}{Z} \cdot \cos\varphi$ $P_{Ges} = 9 \cdot \frac{U_{St}^2}{Z} \cdot \cos\varphi$
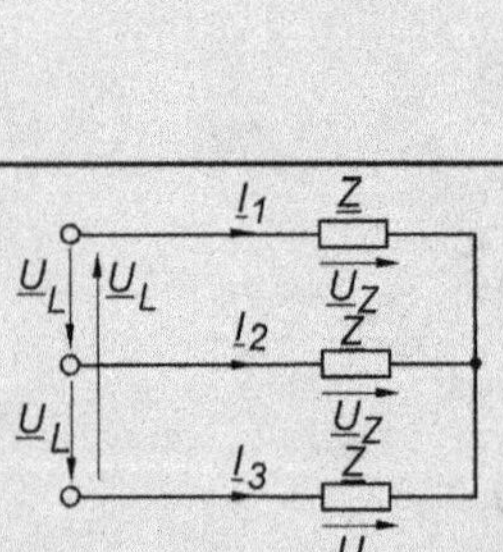	Außenleiterströme I_L = Ströme durch Verbraucherwiderstände $I_L = I_1 = I_2 = I_3$ $I_L = \frac{U_Z}{Z} = \frac{U_{L\Delta}}{\sqrt{3} \cdot Z} = \frac{U_{St}}{\sqrt{3} \cdot Z}$ An Verbraucherwiderstände abgegebene Leistung (Herleitung vgl. oben) $P_{Ges} = \frac{U_{St}^2}{Z} \cdot \cos\varphi$	$I_L = \frac{U_Z}{Z} = \frac{U_{L\lambda}}{\sqrt{3} \cdot Z} = \frac{U_{St}}{Z}$ $P_{Ges} = 3 \cdot \frac{U_{St}^2}{Z} \cdot \cos\varphi$

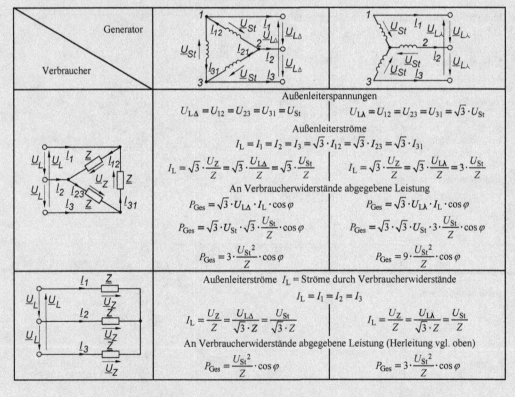

Leistung im Dreiphasennetz bei unsymmetrischer Belastung

Bei unsymmetrischer Belastung sind grundsätzlich die Strangleistungen einzeln zu berücksichtigen.

Beispiel: Unsymmetrische Belastung bei zugänglichem Sternpunkt

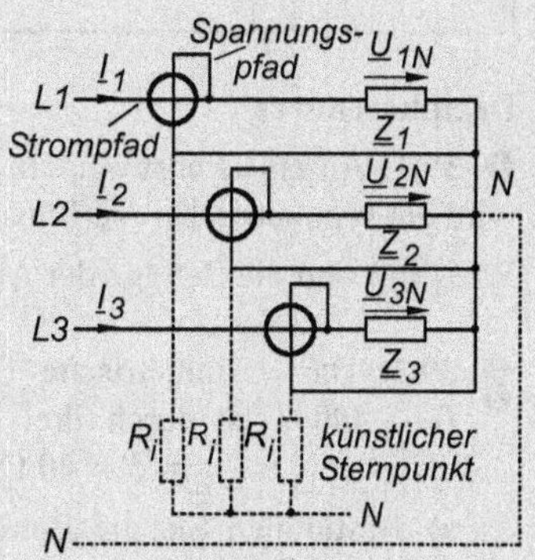

Scheinleistung:

$$\underline{S} = \underline{S}_1 + \underline{S}_2 + \underline{S}_3 = \underline{U}_{1N}\underline{I}_1^* + \underline{U}_{2N}\underline{I}_2^* + \underline{U}_{3N}\underline{I}_3^*$$

(bei Dreieckslast: $\underline{S} = \underline{U}_{12}\underline{I}_{12}^* + \underline{U}_{23}\underline{I}_{23}^* + \underline{U}_{31}\underline{I}_{31}^*$)

Wirkleistung:

$$P = P_1 + P_2 + P_3 = \mathrm{Re}\{\underline{S}\}$$

$$P = U_{1N}I_1\cos\varphi_1 + U_{2N}I_2\cos\varphi_2 + U_{3N}I_3\cos\varphi_3$$

Blindleistung:

$$Q = Q_1 + Q_2 + Q_3 = \mathrm{Im}\{\underline{S}\}$$

$$Q = U_{1N}I_1\sin\varphi_1 + U_{2N}I_2\sin\varphi_2 + U_{3N}I_3\sin\varphi_3$$

Messung der Wirkleistung P:

Mit der 3-Leistungsmessermethode bei zugänglichem Sternpunkt (strichpunktierter Neutralleiter N im obigen Bild ist vorhanden). Jeder Leistungsmesser zeigt die tatsächliche Strangleistung an.

Beispiel: Unsymmetrische Belastung bei unzugänglichem Sternpunkt

1) Ist der Sternpunkt nicht zugänglich (der strichpunktierte Neutralleiter N im obigen Bild sei nicht vorhanden), kann mit 3 gleichen Widerständen R_i in den Spannungspfaden der Leistungsmesser ein künstlicher Sternpunkt N gebildet werden (gestrichelte Liniendarstellung anstelle der gezeichneten).
2) Da im Dreileiternetz die Spannungen miteinander verkettet sind und bei fehlendem Sternpunktleiter die Summe der drei Außenleiterströme gleich null ist, vereinfachen sich die obigen Gleichungen von drei auf zwei Terme, sodass auch eine Leistungsmessung mit nur zwei Leistungsmessern möglich ist, wie nachstehend gezeigt wird (Aron-Schaltung).

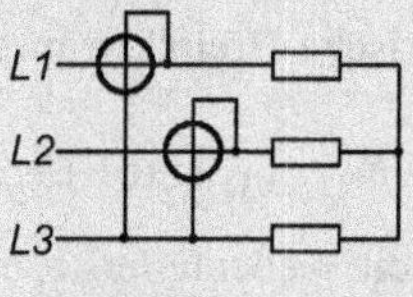

Scheinleistung:

$$\underline{S} = \underline{U}_{13} \cdot \underline{I}_1^* + \underline{U}_{23} \cdot \underline{I}_2^*$$

Wirkleistung:

$$P = \mathrm{Re}\{\underline{S}\} = U_{13} \cdot I_1 \cdot \cos\varphi_{13} + U_{23} \cdot I_2 \cdot \cos\varphi_{23}$$

Genauso durch zyklische Vertauschung:

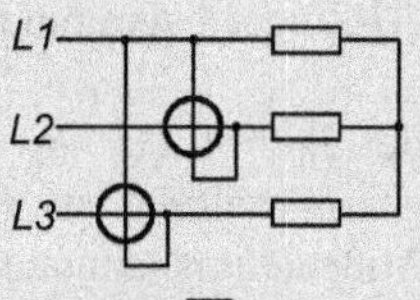

Scheinleistung:

$$\underline{S} = \underline{U}_{21} \cdot \underline{I}_2^* + \underline{U}_{31} \cdot \underline{I}_3^*$$

Wirkleistung:

$$P = \mathrm{Re}\{\underline{S}\} = U_{21} \cdot I_2 \cdot \cos\varphi_{21} + U_{31} \cdot I_3 \cdot \cos\varphi_{31}$$

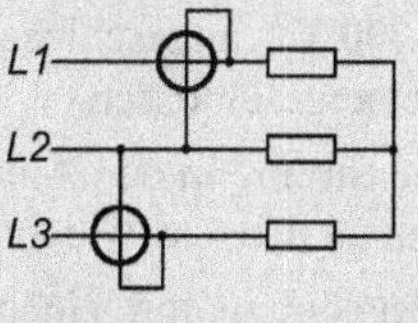

Scheinleistung:

$$\underline{S} = \underline{U}_{12} \cdot \underline{I}_1^* + \underline{U}_{32} \cdot \underline{I}_3^*$$

Wirkleistung:

$$P = \mathrm{Re}\{\underline{S}\} = U_{12} \cdot I_1 \cdot \cos\varphi_{12} + U_{32} \cdot I_3 \cdot \cos\varphi_{32}$$

Wichtig ist bei der 2-Leistungsmessermethode, dass die Spannungsspule der Leistungsmesser mit der einen Klemme an der Verbindung zwischen Stromspule und Lastwiderstand und damit am betreffenden Leiter liegt und mit der anderen Klemme am dritten Leiter angeschlossen wird, in dem sich kein Leistungsmesser befindet.

Bei beiden Messmethoden für unzugänglichen Sternpunkt ist es egal, ob die Drehstromlast in Stern- oder Dreieckschaltung vorliegt. Die Anzeigen der einzelnen Leistungsmessers haben jedoch keine physikalische Realität mehr, aber die Summe der Einzelanzeigen ist gleich der tatsächlichen Gesamt-Wirkleistung!

39.1 Aufgaben

Dreiphasennetz

❶ **39.1:** An ein Drehstromnetz mit den Außenleiterspannungen $U_L = U_{12} = U_{23} = U_{31} = 400$ V wird ein symmetrischer Verbraucher mit $\underline{Z}_1 = \underline{Z}_2 = \underline{Z}_3 = R = 20\ \Omega$ angeschlossen.
Wie groß sind die Beträge der Außenleiterströme bei Stern- und Dreieckschaltung der Last?

❶❷ **39.2:** Das symmetrische Dreiphasennetz mit $U_L = 400$ V ist durch drei gleiche Widerstände $\underline{Z}_{12} = \underline{Z}_{23} = \underline{Z}_{31} = R = 40\ \Omega$ belastet.

a) Bestimmen Sie die Beträge der Außenleiterströme und deren Phasenwinkel bezüglich der Spannung $\underline{U}_{12}$.

b) Wie ändern sich die Außenleiterströme, wenn eine der Zuleitungen unterbrochen wird?

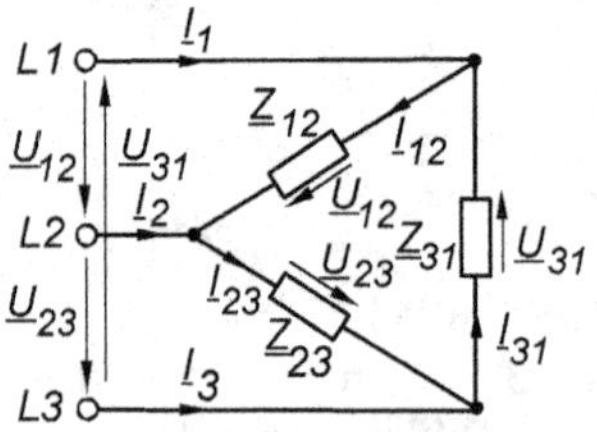

❶❷ **39.3:** Ein symmetrisches Dreiphasennetz mit $U_L = 400$ V ist durch drei gleiche verlustbehaftete Spulen ($R = 10\ \Omega$, $\mathrm{j}\omega L = \mathrm{j}50\ \Omega$) in Sternschaltung belastet.

Man berechne die Außenleiterströme $\underline{I}_1, \underline{I}_2$ und $\underline{I}_3$ nach Betrag und Phasenwinkel bezüglich der Außenleiterspannung $\underline{U}_{12}$.

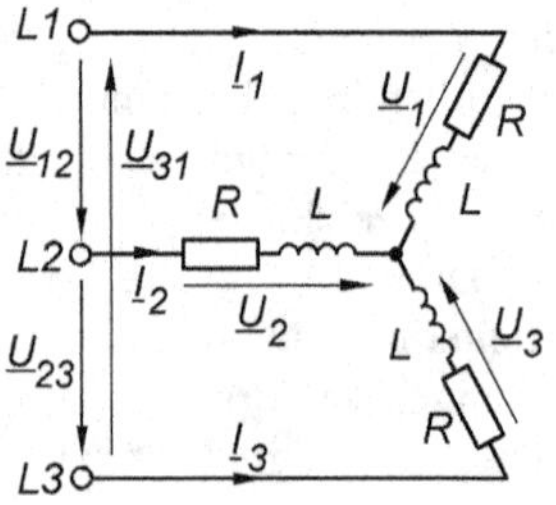

❷ **39.4:** An das symmetrische Dreiphasennetz nach Aufgabe 39.2 ist eine Last in Dreieckschaltung angeschlossen:
$\underline{Z}_{12} = -\mathrm{j}\,X_C$, $\underline{Z}_{23} = R$, $\underline{Z}_{31} = R + \mathrm{j}X_L$, wobei $R = X_L = X_C = 100\ \Omega$ ist.

a) Zu berechnen sind die Außenleiterströme nach Betrag und Phasenlage in Bezug auf $\underline{U}_{12}$.

b) Zeichnen Sie das $\underline{U}$-$\underline{I}$-Zeigerdiagramm mit den Maßstäben 100 V ≙ 1 cm, 1 A ≙ 1 cm.

❷ **39.5:** Die Widerstände $R_1 = 50\ \Omega$, $R_2 = 100\ \Omega$, $R_3 = 120\ \Omega$ sind in Sternschaltung an ein Drehstromnetz mit den Außenleiterspannungen $U_L = U_{12} = U_{23} = U_{31} = 400$ V angeschlossen. Der Neutralleiter N ist nicht angeschlossen.

a) Gesucht werden die Ströme in den Außenleitern und die Spannungen an den Lastwiderständen.

b) Prüfen Sie Ihre Ergebnisse mit einem Strom- und einem Spannungs-Zeigerdiagramm nach.

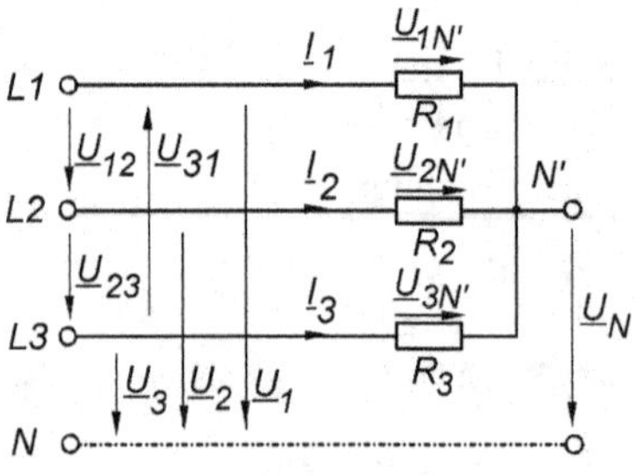

❷❸ **39.6:** Ein idealer symmetrischer Drehstrom-Generator mit den Außenleiterspannungen $U_L = U_{12} = U_{23} = U_{31} = 400$ V arbeitet auf die unsymmetrische Belastung in Sternschaltung mit $R = 100\ \Omega$, $\mathrm{j}X_L = \mathrm{j}50\ \Omega$, $-\mathrm{j}\,X_C = -\mathrm{j}80\ \Omega$.

Der Neutralleiter N ist angeschlossen. Gesucht:

a) Außenleiterströme $\underline{I}_1$, $\underline{I}_2$ und $\underline{I}_3$ sowie $\underline{I}_N$ nach Betrag und Phase bei $\underline{Z}_N = 0$.

b) Die Verlagerungsspannung $\underline{U}_N$ bei unterbrochenem Neutralleiter N ($\underline{Z}_N = \infty$) sowie die Ströme $\underline{I}_1$, $\underline{I}_2$ und $\underline{I}_3$.
Alle Phasenwinkel sind bezüglich $\underline{U}_1$ anzugeben.

c) $\underline{U}$- und $\underline{I}$-Zeigerdiagramme für Fälle a) und b).

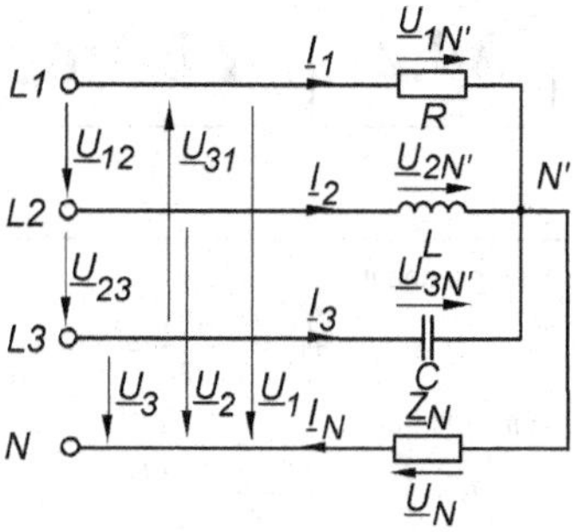

Leistung im Dreiphasensystem

❶ **39.7:** An ein symmetrisches Drehstromnetz mit $U_L = 400$ V können drei gleiche Heizwiderstände ($R = 10\ \Omega$) entweder in Sternschaltung oder in Dreieckschaltung angeschlossen werden.
Wie groß ist in beiden Fällen die umgesetzte Wirkleistung?

❷ **39.8:** Ein Drehstromnetz mit der Außenleiterspannung $U_L = 400$ V ist mit den Widerständen $R = |X_C| = |X_L| = 100\ \Omega$ gemäß Skizze belastet.
Wie groß ist die aufgenommene Wirkleistung? Man berechne die von Kondensator und Spule aufgenommenen Einzelblindleistungen sowie die Gesamtblindleistung.

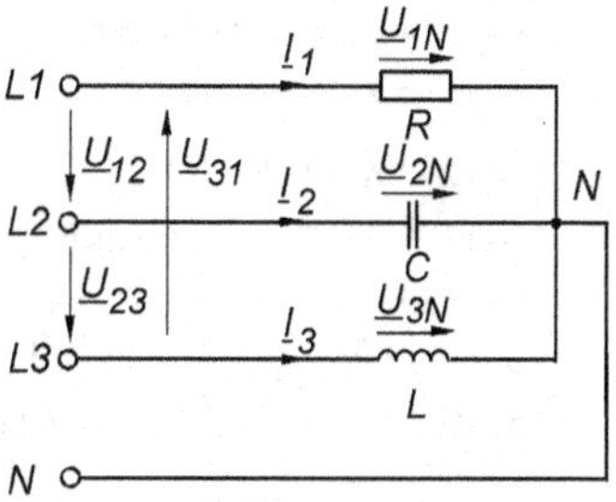

❷❸ **39.9:** Die Schaltung nach Aufgabe 39.6 b) soll mit der 2-Wattmeter-Methode untersucht werden.
Welche Leistungsbeträge zeigen die beiden Instrumente an?
Übernehmen Sie für Ihren Lösungsansatz die Ergebnisse für $\underline{I}_1$, $\underline{I}_2$ und $\underline{I}_3$ sowie für $\underline{U}_{1N'}$, $\underline{U}_{2N'}$ und $\underline{U}_{3N'}$ aus obiger Aufgabe 39.6 b).

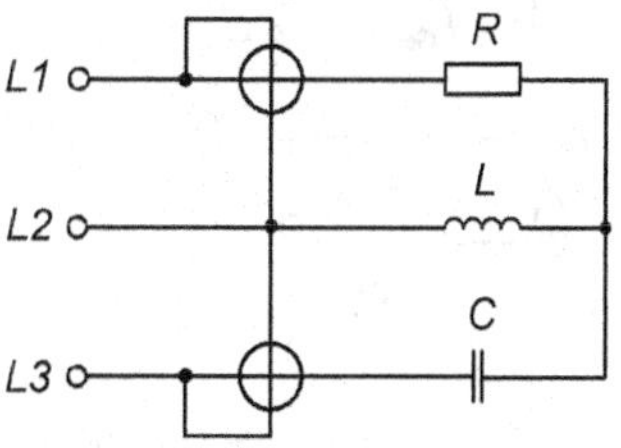

❸ **39.10:** An das gegebene starre Drehstromnetz mit $\underline{U}_L = 400$ V sind der Widerstand $R = 40\ \Omega$ und der induktive Blindwiderstand $|\omega L| = 40\ \Omega$ angeschlossen.
Da der Sternpunkt N′ unzugänglich ist, wird mit den Innenwiderständen der Leistungsmesser ein künstlicher Sternpunkt gebildet ($R_i \gg R$).

a) Wie groß ist die umgesetzte Wirkleistung?

b) Welche Wirkleistungen zeigen die drei idealen Leistungsmesser an?

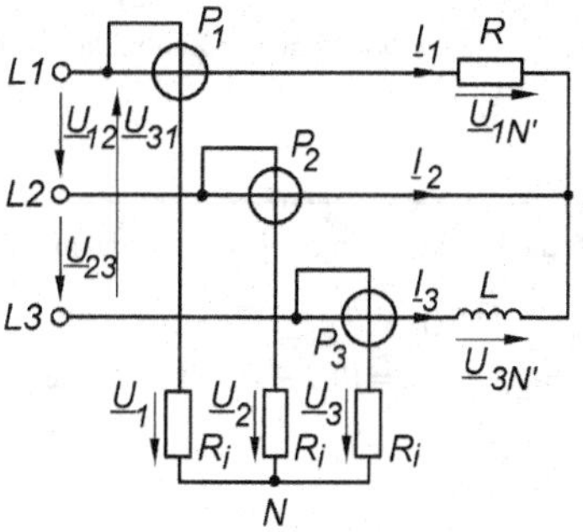

39.2 Lösungen

39.1

Strangspannungen:

$$U_1 = U_2 = U_3 = \frac{U_L}{\sqrt{3}} = \frac{400\ \text{V}}{\sqrt{3}} = 230\ \text{V} = U_{\text{St}}$$

Sternschaltung:

$$I_\text{L} = I_1 = I_2 = I_3 = \frac{U_\text{st}}{R} = \frac{230\ \text{V}}{20\ \Omega} = 11{,}5\ \text{A}$$

Dreieckschaltung:

$$I_\text{St} = I_{12} = I_{23} = I_{31} = \frac{U_\text{L}}{R} = \frac{400\ \text{V}}{20\ \Omega} = 20\ \text{A}$$

$$I_\text{L} = \sqrt{3} \cdot I_\text{St} = \sqrt{3} \cdot 20\ \text{A} = 34{,}64\ \text{A}$$

39.2

a) $I_{12} = \left|\underline{I}_{12}\right| = \frac{\left|\underline{U}_{12}\right|}{R} = \frac{400\ \text{V}}{40\ \Omega} = 10\ \text{A}$

$\underline{I}_{12} = 10\ \text{A} \cdot \text{e}^{\text{j}\,0}$ (bezüglich $\underline{U}_{12}$!)

$\underline{I}_1 = \underline{I}_{12} \cdot \sqrt{3} \cdot \text{e}^{-\text{j}(30°)} = 17{,}32\ \text{A} \cdot \text{e}^{-\text{j}(30°)}$

$\underline{I}_1$ eilt also gegenüber $\underline{U}_{12}$ um 30° nach ⇒

$\underline{I}_2 = 17{,}32\ \text{A} \cdot \text{e}^{\text{j}(-30°-120°)} = 17{,}32\ \text{A} \cdot \text{e}^{-\text{j}(150°)}$

$\underline{I}_3 = 17{,}32\ \text{A} \cdot \text{e}^{\text{j}(-30°+120°)}$

$\underline{I}_3 = 17{,}32\ \text{A} \cdot \text{e}^{\text{j}(90°)}$ (bezüglich $\underline{U}_{12}$!)

b) Unterbrechung von z.B. L3:

Die Last besteht aus der Parallelschaltung von R und $2R$,

d.h. $R_\text{Ges} = \frac{R \cdot 2R}{R + 2R} = \frac{2}{3} \cdot R = 26{,}\bar{6}\ \Omega$

⇒ $\underline{I}_1 = \frac{\underline{U}_{12}}{R_\text{Ges}} = \frac{400\ \text{V}}{26{,}\bar{6}\ \Omega} = 15\ \text{A} \cdot \text{e}^{\text{j}\,0} = -\underline{I}_2$

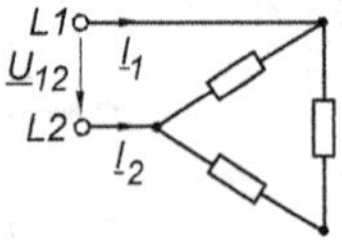

$\underline{I}_1$ ist also in Phase mit $\underline{U}_{12}$, $\underline{I}_2$ in Gegenphase, wenn man die hier eingetragene Zählpfeilorientierung zugrunde legt.

39.3

Da die Bezugsspannung $\underline{U}_{12}$ ist, kann man ansetzen:

$\underline{U}_{12} = \sqrt{3} \cdot \underline{U}_1 \cdot \text{e}^{\text{j}(30°)}$,

$\underline{U}_1 = \underline{I}_1 \cdot \underline{Z}$, $\underline{Z} = 10\ \Omega + \text{j}\,50\ \Omega = 51\ \Omega \cdot \text{e}^{\text{j}(78{,}7°)}$

$$\underline{U}_1 = \frac{\underline{U}_{12}}{\sqrt{3} \cdot \text{e}^{\text{j}(30°)}} = \frac{\underline{U}_{12}}{\sqrt{3}} \cdot \text{e}^{-\text{j}(30°)}$$

Symmetrische Last: $\frac{U_{12}}{\sqrt{3}} = \frac{U_{23}}{\sqrt{3}} = \frac{U_{31}}{\sqrt{3}} = \frac{U_L}{\sqrt{3}}$

$$\underline{I}_1 = \frac{\underline{U}_{12}}{\sqrt{3} \cdot \text{e}^{\text{j}(30°)} \cdot \underline{Z}} = \frac{U_L}{\sqrt{3}} \cdot \text{e}^{-\text{j}(30°)} \cdot \frac{1}{51\ \Omega \cdot \text{e}^{\text{j}(78{,}7°)}}$$

$$\underline{I}_1 = \frac{230\ \text{V}}{51\ \Omega} \cdot \text{e}^{-\text{j}(30°+78{,}7°)} = 4{,}5\ \text{A} \cdot \text{e}^{-\text{j}(108{,}7°)}$$

$\underline{I}_1$ eilt also gegenüber $\underline{U}_{12}$ um 108,7° nach.

Da $\underline{U}_{12}$ gegenüber $\underline{U}_1$ um 30° voreilt, ist die entsprechende Aussage:

$\underline{I}_1$ eilt gegenüber $\underline{U}_1$ um 78,7° nach.

Aufgrund der Symmetrie gilt für die anderen Außenleiterströmen:

$\underline{I}_2 = \underline{I}_1 \cdot \text{e}^{-\text{j}\,(120°)} = 4{,}5\ \text{A} \cdot \text{e}^{-\text{j}\,(108{,}7°)} \cdot \text{e}^{-\text{j}\,(120°)}$

$\underline{I}_2 = 4{,}5\ \text{A} \cdot \text{e}^{-\text{j}\,(228{,}7°)} = 4{,}5\ \text{A} \cdot \text{e}^{\text{j}\,(131{,}3°)}$

$\underline{I}_3 = \underline{I}_1 \cdot \text{e}^{\text{j}\,(120°)} = 4{,}5\ \text{A} \cdot \text{e}^{-\text{j}\,(108{,}7°)} \cdot \text{e}^{\text{j}(120°)}$

$\underline{I}_3 = 4{,}5\ \text{A} \cdot \text{e}^{\text{j}\,(11{,}3°)}$

(Alle Phasenwinkel auf $\underline{U}_{12}$ bezogen!)

39.4

a) Strangströme:

$$\underline{I}_{12} = \frac{\underline{U}_{12}}{\underline{Z}_{12}} = \underline{U}_{12} \cdot \text{j}\omega C = \frac{400\ \text{V} \cdot \text{e}^{\text{j}0}}{100\ \Omega} \cdot \text{j} = 4\ \text{A} \cdot \text{e}^{\text{j}(90°)}$$

$\underline{I}_{12} = \text{j}\,4\ \text{A}$

$$\underline{I}_{23} = \frac{\underline{U}_{23}}{\underline{Z}_{23}} = \frac{\underline{U}_{23}}{R} = \frac{400\ \text{V} \cdot \text{e}^{-\text{j}(120°)}}{100\ \Omega} = 4\ \text{A} \cdot \text{e}^{-\text{j}(120°)}$$

$\underline{I}_{23} = -2\ \text{A} - \text{j}3{,}46\ \text{A}$

$$\underline{I}_{31} = \frac{\underline{U}_{31}}{\underline{Z}_{31}} = \frac{\underline{U}_{31}}{R + \text{j}\omega L} = \frac{400\ \text{V} \cdot \text{e}^{\text{j}(120°)}}{100\ \Omega \cdot (1 + \text{j})}$$

$$\underline{I}_{31} = \frac{400\ \text{V} \cdot \text{e}^{\text{j}(120°)}}{100\ \Omega \cdot \sqrt{2} \cdot \text{e}^{\text{j}(45°)}} = \frac{4\ \text{A}}{\sqrt{2}} \cdot \text{e}^{\text{j}(120°-45°)}$$

$\underline{I}_{31} = 2{,}83\ \text{A} \cdot \text{e}^{\text{j}(75°)} = 0{,}73\ \text{A} + \text{j}2{,}73\ \text{A}$

Außenleiterströme:

$\underline{I}_1 = \underline{I}_{12} - \underline{I}_{31} = \text{j}4\ \text{A} - 0{,}73\ \text{A} - \text{j}2{,}73\ \text{A}$

$\underline{I}_1 = -0{,}73\ \text{A} + \text{j}1{,}27\ \text{A} = 1{,}46\ \text{A} \cdot \text{e}^{\text{j}(120°)}$

$\underline{I}_2 = \underline{I}_{23} - \underline{I}_{12} = -2\ \text{A} - \text{j}3{,}46\ \text{A} - \text{j}4\ \text{A}$

$\underline{I}_2 = -2\ \text{A} - \text{j}7{,}46\ \text{A} = 7{,}72\ \text{A} \cdot \text{e}^{-\text{j}(105°)}$

$\underline{I}_3 = \underline{I}_{31} - \underline{I}_{23} = 0{,}73\ \text{A} + \text{j}2{,}73\ \text{A} + 2\ \text{A} + \text{j}3{,}46\ \text{A}$

$\underline{I}_3 = 2{,}73\ \text{A} + \text{j}6{,}19\ \text{A} = 6{,}76\ \text{A} \cdot \text{e}^{\text{j}(66{,}2°)}$

b) Zeigerdiagramm:
1 cm ≙ 100 V
1 cm ≙ 1 A

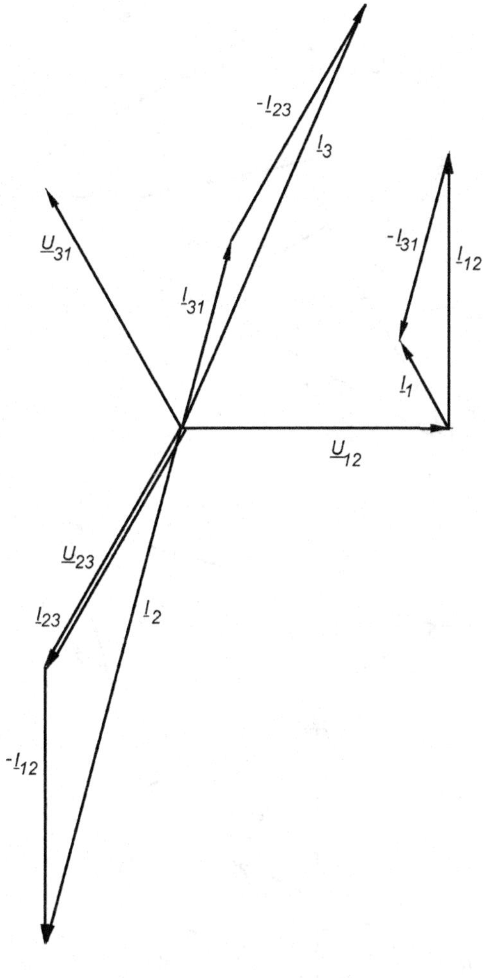

39.5

a) Verlagerungsspannung $\underline{U}_N$:

$$\underline{U}_N = \frac{\dfrac{\underline{U}_1}{R_1}+\dfrac{\underline{U}_2}{R_2}+\dfrac{\underline{U}_3}{R_3}}{\dfrac{1}{R_1}+\dfrac{1}{R_2}+\dfrac{1}{R_3}}$$

Bezugsgröße ist z.B.
$\underline{U}_1 = 230\text{ V}\cdot e^{j\,0} \Rightarrow$
$\underline{U}_2 = 230\text{ V}\cdot e^{-j\,(120°)}$
$\underline{U}_3 = 230\text{ V}\cdot e^{j\,(120°)}$

$$\underline{U}_N = \frac{230\text{ V}\left(\dfrac{1}{50\,\Omega}+\dfrac{1}{100\,\Omega}\cdot e^{-j\,(120°)}+\dfrac{1}{120\,\Omega}\cdot e^{j\,(120°)}\right)}{\dfrac{1}{50\,\Omega}+\dfrac{1}{100\,\Omega}+\dfrac{1}{120\,\Omega}}$$

$$\underline{U}_N = 64{,}98\text{ V} - j8{,}64\text{ V}$$

Außenleiterströme:

$$\underline{I}_1 = \frac{\underline{U}_{1N'}}{R_1} = \frac{\underline{U}_1-\underline{U}_N}{R_1} = \frac{230\text{ V}-64{,}98\text{ V}+j8{,}64\text{ V}}{50\,\Omega}$$

$$\underline{I}_1 = \frac{165{,}02\text{ V}+j8{,}64\text{ V}}{50\,\Omega} = 3{,}3\text{ A}+j0{,}173\text{ A}$$

$$\underline{I}_1 = 3{,}3\text{ A}\cdot e^{j(3°)}$$

$$\underline{I}_2 = \frac{\underline{U}_{2N'}}{R_2} = \frac{\underline{U}_2-\underline{U}_N}{R_2} = \frac{230\text{V}\cdot e^{-j(120°)}-64{,}98\text{V}+j8{,}64\text{V}}{100\,\Omega}$$

$$\underline{I}_2 = \frac{-179{,}98\text{ V}+j190{,}54\text{ V}}{100\,\Omega} = -1{,}8\text{ A}-j1{,}9\text{ A}$$

$$\underline{I}_2 = 2{,}6\text{ A}\cdot e^{-j(133{,}4°)}$$

$$\underline{I}_3 = \frac{\underline{U}_{3N'}}{R_3} = \frac{\underline{U}_3-\underline{U}_N}{R_3} = \frac{230\text{ V}\cdot e^{j(120°)}-64{,}98\text{ V}+j8{,}64\text{ V}}{120\,\Omega}$$

$$\underline{I}_3 = \frac{-179{,}98\text{ V}+j207{,}82\text{ V}}{120\,\Omega} = -1{,}5\text{ A}+j1{,}73\text{ A}$$

$$\underline{I}_3 = 2{,}29\text{ A}\cdot e^{j(130{,}9°)}$$

Strangspannungen:

$\underline{U}_{1N'} = 165{,}2\text{ V}\cdot e^{j(3°)}$

$\underline{U}_{2N'} = 262\text{ V}\cdot e^{-j(133{,}4°)}$

$\underline{U}_{3N'} = 274{,}9\text{ V}\cdot e^{j(130{,}9°)}$

b) Man beachte, dass im Zeigerdiagramm die Pfeile für $\underline{U}_1, \underline{U}_2, \underline{U}_3$ und $\underline{U}_{1N'}, \underline{U}_{2N'}, \underline{U}_{3N'}$ nach außen gerichtet sind, um so einfacher die resultierenden Spannungen bezüglich $\underline{U}_1$ angeben zu können. Dadurch ist auch der Zeiger für die Verlagerungsspannung $\underline{U}_N$ entgegen der Pfeilrichtung im Aufgabenbild vom Schnittpunkt N der Generator-Strangspannungen $\underline{U}_1$, $\underline{U}_2$ und $\underline{U}_3$ zum Schnittpunkt N′ der Last-Strangspannungen $\underline{U}_{1N'}$, $\underline{U}_{2N'}$ und $\underline{U}_{3N'}$ gerichtet, denn selbstverständlich müssen auch hier die Maschengleichungen erfüllt sein, z.B. $\underline{U}_{1N'} = -\underline{U}_N + \underline{U}_1$.

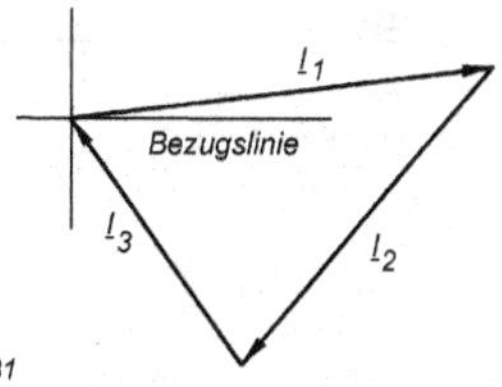

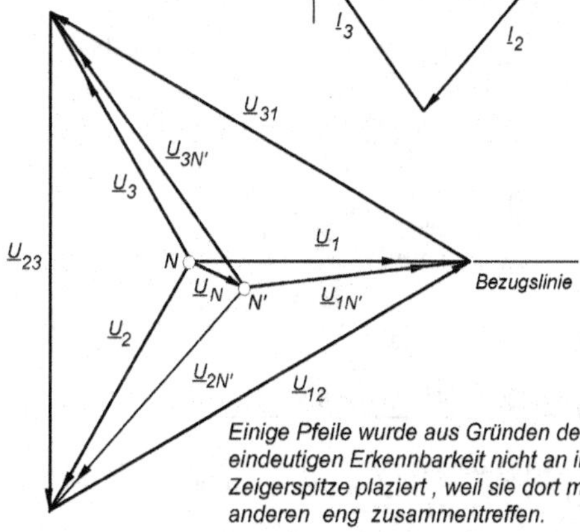

Einige Pfeile wurde aus Gründen der eindeutigen Erkennbarkeit nicht an ihrer Zeigerspitze plaziert, weil sie dort mit anderen eng zusammentreffen.

39.6

a) Idealer Generator mit stabilem Sternpunkt:

$$U_1 = U_2 = U_3 = \frac{U_{12}}{\sqrt{3}} = \frac{U_{23}}{\sqrt{3}} = \frac{U_{31}}{\sqrt{3}} = 230 \text{ V}$$

Bezugsspannung ist: $\underline{U}_1 = U_1 \cdot e^{j\,0} = 230 \text{ V} \cdot e^{j\,0} \Rightarrow$

$$\underline{U}_2 = 230 \text{ V} \cdot e^{-j(120°)}$$

$$\underline{U}_3 = 230 \text{ V} \cdot e^{j(120°)}$$

Außenleiterströme:

$$\underline{I}_1 = \frac{\underline{U}_1}{R} = \frac{230 \text{ V} \cdot e^{j0}}{100\,\Omega} = 2{,}3 \text{ A} \cdot e^{j0} = 2{,}3 \text{ A}$$

$$\underline{I}_2 = \frac{\underline{U}_2}{\underline{Z}_2} = \frac{230 \text{ V} \cdot e^{-j(120°)}}{50\,\Omega \cdot e^{j(90°)}} = 4{,}6 \text{ A} \cdot e^{-j(210°)}$$

$$\underline{I}_2 = 4{,}6 \text{ A} \cdot e^{j(150°)} = -3{,}98 \text{ A} + j2{,}3 \text{ A}$$

$$\underline{I}_3 = \frac{\underline{U}_3}{\underline{Z}_3} = \frac{230 \text{ V} \cdot e^{j(120°)}}{80\,\Omega \cdot e^{-j(90°)}} = 2{,}87 \text{ A} \cdot e^{j(210°)}$$

$$\underline{I}_3 = 2{,}87 \text{ A} \cdot e^{-j(150°)} = -2{,}48 \text{ A} - j1{,}43 \text{ A}$$

Knotengleichungen für Knoten N:

$$\sum I_{\text{KnotenN}} = 0 \Rightarrow \underline{I}_N = \underline{I}_1 + \underline{I}_2 + \underline{I}_3$$

$$\underline{I}_N = 2{,}3 \text{ A} - 3{,}98 \text{ A} + j2{,}3 \text{ A} - 2{,}48 \text{ A} - j1{,}43 \text{ A}$$

$$\underline{I}_N = -4{,}16 \text{ A} + j0{,}87 \text{ A} = 4{,}25 \text{ A} \cdot e^{j(168{,}2°)}$$

b) Verlagerungsspannung

$$\underline{U}_N = \frac{\dfrac{\underline{U}_1}{\underline{Z}_1} + \dfrac{\underline{U}_2}{\underline{Z}_2} + \dfrac{\underline{U}_3}{\underline{Z}_3}}{\dfrac{1}{\underline{Z}_1} + \dfrac{1}{\underline{Z}_2} + \dfrac{1}{\underline{Z}_3}} \Rightarrow$$

$$\underline{U}_N = \frac{2{,}3 \text{ A} - 3{,}98 \text{ A} + j2{,}3 \text{ A} - 2{,}48 \text{ A} - j1{,}43 \text{ A}}{0{,}01 \text{ S} + (0 - j0{,}02 \text{ S}) + (0 + j0{,}0125 \text{ S})}$$

$$\underline{U}_N = \frac{4{,}25 \text{ A} \cdot e^{j(168{,}2°)}}{0{,}0125 \text{ S} \cdot e^{-j(36{,}9°)}} = 340 \text{ V} \cdot e^{j(205{,}1°)}$$

$$\underline{U}_N = 340 \text{ V} \cdot e^{-j(154{,}9°)} = -308 \text{ V} - j144 \text{ V}$$

$$\underline{I}_1 = \frac{\underline{U}_{1N'}}{\underline{Z}_1} = \frac{\underline{U}_1 - \underline{U}_N}{\underline{Z}_1} = \frac{230 \text{ V} + 308 \text{ V} + j144 \text{ V}}{100\,\Omega}$$

$$\underline{I}_1 = \frac{557 \text{ V} \cdot e^{j\,(15°)}}{100\,\Omega} = 5{,}57 \text{ A} \cdot e^{j\,(15°)}$$

$$\underline{I}_2 = \frac{\underline{U}_2 - \underline{U}_N}{\underline{Z}_2} = \frac{230 \text{ V} \cdot e^{-j\,(120°)} + 308 \text{ V} + j144 \text{ V}}{j50\,\Omega}$$

$$\underline{I}_2 = \frac{-115 \text{ V} - j199 \text{ V} + 308 \text{ V} + j144 \text{ V}}{50\,\Omega \cdot e^{j\,(90°)}}$$

$$\underline{I}_2 = \frac{193 \text{ V} - j55 \text{ V}}{50\,\Omega \cdot e^{j\,(90°)}} = \frac{201 \text{ V} \cdot e^{-j\,(15{,}9°)}}{50\,\Omega \cdot e^{j\,(90°)}}$$

$$\underline{I}_2 = 4 \text{ A} \cdot e^{-j\,(105{,}9°)}$$

$$\underline{I}_3 = \frac{\underline{U}_{3N'}}{\underline{Z}_3} = \frac{\underline{U}_3 - \underline{U}_N}{\underline{Z}_3}$$

$$\underline{I}_3 = \frac{230 \text{ V} \cdot e^{j\,(120°)} + 308 \text{ V} + j\,144 \text{ V}}{-j\;80\,\Omega}$$

$$\underline{I}_3 = \frac{193 \text{ V} + j\,343 \text{ V}}{80\,\Omega \cdot e^{-j\,(90°)}} = 4{,}92 \text{ A} \cdot e^{j\,(150{,}6°)}$$

$$\underline{U}_{3N} = 193 \text{ V} + j\,343 \text{ V} = 393 \text{ V} \cdot e^{j\,(60{,}6°)}$$

c) Zeigerdiagramme

Fall a) 1 cm ≙ 100 V 1 cm ≙ 1 A

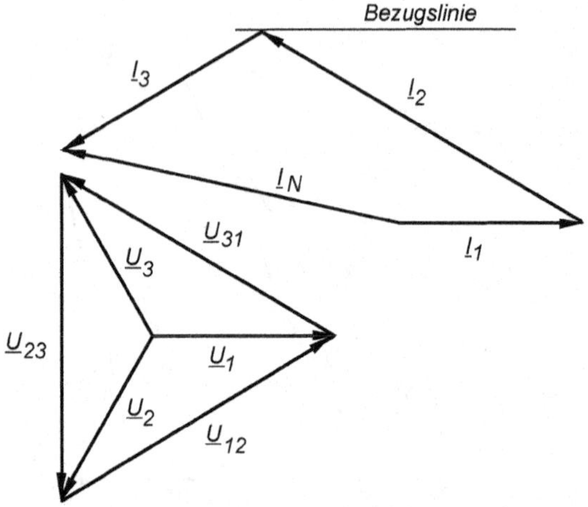

Fall b) 1 cm ≙ 100 V 1 cm ≙ 1 A

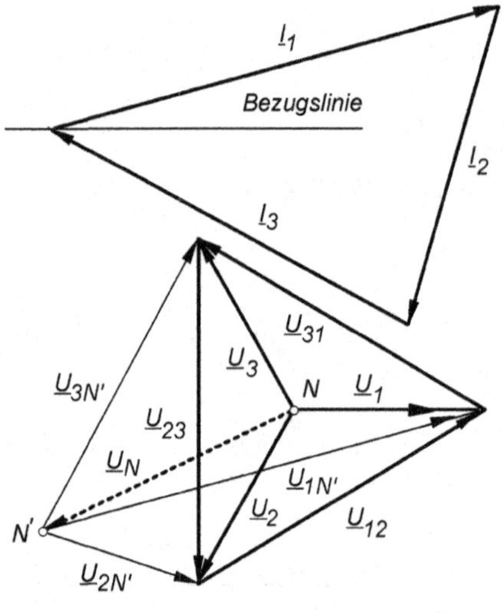

39.7

Sternschaltung:

$$U_{St} = \frac{U_L}{\sqrt{3}} = \frac{400\text{V}}{\sqrt{3}} = 230\text{V},\; I_L = I_{St} = \frac{U_{St}}{R} = \frac{230\text{V}}{10\Omega} = 23\text{A}$$

$$P_{Stern} = \sqrt{3} \cdot U_L \cdot I_L \cdot \cos\varphi = \sqrt{3} \cdot 400\text{V} \cdot 23\text{A} \cdot 1 = 15{,}93\text{kW}$$

Dreieckschaltung:

$$U_L = U_{St} = 400 \text{ V},\quad I_{St} = \frac{400 \text{ V}}{10\,\Omega} = 40 \text{ A}$$

$$I_L = \sqrt{3} \cdot I_{St} = 69{,}28 \text{ A}$$

$$P_{Dreieck} = \sqrt{3} \cdot U_L \cdot I_L \cdot \cos\varphi = \sqrt{3} \cdot 400\text{V} \cdot 69{,}28\text{A} = 48\text{kW}$$

$$\frac{P_{Dreieck}}{P_{Stern}} = \frac{48 \text{ kW}}{15{,}93 \text{ kW}} \approx 3 \text{ (!)}$$

39.8

Wirkleistung wird nur durch Widerstand R aufgenommen.

Da $\left|\underline{U}_{1N}\right| = \left|\underline{U}_{2N}\right| = \left|\underline{U}_{3N}\right| = \frac{U_L}{\sqrt{3}} = \frac{400\ \text{V}}{\sqrt{3}} = 230\ \text{V}$ folgt:

$$P = \operatorname{Re}\left\{\underline{U}_{1N} \cdot \underline{I}_1^*\right\} = \operatorname{Re}\left\{\frac{\left|\underline{U}_{1N}\right|^2}{R}\right\} = \frac{U_{1N}^2}{R} = \frac{(230\ \text{V})^2}{100\ \Omega}$$

$P = 529$ W

Blindleistungen des Kondensators und der Spule:

$$Q_C = \operatorname{Jm}\left\{\underline{U}_{2N} \cdot \underline{I}_2^*\right\} = \operatorname{Jm}\left\{\underline{U}_{2N} \cdot (\underline{U}_{2N} \cdot j\omega C)^*\right\},$$

$$(\underline{U}_{2N} \cdot j\omega C)^* = \underline{U}_{2N}^* \cdot \omega C \cdot j^*, \quad j^* = e^{-j\frac{\pi}{2}} = -j \Rightarrow$$

$$Q_C = \operatorname{Jm}\left\{\underline{U}_{2N} \cdot \underline{U}_{2N}^* \cdot \omega C \cdot (-j)\right\} = -U_{2N}^2 \cdot \omega C$$

$$Q_C = -\frac{(230\ \text{V})^2}{100\ \Omega} = -529\ \text{Var}$$

$$Q_L = \operatorname{Jm}\left\{\underline{U}_{3N} \cdot \underline{I}_3^*\right\} = \operatorname{Jm}\left\{\underline{U}_{3N} \cdot \left(\frac{\underline{U}_{3N}}{j\omega L}\right)^*\right\} = \operatorname{Jm}\left\{\frac{U_{3N}^2}{-j\omega L}\right\}$$

$$Q_L = \operatorname{Jm}\left\{j\,\frac{U_{3N}^2}{\omega L}\right\} = \frac{(230\ \text{V})^2}{100\ \Omega} = +529\ \text{Var}$$

$$Q_{Ges} = Q_C + Q_L = 0$$

39.9

Nach der Lösung von 39.6 b) waren:

$\underline{I}_1 = 5{,}57\ \text{A} \cdot e^{j(15°)}$, $\underline{I}_2 = 4\ \text{A} \cdot e^{-j(105{,}9°)}$;

$\underline{I}_3 = 4{,}92\ \text{A} \cdot e^{j(150{,}6°)}$

$\underline{U}_{1N} = 557\ \text{V} \cdot e^{j(15°)}$, $\underline{U}_{2N} = 201\ \text{V} \cdot e^{-j(15{,}9°)}$

$\underline{U}_{3N} = 393\ \text{V} \cdot e^{j(60{,}6°)}$

(Alle Angaben bezüglich $\underline{U}_1 = U_1 \cdot e^{j0}$)

Für die vorgegebene Schaltung ist:

$P = U_{12} \cdot I_1 \cdot \cos\varphi_{12} + U_{32} \cdot I_3 \cdot \cos\varphi_{32},\ U_{12} = U_{32} = 400\,\text{V}$

Phasenwinkelbetrachtung:

- $\underline{I}_1$ eilt gegenüber $\underline{U}_1$ um 15° vor,
  $\underline{U}_{12}$ eilt gegenüber $\underline{U}_1$ um 30° vor $\Rightarrow$
  $\underline{U}_{12}$ eilt gegenüber $\underline{I}_1$ um (30°–15°) = 15° vor,
  also: $\varphi_{12} = 15°$
- $\underline{I}_3$ eilt gegenüber $\underline{U}_1$ um 150,6° vor,
  $\underline{U}_{32} = -\underline{U}_{23}$ eilt gegenüber $\underline{U}_1$ um 90° vor $\Rightarrow$
  $\underline{U}_{32}$ eilt gegenüber $\underline{I}_3$ um 150,6°–90° =60,6° nach,
  also: $\varphi_{32} = -60{,}6°$

Somit beträgt die gemessene Wirkleistung:

$P = 400\,\text{V} \cdot 5{,}57\,\text{A} \cdot \cos(15°) + 400\,\text{V} \cdot 4{,}92\,\text{A} \cdot \cos(-60{,}6°)$

$P = 2152\ \text{W} + 966\ \text{W} = 3118\ \text{W}$

39.10

a) $P = \frac{\left|\underline{U}_{12}\right|^2}{R} = \frac{(400\ \text{V})^2}{40\ \Omega} = 4000\ \text{W}$

b) $P_1 = \operatorname{Re}\left\{\underline{U}_1 \cdot \underline{I}_1^*\right\}$

$\underline{U}_{12} = \underline{U}_{1N'} = \underline{I}_1 \cdot R$

$\underline{U}_1 = \frac{\underline{I}_1 \cdot R}{\sqrt{3}} \cdot e^{-j(30°)}$

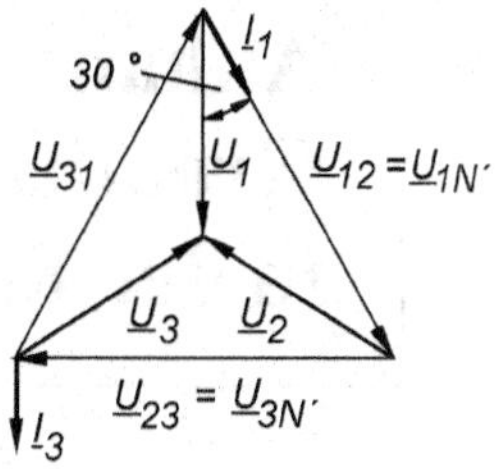

Eingesetzt ergibt sich:

$$P_1 = \operatorname{Re}\left\{\frac{\underline{I}_1 \cdot R}{\sqrt{3}} e^{-j(30°)}\,\underline{I}_1^*\right\}$$

Mit $\underline{I}_1 \cdot \underline{I}_1^* = I_1^2$ (siehe mathematischer Anhang):

$$P_1 = \frac{I_1^2 \cdot R}{\sqrt{3}} \cos(-30°) = \frac{U_{12}^2}{R^2} \cdot \frac{R}{\sqrt{3}} = \frac{U_{12}^2}{R\,\sqrt{3}} \cos(-30°)$$

$$P_1 = \frac{(400\ \text{V})^2}{40\ \Omega \cdot \sqrt{3}} \cdot \frac{1}{2} \cdot \sqrt{3} = 2000\ \text{W}$$

$P_2 = \operatorname{Re}\left\{\underline{U}_2 \cdot \underline{I}_2^*\right\}$;

$$\underline{I}_1 + \underline{I}_2 + \underline{I}_3 = 0 \Rightarrow \underline{I}_2 = -\underline{I}_1 - \underline{I}_3 = -\frac{\underline{U}_{12}}{R} - \frac{\underline{U}_{32}}{j\omega L} \Rightarrow$$

$$\underline{I}_2 = -\frac{\underline{U}_{12}}{R} - \left(-\frac{\underline{U}_{23}}{j\omega L}\right) = -\frac{\underline{U}_{12}}{R} + \frac{\underline{U}_{23}}{\omega L \cdot e^{j(90°)}} \qquad (1)$$

Weiterhin ist: $\underline{U}_{23} = \underline{U}_{12} \cdot e^{-j(120°)}$

Damit folgt aus (1) mit $R = \omega L$:

$$\underline{I}_2 = -\frac{\underline{U}_{12}}{R} \cdot \left(1 - \frac{e^{-j(120°)}}{e^{j(90°)}}\right) = -\frac{\underline{U}_{12}}{R} \cdot \left(1 - e^{-j(210°)}\right)$$

$$\underline{I}_2 = \frac{\underline{U}_{12}}{R} \cdot \left[-1 + (-0{,}866 + j0{,}5)\right] = \frac{\underline{U}_{12}}{R} \cdot (-1{,}866 + j0{,}5)$$

$$\underline{I}_2 = \frac{\underline{U}_{12}}{R} \cdot 1{,}932 \cdot e^{j(165°)}$$

Da $\underline{U}_2 = \frac{\underline{U}_{12}}{\sqrt{3}} \cdot e^{j(210°)}$ (siehe Zeigerdiagramm)

folgt:

$$P_2 = \operatorname{Re}\left\{\frac{\underline{U}_{12}}{\sqrt{3}} \cdot e^{j(210°)} \cdot 1{,}932 \cdot \frac{\underline{U}_{12}^*}{R} \cdot e^{-j(165°)}\right\}$$

$$P_2 = \operatorname{Re}\left\{\frac{1{,}932}{\sqrt{3}} \cdot \frac{U_{12}^2}{R} \cdot e^{j(45°)}\right\} = \frac{1{,}932}{\sqrt{3}} \cdot \frac{(400\ \text{V})^2}{40\ \Omega} \cdot \cos 45°$$

$P_2 = 3154{,}7$ W

$$P_3 = \operatorname{Re}\left\{\underline{U}_3 \cdot \underline{I}_3^*\right\};\quad \underline{I}_3 = -\frac{\underline{U}_{23}}{j\omega L} = j\frac{\underline{U}_{23}}{R} = \frac{\underline{U}_{23}}{R} \cdot e^{j(90°)}$$

$$\underline{U}_3 = \frac{\underline{U}_{23}}{\sqrt{3}} \cdot e^{-j(150°)} \quad \text{(siehe Zeigerdiagramm)}$$

$$P_3 = \operatorname{Re}\left\{\frac{\underline{U}_{23}}{\sqrt{3}} \cdot e^{-j(150°)} \cdot \frac{\underline{U}_{23}^*}{R} \cdot e^{-j(90°)}\right\}$$

Mit $\underline{U}_{23} \cdot \underline{U}_{23}^* = U_{23}^2$ (siehe mathematischer Anhang):

$$P_3 = \operatorname{Re}\left\{\frac{U_{23}^2}{R \cdot \sqrt{3}} \cdot e^{-j(240°)}\right\} = \frac{U_{23}^2}{R \cdot \sqrt{3}} \cdot \cos(-240°)$$

$P_3 = -1154{,}7$ W

Somit: $P = P_1 + P_2 + P_3 = 4000$ W

Anhang
Grundlagen der komplexen Rechnung in der Elektrotechnik

1. Zeigerdarstellung in der Gauß'schen Zahlenebene

Entsprechend dem Additionstheorem

$$\sin(\alpha+\beta)=\cos\alpha\cdot\sin\beta+\sin\alpha\cdot\cos\beta$$

lässt sich jede harmonische Schwingung $x_0(t)=\hat{x}_0\cdot\sin(\omega t+\varphi)$ als Summe einer sinus- und einer cosinusförmigen Schwingung darstellen.

Setzt man $\alpha=\omega t,\ \beta=\varphi\ \Rightarrow$

$$x_0(t)=\hat{x}_0\cdot\sin(\omega t+\varphi)=\hat{x}_0\left(\cos\omega t\cdot\sin\varphi+\sin\omega t\cdot\cos\varphi\right)\ .$$

Bei konstantem Nullphasenwinkel φ wird daraus:

$$x_0(t)=\underbrace{\hat{x}_0\cdot\sin\varphi}\cdot\cos\omega t+\underbrace{\hat{x}_0\cdot\cos\varphi}\cdot\sin\omega t\text{, oder}$$

$$x_0(t)=\hat{x}_1\cdot\cos\omega t\qquad+\hat{x}_2\cdot\sin\omega t\,.$$

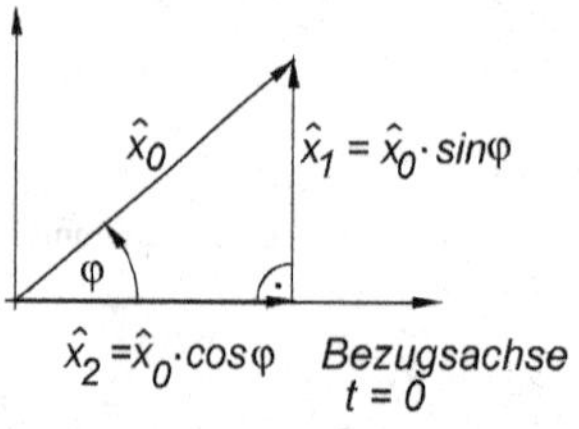

Abb. 1: Zeigerdiagramm
$x_0(t)=\hat{x}_1\cdot\cos\omega t+\hat{x}_2\cdot\sin\omega t$

Wertet man diese Gleichung in einem Zeigerdiagramm aus und betrachtet zur Vereinfachung den willkürlich gewählten Zeitpunkt $t = 0$, so hat der Zeiger $x_2(t)=\hat{x}_2\cdot\sin\omega t$ die gleiche Orientierung wie die horizontale Bezugsachse und der Zeiger $x_1(t)=\hat{x}_1\cdot\cos\omega t=\hat{x}_1\cdot\sin(\omega\,t+90°)$ steht senkrecht dazu. Abb. 1 zeigt den Übergang von den rotierenden zu den ruhenden Zeigern $\hat{x}_1=\hat{x}_0\cdot\sin\varphi$ und $\hat{x}_2=\hat{x}_0\cdot\cos\varphi$ unter Verzicht auf die Angabe der vorliegenden Frequenz, wobei die Zeigerorientierung senkrecht zueinander erhalten bleibt.

Gleichartige Verhältnisse liegen bei der Darstellung einer komplexen Zahl in der Gauß´schen Zahlenebene vor: Eine komplexe Zahl hat die

Normalform: $\underline{Z}=a+\mathrm{j}b$.

Beachte: Zur deutlichen Kennzeichnung der komplexen Größe ist das Formelzeichen unterstrichen.

Eine komplexe Zahl besteht aus der Verknüpfung einer reellen Zahl, dem Realteil (hier: a), mit einer imaginären Zahl, dem Imaginärteil (hier: b). Das charakteristische Merkmal der komplexen Zahl ist die imaginäre Einheit „j“, für die gilt:

$$\mathrm{j}^2=-1\quad\text{bzw.}\quad\mathrm{j}=\sqrt{-1}\,.$$

Die komplexe Zahl $\underline{Z} = a + jb$ wird in der Gauß'schen Zahlenebene durch einen „Punkt" repräsentiert, der die Koordinaten hat:

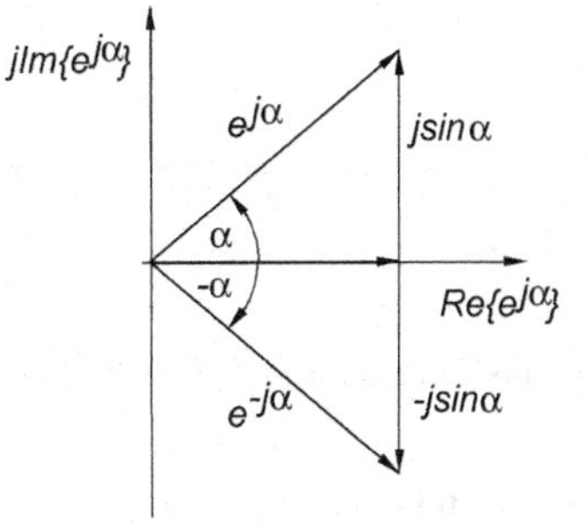

Abb.2: Darstellung einer komplexen Zahl $\underline{Z}$ und einer konjugiert komplexen Zahl $\underline{Z}^*$ in der Gauß'schen Zahlenebene

Abzissenachse: a
Ordinatenachse: b
Damit entspricht die reelle Zahl

$\mathtt{Re}\{\underline{Z}\}$ = Realteil $\{\underline{Z}\} = a$

einem Abschnitt auf der reellen Achse,
und die rein imaginäre Zahl

$\mathtt{Im}\{\underline{Z}\}$ = Imaginärteil $\{\underline{Z}\} = b$

einer Strecke auf der imaginären Achse.
Dies bedeutet, dass man die Normalform der komplexen Zahl

$$\underline{Z} = a + jb$$

auch als Zeiger in der Gauß'schen Zahlenebene deuten kann, der durch den Koordinatenursprung gehend auf den Punkt $\underline{Z}$ weist.

Anmerkung: Durch Vergleich von Abb. 1 mit Abb. 2 erkennt man, dass bei einer analogen Betrachtung der Zeiger $\hat{x}_0$ und $\underline{Z}$ sich ebenfalls

a und $\hat{x}_0 \cdot \cos\varphi = \hat{x}_2$

sowie b und $\hat{x}_0 \cdot \sin\varphi = \hat{x}_1$

entsprechen. Diese Übereinstimmungen werden später bei der Herleitung der trigonomischen Form ausgewertet.

Der Absolutbetrag $|\underline{Z}| = Z$ der komplexen Zahl ergibt sich entsprechend Abb. 2 zu

$$|\underline{Z}| = Z = \sqrt{a^2 + b^2}$$

und der Winkel α zwischen Zeiger und positiver reeller Achse:

$$\tan\alpha = \frac{b}{a} \quad \rightarrow \quad \alpha = \arctan\frac{b}{a} = \arctan\frac{\mathtt{Im}\{\underline{Z}\}}{\mathtt{Re}\{\underline{Z}\}}$$

Zu jeder komplexen Zahl

$$\underline{Z} = a + jb$$

existiert eine konjugiert komplexe Zahl

$$\underline{Z}^* = a - jb,$$

die sich nur durch ihren negativen Imaginärteil von der komplexen Zahl $\underline{Z}$ unterscheidet.

Wie später gezeigt wird, ergibt das Produkt $\underline{Z} \cdot \underline{Z}^*$ wiederum eine reelle Zahl. Dies erkennt man sofort bei der Betrachtung von Abb. 2, denn positiver und negativer Imaginäranteil kompensieren sich gerade mit den oben vereinbarten Definitionen.

Aus Abb. 2 kann man weiterhin ableiten, dass gilt:

$a = Z \cdot \cos\alpha$ und

$b = Z \cdot \sin\alpha$

Aus der **Normalform** der komplexen Zahl

$$\underline{Z} = a + \mathrm{j}b\,, \quad \text{bzw.:} \quad \underline{Z}^* = a - \mathrm{j}b$$

wird damit die **trigonometrische Form** der komplexen Zahl:

$$\underline{Z} = Z(\cos\alpha + \mathrm{j}\sin\alpha) \quad \text{bzw.:} \quad \underline{Z}^* = Z(\cos\alpha - \mathrm{j}\sin\alpha)$$

Genau wie in Abb. 1 ist der Abzissenachse (reelle Achse) die Cosinusfunktion und der Ordinatenachse (imaginäre Achse) die Sinusfunktion zugeordnet.

Die Exponentialform der komplexen Zahl erhält man aus der Euler´schen Gleichung:

$$\mathrm{e}^{\mathrm{j}\alpha} = \cos\alpha + \mathrm{j}\sin\alpha\,,$$

wobei aufgrund der Periodizität der trigonometrischen Funktionen gilt:

$$\mathrm{e}^{\mathrm{j}\alpha} = \cos(\alpha + k\cdot 2\pi) + \mathrm{j}\sin(\alpha + k\cdot 2\pi)\,,$$

und somit $\mathrm{e}^{\mathrm{j}\alpha} = \mathrm{e}^{\mathrm{j}(\alpha + k\cdot 2\pi)}$.

Unter Berücksichtigung der trigonometrischen Form folgt dann sofort die **Exponentialform** der komplexen Zahl:

$$\underline{Z} = Z\cdot \mathrm{e}^{\mathrm{j}\alpha} \quad \text{bzw.:} \quad \underline{Z}^* = Z\cdot \mathrm{e}^{-\mathrm{j}\alpha}$$

Manchmal findet man in der Literatur eine verkürzte Schreibweise für den Ausdruck

$$\mathrm{e}^{\mathrm{j}\alpha} = \angle\,\alpha \quad (\text{Versor } \alpha)\,,$$

also z.B. $\underline{Z}_1 + \underline{Z}_2 = Z_1\cdot \mathrm{e}^{\mathrm{j}\alpha_1} + Z_2\cdot \mathrm{e}^{\mathrm{j}\alpha_2} = Z_1\angle\,\alpha_1 + Z_2\angle\,\alpha_2$

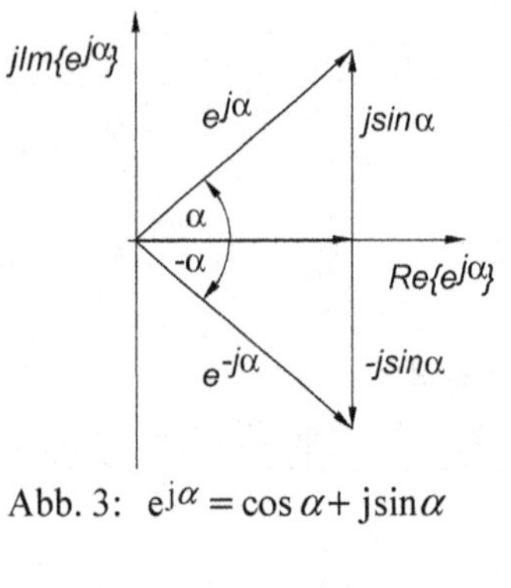

Abb. 3: $\mathrm{e}^{\mathrm{j}\alpha} = \cos\alpha + \mathrm{j}\sin\alpha$

Das Zeigerdiagramm der Exponentialform zeigt Abb.3. Hier ist der Vorteil der Exponentialform erkennbar, dass man direkt den Betrag und den (Null-)Phasenwinkel der komplexen Größe ablesen kann.

Häufig ist es nötig, bei der Berechnung von Wechselstromnetzen die zweckmäßigste Darstellungsform auszuwählen. Allgemein gilt für diese Auswahl:

Anwendung

- der Normalform bei der Addition und Subtraktion komplexer Zahlen ;
- der Exponentialform bei Multiplikation, Division, Differentation und Integration;
- der trigonometrischen Form beim Umrechnen von Normal- in die Exponentialform bzw. umgekehrt.

2. Rechenregeln für komplexe Zahlen

2.1 Allgemeines:

- Zwei komplexe Zahlen sind nur dann gleich, wenn sowohl ihre Real- als auch ihre Imaginärteile gleich sind.
- Das Produkt konjugiert komplexer Zahlen ist reell:

$$\underline{Z}\cdot\underline{Z}^* = (a+\mathrm{j}b)\,(a-\mathrm{j}b) = a^2+b^2 = \mathrm{Re}\{\underline{Z}\}^2+\mathrm{Im}\{\underline{Z}\}^2 = |\underline{Z}|^2 = Z^2$$

- Um den Phasenwinkel α eindeutig zu bestimmen, ist das Vorzeichen des Real- und des Imaginärteils zu beachten.

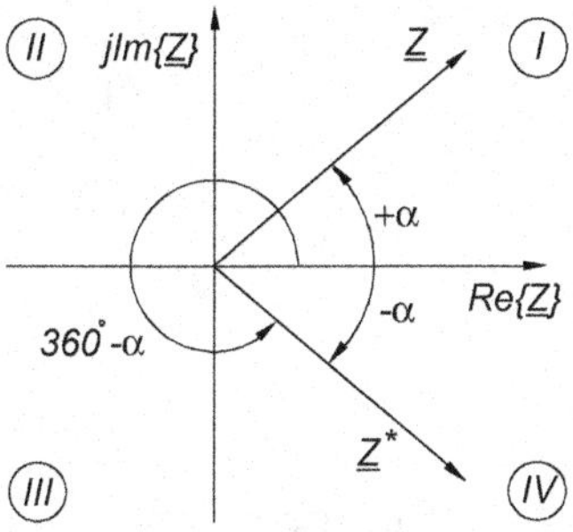

Abb. 4: Zuordnung des Nullphasenwinkels zu den Quadranten

Mit $\underline{Z}=a+\mathrm{j}b$ und $\underline{Z}^*=a-\mathrm{j}b$ $\rightarrow$

$$|\underline{Z}| = \sqrt{a^2+b^2} = \left|\underline{Z}^*\right| = \sqrt{a^2+(-b)^2}\,.$$

Ebenso:

$$\tan\alpha = \frac{b}{a}\quad,\quad \tan\alpha^* = \frac{-b}{a}\quad\rightarrow$$

$$\alpha^* = 360° - \alpha = -\alpha$$

Die Quadranten erhalten ihre Nummerierung fortlaufend im mathematisch positiven Sinn, sodass für die Zuordnung zwischen komplexem Zeiger, Bereich des Winkels α und den Quadranten gilt:

Quadrant	Realteil	Imaginärteil	Bereich des Winkels
1.	+	+	0°... 90°
2.	–	+	90°... 180°
3.	–	–	180°... 270° (–90°...–180°)
4.	+	–	270°... 360° (0°... –90°)

Beispiele für die Lage des Zeigers:

	$e^{\mathrm{j}\alpha} = \cos\alpha + \mathrm{j}\sin\alpha$		$e^{-\mathrm{j}\alpha} = \cos\alpha - \mathrm{j}\sin\alpha$	
$\alpha = 0°$:	$e^{\mathrm{j}0} = 1$	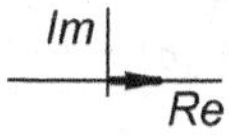	$e^{-\mathrm{j}0} = 1$	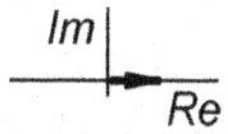
$\alpha = \frac{\pi}{2}$:	$e^{\mathrm{j}\frac{\pi}{2}} = \mathrm{j}$		$e^{-\mathrm{j}\frac{\pi}{2}} = -\mathrm{j} = 1/\mathrm{j}$	
$\alpha = \pi$:	$e^{\mathrm{j}\pi} = \mathrm{j}^2 = -1$	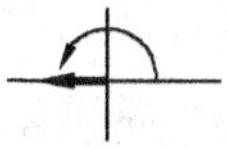	$e^{-\mathrm{j}\pi} = \mathrm{j}^{-2} = -1$	
$\alpha = \frac{3}{2}\pi$:	$e^{\mathrm{j}\frac{3\pi}{2}} = \mathrm{j}^3 = -\mathrm{j}$	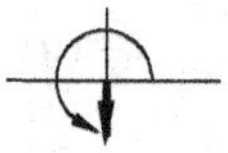	$e^{-\mathrm{j}\frac{3\pi}{2}} = \mathrm{j}^{-3} = \mathrm{j}$	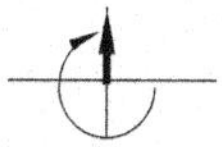

Die Phasenwinkel der konjugiert komplexen Größen liegen also symmetrisch zur reellen Achse. Mit den Ergebnissen der grafischen Darstellung der komplexen Zeiger bedeutet der Operator:

+j: Drehung des Zeigers der komplexen Zahl im mathematisch positiven Sinn um $+90° = +\pi/2$,

–j: Drehung des Zeigers um $-90° = -\pi/2$

und ein Minuszeichen vor der komplexen Zahl bedeutet eine Zeigerdrehung um $\pm 180° = \pm\pi$

2.2 Addition und Subtraktion

Addition: $\underline{Z}_0 = \underline{Z}_1 + \underline{Z}_2 = (a_1 + \mathrm{j}b_1) + (a_2 + \mathrm{j}b_2)$ →

$$\boxed{\underline{Z}_0 = (a_1 + a_2) + \mathrm{j}(b_1 + b_2) = a_0 + \mathrm{j}b_0}$$

Subtraktion: $\underline{Z}_0 = \underline{Z}_1 - \underline{Z}_2 = (a_1 + \mathrm{j}b_1) - (a_2 + \mathrm{j}b_2)$ →

$$\boxed{\underline{Z}_0 = (a_1 - a_2) + \mathrm{j}(b_1 - b_2) = a_0 + \mathrm{j}b_0}$$

Gleiches unter Benutzung der trigonometrischen Form:

$$\underline{Z}_0 = \underline{Z}_1 \pm \underline{Z}_2 = Z_1(\cos\alpha_1 + \mathrm{j}\sin\alpha_1) \pm Z_2(\cos\alpha_2 + \mathrm{j}\sin\alpha_2)$$

Und bei Verwendung der Exponentialform:

$$\underline{Z}_0 = \underline{Z}_1 \pm \underline{Z}_2 = Z_1 \cdot \mathrm{e}^{\mathrm{j}\alpha_1} \pm Z_2 \cdot \mathrm{e}^{\mathrm{j}\alpha_2}$$

In der Zeigerdarstellung:

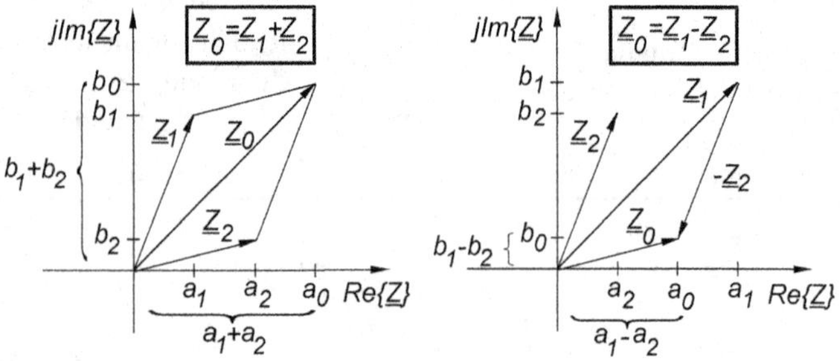

Abb. 5: Addition und Subtraktion komplexer Zahlen

Für die Summe konjugiert komplexer Größen gilt:

$$\underline{Z}_0 = \underline{Z} + \underline{Z}^* = (a + \mathrm{j}b) + (a - \mathrm{j}b) = 2a + \mathrm{j}(b - b) = 2a \ ,$$

$$\boxed{\underline{Z}_0 = \underline{Z} + \underline{Z}^* = 2a = 2 \cdot \mathrm{Re}\{\underline{Z}\}} \quad \text{bzw.} \quad \boxed{\mathrm{Re}\{\underline{Z}\} = \frac{1}{2}(\underline{Z} + \underline{Z}^*)}$$

Entsprechend gilt für die Differenz konjugiert komplexer Größen:

$$\underline{Z}_0 = \underline{Z} - \underline{Z}^* = (a + \mathrm{j}b) - (a - \mathrm{j}b) = (a - a) + \mathrm{j}\,(b + b) = 2\mathrm{j}b$$

$$\boxed{\underline{Z}_0 = \underline{Z} - \underline{Z}^* = 2\mathrm{j}b = \mathrm{j}2 \cdot \mathrm{Im}\{\underline{Z}\}} \quad \text{bzw.} \quad \boxed{\mathrm{Im}\{\underline{Z}\} = \frac{1}{2\mathrm{j}}(\underline{Z} - \underline{Z}^*)}$$

Drückt man z.B. die Funktion $u(t) = \hat{u} \cdot \cos(\omega t + \varphi_u)$ mit Hilfe der Euler'schen Formel aus, erhält man ebenfalls eine Summe aus komplexen Größen:

Mit $(\omega t + \varphi_u) = \alpha$

folgt: $e^{j\alpha} = \cos\alpha + j\sin\alpha$

$$e^{-j\alpha} = \cos(-\alpha) + j\sin(-\alpha) = \cos\alpha - j\sin\alpha$$

Aus der Addition der beiden Gleichungen ergibt sich:

$$e^{j\alpha} + e^{-j\alpha} = 2\cos\alpha \rightarrow$$

$$\boxed{\cos\alpha = \frac{1}{2}\left(e^{j\alpha} + e^{-j\alpha}\right)}$$

Analog aus der Subtraktion:

$$e^{j\alpha} - e^{-j\alpha} = +j2\sin\alpha \rightarrow$$

$$\boxed{j\sin\alpha = \frac{1}{2}\left(e^{j\alpha} - e^{-j\alpha}\right)}$$

Also ist mit $(\omega t + \varphi_u) = \alpha$:

$$u = \hat{u} \cdot \cos(\omega t + \varphi_u) = \hat{u} \cdot \frac{1}{2}\left(e^{j(\omega t + \varphi_u)} + e^{-j(\omega t + \varphi_u)}\right)$$

$$= \frac{1}{2}\left(\hat{u} \cdot e^{j\varphi_u} \cdot e^{j\omega t} + \hat{u} \cdot e^{-j\varphi_u} \cdot e^{-j\omega t}\right)$$

und damit:

$$\boxed{u = \hat{u} \cdot \cos(\omega t + \varphi_u) = \frac{1}{2}\left(\underline{\hat{u}} \cdot e^{j\omega t} + \underline{\hat{u}}^* \cdot e^{-j\omega t}\right)}$$

Das Ergebnis dieser Entwicklung kann also benutzt werden, um z.B. eine cosinusförmige Zeitfunktion, hier *u(t)*, in einen komplexen Ausdruck zu überführen oder auch wieder zurückzutransformieren. Wird diese Formulierung angewendet, ist darauf zu achten, dass der Ausdruck zwei äquivalente Gleichungen für z.B. das Ohm'sche Gesetz $u = R \cdot i$ bzw. $u - R \cdot i = 0$ liefert:

$$\frac{1}{2}\left(\underline{\hat{u}} \cdot e^{j\omega t} + \underline{\hat{u}}^* \cdot e^{-j\omega t}\right) - R \cdot \frac{1}{2}\left(\underline{\hat{i}} \cdot e^{j\omega t} + \underline{\hat{i}}^* \cdot e^{-j\omega t}\right) = 0 \qquad \rightarrow$$

$$e^{j\omega t}(\underline{\hat{u}} - R \cdot \underline{\hat{i}}) + e^{-j\omega t}(\underline{\hat{u}}^* - R \cdot \underline{\hat{i}}^*) = 0$$

Für beliebige Zeiten *t* ist diese Gleichung nur erfüllt, wenn die Klammerausdrücke gleich null sind:

$$\underline{\hat{u}} - R \cdot \underline{\hat{i}} = 0 \qquad \text{bzw.} \qquad \underline{\hat{u}}^* - R \cdot \underline{\hat{i}}^* = 0$$

Beim weiteren Rechengang braucht aufgrund der Äquivalenz nur eine der beiden Gleichungen ausgewertet zu werden, z.B.

$$\underline{\hat{u}} = \hat{u} \cdot e^{j\varphi_u} = R \cdot \underline{\hat{i}} = R \cdot \hat{i} \cdot e^{j\varphi_i}$$

und anschliessend:

$$u(t) = \hat{u} \cdot \cos(\omega t + \varphi_u) = \mathrm{Re}\left\{\underline{\hat{u}} \cdot e^{j\omega t}\right\} = \mathrm{Re}\left\{\hat{u} \cdot e^{j\varphi_u} \cdot e^{j\omega t}\right\}$$

2.3 Kehrwert einer komplexen Zahl

Der Kehrwert der komplexen Zahl $\underline{Z} = a + \mathrm{j}b$ ist

$$\frac{1}{\underline{Z}} = \underline{Y} = \frac{1}{a+\mathrm{j}b}.$$

Bei Erweiterung mit dem konjugiert komplexen Wert des Nenners folgt daraus:

$$\underline{Y} = \frac{1}{a+\mathrm{j}b} \cdot \frac{a-\mathrm{j}b}{a-\mathrm{j}b} = \frac{a-\mathrm{j}b}{a^2+b^2} = \frac{a}{a^2+b^2} - \mathrm{j}\frac{b}{a^2+b^2}$$

Genauso ergibt sich bei der Darstellung in Exponentialform:

Aus $\underline{Z} = Z \cdot \mathrm{e}^{\mathrm{j}\alpha} = a + \mathrm{j}b$ →

$$\underline{Y} = Y \cdot \mathrm{e}^{\mathrm{j}\beta} = \frac{1}{Z \cdot \mathrm{e}^{\mathrm{j}\alpha}} = \frac{1}{\sqrt{a^2+b^2}} \cdot \mathrm{e}^{-\mathrm{j}\alpha}$$

Betrag: $|\underline{Y}| = Y = \dfrac{1}{\sqrt{a^2+b^2}}$

Winkel: $\beta = -\alpha = -\arctan\dfrac{b}{a}$

2.4 Multiplikation und Division

Ansatz zweckmäßigerweise in Exponentialform:

Multiplikation: $\underline{Z_0} = Z_0 \cdot \mathrm{e}^{\mathrm{j}\alpha_0} = \underline{Z}_1 \cdot \underline{Z}_2 = Z_1 \cdot \mathrm{e}^{\mathrm{j}\alpha_1} \cdot Z_2 \cdot \mathrm{e}^{\mathrm{j}\alpha_2}$

$$\boxed{\underline{Z_1} \cdot \underline{Z_2} = Z_1 \cdot Z_2 \cdot \mathrm{e}^{\mathrm{j}(\alpha_1 + \alpha_2)}}$$

In Komponentenform:

$$\underline{Z_1} \cdot \underline{Z_2} = (a_1 + \mathrm{j}b_1) \cdot (a_2 + \mathrm{j}b_2) = (a_1 a_2 - b_1 b_2) + \mathrm{j}(a_1 b_2 + a_2 b_1)$$

und in trigonometrischer Form:

$$\begin{aligned}\underline{Z_1} \cdot \underline{Z_2} &= Z_1 \cdot (\cos\alpha_1 + \mathrm{j}\sin\alpha_1) \cdot Z_2 \cdot (\cos\alpha_2 + \mathrm{j}\sin\alpha_2)\\ &= Z_1 Z_2 \left[\cos\alpha_1 \cdot \cos\alpha_2 - \sin\alpha_1 \cdot \sin\alpha_2 + \mathrm{j}(\sin\alpha_1 \cdot \cos\alpha_2 + \cos\alpha_1 \cdot \sin\alpha_2)\right]\end{aligned}$$

Unter Anwendung der Additionstheoreme erhält man daraus:

$$\boxed{\underline{Z_1} \cdot \underline{Z_2} = Z_1 \cdot Z_2 \cdot \left[\cos(\alpha_1 + \alpha_2) + \mathrm{j}\sin(\alpha_1 + \alpha_2)\right]}$$

Division: $\underline{Z_0} = Z_0 \cdot \mathrm{e}^{\mathrm{j}\alpha_0} = \dfrac{\underline{Z}_1}{\underline{Z}_2} = \dfrac{Z_1 \cdot \mathrm{e}^{\mathrm{j}\alpha_1}}{Z_2 \cdot \mathrm{e}^{\mathrm{j}\alpha_2}} = \dfrac{Z_1}{Z_2} \cdot \mathrm{e}^{\mathrm{j}(\alpha_1 - \alpha_2)}$

$$\boxed{\frac{\underline{Z_1}}{\underline{Z_2}} = \frac{Z_1}{Z_2} \cdot \mathrm{e}^{\mathrm{j}(\alpha_1 - \alpha_2)}}$$

In Komponentenform:

$$\frac{\underline{Z}_1}{\underline{Z}_2} = \frac{a_1 + \mathrm{j}b_1}{a_2 + \mathrm{j}b_2}$$

Bei Erweiterung mit dem konjugiert komplexen Wert des Nenners:

$$\frac{\underline{Z}_1}{\underline{Z}_2} = \frac{a_1 + \mathrm{j}b_1}{a_2 + \mathrm{j}b_2} \cdot \frac{a_2 - \mathrm{j}b_2}{a_2 - \mathrm{j}b_2} = \frac{a_1 a_2 + b_1 b_2 + \mathrm{j}(-a_1 b_2 + a_2 b_1)}{a_2^2 + b_2^2}$$

$$\boxed{\frac{\underline{Z}_1}{\underline{Z}_2} = \frac{a_1 a_2 + b_1 b_2}{a_2^2 + b_2^2} + \mathrm{j}\frac{a_2 b_1 - a_1 b_2}{a_2^2 + b_2^2}}$$

Drückt man das Ergebnis in Exponentialform durch die Komponentenwerte aus, erhält man ohne weitere mathematische Umformung sofort aus den Einzelwerten:

Aus $\frac{\underline{Z}_1}{\underline{Z}_2} = \frac{Z_1}{Z_2} \cdot \mathrm{e}^{\mathrm{j}(\alpha_1 - \alpha_2)}$ und $Z_i = \sqrt{a_i^2 + b_i^2}$, $i = 1, 2$

sowie $\alpha_i = \arctan\frac{b_i}{a_i}$ →

den Betrag

$$\boxed{|\underline{Z}_0| = Z_0 = \frac{Z_1}{Z_2} = \frac{\sqrt{a_1^2 + b_1^2}}{\sqrt{a_2^2 + b_2^2}}}$$

und mit $\mathrm{e}^{\mathrm{j}(\alpha_1 - \alpha_2)} = \mathrm{e}^{\mathrm{j}\left(\arctan\frac{b_1}{a_1} - \arctan\frac{b_2}{a_2}\right)}$

den Winkel

$$\boxed{\varphi = \alpha_1 - \alpha_2 = \arctan\frac{b_1}{a_1} - \arctan\frac{b_2}{a_2}}$$

Multiplikation konjugiert komplexer Größen:

$$\underline{Z}_0 = \underline{Z} \cdot \underline{Z}^* = Z \cdot \mathrm{e}^{\mathrm{j}\alpha} \cdot Z \cdot \mathrm{e}^{-\mathrm{j}\alpha} = Z^2 \cdot \mathrm{e}^{\mathrm{j}(\alpha - \alpha)} = Z^2$$

Division konjugiert komplexer Größen:

$$\underline{Z}_0 = \frac{\underline{Z}}{\underline{Z}^*} = \frac{Z \cdot \mathrm{e}^{\mathrm{j}\alpha}}{Z \cdot \mathrm{e}^{-\mathrm{j}\alpha}} = \mathrm{e}^{\mathrm{j}(\alpha + \alpha)} = \mathrm{e}^{\mathrm{j}2\alpha}$$

2.5 Potenzieren und Radizieren

Potenzieren: $\underline{Z}^{\mathrm{n}} = (Z \cdot \mathrm{e}^{\mathrm{j}\alpha})^{\mathrm{n}} = Z^{\mathrm{n}} \cdot \mathrm{e}^{\mathrm{jn}\,\alpha}$, positiv oder negativ ganzzahliges *n*

In trigonometrischer Form:

$$\underline{Z}^{\mathrm{n}} = Z^{\mathrm{n}}(\cos n\alpha + \mathrm{j}\sin n\alpha)$$

Radizieren: $\underline{Z}^{\frac{1}{\mathrm{n}}} = \sqrt[\mathrm{n}]{\underline{Z}} = Z^{\frac{1}{\mathrm{n}}} \cdot \mathrm{e}^{\mathrm{j}\left(\frac{\alpha}{\mathrm{n}}\right)} = \sqrt[\mathrm{n}]{Z} \cdot \mathrm{e}^{\mathrm{j}\left(\frac{\alpha}{\mathrm{n}}\right)}$

In trigonometrischer Form:

$$\underline{Z}^{\frac{1}{\mathrm{n}}} = \left|\underline{Z}^{\frac{1}{\mathrm{n}}}\right| \cdot \left(\cos\frac{\alpha + 2k\pi}{n} + \mathrm{j}\sin\frac{\alpha + 2k\pi}{n}\right)$$

mit $k = 0, 1, 2, 3..., (\mathrm{n}-1)$, wobei man mit $k = 0$ den „Hauptwert der Wurzel" erhält.

2.6 Differenzieren und Integrieren

Mit $\underline{Z} = Z \cdot \mathrm{e}^{\mathrm{j}\alpha} = Z \cdot \mathrm{e}^{\mathrm{j}(\omega t + \varphi)}$ ergibt sich:

Differentation:

$$\frac{\mathrm{d}\underline{Z}}{\mathrm{d}\alpha} = \frac{\mathrm{d}(Z \cdot \mathrm{e}^{\mathrm{j}\alpha})}{\mathrm{d}\alpha} = \mathrm{j} \cdot Z \cdot \mathrm{e}^{\mathrm{j}\alpha} = \mathrm{j} \cdot \underline{Z}$$, bzw.

$$\frac{\mathrm{d}\underline{Z}}{\mathrm{d}t} = \frac{\mathrm{d}\left(Z \cdot \mathrm{e}^{\mathrm{j}(\omega t + \varphi)}\right)}{\mathrm{d}t} = \mathrm{j}\omega \cdot Z \cdot \mathrm{e}^{\mathrm{j}(\omega t + \varphi)} = \mathrm{j}\omega \cdot \underline{Z}$$

In Worten: Der Zeiger $\underline{Z}$ ist also mit ω zu multiplizieren und entsprechend der Multiplikation mit j um den Winkel $\frac{+\pi}{2}$ zu drehen.

Integration:

$$\int \underline{Z} \cdot \mathrm{d}\alpha = \int Z \cdot \mathrm{e}^{\mathrm{j}\alpha} \cdot \mathrm{d}\alpha = \frac{1}{\mathrm{j}} \cdot Z \cdot \mathrm{e}^{\mathrm{j}\alpha} = -\mathrm{j} \cdot \underline{Z}$$, bzw.

$$\int \underline{Z} \cdot \mathrm{d}t = \int Z \cdot \mathrm{e}^{\mathrm{j}(\omega t + \varphi)} \cdot \mathrm{d}t = \frac{1}{\mathrm{j}\omega} \cdot Z \cdot \mathrm{e}^{\mathrm{j}(\omega t + \varphi)} = -\mathrm{j} \cdot \frac{\underline{Z}}{\omega}$$

In Worten: Integration bedeutet also eine Division des Zeigers durch ω und entsprechend der Multiplikation mit (–j) eine Zeigerdrehung um $-\frac{\pi}{2}$.

2.7 Vorteile und Einschränkungen der komplexen Darstellung

Vorteile:

* Addition und Subtraktion werden auf eine einfache geometrische Zeigeraddition zurückgeführt.

* Mit der Einführung der Funktion $e^{j\omega t}$ reduzieren sich bei der Betrachtung in der Exponentialform die Multiplikation und Division von komplexen Zahlen auf die Produkt- und Quotientenbildung der Beträge der komplexen Zahlen und die Addition bzw. Subtraktion der Winkel.

* Die Funktion $e^{j\omega t}$ bleibt beim Differenzieren und Integrieren erhalten. Es tritt lediglich ein Faktor $(j\omega)$ hinzu, der bei der Ermittlung des Phasenwinkels leicht auszuwerten ist.
  Somit wird die Lösung von Differentialgleichungen im reellen Bereich in die Lösung von linearen, algebraischen Gleichungen in der komplexen Ebene überführt. Dort lassen sich auf einfache Weise z.B. komplexe Amplituden oder Effektivwerte ermitteln.

Einschränkungen:

Zu beachten ist, dass bei der Benutzung der „symbolischen Methode" z.B. nur Zeiger gleicher Kreisfrequenz ω zugelassen sind. Dies hat Konsequenzen:

* Bei Addition und Subtraktion behindert diese Vereinbarung nicht, denn das Ergebnis enthält immer wieder die gleiche Kreisfrequenz.

* Werden dagegen zwei Zeiger multipliziert

$$\underline{Z_1} \cdot \underline{Z_2} = Z_1 \cdot e^{j(\omega t + \varphi_1)} \cdot Z_2 \cdot e^{j(\omega t + \varphi_2)} = Z_1 \cdot Z_2 \cdot e^{j\omega t} \cdot e^{j\omega t} \cdot e^{j\varphi_1} \cdot e^{j\varphi_2}$$
$$= Z_1 \cdot Z_2 \cdot e^{j2\omega t} \cdot e^{j(\varphi_1 + \varphi_2)},$$

  enthält das Ergebnis den Term $e^{j2\omega t}$, also die doppelte Kreisfrequenz. Hierauf muss bei der Berechnung von z.B. der Leistung P geachtet werden. Bei der Division entfällt diese Einschränkung, da sich der Term $e^{j\omega t}$ gerade herauskürzt.

Printed in the United States
By Bookmasters